U0228205

国家科学技术学术著作出版基金资助出版

快速响应微小卫星设计

Rapid Response Micro Satellite Design

曹喜滨　孙兆伟　著

科学出版社

北　京

内 容 简 介

本书是作者及其团队在微小卫星及空间快速响应领域二十余年研究成果的归纳总结。针对快速响应微小卫星“省、好、快”的发展趋势，在快速任务设计与分析、卫星柔性化平台及其模块化快速集成、综合电子系统重构、星载软件构件化设计、高性能轨道与姿态控制、快速测试以及星箭一体化设计与网络化应用等方面，提出了诸多设计理论与方法，原创性突出，并经过工程应用验证，对于我国快速响应微小卫星的设计与工程实施具有重要的理论意义和应用价值。

本书可用作高等学校飞行器设计学科的研究生教材，对于高层次航天人才的培养具有重要作用，可供从事快速响应微小卫星技术研究和工程研制的科技人员参考。

图书在版编目(CIP)数据

快速响应微小卫星设计/曹喜滨，孙兆伟著.—北京：科学出版社，2016.12

ISBN 978-7-03-051249-9

Ⅰ.①快… Ⅱ.①曹… ②孙… Ⅲ.①遥感卫星－中国 Ⅳ.①V474.2

中国版本图书馆 CIP 数据核字（2016）第 314158 号

责任编辑：钱 俊 周 涵 裴 威／责任校对：彭 涛
责任印制：张 伟／封面设计：无极书装

科学出版社出版
北京东黄城根北街 16 号
邮政编码：100717
http://www.sciencep.com

北京虎彩文化传播有限公司印刷
科学出版社发行 各地新华书店经销
*

2016 年 12 月第 一 版 开本：720×1000 1/16
2021 年 8 月第四次印刷 印张：25
字数：489 000

定价：148.00 元

前　言

自古用兵之道的精髓在于“居高临下”“兵贵神速”，“高”和“快”是决定战争成败的核心。外层空间具有不受国界限制的高疆域优势，谁抢先占据这一战略制高点，谁就赢得了战争的主动权。为此，各军事大国都竞相拓展空间力量，发展快速进入空间、利用空间和控制空间的技术，并将其列为国家安全和发展战略的重要方向。

伴随大国间空间争夺的加剧，空间系统的能力不断增强，其规模也日趋庞大。然而现代战争呈现局部突发、快速升级的特点，即使庞大的空间系统也难以实现对事件突发区域的完全覆盖，无法满足其信息支援的快速性需求；同时，随着各种空间进攻武器的不断升级，现有空间系统也暴露出其致命的脆弱性，极端战争情况下，面临被限制或摧毁的严重威胁。如何实现空间系统针对突发事件的应急增强和被毁后的快速重建，成为航天领域亟待解决的重大难题。

空间快速响应就是为此而提出的一种航天领域创新发展理念。针对突发事件，通过机动方式快速发射卫星，构建应急空间系统，实现信息的快速获取和面向用户的直接分发，是低成本巩固和增强空间优势的有效手段，也是航天装备由战略支持向战役战术应用方向转变的重大举措。

美国最先提出快速响应空间的概念，2003 年启动实施“战术星”计划，全面试验并验证快速响应的核心技术，并于 2015 年颁布了未来 30 年军事航天发展战略，提出要以更快速度、更低成本、更高性能实现空间部署。我国也与国际同步开展了空间快速响应技术的研究工作。近年来，在国家相关计划重点支持下，空间快速响应核心技术取得突破性进展，2013 年和 2014 年先后发射了“快舟一号”“快舟二号”应急空间飞行器，全面验证了快速研制、机动发射和应急应用的快速响应能力，在针对突发事件的军民应急应用方面取得了显著的军事和社会效益。

微小卫星具有功能密度高、研制周期短、成本低、发射和应用灵活的优势，在军、民、商等领域得到广泛应用。自 20 世纪 80 年代问世以来，发射入轨的数量呈爆炸式增长，2015 年发射 500kg 以下卫星 149 颗，占全年卫星发射量的 63%。凭借其“小、快、灵”的特点，微小卫星已经成为空间快速响应领域的重要依托，越来越显示出其不可替代的作用。

作者及其研究团队长期致力于微小卫星及空间快速响应技术的研究工作。经过 20 余年的潜心研究，建立了微小卫星柔性化平台技术体系，并形成了完备的设计方法和研制流程，先后研制和发射了“试验一号”“试验三号”“吉林一号”和“紫丁香二号”卫星，实现了高性能微小卫星的低成本快速研制；提出了武器化方式实现空间快速响应的创新理念和星箭一体化设计方法，通过小卫星和小运载的融合设计研制应急空间飞行器，解决了小型固体火箭难以机动发射高性能卫星的难题，采用车载机动方式成功发射了“快舟一号”和“快舟二号”，实现了其模块化贮存、武器化发射和战术化应用。

本书系统阐述了微小卫星柔性化平台及其设计方法，包括快速任务设计与分析（第 2 章）、高性能轨道与姿态控制（第 3 章）、基于柔性化平台的微小卫星即插即用快速集成（第 4 章）、综合电子系统重构与低等级器件可靠应用（第 5 章）、卫星构件化软件及其快速装订（第 6 章）和系统快速测试（第 7 章）；概括性阐述了星箭一体化飞行器的概念和设计方法（第 8 章），以及微小卫星集群飞行的网络化应用方法（第 9 章）。

本书撰写过程中，得到研究团队成员陈健、李化义和韦常柱副教授等的大力支持；航天科工集团四院、中科院长春光机所的部分研究人员为本书提供了相关素材；徐国栋、孔宪仁、林晓辉、耿云海教授对本书提出了许多宝贵意见。国家科学技术学术著作出版基金为本书出版提供基金资助，在此，表示衷心的感谢！

由于水平所限，本书难免存在错误和不足之处，敬请广大同行专家和读者批评指正。

作　者

2016 年 12 月于哈尔滨工业大学

目　　录

第1章 绪 论

微小卫星是20世纪80年代末期随着微电子、微机械、计算机、新材料等领域高新技术发展而兴起的一类新型卫星，具有新技术含量大、功能密度高、研制周期短、成本低廉、应用灵活的特点。出现伊始，即以一种全新的理念成为航天领域最具活力的研究方向，成功应用于对地遥感、特种通信、空间环境探测以及空间科学试验等诸多领域，成为军用、民用卫星中的重要成员[1]。进入21世纪以来，伴随各种新的设计理念、研制方法和应用模式的突破，微小卫星技术得到了迅猛发展。

现代战争和自然灾害具有突发性和局域性的特点，即使庞大的空间系统也难以实现对事件突发区域的完全覆盖，且耗资巨大；同时，随着反卫星技术的不断发展，空间系统越来越脆弱，极端战争情况下，面临被摧毁的严重威胁。空间快速响应就是针对上述需求而提出的军事航天领域的创新概念。

作为空间系统应急增强和被毁后快速重建的必备手段，空间快速响应就是针对突发事件快速构建应急空间系统，实现卫星的快速研制、快速发射和快速应用。微小卫星具有“快、好、省”的优势，在空间快速响应领域具有不可替代的作用，已成为一类维护国家安全和保障经济社会发展的重要航天系统。

1.1 快速响应微小卫星的概念及其发展现状

1.1.1 微小卫星及其技术特点

关于微小卫星的分类国际上尚没有统一的标准，目前国际上普遍认同的是英国萨瑞大学对500kg以下卫星给出的分类，它将卫星按照质量大小划分为小卫星、微卫星、纳卫星和皮卫星[2]，见表1-1。

表1-1 500kg以下卫星分类

名称	质量/kg
小卫星(Mini-Sat)	100～500
微卫星(Micro-Sat)	25～100
纳卫星(Nano-Sat)	1～25
皮卫星(Pico-Sat)	<1

本书将质量在25～500kg之间的小卫星和微卫星统称为微小卫星。它既可以单颗卫星应用实现一种或几种特定功能，也可以通过组网、编队或集群飞行等构成分

布式卫星系统，实现大卫星的功能或完成单颗大卫星难以实现的空间任务。

区别与其他卫星，微小卫星具有鲜明的技术特点。

(1)功能密度高

微小卫星从设计方法上打破了传统卫星分系统的概念，将卫星系统的功能(包括有效载荷)进行高度融合，通过星上资源和信息共享实现系统共用；同时采用硬件软件化、软件无线电等技术最大限度地发挥软件的作用，从而显著减少了系统的硬件冗余，提高了功能密度。

微小卫星在研制方法上采用围绕有效载荷的一体化集成，通过整星系统优化，在保证系统性能和功能的前提下，可有效减少结构、电缆以及热控等系统的质量，提高功能密度，通常情况下有效载荷比可达到40%以上[3]。

微小卫星所采用的部组件基于微电子、微机械、微处理器和新材料等领域的技术成果，利用多维集成技术和大规模集成电路的设计制造工艺，不仅能够将机械部件像电子电路一样进行集成，而且可以把传感器、执行机构、微处理器以及其他电学和光学组件高度集成为一个机电一体化的微型系统，为微小卫星的高功能密度集成创造了条件。

(2)研制成本低

由于卫星运行环境特殊，入轨后一旦出现故障将很难进行在轨维护。因此，为提高系统的可靠性，在传统卫星设计中大量应用高等级器件，并采用硬件的备份和冗余设计；在研制过程中需要研制电性星、初样星、正样星等进行的大量的地面试验验证，急剧增加了研制费用。同时，由于运载器的发射能力和卫星的需求很难匹配，一般来讲运载能力要高于卫星发射的需求，造成运载能力的浪费，增加了发射费用。

传统卫星的研制和发射费用高昂，使得卫星产品难以像飞机、汽车等产品那样实现批量化，通常采用定制方式进行研制，所采用的部组件需要单独设计生产，同时进行大量的测试与试验，这也是卫星研制成本居高不下的主要根源。

虽然单颗微小卫星功能相对简单，但多颗微小卫星协同工作同样可以完成传统大型卫星的复杂任务，更重要的是一旦某颗微小卫星出现故障，不至于使整个系统报废，显著降低了系统风险。因此，微小卫星可以采用创新的设计理念，大量应用低等级器件，通过系统资源和信息的共享与融合，简化系统配置，降低研制成本。同时，通过采用数字化设计和虚拟试验等手段，可以在设计阶段及早发现系统的缺陷，简化研制流程，节省试验费用。另外微小卫星可以采用搭载或一箭多星的方式发射，也可以采用小型运载器发射，能够充分挖掘和利用运载能力，显著降低发射费用。

微小卫星研制和发射成本的降低，使得其批量化生产成为可能，航天产品的标准化、系列化和批量化，能够从根本上改变卫星的定制模式，从而显著降低研制成本。

(3)生产周期短

传统卫星采用定制方式进行设计与研制，飞行任务确定后，需要进行任务分析与设计、方案论证与设计，然后进行部组件设计、研制、测试与试验，继而还要进行整星电性能联试、初样星设计、研制、测试与试验、与工程系统对接试验、正样星设计、研制、测试与试验以及发射场技术阵地和发射阵地的测试与发射准备等，研制周期长，远远不能适应微小卫星技术发展的需求。

在产品标准化、系列化、批量化的基础上，微小卫星可以采用即插即用的方式进行快速集成（包括与有效载荷的快速匹配），采用智能化测试方法进行快速测试，采用虚拟试验与验证性试验相结合的方式代替大量的地面试验，通过标准化接口灵活适应多种运载器和多种发射方式实现快速入轨，从而大大简化研制流程，缩短研制周期。

(4)应用灵活性好

微小卫星重量轻、体积小，在轨机动性能好，通过轨道灵活机动可实现目标信息的快速获取、空间在轨服务等应用；通过卫星姿态的快速敏捷机动以及快速稳定控制，能够实现同轨的多点目标成像、条带拼接成像、立体成像以及对同一目标的重复成像等应用。

通过组网、编队和集群飞行等途径，可显著提高微小卫星系统的时间分辨率和覆盖区域，是微小卫星的重要应用方式。通过快速、灵活、大规模部署及在轨重构，可大幅提高空间系统的生存能力和完成复杂空间任务的能力。多星、多任务和多模式的综合应用，可形成新的工作体制和航天应用模式，实现单颗大卫星难以胜任的功能和性能。

(5)技术带动性强

微小卫星是众多领域高新技术成果的结晶，涉及微电子、微机械、高性能处理器、多功能材料与结构、高密度电源、新型空间动力、大容量数据存储与传输、控制理论与方法、自动化测试、健康管理与自主控制以及新概念有效载荷等领域，为多学科的交叉融合与集成创新提供了重要平台。同时，微小卫星的迅猛发展以及产业化进程的加快，必将有力地带动这些领域技术的快速进步和发展。

微小卫星是航天领域新概念、新原理、新方法、新技术以及新的应用模式和技术体制进行空间飞行试验验证的重要载体，对于加速航天领域的新成果转化应用，推动航天装备建设具有极其重要的作用。

1.1.2 快速响应微小卫星的概念

快速响应微小卫星是21世纪刚刚兴起的一类针对突发事件、具备空间信息快速支持能力的小型、廉价战术应用卫星，具有快速研制、快速发射、快速应用的技术特点，充分体现了微小卫星“省、好、快”的技术特征，是微小卫星领域的重要发展方向。

快速响应微小卫星采用优化的研制流程实现快速研制。以卫星产品体系的标准化模块为基线进行快速设计，以软硬件即插即用的方式进行快速集成；采用自动化测试方法，提高测试效率，缩短测试时间；采用虚拟试验和检验性试验相结合的方法，精简试验矩阵，缩短试验时间。

快速响应微小卫星通过标准化接口可适应多种运载和发射方式，通过简化发射流程、采用状态自主检测的方法实现快速发射，特别是可以采用小运载车载机动发射。入轨后采用嵌入式自主测试方法，快速确认和建立卫星状态，保证其第一轨即投入应用。

由于快速响应微小卫星主要针对突发事件提供信息保障，一般来讲设计寿命较短，通常为几个月，因此可以采用商用货架产品(COTS)和低等级器件降低成本；同时，易于建立标准化产品体系，通过产品的批量化进一步降低研发成本。

快速响应微小卫星具备适应任意任务轨道的能力，可以针对突发事件的地点选择低倾角轨道，实现第一轨即投入应用的目的，同时增加对目标的重复观测次数(太阳同步轨道对同一目标的观测次数最多为2次/天，而低倾角轨道的观测次数可达到2～4次/天)。

快速响应微小卫星具有自主运行管理、自主任务规划、在轨信息处理等功能以及姿态敏捷机动控制能力，以此实现多模式成像等复杂任务。由于这种高自主性，卫星运控管理简单，可以实现一键式管理。

快速响应微小卫星具备星地和星间通信链路，以及星地数传、中继数传等链路。对于在境外获取的应急信息可通过中继链路及时传回国内或经过星上处理后直接传给用户；经过星上处理识别后的情报信息，也可直接发送至地面手持终端。信息多路径有利于其接入天基信息网络系统，实现信息快速高效应用。

快速响应微小卫星的地面应用系统除传统地面站外，还可配备机动接收站实现信息的快速处理和分发；同时分布广泛的地面移动终端和手持终端可直接接收卫星处理后的信息，实现点对点式的灵活应用[4]。

1.1.3　快速响应微小卫星的发展现状

1.1.3.1　国外快速响应微小卫星的发展现状

美国于2005年1月颁布军事空间转型政策，明确提出了快速响应空间(operationally responsive space，ORS)的概念，将快速响应空间技术作为航天领域的重要研究方向，其核心就是空间力量在战术层面上如何支持地面作战，要求在数小时之内就能够发射快速响应卫星到指定的作战区域。

ORS计划将空间快速响应所需能力分为三个等级(如图1-1所示)。

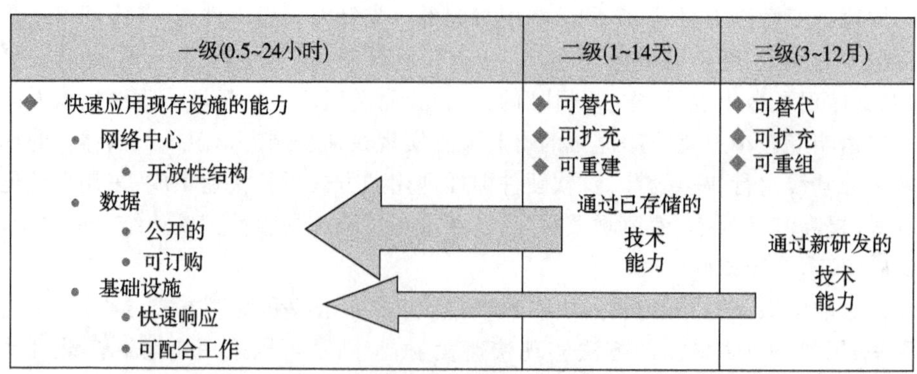

图1-1　快速响应能力的等级划分

第一等级为直接利用在轨卫星实现快速响应，响应时间为0.5～24小时；第二等级为通过已经存储的卫星平台、载荷、运载等实现快速响应，响应时间为1～14天；第三等级则是采用新技术研发卫星平台和载荷实现快速响应，响应时间为3～12月。

根据快速响应的三级能力需求，ORS办公室计划分三个阶段进行实施。第一阶段的目标是通过战术微小卫星弥补目前航天系统的情报、监视、侦察和通信能力的不足，同时逐步验证相关核心技术；第二阶段的目标是研制和部署模块化微小卫星；第三阶段目标是建立满足快速响应作战需求的新型航天系统。

ORS计划是航天系统从战略支持到战术应用转变的重要转折点，概念自提出以来，已逐渐成为航天领域一个备受关注的焦点，美国陆续提出并实施了“战术星”等一系列计划用于先期的技术验证[5]。

1.“战术星”计划

“战术星”计划（TacSat系列卫星计划）于2001年提出，作为发展快速响应空间技术的先期行动，其主要目标是遵循2-8原则（即用常规卫星20%的成本获取其80%性能的模式），发展快速响应、低成本空间系统的能力，验证快速研制、快速发射卫星的创新模式和机制，通过数颗快速响应微小卫星的空间飞行试验，有步骤、系统地演示验证快速响应空间的相关技术，以最终形成可以支援战场作战的实用型军事产品（如图1-2所示）。

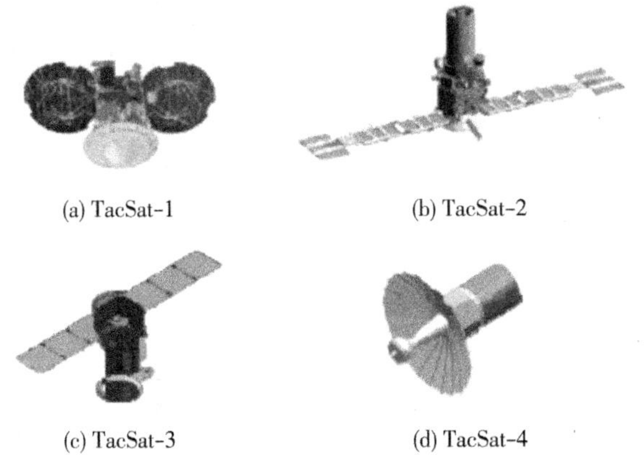

(a) TacSat-1　(b) TacSat-2

(c) TacSat-3　(d) TacSat-4

图1-2　TacSat-1～TacSat-4卫星构型图

目前，战术星计划已完成TacSat-2/3/4的研制和飞行试验，各卫星的主要性能见表1-2。

表1-2　TacSat系列微小卫星参数表

战术卫星	质量/kg	运行轨道	任务载荷
TacSat-1	125	近地轨道	低分辨率可见光、红外成像仪、信号侦听装置
TacSat-2	300	近地轨道	全色成像仪、信号侦听装置
TacSat-3	396	近地轨道	超光谱成像仪、海洋数据遥测微卫星链路、太空电子试验设备
TacSat-4	363	大椭圆轨道	UHF通信转发器

(1)TacSat-1 卫星。作为一颗低分辨率光学成像微小卫星,其设计原理取自传统卫星和无人机的功能和硬件设计。该卫星验证的 3 个重要功能包括:①空中和空间设备的协作;②载荷的战术控制和通过保密 IP 路由网络(SIPRNET)的数据分发;③特殊信号情报系统技术。TacSat-1 携带有分辨率分别为 70m 和 850m 的可见光和红外成像仪两个光学载荷。根据美国国防部的最初设想,一旦 TacSat-1 发射成功,地面部队将可直接对星上遥感器发出指令,并通过 SIPRNET 获得需要数据。但在实际发射中因多次运载火箭故障而推迟发射,直至后来发射的 TacSat-2 验证了其需要验证的部分技术,TacSat-1 卫星的任务被迫终止。

(2)TacSat-2 卫星。该卫星也称为"联合作战空间演示 1 号"(Joint Warfighting Space Demonst Rator 1,JWSDR1),是首颗实现在轨演示验证的 ORS 卫星,于 2006 年 12 月发射。该卫星旨在演示验证缩短卫星研发周期的技术及方法,其目标包括:①演示微小卫星快速设计、制造和测试能力,在 14 个月内完成卫星研制;②演示快速响应发射、在轨检测和空间操作概念,7 天内完成卫星发射,1 天内完成卫星在轨检测,直接为战区提供空间操作和下行数据传输服务;③提供空间侦察能力,对目标成像时可见光频谱范围的分辨率优于 1m;④验证卫星的战术通信、指挥及控制能力;⑤对射频目标进行定位,并在同圈次对其成像。

卫星在完成为期 1 年的试验任务后,于 2007 年 12 月 21 日停止运行。TacSat-2 充分验证了微小卫星快速制造、发射和应用等关键技术体制,其应用体系结构如图 1-3 所示。

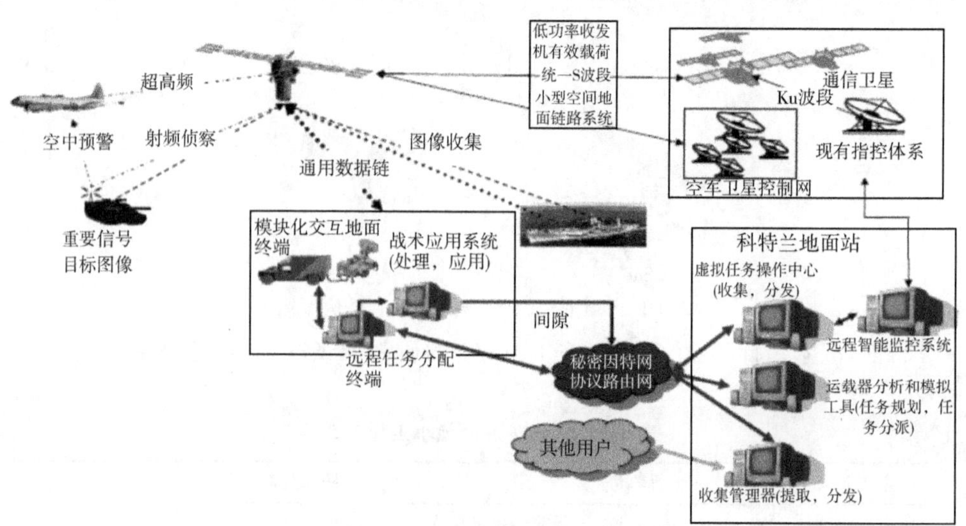

图 1-3　TacSat-2 卫星应用体系结构示意图

(3)TacSat-3 卫星。从该卫星开始,发展卫星公用平台成为 TacSat 系列卫星的另一项重要使命。TacSat-3 于 2009 年 5 月 22 日发射,首次采用标准化、模块化的方法进行微小卫星平台的设计与研制，并将进一步开发快速集成、测试与发射技术，如图 1-4 所示。

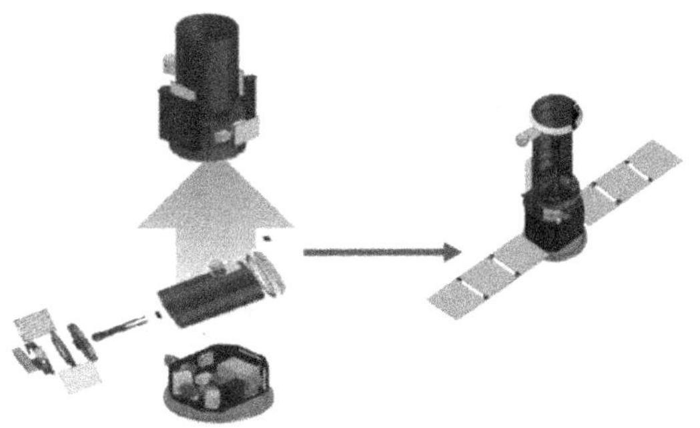

图 1-4　TacSat-3 卫星平台模块化集成的概念

该卫星主要验证向战场指挥官提供实时数据的星上处理技术，演示战术卫星收集战场信息及近实时向战场作战人员提供数据的能力，如图 1-5 所示。同时验证模块化微小卫星平台技术。星上主要仪器包括 1 台高分辨率的超光谱成像仪，能实现制定战术决策的下级指挥官快速询问和接收敌方部队与设备方面的信息。卫星飞行到目标上空时，能自动判断如何更好地搜集、处理数据。利用该仪器透过伪装看到隐蔽的目标，并能获得战场周围地区的更多地形信息，有助于决定飞机降落地点和地面部队及车辆的行动路线并决定躲避攻击的路线。TacSat-3 还携带了美国海军的卫星通信包和空军的即插即用航电包。海军通信有效载荷将观测海上浮标，将信息传输给地面站，再由后者传给作战人员。经过系列测试后，TacSat-3 已在 2009 年年底加入美国陆军的系列试验中。

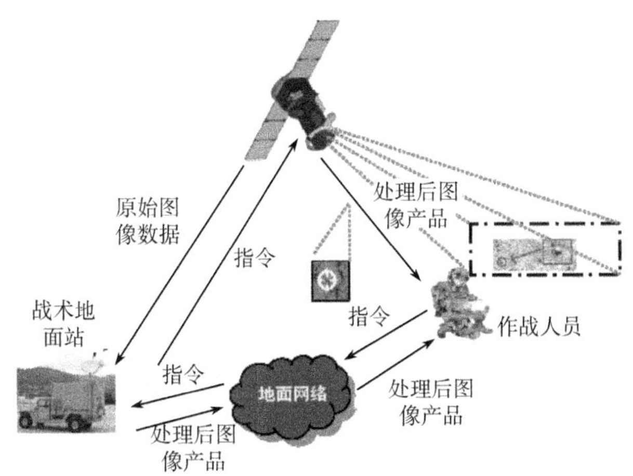

图 1-5　TacSat-3 卫星直接支援战场作战的概念图

(4)TacSat-4 卫星。TacSat-4 于 2011 年 9 月 27 日成功发射。该卫星部署于高椭圆轨道上，具备特高频(UHF)通信转发能力，可每 8 小时绕地球 1 圈，每圈可对同一地区持续覆盖 2 小时，并实现对战区的 24 小时通信支持。此外，该卫星支持“动中通”，是美国国防部目前唯一具备这项能力的战术通信卫星。

与传统通信卫星不同，TacSat-4 不需要作战人员装备接收天线，可通过手持无线电台实现移动中通信，从而具有更经济的操作方式。卫星可持续工作 6～12 个月，其较低的成本允许每年发射 1 颗。TacSat-4 还装有海军研究办公室开发的虚拟任务操作中心系统，该系统可实现星载通信管理，通过美国国防部的保密网络协议路由器改变卫星的通信模式，并提供动态信道管理，从而增强卫星通信方式的灵活性。

(5)TacSat-5 卫星。TacSat-5 是一颗军事侦察卫星，质量不足 400kg，成本不超过 2000 万美元，运行寿命 1 年以上。2009 年 1 月，空军研究实验室发表了研制TacSat-5的信息，但目前该任务还未确定发射时间。

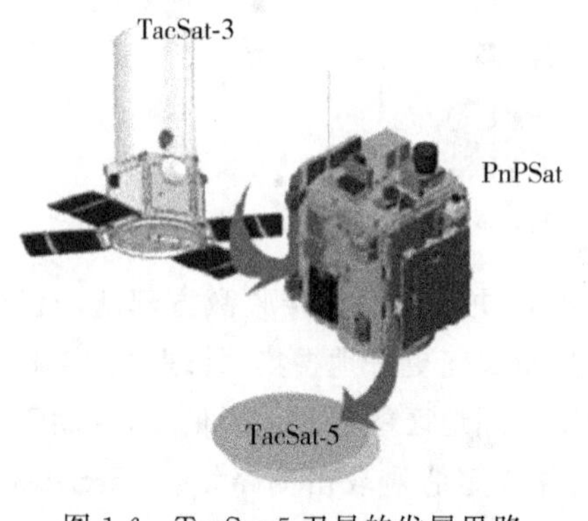

图 1-6　TacSat-5 卫星的发展思路

TacSat-5 卫星平台将采用符合美国空军实验室提出的即插即用电子标准进行设计。该标准是 ORS 为了进一步提升 TacSat 计划的设计理念和方法，在 AFRL 提出的以即插即用(plug and play，PnPSat)卫星为代表的标准化微小卫星平台演示计划基础上而制定，能够满足不同模块化敏感器和电子设备模块的需求(如图 1-6 所示)。

2. PnPSat 即插即用技术探索计划

PnPSat 计划由美国空军实验室在 TacSat-3 模块化平台的基础提出，旨在演示验证采用一系列标准化法进行卫星设计、集成、测试等过程中的即插即用技术，缩短研制周期。PnPSat 卫星主要由即插即用电子系统、具有标准组件的卫星机构、自主飞行软件、在轨高性能计算能力、分布式系统、任务设计工具、战术使用接口、即插即用有效载荷、即插即用运载适配器接口、即插即用的热控系统、即插即用的推进系统以及自适应配电网络等组成。

整个卫星的开发过程如图 1-7 所示，分为方案设计、平台集成、载荷集成和整星集成 4 个部分。所有产品部件都采用标准化设计，因此在方案设计时只需选择能够满足任务要求的平台、载荷软件硬件模块即可。在平台和载荷集成阶段，将并行进行集成和测试，缩短研制时间。最后将完成测试的平台和载荷进行对接，完成整星集成，在进行必要的试验和参数设置后即完成整星的研制工作。

3. ORS 系列装备卫星

ORS 卫星是美军为支持战术作战任务而发射的快速空间响应装备卫星。ORS-1卫星开发并运用未来 ORS 任务必需的使能技术，如加强微小卫星性能，简化发射流程，开放式的指挥与控制系统体系结构，以及向使用现有战术网络的作战者及时分发信息等。其首星 ORS-1 已于 2011 年 6 月 29 日发射，该卫星直接为美国中央司令部提供了伊拉克和阿富汗地区战场图像信息。ORS-1 卫星由空军第 1 太空作战中队和第 14 航空队负责控制与管理。卫星由 ATK 公司基于 TacSat-3 卫星平台建造，这个平台包括一个集成的推进系统以及通信、姿态控制、热控、指挥和数据处理等系统。

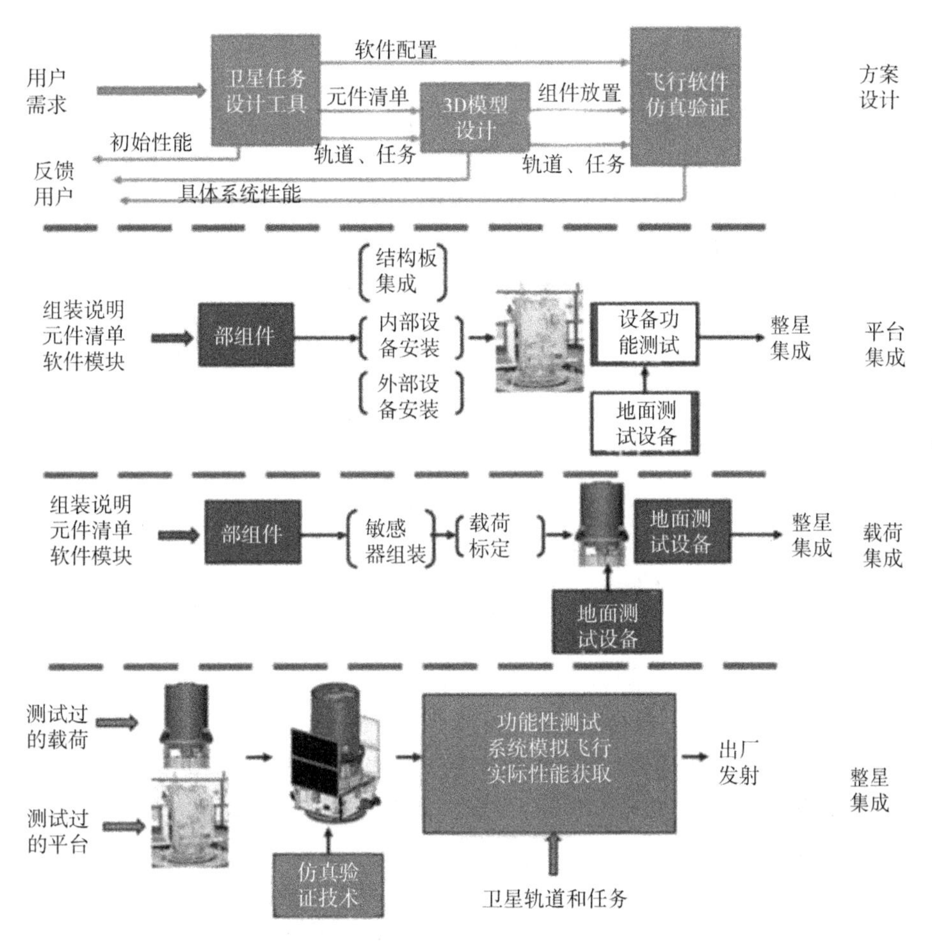

图 1-7　PnPSat 微小卫星研制流程

ORS-1 卫星星体为六边形棱柱体，质量约 450kg，有 3 副太阳电池翼，设计寿命1～2年，如图 1-8 所示。卫星运行在倾角 40°、近地点 396km、远地点 410km 的近圆轨道上。卫星上的改进型 SYERS-2 遥感器工作在从可见光到中波红外内的 7 个谱段，具备全天时成像能力。卫星最高分辨率优于 1m，标准图像幅宽为 6～10km。由于卫星具备快速滚动机动能力，能对轨道两旁目标实施成像，重访周期短，可每天对特定目标实施成像侦察。

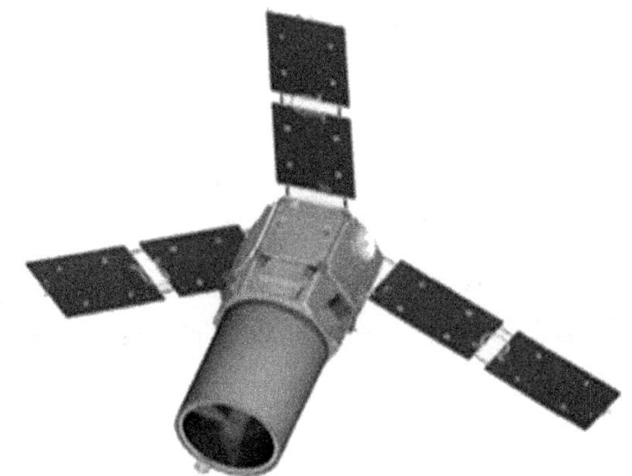

图 1-8　ORS-1 微小卫星构型

ORS-1 卫星主要特点在于它的快速入轨，从授权建造到发射不超过 24 个月的时间。卫星可为地面部队指挥员提供其关注地区的彩色图像，并可使用现有的地面系统处理分发图像和其他战场信息。该系统设计用来支持紧急军事需要，同时为推进未来 ORS 卫星星座所需要的多任务模块化方法奠定基础。此前，在轨卫星一般都通过一个中央机构进行控制与管理，战区指挥官经常抱怨中央系统对其战术需求的响应不够及时。与以往体制不同，ORS 卫星直接由美国中央司令部控制，指挥官在几分钟之内就可获得卫星图像，而不像由情报系统支持的侦察卫星需要等待几个小时或几天的时间才能做出响应。

目前正在研制中的 ORS-2 卫星计划携带一个成像雷达有效载荷，旨在提供全天候的夜视能力。

4. SeeMe 卫星星座

美国国防部预先研究局于 2012 年 3 月 12 日提出了“服务于战术作战的空间效能验证(space enabled effects for military engagements，SeeMe)”研发项目，计划利用低成本、短寿命、微小型成像侦察卫星，通过机载发射方式快速部署组成星座系统，向作战人员按需提供实时、持续的战场图像数据。

SeeMe 卫星星座由 24 颗微小卫星、运载发射、单兵手持设备三部分组成，单星成本 50 万美元，重量 45kg，寿命约为 45～90 天，地面分辨率 0.75～1.2m。SeeMe 星座的研制具有很强的作战针对性，系统具备快速部署、快速形成战斗力、高分辨率以及高响应度等能力，系统建设部署后，将极大提高美军基于航天信息的全域战术作战能力[6]。

除美国外，日本、英国和德国等国家也在积极发展快速响应空间技术。日本为了实现卫星设计与研制的快速性，提出了可在轨展开的航天器模块化结构设计概念 PETSAT[7]。PETSAT 设计理念是一颗卫星由几个具有特定功能的功能板(functional panels)组成，通过可靠的连接机构，以即插即用的方式组装成一颗卫星，快速具备一颗卫星的完整功能。不同功能板以不同的方式组装在一起，提高了整星集成的灵活性，以应对不同的任务需求。这些功能板在发射时只需要很小的存放空间，入轨后展开，成为一颗具有较大天线、太阳帆板或较大结构杆的卫星。

PETSAT 设计理念主要从以下两方面改变了传统卫星的研制流程：①每块功能板均可批量生产，提高了系统可靠性；②对于特定任务需求，相应的卫星平台可通过即插即用的方式，由一定数量的功能板连接而成，且无需对整个系统进行大量测试试验，这种半定制(semi-customizable)的模式极大地缩短了研制和测试时间，减少了研发费用。

英国国家航天中心(BNSC)于 1999 年 12 月启动了“微卫星合作应用”(MOSAIC)计划，其中包括“战术光学卫星”项目。“战术光学卫星”(Topsat)是英国国防评估与研究局与英国萨瑞卫星技术公司(SSTL)、卢瑟福-阿普顿实验室以及国家遥感中心合作，并由英国国防部和英国国家航天中心投资的计划，将研制 1 颗质量 100kg、地面分辨率为 2.5m 的低成本微小卫星，对使用移动地面站有关的指令和数据管理技术进行评估。

德国于 2008 年 8 月 29 日研制发射了具有快速响应特点的空间微小卫星星座，由 5 颗 RapidEye 微小卫星组成，将被均匀分布在高度 620km 的太阳同步轨道内。每颗卫星的质量约 150kg，工作寿命 7 年，均携带 6 台分辨率达 6.5m 的光学相机，该相机在 400～850nm 范围内有 5 个谱段。通过该星座能实现快速数据传输和连续成像，重访周期短，一天内可观测地球任何一个地方，5 天内可覆盖北美和欧洲的整个区域[8]。

1.1.3.2　国内快速响应微小卫星的发展现状

在美国提出“ORS”概念的同时，我国也提出了基于微小卫星平台、固体小运载星箭一体化设计研制快速响应空间飞行器的概念。2005 年 9 月，在国家 863 计划支持下，哈尔滨工业大学和中国航天科工集团公司四院等单位开始星箭一体化飞行器(快舟)的方案综合论证工作。快舟(KZ)飞行器具有系统快速集成、机动发射、入轨后快速投入使用，以及系统自主运行和空间信息直接支持地面移动单元等特点，适应自然灾害等突发事件快速信息获取的需求，弥补了现有空间装备研制周期长、需要固定发射场发射、空间反应能力弱等缺点，是我国航天系统实现快速响应的重要发展方向。

2013 年 9 月 25 日，KZ-1 飞行器经过 4 小时发射准备、车载机动发射入轨，成为我国首颗具有快速响应能力的空间飞行器。飞行器入轨后，1.5 小时完成了在轨自主测试，迅速建立了工作状态，11 小时即完成了首次对地成像，创造了我国航天领域的最快成像纪录。

KZ-1 飞行器由小卫星平台和固体小运载上面级一体化设计的星箭共用服务舱装载 1.2m 分辨率可见光相机组成，质量 450kg，成像幅宽 19km，具备 45°侧摆成像能力，运行在 290km 低太阳同步轨道，设计寿命 6 个月，实际在轨运行 23 个月。其中，共用服务舱是飞行器和运载器共用的舱段，主动段用于控制运载器，在轨段用作飞行器平台。KZ-1 发射状态见图 1-9 所示。

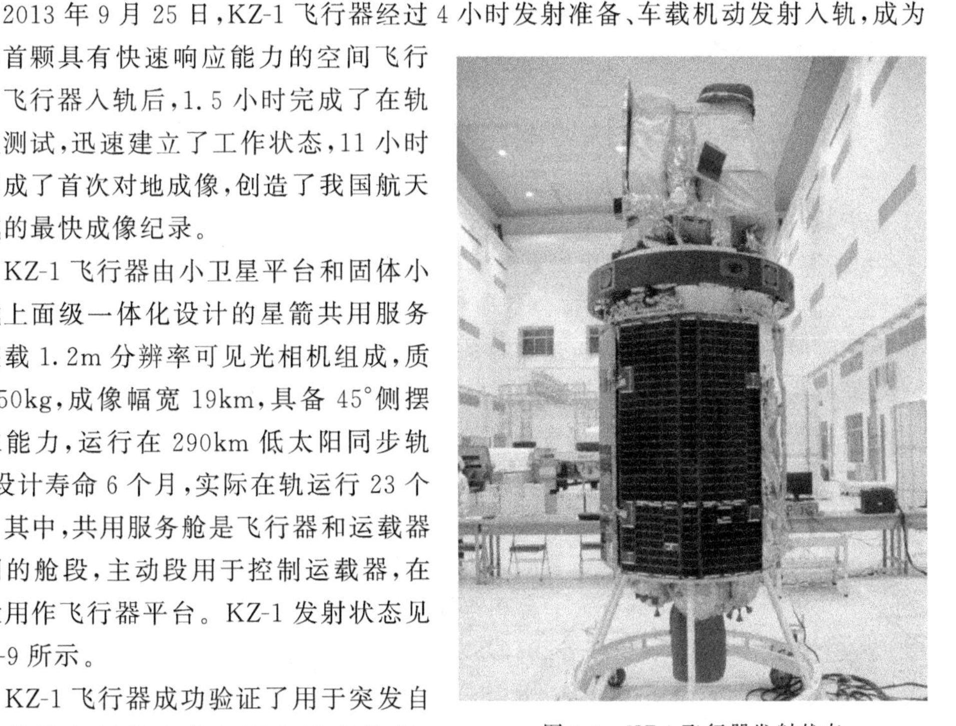

图 1-9　KZ-1 飞行器发射状态

KZ-1 飞行器成功验证了用于突发自然灾害的空间信息应急服务技术体制。

2013 年 9 月 24 日和 28 日，巴基斯坦阿瓦兰县先后发生两次地震，用户于 9 月 28 日提出成像任务需求，飞行器通过主动轨道调整，24 小时内完成了对地震灾区的应急成像并分发到用户；2013 年 10 月 31 日 20 点，台湾花莲地区发生 6.7 级地震，飞行器接到指令后迅速做出反应，于震后 13 小时将震中地区图像产品提供给用户。

KZ-1 飞行器采用星箭一体化设计方法，实现了卫星和火箭资源的融合与共用，从而显著提高了任务载荷的入轨质量，同时满足了固体运载器车载机动发射的要求；星箭一体化设计形成的共用服务舱，具有标准化的接口，可快速适配不同任务载荷实现飞行器的快速集成；飞行器共用运载器的液体推进系统，实现了轨道保持控制与姿态机动控制，为机动灵活成像提供了控制手段，同时运载器剩余推进剂能够保证飞行器在超低轨道上运行 1 年以上；采用先进的姿态控制技术克服了低轨强干扰下的影响，在高度为 290km 的超低轨道上实现了高分辨率对地成像，验证了 300km 左右轨道作为快速响应飞行器主要轨道的可行性。

KZ-1 飞行器的成功研制与飞行试验，为我国快速响应空间技术的发展以及空间装备由战略支持向战术应用的转变建立了一个良好开端。KZ-2 已于 2014 年 11 月 21 日机动发射成功，各项快速响应指标进一步提升，充分验证了基于星箭一体化实现空间快速响应的技术体制。目前，在国家相关计划的支持下，国内从事微小卫星研发的科研院所以及部分高校，均开展了快速响应微小卫星的技术研究与型号研制工作，其中部分型号任务将陆续进入发射阶段，必将全面推动我国快速响应空间技术的发展和航天装备的建设。

1.2 快速响应微小卫星的技术特点

空间快速响应已成为军民航天系统发展的必然趋势，美军 2015 年颁布了未来 30 年军事航天发展战略，提出以更快速度、更低成本、更高性能实现航天系统的空间布署，从而形成空间系统战时应急管理和被毁后快速重建能力。针对突发事件，基于快速响应微小卫星快速构建应急空间系统是低成本实现空间快速响应的必要手段。

通过对国内外快速响应微小卫星技术的深入剖析可看出，快速响应微小卫星的发展方向就是要实现低成本快速研制、武器化快速发射以及灵活高效地快速应用。快速响应微小卫星具有如下技术特点：

1. 基于标准化模块即插即用快速集成

微小卫星的快速研制经历了从通用平台到模块化快速集成的发展阶段。基于通用平台的研制是将卫星划分为平台和有效载荷两部分，通用平台针对某一类卫星来讲是一个通用的服务系统，任务载荷确定后可与之快速集成，从而缩短研制周期、提高系统可靠性。英国 SURREY 卫星公司的 UoSAT 平台、美国轨道科学公司的 Microstar平台、法国的 PROTEUS 平台以及我国 CAST-Mini 平台等均是典型的微小卫星通用平台。

基于通用平台的研制方法只强调了“快”，却忽视了“好”和“省”。该方法对任务载荷的针对性不强，由于载荷性能的差别，往往导致平台不能很好地发挥最大效能。同时，通用平台需要考虑某类卫星的最大包络问题，对于一些性能要求相对较低的任务，存在大马拉小车的浪费现象，难以使成本做到最优。

基于标准化模块即插即用的快速集成是解决这一问题的有效途径。该方法针对任务载荷性能的不同，通过系统优化选配平台模块，基于标准化接口和模块的即插即用实现平台的快速集成，可以显著缩短集成时间，同时具有对不同任务载荷的灵活、快速适应能力，是快速响应微小卫星的一种创新设计理念和研制模式[9,10]。

美国正在以模块化—标准化—即插即用—无线网络—物理结构分离为发展路线，不断探索、发展和推进基于标准化模块即插即用的卫星快速集成技术。其代表性的计划主要包括战术星计划及其前期技术验证卫星 PnPSat、ORS 系列装备卫星和后续的 F6 分离模块异构卫星计划等。通过上述系列计划，基本完成了即插即用卫星系统体系结构的验证，涵盖了具有高速率、高灵活性/拓展性、高容错能力的总线、标准化综合电子系统、具有标准组件的机构、即插即用飞行软件、与有效载荷/运载器的适配接口、热控系统、推进系统的接口标准化以及自适应配电网络标准化等，除此之外还包括与地面应用系统的战术使用接口；形成了卫星即插即用标准，以 SPA-U 为接口标准研制了具有即插即用功能的模块化电子设备等标准化软硬件模块，在 TacSat-3 卫星上进行了空间飞行试验，并将在 PnPSat 卫星计划中进行全面应用和空间验证。

2. 通过快速自动化测试和虚拟试验缩短研制周期

传统卫星在单机产品研制和整星研制阶段，均要经历复杂的测试与试验过程，是卫星研制周期长的主要原因之一。快速响应微小卫星采用标准化的软硬件模块产品，省去了单机产品研制阶段的测试与试验环节；同时在卫星研制过程中采用即插即用的系统集成方法，为系统的智能化、自动化测试创造了条件；在卫星发射阶段，可通过自主状态检测实现快速测试，使其快速具备发射条件。

传统卫星在研制过程中需要对其进行动力学、真空热平衡和热循环、电磁兼容等地面环境试验，不仅试验时间长，研制成本增加，而且可能对卫星本身造成损伤，影响其在轨运行寿命。采用虚拟试验与验证性试验相结合的方法，能够在保证系统可靠性的同时，缩短试验周期，节省研制费用。

美国在 PnPSat、ORS-1 等卫星研制过程中，结合即插即用卫星体系结构的研究和建立，形成了较为完备的即插即用模块化快速任务分析与设计、仿真与虚拟试验环境，全面应用并验证了自动化测试和虚拟试验技术，显著缩短了研制与试验周期。

3.基于产品货架采购和低等级器件可靠应用降低研制成本

实现微小卫星快速响应的方式主要有以下三种:第一种是整星储备,需要时快速发射入轨;第二种是载荷与平台或舱段分别储备,需要时进行快速组装;第三种是产品化的单机、部件或组件形成模块化的货架产品,有效载荷模块单独战略储备,需要时采用即插即用的方式以有效载荷为核心进行快速集成。其中,第一种形式响应时间快,但不可能储备太多,对任务的覆盖性差;第二种形式对任务的适应性有所提高,但仍不能满足对不同任务的特殊需求;第三种形式集成的时间稍长,但可以很好地解决“好”与“省”的问题,是快速响应微小卫星的主要发展方向。

建立完善的技术体系和产品体系,形成系列化的货架产品,有利于产品的批量化生产,在实现微小卫星快速研制的同时,可以最大限度地降低成本。美国在 ORS 系列装备卫星和 SeeMe 卫星星座计划中均强调系列化货架产品的应用,并作为一个主要发展方向;我国在相关计划的支持下,正在梳理并建立快速响应微小卫星的技术体系和产品体系,将为通用、共性产品的货架式采购奠定基础。

低等级器件的可靠应用是降低研制成本的另一有效途径。快速响应微小卫星通常采用较低的运行轨道,快舟一号的飞行实践表明,该轨道空间辐射环境相对较好,加之卫星寿命相对较短,适合采用工业级或商业级等低等级器件,在减少对高等级器件依赖的同时,显著降低研制成本。美国 SeeMe 卫星星座计划的单星成本只有 50 万美元,寿命为 45~90 天,几乎全部采用低等级器件进行研制。

4.通过灵活适应不同运载器和不同任务轨道实现快速发射

快速发射是实现针对任务快速响应的重要环节。快速响应微小卫星必须具备灵活适应不同运载器的标准化接口,尤其是适应退役导弹改装的运载器的接口。利用退役导弹改装小型运载火箭,前苏联和美国均有成功的先例。为此,需要小型固体运载火箭采用与固体导弹相互兼容的模块化、标准化设计,以利于小型运载火箭的快速组装和即插即用的模块替换,形成系列化的快速响应小型固体运载火箭。以快舟运载器为例,在共用服务舱定型后,其三级固体可以替换为其他的导弹用固体发动机,应急时在现役或退役导弹中选用相应的固体发动机以即插即用的方式快速组装成运载火箭,实施快速发射。

快速响应微小卫星适应不同任务轨道是实现针对任务快速响应的另一个重要环节。通常,针对热点地区的低倾角轨道是倾向于选择的轨道,该轨道的优点是可以提高重复观测的次数,缺点是降交点地方时漂移,致使单颗光学遥感卫星不能长期对同一地区实施观测,但对微波遥感卫星不存在这种限制。2012 年,美国 DARPA 提出的 SeeMe 微小卫星星座计划,24 颗成像侦察卫星均采用低倾角轨道构成对地观测星座。

对低倾角轨道的卫星而言,由于光照条件的变化,使其太阳翼布局和散热面的选择受到限制，若采用对地三轴稳定控制模式，则难以适应不同倾角轨道。为此，KZ-1卫星采用了平时对日定向、工作时对地定向的运行模式，有效地解决了上述难题，从而可以适应不同任务轨道的需求。

5.基于自主任务规划与管理以及高性能敏捷控制实现快速应用

自主任务规划与管理是快速响应卫星快速获取目标信息的一种重要手段。对于单颗成像卫星来讲，当地面或天基信息网络对其注入任务指令后，卫星需要通过星上状态快速检测自主规划出任务执行序列，切换控制模式，控制卫星完成对目标的成像任务，并根据任务的优先等级和当前位置，决定数传方式（直接数传或是通过中继卫星数传）；对于组网、编队飞行或集群飞行的卫星系统，除了对单颗卫星的上述要求外，还需要根据成像要求进行系统间的自主任务分配和控制，协同完成成像任务。美国从 TacSat-2 卫星开始，已经逐步完成了该项技术的飞行验证，并在 ORS-1 卫星上进行了应用。

高性能的敏捷姿态控制是快速响应卫星实现多模式任务必须具备的能力和手段，尤其对于高分辨率遥感卫星由于其成像幅宽较窄，必须通过敏捷机动增加成像幅宽，提高应用效能。卫星的敏捷姿态控制包括俯仰、滚转方向乃至全方位的姿态快速机动和快速稳定，以及机动过程中的高稳定度控制，从而使其具备同一轨道多点目标成像、条带拼接成像、立体成像、对同一目标重复成像以及目标跟踪成像等能力。敏捷姿态控制通常采用控制力矩陀螺或大力矩飞轮，其难点是姿态机动结束后的快速稳定和机动过程中的稳定控制问题。目前，国外卫星姿态机动 30°的时间为 10～20s，最高的如 WorldView-1 卫星已达到在 9s 内姿态机动 30°成像的水平[11]。美国的 ORS-1 快速响应微小卫星具备快速滚动机动的能力，能对轨道两侧目标实施成像，有效地缩短了对目标的重访周期。我国的 KZ-1 卫星同样具备极强的侧摆成像能力，已成功完成了快速侧摆 47°的高清晰成像。

6.通过多星、多源信息的协同与融合提升应用效能

单颗快速响应微小卫星的功能相对有限，要满足突发事件对空间信息全天时、全天候保障的需求，必须组成多星协同的应用网络系统，以此保证对目标信息获取的准确性和传输与处理应用的实时性。为此，单颗卫星应具备星地和星间网络接口，通过星间网络如中继等及时接受任务指令，或其他卫星获取的目标位置信息，通过星上自主任务规划协同完成信息获取。对于实时性要求高的目标信息，需在星上进行自主图像数据处理，形成情报信息，并经中继等天基网络直接传输给用户。

多颗微小卫星可通过集群编队或星座构成应用网络，满足特定的任务需求。卫星可采用太阳同步轨道和低倾角轨道相结合的方式进行部署，如光学成像卫星可采用天回归的太阳同步轨道，而 SAR 卫星可以采用低倾角轨道等。这样，在保证成像质量的条件下，能够增加对目标的重复观测次数，提高应用的效能[12]。

快速响应微小卫星是近年来刚刚兴起的一类新型卫星，在设计理念、研制方法和应用模式方面与传统的微小卫星有极大的区别。即使是美国也还处于相关技术的飞行试验阶段，尚有众多的核心技术问题亟待研究解决。本书是作者率领团队结合承担的国家计划项目，对快速响应微小卫星方面相关研究成果的凝练和总结，以期能够对我国快速响应微小卫星技术的发展有所启迪和帮助。

参考文献

[1]强文义，曹喜滨. 小卫星技术崛起的思考[J]. 研究与发展管理，1998，10(8)：53-55.

[2]林来兴. 小卫星技术的发展和应用前景[J]. 中国航天，2006，11：43-47.

[3]尤政. 空间微系统与微纳卫星[M]. 北京：国防工业出版社，2013：47-59.

[4]吴限德. 快速响应小卫星测试理论与方法研究[D]. 哈尔滨工业大学博士学位论文，2010：2-9.

[5]Doyne T. Tacsat and ORS activity [C]. Proceedings of the 4S Symposium Small Satellites，Systems and Services，2006，625：1-16.

[6]Fasson J，Chaput E，Fraboul C. Geo satellites and their applications：service integration over DVB systems [J]. IFIP Advances Information and Communication Technology，2005，169：91-100.

[7]Nakasuka S. Panel extension satellite (PETSAT)—a novel satellite concept consisting of modular，functional and plug-in panels [J]. European Space AgencyESA SP，2005，633：81-88.

[8]Krischke M，Niemeyer W，Scherer S. RapidEye satellite based geo-information system [J]. ACTA Astronautica，2000，46(2)：307-312.

[9]孙杰，孙兆伟，赵阳. 微型航天器模块化设计及其关键技术研究[J]. 哈尔滨工业大学学报，2007，39(12)：1908-1911.

[10]刘源，沈毅，邢雷，等. 快速响应卫星电子系统寿命设计方法[J]. 航空学报，2014，35(6)：1673-1683.

[11]叶东. 敏捷卫星姿态快速机动与稳定控制方法研究[D]. 哈尔滨工业大学博士学位论文，2012：2-6.

[12]张锦绣，曹喜滨. 卫星总体参数对 SAR 分辨特性影响分析与仿真研究[J]. 宇航学报，2004，25(2)：163-168.

第2章 快速响应微小卫星任务分析与设计

快速响应微小卫星任务分析与设计是从任务需求的总体目标和约束条件出发，确定满足这些要求和约束条件的微小卫星任务方案，为其系统方案设计提供输入条件。任务分析与设计是一个迭代过程，需要考虑的约束条件复杂，包括卫星部组件的技术状态、载荷能力、运载条件、在轨寿命、研制成本和周期等，其中许多因素难以用准确的数学模型进行定量描述，因此，任务分析与设计只是在限定条件下的优化目标选取问题。

快速响应微小卫星作为一种战术应用的航天器，其任务组成单元主要包括任务对象、卫星平台与任务载荷、运行轨道以及多星网络系统、运载器和发射方式、测控通信体制、地面运管和应用系统等。其中任务对象是飞行任务的主体，直接与任务载荷的选取相关。例如对地遥感类微小卫星，依据目标性质和观测时间分辨率可确定载荷的种类，如可见光相机、红外相机、微光相机或 SAR 载荷等，根据目标范围和观测空间分辨率要求可进一步确定载荷的技术指标；可选择单一载荷也可选择多种载荷联合工作实现任务目标[1]。

任务载荷是实现快速响应任务的第一要素，直接影响系统的成本和研制复杂度，需要根据任务需求、载荷技术水平和任务成本综合权衡确定；卫星平台采用柔性化设计方法，由可重构综合电子系统快速集成其他功能模块组成。在任务载荷确定后，根据其需求快速重构综合电子系统，通过系统优化确定其他功能模块以及热控和结构系统，采用软硬件即插即用的方式实现卫星快速集成。

运行轨道的选择是卫星完成空间任务的重要环节，对任务的各个组成单元均有极大的影响，在权衡任务时可有多种选择。对于单颗微小卫星，可根据需要选择太阳同步轨道或低倾角轨道，为提高重复观测的机会，通常选择低倾角轨道[2]。有时单颗卫星难以实现任务目标，例如高分辨率卫星成像幅宽较窄，宽幅侦察任务需要多颗卫星编队飞行增加成像幅宽；对于要求全天时、全天候观测的遥感任务，则需要多颗卫星构成卫星集群，通过多手段信息获取方式满足任务需求。

为实现快速发射，快速响应微小卫星必须通过标准化接口设计，灵活适应多种运载器和发射方式，尤其是由固体导弹改装的小型固体运载器的机动发射方式。在任务设计阶段需要重点考虑系统运载能力、接口和整流罩空间约束以及主动段的动力学影响等问题，为卫星的方案设计提供约束条件。

快速响应微小卫星通过信息的多路径实现快速响应。与传统卫星不同，快速响应微小卫星具备接入天基信息网络系统的能力，可接收天基信息网络系统的任务注入，可将应急信息通过中继卫星等快速传输给地面等。因此，任务设计阶段需要解决与天基信息系统的接口和协议制定等问题[3]。

快速响应微小卫星的地面运管和应用系统除传统的基于固定地面站的方式外，还可利用移动接收系统，如移动地面站、飞机、舰船和单兵等实现信息的直接传输，这种运管和应用模式决定了卫星必须具备极强的综合信息处理和传输能力，对于任务设计来讲是一个重要的约束条件。

2.1 任务分析与设计流程

快速响应任务的分析与设计是从任务需求开始，直至给出卫星方案设计输入条件的优化设计过程，主要包括任务目标确定、卫星平台与有效载荷指标确定、任务轨道设计与分析、成像质量与控制精度分析、能源平衡分析以及任务评估等阶段。快速响应微小卫星的任务分析与设计流程如图 2-1 所示。

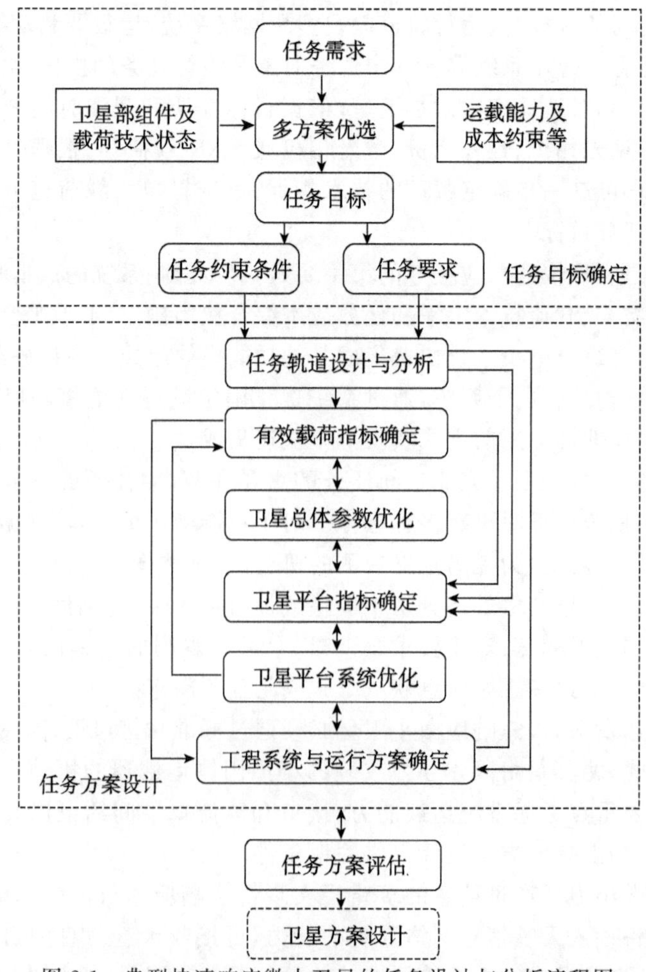

图 2-1 典型快速响应微小卫星的任务设计与分析流程图

2.1.1 任务目标确定

任务目标的确定是任务设计与分析的第一步，需要在任务需求基础上，综合考虑卫星部组件技术状态、有效载荷技术水平以及系统成本和运载能力等约束条件，折中多种可能方案给出。所确定的总体任务目标一般包含多个具体目标，对于快速响应微小卫星通常又包含一些由从属目标组成的“潜在任务”，有时这些任务可能具有更重要的意义。

由于航天系统的特殊性和各种约束条件的存在，对于快速响应微小卫星确定完全满足任务需求的任务目标是难以做到的，通常需要权衡各种任务需求的重要性，选择基于最小成本实现最大效益的任务目标。由于在任务目标确定过程中需要考虑的各种因素复杂，许多因素要受到国家政策和人为的影响，同时考虑到目前可供选择的有效载荷有限，因此，任务目标基本上还是在多方案优选基础上根据经验确定的。

2.1.2 任务要求和约束条件确定

在任务目标确定后，需要将其转换为任务性能和任务运行的定量要求和约束条件，其中主要考虑以下三个方面。

(1)功能要求：确定满足任务目标的功能和性能指标，主要包括卫星的重量和体积、载荷成像分辨率和幅宽、轨道覆盖特性、观测时间分辨率以及数据处理与传输的响应能力等技战术指标[4]。

(2)运行要求：确定完成任务目标所需的发射、运行管理以及与用户的接口等要求。对于单颗卫星主要包括发射条件、轨道维持要求、在轨寿命、自主运行管理和任务管理、数据处理的级别、支持的用户接口等；对于分布式卫星系统还包括空间部署的初始化、系统运行管理模式、相对轨道保持以及协同工作方式等。

(3)约束条件：主要包括系统成本与可靠性、研制进度以及限制设计者的其他技术约束，如考虑相互干扰的天线布置、光学部件的遮挡问题等。

对于系统要求和约束条件的确定，应从任务目标出发，还要结合成本与相关系统的技术可行性，并充分考虑相关指标的耦合影响，在任务设计过程中，对这些定量要求和约束条件进行必要的修正，以便以最小的成本实现系统任务目标。

2.1.3 影响任务设计与分析的主导因素

主导因素是指任务设计与分析的主要参数或特性，即影响系统性能、成本和进度，且设计人员可以主动控制的参数。正确地选择主导因素是影响任务设计优劣的关键，例如当系统性能主要受到数据传输速率影响时，便可以集中精力优化轨道的覆盖特性。

表 2-1 给出了快速响应微小卫星任务设计与分析的主导因素。主导因素的确定,部分取决于问题的物理性质和技术性质,部分取决于对飞行任务的各种限制和约束条件。对于一个具体的飞行任务,关键是如何确定那些可以主动控制和调整的要素。

表 2-1 典型快速响应微小卫星任务设计与分析的主导因素

主导因素	限制主导因素的项目	受主导因素限制的项目
卫星重量	部组件技术状态、运载能力和发射方式、轨道高度和倾角等	有效载荷重量、在轨机动能力、在轨寿命等
外形尺寸	运载器整流罩空间、气动干扰、天线以及敏感器安装要求等	有效载荷尺寸(包括相机孔径与天线孔径)等
能源	卫星重量、轨道特性、轨道与姿态控制以及成像与数传要求等	有效载荷和平台设计、在轨寿命、应用效能等
数传速率	数传系统的技术状态、天线尺寸、数据存储与处理能力	发送给用户的信息类型和容量、传输实时性要求
测控通信	覆盖范围、地面接收单元部署、天基信息网络系统可用性等	运行管理与控制能力、应用效能等
定位精度	卫星重量、成本、轨道与姿态确定以及控制能力等	成像质量、地理位置精度、系统总精度等
轨道特性	运载能力与发射方式、卫星重量、系统性能等	成像分辨率与幅宽、在轨寿命、覆盖特性、重访特性、数传机会等
覆盖特性(几何覆盖和时间覆盖)	轨道特性、任务需求、有效载荷视场和观测时间等	数传速率和连续性、轨道和姿态机动要求等
快速响应特性	运行管理与数据处理、轨道特性、能源、机动控制、数传能力等	发射方式、地面移动接收单元、应用效能等

在任务要求和约束条件确定后,基于所给出的影响任务设计与分析的主导因素,便可以进行任务方案的设计。

2.1.4 任务方案设计

快速响应微小卫星的任务方案设计主要包括:

(1)确定任务轨道;

(2)确定满足飞行任务的有效载荷性能指标;

(3)选择飞行任务运行方案,包括通信体系、飞行模式以及与地面系统的接口等;

(4)确定满足有效载荷、轨道和运行方案的卫星平台性能指标;

(5)确定与工程系统的接口方案。

系统的成本约束贯穿于任务方案设计的全过程，在任务设计与分析的流程图中没有体现。不同类型快速响应微小卫星的任务方案设计略有差别，本书以光学遥感微小卫星为例进行任务方案设计过程的说明。

任务轨道的确定需要通过轨道设计与分析过程给出，主要包括轨道类型选择、运行轨道设计、空间覆盖特性分析、特定目标观测机会分析、测控与数传机会分析以及轨道保持控制策略与方案设计等。该环节需要充分考虑运载器和发射方式的限制以及成本约束，同时需要综合考虑空间环境以及轨道维持所需燃料对于卫星寿命的影响。

有效载荷的性能指标主要包括质量和外形尺寸等物理参数、成像分辨率与幅宽等性能参数以及指向与控制精度、系统功耗、数据传输速率、遥控指令与遥测参数、载荷热控等技术要求。对有效载荷的综合分析涉及用户需求、任务轨道以及质量、功耗、指向与跟踪控制精度等指标在有效载荷和卫星平台之间的合理分配。有效载荷与任务轨道之间的权衡需要综合考虑轨道高度与成像分辨率和幅宽的关系，在较高的轨道上要获得相同的分辨率，需要采用较大的孔径和较高分辨率的相机，所需的成本也越高，同时也增加了发射成本；有效载荷与卫星平台之间的权衡则需要两者一体化参数优化设计，给出相关性能指标在两者之间的合理分配，将在 2.3 节中进行详细阐述。

飞行任务运行方案是指支持卫星进行通信和控制所需的运控模式，包括以下三个方面的内容：

(1)通信体系，主要包括地面固定站和移动接收单元的数量与分布、上下行链路、接入天基信息网络系统的接口、通信链路预算以及对中继卫星和地面接收单元的数传速率等。

(2)地面系统，主要包括现有设施或专用设施情况、发射和接收特性以及所要求的数据格式等。

(3)飞行任务运行管理，主要包括星上自主运行管理(含任务规划与管理)程度、星上综合信息处理程度、系统重构能力、任务注入方式、要求发送的必要指令以及数据分发的实时性要求等。

通信体系担任将有效载荷获取的信息与卫星遥测信息传输给地面接收单元的任务，必要时还应满足一些其他要求，如信道加密等。因此，在完成任务轨道与有效载荷确定之后，在确定卫星平台性能参数时，需要首先对通信体系进行设计，同时统筹考虑飞行任务运行与控制模式[5]。

确定满足有效载荷、任务轨道和任务运行方案的卫星平台性能指标是在上述任务设计的基础上，进行卫星平台的优化设计，给出卫星的系统组成、构型与布局、质量特性、寿命与可靠性以及各功能模块(包括软件构件)的特性参数。卫星的各功能模块为有效载荷提供指向、能源、管理、数据处理以及热控等服务,同时必须与飞行任务运行方案相兼容。

快速响应微小卫星在设计理念上与传统卫星有明显的区别,在任务方案设计过程中,需要采用柔性化平台的优化设计方法,以任务要求(性能、成本等)为目标,综合考虑任务约束、载荷、飞行任务运行方案以及工程系统接口等要求,对柔性化平台的各组成模块进行系统优化;继而以可重构的综合电子系统为核心,通过软件配置重构其接口,灵活适配其他功能模块与有效载荷,从而为基于软硬件一体化总线和软硬件模块即插即用的系统快速集成奠定基础。

在上述各环节设计与分析的基础上,最终确定工程系统的接口和飞行任务运行方案。工程系统接口主要包括与运载器和机动发射系统的接口、与天基信息网络系统的接口、与地面测控系统的接口以及与各类地面接收单元的接口等。

任务评估主要包括可行性评估、性能评估和应用效能评估。可行性评估在任务目标确定阶段进行,主要是基于卫星部组件与有效载荷产品体系的技术状态,在给定的成本和发射方式等约束条件下,确定任务目标是否可以达到。

性能评估和应用效能评估在任务方案确定后进行。性能评估主要是定量分析和仿真评估给定系统的主要性能指标,以及考虑其相互耦合情况下任务方案是否满足任务要求,如轨道覆盖特性、成像分辨率、能源平衡、控制指向精度和稳定度等;应用效能评估主要是定量分析系统满足飞行任务目标的程度。

快速响应微小卫星任务设计与分析的核心关键技术是任务轨道的设计与分析、面向载荷的平台参数优化以及任务评估,以下各节将对此进行重点研究。

2.2 快速响应微小卫星任务轨道设计与分析

快速响应微小卫星的任务轨道设计是任务方案设计阶段的首要工作,本节以对地光学遥感快速响应微小卫星为例,对其任务轨道设计与分析的过程和方法进行阐述。

2.2.1 任务轨道设计

2.2.1.1 任务对轨道的总体要求

在任务轨道设计与分析之前,首先给出任务对于轨道的总体要求如下。

(1)观测目标区域:东南沿海地区。

(2)目标重访周期:1 次以上/天。

(3)轨道高度范围:250~500km (小型运载器发射)。

(4)轨道倾角范围:低倾角轨道或太阳同步轨道。

(5)成像分辨率:优于 0.3m。

(6)卫星重量:500kg(其中有效载荷 185kg)。

(7)卫星寿命:6 个月。

2.2.1.2　任务轨道设计

以 TDI CCD 相机为遥感载荷的卫星,要求地面观测目标处于良好的光照条件,同时要求能够对同一目标进行多次重复观测。一般情况下,光学相机的高分辨率成像需要信噪比不小于 20dB,相机的工作时间应选取在星下点光照条件较适宜的时刻,太阳高度角应大于 20°。因此,在轨道设计过程中,需要重点考虑太阳矢量与轨道和地面目标之间的相互关系。

1. 满足观测机会要求的轨道选择

保证每天至少 1 次成像机会,可供选择的轨道有太阳同步圆轨道和低倾角轨道两种类型,采用 STK 轨道设计软件,分析给出满足观测机会要求的轨道,如表 2-2 所示。表中满足高度为 250～500km 约束条件的太阳同步轨道只有一条,其轨道高度为 268km。

表 2-2　满足观测机会的可选轨道列表

序号	轨道类型	高度/km	倾角/(°)	回归周期/天	过顶/(次/天)	成像机会/(次/天)
1	太阳同步轨道	268	96.56	1	2	1
2	低倾角圆轨道	450	38(可选)	4	3～4	1～3
3	低倾角圆轨道	400	38(可选)	4	3～4	1～3
4	低倾角圆轨道	350	38(可选)	7	3～4	1～3
5	低倾角圆轨道	300	38(可选)	7	3～4	1～3

对于低倾角轨道而言,其倾角选择应与所需观测目标的地理纬度相近。针对任务观测目标区域,表 2-2 中给出了倾角为 38°的四条低倾角轨道,均可以保证每天 3～4 次过顶、1～3 次成像,且不受回归周期特性的影响。由于该类型轨道的过顶次数和观测机会受轨道高度影响很小,因此轨道高度可从成像分辨率、成像幅宽和轨道寿命等方面综合权衡后确定。

低倾角轨道通常是快速响应微小卫星更为适宜的运行轨道,美国在 ORS-1 快速响应装备卫星中已经进行了成功应用[6]。

2. 轨道高度设计

考虑到目前的技术条件限制,高分辨率光学相机在轨道高度为 300～500km 区间变化时其性能指标如表 2-3 所示。图 2-2 给出了有效载荷相机重量和燃料消耗随轨道高度的变化情况。

表 2-3　高分辨率相机不同轨道高度的成像性能

方案	轨道高度/km	口径/mm	重量/kg	分辨率/m	幅宽/km	总数据率/Gbps
1	300	620	145	0.3	8.2	9.06
2	325	670	155	0.3	8.9	9.04
3	350	720	170	0.3	9.6	9.00
4	375	770	190	0.3	10.3	8.93
5	400	820	205	0.3	11.0	8.88
6	450	920	250	0.3	12.4	8.80
7	500	1020	320	0.3	13.7	8.72

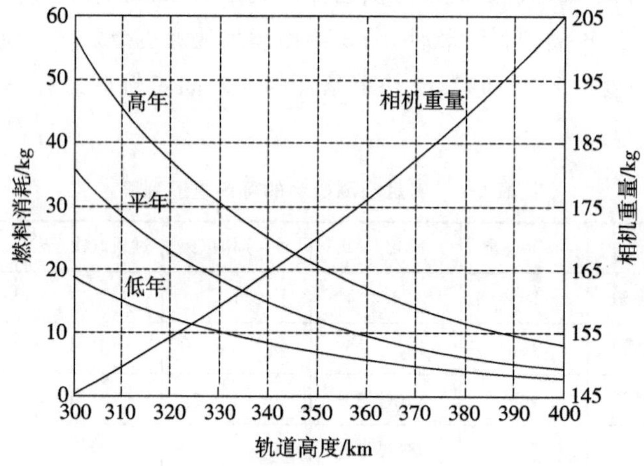

图 2-2　相机重量和燃料消耗随轨道高度变化情况

从表 2-3 可以看出，卫星轨道高度越低，相机重量越小，但幅宽也会显著降低。同时，从轨道保持的角度考虑，随着飞行轨道降低，轨道维持所需燃料也会急剧增加。因此，轨道高度不应低于 325km。

从图 2-2 可以看出，光学相机重量随高度增加总体呈指数上升趋势。在 300km 轨道时相机重量为 145kg，而在 350km 则变为 170kg，到 375km 时将超过 185kg 的限制。所以，在保证成像分辨率的情况下，轨道高度不应高于 375km。

3. 轨道维持对轨道高度的影响

由于卫星在轨寿命不低于 6 个月，以此可以计算轨道维持所需的燃料消耗量。表 2-4 给出了卫星处于不同轨道进行轨道维持所需要的燃料情况，其中假定卫星质量 480kg，迎风面积 4.4m^2，采用六个 1N 的推力器，比冲为 210s。

表 2-4　不同轨道高度燃料消耗情况(面质比 0.009)

序号	高度/km	高年(F10.7=160) 消耗量/kg	平年(F10.7=120) 消耗量/kg	低年(F10.7=80) 消耗量/kg
1	268	117.3	80.1	48.1
2	300	58.0	36.8	19.9
3	320	38.1	23.8	12.2
4	350	21.5	12.5	5.9
4	380	12.2	6.7	2.9
5	400	8.6	4.6	1.8

由表 2-4 可知,若采用 268km 的太阳同步轨道,为满足 6 个月的在轨寿命,所需燃料在太阳平年(2016 年)时将达到 80kg,考虑干重等因素,整个推进系统的重量将超出 500kg 微小卫星所能承受的范围。若选择 325km 以上的低倾角轨道,其燃料消耗量均小于 20kg。

因此,综合考虑成像分辨率、相机重量和燃料消耗等要素限制,适合任务的卫星轨道最终确定为倾角为 38°、高度为 350km 的低倾角圆轨道。

2.2.2　任务轨道特性分析

2.2.2.1　太阳光与轨道面夹角变化规律

针对上节给出的任务轨道方案,选择表 2-5 中的标称轨道参数,在 1 年时间内太阳光与轨道面之间夹角的变化规律如图 2-3 所示。

表 2-5　标称轨道参数

轨道参数	数值	备注
轨道半长轴	6728.14 km	350km 的轨道高度
交点周期	91.5 min	
轨道偏心率	0	
轨道倾角	38°	
升交点赤经	140°	
轨道纬度幅角	30°	2015 年 12 月 1 日 04:00 (UTCG)

由图 2-3 可见,在一年时间内太阳光与轨道面的最大夹角为 61.1°(2016 年 7 月 1 日),最小值−59.3 °(2016 年 1 月 15 日),满足光学成像的要求。

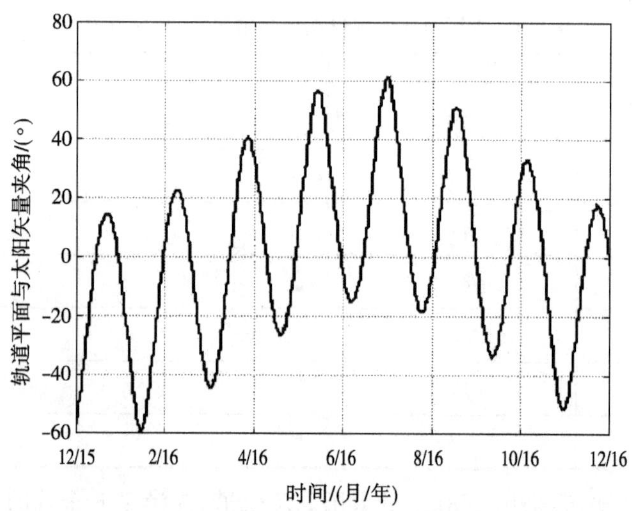

图 2-3 一年内太阳光与轨道面夹角的变化规律

2.2.2.2 轨道光照时间和地影时间分析

一年时间内对应的轨道光照时间变化规律如图 2-4 所示，由图可知，除了受到月球遮挡外，一年内每个轨道周期的光照时间基本一致，均在 57 分钟左右。

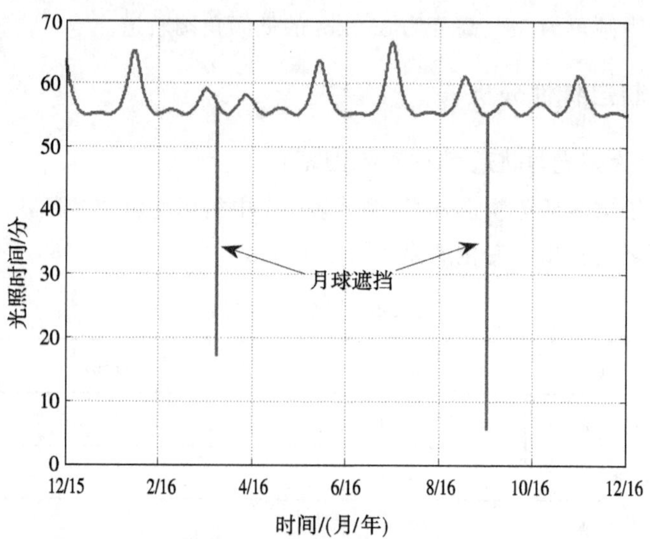

图 2-4 一年内轨道光照时间变化规律

图 2-5 给出了对应轨道的地影时间变化规律。由图可知，自 2015 年 12 月到 2016 年 12 月，每个轨道光照最短阴影时间为 24.9 分钟，受地球影响的最长阴影时间为 36.5 分钟，短期同时受地影和月影的影响(2016 年 3 月 9 日附近，连续三轨，第一轨 74.4 分钟，第二轨 64.7 分钟，第三轨 73.9 分钟；2016 年 9 月 1 日同时受地影和月影的影响，连续四轨，第一轨 86.0 分钟，第二轨 60.6 分钟，第三轨 75.3 分钟，第四

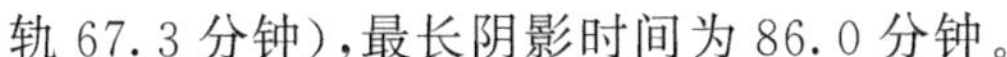

轨 67.3 分钟)，最长阴影时间为 86.0 分钟。

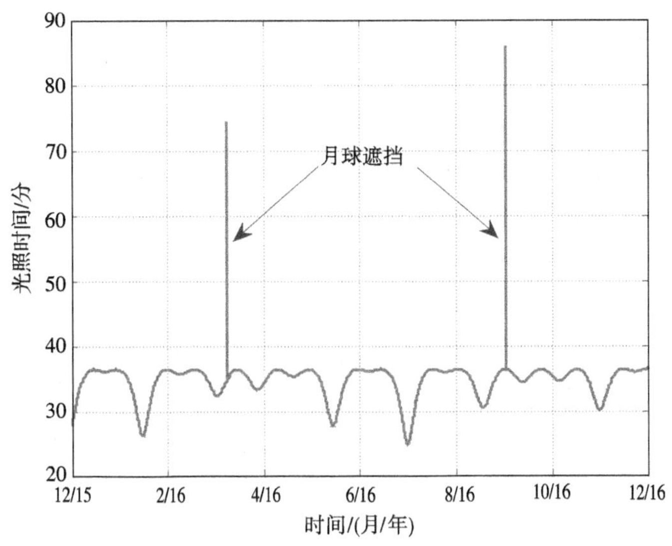

图 2-5　一年内阴影区时间变化规律

2.2.2.3　地面轨迹覆盖特性

任务轨道为 350km 的低倾角圆轨道没有回归特性，图 2-6 给出了 1 天内的地面轨迹覆盖情况，其中降交点地方时每天向西漂移 7.498°，降交点地方时间漂移周期为 48 天。满足太阳高度角约束的可成像时间约为 18 天，对确定的目标点 A，每天可观测次数为 1～4 次。

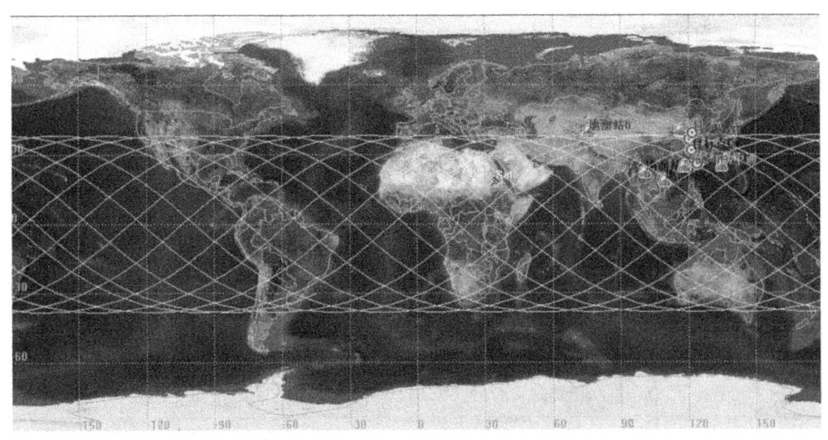

图 2-6　卫星运行一天的地面轨迹覆盖特性

2.2.2.4　特定目标观测机会分析

针对给定的任务轨道，分析 1 个月内对四个特定目标的观测机会，目标点 A(北纬 38.9°，东经 121.6°)、目标点 B(北纬 36.1°，东经 120.3°)、目标点 C(北纬 31.2°，东经 121.4°)、目标点 D(北纬 25.7°,东经 124°),要求太阳高度角大于 20°,侧摆角 45°。图 2-7 和图 2-8 给出第一天和七天内对特定目标观测的星下点轨迹,表 2-6 和表 2-7 给出了每次的观测时刻值和持续时间。

图 2-7　卫星第一天对特定目标观测的星下点轨迹

图 2-8　卫星七天内对特定目标观测的星下点轨迹

表 2-6　第一天对特定目标点的观测情况

目标点	次数	初始时刻(UTCG)	终止时刻(UTCG)	持续时间/s
目标点 A	1	2 Dec 2015 01:30:38.704	2 Dec 2015 01:32:17.538	98.834
	2	2 Dec 2015 03:06:50.689	2 Dec 2015 03:08:19.564	88.875
目标点 B	1	1 Dec 2015 04:19:28.316	1 Dec 2015 04:21:11.008	102.691
	2	2 Dec 2015 01:30:19.591	2 Dec 2015 01:31:53.516	93.924
	3	2 Dec 2015 03:06:36.937	2 Dec 2015 03:08:15.139	98.201
目标点 D	1	1 Dec 2015 05:57:32.824	1 Dec 2015 05:59:13.508	100.684

表 2-7　七天内对特定目标点的观测情况

目标点	次数	最长观测时间/s	最短观测时间/s	平均每次观测时间/s
目标点 A	5	101.475	73.541	88.909
目标点 B	9	102.691	81.640	94.543
目标点 C	6	103.914	13.274	75.001
目标点 D	6	100.684	28.053	71.002

下面分析一年时间内每天观测的情况。对目标点 A，2015 年 12 月仅能连续观测 3 天，太阳光受季节变化影响，2016 年 1 月可连续观测 14 天，从 2 月底开始可连续观测 18 天。从图 2-9 可看出，对纬度较高的目标点 A 和 B，每天观测次数为 2 次以上的机会较多；而对于纬度较低的目标点 C 和 D，每天观测次数为 2 次以上的机会很少。

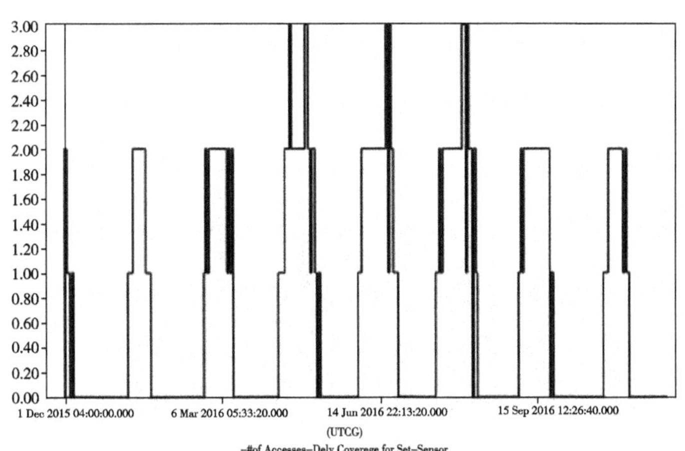

(a) 目标点A

(b) 目标点B

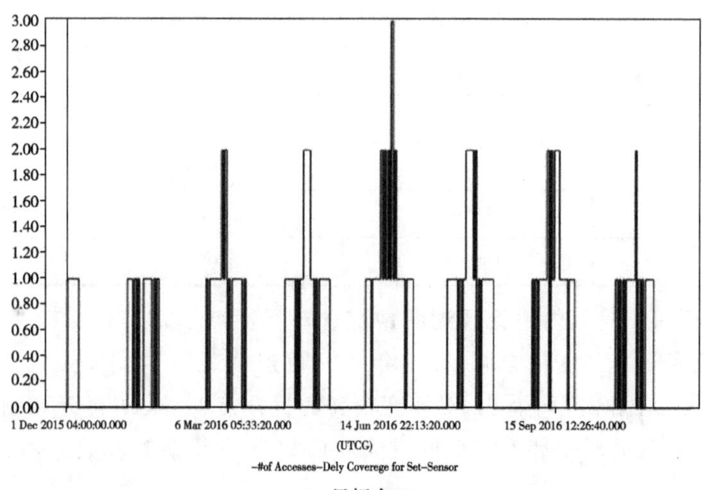

(c) 目标点C

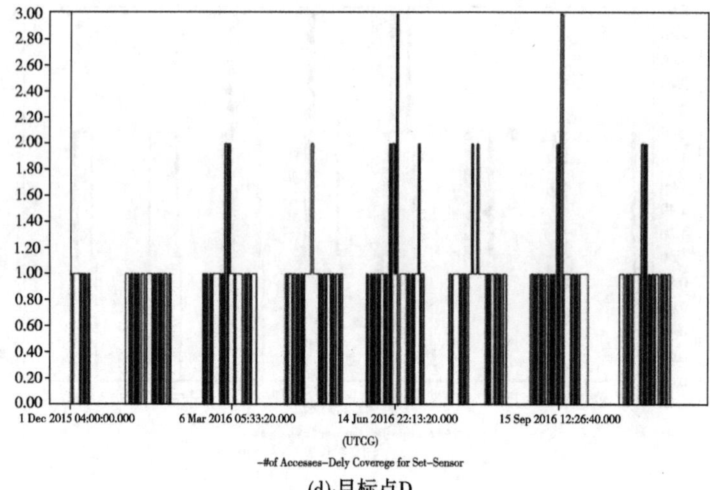

(d) 目标点D

图 2-9　一年内对特定目标的每天观测次数情况

2.2.2.5　数传与测控机会分析

1. 多站过顶情况

本节只分析固定地面站测控和数传的机会，对于移动接收单元可根据任务需要进行地面部署，以实现信息传输的实时性要求。

针对 2.2.1 节任务轨道设计要求，若选取地面站 a（北纬 39.9118°，东经 116.379°）、地面站 b（北纬 39.5°，东经 76°）、地面站 c（北纬 18.2588°，东经 109.493°）和地面站 d（北纬 21.9875°，东经 100.808°）四个地面站，则一天内过顶情况（仰角大于 5 °）如图 2-10 所示。

由图 2-10 可看出，每天每站各有 4～6 次测控机会，各站测控情况如表 2-8 所示。

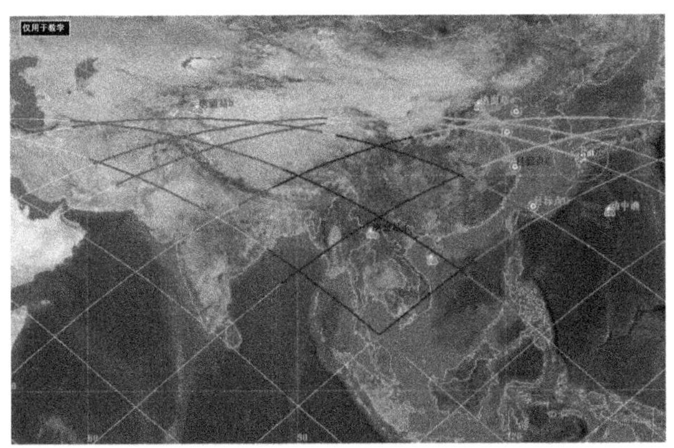

图 2-10　卫星运行一天过顶情况(多站)

表 2-8　卫星每天多站过顶时间统计

测控站	次数	总时间/s	最长时间/s	最短时间/s
地面站 a	5	2056.044	453.236	327.734
地面站 b	6	2093.650	457.366	84.776
地面站 c	5	1669.602	449.735	178.014
地面站 d	6	2020.931	455.376	259.983

2. 单站过顶情况

对于单个地面站,卫星每天基本有 5～6 次过顶机会。表 2-9～表 2-12 列出了卫星入轨第一天单站过顶的时间变化情况。一周内平均每天过顶时间(仰角大于 5°)约为 31.2 分钟、33.5 分钟、27.2 分钟、32.3 分钟。

表 2-9　第一天卫星过顶情况统计(单站:a)

次数	开始时间(UTCG)	结束时间(UTCG)	持续时间/s
1	1 Dec 2015 04:15:33.753	1 Dec 2015 04:22:57.010	443.257
2	1 Dec 2015 05:52:16.945	1 Dec 2015 05:57:44.679	327.734
3	1 Dec 2015 23:51:26.162	1 Dec 2015 23:57:46.968	380.806
4	2 Dec 2015 01:26:40.720	2 Dec 2015 01:34:11.730	451.010
5	2 Dec 2015 03:02:41.526	2 Dec 2015 03:10:14.762	453.236

表 2-10　第一天飞行器过顶情况统计(单站:b)

次数	开始时间(UTCG)	结束时间(UTCG)	持续时间/s
1	1 Dec 2015 04:07:18.649	1 Dec 2015 04:14:45.982	447.332
2	1 Dec 2015 05:43:17.248	1 Dec 2015 05:50:54.614	457.366
3	1 Dec 2015 07:19:29.717	1 Dec 2015 07:26:43.978	434.261
4	1 Dec 2015 08:56:41.900	1 Dec 2015 09:00:51.931	250.031
5	2 Dec 2015 01:22:02.749	2 Dec 2015 01:23:27.525	84.776
6	2 Dec 2015 02:54:48.395	2 Dec 2015 03:01:48.279	419.884

表 2-11 第一天卫星过顶情况统计(单站:c)

次数	开始时间(UTCG)	结束时间(UTCG)	持续时间/s
1	1 Dec 2015 05:54:07.632	1 Dec 2015 05:58:03.453	235.821
2	1 Dec 2015 07:28:49.239	1 Dec 2015 07:36:18.974	449.735
3	1 Dec 2015 09:07:00.479	1 Dec 2015 09:09:58.492	178.014
4	1 Dec 2015 22:10:41.906	1 Dec 2015 22:18:02.094	440.188
5	1 Dec 2015 23:47:32.479	1 Dec 2015 23:53:38.324	365.845

表 2-12 第一天卫星过顶情况统计(单站:d)

次数	开始时间(UTCG)	结束时间(UTCG)	持续时间/s
1	1 Dec 2015 05:51:26.461	1 Dec 2015 05:55:46.588	260.127
2	1 Dec 2015 07:26:28.740	1 Dec 2015 07:33:55.195	446.455
3	1 Dec 2015 09:03:37.228	1 Dec 2015 09:08:41.963	304.734
4	1 Dec 2015 22:11:08.187	1 Dec 2015 22:15:28.170	259.983
5	1 Dec 2015 23:45:24.986	1 Dec 2015 23:53:00.361	455.376
6	2 Dec 2015 01:23:15.982	2 Dec 2015 01:28:10.240	294.257

3. 采用北斗和中继卫星测控的情况

除了通过固定地面站外,快速响应微小卫星还可以通过北斗和中继卫星等天基信息网络系统进行数传和测控通信。表 2-13 和表 2-14 分别给出了采用北斗卫星和中继卫星天链 1-3 号时卫星一天内的测控情况。

表 2-13 采用北斗卫星的测控情况

北斗卫星	第一天		七天内	
	次数	总计/min	次数	每天平均/min
IGSO1	10	133.4	69	131.5
IGSO2	10	132.8	69	130.6
IGSO3	10	133.4	69	131.5

表 2-14 采用中继卫星的测控情况

中继卫星	第一天		七天内	
	次数	总计/min	次数	每天平均/min
天链 1 号	15	803.7	104	809.5
天链 2 号	15	821.0	104	808.0
天链 3 号	16	797.7	104	807.3

从上述分析可知,对于 38°的低倾角轨道,如果观测目标选择在东海区域,成像后需要下一轨经过地面站时才能下传数据,否则只能通过北斗卫星和中继卫星等

下传。

图 2-11 给出了高度为 350km、倾角为 142°、初始时刻升交点赤经为 340°、轨道纬度幅角为 0°(历元初始时刻为 2015 年 12 月 1 日 04:00 UTCG)的低倾角逆轨轨道一周内星下点轨迹覆盖情况，具有近似 1 天回归的特性。

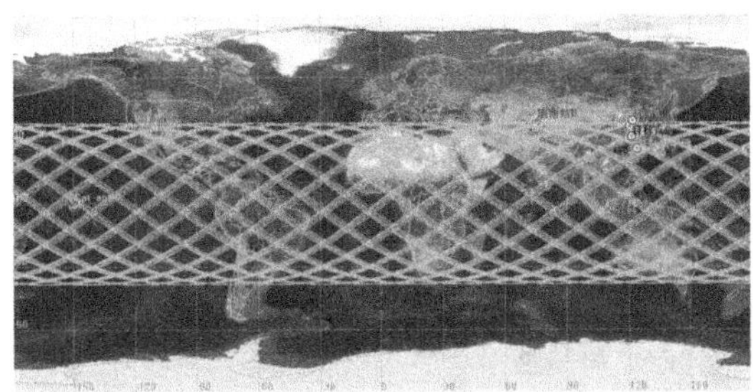

图 2-11　低倾角逆轨轨道七天内的星下点轨迹覆盖情况

4. 逆轨轨道对特定目标观测机会分析

采用逆轨轨道在 1 周内对四个特定目标，目标点 A、目标点 B、目标点 C、目标点 D 的观测机会见图 2-12 和图 2-13 所示，太阳高度角大于 20°，侧摆角 45°。表 2-15 和表 2-16 给出了对特定目标的观测时刻值。

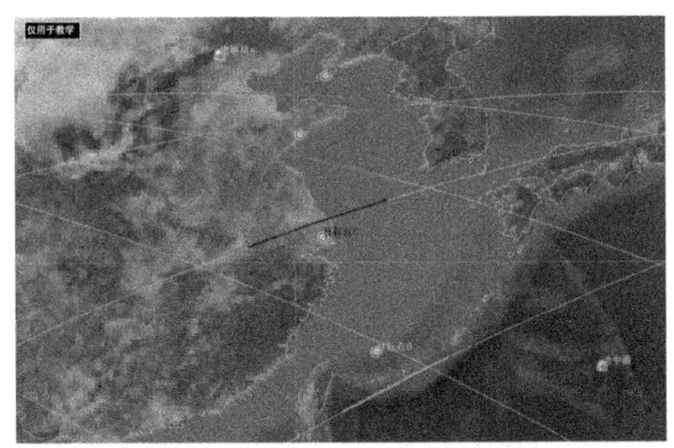

图 2-12　逆轨轨道卫星第一天对特定目标观测的星下点轨迹

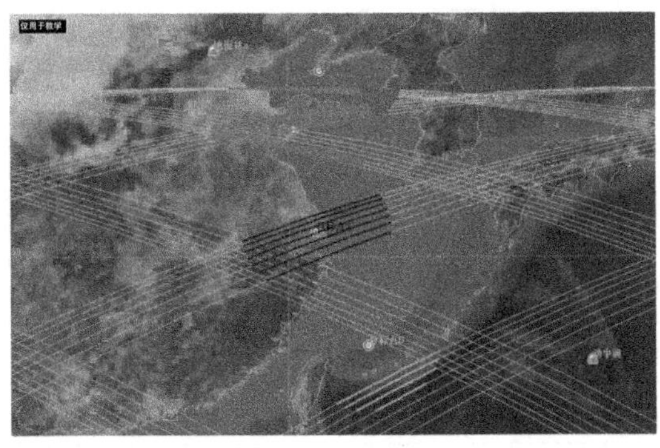

图 2-13　逆轨轨道卫星七天内对特定目标观测的星下点轨迹

表 2-15 逆轨轨道第一天对特定目标点的观测情况

目标点	次数	初始时刻(UTCG)	终止时刻(UTCG)	持续时间/s
目标点 A	1	1 Dec 2015 04:20:48.919	1 Dec 2015 04:22:19.025	90.106
	2	2 Dec 2015 03:14:01.189	2 Dec 2015 03:15:18.708	77.520
目标点 B	1	1 Dec 2015 04:21:08.701	1 Dec 2015 04:22:24.469	75.767
	2	1 Dec 2015 05:47:57.353	1 Dec 2015 05:49:27.583	90.231
	3	2 Dec 2015 03:14:16.232	2 Dec 2015 03:15:46.612	90.380
目标点 C	1	2 Dec 2015 01:47:29.095	2 Dec 2015 01:48:58.671	89.576
目标点 D	1	2 Dec 2015 00:20:43.747	2 Dec 2015 00:22:00.249	76.502

表 2-16 逆轨轨道卫星七天内对特定目标点的观测情况

目标点	次数	最长观测时间/s	最短观测时间/s	平均每次观测时间/s
目标点 A	12	90.560	58.184	80.059
目标点 B	16	92.613	71.915	83.792
目标点 C	7	92.100	84.333	89.862
目标点 D	4	76.502	38.943	60.872

5. 逆轨轨道测控与数传机会分析

对于单个地面接收站,卫星每天有 5～6 次过顶机会。表 2-17～表 2-20 列出了在一天内单站过顶时的变化情况。多站第一天过顶情况如图 2-14 所示。

表 2-17 卫星第一天过顶情况统计(单站:a)

次数	开始时间(UTCG)	结束时间(UTCG)	持续时间/s
1	1 Dec 2015 04:19:08.112	1 Dec 2015 04:25:57.247	409.135
2	1 Dec 2015 05:46:20.389	1 Dec 2015 05:52:58.814	398.425
3	1 Dec 2015 07:14:20.637	1 Dec 2015 07:19:30.825	310.188
4	2 Dec 2015 01:45:40.505	2 Dec 2015 01:50:59.690	319.185
5	2 Dec 2015 03:12:15.221	2 Dec 2015 03:18:53.075	397.854

表 2-18 卫星第一天过顶情况统计(单站:b)

次数	开始时间(UTCG)	结束时间(UTCG)	持续时间/s
1	1 Dec 2015 04:26:58.838	1 Dec 2015 04:32:55.493	356.654
2	1 Dec 2015 05:53:46.155	1 Dec 2015 06:00:31.170	405.015
3	1 Dec 2015 07:20:47.787	1 Dec 2015 07:27:38.066	410.279
4	1 Dec 2015 08:48:02.389	1 Dec 2015 08:54:36.783	394.394
5	1 Dec 2015 10:16:18.694	1 Dec 2015 10:20:55.089	276.395

表 2-19　卫星第一天过顶情况统计(单站:c)

次数	开始时间(UTCG)	结束时间(UTCG)	持续时间/s
1	1 Dec 2015 07:14:41.705	1 Dec 2015 07:17:48.533	186.828
2	1 Dec 2015 08:39:30.869	1 Dec 2015 08:46:11.235	400.366
3	1 Dec 2015 10:06:57.877	1 Dec 2015 10:12:35.072	337.195
4	2 Dec 2015 00:21:45.226	2 Dec 2015 00:28:21.436	396.210
5	2 Dec 2015 01:49:07.278	2 Dec 2015 01:54:33.744	326.466

表 2-20　卫星第一天过顶情况统计(单站:d)

次数	开始时间(UTCG)	结束时间(UTCG)	持续时间/s
1	1 Dec 2015 07:16:31.162	1 Dec 2015 07:20:20.452	229.290
2	1 Dec 2015 08:41:42.844	1 Dec 2015 08:48:18.459	395.614
3	1 Dec 2015 10:08:52.630	1 Dec 2015 10:14:59.178	366.548
4	2 Dec 2015 00:23:51.974	2 Dec 2015 00:28:29.372	277.398
5	2 Dec 2015 01:49:48.825	2 Dec 2015 01:56:31.107	402.281
6	2 Dec 2015 03:17:26.871	2 Dec 2015 03:22:14.712	287.840

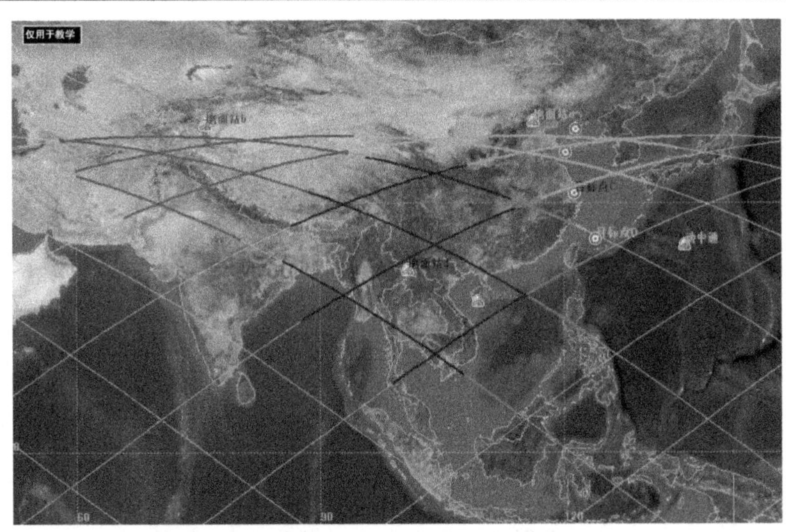

图 2-14　卫星逆轨轨道运行第一天过顶情况

对于给定的目标点 A,逆轨卫星在 12 月 1 日 04:20(UTCG 时间,下同)第一次成像,04:26 经过地面站 b 即可完成测控和数传;12 月 2 日 03:14 第二次成像,03:17 经过地面站 d 完成数传。对于目标点 B,在 12 月 1 日 04:21 第一次成像,04:26 经过地面站 b 数传;在 05:47 第二次成像,05:53 经过地面站 b 数传;在 12 月 2 日 03:14 第三次成像,03:17 经过地面站 d 数传。对于目标点 C,在 12 月 2 日 01:47 第一次成像,01:49 经过地面站 d 可完成数传。对于目标 D,在 12 月 2 日 00:20 第一次成像,00:21 经过地面站 c 可完成数传。

因此，采用逆轨轨道设计，快速响应微小卫星可以在成像后立即通过地面站进行数传，有利于提高信息快速响应的时间，可显著提高卫星的应用效能。

2.3 卫星总体参数优化设计

对于光学遥感类的快速响应微小卫星，任务载荷的成像质量是衡量任务设计优劣的一项重要指标。影响任务载荷成像质量的主要因素有：卫星在轨飞行速度（轨道高度、倾角决定）、地球自旋、卫星姿态角速度以及相机镜头焦距、安装精度和抖动影响等。如何在保证任务载荷成像质量的条件下，通过优化卫星系统的总体参数，设计出合理的飞行任务方案是任务设计的关键环节[7]。

2.3.1 卫星总体参数中运动因素对像移的影响

以线阵 CCD 光学相机为例，假设相机光轴指向垂直于地面，相机的曝光时间 t 很短，卫星飞行平稳，像点在图像上的运动近似为匀速直线运动。

2.3.1.1 卫星飞行速度产生的像移

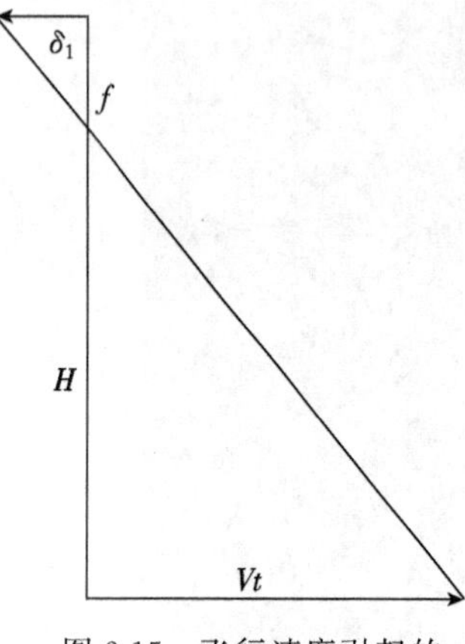

图 2-15 飞行速度引起的成像像移

卫星在轨飞行是其相对于地面最显著的运动，对像移的影响最大，其产生像移的原理如图 2-15 所示。图中 H 是卫星轨道高度，f 是相机的焦距，V 为卫星的在轨飞行速度，t 为曝光时间，δ_1 为观测目标在焦平面上的像移[8]。

$$\delta_1 = f\frac{Vt}{H} \tag{2-1}$$

由图 2-15 可知，δ_1 方向与卫星飞行方向相反，垂直于线阵 CCD 的行方向，如果取 $H=350\text{km}$，地球半径 $R=6371\text{km}$，$f=8\text{m}$，$t=5\times10^{-5}\text{s}$，CCD 像元大小 $a=8.75\mu\text{m}$，卫星轨道为圆轨道，则 $V=\sqrt{\frac{\mu}{H+R}}=7.7011\text{km/s}$，代入式(2-1)，求得 $\delta_1=8.8011\mu\text{m}$，约为 1 个像元单位。

2.3.1.2 卫星姿态运动产生的像移

卫星姿态运动产生像移的原理如图 2-16 所示。卫星稳定飞行时姿态角速度 ω 一般很小（小于 0.01°/s），而卫星距离地面高度 H 很大，所以可近似的认为图中的两个三角形为等腰三角形。卫星俯仰和滚动运动产生像移的方向分别垂直于线阵方向和平行于线阵方向，设为 δ_2、δ_3，俯仰角速度为 $\dot{\theta}$，滚动角速度为 $\dot{\varphi}$。由偏航姿态角速度 $\dot{\psi}$ 引起的像移量 $\delta=L\dot{\psi}t$，L 为像点距离偏航中心的距离，取偏航中心为线阵 CCD 的中心，则 L 最大为 $Na/2$，N 为线阵 CCD 的像元个数。由于 L 远小于相机的焦距

f，所以由偏航引起的像移极小，可忽略不计。

在曝光时间 t 内由姿态角速度引起的像移为

$$\left.\begin{aligned}\delta_2 &= f\dot{\theta}t \\ \delta_3 &= f\dot{\varphi}t\end{aligned}\right\} \tag{2-2}$$

如取 $\dot{\theta}=0.01°/\mathrm{s}=1.7452\times10^{-4}\ \mathrm{rad/s}$，得 $\delta_2=f\dot{\theta}t=6.9809\times10^{-2}\ \mu\mathrm{m}$，约为 0.008 个像元单位。

2.3.1.3　地球自转产生的像移

地球的自转导致卫星与地面目标之间的相对运动，产生像移的原理如图 2-17 所示。

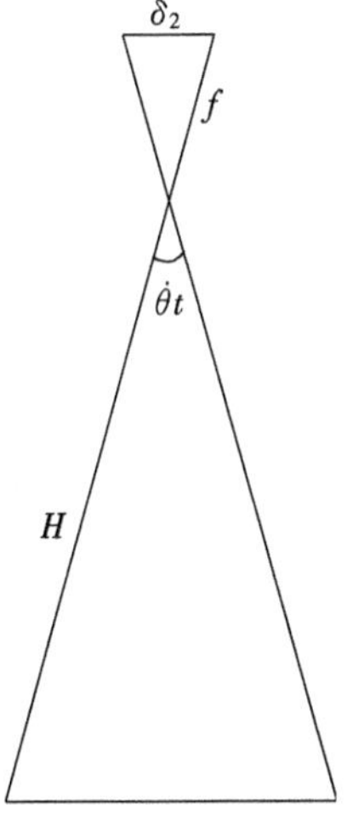

图 2-16　卫星姿态运动引起的像移

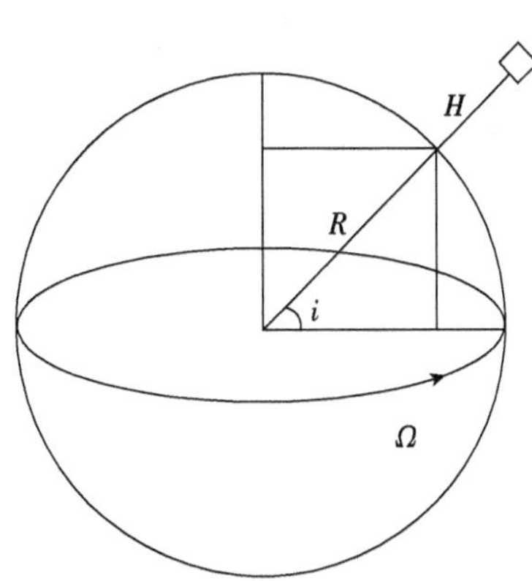

图 2-17　地球自转引起的像移

由地球自转引起的像移 δ_4 为

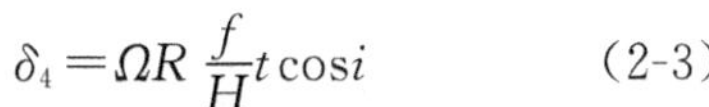

$$\delta_4=\Omega R\frac{f}{H}t\cos i \tag{2-3}$$

其中，$\Omega=7.27\times10^{-5}\ \mathrm{rad/s}$ 为地球自转角速度；i 为卫星成像时刻所处位置的地理纬度。取 $i=20°$，由(2-3)式算得由地球自转引起的像移 $\delta_4=0.4974\mu\mathrm{m}$，约为 0.06 个像元单位。

2.3.1.4　总像移量的计算与分析

由上述分析可得总像移的矢量合成图，如图 2-18 所示。卫星飞行速度导致的像移 δ_1 和由俯仰姿态角速度导致的像移 δ_2 方向一致，垂直于推扫方向，造成像点在图像上的纵向运动；δ_3 是由滚动姿态角速度引起的像点在图像上的横向运动；地球自转造成的像点在

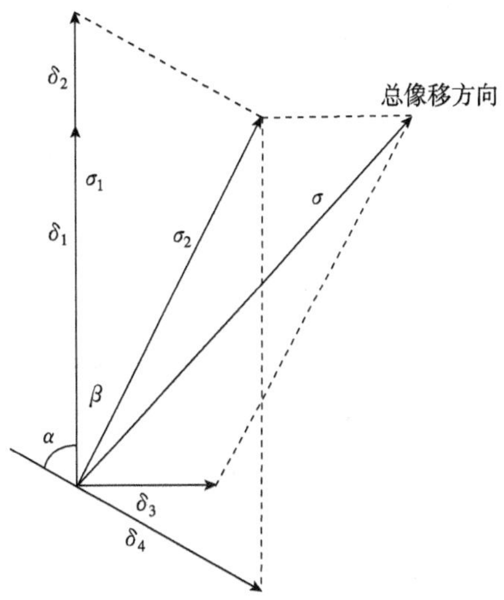

图 2-18　总像移矢量合成图

图像上像移 δ_4 方向与 δ_1 和 δ_2 的方向之间夹角为 α，等于轨道倾角。

$$\sigma_1=\delta_1+\delta_2 \tag{2-4a}$$

$$\sigma_2=\sqrt{\sigma_1^2+\delta_4^2-2\sigma_1\delta_4\cos\alpha} \tag{2-4b}$$

$$\beta=\arcsin\frac{\delta_4\sin\alpha}{\sigma_2} \tag{2-4c}$$

总像移量

$$\sigma=\sqrt{\sigma_2^2+\delta_3^2+2\sigma_2\delta_3\sin\beta} \tag{2-4d}$$

其方向与推扫方向的夹角

$$\gamma=\beta+\arccos\left(\frac{\sigma_2^2+\sigma^2-\delta_3^2}{2\sigma_2\sigma}\right) \tag{2-4e}$$

综上，由相对运动导致的总像移是诸多因素共同影响的结果。如果把其他因素都看作已经确定的量，那么总像移量 σ 就是轨道高度 H 以及卫星姿态角速度 $\dot{\theta}$ 和 $\dot{\varphi}$ 的函数。对于任务给定的成像分辨率要求，如果计算出总像移量，就可以方便地通过公式(2-5)给出 H、$\dot{\theta}$ 和 $\dot{\varphi}$ 的设计。

$$\left.\begin{aligned}
\delta_1 &= f\frac{Vt}{H}\\
\delta_2 &= f\dot{\theta}t\\
\delta_3 &= f\dot{\varphi}t\\
\delta_4 &= \Omega R\frac{f}{H}t\cos i\\
\sigma_1 &= \delta_1+\delta_2\\
\sigma_2 &= \sqrt{\sigma_1^2+\delta_4^2-2\sigma_1\delta_4\cos\alpha}\\
\sigma(H,\dot{\theta},\dot{\varphi}) &= \sqrt{\sigma_2^2+\delta_3^2+2\delta_3\delta_4\sin\alpha}
\end{aligned}\right\} \tag{2-5}$$

下面分别在固定一个变量的情况下，给出轨道高度和姿态角速度与总像移量的关系，其余参数取值见表 2-21。

表 2-21　已知参数列表

R	6371km	i	20°	f	8m
Ω	7.27×10^{-5}rad/s	α	38°	$\dot{\theta}$、$\dot{\varphi}$	0.001°/s
t	5×10^{-5}s	μ	398600.44km³/s²	H	350km

利用公式(2-5)，给出轨道高度在 100～1000km 区间变化时总像移量(以 CCD 像元大小 8.75μm 为单位)的变化曲线，如图 2-19 所示。

从图可知，轨道高度越低，像移量越大，且像移量随轨道高度的降低而变化加剧；轨道高度越高，像移量越小，且随轨道高度的增高变化趋于平缓。

利用公式(2-5)，给出姿态角速度 $\dot{\theta}$、$\dot{\varphi}$ 在(0.001～0.5°/s)变化时总像移量的变化曲线如图 2-20 所示。

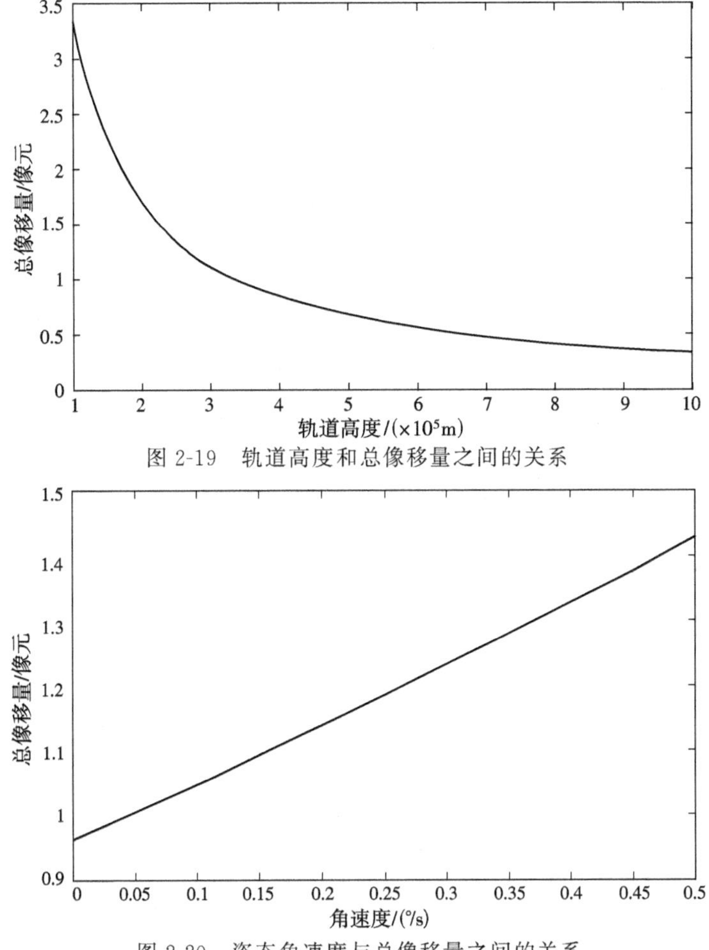

图 2-19　轨道高度和总像移量之间的关系

图 2-20　姿态角速度与总像移量之间的关系

从图中可以看出，像移量和姿态角速度的关系近似直线。姿态角速度影响像移的过程中，相机的焦距起着重要作用。而在整个成像过程中，CCD 成像的积分时间直接决定着像移量的大小。

2.3.2　相对运动对线阵 CCD 成像质量的影响

前面给出了相对运动造成像点在曝光时间内的像移情况，像移究竟对图像质量产生怎样的影响，可以通过图像模糊的调制传递函数(MTF)来表示。

这里只研究总像移矢量对像质的影响，其他运动，如高频振动等可以看作高斯模糊项。为了分析方便，设图像亮度模式为

$$i(x)=B_0+B_m\cos 2\pi f^* x(t) \tag{2-6}$$

没有相对运动的调制对比度为

$$MC_0=\frac{B_m}{B_0} \tag{2-7}$$

假定没有初始运动，且运动为匀速直线运动，则图像运动函数为

$$x(t)=\sigma(t) \tag{2-8}$$

则新的照度分布为

$$i(x,t)=B_0+B_m\cos 2\pi f^*\sigma(t) \tag{2-9}$$

任意点的曝光量正比于 t_e 时间内亮度的平均值

$$\begin{aligned}\overline{i(x,t)}&=\frac{1}{t_e}\int_0^{t_e}[B_0+B_m\cos 2\pi f^*\sigma(t)]\mathrm{d}t\\&=B_0+B_m\frac{\sin(\pi f^*\sigma(t_e))}{\pi f^*\sigma(t_e)}\cos(\pi f^*\sigma(t_e))\end{aligned}$$

图像运动的调制对比度为

$$MC_i=\frac{B_m\sin(\pi f^*\sigma(t_e))}{B_0\pi f^*\sigma(t_e)} \tag{2-10}$$

图像线性运动的调制传递函数 MTF 为

$$\mathrm{MTF}=\frac{MC_i}{MC_0}=\frac{\sin(\pi f^*\sigma(t_e))}{\pi f^*\sigma(t_e)} \tag{2-11}$$

当 $f^*=\dfrac{1}{\sigma(t_e)}$ 时，MTF＝0，此时的频率称为截止频率 $f_{\max}$。当 $f>f_{\max}$ 时，MTF>0，这种现象为伪分辨率。取像移量分别为 1CCD 像元、1.045CCD 像元、2CCD 像元、4CCD 像元、8CCD 像元，作出运动模数函数 MTF 与空间频率 f^* 的变化曲线，如图 2-21 所示。可以看出，MTF 随图像的像移量 σ 增加，其截止频率不断减小，这意味着图像模糊程度增加，分辨率降低。

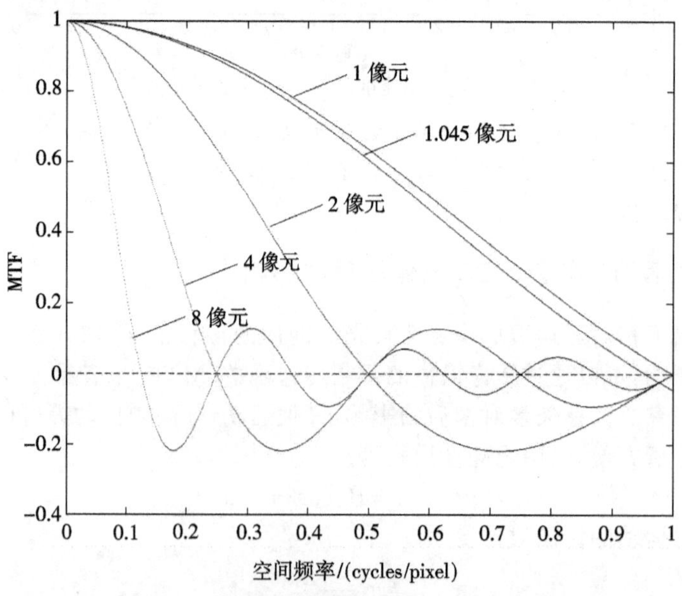

图 2-21　像移量对图像运动模糊 MTF 的影响

2.3.3 卫星总体参数对线阵 CCD 成像质量的影响分析

由上面的分析计算可以看出，在空间频率确定的条件下，图像运动模糊 MTF 是像移量 σ 的函数。又因为卫星的总体参数（轨道高度 H，姿态角速度 $\dot{\theta}$、$\dot{\varphi}$）影响像移量 σ，所以图像运动模糊 MTF 实质上是受卫星总体参数的影响。接下来研究总体参数与运动模糊 MTF 的关系。

这里依然把轨道高度和姿态角速度对运动模糊 MTF 的影响分开来研究。设空间频率 $f^*=0.1$，像元尺寸为 8.75μm，将总像移量表达式（2-4d）代入 MTF 的表达式（2-11），即可获得 MTF 与 H、$\dot{\theta}$、$\dot{\varphi}$ 的函数关系。

$$\left.\begin{aligned}
\delta_1 &= f\frac{Vt}{H} \\
\delta_2 &= f\dot{\theta}t \\
\delta_3 &= f\dot{\varphi}t \\
\delta_4 &= \Omega R\,\frac{f}{H}t\cos i \\
\sigma_1 &= \delta_1+\delta_2 \\
\sigma_2 &= \sqrt{\sigma_1^2+\delta_4^2-2\sigma_1\delta_4\cos\alpha} \\
\sigma(H,\dot{\theta},\dot{\varphi}) &= \sqrt{\sigma_2^2+\delta_3^2+2\delta_3\delta_4\sin\alpha} \\
\mathrm{MTF}(H,\dot{\theta},\dot{\varphi}) &= \frac{\sin(\pi f^*\sigma(t_e))}{\pi f^*\sigma(t_e)}
\end{aligned}\right\} \tag{2-12}$$

采用表 2-22 的取值和公式（2-12），给出轨道高度（100～1000km）与运动模糊 MTF 的关系如图 2-22 所示。可以看出，轨道高度越低，像移量越大，导致运动模糊 MTF 急剧下降；轨道高度越高，像移量越小，运动模糊 MTF 增大，且随轨道高度的增高变化趋于平缓。

表 2-22 已知参数列表

R	6371km	i	20°	f	8m
Ω	7.27×10^{-5} rad/s	α	38°	$\dot{\theta}$	0.001°/s
t	5×10^{-5} s	μ	398600.44km³/s²	$\dot{\varphi}$	0.001°/s
f^*	0.1cycles/pix	a	8.75μm	H	350km

利用同样的方法，设 $\dot{\theta}=\dot{\varphi}=\omega$，可给出姿态角速度（0.001～0.5°/s）与图像运动模糊 MTF 之间的关系，如图 2-23 所示。可以看出，运动模糊 MTF 的值随着姿态角速度的增大而减小。在姿态角速度为零时，MTF≈0.94，而不是 1，这是因为存在轨道高度导致的运动模糊。

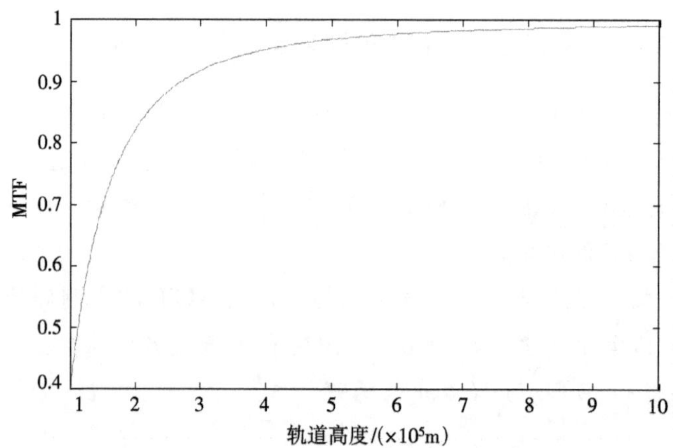

图 2-22　轨道高度对图像运动模糊 MTF 的影响

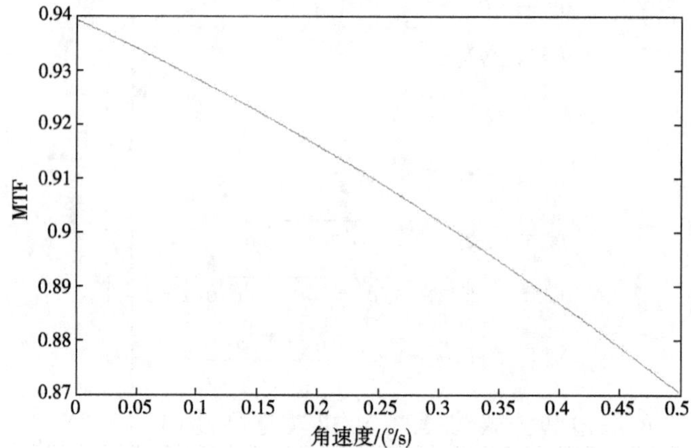

图 2-23　姿态角速度对图像运动模糊 MTF 的影响

2.3.4　卫星总体参数优化设计方法

从前面的分析可以得出这样的一个结论：卫星总体参数影响像移量，像移量影响运动模糊图像的质量(用调制传递函数表征)。将这两个过程逆向来看，如图 2-24 所示，如果事先给定图像由于运动模糊的降质程度，那么由像移和图像质量的关系就可以求出像移量的大小，继而根据卫星总体参数和像移的关系来优化设计卫星总体参数，以满足成像质量的要求。

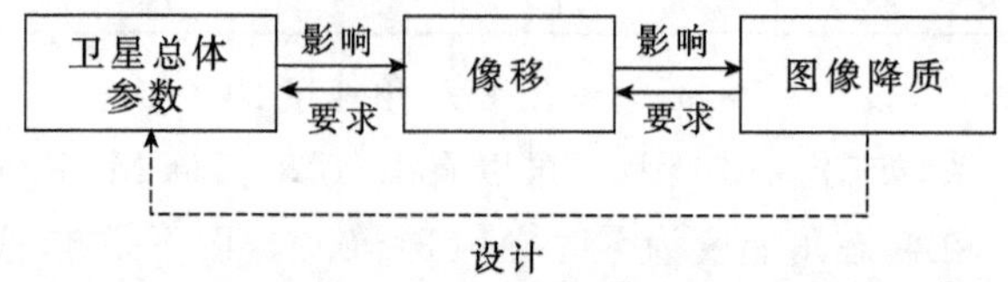

图 2-24　根据图像降质要求设计卫星总体参数的示意图

2.3.4.1　图像降质的描述方法

图像质量通常采用分级的方法进行描述，从图像中所提取的信息越多，图像质量的级别(NIIRS)越高。但是，由于 NIIRS 相邻两级之间的图像质量差别比较大，仅用整数级别来描述图像质量是不够精确的，也不能够描述图像质量的细微变化。因此，可把 ΔNIIRS 作为图像质量整数级别的小数部分，用来表述像质的细微变化[9]。

对遥感图像质量的级别(NIIRS)解释判定是人为判定的，所以像质的变化 ΔNIIRS 也需要人为判定。为了得到 ΔNIIRS 与像素模糊量 σ 的关系，首先根据像素模糊量 σ 对运动模糊成像模型的影响，选取一系列不同的 σ 值($\sigma_1,\sigma_2,\cdots,\sigma_N$)，运用模糊成像模型，在没有运动模糊原图像的基础上获取一系列不同模糊量为 σ 的 N 幅模糊图像。将这 N 幅模糊图像编号$(1,2,\cdots,N)$。选取 M 名($M>10$)有经验的图像判别专家，参照没有模糊的原图像，分别对这 N 幅模糊图像进行评判，给出对每幅模糊图像相对于原图像降质的 $\mathrm{NIIRS_{loss}}$ 值。这样，对每幅模糊量为不同 σ 的运动模糊图像可以得到 M 个 $\mathrm{NIIRS_{loss}}$ 数据，对 M 个 $\mathrm{NIIRS_{loss}}$ 数据作统计误差分析，取其平均值 $\overline{\mathrm{NIIRS_{loss}}}$ 作为对模糊图像降质程度的描述，同时给出 $\overline{\mathrm{NIIRS_{loss}}}$ 的误差 δ。经验表明，当 NIIRS 的变化 ΔNIIRS 小于 0.1 时，人眼感受不到图像质量的变化；当 ΔNIIRS 大于 0.1、小于 0.2 时，可以感受到像质的变化；当 ΔNIIRS 大于 0.2 时，像质会有明显的变化。

2.3.4.2　像质损失与像移的关系

根据图像降质的描述方法，可以给出像质损失与像移关系的经验公式。应用上面统计实例中的 N 个数据，($\sigma_1,\overline{\mathrm{NIIRS_{loss1}}}$)，($\sigma_2,\overline{\mathrm{NIIRS_{loss2}}}$)，…，($\sigma_N,\overline{\mathrm{NIIRS_{lossN}}}$)，拟合出一个二次多项式，并利用 $\overline{\mathrm{NIIRS_{loss}}}$ 的误差 δ 给出其上下界。通过大量的试验，可给出如下图像降质与像移之间关系的经验公式，

$$\mathrm{NIIRS_{loss}}=0.0031-0.0630\sigma-0.0059\sigma^2 \tag{2-13}$$

根据上式给出像质损失与像移关系的拟合曲线如图 2-25 所示。

2.3.4.3　基于像质损失的卫星总体参数设计

根据经验公式(2-13)，求其反函数 $\sigma(\mathrm{NIIRS_{loss}})$，舍去 σ 的负值，得

$$\sigma(\mathrm{NIIRS_{loss}})=\frac{-0.0630+\sqrt{0.0040-0.0236\times\mathrm{NIIRS_{loss}}}}{0.0118} \tag{2-14}$$

根据式(2-14)，对应 $\mathrm{NIIRS_{loss}}$ 在像质降低上给人眼的直观感觉，当像移量 σ 小于 1.4418 像素时，人眼感受不到图像质量的变化；当 σ 大于 1.4418 像素且小于 2.5938 像素时，人眼可以感受到像质的变化；当 σ 大于 2.5938 像素时，人眼感觉运动模糊图像的像质有明显的变化，因此可以视为是模糊图像像移量 σ 的最大容许量。

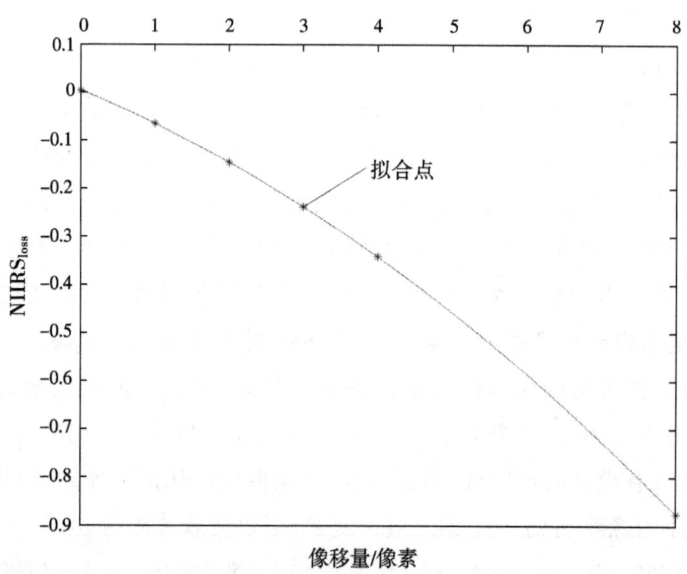

图 2-25 像质损失与像移量关系的拟合曲线

根据卫星总体参数(H,ω)与像移量σ之间的关系公式(2-5)，即可以设计轨道高度以及卫星角速度的控制精度。

在选择轨道高度H时，假定其他参数(包括地面采样距离GSD)全部取定。由公式(2-5)可以求出H关于σ的反函数$H(\sigma)$，这是一个复杂过程，为设计方便可以直接采用公式(2-5)，公式(2-14)代入式(2-5)，即可得到轨道高度H关于降质损失$NIIRS_{loss}$的函数$H(NIIRS_{loss})$，如公式(2-15)所示。

$$\left.\begin{aligned}
&\delta_1 = f\frac{Vt}{H}\\
&\delta_2 = f\dot{\theta}t\\
&\delta_3 = f\dot{\varphi}t\\
&\delta_4 = \Omega R\frac{f}{H}t\cos i\\
&\sigma_1 = \delta_1 + \delta_2\\
&\sigma_2 = \sqrt{\sigma_1^2 + \delta_4^2 - 2\sigma_1\delta_4\cos\alpha}\\
&\frac{-0.063 + \sqrt{0.004 - 0.0236 \times NIIRS_{loss}}}{0.0118} = \sqrt{\sigma_2^2 + \delta_3^2 + 2\delta_3\delta_4\sin\alpha}
\end{aligned}\right\} \tag{2-15}$$

采用表2-22中的参数取值，GSD固定，利用公式(2-15)，可以给出H与图像降质损失$NIIRS_{loss}$的关系曲线，如图2-26所示。

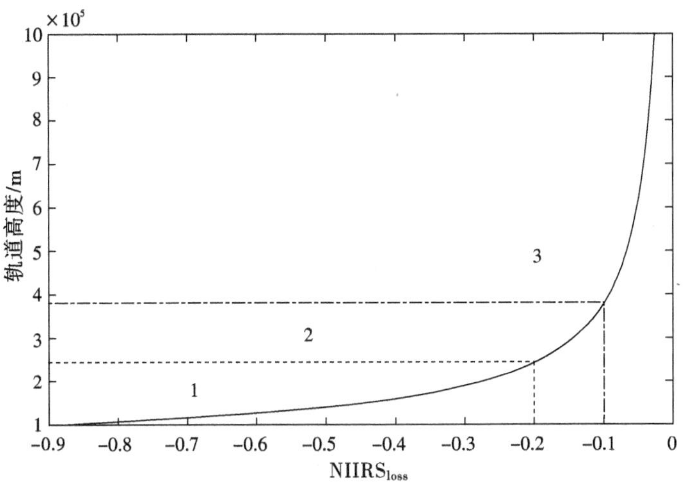

图 2-26　图像降质与轨道高度的关系曲线

图中曲线上对应($NIIRS_{loss}=-0.2, H=241km$)和($NIIRS_{loss}=-0.1, H=377km$)的两点,将整条曲线分为三个部分。当卫星轨道高度处于 3 区域(即 $H\geqslant 377km$)时,人眼几乎感觉不到由于轨道高度造成的图像运动模糊。因此,在对卫星进行设计时,在其他参数给定的条件下,为了保证不让人眼感觉到图像质量的运动模糊,卫星的轨道高度应大于 377km。当卫星轨道高度处于 2 区域($241km\leqslant H\leqslant 377km$)时,人眼可以感受到图像像质的变化,快速响应微小卫星基本上采用该区域的轨道,因此,分析图像质量的运动模糊对于轨道高度的设计极其必要;当卫星轨道高度处于 1 区域($H\leqslant 241km$)时,人眼感觉到运动模糊图像的像质明显下降,这是不被容许的。所以,如果快速响应微小卫星采用该区域的轨道,必须提高相机的曝光时间。

在确定卫星姿态角速度时,假定 $\dot{\theta}=\dot{\varphi}=\omega$,其他参数(包括地面采样距离 GSD)全部取定。由方程组(2-15),得到 ω 关于 σ 的函数为

$$\omega(\sigma)=\frac{\delta_4(\cos\alpha+\sin\alpha)-\delta_1+\sqrt{(\delta_1-\delta_4\cos\alpha-\delta_4\sin\alpha)^2-2(\delta_1^2+\delta_4^2-2\delta_1\delta_4\cos\alpha-\sigma^2)}}{2ft} \tag{2-16}$$

将公式(2-5)代入式(2-16),求解关于 $NIIRS_{loss}$ 的 ω 表达式,得到姿态角速度 ω 关于图像降质损失 $NIIRS_{loss}$ 的函数如下。

$$\omega(NIIRS_{loss})=\frac{\delta_4(\cos\alpha+\sin\alpha)-\delta_1}{2ft}+\frac{\sqrt{(\delta_1-\delta_4\cos\alpha-\delta_4\sin\alpha)^2-2\left(\delta_1^2+\delta_4^2-2\delta_1\delta_4\cos\alpha-\left(\frac{-0.0630+\sqrt{0.0040-0.0236\times NIIRS_{loss}}}{0.0118}\right)^2\right)}}{2ft} \tag{2-17}$$

采用表 2-22 中的取值，根据公式(2-17)给出 ω 与 $NIIRS_{loss}$ 关系的曲线如图 2-27 所示。

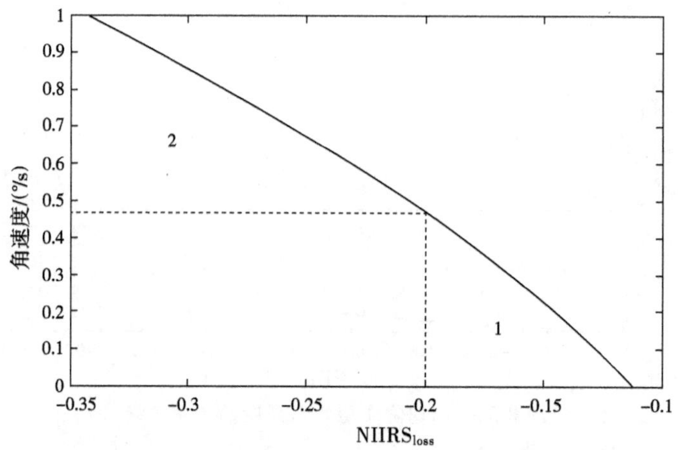

图 2-27 图像降质与姿态角速度的关系曲线

注意到图 2-27 中无论角速度如何取值，$NIRS_{loss}$ 的值均无法大于－0.1，这意味着在该曝光时间无法获得使人眼感觉不模糊的图像，因此，如果不改变轨道高度，就必须减少相机的曝光时间。

在轨道高度为 350km 时，选取不同的相机曝光时间，得到图像降质与角速度的关系如图 2-28 所示。可以看到在曝光时间 $t \leqslant 4.6\times10^{-5}$ s 时，$NIRS_{loss}$ 存在大于－0.1 的区间，可以通过合理选取角速度值达到使图像不模糊的目的；当 $t > 7.3\times10^{-5}$ s 时，$NIRS_{loss}$ 取值恒小于－0.2，这意味着无论如何选取角速度值均无法达到人眼对于运动模糊图像降质的最低要求，因此，相机曝光时间应小于 7.3×10^{-5} s。

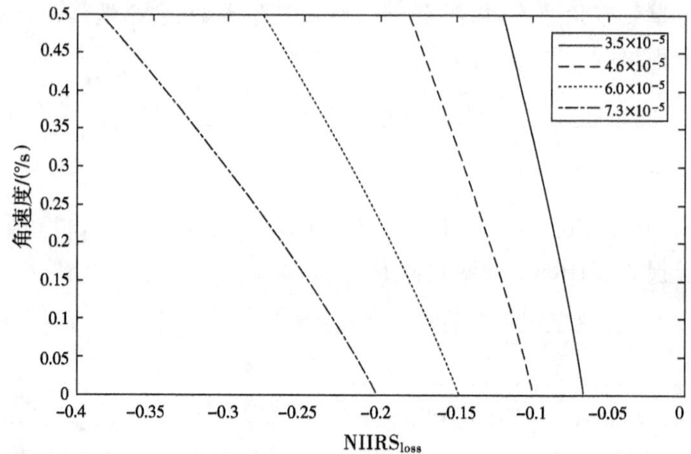

图 2-28 不同曝光时间下图像降质与角速度关系曲线

为此，给出角速度 $\omega = 0.001°/s$、轨道高度 $H = 350km$ 条件下曝光时间与 $NIIRS_{loss}$ 的关系曲线，如图 2-29 所示。

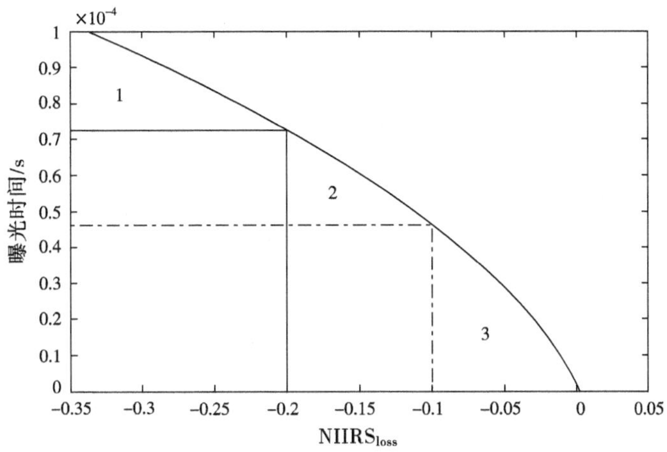

图 2-29　图像降质与曝光时间的关系曲线

图中曲线上对应（$NIIRS_{loss} = -0.2$，$t = 7.3 \times 10^{-5}$ s）和（$NIIRS_{loss} = -0.1$，$t = 4.6 \times 10^{-5}$ s）的两点，将整条曲线分为三个部分。当相机曝光时间取值处于 3 区域（即 $t \leqslant 4.6 \times 10^{-5}$ s）时，人眼几乎感觉不到图像运动模糊，因此，在其他参数给定的条件下，为了保证不让人眼感觉到图像质量的运动模糊，相机的曝光时间应小于 4.6×10^{-5} s。当曝光时间取值处于 2 区域（4.6×10^{-5} s$\leqslant t \leqslant 7.3 \times 10^{-5}$ s）时，人眼可以感受到图像像质的变化，此时应尽量提高轨道高度或姿态角速度的控制精度；当曝光时间取值处于 1 区域（$t \geqslant 7.3 \times 10^{-5}$ s）时，运动造成的图像像质明显下降，任务设计中应避免出现该情况。

2.4　任务方案评估

任务方案评估是指对任务设计阶段给出的设计方案进行系统仿真和性能评价，其目的是评估方案是否满足任务目标的总体要求。任务方案评估通过在系统级层面上对快速响应微小卫星各功能系统的关键性能指标进行系统仿真和定量分析，对相互耦合的性能指标进行综合权衡，以此给出最大限度满足任务目标的任务设计方案。

在任务方案设计阶段，首先根据任务要求和约束条件，结合任务轨道设计与分析确定有效载荷的主要性能指标，继而通过面向载荷的总体参数优化，给出了卫星控制系统的主要性能指标，在此基础上，可根据小型运载器发射能力、整流罩内有效空间以及载荷与平台部组件的技术条件限制，结合任务响应时间与测控通信要求，设计给出卫星重量、体积、功耗、综合电子、数传、推进、电源等其他性能参数，最终确定卫星飞行方案。

对于任务方案设计阶段确定的上述总体性能参数，还需要在系统级层面上对相互耦合的参数进行综合权衡，如太阳帆板面积与蓄电池容量、卫星结构构型与姿态控制精度、多模式成像要求与姿态机动控制能力、电源系统功率与成像和数传实时性的要求、综合电子系统数据处理与数传速率的要求等。因此，只有通过全系统的仿真才能最终确定所设计的方案和性能指标是否满足任务目标要求或满足任务目标的程度[10-12]。

2.4.1 任务方案仿真评估系统

针对快速任务分析与评估的要求，必须建立一个功能较为完备的全系统任务仿真平台，在形成任务设计方案后，通过该平台快速构建一个任务仿真系统，对任务方案确定的性能指标进行仿真评估，图 2-30 给出任务仿真平台的总体构架。

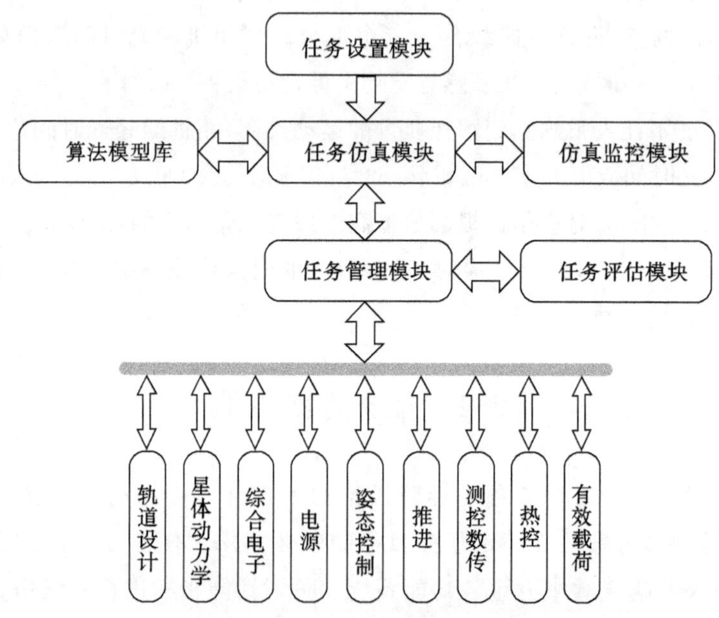

图 2-30 快速响应微小卫星任务仿真平台构架

任务设置模块：该模块在 Matlab 仿真软件基础上开发建立。通过选择不同的仿真模式设定仿真任务，可以选择全系统的任务仿真模式，也可以选择单一任务的仿真模式，如针对姿态测量与控制精度的仿真、电源系统功率平衡的仿真等。设定仿真模式后，通过填写参数表的形式输入仿真初始条件，模块自动形成统一的数据格式输入给任务仿真模块。

任务仿真模块：该模块基于 Matlab 仿真软件建立，是任务仿真平台的主体。针对任务设置模块输入的任务仿真模式，通过任务管理模块从各功能系统的仿真模型库或数据库中调用相应的系统模型或数据，如姿态测量与控制精度的仿真需要调用轨道设计模块的空间扰动模型、星体动力学模块的刚体或柔性星体动力学模型、姿态控制模块的姿态测量敏感器模型、控制执行机构模型以及控制器模型等；在算法数据库中调用相应的滤波算法；采用任务设置模块输入的仿真初始条件进行相应的任务仿真。

仿真监控模块：该模块基于 Matlab 仿真软件建立，用于任务仿真的进程控制和数据结果的显示与输出。其中进程控制可以通过输入带参指令的方式动态改变仿真的变量取值，采用人机对话的形式提高仿真的效率；数据显示方式包括三维动态画面显示与实时曲线显示，具有仿真数据的灵活调用、存储和查询功能。

算法模型库：基于 Matlab 仿真软件建立各种通用的算法程序或模块，可供任务仿真调用。主要包括：坐标转换算法、物理量不同表述形式的转换算法、优化算法、滤波器算法以及各种故障模拟算法等。其他涉及各功能系统的专有算法存放在各功能模型库中。

任务管理模块：基于 Matlab 仿真软件建立，主要完成任务仿真过程的时统管理、当前任务仿真模式需要的各功能系统模型与数据的确认和调用、各功能系统模型与数据接口的转换（主要包括 STK 与 Matlab 接口转换、Synopsys 与 Matlab 接口转化以及 SINDA 与 Matlab 数据格式、NASTRAN 与 Matlab 数据格式、Fluent 与 Matlab 数据格式转换等）等。该模块的另一主要功能是集成主要性能指标的仿真结果，输入给任务评估模块，对当前任务进行定量分析和评价。

任务评估模块：建立任务评估的准则和定量分析模型，对任务仿真结果进行分析，与任务要求的性能指标进行对比，确定其实现情况和完成程度，给出定量评估结果。

各功能系统模块：包括轨道设计、星体动力学、综合电子、电源、姿态控制、推进、测控数传、热控与有效载荷模块。这些功能模块也是快速响应微小卫星方案设计阶段进行卫星总体方案以及关键技术指标仿真验证的重要组成部分。

表 2-23 给出各功能仿真系统包含的仿真模型。这些仿真模型采用通用方式建模，仿真时通过填写参数表的形式进行模块配置。模块除具有自身的功能特性外，还具有功率模拟特性，在电源功率仿真和热控功能仿真等过程中提供系统的实时功率。

表 2-23　各功能仿真系统包含的功能模型

功能系统	仿真模型库	功能模型
轨道设计	轨道模型库	回归轨道模型、低倾角轨道模型、冻结轨道模型、太阳同步轨道模型以及太阳同步回归冻结轨道模型等
	轨道确定算法模块库	GPS 定轨模型、日地月自然信息定轨模型、轨道递推算法模型等
	轨道机动算法模块库	脉冲推力机动模型、有限推力机动模型等
	空间环境模型库	地磁场模型、气动力矩模型、太阳光压力矩模型、重力梯度力矩模型、剩磁干扰力矩模型等
	天体时空关系模型库	太阳矢量模型、月球矢量模型、高精度地球模型、恒星星历表等
姿态控制	算法模型库	各种姿态确定算法模型、各种姿态控制器模型等
	数据转换接口模型库	各种 A/D、D/A、串行接口等转换误差、量化误差模型等
	姿态敏感器模型库	太阳敏感器、地球敏感器、星敏感器、陀螺、加速度计、磁强计模型以及敏感器故障模型等
	控制执行机构模型库	反作用飞轮、偏置动量轮、磁力矩器、控制力矩陀螺模型以及执行机构故障模型等
推进	推进执行机构模型库	包括各种推进发动机模型、喷气推力器模型、等离子推进以及其他电推进仿真模型、储箱压力/流量/消耗模型、扰动力计算模型等
	推进控制器模型库	各种推进控制算法模型、燃料消耗计算模型以及控制器故障仿真模型等
综合电子	硬件模型库	智能核心单元模型、可重构模块模型、高速数据路由器模型以及系统总线模型等
	飞行软件构件库	各种功能软件构件
电源	太阳电池阵模型库	串并联太阳电池阵计算、电池阵温度计算、电池阵 *I-V* 曲线计算、工作环境影响特性、输出功率计算模型等
	蓄电池模型库	各种蓄电池仿真模型
	电源控制模型库	蓄电池充放电控制、分流控制算法模型等
热控	热控组件模型库	各种热控部组件特性模拟模型
星体动力学	星体动力学模型库	刚体动力学、偏置动量刚体、星体运动学模型等
	挠性部件模型库	各种挠性帆板、天线模型、各种液体晃动等效模型等
	部件驱动机构模型库	各种部件驱动机构模型
	仪器安装矩阵模型库	各种仪器设备的安装矩阵模型
测控数传	测控通信部件模型库	各种天线、星上收发信模拟模型等
	测控通信功能模型库	星地/星间通信链路仿真模型、通信协议仿真模型以及数据压缩仿真计算模型

2.4.2　任务仿真评估的流程和实例

快速响应微小卫星的任务仿真评估是对任务方案中影响任务性能的主导因素进行仿真验证,评估其满足总体任务目标的程度。任务仿真评估的主导因素视卫星任务的情况有所不同,但核心的内容基本不变,主要包括:任务轨道的覆盖特性及测控与数传机会分析、卫星姿态控制指标仿真分析、能源平衡情况分析、轨道寿命与燃料消耗分析以及卫星重量、体积、功耗与成本分析等,其流程如图 2-31 所示。

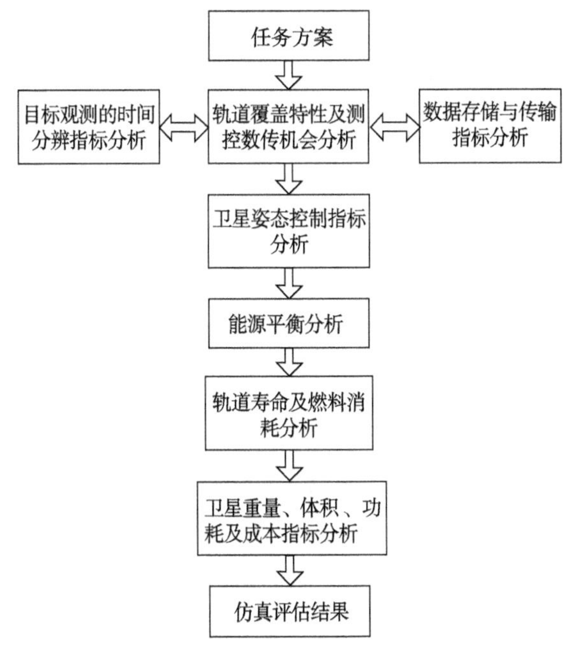

图 2-31　任务仿真评估流程示意图

下面基于 2.4.1 节建立的任务仿真平台,对某高分辨率光学遥感快速响应微小卫星的任务仿真分析过程进行阐述。

2.4.2.1　轨道覆盖特性及测控数传机会分析

轨道的覆盖特性与测控数传机会分析主要包括任务轨道对目标的覆盖能力分析、重复观测次数分析、测控数传的机会分析以及数据存储、传输的指标分析,其中前三个方面的分析过程已经在 2.2.2 节进行了阐述,本节只给出固存容量与数传码速率的分析过程。

若相机系统的传输速率为 10Gbps,采取源码记录、压缩数传的方案,则相机到数传系统的数据速率为 10Gbps。依据所选择的 38°低倾角轨道,每天最多可成像三次,按每次成像 2 分钟计算,存储器至少需要存储三次成像的数据,因此存储器容量应为 3.6Tbit,考虑到数据打包的效率,可选择容量为 3.84Tbit(480GByte)的存储模块。

若采用四个地面站接收数据，每天数传时间约为53分钟，数据按照2∶1的压缩比压缩后数传，考虑传输效率后，至少需要755Mbps的传输速率才能将三次成像的数据全部下传。因此，选择单通道传输速率为450Mbps/双通道为900Mbps的数传通道配置，满足任务对数传系统的要求。

考虑到战术应用的灵活性，图像数据可采用动中通传输通道进行下传。目前，地面动中通天线的传输速率为75Mbps，数据2∶1压缩后，43秒可完成一景(10km×10km)原始图像的下传，满足任务基本要求。

若采用中继数传，考虑到体积、功耗等因素，只能选择小型中继。目前较小的中继数传系统单通道数传能力为10Mbps，按照使用一个中继星进行数传计算，则平均每轨可数传时间约50分钟，每轨下传图像不小于2景；若采用2∶1压缩后数传的方案，12分钟内即可下传1景的图像数据，满足任务基本要求。

2.4.2.2 能源平衡分析

卫星任务载荷的长期功率为100W，短期功率为370W，工作时间2分钟；对地或对中继卫星的数传任务短期功耗为434W，工作时间约为12分钟；卫星采用大飞轮进行整星快速姿态机动，该模式下系统长期功耗达410W，短期功耗达606W，工作时间约为1分钟；整星长期功耗281W。卫星成像及数传阶段采取对地定向姿态控制模式，此时太阳电池阵的光照条件较差，主要依靠蓄电池供电；卫星轨道阴影区时间长达35.6分钟。

基于上述能源需求，卫星选用效率为28%的三结GaAs太阳电池阵，其有效面积设计为3.26m^2，配置两组(每组20Ah)锂离子蓄电池组[13]。

任务仿真结果表明，整星在对日定向模式下太阳电池阵的输出功率大于848W(夏至、寿命末期)；卫星成像及数传任务期间，蓄电池的最大放电深度为35%，寿命末期三个轨道周期内可实现能量平衡，满足总体任务目标要求。

2.4.2.3 姿态控制指标分析

卫星环境干扰力矩主要有气动力矩、剩磁力矩、重力梯度力矩和太阳光压力矩。由于任务轨道高度为350km，气动力矩影响严重。按照太阳活动平年计算，卫星对地定向模式下，星体俯仰轴方向的气动干扰力矩近似为常值力矩，幅值达到2.8×10^{-3}Nm(压心和质心距离约为0.1m)；对日定向模式下，气动干扰力矩取决于太阳指向坐标系的朝向以及所处的轨道位置，可近似为周期性干扰力矩，其最大幅值约为3×10^{-3}Nm。

依据卫星的惯量特性和运行轨道分析，在对地定向模式下，重力梯度力矩起到被动稳定的作用。但在对日定向模式下，星体-Z面指向太阳，此时所受的重力梯度力矩除与星体相对太阳指向坐标系的姿态误差有关外，还与轨道位置有关，近似为周期性力矩，其最大幅值约为3.8×10^{-4}Nm[14]。

相对于气动干扰力矩和重力梯度力矩，太阳光压力矩和剩磁力矩均较小，幅值约

为 1.0×10^{-5}Nm。

1. 卫星高精度对地成像任务姿态控制精度分析

卫星成像任务对姿态控制精度的要求如下。

(1)姿态确定精度:优于 0.01°(3σ)。

(2)姿态指向精度:优于 0.03°(3σ)。

(3)姿态稳定度:0.001°/s(3σ)。

对地定向稳定时,姿态确定精度除与星敏感器本身精度有关外,还与敏感器安装精度、环境应力释放、轨道确定精度等有关。卫星采用 GPS 定轨,位置精度为 30m,引起的轨道坐标系相对惯性坐标系的姿态误差小于 0.001°,安装误差等引起的定姿误差约为 0.005°,星敏感器自身定姿精度优于 0.004°,因此,系统总的姿态确定精度满足任务要求。

依据所确定的星敏感器和光纤陀螺硬件指标,设计控制器进行仿真,结果表明,姿态指向控制精度达到 0.027°、姿态稳定度小于 0.0004°/s,满足高精度姿态控制指标要求。

2. 多模式成像对大角度快速姿态机动控制指标分析

任务要求在一次过顶中实现多模式成像,即同轨拼接成像、同轨立体成像等,其具体控制指标要求如下。

(1)俯仰、滚动轴角速度:≥2°/s;加速时间:≤10s。

(2)俯仰、滚动方向角速度控制精度:0.01°/s(3σ)。

(3)俯仰、滚动方向机动范围:±45°。

(4)机动角度和时间:90°/90s。

卫星的转动惯量为[200,200,140],俯仰、滚动方向的惯量较大,需要执行机构提供较大的力矩和角动量。仿真结果表明,2°/s 的机动角速度需要执行机构提供的角动量约为 7Nms;10s 内加速到 2°/s 需要执行机构提供的最小力矩约为 0.7Nm,任务方案中选择的 1Nm 力矩、10Nms 角动量的大力矩飞轮满足机动要求。

通过设计合理的控制器,采用上述大力矩反作用飞轮能够满足机动过程中 0.01°/s 的稳定度,卫星从前视状态调整为后视状态,机动 90°耗时约为 87s,满足任务指标要求。

3. 数传天线对固定目标姿态跟踪控制的指标分析

卫星数传系统采用点波束天线进行对地/对中继的数传,需要卫星进行目标跟踪控制,实现对地面站/中继星的姿态定向,具体指标要求如下。

(1)目标定向精度:±3°。

(2)跟踪角速度:最大不超过 1.3°/s。

(3)跟踪范围:俯仰角±45°、滚动角±45°。

基于所选择的大力矩反作用飞轮,通过合理设计控制器进行仿真,结果表明,对目标跟踪的角速度小于1.2°/s，对目标的定向精度为2.1°，满足任务对目标定向的控制要求。

4. 入轨后快速建立任务姿态的指标分析

考虑到卫星快速应用的需求，要求卫星入轨后快速建立任务姿态，其具体指标如下。

(1)建立三轴姿态时间：≤60s。

(2)入轨角速率偏差：[3,3,3]°/s。

采用6个1N的推力器，仿真结果表明，在[3,3,3]°/s的初始入轨姿态角速度偏差条件下，30s实现卫星消旋，然后切换至反作用飞轮控制方式进行对日捕获及对日定向三轴稳定控制，50s内即可建立三轴对日定向姿态稳定模式。

2.4.2.4 轨道寿命及燃料消耗分析

卫星的任务轨道是高度为350km的低倾角轨道，受大气阻力等的影响衰减严重，需要轨控发动机进行轨道维持，燃料消耗是制约卫星在轨寿命的主要因素。

考虑轨道高度下降20km时(即轨道高度为330km)进行一次轨道修正，通过6台1N的推力发动机将轨道高度抬高至370km，且不考虑偏心率、轨道幅角和轨道倾角的修正。

计算燃料消耗时，比冲按210s计算，并且不考虑推力弧段损失，发动机效率按100%计算，飞行器质量480kg。

按照卫星的飞行姿态，迎风面积实时计算，其中最大迎风面积为5.8m^2，最小迎风面积为3m^2。6个月内轨道维持所需的燃料如表2-24所示。

表2-24　6个月内轨道维持所需的燃料量(kg)

太阳高年燃料消耗 (F10.7=160sfu)	太阳平年燃料消耗 (F10.7=120sfu)	太阳低年燃料消耗 (F10.7=80sfu)
21.5	12.5	5.8

考虑卫星在2015年进行发射，此时正处于太阳平年，仿真结果表明，约76天进行一次保持机动，每次机动消耗燃料约5.3kg，半年消耗燃料约为12.5kg。任务方案设计选择的推进剂贮箱尺寸为28L，推进剂携带量为22kg，因此在轨道高度为350km时，可保证卫星在轨飞行10个月，考虑设计余量在内，满足6个月寿命的要求。

参考文献

[1]Lee H, Kim B J, Park S. MEISAT (multi-spectral earth imaging satellite) mission analysis [J]. ACTA Astronautica, 2003, 52(9): 709-715.

[2]Aguttes J P,Fernandez N,Foliard J. Low altitude flying for high resolution imaging satellite: comparison of low circular and elliptical orbits[C]. International Geoscience and Remote Sensing Symposium,2005,5:3421-3423.

[3]Bousquet M. Air interface research activities within SatNEx,the European satellite communications network of excellence [C]. 25th AIAA International Communications Satellite Systems Conference,2007,2:146-152.

[4]沈欣. 光学遥感卫星轨道设计若干关键技术研究[D]. 武汉大学博士学位论文,2012:27-34.

[5]董立珉. 星间/星内无线通信技术研究[D]. 哈尔滨工业大学博士学位论文,2012:1-16.

[6]Saldin E,Schlarb H. Status of the optical replica synthesizer at FLASH [C]. Proceedings of the IEEE Particle Accelerator Conference,2007:965-967.

[7]张锦绣,曹喜滨. 卫星总体参数对 SAR 分辨特性影响分析与仿真研究 [J]. 宇航学报,2004,25(2):163-168.

[8]周强. 卫星总体参数对遥感图像质量影响的研究 [D]. 哈尔滨工业大学硕士学位论文,2002:8-13.

[9]Tak S. NIRS-SPM:statistical parametric mapping for near infrared spectroscopy [J]. Progress in Optics and Imaging,2008,68(50):709-715.

[10]Alegre-Godoy R,Vázquez-Castro M A. Unified multibeam satellite system model for payload performance analysis [J]. Lecture Notes of the Institute for Computer Sciences,Social-Informatics and Telecommunications Engineering,2011,7:365-377.

[11]Wyatt-Millington R A,Sheriff R E,Hu Y F. Performance analysis of satellite payload architectures for mobile services [J]. IEEE Transactions on Aerospace and Electronic Systems,2007,43(1):197-213.

[12]Garber R,Paté-Cornell E R. Geographic distribution of design teams:a probabilistic analysis of reliability effects and a satellite payload illustration [C]. 41st Aerospace Sciences Meeting and Exhibit,2003,4:365-377.

[13]Hill C A. Satellite battery technology—a tutorial and overview [J]. IEEE Aerospace Applications Conference Proceedings,1998,1:153-158.

[14]Melvin P J,Ward L M,Axelrad P. Analysis of GPS attitude data from a slowly rotating,symmetrical gravity gradient satellite [J]. Journal of the Astronautical Sciences,1996,44(4):515-539.

第3章 快速响应微小卫星轨道与姿态控制方法

高性能的轨道与姿态控制是快速响应微小卫星实现在轨可靠、灵活应用的关键。快速响应微小卫星一般运行在较低的轨道，需要进行较为频繁的轨道维持，由于任务需求有时还需要进行轨道机动和星下点轨迹调整。同时，由于快速响应微小卫星需要具备侧摆成像、多点目标成像、立体成像以及目标跟踪成像等多种任务模式，必须具有灵活、快速的姿态大角度机动以及机动过程中的高精度稳定控制能力。因此，本章针对快速响应微小卫星的轨道控制问题，提出了燃料最优的轨道维持、轨道机动与星下点轨迹调整等方法；针对快速响应微小卫星多任务模式的需求，提出了姿态大角度快速机动、目标跟踪控制以及沿迹成像控制等方法。

3.1 轨道维持控制方法

对于运行在较低轨道的快速响应微小卫星，由于大气密度较高，气动力引起的卫星轨道半长轴和偏心率摄动严重，同时由于地球扁率的影响（主要是 J_2 摄动），轨道近地点幅角、升交点赤经和真近点角也会发生长期漂移，需要较多的推进剂用于轨道保持控制。因此，提出合理的轨道控制策略，最大限度地节省燃料，对于提高卫星的在轨寿命就显得尤为必要。

3.1.1 轨道衰减分析

卫星受气动阻力影响产生的加速度为

$$\boldsymbol{a}_{\mathrm{a}}=-\frac{1}{2}\rho V^2 C_{\mathrm{d}} E'\frac{A}{m}\boldsymbol{v} \tag{3-1}$$

其中，ρ——卫星所在位置的大气密度；

V——卫星的运动速度；

E'——旋转大气的作用因子；

A——垂直于卫星运动方向的横截面面积；

C_{d}——大气阻力系数；

$\boldsymbol{v}$——来流方向的单位矢量。

旋转大气的作用因子 E' 可表示为

$$E'=\left(1-\frac{r_{\mathrm{p}}}{V_{\mathrm{p}}}\omega_{\mathrm{a}}\cos i\right)^2 \tag{3-2}$$

式中，r_{p}，V_{p}——近地点地心距和速度；

ω_a——大气旋转速度(假设为球形旋转大气),一般为地球自转速度的 1.5 倍(即 1.091×10^{-4} rad/s);

i——轨道倾角。

在大气阻力的影响下,一个轨道周期内轨道半长轴的衰减量(圆轨道)可近似为

$$\Delta a=-2\pi\frac{C_d A}{m}E'a^2\rho \tag{3-3}$$

因此,在轨道高度一定的情况下,影响轨道衰减量的主要因素是大气密度 ρ 和迎风面积 A,而迎风面积 A 与卫星外形以及运行姿态密切相关。

125km 以上高度的高层大气基本上处于扩散平衡状态,其密度按指数变化率随高度的增加而递减。同时,大气密度受到太阳活动、季节、纬度和地磁活动的影响。目前,已有的大气模型均不能完全地表征大气密度的变化规律,其误差范围在10%~200%。因此,实际应用时,可通过输入太阳辐射流量的 F10.7 和地磁指数的动态变化值,并解算大气阻力系数来改进大气模型。

根据卫星的外形尺寸,可以实时计算出其不同工作模式下的迎风面积。为简化起见,在计算迎风面积时,忽略大气旋转造成的来流方向变化(此效应约增加迎风面积 0.005 倍),即认为来流风向与轨道坐标系的速度方向相反。

下面以某光学遥感微小卫星为例进行轨道衰减的分析。

(1)对地拍照模式。卫星对地拍照时,姿态采用对地定向模式,由于拍照时间相对较短,迎风面积通常取固定值。

(2)对日定向模式。卫星在轨正常飞行期间采用对日定向模式,迎风面面积与卫星所在的轨道位置和太阳矢量方向有关。虽然不同月份时,相同纬度幅角对应的太阳矢量与速度方向的夹角不同,导致该模式下的迎风面面积也不同,但一个轨道周期下平均迎风面面积差别不大。计算迎风面积时,可取一个轨道周期的平均值。

(3)优化的对日定向工作模式。该卫星在设计时,为延长其轨道寿命,采用调整卫星飞行姿态的方法来减少平均迎风面积,即在光照区按照对日定向模式工作,在阴影区则采用最小迎风面姿态飞行。

假设卫星标称轨道为 400km 高度的太阳同步圆轨道,轨道倾角为 96.8°,初始升交点赤经为 279°。对日定向模式下最大迎风面积为 5m^2,最小迎风面积为 2m^2。一个轨道周期内,光照时间为 3324s,阴影时间为 2168s,周期为 5492s。因此,光照区按照对日定向模式,在阴影区则采用最小迎风面姿态飞行,此时迎风面面积为 3.8157m^2。

由于卫星主要采用对日定向模式,而对地拍照模式所占时间很短,迎风面积可取常值,期间姿态机动和姿态稳定过程时间可忽略。

在进行轨道衰减计算时,大气阻力系数取 2.2(通常取 2.2±0.2),飞行器初始质量为 500kg。

根据上述假设条件,不同太阳活活动年份下 1 天内平均半长轴衰减量如表 3-1 所示。

表 3-1 不同太阳活动年份下 1 天内轨道半长轴衰减量

	一天内轨道半长轴衰减量/km		备注
	对日定向模式	优化的工作模式	
太阳高年	0.88	0.67	F10.7=160sfu
太阳平年	0.52	0.40	F10.7=120sfu
太阳低年	0.25	0.19	F10.7=80sfu

3.1.2 轨道维持燃料消耗分析

本书在估算燃料消耗时采用基于冲量平衡的计算方法。其基本思想是,轨道修正所消耗的燃料正好用于抵消大气阻力产生的冲量,计算方法如下。

$$\Delta m = \frac{1}{I_{SP}} \int_0^{nT} F_a \mathrm{d}t \tag{3-4}$$

其中,n——每天的轨道数;

T——轨道周期;

I_{SP}——发动机比冲,取 2800Ns/kg。

F_a 为大气阻力,计算公式为

$$F_a = -\frac{1}{2}\rho V^2 C_D E' A \tag{3-5}$$

计算过程采用如下假设:

(1) 卫星每 5 天进行一次轨道修正,不考虑偏心率、近地点幅角和轨道倾角的修正;

(2) 卫星采用双组元轨控发动机进行轨道修正,并且不考虑推力弧段损失,发动机效率按 100%计算。

按照以上假设条件,可以计算出对应的燃料消耗,结果如表 3-2 所示。根据卫星所携带的燃料,即可估算卫星的在轨寿命。

表 3-2 不同太阳活动年份及工作模式下的在轨寿命估计

	太阳高年		太阳平年		太阳低年	
工作模式	正常工作模式	优化工作模式	正常工作模式	优化工作模式	对日定向模式	优化工作模式
每次轨道修正所需燃料/kg	0.086	0.066	0.052	0.039	0.025	0.019

注:太阳高年按辐射流量 F10.7=160sfu,地磁活动指数 Ap=7 计算;

太阳平年按辐射流量 F10.7=120sfu,地磁活动指数 Ap=7 计算;

太阳低年按辐射流量 F10.7=80sfu,地磁活动指数 Ap=7 计算

3.1.3　轨道维持控制方法

快速响应任务的不同对卫星轨道控制的要求也各不相同。为满足对特定区域的覆盖特性，通常需要对快速响应微小卫星的星下点轨迹漂移进行调整。在轨道维持控制时，通常以给定的星下点轨迹漂移范围作为边界，采用“控制盒”的概念对轨道半长轴进行修正，或者对轨道半长轴、偏心率及近地点辐角等进行联合控制。

轨道维持控制的目标是当卫星经过目标区域上空时，星下点轨迹相对于标称星下点轨迹的漂移量在给定范围内，并且满足光学相机分辨率的要求（即轨道高度的要求）。

以下给出三种快速响应微小卫星平面内轨道调整的控制方法。

3.1.3.1　基于传统星下点轨迹漂移量的轨道保持控制方法

采用此控制方法时，轨道维持的频度主要取决于大气密度以及卫星允许的星下点轨迹漂移范围。设允许的星下点轨迹漂移范围为 ΔL，则在轨道保持的初期 $t=0$，将半长轴修正为 $a=a_0+\Delta a$，卫星处于东边界 $-\Delta L/2$ 处，这里 a_0 对应标称轨道的半长轴。此时卫星的星下点轨迹向西漂移。由于大气阻力摄动的作用，半长轴逐渐减小，直至到 $\Delta T/2$ 时刻时，半长轴 $a=a_0$，这时星下点漂移至西部边界 $\Delta L/2$ 处，此后轨道半长轴继续减小，但由于此时 $a<a_0$，星下点轨迹转而向东漂移。在 $t=\Delta T$ 时刻，$a=a_0-\Delta a$，星下点轨迹漂移至东部边界。这时需要对半长轴再次进行修正，使卫星的星下点在允许的方位内进入下一轨道保持循环。

实际上，地球非球形摄动和大气阻力摄动将分别引起轨道偏心率 e、近地点幅角 ω 的长期变化。当卫星对拍照时的轨道高度要求较高时，需要对 e 和 ω 进行调整，对于此种情况，可采用两次切向冲量同时调整 a、e、ω 的控制方法。

上述轨道维持控制方法的实现方式主要有两种：一种是采用传统的地面测控方式，由地面测控中心对卫星进行测轨，确定其平均轨道参数，计算最佳的轨道控制时刻和轨道机动参数，然后将计算结果上注到卫星，由卫星程控执行；第二种方式是由卫星自主完成轨道控制，即通过卫星上的 GPS 接收机导航数据自主计算平均轨道根数，对轨道半长轴的衰减率进行在线估计，进而自主规划轨道控制的时间和参数。对于快速响应微小卫星而言，后一种实现方式是其必须具备的功能，这就要求卫星的处理器具有较高的性能，并具有高度的自主运行管理能力。

3.1.3.2　基于轨道交点周期的轨道保持控制方法

根据轨道学理论，轨道的交点周期与轨道半长轴具有等价性，即大气阻力等摄动引起轨道半长轴逐渐变小，而对应的轨道交点周期也将随之缩短。因此，若能够严格控制轨道的交点周期，则同样能实现轨道维持的目的。

与半长轴的修正方式类似，在进行轨道位置控制时，由于轨道交点周期受大气阻力等摄动的影响不断缩短，当其相对标称轨道交点周期的变化量达到负边界时，通过轨道半长轴与交点周期的换算关系，即可计算出应施加的轨道机动参数，通过星上自主任务规划，在卫星运行到轨道的合适位置时施加轨道机动控制，使轨道交点周期相对标称轨道交点周期的变化量达到正边界。

采用这种轨道控制方法的优点是：

(1)星上易于实现自主控制，减少了对地面测控站或测控中心的依赖；

(2)算法相对简单，不需要计算平均轨道根数，显著降低了对星上处理器的要求；

(3)可以很容易地通过减小轨道控制中轨道交点周期变化量的边界，进而提高轨道控制的精度。

这种轨道控制方法要求卫星具有很强的自主轨道规划与控制能力，因此，尤其适用于快速响应微小卫星。

3.1.3.3 基于降低轨道机动频度的轨道保持控制方法

从本质上讲，上述两种轨道控制方法均基于给定的星下点轨迹漂移范围。通过卫星在轨飞行数据分析，对于第一种轨道保持控制方法，在太阳活动高年时，若给定的星下点轨迹漂移范围较小，则导致轨道机动的频度较高，不利于快速响应微小卫星灵活地执行应急任务；而第二种轨道控制方法，则要求星上具备很强的自主轨道规划与控制功能，无疑会增加星上信息处理的负担，降低快速响应微小卫星对于图像信息的快速处理能力。

从节省燃料的角度考虑，可适当降低对轨道控制的要求。因为快速响应微小卫星通常具有姿态侧摆机动的能力，在星下点轨迹漂移量较大的情况下，仍然可以实现对特定区域的成像侦察。因此，提出如下可降低轨道机动频度的轨道控制方法：

(1)在保证相机成像分辨率的情况下，不以星下点轨迹漂移要求范围作为约束条件；

(2)为减少星上自主轨道规划的处理，选择轨道半长轴的变化量来确定轨道修正周期；

(3)为满足相机分辨率对轨道高度变化的要求，在轨道的远地点处施加轨道机动控制，可降低轨道偏心率，使轨道地心距变化不至于过大。

当然对于前面两种轨道控制方法，若允许扩大星下点轨迹的变化范围，也可降低轨道机动的频度，得到相类似的结论。另外，受太阳、月球引力摄动的影响，对于在太阳同步轨道上运行的卫星，其轨道倾角存在一个长期的变化，这种变化将引起升交点赤经导数 $\dot{\Omega}$ 的改变，从而破坏太阳同步条件，导致轨道的降交点地方时发生漂移，使星下点轨迹的光照条件发生变化。

卫星飞行数据表明，对于 350km 高度的太阳同步轨道，半年内轨道倾角的变化量小于 0.02°，对 $\dot{\Omega}$ 的变化影响不大，因此，对轨道倾角可不进行修正。当然，也可将入轨时的轨道倾角进行一定的偏置，使卫星在轨飞行期间星下点轨迹的光照条件变化较小。

3.2　轨道快速机动控制方法

卫星轨道快速机动是快速响应任务调动的必要手段。轨道机动控制包括轨道转移、轨道交会、轨道保持、轨道拦截、星下点轨迹调整等。对于快速响应微小卫星来说，其携带的燃料有限，不适合做大范围的轨道机动控制。由于改变轨道平面的机动需要较多的燃料消耗，本章重点给出共面情况下的正切脉冲推力轨道转移和星下点轨迹调整的方法。

3.2.1　正切脉冲推力轨道机动控制

传统的轨道机动均以能量或时间最优为目标函数，求解相应约束条件下脉冲或连续推力的轨迹优化问题。由于推力方向简单，正切推力等特定推力方向下的轨道机动问题一直是国内外的研究热点。

正切推力是指推力方向沿着轨迹的切线方向，即与卫星当前时刻的速度方向一致或者相反。由轨道的机械能表达式可知，正切推力是改变瞬间轨道机械能(轨道半轴长)最有效的动力。对于轨道机动问题，正切推力方向的能量消耗与无推力方向约束的最优解非常接近。根据推力的大小，正切推力分为脉冲正切推力和连续正切推力。

对于脉冲正切推力情况，共面正切轨道是指它们在交点处的速度方向相同。双正切轨道是指转移轨道与初始和目标轨道同时正切。经典的霍曼转移是共面圆轨道之间的双脉冲双正切轨道，被广泛应用于实际工程中。对于共面椭圆轨道间的机动，正切转移轨道具有简单的脉冲推力方向(沿速度方向)、更少的能量消耗、更安全的转移轨迹(两共面交会轨道通常有两个交点，而两共面正切轨道仅有一个交点，可降低碰撞可能性)等优势。

图 3-1 给出了一个椭圆轨道。其中，焦点 F_1 为地球引力中心；F_2 为虚焦点；两个位置 P_1 和 P_2 分别确定了两个位置向量 $\boldsymbol{r}_1$ 和 $\boldsymbol{r}_2$；转移角度为 θ；P_1 和 P_2 之间的距离为 $c=\|\boldsymbol{r}_1-\boldsymbol{r}_2\|$。不失一般性，假设轨道的运行方向为逆时针。

飞行方向角 γ 定义为矢径方向与速度方向的夹角，即 $\cos\gamma=\hat{\boldsymbol{r}}\cdot\hat{\boldsymbol{v}}$。其中，$\hat{\boldsymbol{r}}=\boldsymbol{r}/\|\boldsymbol{r}\|$；$\hat{\boldsymbol{v}}=\boldsymbol{v}/\|\boldsymbol{v}\|$。对于任意的圆锥曲线轨道，有 $\cos\gamma\in(0,\pi)$。特别地，对于圆轨道，$\gamma=90°$，为常数。

当虚焦点 F_2 位于线段 P_1 和 P_2 之间时，转移轨道为最小能量轨道，其半长轴为

$$a_{\mathrm{m}}=\frac{s}{2} \tag{3-6}$$

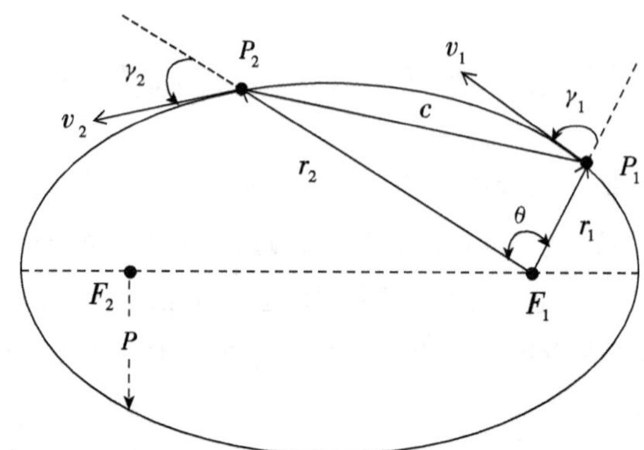

图 3-1 飞行方向角的几何图示

其中，$s=(r_1+r_2+c)/2$。于是，最小能量轨道的半通径长为

$$p_m=\frac{r_1 r_2}{c}(1-\cos\theta)=\frac{2}{c}(s-r_1)(s-r_2) \tag{3-7}$$

对于双正切转移轨道，转移角度 θ 是一个需要求解的量，所以最小能量轨道的半通径长 p_m 是个未知量。

对于给定的 r_1、r_2 和 θ，转移轨道的半通径长可以表示成飞行方向角 γ 的函数，

$$p=p_m c\frac{\sin\gamma_1}{r_1\sin\gamma_1+r_2\sin(\theta-\gamma_1)} \tag{3-8}$$

$$p=p_m c\frac{\sin\gamma_2}{r_2\sin\gamma_2-r_1\sin(\theta+\gamma_2)} \tag{3-9}$$

对于特定的初始飞行方向角问题，半通径可由方程(3-8)得到；对于特定的终端飞行方向角问题，半通径可由方程(3-9)得到。当转移轨道的半通径求得之后，如果 $\theta\neq\pi$，转移轨道在位置向量 $\boldsymbol{r}_1$ 和 $\boldsymbol{r}_2$ 方向的速度为

$$\begin{cases}\boldsymbol{v}_1=\dfrac{\sqrt{\mu p}}{r_1 r_2\sin\theta}\left[(\boldsymbol{r}_2-\boldsymbol{r}_1)+\dfrac{r_2}{p}(1-\cos\theta)\boldsymbol{r}_1\right]\\ \boldsymbol{v}_2=\dfrac{\sqrt{\mu p}}{r_1 r_2\sin\theta}\left[(\boldsymbol{r}_2-\boldsymbol{r}_1)-\dfrac{r_1}{p}(1-\cos\theta)\boldsymbol{r}_2\right]\end{cases} \tag{3-10}$$

进一步，转移轨道的长半轴长为

$$a=\frac{\mu r_1}{2\mu-r_1 v_1^2} \tag{3-11}$$

对于双正切轨道，由上面两种方法得到的转移轨道半通径长应该相等，于是有

$$\frac{\sin\gamma_1}{r_1\sin\gamma_1+r_2\sin(\theta-\gamma_1)}=\frac{\sin\gamma_2}{r_2\sin\gamma_2-r_1\sin(\theta+\gamma_2)} \tag{3-12}$$

化简得

$$\frac{\cot\gamma_1}{r_1}+\frac{\cot\gamma_2}{r_2}=\left(\frac{1}{r_1}-\frac{1}{r_2}\right)\cot\frac{\theta}{2} \tag{3-13}$$

利用飞行方向角与真近点角的关系式，

$$\frac{\cot\gamma_j}{r_j}=\frac{e_j}{p_j}\sin\varphi_j \tag{3-14}$$

其中，$j=1,2$。于是，可得到关于 θ 的方程，

$$\left(-\frac{p_1\cot\gamma_2}{r_2}+e_1\sin\lambda\right)\sin\theta+\left(1-\frac{p_1}{r_2}+e_1\cos\lambda\right)\cos\theta$$
$$=-\left(1-\frac{p_1}{r_2}+e_1\cos\lambda\right) \tag{3-15}$$

其中，$\lambda\triangleq\omega_2+f_2-\omega_1$。因此，当 $\theta\neq\pi$ 时，其解为

$$\theta=2(\pi-\chi) \tag{3-16}$$

其中，$\sin\chi=k_1/\sqrt{k_1^2+k_2^2}$；$\cos\chi=k_2/\sqrt{k_1^2+k_2^2}$，且

$$\begin{cases}k_1=1-\dfrac{p_1}{r_2}+e_1\cos\lambda\\ k_2=-\dfrac{p_1\cot\gamma_2}{r_2}+e_1\sin\lambda\end{cases} \tag{3-17}$$

这里 θ 的最终解以解析形式给出，且仅由初始条件确定(不包含 p_m)。当 θ 求出后，初始点的真近点角为 $f_1=\lambda-\theta=\lambda+2\chi$，于是可得到半径 r_1，进而求得转移轨道的半通径长 p。最终，初始点和目标点的速度向量可由方程(3-10)得到。

当 $\theta=\pi$ 时，转移轨道的半通径为最小能量轨道的半通径 p_m，方程(3-10)求解速度向量的结果无意义。此时，可在给定初始飞行方向角和目标飞行方向角的情况下，可令其速度向量相等，得到180°转移时初始和目标真近点角的值，这些值恰好满足 $k_2=0$，即转移角度 $\theta=\pi$。因此，式(3-16)和式(3-17)给出的双正切轨道的解析解对任意目标轨道真近点角均成立，包括180°转移情况。

假设初始轨道参数为 $a_1=R_E+600\text{km}$、$e_1=0.05$、$\omega_1=20°$；目标轨道参数为 $a_2=R_E+700\text{km}$、$e_2=0.05$、$\omega_2=0°$。对于不同的目标点 P_2，真近点角、转移角度 θ 和初始真近点角 f_1，以及两次正切脉冲总大小如表3-3所示。利用数值优化得到最优的目标真近点角 $f_2=102.8335°$，对应的转移角度 $\theta=185.6570°$，初始真近点角 $f_1=257.1765°$，总能量消耗为 $\Delta V=0.0654\text{km/s}$。

表3-3　不同目标真近点角下双正切脉冲轨道转移

目标真近点角 f_2/(°)	转移角度 θ/(°)	初始真近点角 f_1/(°)	总能量消耗/(km/s)
0	69.2991	270.7009	0.0869
60	138.4137	261.5863	0.0674
120	204.5625	255.4375	0.0657
180	272.2685	247.7315	0.0753

续表

目标真近点角 f_2/(°)	转移角度 θ/(°)	初始真近点角 f_1/(°)	总能量消耗/(km/s)
210	309.2194	240.7806	0.101
240	354.8703	225.1297	0.8931
300	328.6809	311.3191	0.151

3.2.2 脉冲推力星下点轨迹调整方法

根据快速响应任务的需求，很多情况下目标点位置不在卫星的星下点轨迹范围内，必须对星下点轨迹进行调整，使得在较短时间内星下点轨迹经过给定的目标点，才能达到成像的任务要求。由于调整轨道平面消耗的燃料较大，工程上通常采用改变半长轴的方法来调整星下点轨迹。

假设在接到任务后立即对卫星施加脉冲控制，速度脉冲大小为 ΔV，方向为沿速度方向，可得到脉冲之后轨道元素。当初始轨道是圆轨道时，在轨道幅角 u_0 施加脉冲后，转移轨道近地点幅角为 u_0，脉冲位置真近点角为 0°。在每个时刻，卫星在地心惯性坐标系下位置向量为

$$\boldsymbol{r}_{\text{ECI}}=\frac{a(1-e^2)}{1+e\cos f}\begin{bmatrix}\cos\Omega\cos(\omega+f)-\sin\Omega\sin(\omega+f)\cos I\\ \sin\Omega\cos(\omega+f)+\cos\Omega\sin(\omega+f)\cos I\\ \sin(\omega+f)\sin I\end{bmatrix} \tag{3-18}$$

由此得到在地球旋转坐标系下的位置向量为

$$\boldsymbol{r}_{\text{ECEF}}=R_Z(\alpha_{\text{Gt}})\boldsymbol{r}_{\text{ECI}} \tag{3-19}$$

其中，R_Z 为关于 Z 轴的旋转矩阵；α_{Gt} 为格林威治时角，与初始格林威治时角 α_{G0} 的关系为

$$\alpha_{\text{Gt}}=\alpha_{\text{G0}}+\omega_{\text{E}}t \tag{3-20}$$

式中，$\omega_{\text{E}}=7.2921158553\times10^{-5}\,\text{rad/s}$。

初始格林威治时角为

$$\begin{aligned}\alpha_{\text{G0}}=&67310.54841^{\text{s}}+(876600^{\text{h}}+8640184.812866^{\text{s}})T_{\text{UT1}}\\&+0.093104T_{\text{UT1}}^2-6.2\times10^{-6}T_{\text{UT1}}^3\end{aligned} \tag{3-21}$$

式中，T_{UT1} 可由世界标准时间转换得到（JD_{UT1} 为儒略日），

$$T_{\text{UT1}}=\frac{JD_{\text{UT1}}-2451545.0}{36525} \tag{3-22}$$

$$\begin{aligned}JD_{\text{UT1}}=&367\text{year}-\text{INT}\left\{\frac{7\left[\text{year}+\text{INT}\left(\frac{\text{month}+9}{12}\right)\right]}{4}\right\}+\text{INT}\left(\frac{275\text{month}}{9}\right)\\&+\text{day}+1721013.5+\frac{\frac{\text{second}/60+\text{min}}{60}+\text{hour}}{24}\end{aligned} \tag{3-23}$$

其中，year——年；

month——月；

day——日；

hour——小时；

min——分钟；

second——秒。

于是，该位置对应的地心纬度为

$$\sin\varphi=\frac{\boldsymbol{r}_{\mathrm{ECEF}}(3)}{r}=\sin(\omega+f)\sin I \tag{3-24}$$

该位置对应的地心经度为

$$\lambda=\operatorname{atan2}(\boldsymbol{r}_{\mathrm{ECEF}}(2),\boldsymbol{r}_{\mathrm{ECEF}}(1)) \tag{3-25}$$

需要说明的是，在 J_2 摄动影响下，卫星轨道参数平均变化率为

$$\begin{cases}\dot{\omega}_{J_2}=C_{J_2}\left(2-\frac{5}{2}\sin^2 I\right)/(1-e^2)^2\\ \dot{\Omega}_{J_2}=-C_{J_2}\cos I/(1-e^2)^2\\ \dot{M}_{J_2}=C_{J_2}\left(1-\frac{3}{2}\sin^2 I\right)/(1-e^2)^{3/2}\end{cases} \tag{3-26}$$

其中，$C_{J_2}=1.5J_2R_{\mathrm{E}}^2\sqrt{\mu}a^{-7/2}$。于是，经过时间 t 后，轨道参数为

$$\begin{cases}\omega_t=\omega_0+\dot{\omega}_{J_2}t\\ \Omega_t=\Omega_0+\dot{\Omega}_{J_2}t\\ M_t=M_0+nt+\dot{M}_{J_2}t\end{cases} \tag{3-27}$$

因此，在 ECI 坐标系下的轨道参数至少需要考虑 J_2 摄动的影响。

进行星下点轨迹调整，需要给定时间内某个位置的经纬度等于给定目标的经纬度。为简单起见，本节采用地心经纬度近似表示地理经纬度。地球上两位置点(λ_1,φ_1)和(λ_2,φ_2)的地表距离（地球大圆弧长）为

$$d=2R_{\mathrm{E}}\arcsin\left(\sqrt{\sin^2\frac{\varphi_2-\varphi_1}{2}+\cos\varphi_1\cos\varphi_2\sin^2\frac{\lambda_2-\lambda_1}{2}}\right) \tag{3-28}$$

因此，该问题需要求解最小的 ΔV，使得约束时间内 d 等于 0，可通过带有约束条件的优化算法进行求解。

另外，对于光学卫星，需要考虑光照条件，因此升轨和降轨只有一条轨道可成像。如太阳同步轨道是降轨成像，此时式(3-28)中只求解降轨时的地表距离。

假设光学卫星初始轨道是 380km 轨道高度的太阳同步轨道，降交点地方时为中午 12 点；历元初始时刻（UTCG）为 2015 年 7 月 1 日 10 时，得到轨道倾角为 $I=96.6765°$，升交点赤经为 $\Omega=278.862°$，轨道幅角 $u=0°$。对于目标点汶川，经纬度为(103.4°，31.0°)。对于不同的时间约束天数，求得需要的脉冲大小、燃料消耗（质量

500kg,推力比冲 2800Ns/kg)、对应需要提升到的圆轨道高度,到达目标点的飞行时间如表 3-4 所示。

表 3-4 不同约束天数的星下点调整参数

天数	脉冲大小/(km/s)	燃料消耗/kg	对应圆轨道高度/km	飞行时间/h
1	0.1314	22.9	537.2	21.4
2	0.0509	9.0	389.4	45.4
3	0.0262	4.7	345.7	69.4
4	0.0143	2.5	324.8	93.4
5	0.0073	1.3	312.5	117.4

3.3 高性能姿态确定及其滤波估计方法

高精度的姿态确定与控制是快速响应微小卫星完成应急任务的重要保障[4]。而姿态确定作为控制的前提,其精度直接影响到姿态控制的质量。姿态确定系统的精度不仅取决于姿态测量系统硬件配置的性能,还与所采用的姿态确定算法有直接的关系。

快速响应微小卫星的技术特点是配置简单,在简单配置下实现高精度的姿态控制是需要重点解决的核心问题。本节首先针对卫星无陀螺或陀螺故障的情况,提出一种星体姿态角速率高精度估计方法;继而针对星敏感器和陀螺作为敏感器的卫星姿态确定问题,提出一种基于粒子滤波的高精度姿态确定算法;最后讨论星敏感器、有效载荷安装矩阵测量偏差,以及结构热变形等系统误差会如何影响姿态确定精度。为了进一步提高姿态确定的精度,本节最后提出了一种基于有效载荷地标信息的系统误差标定方法。

3.3.1 卫星姿态运动学与动力学方程

本章使用的坐标系有三种[1],即星体坐标系、轨道坐标系和惯性坐标系。星体坐标系的 X_b、Y_b 和 Z_b 轴分别沿星体的三个惯性主轴方向;轨道坐标系的 Z_o 轴指向地心,Y_o 轴垂直于轨道面,沿轨道面的法线反方向,X_o 与 Y_o、Z_o 轴构成右手坐标系,如果是圆轨道,X_o 轴沿轨道速度的方向;惯性坐标系取地心惯性坐标系,其 X_i 轴在赤道平面内且指向春分点,Z_i 轴指向地理北极,Y_i 轴与 X_i、Z_i 轴构成右手直角坐标系。

轨道坐标系与惯性坐标系的关系可表示为

$$\begin{bmatrix} x_o \\ y_o \\ z_o \end{bmatrix} = \boldsymbol{A}_z(\Omega)\boldsymbol{A}_x(i)\boldsymbol{A}_z(u)\boldsymbol{A}_x(-\pi/2)\boldsymbol{A}_y(-\pi/2)\begin{bmatrix} x_i \\ y_i \\ z_i \end{bmatrix} \tag{3-29}$$

式中，$[x_o, y_o, z_o]^T$ 为轨道坐标系三个坐标轴的单位矢量，$[x_i, y_i, z_i]^T$ 为惯性坐标系三个坐标轴的单位矢量，Ω 为升交点赤经，i 为轨道倾角，u 为历元时刻升交点角距，$\boldsymbol{A}_j$ 为绕 j 轴的坐标旋转矩阵，有

$$\boldsymbol{A}_y(\phi)=\begin{bmatrix}\cos\phi & 0 & \sin\phi\\ 0 & 1 & 0\\ -\sin\phi & 0 & \cos\phi\end{bmatrix} \tag{3-30}$$

3.3.1.1　卫星姿态运动学方程

定义由参考坐标系(X,Y,Z)依次绕轴 Z,Y,X(3-2-1)转过的角度 ψ,θ,ϕ 为偏航、俯仰和滚动姿态角。则从参考坐标系到星体坐标系的坐标变换矩阵为 $\boldsymbol{C}_{\mathrm{bd}}$，

$$\begin{aligned}\boldsymbol{C}_{\mathrm{bd}}&=\boldsymbol{A}_x(\phi)\boldsymbol{A}_y(\theta)\boldsymbol{A}_z(\psi)\\ &=\begin{bmatrix}\cos\theta\cos\psi & \cos\theta\sin\psi & -\sin\theta\\ -\cos\phi\sin\psi+\sin\phi\sin\theta\cos\psi & \cos\phi\cos\psi+\sin\phi\sin\theta\sin\psi & \sin\phi\cos\theta\\ \sin\phi\sin\psi+\cos\phi\sin\theta\cos\psi & -\sin\phi\cos\psi+\cos\phi\sin\theta\sin\psi & \cos\phi\cos\theta\end{bmatrix}\end{aligned} \tag{3-31}$$

设 $\boldsymbol{\omega}$ 为星体坐标系相对惯性坐标系的角速度，$\boldsymbol{\omega}_{\mathrm{d}}$ 为参考坐标系相对惯性坐标系的角速度，当参考坐标系为惯性坐标系时，$\boldsymbol{\omega}_{\mathrm{d}}=[0,0,0]^T$，当参考坐标系为轨道坐标系时，$\boldsymbol{\omega}_{\mathrm{d}}=[0,-\omega_o,0]^T$，$\omega_o$ 为轨道角速度，有

$$\begin{aligned}\boldsymbol{\omega}&=\boldsymbol{\omega}_{\mathrm{d}}+\dot{\boldsymbol{\psi}}+\dot{\boldsymbol{\theta}}+\dot{\boldsymbol{\phi}}\\ &=\boldsymbol{A}_x(\phi)\boldsymbol{A}_y(\theta)\boldsymbol{A}_z(\psi)\boldsymbol{\omega}_{\mathrm{d}}+\boldsymbol{A}_x(\phi)\boldsymbol{A}_y(\theta)\begin{bmatrix}0\\0\\ \dot{\psi}\end{bmatrix}+\boldsymbol{A}_x(\phi)\begin{bmatrix}0\\ \dot{\theta}\\0\end{bmatrix}+\begin{bmatrix}\dot{\phi}\\0\\0\end{bmatrix}\end{aligned} \tag{3-32}$$

$$\begin{bmatrix}\dot{\phi}\\ \dot{\theta}\\ \dot{\psi}\end{bmatrix}=\begin{bmatrix}1 & \tan\theta\sin\phi & \tan\theta\cos\phi\\ 0 & \cos\phi & -\sin\phi\\ 0 & \sin\phi/\cos\theta & \cos\phi/\cos\theta\end{bmatrix}(\boldsymbol{\omega}-\boldsymbol{\omega}_{\mathrm{d}}) \tag{3-33}$$

方程(3-33)为用欧拉角表示的卫星运动学方程。

定义从参考坐标系到星体坐标系的旋转四元数为

$$\begin{aligned}&\bar{\boldsymbol{q}}=\{q_0,q_1,q_2,q_3\}^T=\{q_0,\boldsymbol{q}\}^T\\ &q_0=\cos(\delta/2)\\ &\boldsymbol{q}=\boldsymbol{n}\sin(\delta/2)\end{aligned} \tag{3-34}$$

式中，$\boldsymbol{n}$ 为旋转轴的单位矢量；δ 为相应的旋转角。

$\boldsymbol{C}_{\mathrm{bd}}$可用四元数表示为

$$\boldsymbol{C}_{\mathrm{bd}}=\begin{bmatrix}q_0^2+q_1^2-q_2^2-q_3^2 & 2(q_1q_2+q_0q_3) & 2(q_1q_3-q_0q_2)\\ 2(q_1q_2-q_0q_3) & q_0^2-q_1^2+q_2^2-q_3^2 & 2(q_2q_3+q_0q_1)\\ 2(q_1q_3+q_0q_2) & 2(q_2q_3-q_0q_1) & q_0^2-q_1^2-q_2^2+q_3^2\end{bmatrix} \tag{3-35}$$

四元数与欧拉角之间的关系为

$$\sin\theta = 2(q_0 q_2 - q_1 q_3)$$
$$\tan\phi = \frac{2(q_0 q_1 + q_2 q_3)}{1 - 2(q_1^2 + q_2^2)} \tag{3-36}$$
$$\tan\psi = \frac{2(q_0 q_3 + q_1 q_2)}{1 - 2(q_2^2 + q_3^2)}$$

定义 $\boldsymbol{\omega}_e$ 为星体坐标系相对于参考坐标系的角速度，可表达为

$$\boldsymbol{\omega}_e = \boldsymbol{\omega} - \boldsymbol{C}_{bd}\boldsymbol{\omega}_d \tag{3-37}$$

参考坐标系到星体坐标系的旋转四元数 $\bar{\boldsymbol{q}} = \{\boldsymbol{q}, q_0\}^T$ 可以表达为

$$\bar{\boldsymbol{q}} = \bar{\boldsymbol{q}}_d^{-1} \otimes \bar{\boldsymbol{q}}_b \tag{3-38}$$

其中，$\bar{\boldsymbol{q}}_b$ 为星体坐标系相对于惯性坐标系的四元数，$\bar{\boldsymbol{q}}_d$ 为参考坐标系相对于惯性坐标系的四元数。

用相对四元数描述的星体姿态运动学方程为

$$\dot{q}_0 = -\frac{1}{2}\boldsymbol{\omega}_e \cdot \boldsymbol{q}$$
$$\dot{\boldsymbol{q}} = \frac{1}{2}\boldsymbol{\omega}_e q_0 - \frac{1}{2}\boldsymbol{\omega}_e^{\times}\boldsymbol{q} \tag{3-39}$$

式(3-39)可改写为如下的紧凑形式，

$$\dot{\bar{\boldsymbol{q}}} = \frac{1}{2}\boldsymbol{\Omega}(\boldsymbol{\omega}_e) \cdot \bar{\boldsymbol{q}} \tag{3-40}$$

$$\boldsymbol{\Omega}(\boldsymbol{\omega}_e) = \begin{bmatrix} 0 & \omega_{ez} & -\omega_{ey} & \omega_{ex} \\ -\omega_{ez} & 0 & \omega_{ex} & \omega_{ey} \\ \omega_{ey} & -\omega_{ex} & 0 & \omega_{ez} \\ -\omega_{ex} & -\omega_{ey} & -\omega_{ez} & 0 \end{bmatrix} \tag{3-41}$$

3.3.1.2 卫星姿态动力学方程

将快速响应微小卫星看作刚体，其姿态动力学方程为

$$\boldsymbol{I}\dot{\boldsymbol{\omega}} + \boldsymbol{\omega}^{\times}(\boldsymbol{I}\boldsymbol{\omega}) = \boldsymbol{M}_c + \boldsymbol{M}_d \tag{3-42}$$

式中，$\boldsymbol{I}$——卫星转动惯量矩阵；

$\boldsymbol{\omega} = [\omega_1, \omega_2, \omega_3]^T$——星体相对于惯性坐标系的角速度矢量；

$(\ )^{\times}$——矢量叉乘算子；

$\boldsymbol{M}_c$——控制力矩；

$\boldsymbol{M}_d$——环境扰动力矩，包括重力梯度力矩、太阳光压力矩、剩磁力矩、气动力矩等。

当采用反作用飞轮做为执行机构时，姿态动力学方程(3-42)可改写为

$$\boldsymbol{I}\dot{\boldsymbol{\omega}} + \dot{\boldsymbol{h}}_w + \boldsymbol{\omega}^{\times}(\boldsymbol{I}\boldsymbol{\omega} + \boldsymbol{h}_w) = \boldsymbol{M}_c + \boldsymbol{M}_d \tag{3-43}$$

式中，$\boldsymbol{h}_w$ 为反作用飞轮角动量。

若以 $\boldsymbol{H}$ 表示卫星的角动量，常用以下两种形式

$$\begin{aligned} \dot{\boldsymbol{H}} &= \boldsymbol{M}_c + \boldsymbol{M}_d - [\boldsymbol{I}^{-1}(\boldsymbol{H} - \boldsymbol{h}_w)]^{\times} \boldsymbol{H} \\ \boldsymbol{\omega} &= \boldsymbol{I}^{-1}(\boldsymbol{H} - \boldsymbol{h}_w) \end{aligned} \tag{3-44}$$

或

$$\begin{aligned} \dot{\boldsymbol{\omega}} &= \boldsymbol{I}^{-1}[\boldsymbol{M}_c + \boldsymbol{M}_d - \dot{\boldsymbol{h}}_w - \boldsymbol{\omega}^{\times}(\boldsymbol{I}\boldsymbol{\omega} + \boldsymbol{h}_w)] \\ \boldsymbol{H} &= \boldsymbol{I}\boldsymbol{\omega} + \boldsymbol{h}_w \end{aligned} \tag{3-45}$$

对于姿态跟踪控制，其动力学方程可表示为

$$\boldsymbol{I}\dot{\boldsymbol{\omega}}_e = -(\boldsymbol{\omega}_e + \boldsymbol{C}_{bd}\boldsymbol{\omega}_d) \times \boldsymbol{I}(\boldsymbol{\omega}_e + \boldsymbol{C}_{bd}\boldsymbol{\omega}_d) - \boldsymbol{I}(\dot{\boldsymbol{C}}_{bd}\boldsymbol{\omega}_d + \boldsymbol{C}_{bd}\dot{\boldsymbol{\omega}}_d) + \boldsymbol{M}_c + \boldsymbol{M}_d \tag{3-46}$$

式中，$\boldsymbol{\omega}_d$ 是期望跟踪的角速度，且

$$\dot{\boldsymbol{C}}_{bd} = -\boldsymbol{\omega}_e^{\times} \boldsymbol{C}_{bd} \tag{3-47}$$

因此，姿态跟踪控制器的设计目标应使由式(3-40)和式(3-46)描述的闭环系统保持稳定，误差四元数 $\bar{\boldsymbol{q}}$ 和误差角速度 $\boldsymbol{\omega}_e$ 趋近于 0。

3.3.2　卫星伪角速率高精度估计

卫星伪角速率是指在卫星上无陀螺或是陀螺故障的情况下采用其他姿态测量部件信息获得的卫星姿态角速度。本节提出了一种基于星敏感器的姿态测量信息和飞轮的角动量测量信息融合的高精度卫星伪速率估计方法[2]。

对于卫星伪角速率的估计，通常有两种方法。

第一种方法是只使用姿态敏感器的测量信息计算伪速率，如利用太阳敏感器的测量信息，进行简单的姿态滤波，然后进行姿态差分得到伪速率；或是利用星敏感器的测量信息，运用四元数乘法原理，从而得到伪速率。这种方法存在两个问题，一是测量精度不高，二是在卫星进行姿态机动的过程中，由于采用姿态差分方式，会引入较大的计算误差。

第二种方法是只使用飞轮的角动量测量信息计算伪速率。通过测量飞轮的角动量信息，对卫星的姿态动力学方程进行积分，从而得到卫星的伪角速率。这种估计方法中，虽然飞轮的角动量测量精度较高，但需要伪角速率的积分初值，而只利用飞轮的测量信息无法确定该积分初值。

本节针对现有卫星伪角速率估计方法精度较低的问题，提供了一种基于星敏感器姿态测量信息和飞轮角动量测量信息的伪角速率估计方法。其实现方法是，采用星敏感器测量卫星的姿态，进行姿态差分后获得卫星姿态角速度的测量值；通过测量飞轮的转速采集其角动量信息，再根据获得的角动量信息，融合卫星姿态动力学方程获得伪角速率的导数，并进行卫星伪角速率的一步预测；设定滤波的增益系数后，代入姿态差分角速度测量值，进行伪角速率的滤波更新，获得卫星伪角速率的估计值，

根据此估计值调整滤波的增益系数,从而完成卫星伪角速率的估计。其原理如图3-2所示。

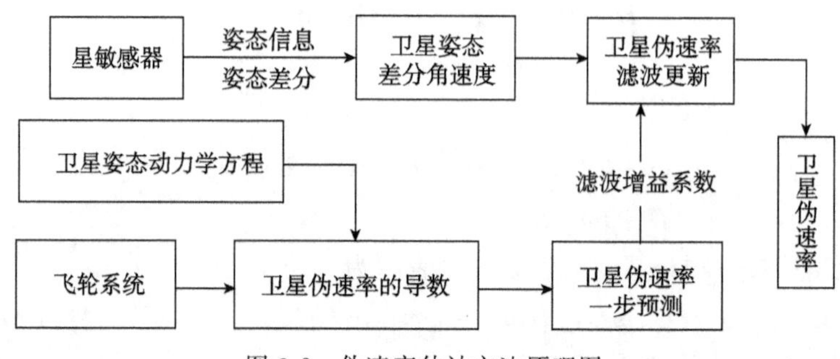

图 3-2 伪速率估计方法原理图

基于星敏感器姿态测量信息和飞轮角动量测量信息的卫星伪角速率估计步骤如下。

(1)采用星敏感器测量卫星的姿态,并对测量到卫星姿态进行角度差分,获得卫星的姿态差分角速度 $\boldsymbol{\omega}_{sk}$,其计算公式为

$$\boldsymbol{\omega}_{sk}=\frac{\boldsymbol{\theta}_k-\boldsymbol{\theta}_{k-1}}{\delta t} \tag{3-48}$$

式中,$\boldsymbol{\theta}_k$ 为当前时刻星敏感器测得的卫星三轴姿态角;$\boldsymbol{\theta}_{k-1}$ 为上一时刻星敏感器测得的卫星三轴姿态角;δt 为测量周期。

(2)采集飞轮角动量信息,并根据获得的角动量信息,融合卫星姿态动力学方程获得伪角速率的导数。

卫星的姿态动力学方程(3-42)可表示为

$$\boldsymbol{I}\dot{\boldsymbol{\omega}}+\boldsymbol{\omega}\times(\boldsymbol{I}\boldsymbol{\omega}+\boldsymbol{h}_{\mathrm{w}})=\boldsymbol{M}_{\mathrm{c}}+\boldsymbol{M}_{\mathrm{d}}=-\frac{\delta\boldsymbol{h}_{\mathrm{w}}}{\delta t}+\boldsymbol{M}_{\mathrm{d}} \tag{3-49}$$

忽略干扰力矩项,通过式(3-49)可求得卫星伪角速率的导数为

$$\dot{\boldsymbol{\omega}}=-\boldsymbol{I}^{-1}\left(\frac{\delta\boldsymbol{h}_{\mathrm{w}}}{\delta t}+\boldsymbol{\omega}\times(\boldsymbol{I}\boldsymbol{\omega}+\boldsymbol{h}_{\mathrm{w}})\right) \tag{3-50}$$

$$\frac{\delta\boldsymbol{h}_{\mathrm{w}}}{\delta t}=\frac{\boldsymbol{h}_{\mathrm{w}k}-\boldsymbol{h}_{\mathrm{w}k-1}}{\delta t} \tag{3-51}$$

式中,$\boldsymbol{h}_{\mathrm{w}k}$ 为当前时刻飞轮角动量测量值,$\boldsymbol{h}_{\mathrm{w}k-1}$ 为上一时刻飞轮角动量测量值。

(3)根据步骤 2 获得的卫星伪角速率的导数,对其进行一步预测,可获得卫星伪角速率的预测值,

$$\hat{\boldsymbol{\omega}}_{k/k-1}=\hat{\boldsymbol{\omega}}_{k-1}+\boldsymbol{u}_k\delta t \tag{3-52}$$

$$\boldsymbol{u}_k=-\boldsymbol{I}^{-1}\left(\frac{\boldsymbol{h}_{\mathrm{w}k}-\boldsymbol{h}_{\mathrm{w}k-1}}{\delta t}+\hat{\boldsymbol{\omega}}_{k-1}\times(\boldsymbol{I}\hat{\boldsymbol{\omega}}_{k-1}+\boldsymbol{h}_{\mathrm{w}k})\right) \tag{3-53}$$

其中,$\hat{\boldsymbol{\omega}}_{k/k-1}$ 为卫星伪角速率预测值;$\hat{\boldsymbol{\omega}}_{k-1}$ 为卫星伪角速率上一时刻的滤波更新值。

(4)设定滤波增益系数 $\boldsymbol{K}_{\mathrm{w}}$,其取值范围一般为 0.1～0.9。

(5)以步骤 1 获得的卫星姿态差分角速度作为伪角速率的测量值,代入步骤 4 设定的滤波增益系数,对步骤 3 获得的卫星伪角速率预测值进行滤波更新,获得伪角速率估计值如下,

$$\hat{\boldsymbol{\omega}}_k = \hat{\boldsymbol{\omega}}_{k/k-1} + \boldsymbol{K}_{\mathrm{w}}(\boldsymbol{\omega}_{sk} - \hat{\boldsymbol{\omega}}_{k/k-1}) \tag{3-54}$$

式中,$\hat{\boldsymbol{\omega}}_k$ 为估计得到的伪角速率。

(6)根据步骤 5 获得的卫星伪角速率估计值,调整增益系数值,从而实现卫星伪角速率的精确估计。

该方法在试验三号和快舟一号微小卫星上进行应用。在轨飞行试验数据表明,与单独采用星敏感器姿态测量信息差分获得的姿态角速率估计值相比,卫星在三轴稳定控制模式下,其角速率的估计精度由 0.03～0.07°/s 提高至 0.003～0.006°/s;卫星在姿态大角度机动控制模式下,非机动轴方向角速率的估计精度由 0.05～0.08°/s 提高至 0.005～0.007°/s,机动轴方向的角速率估计精度平均提高 0.05°/s 左右。

3.3.3 基于粒子滤波的高精度姿态确定方法

快速响应微小卫星通常运行在较低的轨道,受环境扰动因素的影响严重,对于姿态控制系统的要求相对较高。而高精度的姿态控制首先需要解决高精度的姿态确定问题,如何在配置相对简单的情况下,提高姿态确定的精度是快速响应微小卫星的一项核心技术。

粒子滤波算法是一种新型的非线性滤波算法[3],它基于贝叶斯最优估计理论和蒙特卡洛积分原理对状态的后验概率密度函数进行近似,将该算法应用于快速响应微小卫星的姿态确定,对于克服低轨强干扰下的非线性影响具有重要作用,可有效提高姿态确定的精度。粒子滤波算法通常要求星上具有较强的计算能力,而快速响应微小卫星能够满足这方面的要求。本书采用 Bootstrap 粒子滤波(BF)算法[6],并针对算法在计算过程中出现的样本枯竭问题,提出了一种扩展的卡尔曼粒子滤波(EKPF)算法,对 BF 算法进行了改进[4]。

3.3.3.1 系统状态方程

针对卫星有、无陀螺两种模式,采用修正的罗德里格参数作为状态参数,分别建立卫星的状态方程。

假设卫星为刚体,则用修正的罗德里格参数表示的运动学方程为

$$\dot{\boldsymbol{\rho}} = \frac{1}{4}[(1-\boldsymbol{\rho}^{\mathrm{T}}\boldsymbol{\rho})\boldsymbol{I}_{3\times 3} + 2\boldsymbol{\rho}^{\times} + 2\boldsymbol{\rho}\boldsymbol{\rho}^{\mathrm{T}}]\boldsymbol{\omega}_{\mathrm{e}} \tag{3-55}$$

其中,$\boldsymbol{\rho}=[\rho_x,\rho_y,\rho_z]^{\mathrm{T}}$ 为修正的罗德里格参数;$\boldsymbol{I}_{3\times 3}$ 为 3 阶的单位阵;$\boldsymbol{\omega}_{\mathrm{e}}$ 为星体坐标

系相对于参考坐标系的角速度；$\boldsymbol{\rho}^{\times}$ 为 $\boldsymbol{\rho}$ 的叉乘矩阵，表示为

$$\boldsymbol{\rho}^{\times}=\begin{bmatrix} 0 & -\rho_z & \rho_y \\ \rho_z & 0 & -\rho_x \\ -\rho_y & \rho_x & 0 \end{bmatrix} \tag{3-56}$$

卫星动力学方程采用式(3-42)，忽略干扰力矩影响。

陀螺测量模型采用 Farrenkopf 模型，可表示为

$$\begin{aligned} \boldsymbol{\omega}_{\mathrm{bi}} &= \boldsymbol{\omega}_{\mathrm{g}} - \boldsymbol{b} - \boldsymbol{v}_{\mathrm{g}} \\ \dot{\boldsymbol{b}} &= \boldsymbol{v}_{\mathrm{b}} \end{aligned} \tag{3-57}$$

式中，$\boldsymbol{\omega}_{\mathrm{bi}}$ 为卫星相对于惯性空间的旋转角速度；$\boldsymbol{\omega}_{\mathrm{g}}$ 为陀螺测量的角速度；$\boldsymbol{b}$ 为陀螺常值漂移；$\boldsymbol{v}_{\mathrm{g}}$ 为陀螺测量的白噪声，满足 $\boldsymbol{v}_{\mathrm{g}}\sim N(0,\sigma_{\mathrm{g}}^2)$；$\boldsymbol{v}_{\mathrm{b}}$ 为驱动陀螺常值漂移的白噪声，满足 $\boldsymbol{v}_{\mathrm{b}}\sim N(0,\sigma_{\mathrm{b}}^2)$。

1. 有陀螺模式下的状态方程

有陀螺模式下选择修正的罗德里格参数和陀螺漂移作为状态变量，即

$$\boldsymbol{x}=[\boldsymbol{\rho},\boldsymbol{b}]=[\rho_x,\rho_y,\rho_z,b_x,b_y,b_z]^{\mathrm{T}} \tag{3-58}$$

根据方程(3-56)和方程(3-57)可得系统的状态方程为

$$\dot{\boldsymbol{x}}=\boldsymbol{f}(\boldsymbol{x},t)+\boldsymbol{W} \tag{3-59}$$

其中，$\boldsymbol{W}$ 为系统噪声，这里假设为零均值的高斯噪声；$\boldsymbol{f}(\boldsymbol{x},t)$ 为非线性函数，有

$$\boldsymbol{f}(\boldsymbol{x},t)=\begin{bmatrix} \dfrac{1}{4}\left[(1-\boldsymbol{\rho}^{\mathrm{T}}\boldsymbol{\rho})\boldsymbol{I}_{3\times 3}+2\boldsymbol{\rho}^{\times}+2\boldsymbol{\rho}\boldsymbol{\rho}^{\mathrm{T}}\right]\boldsymbol{\omega}_{\mathrm{ba}} \\ 0_{3\times 3} \end{bmatrix} \tag{3-60}$$

2. 无陀螺或陀螺故障模式下的状态方程

在无陀螺或陀螺故障模式下，用卫星动力学方程来代替陀螺测量方程，选择修正的罗德里格参数和角速度作为状态变量，

$$\boldsymbol{x}=[\boldsymbol{\rho};\boldsymbol{\omega}]=[\rho_x,\rho_y,\rho_z,\omega_x,\omega_y,\omega_z]^{T} \tag{3-61}$$

其中，$\boldsymbol{\omega}$ 为星体相对于惯性坐标系的角速度矢量。

则根据方程(3-55)和方程(3-42)可得系统的状态方程为方程(3-59)表示的形式，其中 $f(\boldsymbol{x},t)$ 为

$$\boldsymbol{f}(\boldsymbol{x},t)=\begin{bmatrix} \dfrac{1}{4}\left[(1-\boldsymbol{\rho}^{\mathrm{T}}\boldsymbol{\rho})\boldsymbol{I}_{3\times 3}+2\boldsymbol{\rho}^{\times}+2\boldsymbol{\rho}\boldsymbol{\rho}^{\mathrm{T}}\right]\boldsymbol{\omega} \\ \boldsymbol{I}^{-1}(\boldsymbol{M}_{\mathrm{c}}-\boldsymbol{\omega}^{\times}\boldsymbol{I}\boldsymbol{\omega}) \end{bmatrix} \tag{3-62}$$

3.3.3.2 测量方程

卫星的姿态测量采用星敏感器，其成像原理见图 3-3 所示，定义星敏感器坐标系 $Ox_sy_sz_s$，z_s 轴沿中心光轴，x_s 和 y_s 轴沿 CCD 面阵的正交基准，(p_x,p_y) 为星光像元在面内的坐标，f 为光学系统的焦距。

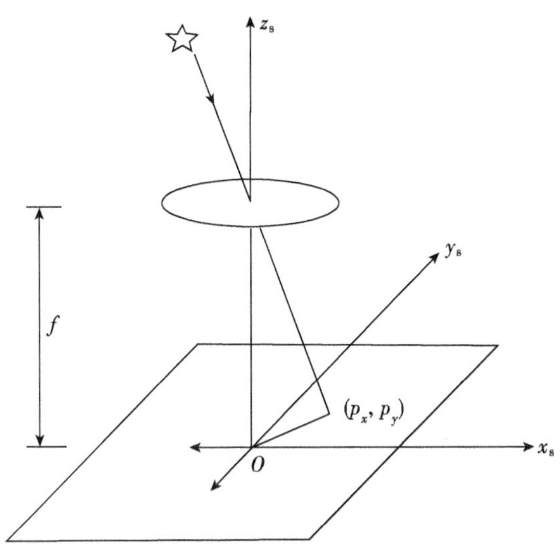

图 3-3　星敏感器测量原理图

假设星敏感器坐标系与星体坐标系重合，且光轴沿星体 z_b 轴方向。用 $\boldsymbol{p}=[p_x; p_y]$ 表示星光矢量 $\boldsymbol{r}_i$ 在 CCD 平面上成像点的真实坐标，记为

$$\boldsymbol{l}=[p_x, p_y, f]^T \tag{3-63}$$

恒星在星体坐标系下 k 时刻的观测方程可以表示为

$$\boldsymbol{b}_i(k)=\boldsymbol{C}(k)\boldsymbol{r}_i+\boldsymbol{v}_i \tag{3-64}$$

其中，$\boldsymbol{b}_i(k)$ 为第 i 个星光测量矢量在体坐标系的分量列阵；$\boldsymbol{r}_i$ 为第 i 个星光测量矢量在惯性系的分量列阵；$\boldsymbol{C}(k)$ 为由惯性系到体系的坐标变换矩阵；$\boldsymbol{v}_i$ 为星敏感器的测量噪声，可近似为零均值的高斯白噪声。

为获得卫星的姿态信息，至少需要两个定义在惯性系下的相对于某个恒星天体的不平行参考矢量的观测值。因此，定义惯性空间中相对于某个恒星天体的两个平行的参考矢量的观测值分别为 $\boldsymbol{u}_{i1}$ 和 $\boldsymbol{u}_{i2}$，建立星敏感器的测量模型为

$$y=\begin{bmatrix} \boldsymbol{C}_{bi}\boldsymbol{u}_{i1} \\ \boldsymbol{C}_{bi}\boldsymbol{u}_{i2} \end{bmatrix}+\boldsymbol{v}_g \tag{3-65}$$

其中，$\boldsymbol{C}_{bi}$ 为惯性系到体系的坐标变换矩阵；$\boldsymbol{v}_g$ 为星敏感器的测量噪声。为便于分析，通常采用

$$\begin{aligned} \boldsymbol{u}_{i1}&=[1,0,0]^T \\ \boldsymbol{u}_{i2}&=[0,1,0]^T \end{aligned} \tag{3-66}$$

3.3.3.3　基于粒子滤波的卫星姿态确定方法

所谓粒子滤波是指通过寻找一组在状态空间中传播的随机样本，对概率密度函数 $p(\boldsymbol{x}_k|\boldsymbol{y}_k)$ 进行近似，以样本均值代替积分运算，从而获得状态的最小方差估计的

过程，是一种基于贝叶斯估计思想的非线性滤波算法。

Bootstrap 粒子滤波算法(BF)的基本步骤如下。

(1)初始化($T=0$)

给定 $p(x_0)$ 并对其进行采样，生成 N 个服从 $p(\boldsymbol{x}_0)$ 分布的粒子 $\boldsymbol{x}_0^i$，并取 $w_0^i=\dfrac{1}{N}$，$i=1,2,\cdots,N$，N 为粒子数。

(2)递推计算($T=k$)

①重要性抽样：从采样密度函数 $q(\boldsymbol{x}_k|\boldsymbol{x}_{k-1},y_k)$ 中随机抽取 N 个样本，利用公式(3-67)计算权值，并进行归一化处理，

$$w_k^i = w_{k-1}^i \frac{p(\boldsymbol{y}_k \mid \boldsymbol{x}_k^i)p(\boldsymbol{x}_k^i \mid \boldsymbol{x}_{k-1}^i)}{q(\boldsymbol{x}_k^i \mid \boldsymbol{x}_{k-1}^i, y_k)}$$
$$\tilde{w}_k^i = \frac{w_k^i}{\sum_{i=1}^{N} w_k^i} \tag{3-67}$$

②重采样：由公式(3-68)计算有效粒子数，并与预定的阈值粒子数比较判断是否需要进行重采样。若 $N_{\mathrm{eff}}<N_{\mathrm{th}}$，则进行重采样，其中 N_{th} 为重采样的阈值粒子数，取 $N_{\mathrm{th}}=\dfrac{2}{3}N$。

$$N_{\mathrm{eff}} = \frac{1}{\sum_{i=1}^{N}\left(\tilde{w}_k^i\right)^2} \tag{3-68}$$

③输出估计值：

$$\hat{\boldsymbol{x}}_k = \sum_{i=1}^{N} \boldsymbol{w}_k^i \boldsymbol{x}_k^i \tag{3-69}$$

上述 BF 粒子滤波算法采用的重要性函数是次优的，没有充分利用当前的测量信息。为提高姿态确定的精度，需要得到更为精确的重要性函数。

为此，在粒子递推计算阶段引入 EKF 滤波过程，通过 EKF 对所有粒子进行一步更新，再加权求均值和协方差，即得到扩展的卡尔曼粒子滤波(EKPF)。EKPF 算法和 BF 算法相比，在粒子更新阶段充分利用了当前的测量信息，避免了粒子枯竭问题，同时能够得到更好的估计精度。该方法采用修正的罗德里格参数作为卫星姿态参数，与四元数相比没有约束条件，其协方差矩阵非奇异。

根据有、无陀螺两种模式下得到的状态方程和测量方程，选择不同的状态估计初值和协方差矩阵，对某快速响应微小卫星的姿态进行了估计。

在有陀螺的情况下，设陀螺的漂移参数：测量噪声均方差 $\sigma_{\mathrm{g}}=0.20\mathrm{deg/h}$；常值漂移初值为 $b_0=[1;1;1]\mathrm{deg/h}$；驱动常值漂移的白噪声均方差为 $\sigma_{\mathrm{b}}=0.02\mathrm{deg}/\sqrt{\mathrm{h}}$。

星敏感器测量噪声均方差为$\sigma_p=100\mu rad$。采用EKPF算法对小初始估计误差的卫星姿态进行估计，姿态角和姿态角速度估计误差均快速收敛，精度分别为0.005°和0.0004°/s。在大初始估计误差的情况下，EKPF算法仍能保持收敛，姿态角和姿态角速度的估计精度基本保持不变，但收敛时间相应延长；而EKF算法却变得发散，这表明EKPF算法在卫星姿态确定中具有明显的优势。

针对无陀螺或陀螺故障情况，采用EKPF算法对卫星姿态进行估计，其姿态角估计精度为0.01°、角速度估计精度为0.004°/s，虽然与有陀螺时相比，估计精度降低，但仍能满足具有一般控制精度要求的卫星需求。

3.3.4　卫星姿态确定系统的误差标定

星敏感器、有效载荷的安装测量偏差，以及结构热变形等因素会影响卫星姿态确定的精度，进而影响有效载荷的指向精度。为了提高有效载荷的指向精度，本节提出了一种姿态测量系统的误差标定方法。该方法根据有效载荷提供的地标信息，采用最小二乘法标定星敏感器相对有效载荷的安装测量偏差，从而保证有效载荷的成像质量。

携带遥感成像载荷的微小卫星通常都具备获取地标方位矢量的能力，并且其测量精度高，可达角秒级，可以用作姿态基准对卫星的姿态确定系统误差进行估计和补偿。本节根据有效载荷提供的地标方向矢量测量信息，采用批处理的方式，基于最小二乘法估计星敏感器相对有效载荷的安装测量偏差，从而实现对姿态确定系统误差的在轨补偿。

为方便起见，假定有效载荷坐标系为星体坐标系。卫星质心到地标的方向矢量在惯性系和星体系下的投影分别表示为$\boldsymbol{r}_{\mathrm{I},k}$和$\boldsymbol{r}_{\mathrm{B},k}$，其中，下标$k$表示离散时间。$\boldsymbol{r}_{\mathrm{I},k}$可以根据卫星和地标之间的位置关系计算得到，$\boldsymbol{r}_{\mathrm{B},k}$可由有效载荷观测得到，两者之间的关系为

$$\boldsymbol{r}_{\mathrm{B},k}=\boldsymbol{A}(\bar{\boldsymbol{q}}_k)\boldsymbol{r}_{\mathrm{I},k} \tag{3-70}$$

其中，$\boldsymbol{A}(\bar{\boldsymbol{q}}_k)$表示惯性坐标系到星体坐标系的姿态矩阵；$\bar{\boldsymbol{q}}_k$为$k$时刻卫星星体坐标系相对于惯性坐标系的姿态四元数。

星敏感器的测量输出$\tilde{\bar{\boldsymbol{q}}}_k$和姿态四元数$\bar{\boldsymbol{q}}_k$的关系可以描述为

$$\boldsymbol{A}(\bar{\boldsymbol{q}}_k)={}^{\mathrm{b}}\boldsymbol{T}_{\mathrm{s}_0}\,{}^{\mathrm{s}_0}\boldsymbol{T}_{\mathrm{s}}\boldsymbol{A}(\tilde{\bar{\boldsymbol{q}}}_k) \tag{3-71}$$

其中，${}^{\mathrm{b}}\boldsymbol{T}_{\mathrm{s}_0}$代表星敏感器标称安装坐标系到星体坐标系的转换矩阵，${}^{\mathrm{s}_0}\boldsymbol{T}_{\mathrm{s}}$为星敏感器实际安装坐标系到标称安装坐标系的转换矩阵。

将式(3-71)代入式(3-70)中可得

$${}^{\mathrm{s}_0}\boldsymbol{T}_{\mathrm{b}}\boldsymbol{r}_{\mathrm{B},k}={}^{\mathrm{s}_0}\boldsymbol{T}_{\mathrm{s}}\boldsymbol{A}(\tilde{\bar{\boldsymbol{q}}}_k)\boldsymbol{r}_{\mathrm{I},k} \tag{3-72}$$

定义

$$\boldsymbol{r}_{s_0,k} = {}^{s_0}\boldsymbol{T}_b \boldsymbol{r}_{B,k} \tag{3-73}$$

$$\tilde{\boldsymbol{r}}_{s,k} = \boldsymbol{A}(\tilde{\boldsymbol{q}}_k)\boldsymbol{r}_{I,k} \tag{3-74}$$

其分量形式分别为

$$\boldsymbol{r}_{s_0,k} = [r_{s_0x,k}, r_{s_0y,k}, r_{s_0z,k}]^{\mathrm{T}} \tag{3-75}$$

$$\tilde{\boldsymbol{r}}_{s,k} = [\tilde{r}_{sx,k}, \tilde{r}_{sy,k}, \tilde{r}_{sz,k}]^{\mathrm{T}} \tag{3-76}$$

式(3-72)可表示为

$$\boldsymbol{r}_{s_0,k} = {}^{s_0}\boldsymbol{T}_s(\delta\boldsymbol{q}_k)\tilde{\boldsymbol{r}}_{s,k} \tag{3-77}$$

其中，$\delta\boldsymbol{q}_k = [\delta q_{x,k}, \delta q_{y,k}, \delta q_{z,k}]$为误差四元数的矢量部分。

${}^{s_0}\boldsymbol{T}_s(\delta\boldsymbol{q}_k)$可写为

$${}^{s_0}\boldsymbol{T}_s(\delta\boldsymbol{q}_k) = \begin{bmatrix} 1 & 2\delta q_{z,k} & -2\delta q_{y,k} \\ -2\delta q_{z,k} & 1 & 2\delta q_{x,k} \\ 2\delta q_{y,k} & -2\delta q_{x,k} & 1 \end{bmatrix} \tag{3-78}$$

将式(3-76)和式(3-78)代入式(3-77)可得

$$\begin{aligned} \boldsymbol{r}_{s_0,k} &= \begin{bmatrix} 1 & 2\delta q_{z,k} & -2\delta q_{y,k} \\ -2\delta q_{z,k} & 1 & 2\delta q_{x,k} \\ 2\delta q_{y,k} & -2\delta q_{x,k} & 1 \end{bmatrix} \begin{bmatrix} \tilde{r}_{sx,k} \\ \tilde{r}_{sy,k} \\ \tilde{r}_{sz,k} \end{bmatrix} \\ &= \begin{bmatrix} \tilde{r}_{sx,k} \\ \tilde{r}_{sy,k} \\ \tilde{r}_{sz,k} \end{bmatrix} + 2\begin{bmatrix} 0 & \tilde{r}_{sz,k} & -\tilde{r}_{sy,k} \\ -\tilde{r}_{sz,k} & 0 & \tilde{r}_{sx,k} \\ \tilde{r}_{sy,k} & -\tilde{r}_{sx,k} & 0 \end{bmatrix} \begin{bmatrix} \delta q_{x,k} \\ \delta q_{y,k} \\ \delta q_{z,k} \end{bmatrix} \end{aligned} \tag{3-79}$$

其向量形式为

$$\boldsymbol{r}_{s_0,k} - \tilde{\boldsymbol{r}}_{s,k} = 2[\tilde{\boldsymbol{r}}_{s,k}\times]\delta\boldsymbol{q}_k \tag{3-80}$$

其中，

$$[\tilde{\boldsymbol{r}}_{s,k}\times] = \begin{bmatrix} 0 & \tilde{r}_{sz,k} & -\tilde{r}_{sy,k} \\ -\tilde{r}_{sz,k} & 0 & \tilde{r}_{sx,k} \\ \tilde{r}_{sy,k} & -\tilde{r}_{sx,k} & 0 \end{bmatrix} \tag{3-81}$$

式(3-80)反映了星敏感器坐标系相对于有效载荷坐标系的安装测量误差和地标方向矢量的关系，安装测量误差的估计可基于式(3-80)进行。

将安装测量误差写成常值项、周期项和随机项之和的形式，

$$\delta\boldsymbol{q}_k = \boldsymbol{c} + \boldsymbol{p}_k + \boldsymbol{\eta}_k \tag{3-82}$$

其中，$\boldsymbol{c} = [c_x, c_y, c_z]^{\mathrm{T}}$ 为常值向量；$\boldsymbol{\eta}_k$ 为随机噪声向量；$\boldsymbol{p}_k$ 表示安装测量误差周期项。将 $\boldsymbol{p}_k$ 写成傅里叶级数的形式：

$$\boldsymbol{p}_k = [p_{x,k}, p_{y,k}, p_{z,k}]^{\mathrm{T}} \tag{3-83}$$

其中，

$$
\begin{aligned}
p_{x,k} &= \sum_{j=1}^{n} \alpha_{xj}\cos(j\omega_0 k\tau)+\beta_{xj}\sin(j\omega_0 k\tau)\\
p_{y,k} &= \sum_{j=1}^{n} \alpha_{yj}\cos(j\omega_0 k\tau)+\beta_{yj}\sin(j\omega_0 k\tau)\\
p_{z,k} &= \sum_{j=1}^{n} \alpha_{zj}\cos(j\omega_0 k\tau)+\beta_{zj}\sin(j\omega_0 k\tau)
\end{aligned} \tag{3-84}
$$

式中，ω_0 是轨道角速度；τ 是滤波周期；$\alpha_{xj},\beta_{xj},\alpha_{yj},\beta_{yj},\alpha_{zj},\beta_{zj},j=1,\cdots,n$ 是傅里叶系数，本书取 $n=3$。

令

$$
\begin{aligned}
&\boldsymbol{\theta}_x=[c_x,\alpha_{x1},\beta_{x1},\alpha_{x2},\beta_{x2},\alpha_{x3},\beta_{x3}]^{\mathrm{T}}\\
&\boldsymbol{\theta}_y=[c_y,\alpha_{y1},\beta_{y1},\alpha_{y2},\beta_{y2},\alpha_{y3},\beta_{y3}]^{\mathrm{T}}\\
&\boldsymbol{\theta}_x=[c_z,\alpha_{z1},\beta_{z1},\alpha_{z2},\beta_{z2},\alpha_{z3},\beta_{z3}]^{\mathrm{T}}\\
&\boldsymbol{\varphi}_k=[1,\cos(\omega_0 k\tau),\sin(\omega_0 k\tau),\cos(2\omega_0 k\tau),\\
&\qquad \sin(2\omega_0 k\tau),\cos(3\omega_0 k\tau),\sin(3\omega_0 k\tau)]^{\mathrm{T}}
\end{aligned} \tag{3-85}
$$

式(3-82)可写为

$$
\delta\boldsymbol{q}_k=\begin{bmatrix}\boldsymbol{\varphi}_k & & \\ & \boldsymbol{\varphi}_k & \\ & & \boldsymbol{\varphi}_k\end{bmatrix}_{3\times 21}\begin{bmatrix}\boldsymbol{\theta}_x\\ \boldsymbol{\theta}_y\\ \boldsymbol{\theta}_z\end{bmatrix}_{21\times 1}+\boldsymbol{\eta}_k \tag{3-86}
$$

或

$$
\delta q_k=\boldsymbol{\varphi}_k\boldsymbol{\theta}+\boldsymbol{\eta}_k \tag{3-87}
$$

其中，

$$
\boldsymbol{\varphi}_k=\begin{bmatrix}\boldsymbol{\varphi}_k & & \\ & \boldsymbol{\varphi}_k & \\ & & \boldsymbol{\varphi}_k\end{bmatrix}_{3\times 21},\theta=\begin{bmatrix}\boldsymbol{\theta}_x\\ \boldsymbol{\theta}_y\\ \boldsymbol{\theta}_z\end{bmatrix}_{21\times 1} \tag{3-88}
$$

将式(3-87)代入式(3-80)可得

$$
\boldsymbol{r}_{\mathrm{s}_0,k}-\tilde{\boldsymbol{r}}_{\mathrm{s},k}=2[\tilde{\boldsymbol{r}}_{\mathrm{s},k}\times]\boldsymbol{\varphi}_k\boldsymbol{\theta}+2[\tilde{\boldsymbol{r}}_{\mathrm{s},k}\times]\boldsymbol{\eta}_k \tag{3-89}
$$

根据一个时间序列 $k=1\cdots N$ 中有效载荷测量信息所构造的观测量

$$
\boldsymbol{Z}=\begin{bmatrix}\boldsymbol{r}_{\mathrm{s}_0,1}-\tilde{\boldsymbol{r}}_{\mathrm{s},1}\\ \boldsymbol{r}_{\mathrm{s}_0,2}-\tilde{\boldsymbol{r}}_{\mathrm{s},2}\\ \vdots\\ \boldsymbol{r}_{\mathrm{s}_0,N}-\tilde{\boldsymbol{r}}_{\mathrm{s},N}\end{bmatrix} \tag{3-90}
$$

令

$$\boldsymbol{\Phi}=\begin{bmatrix} 2[\tilde{\boldsymbol{r}}_{s,1}\times]\boldsymbol{\varphi}_1 \\ 2[\tilde{\boldsymbol{r}}_{s,2}\times]\boldsymbol{\varphi}_2 \\ \vdots \\ 2[\tilde{\boldsymbol{r}}_{s,N}\times]\boldsymbol{\varphi}_N \end{bmatrix},\xi=\begin{bmatrix} 2[\tilde{\boldsymbol{r}}_{s,1}\times]\boldsymbol{\eta}_1 \\ 2[\tilde{\boldsymbol{r}}_{s,2}\times]\boldsymbol{\eta}_2 \\ \vdots \\ 2[\tilde{\boldsymbol{r}}_{s,N}\times]\boldsymbol{\eta}_N \end{bmatrix} \tag{3-91}$$

由式(3-89)可得

$$\boldsymbol{Z}=\boldsymbol{\Phi}\boldsymbol{\theta}+\xi \tag{3-92}$$

根据上式，可通过最小二乘法获得参数 $\boldsymbol{\theta}$ 的估计值为

$$\hat{\boldsymbol{\theta}}=(\boldsymbol{\Phi}^{\mathrm{T}}\boldsymbol{\Phi})^{-1}\boldsymbol{\Phi}^{\mathrm{T}}\boldsymbol{Z} \tag{3-93}$$

姿态误差估计值为

$$\delta\hat{\boldsymbol{q}}=\boldsymbol{\varphi}_k\hat{\boldsymbol{\theta}} \tag{3-94}$$

针对某快速响应光学遥感微小卫星的仿真表明，采用上述的误差标定方法，姿态控制系统的定姿精度与不进行误差标定相比，三轴指向精度可由 0.05°提高到 0.01°以内，效果极其明显。

3.4 姿态大角度快速机动控制方法

对于携带高分辨率成像载荷的快速响应微小卫星，其成像幅宽相对较窄，通过姿态大角度机动可有效增加成像幅宽，提高在轨应用效能。同时，快速响应任务需要卫星具备多点目标成像、立体成像、目标跟踪以及机动过程中成像的能力，因此，姿态大角度机动控制是实现快速响应微小卫星多模式、高效能空间应用的必要手段。

另外，由于质量和体积的限制，快速响应微小卫星的电源功率相对紧张，为提高电源系统的工作效率，在有效载荷不工作时可采用太阳帆板对日定向模式，以保证太阳电池阵最大限度地工作，在执行成像或数传任务时，再通过卫星的姿态机动转到相应模式。该工作模式在不影响飞行任务的前提下，可以显著减小卫星电源系统的质量，试验一号卫星成功地验证了该模式的可行性和有效性。

为进行卫星姿态大角度机动，传统卫星通常采用喷气控制，需要专门的喷气系统作为执行机构，增加了卫星的质量、成本和技术复杂性。对于不携带喷气系统的快速响应微小卫星，进行姿态大角度机动控制只能依赖磁力矩器和反作用飞轮。目前，该类卫星的姿态机动控制算法主要还是针对一种执行机构分别设计，例如针对反作用飞轮进行姿态机动的控制器设计，当反作用飞轮转速饱和后，再使用磁力矩器为其卸载，这样不但增加了反作用飞轮的负担，而且从控制系统的设计上来讲也不甚合理。

本章针对磁力矩器和反作用轮的联合控制问题，基于机动轨迹跟踪控制原理提出了一种绕瞬时欧拉轴转动的姿态大角度机动控制算法[5,6]。由于采用联合控制，

显著减小了反作用飞轮的转速，提高了系统的工作效率。

基于反作用飞轮控制的时间最短姿态机动是在飞轮力矩幅值有限和转速饱和约束条件下，状态受限的最优控制问题。依据最大值原理是无法获得其解析解的，只能进行数值求解，因此，难以直接用于姿态控制系统的设计。为此本章采用先规划后跟踪的策略，即先根据运动学有关原理规划出姿态机动的时间最短轨迹，再设计控制器进行跟踪，以实现时间较短的快速机动控制。该控制算法原理直观，实现简单，并可用于在线实时控制。

3.4.1　姿态机动轨迹规划方法

假定开始机动时的标称姿态为 $\boldsymbol{q}(t_0)$，标称角速度为 $\boldsymbol{\omega}(t_0)=[0,0,0]^{\mathrm{T}}$，机动结束时的标称姿态为 $\boldsymbol{q}(t_{\mathrm{f}})$，依据动量矩守恒可知标称末角速度为 $\boldsymbol{\omega}(t_{\mathrm{f}})=\omega(t_0)=[0,0,0]^{\mathrm{T}}$。根据欧拉定理知，由 $\boldsymbol{q}(t_0)$ 到 $\boldsymbol{q}(t_{\mathrm{f}})$ 的星体姿态机动可绕瞬时欧拉轴 $\boldsymbol{r}$ 转过 θ 角实现，并且该转动路径最短。同时，为满足反作用轮力矩幅值有限和转速饱和的约束条件，需要合理规划 $\theta(t)$ 的变化规律。

设反作用飞轮的控制力矩为 $\boldsymbol{M}_{\mathrm{w}}$，则有

$$\boldsymbol{M}_{\mathrm{w}}=-\dot{\boldsymbol{h}}_{\mathrm{w}}=-\boldsymbol{J}(\dot{\boldsymbol{\omega}}_{\mathrm{w}}+\dot{\boldsymbol{\omega}}) \tag{3-95}$$

式中，$\boldsymbol{J}$——反作用飞轮转动惯量；

$\boldsymbol{\omega}_{\mathrm{w}}$——反作用飞轮转动角速度；

$\boldsymbol{\omega}$——星体相对于惯性坐标系的角速度。

将式(3-95)代入动力学方程(3-43)可知

$$\boldsymbol{M}_{\mathrm{w}}=\boldsymbol{I}\dot{\boldsymbol{\omega}}+\boldsymbol{\omega}\times\boldsymbol{H}-\boldsymbol{M}_{\mathrm{c}}-\boldsymbol{M}_{\mathrm{d}}=\boldsymbol{I}\ddot{\theta}\boldsymbol{r}+\boldsymbol{\omega}\times\boldsymbol{H}-\boldsymbol{M}_{\mathrm{c}}-\boldsymbol{M}_{\mathrm{d}} \tag{3-96}$$

暂时先不考虑磁控力矩 $\boldsymbol{M}_{\mathrm{c}}$，干扰力矩 $\boldsymbol{M}_{\mathrm{d}}$ 与机动控制力矩相比为小量，机动轨迹规划时可忽略不计。又因为整星保持零动量，系统的角动量 $\boldsymbol{H}$ 很小，因此 $\boldsymbol{\omega}\times\boldsymbol{H}$ 为小量，亦可忽略，于是式(3-96)可简化为

$$\boldsymbol{M}_{\mathrm{w}}=\boldsymbol{I}\ddot{\theta}\boldsymbol{r} \tag{3-97}$$

设每个反作用飞轮的最大输出力矩为 M_{wmax}，则绕欧拉轴转动的最大角加速度为

$$\alpha=\ddot{\theta}_{\max}=M_{\mathrm{wmax}}/\max(\boldsymbol{I}\cdot\boldsymbol{r}) \tag{3-98}$$

式中，α 为绕欧拉轴转动的最大角加速度。

为实现快速姿态机动，在没有反作用飞轮转速饱和限制条件下，星体绕欧拉轴转动的角加速度应满足

$$\ddot{\theta}(t)=\begin{cases}+\alpha, & t\in(t_0,t_{\mathrm{h}})\\ -\alpha, & t\in(t_{\mathrm{h}},t_{\mathrm{f}})\end{cases} \tag{3-99}$$

式中，t_{h} 为机动到半程的时间。

当考虑反作用飞轮转速饱和约束条件时，角加速度应遵循图 3-4 给出的规律。

在机动过程中角速度随时间变化的过程如图 3-5 所示。图中 t_f 表示机动结束时刻，t_h-t_c 表示加速结束时刻，t_h+t_c 表示减速开始时刻。显然，如果没有反作用飞轮速率饱和限制，则无需 t_h-t_c 到 t_h+t_c 间的自由转动过程，从而导致最短机动时间 $t_f=2\sqrt{\theta/a}$。

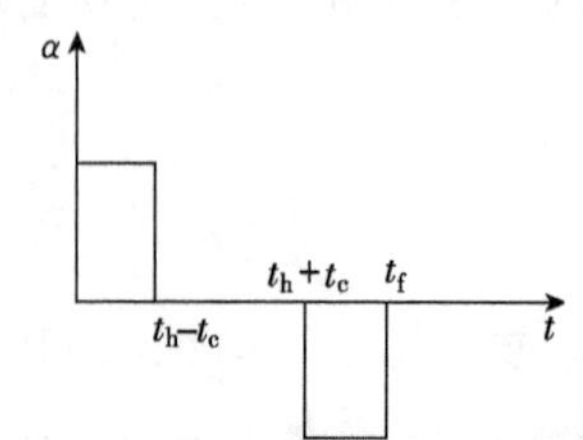

图 3-4　星体角加速度在机动过程中的变化曲线

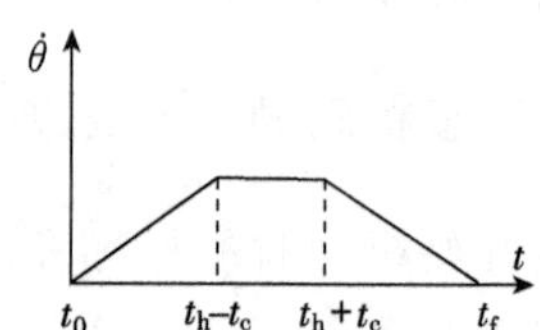

图 3-5　星体角速度在机动过程中的变化曲线

3.4.2　绕瞬时欧拉轴的姿态机动控制算法

由四元数的性质可知，从当前位置的姿态四元数到期望的终了位置的姿态四元数的误差四元数可表示为

$$\begin{bmatrix} q_{1e} \\ q_{2e} \\ q_{3e} \\ q_{0e} \end{bmatrix}=\begin{bmatrix} q_{0d} & q_{3d} & -q_{2d} & -q_{1d} \\ -q_{3d} & q_{0d} & q_{1d} & -q_{2d} \\ q_{2d} & -q_{1d} & q_{0d} & -q_{3d} \\ q_{1d} & q_{2d} & q_{3d} & q_{0d} \end{bmatrix}\begin{bmatrix} q_1 \\ q_2 \\ q_3 \\ q_0 \end{bmatrix} \tag{3-100}$$

式中，q_{ie}——误差四元数；

q_i——卫星当前的姿态四元数；

q_{id}——期望位置的四元数。

对于对地定向三轴稳定微小卫星，在绕欧拉轴机动期间，其欧拉轴指向 $\boldsymbol{r}=[e_x, e_y, e_z]^{\mathrm{T}}$ 在轨道坐标系中保持一个恒定的方向。因此，误差四元数的各分量之间满足

$$\frac{q_{ie}}{q_{je}}=\text{const} \qquad (i,j=1,2,3 \text{ 且 } i\neq j) \tag{3-101}$$

同理，星体相对于轨道坐标系的角速度矢量与欧拉轴具有相同的指向，

$$\omega_a=[e_x\dot{\theta}, e_y\dot{\theta}, e_z\dot{\theta}]^{\mathrm{T}}=[\omega_{ax}, \omega_{ay}, \omega_{az}]^{\mathrm{T}} \tag{3-102}$$

于是有

$$\frac{\omega_{ai}(t)}{\omega_{aj}(t)}=\text{const} \qquad (i,j=x,y,z \text{ 且 } i\neq j) \tag{3-103}$$

从式(3-103)可看出，星体角速度具有图 3-5 所给出的曲线形状，但分别具有各自的

斜率$\pm e_x\alpha$，$\pm e_y\alpha$ 和$\pm e_z\alpha$。

在姿态大角度机动过程中，影响星体角动量的因素除了动力学方程的陀螺力矩项之外，主要还有外扰动力矩和保证星体维持轨道角速度的力矩项，这些附加力矩记为

$$\boldsymbol{M}_{\text{add}}=\boldsymbol{M}_{\text{gyro}}+\boldsymbol{M}_{\text{d}}+\boldsymbol{M}_{\omega\text{o}} \tag{3-104}$$

其中，$\boldsymbol{M}_{\text{gyro}}=-\boldsymbol{\omega}^{\times}(\boldsymbol{I\omega}+\boldsymbol{h}_{\text{w}})$，$\boldsymbol{M}_{\omega\text{o}}=-\boldsymbol{I}\dot{\boldsymbol{C}}_{\text{bo}}[0,-\omega_{\text{o}},0]^{\text{T}}=\omega_{\text{o}}\boldsymbol{I}\dot{\boldsymbol{c}}_2$；$\dot{\boldsymbol{c}}_2$ 是$\dot{\boldsymbol{C}}_{\text{bo}}$的第二列元素组成的矢量。

由四元数表示的$\boldsymbol{C}_{\text{bo}}$和星体运动学方程可得到$\boldsymbol{M}_{\omega\text{o}}$的表达式如下，

$$\boldsymbol{M}_{\omega\text{o}}=\boldsymbol{\omega}_{\text{o}}\boldsymbol{I}\begin{bmatrix} q_2 & q_1 & q_0 & q_3 \\ -q_1 & q_2 & -q_3 & q_0 \\ -q_0 & q_3 & q_2 & -q_1 \end{bmatrix}\begin{bmatrix} 0 & \omega_{\text{a}z} & -\omega_{\text{a}y} & \omega_{\text{a}x} \\ -\omega_{\text{a}z} & 0 & \omega_{\text{a}x} & \omega_{\text{a}y} \\ \omega_{\text{a}y} & -\omega_{\text{a}x} & 0 & \omega_{\text{a}z} \\ -\omega_{\text{a}x} & -\omega_{\text{a}y} & -\omega_{\text{a}z} & 0 \end{bmatrix}\begin{bmatrix} q_1 \\ q_2 \\ q_3 \\ q_0 \end{bmatrix} \tag{3-105}$$

若忽略反作用飞轮摩擦力矩，则大角度机动过程中反作用飞轮控制力矩为

$$\boldsymbol{M}_{\text{w}}=-\dot{\boldsymbol{h}}_{\text{w}}=-\boldsymbol{M}_{\text{add}}+\boldsymbol{M}_{\text{slew}} \tag{3-106}$$

将式(3-106)代入动力学方程(3-43)得

$$\boldsymbol{I}\dot{\boldsymbol{\omega}}=\boldsymbol{M}_{\text{c}}-\boldsymbol{M}_{\omega\text{o}}+\boldsymbol{M}_{\text{slew}} \tag{3-107}$$

$$\boldsymbol{I}\dot{\boldsymbol{\omega}}_{\text{a}}=\boldsymbol{I}\dot{\boldsymbol{\omega}}+\boldsymbol{\omega}_{\text{o}}\boldsymbol{I}\dot{\boldsymbol{c}}_2=\boldsymbol{M}_{\text{c}}+\boldsymbol{M}_{\text{slew}} \tag{3-108}$$

如果考虑磁力矩器和反作用飞轮联合提供控制力矩，可以将磁控力矩并入机动控制力矩中，则式(3-108)可重新写为

$$\boldsymbol{I}\dot{\boldsymbol{\omega}}_{\text{a}}=\boldsymbol{M}_{\text{slew}} \tag{3-109}$$

假设星体坐标系为惯性主轴坐标系，$\boldsymbol{I}=\text{diag}\{I_x,I_y,I_z\}$，则在机动过程中的加速和减速阶段，有

$$\frac{I_i\dot{\omega}_{\text{a}i}(t)}{I_j\dot{\omega}_{\text{a}j}(t)}=\frac{M_{\text{slew}-i}}{M_{\text{slew}-j}}=\text{const}\qquad(i,j=x,y,z \text{ 且 } i\neq j) \tag{3-110}$$

由于假设机动初始时的标称角速度为零，如果设$i=x$，$j=y$，由式(3-101)、式(3-103)和式(3-110)可得

$$\frac{\dot{\omega}_{\text{a}x}(t)}{\dot{\omega}_{\text{a}y}(t)}=\frac{\omega_{\text{a}x}(t)}{\omega_{\text{a}y}(t)}=\frac{e_x}{e_y}=\frac{q_{1\text{e}}}{q_{2\text{e}}} \tag{3-111}$$

于是有

$$\left.\frac{M_x}{M_y}\right|_{\text{slew}}=\frac{I_xq_{1\text{e}}}{I_yq_{2\text{e}}} \tag{3-112}$$

通过关系式(3-112)可以得到姿态大角度机动的控制力矩M_{slew}为

$$\boldsymbol{M}_{\text{slew}}=\begin{cases} +k_{\text{slew}}\,\text{diag}\{\boldsymbol{I}\}\boldsymbol{q}_{\text{e}}, & t\in(t_0,t_{\text{h}}-t_{\text{c}}) \\ 0, & t\in(t_{\text{h}}-t_{\text{c}},t_{\text{h}}+t_{\text{c}}) \\ -k_{\text{slew}}\,\text{diag}\{\boldsymbol{I}\}\boldsymbol{q}_{\text{e}}, & t\in(t_{\text{h}}+t_{\text{c}},t_{\text{f}}) \end{cases} \tag{3-113}$$

式中，k_{slew}为比例系数；$\boldsymbol{q}_{\mathrm{e}}=[q_{1\mathrm{e}},q_{2\mathrm{e}},q_{3\mathrm{e}}]^{\mathrm{T}}$。

根据式(3-106)，此时星体所需的总的控制力矩为

$$\boldsymbol{M}_{\mathrm{Total}}=\boldsymbol{M}_{\mathrm{w}}=-\boldsymbol{M}_{\mathrm{add}}+\boldsymbol{M}_{\mathrm{slew}} \tag{3-114}$$

为了同时使用磁力矩器和反作用飞轮进行控制，$\boldsymbol{M}_{\mathrm{Total}}$被分成两部分，一部分由磁力矩器完成，另一部分由反作用飞轮实现。磁控力矩要同时受到卫星当地地磁场和本身磁偶极子的限制，只能在垂直于地磁场强度 $\boldsymbol{B}$ 的平面内产生。通过式(3-114)确定的 $\boldsymbol{M}_{\mathrm{Total}}$，可以计算出沿着星体三个轴向所需的磁偶极子，

$$\boldsymbol{m}=\{m_x,m_y,m_z\}^{\mathrm{T}}=\boldsymbol{B}^{\times}\boldsymbol{M}_{\mathrm{Total}}/|\boldsymbol{B}|^2$$

从而计算出磁控力矩 $\boldsymbol{M}_{\mathrm{c}}$ 如下，

$$\boldsymbol{M}_{\mathrm{c}}=\boldsymbol{m}^{\times}\boldsymbol{B} \tag{3-115}$$

m 分量的最大值记为 m_{m}，卫星的额定磁偶极子 m_{e} 与 m_{m} 的比值记为 μ，有

$$\mu=\begin{cases} m_{\mathrm{e}}/m_{\mathrm{m}}, & m_{\mathrm{e}}/m_{\mathrm{m}}<1 \\ 1, & m_{\mathrm{e}}/m_{\mathrm{m}}\geqslant 1 \end{cases}$$

将式(3-115)得到的磁控力矩乘以该比值，就得到满足星体磁偶极子限制条件的磁控力矩。

从 $\boldsymbol{M}_{\mathrm{Total}}$ 中减去 $\boldsymbol{M}_{\mathrm{c}}$，就可以得到反作用飞轮应该提供的控制力矩

$$\Delta\boldsymbol{M}=\boldsymbol{M}_{\mathrm{Total}}-\boldsymbol{M}_{\mathrm{c}} \tag{3-116}$$

考虑到反作用飞轮的饱和力矩约束，其控制力矩取为(设 x 与 1 对应，y 与 2 对应，x 与 3 对应)

$$\boldsymbol{M}_{\mathrm{w}}=\min_i\left|\frac{M_{\mathrm{sat}-i}}{I_i q_{i\mathrm{e}}}\right|\Delta\boldsymbol{M} \tag{3-117}$$

式中，$M_{\mathrm{sat}-i}$为星体 i 轴方向反作用飞轮饱和力矩。

由式(3-114)表示的实际控制力矩在机动过程中是开环计算的，其中机动控制力矩在机动的半程要改变符号，可以通过下述方法实现。

首先计算在机动到半程位置时的姿态四元数值 q_{half}，

$$q_{\mathrm{half}}=\frac{\max\limits_i|q_{i\mathrm{e}}(t_0)|}{\left|\sin\dfrac{\theta}{2}\right|}\left|\sin\frac{\theta}{4}\right| \tag{3-118}$$

式中，θ 为绕欧拉轴需要机动的角度值。

然后通过当前姿态四元数的最大值与 q_{half}的差值，来决定是否到达机动的半程，

$$\max_i|q_{i\mathrm{e}}(t)|-q_{\mathrm{half}}=\begin{cases}>0, & \forall\, t<t_{\mathrm{h}} \\ <0, & \forall\, t>t_{\mathrm{h}}\end{cases} \tag{3-119}$$

整个姿态机动过程的控制步骤如下：

(1)通过式(3-100)确定初始误差四元数 $q_{\mathrm{e}}(t_0)$；

(2)由式(3-118)计算半程位置的误差四元数值 q_{half}；

(3)由式(3-113)计算出加速阶段机动控制力矩，然后与附加力矩合成总的控制力矩；

(4)首先使用磁力矩器进行控制，然后将剩余力矩分配到每个反作用飞轮；

(5)重复(3)、(4)的操作，并由式(3-119)进行判断，直到 $t>t_h$ 时转到(8)，或者直到某一个飞轮的转速达到极限(比如到达90%的临界转速)，转到(6)；

(6)此时机动控制力矩为零，进入自由转动阶段，磁力矩器和反作用飞轮只抵消附加力矩；

(7)重复(6)，记录进入自由转动时刻到 $t=t_h$ 时的时间 t_c，直到从 $t=t_h$ 时刻再经过 t_c 时间，进入减速控制阶段，转到(8)；

(8)由式(3-113)计算出减速阶段机动控制力矩，然后与附加力矩合成总的控制力矩，使用磁力矩器和反作用飞轮联合控制；

(9)重复(8)的操作，直到机动结束 $t=2t_h=t_f$。

在进行姿态大角度机动过程当中，环境干扰力矩相对机动控制力矩要小几个数量级，而且机动的时间不是很长，在机动过程中环境干扰力矩造成的欧拉轴指向漂移较小，一般可以忽略。由于机动控制的开环特性，造成欧拉轴指向偏差的主要原因是星体转动惯量矩阵的误差。为避免上述情况，在实际控制过程中引入星体角速度的测量值进行补偿，补偿力矩正比于计算角速度与测量角速度的差值，该补偿力矩将附加在总的控制力矩当中。

$$\boldsymbol{M}_{comp}=\boldsymbol{C}(\boldsymbol{\omega}_a-\boldsymbol{\omega}_{ref}) \tag{3-120}$$

式中，$\boldsymbol{C}$ 为补偿系数矩阵；$\boldsymbol{I}\dot{\boldsymbol{\omega}}_{ref}=\boldsymbol{M}_{Total}$。

算法鲁棒性分析：

用 $\boldsymbol{I}_n$ 表示星体转动惯量的名义值，$\Delta\boldsymbol{I}$ 表示不确定量，则实际的转动惯量 $\boldsymbol{I}=\boldsymbol{I}_n+\Delta\boldsymbol{I}$。由欧拉动力学方程(3-43)可得

$$(\boldsymbol{I}_n+\Delta\boldsymbol{I})\dot{\boldsymbol{\omega}}+\dot{\boldsymbol{h}}_w+\boldsymbol{\omega}^{\times}[(\boldsymbol{I}_n+\Delta\boldsymbol{I})\boldsymbol{\omega}+\boldsymbol{h}_w]=\boldsymbol{M}_c+\boldsymbol{M}_d \tag{3-121}$$

将式(3-106)代入式(3-121)有

$$(\boldsymbol{I}_n+\Delta\boldsymbol{I})\dot{\boldsymbol{\omega}}+\boldsymbol{\omega}^{\times}\Delta\boldsymbol{I}\boldsymbol{\omega}=\boldsymbol{M}_c+\boldsymbol{M}_{slew}-\omega_o\boldsymbol{I}_n\dot{\boldsymbol{c}}_2 \tag{3-122}$$

将式(3-108)代入式(3-122)，并将磁控力矩合并到机动力矩当中，有

$$(\boldsymbol{I}_n+\Delta\boldsymbol{I})\dot{\boldsymbol{\omega}}_a=\boldsymbol{M}_{slew}-\boldsymbol{\omega}^{\times}\Delta\boldsymbol{I}\boldsymbol{\omega}+\omega_o\Delta\boldsymbol{I}\dot{\boldsymbol{c}}_2 \tag{3-123}$$

其中轨道角速度 ω_o 远小于姿态机动过程中星体角速度值，由此可假设：

(1)$\omega_a\approx\omega$；

(2)忽略式(3-123)右边第三项。

对于星体坐标系为惯性主轴坐标系的卫星有

$$\begin{cases}\dot{\omega}_{ax}\approx\dfrac{\Delta I_y-\Delta I_z}{I_x+\Delta I_x}\omega_{ay}\omega_{az}-\dfrac{\Delta I_x}{I_x+\Delta I_x}\eta_{slew-x}+\eta_{slew-x}\\ \dot{\omega}_{ay}\approx\dfrac{\Delta I_z-\Delta I_x}{I_y+\Delta I_y}\omega_{ax}\omega_{az}-\dfrac{\Delta I_y}{I_y+\Delta I_y}\eta_{slew-y}+\eta_{slew-y}\\ \dot{\omega}_{az}\approx\dfrac{\Delta I_x-\Delta I_y}{I_z+\Delta I_z}\omega_{ax}\omega_{ay}-\dfrac{\Delta I_z}{I_z+\Delta I_z}\eta_{slew-z}+\eta_{slew-z}\end{cases}\tag{3-124}$$

其中，$\eta_{slew}=\begin{cases}+k_{slew}\,q_e, & t\in(t_0,t_h-t_c)\\ 0, & t\in(t_h-t_c,t_h+t_c)\\ -k_{slew}\,q_e, & t\in(t_h+t_c,t_f)\end{cases}$

式(3-124)右边前两项是由星体惯性矩阵不确定性造成的主要干扰项，第三项是正常的机动控制角加速度。将星体相对于轨道坐标系的角速度看成是参考角速度与扰动角速度的和，

$$\boldsymbol{\omega}_a=\boldsymbol{\omega}_{ref}+\Delta\boldsymbol{\omega}\tag{3-125}$$

将式(3-120)表示的补偿力矩合并到机动控制力矩当中，则扰动动力学方程为

$$\begin{bmatrix}I_x+\Delta I_x & 0 & 0\\ 0 & I_y+\Delta I_y & 0\\ 0 & 0 & I_z+\Delta I_z\end{bmatrix}\Delta\dot{\boldsymbol{\omega}}=\begin{bmatrix}-C_x & k_1\omega_{ref-z} & k_1\omega_{ref-y}\\ k_2\omega_{ref-z} & -C_y & k_2\omega_{ref-x}\\ k_3\omega_{ref-y} & k_3\omega_{ref-x} & -C_z\end{bmatrix}\Delta\omega$$
$$+\begin{bmatrix}k_1(\Delta\omega_y\Delta\omega_z+\omega_{ref-y}\omega_{ref-z})\\ k_2(\Delta\omega_x\Delta\omega_z+\omega_{ref-x}\omega_{ref-z})\\ k_3(\Delta\omega_x\Delta\omega_y+\omega_{ref-x}\omega_{ref-y})\end{bmatrix}-\begin{bmatrix}\Delta I_x & 0 & 0\\ 0 & \Delta I_y & 0\\ 0 & 0 & \Delta I_z\end{bmatrix}\eta_{slew}\tag{3-126}$$

其中，$k_1=\Delta I_y-\Delta I_z$；$k_2=\Delta I_z-\Delta I_x$；$k_3=\Delta I_x-\Delta I_y$；$C=\mathrm{diag}\{C_x,C_y,C_z\}$。

在方程(3-126)中，k_1、k_2、k_3 是只依赖于转动惯量不确定性的常值参数，而且不可能具有相同的符号。当方程中 $\Delta\omega$ 的时变系数矩阵具有稳定的特征值时，扰动方程表示的系统是稳定的。对扰动系统的特征方程进行稳定性分析，可得具有稳定特征值的充分条件为

$$\begin{cases}C_x>\max\left\{|k_1\omega_{ref-y}|,|k_1\omega_{ref-z}|\right\}\\ C_y>\max\left\{|k_2\omega_{ref-x}|,|k_2\omega_{ref-z}|\right\}\\ C_z>\max\left\{|k_3\omega_{ref-x}|,|k_3\omega_{ref-y}|\right\}\end{cases}\tag{3-127}$$

由于姿态机动控制力矩的限制条件，方程(3-126)右边的扰动力项是有界的，因此，它们对 $\Delta\boldsymbol{\omega}$ 的影响可以通过增加负定常数 C_x,C_y,C_z 的值来抵消，增加 C_x,C_y,C_z 的值将加速收敛过程，减少姿态机动期间欧拉轴指向的误差。

应用该方法对试验一号微小卫星的姿态大角度机动控制进行了仿真。卫星的轨道高度为597km,质量204kg,转动惯量矩阵为

$$\boldsymbol{I}=\begin{bmatrix}19.05 & 0.23 & -0.72\\ 0.23 & 20.0 & -4.09\\ -0.72 & -4.09 & 21.76\end{bmatrix}\text{kgm}^2$$

反作用飞轮的角动量为0.2Nms,输出力矩为0.03Nm;磁力矩器额定磁偶极子为35Am²,扰动力矩为

$$\boldsymbol{M}_{\rm d}=\begin{bmatrix}1.5\times(3\cos\omega_0 t+1)\\ 1.5\times(3\cos\omega_0 t+1.5\sin\cos\omega_0 t)\\ 1.5\times(3\sin\omega_0 t+1)\end{bmatrix}\times10^{-5}\,\text{Nm}$$

姿态机动的初始状态为(−160°,−60°,50°),三轴初始角速度均为0.03°/s;机动终端状态为(0°,0°,0°),三轴角速度均为0°/s;$k_{\rm slew}=1.5$,$\boldsymbol{C}=\text{diag}(3.673,4.072,4.634)$。

机动过程在400s内完成,采用飞轮与磁力矩器联合控制与飞轮直接控制相比,X向飞轮转速由1500rpm降为1200rpm,Y向飞轮转速由−1600rpm降为−450rpm,Z向飞轮转速由−1600rpm降为−1150rpm,从而显著降低了飞轮的转速,为卫星姿态大角度快速机动提供了有效的技术手段。

3.5　目标跟踪控制与机动过程中的高精度稳定控制方法

目标跟踪控制与机动过程中的高精度稳定控制是快速响应微小卫星执行应急任务的一种重要工作模式。目前低轨卫星对地面目标跟踪成像的工作方式主要有两种,即通过卫星平台机动的推扫成像和利用扫描装置的扫描成像,两种方法均有一定缺陷。推扫成像需要卫星平台的平稳机动控制,而扫描成像的机构复杂,图像易产生畸变[8]。目标跟踪控制模式是指通过精确的姿态控制使光学遥感器观测地面目标时其光轴在特定的观测时间内“盯住”目标不动,与其他成像模式相比,具有如下特点:

(1)对目标的观测时间相对较长,易于发现目标的运动变化;

(2)可同时连续观测视场内发生的现象,进行实时、定点观测;

(3)可灵活、机动地获得图像,并根据用户需要直接定制图像。

本节针对快速响应微小卫星对目标跟踪成像以及机动过程中成像的问题,首先建立针对目标跟踪的卫星运动学方程,进而设计具有高稳定度特点的控制器,同时考虑卫星低轨运行所面临的强干扰问题,设计相应的干扰观测器进行干扰抑制,为快速响应微小卫星在机动过程中的高分辨率成像提供技术手段。

3.5.1 针对目标跟踪的卫星运动学建模

3.5.1.1 期望的姿态角

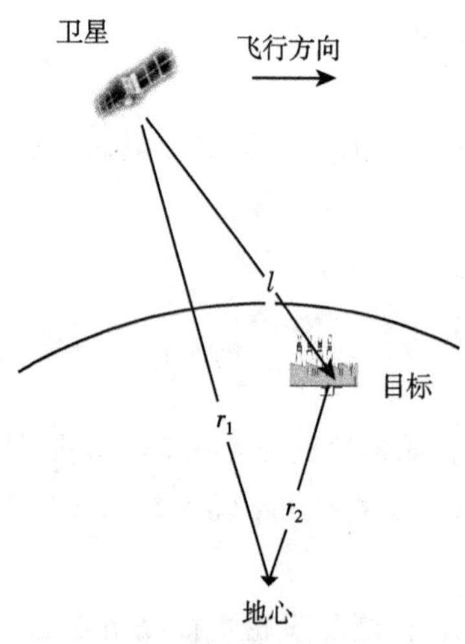

图 3-6 对地目标跟踪控制模式的示意图

在对地面目标跟踪的过程中，需要利用从卫星到地面目标的向量来确定卫星期望的姿态。首先根据轨道信息求出轨道坐标系下卫星到地心的向量 $\boldsymbol{r}_1$，然后根据地理信息求出地面目标到地心的向量 $\boldsymbol{r}_2$，将两个向量相减可得到从卫星到地面目标的向量 $\boldsymbol{l}$，如图 3-6 所示。

从地面目标到地心的向量在轨道坐标系下的分量为

$$\boldsymbol{r}_2 = \boldsymbol{A}_1\boldsymbol{A}_2\boldsymbol{X}_1 \tag{3-128}$$

其中，$\boldsymbol{r}_2$ 为地面目标到地心的向量在轨道坐标系下的分量；$\boldsymbol{A}_1$ 为地心惯性坐标系到轨道坐标系的变换矩阵；$\boldsymbol{A}_2$ 为地球固连坐标系到地心惯性坐标系的变换矩阵；$\boldsymbol{X}_1$ 为地面目标到地心的向量在地球固连坐标系下的分量，可由地心经纬度求得。

卫星到地心的向量在轨道坐标系下的分量为

$$\boldsymbol{r}_1 = R_s[0,0,1]^{\mathrm{T}} \tag{3-129}$$

其中，R_s 为卫星到地心距离。

在轨道坐标系下，卫星到地面目标的向量为

$$\boldsymbol{l} = \boldsymbol{r}_1 - \boldsymbol{r}_2 \tag{3-130}$$

其单位向量为

$$\boldsymbol{\rho} = \frac{\boldsymbol{l}}{\|\boldsymbol{l}\|} \tag{3-131}$$

假设卫星有效载荷(CCD 相机等)固定在卫星本体坐标系的 Z 轴方向。当卫星处于对地目标跟踪的理想姿态时，其视线轴应该对准地面目标，则 $\boldsymbol{\rho}$ 在本体系的坐标投影应该保持为$[0,0,1]^{\mathrm{T}}$，即有

$$\boldsymbol{\rho}_o = \boldsymbol{C}_{ob}\boldsymbol{\rho}_b \tag{3-132}$$

$$[\rho_{ox}, \rho_{oy}, \rho_{oz}]^{\mathrm{T}} = \boldsymbol{C}_{ob} \cdot [0,0,1]^{\mathrm{T}} \tag{3-133}$$

$$\boldsymbol{C}_{ob} = \begin{bmatrix} \cos\theta\cos\psi & -\cos\theta\sin\psi & \sin\theta \\ \cos\varphi\sin\psi + \sin\varphi\sin\theta\cos\psi & \cos\varphi\cos\psi - \sin\varphi\sin\theta\sin\psi & -\sin\varphi\cos\theta \\ \sin\varphi\sin\psi - \cos\varphi\sin\theta\cos\psi & \sin\varphi\cos\psi + \cos\varphi\sin\theta\sin\psi & \cos\varphi\cos\theta \end{bmatrix} \tag{3-134}$$

其中，$\boldsymbol{C}_{ob}$ 为星体坐标系到轨道坐标系的转换矩阵；ρ_{ox}、ρ_{oy}、ρ_{oz} 是 ρ 在轨道坐标系下的分量。

利用 x-y-z 的欧拉转动顺序可以得到期望的姿态角 φ、θ 和 ψ，

$$\varphi=\arctan\left(-\frac{\rho_{oy}}{\rho_{oz}}\right) \tag{3-135}$$

$$\theta=\arcsin(\rho_{ox}) \tag{3-136}$$

$$\psi=\arctan\left(-\frac{\rho_{ox}\rho_{oy}}{\rho_{oz}}\right) \tag{3-137}$$

因此，根据欧拉角与四元数的转换关系，即可求出对地面目标凝视所期望的姿态四元数 $\boldsymbol{q}_{\mathrm{d}}$。

3.5.1.2　期望的参考角速度

设 $\boldsymbol{\omega}_0$ 为不同坐标系间的相对速度，根据运动学方程可得

$$\boldsymbol{\rho}\times\dot{\boldsymbol{\rho}}=\boldsymbol{\rho}\times(\boldsymbol{\omega}_0\times\boldsymbol{\rho})=(\boldsymbol{\rho}\cdot\boldsymbol{\rho})\boldsymbol{\omega}_0-(\boldsymbol{\omega}_0\cdot\boldsymbol{\rho})\boldsymbol{\rho} \tag{3-138}$$

保证对地面目标的跟踪，需要有效载荷（CCD 相机等）对目标成像时无相对旋转，即在有效载荷的视线轴上没有角速度分量，因此应保证卫星在运动过程中其角速度与星体的 Z 轴（即视线轴）垂直，则有 $\boldsymbol{\omega}_0\cdot\boldsymbol{\rho}=0$，所以对地面目标跟踪的期望角速度为

$$\boldsymbol{\omega}_{\mathrm{d}}=\boldsymbol{\rho}\times\dot{\boldsymbol{\rho}} \tag{3-139}$$

$$\dot{\boldsymbol{\rho}}=\frac{\mathrm{d}}{\mathrm{d}t}\left[\frac{\boldsymbol{l}}{\|\boldsymbol{l}\|}\right]=(\boldsymbol{I}-\boldsymbol{\rho}\cdot\boldsymbol{\rho}^{\mathrm{T}})\frac{\dot{\boldsymbol{l}}}{\|\boldsymbol{l}\|} \tag{3-140}$$

因此有

$$\boldsymbol{\omega}_{\mathrm{d}}=\boldsymbol{\rho}\times\dot{\boldsymbol{\rho}}=\boldsymbol{\rho}\times(\boldsymbol{I}-\boldsymbol{\rho}\cdot\boldsymbol{\rho}^{\mathrm{T}})\frac{\dot{\boldsymbol{l}}}{\|\boldsymbol{l}\|} \tag{3-141}$$

其中，$\boldsymbol{I}$ 为单位矩阵。

对角速度直接求导可得期望的角加速度 $\dot{\boldsymbol{\omega}}_{\mathrm{d}}$。$\boldsymbol{\omega}_{\mathrm{d}}$ 与 $\dot{\boldsymbol{\omega}}_{\mathrm{d}}$ 分别是轨道坐标系下描述轨道坐标系相对于地心惯性坐标系的期望角速度和期望角加速度。

3.5.2　目标跟踪控制器设计

卫星的姿态跟踪运动学和动力学方程见式（3-40）和式（3-46）。

由于快速响应微小卫星通常运行在较低的轨道，环境干扰力矩较大，因此需要一种对参数变化和扰动不灵敏的控制方法，提高对地面目标跟踪的精度，而滑模变结构控制可以有效地抑制干扰，适合用于目标跟踪控制。

变结构控制的核心是设计合适的切换函数 $\boldsymbol{s}$ 和变结构控制律。

定义切换函数为

$$\boldsymbol{s}=\boldsymbol{\omega}_{\mathrm{e}}+\boldsymbol{k}\boldsymbol{q}=\boldsymbol{\omega}-\boldsymbol{C}_{\mathrm{bd}}\boldsymbol{\omega}_{\mathrm{d}}+\boldsymbol{k}\boldsymbol{q} \tag{3-142}$$

式中，$\boldsymbol{k}$ 为对角正定常数矩阵，$\boldsymbol{k}=\mathrm{diag}[k_1,k_2,k_3]$；$\boldsymbol{s}=[s_1,s_2,s_3]^{\mathrm{T}}$。

滑动模态存在是应用滑模变结构控制的前提，即满足滑动模态到达条件，

$$\boldsymbol{s}\dot{\boldsymbol{s}}<0 \tag{3-143}$$

将式（3-143）表示成 Lyapunov 函数型的到达条件，选取 Lyapunov 函数为

$$V=\frac{1}{2}\boldsymbol{s}^{\mathrm{T}}\boldsymbol{I}\boldsymbol{s} \tag{3-144}$$

对上式求导，根据动力学方程式(3-46)，有

$$\begin{aligned}\dot{V}&=\boldsymbol{s}^{\mathrm{T}}\boldsymbol{I}\dot{\boldsymbol{s}}\\&=\boldsymbol{s}^{\mathrm{T}}\boldsymbol{I}(\dot{\boldsymbol{\omega}}_{\mathrm{e}}+k\dot{\boldsymbol{q}})\\&=\boldsymbol{s}^{\mathrm{T}}(-(\boldsymbol{\omega}_{\mathrm{e}}+\boldsymbol{C}_{\mathrm{bd}}\boldsymbol{\omega}_{\mathrm{d}})\times\boldsymbol{I}(\boldsymbol{\omega}_{\mathrm{e}}+\boldsymbol{C}_{\mathrm{bd}}\boldsymbol{\omega}_{\mathrm{d}})+\boldsymbol{I}(\boldsymbol{\omega}_{\mathrm{e}}^{\times}\boldsymbol{C}_{\mathrm{bd}}\boldsymbol{\omega}_{\mathrm{d}}-\boldsymbol{C}_{\mathrm{bd}}\dot{\boldsymbol{\omega}}_{\mathrm{d}})\\&\quad-\boldsymbol{M}_{\mathrm{c}}-\boldsymbol{M}_{\mathrm{d}}+\boldsymbol{I}k\dot{\boldsymbol{q}})\end{aligned} \tag{3-145}$$

设计控制律为等效控制加切换控制，即

$$\boldsymbol{M}_{\mathrm{c}}=\boldsymbol{u}_{\mathrm{eq}}+\boldsymbol{u}_{\mathrm{vss}} \tag{3-146}$$

其中，切换控制$\boldsymbol{u}_{\mathrm{vss}}$实现对不确定性和外干扰的控制；等效控制$\boldsymbol{u}_{\mathrm{eq}}$实现$\dot{s}=0$。

因此，有

$$\boldsymbol{u}_{\mathrm{eq}}=-(\boldsymbol{\omega}_{\mathrm{e}}+\boldsymbol{C}_{\mathrm{bd}}\boldsymbol{\omega}_{\mathrm{d}})\times\boldsymbol{I}(\boldsymbol{\omega}_{\mathrm{e}}+\boldsymbol{C}_{\mathrm{bd}}\boldsymbol{\omega}_{\mathrm{d}})+\boldsymbol{I}(\boldsymbol{\omega}_{\mathrm{e}}^{\times}\boldsymbol{C}_{\mathrm{bd}}\boldsymbol{\omega}_{\mathrm{d}}-\boldsymbol{C}_{\mathrm{bd}}\dot{\boldsymbol{\omega}}_{\mathrm{d}})+k\boldsymbol{I}\dot{\boldsymbol{q}} \tag{3-147}$$

取$\boldsymbol{u}_{\mathrm{vss}}=\boldsymbol{G}\mathrm{sgn}(\boldsymbol{s})+\boldsymbol{\varepsilon s}$。其中，$\mathrm{sgn}(\boldsymbol{s})$为符号函数；$\boldsymbol{u}_{\mathrm{vss}}$包含的$\boldsymbol{\varepsilon s}$项，可以减少变结构控制产生的振颤；$\boldsymbol{G}$和$\boldsymbol{\varepsilon}$为正定对角阵。

最终的控制律为

$$\begin{aligned}\boldsymbol{M}_{\mathrm{c}}=&-(\boldsymbol{\omega}_{\mathrm{e}}+\boldsymbol{C}_{\mathrm{bd}}\boldsymbol{\omega}_{\mathrm{d}})\times\boldsymbol{I}(\boldsymbol{\omega}_{\mathrm{e}}+\boldsymbol{C}_{\mathrm{bd}}\boldsymbol{\omega}_{\mathrm{d}})\\&+\boldsymbol{I}(\boldsymbol{\omega}_{\mathrm{e}}^{\times}\boldsymbol{C}_{\mathrm{bd}}\boldsymbol{\omega}_{\mathrm{d}}-\boldsymbol{C}_{\mathrm{bd}}\dot{\boldsymbol{\omega}}_{\mathrm{d}})+k\boldsymbol{I}\dot{\boldsymbol{q}}+\boldsymbol{G}\mathrm{sgn}(\boldsymbol{s})+\boldsymbol{\varepsilon s}\end{aligned} \tag{3-148}$$

将式(3-148)代入式(3-145)，忽略扰动力矩项$\boldsymbol{M}_{\mathrm{d}}$有

$$\dot{V}=-\boldsymbol{s}^{\mathrm{T}}(\boldsymbol{G}\mathrm{sgn}(\boldsymbol{s})+\boldsymbol{\varepsilon s})<0 \tag{3-149}$$

从而证明了式(3-148)给出的控制律满足滑动模态到达条件。

应用该方法对某卫星的姿态跟踪控制进行了仿真。设卫星轨道高度380km，转动惯量为$I_x=I_y=2I_z=50\mathrm{kgm}^2$，$\boldsymbol{K}=\mathrm{diag}(0.4,0.4,0.4)$，$\boldsymbol{G}=\mathrm{diag}(0.001,0.001,0.001)$，$\boldsymbol{\varepsilon}=\mathrm{diag}(2,2,2)$，扰动力矩为

$$\boldsymbol{M}_{\mathrm{d}}=\begin{bmatrix}5(1+\sin\omega_0 t)\\2.5(1+\cos\omega_0 t)\\5(1+\sin\omega_0 t)\end{bmatrix}\times10^{-4}\mathrm{Nm}$$

其中，ω_0为轨道角速度。

与采用常规的PD加前馈控制方法相比，在相同的初始状态下，目标跟踪响应时间由250s降为100s之内，跟踪指向精度约为0.05°、稳定度约为0.003°/s，有效提高了目标跟踪的控制精度，且对于外干扰力矩具有较好的鲁棒性。仿真表明，$\boldsymbol{K}$、$\boldsymbol{G}$取值越大，抗干扰性能越好，响应时间越快，但同时引起的系统颤振也越大，跟踪精度会明显下降。

上述变结构控制方法虽然对外干扰力矩以及系统不确定性具有很好的鲁棒性，但其所固有的不连续开关特性会引起系统的颤振，从而影响控制的精确性，对于要求高分辨率成像的微小卫星必须考虑消除颤振的影响。

3.5.3　带有干扰观测器的目标跟踪控制器设计

对于式(3-148)给出的跟踪控制器，虽然 $\varepsilon \boldsymbol{s}$ 具有一定的颤振抑制作用，但对于具有更高指向精度要求的快速响应微小卫星仍不能满足要求。为此，提出一种带有干扰观测器的变结构控制器，以更好地抑制颤振影响。

对于常规的变结构控制，考虑卫星的扰动力矩项，有

$$\dot{V}=\boldsymbol{s}^{\mathrm{T}}(\boldsymbol{M}_{\mathrm{d}}-\boldsymbol{G}\operatorname{sgn}(\boldsymbol{s})) \tag{3-150}$$

若存在

$$|M_{\mathrm{d}i}|_{\max}<G_{ii} \tag{3-151}$$

则 $\boldsymbol{s}^{\mathrm{T}}$ 与 $\boldsymbol{M}_{\mathrm{d}}-\boldsymbol{G}\operatorname{sgn}(\boldsymbol{s})$ 异号，$\dot{V}<0$，满足滑动模态到达条件。

由式(3-151)可知，$\boldsymbol{G}$ 是变结构控制切换项的增益，它决定着振颤的大小，且 $\boldsymbol{G}$ 受到干扰力矩 $\boldsymbol{M}_{\mathrm{d}}$ 的影响。当干扰力矩较大时，$\boldsymbol{G}$ 会随之增大，从而加大控制系统的振颤，影响卫星指向控制的稳定性。

因此，设计一种带干扰观测器的变结构控制器如下，

$$\boldsymbol{M}_{\mathrm{c}}=\boldsymbol{u}_{\mathrm{f}}+\boldsymbol{u}_{\mathrm{s}}+\boldsymbol{P}\boldsymbol{\omega}_{\mathrm{e}}+\hat{\boldsymbol{M}}_{\mathrm{d}} \tag{3-152}$$

其中，$\boldsymbol{P}$ 为正定对角阵；$\hat{\boldsymbol{M}}_{\mathrm{d}}$ 为对干扰力矩 $\boldsymbol{M}_{\mathrm{d}}$ 的估计；$\boldsymbol{u}_{\mathrm{s}}$ 是变结构控制项；$\boldsymbol{u}_{\mathrm{f}}$ 为前馈项，如下式所示，

$$\boldsymbol{u}_{\mathrm{f}}=-(\boldsymbol{\omega}_{\mathrm{e}}+\boldsymbol{C}_{\mathrm{bd}}\boldsymbol{\omega}_{\mathrm{d}})\times\boldsymbol{I}(\boldsymbol{\omega}_{\mathrm{e}}+\boldsymbol{C}_{\mathrm{bd}}\boldsymbol{\omega}_{\mathrm{d}})+\boldsymbol{I}(\boldsymbol{\omega}^{\times}\boldsymbol{C}_{\mathrm{bd}}\boldsymbol{\omega}_{\mathrm{d}}-\boldsymbol{C}_{\mathrm{bd}}\dot{\boldsymbol{\omega}}_{\mathrm{d}}) \tag{3-153}$$

则由式(3-46)可得

$$\dot{\boldsymbol{\omega}}_{\mathrm{e}}=-\boldsymbol{I}^{-1}\boldsymbol{P}\boldsymbol{\omega}_{\mathrm{e}}+\boldsymbol{I}^{-1}\boldsymbol{M}_{\mathrm{d}}-\boldsymbol{I}^{-1}(\hat{\boldsymbol{M}}_{\mathrm{d}}+\boldsymbol{u}_{\mathrm{s}}) \tag{3-154}$$

设计干扰观测器如下，

$$\begin{bmatrix}\dot{\hat{\boldsymbol{f}}}\\ \dot{\hat{\boldsymbol{\omega}}}_{\mathrm{e}}\end{bmatrix}=\begin{bmatrix}0 & 0\\ \boldsymbol{I} & \boldsymbol{A}\end{bmatrix}\begin{bmatrix}\hat{\boldsymbol{f}}\\ \hat{\boldsymbol{\omega}}_{\mathrm{e}}\end{bmatrix}+\begin{bmatrix}0\\ -1\end{bmatrix}\boldsymbol{u}_1+\begin{bmatrix}\boldsymbol{K}_1\\ \boldsymbol{K}_2\end{bmatrix}[\boldsymbol{\omega}_{\mathrm{e}}-\hat{\boldsymbol{\omega}}_{\mathrm{e}}] \tag{3-155}$$

式中，$\hat{\boldsymbol{\omega}}_{\mathrm{e}}$ 是对 $\boldsymbol{\omega}_{\mathrm{e}}$ 的估计；$\boldsymbol{K}_1$ 和$\boldsymbol{K}_2$ 为增益矩阵。设 $\boldsymbol{u}_1=\boldsymbol{I}^{-1}(\boldsymbol{u}_{\mathrm{s}}+\hat{\boldsymbol{M}}_{\mathrm{d}})$，$\boldsymbol{A}=-\boldsymbol{I}^{-1}\boldsymbol{P}$，$\boldsymbol{f}=\boldsymbol{I}^{-1}\boldsymbol{M}_{\mathrm{d}}$。

系统稳定性分析：

取 Lyapunov 函数为

$$V=V_1+V_2 \tag{3-156}$$

其中，

$$V_1=\frac{1}{2}\widetilde{\boldsymbol{M}}_{\mathrm{d}}^{\mathrm{T}}\boldsymbol{K}_1^{-1}\widetilde{\boldsymbol{M}}_{\mathrm{d}}+\frac{1}{2}\widetilde{\boldsymbol{\omega}}_{\mathrm{e}}^{\mathrm{T}}\boldsymbol{I}\widetilde{\boldsymbol{\omega}}_{\mathrm{e}} \tag{3-157}$$

$$V_2=\frac{1}{2}\boldsymbol{s}^{\mathrm{T}}\boldsymbol{I}\boldsymbol{s} \tag{3-158}$$

$$\widetilde{\boldsymbol{M}}_{\mathrm{d}}=\boldsymbol{M}_{\mathrm{d}}-\hat{\boldsymbol{M}}_{\mathrm{d}} \tag{3-159}$$

$$\widetilde{\boldsymbol{\omega}}_{\mathrm{e}}=\boldsymbol{\omega}_{\mathrm{e}}-\hat{\boldsymbol{\omega}}_{\mathrm{e}} \tag{3-160}$$

则有

$$\dot{V}_1=\widetilde{\boldsymbol{M}}_\mathrm{d}^\mathrm{T}\boldsymbol{K}_1^{-1}(\dot{\boldsymbol{M}}_\mathrm{d}-\dot{\hat{\boldsymbol{M}}}_\mathrm{d})+\widetilde{\boldsymbol{\omega}}_\mathrm{e}^\mathrm{T}\boldsymbol{I}(\dot{\boldsymbol{\omega}}_\mathrm{e}-\dot{\hat{\boldsymbol{\omega}}}_\mathrm{e}) \tag{3-161}$$

通常干扰可看成慢时变信号，即 $\dot{\boldsymbol{M}}_\mathrm{d}=0$，因此可得

$$\begin{aligned}\dot{V}_1&=\widetilde{\boldsymbol{M}}_\mathrm{d}^\mathrm{T}\boldsymbol{K}_1^{-1}[-\boldsymbol{K}_1(\boldsymbol{\omega}_\mathrm{e}-\hat{\boldsymbol{\omega}}_\mathrm{e})]+\widetilde{\boldsymbol{\omega}}_\mathrm{e}^\mathrm{T}[-\boldsymbol{P}\boldsymbol{\omega}_\mathrm{e}+\boldsymbol{M}_\mathrm{d}-\hat{\boldsymbol{M}}_\mathrm{d}-\boldsymbol{u}_\mathrm{s}\\&\quad-(-\boldsymbol{P}\hat{\boldsymbol{\omega}}_\mathrm{e}-(\boldsymbol{u}_\mathrm{s}+\hat{\boldsymbol{M}}_\mathrm{d})+\boldsymbol{M}_\mathrm{d}+\boldsymbol{I}\boldsymbol{K}_2(\boldsymbol{\omega}_\mathrm{e}-\hat{\boldsymbol{\omega}}_\mathrm{e}))]\\&=-\widetilde{\boldsymbol{\omega}}_\mathrm{e}^\mathrm{T}(\boldsymbol{P}\widetilde{\boldsymbol{\omega}}_\mathrm{e}+\boldsymbol{I}\boldsymbol{K}_2\widetilde{\boldsymbol{\omega}}_\mathrm{e})=-\widetilde{\boldsymbol{\omega}}_\mathrm{e}^\mathrm{T}(\boldsymbol{P}+\boldsymbol{I}\boldsymbol{K}_2)\widetilde{\boldsymbol{\omega}}_\mathrm{e}\end{aligned} \tag{3-162}$$

由式(3-162)可知，存在 $\boldsymbol{K}_2$ 使得 $\dot{V}_1<0$。

$$\dot{V}_2=\boldsymbol{s}^\mathrm{T}\boldsymbol{I}\dot{\boldsymbol{s}}=\boldsymbol{s}^\mathrm{T}(-\boldsymbol{P}\boldsymbol{\omega}_\mathrm{e}+\widetilde{\boldsymbol{M}}_\mathrm{d}-\boldsymbol{u}_\mathrm{s}+\boldsymbol{I}\boldsymbol{k}\dot{\boldsymbol{q}}) \tag{3-163}$$

如果取 $\boldsymbol{u}_\mathrm{s}=\boldsymbol{G}\mathrm{sgn}(\boldsymbol{s})+\boldsymbol{I}\boldsymbol{k}\dot{\boldsymbol{q}}-\boldsymbol{P}\boldsymbol{\omega}_\mathrm{e}$，则有

$$\dot{V}_2=\boldsymbol{s}^\mathrm{T}\boldsymbol{I}\dot{\boldsymbol{s}}=\boldsymbol{s}^\mathrm{T}(\widetilde{\boldsymbol{M}}_\mathrm{d}-\boldsymbol{G}\mathrm{sgn}(\boldsymbol{s})) \tag{3-164}$$

为使 $\dot{V}_2<0$，需要满足如下条件，

$$|\boldsymbol{G}\mathrm{sgn}(\boldsymbol{s})|_i>|\widetilde{\boldsymbol{M}}_\mathrm{d}|_{i\max}=|\boldsymbol{M}_\mathrm{d}-\hat{\boldsymbol{M}}_\mathrm{d}|_{i\max} \tag{3-165}$$

因此，选择合适的 $\boldsymbol{K}_2$ 和 $\boldsymbol{G}$，可使 $\dot{V}<0$，从而滑动模态满足到达条件。

对比式(3-150)和式(3-164)可知，引入干扰观测器后，干扰项由 $\boldsymbol{M}_\mathrm{d}$ 变为了 $\boldsymbol{M}_\mathrm{d}-\hat{\boldsymbol{M}}_\mathrm{d}$，因此可有效地减小切换项增益 $\boldsymbol{G}$，从而显著减小了系统振颤的影响。

采用与 3.5.2 节相同的仿真参数进行仿真，与 3.5.2 节的方法相比，跟踪响应时间进一步减小，同时，由于很好地抑制了系统颤振的影响，跟踪指向精度提高到 0.02°、稳定度优于 0.001°/s，从而证明了该方法的有效性。

本节针对快速影响微小卫星对地面目标的高精度跟踪控制问题，设计了基于干扰观测器的变结构控制器，能够实现对地面目标的跟踪控制要求，其响应速度较快，可以有效延长对地目标跟踪的时间；控制精度较高，系统保持稳定且鲁棒性好。引入干扰观测器可有效减小变结构控制系统的振颤，保证了目标跟踪时卫星平台的高精度稳定。

3.5.4 沿迹成像控制方法

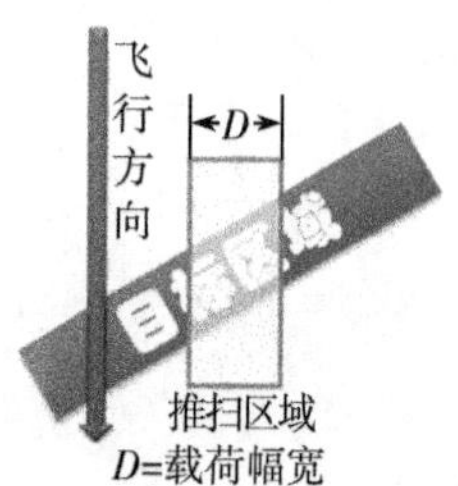

图 3-7 传统推扫成像模式

目前，遥感卫星对地成像模式多为星下点成像或侧摆成像，其 CCD 推扫成像方向与星下点轨迹重合或平行。但对于态势多变的目标点曲线分布区域，如边境线、海岸线等，采用上述成像模式只能沿卫星轨道前进方向推扫成像，无法覆盖目标点曲线分布的区域，见图 3-7 所示。

沿迹灵巧成像是一种推扫轨迹可以沿着曲线方向的新型成像模式，能够在一个轨道周期内，获得曲线分布区域的长条带目标图像，从而显著提高了遥感卫星的成像效率。沿迹成像方法能使卫星沿目标的分布方向推扫成像，而无需严格依照轨道飞行方向成像，并且可采用本章 3.5 节给出的姿态跟踪控制方法，通过控制相机焦平面组件实时偏流角补偿，一次过

境即可实现对曲线区域目标的快速成像。

沿迹成像的原理是根据目标曲线轨迹，调整卫星的三轴姿态角与滚动角速度，使卫星沿轨道前进速度与滚动角速度合成的速度与目标分布几何特征一致，从而产生沿目标延伸方向的推扫速度进行成像，并由相机像移补偿机构进行实时的 TDI-CCD 像移补偿。

在沿迹成像过程中，推扫成像条带不沿轨道方向，需要借助卫星偏航角的调整补偿合成像移速度，因此，需首先使相机光轴沿卫星滚动轴摆动，对准目标区域起始位置，再将偏航角调整至能够使合成像移速度与 TDI-CCD 列方向平行的方向；然后绕滚动轴机动相反方向，产生相应的滚动角速度，这时，滚动角速度、卫星进动速度和地球自转速度的合速度方向与目标分布方向一致，使相机光轴扫过斜线分布或曲线分布的目标区域，并且推扫方向与星下点轨迹的夹角越大，所需的滚动角速度就越大，同时需要提前机动的偏航角也就越大，如图 3-8 所示。

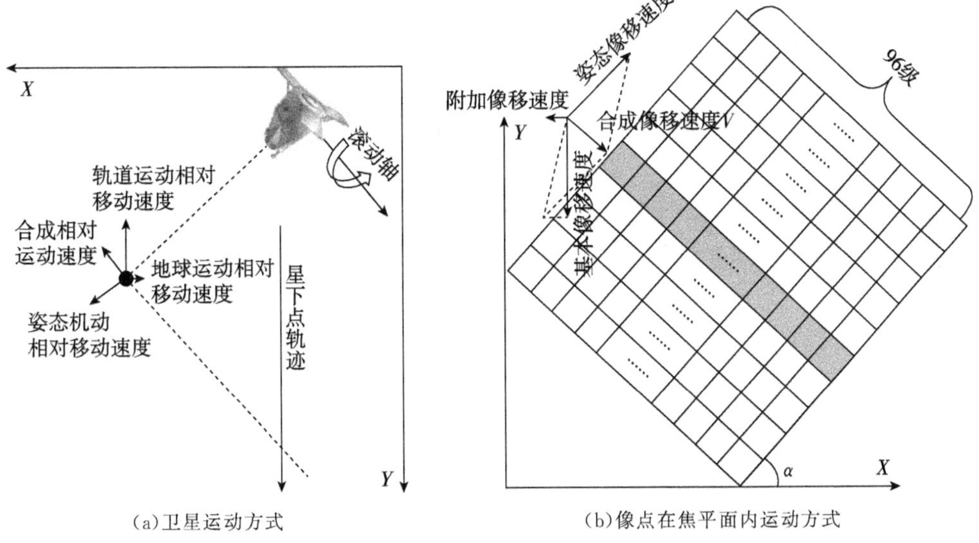

(a)卫星运动方式　　(b)像点在焦平面内运动方式

图 3-8　沿迹推扫成像原理示意图

从图 3-8(b)可以看出，由滚动角运动产生的姿态像移速度与卫星偏航角、像移速度幅值与滚动角速度相关，所以对这两个状态值进行规划和实时控制，可以使合成像移速度最主要的两个分量“基本像移速度”和“姿态像移速度”的矢量和对准 TDI-CCD 的列方向。由于附加像移速度的幅值相对于前两种像移速度较小，所以对偏流角和行转移时间引起的变化量较小，可以通过相机焦平面进行自行调整。这样，通过卫星姿态和相机焦平面的协同工作，就可以使合成像移速度与 TDI-CCD 偏流角和行转移时间相匹配。

由以上沿迹成像的原理可知，沿迹成像模式的核心就是如何控制卫星姿态和相机焦平面，使像点的合成像移速度与 TDI-CCD 的偏流角和行转移时间匹配。

仿真结果表明:通过合理控制卫星的姿态和相机焦平面的自主调节,能够实现合成像移速度与TDI-CCD偏流角以及行转移时间的匹配,沿迹成像的图像清晰,可以满足卫星在轨对目标点曲线分布区域的成像要求。

参考文献

[1]孙兆伟.现代小卫星主动磁控方法及设计与仿真一体化系统研究.哈尔滨工业大学博士学位论文,2002.

[2]耿云海等.基于星敏感器的姿态测量信息和飞轮的角动量测量信息的航天器伪速率的估计方法:中国,200910073259.2010-05-12.

[3]杨旭,程杨,曹喜滨.粒子滤波在卫星轨道确定中的应用.控制理论与应用,2005,22(4):573-577.

[4]张健,孙兆伟.粒子滤波在卫星姿态确定中的应用.哈尔滨工业大学学报,2010,6:1374-1378.

[5]孙兆伟,林晓辉,曹喜滨.小卫星姿态大角度机动联合控制算法.哈尔滨工业大学学报,2003,35(6):663-667.

[6]王峰,曹喜滨.基于欧拉旋转的在轨服务航天器姿态跟踪算法.宇航学报,2008,29(2):570-575.

[7]王峰,曹喜滨,张世杰.小卫星模型独立大角度姿态机动半实物仿真.系统仿真学报,2006,18(9):2389-2392.

[8]孙兆伟,邬树楠,李晖.带有干扰观测器的凝视航天器姿态变结构控制.哈尔滨工业大学学报,2010,6:1374-1378.

第 4 章　基于柔性化平台的微小卫星一体化设计方法

快速响应微小卫星的特征是“快、好、省”，如果采用传统的定制设计模式，虽然能够满足性能和成本的要求，但设计与研制的周期长，不能满足快速性的需求；若采用公用平台设计模式，则有效载荷就必须适应平台的约束，虽然能够缩短设计与研制的周期，但性能和成本均难以实现最优。因此，针对快速响应微小卫星，必须突破传统的卫星设计与研制模式，研究适应其特点的设计理念和方法，同时实现研制快、性能好、成本省的目标。

目前，微小卫星通常采用公用平台的设计方法[1]，通过设计一种标准平台来适应多种有效载荷。然而公用平台的状态一般是定型的，应用时仅允许少量的适应性修改，使得其只能满足有限的几种有效载荷，且对于每种特定的有效载荷，这种设计方法通常不是最优的，导致资源冗余严重。

近年来，模块化设计方法逐渐引入到微小卫星领域[2]，其基本思想是将卫星按功能相同或相似的原则，自上而下逐级分解成不同的部件，再将具有共性的部件适当归并，设计成各种模块，从而可以根据有效载荷和飞行任务要求，灵活选用这些模块快速集成卫星。然而，考虑到目前微小卫星领域各类部件及载荷的技术状态，很难实现这种理想化的设计方法，即使能够形成各类模块。由于有效载荷的多样性和飞行任务的灵活性，采用这种方法导致所设计的模块适应范围较小，模块数量偏多，难以做到模块通用。

针对上述问题，本章提出了柔性化平台的概念[3]，并结合快速响应微小卫星的技术发展需求，给出了柔性化平台的设计方法以及基于柔性化平台快速集成微小卫星的即插即用方法与流程，从而在现有技术条件下，奠定了快速响应微小卫星设计与研制的基础。

4.1　柔性化平台的概念及其体系结构

4.1.1　卫星平台的柔性与柔性化平台的概念

卫星平台的柔性是指其对于有效载荷和飞行任务变化的响应能力，即基于先进的设计方法主动改变其自身结构、功能和形式，所实现的可变通性以及对有效载荷的适应性。卫星平台的柔性包括两方面的内涵：一是卫星平台的适应范围，如果一个卫星平台能有效适用于更宽范围的有效载荷和飞行任务，则其具有较大的柔性；二是卫星平台从某种类型用途转换到另外一种类型用途的难易程度，这种卫星平台转换与调整的难易程度，可以用转换与调整的周期与成本来度量。因此，具有较高柔性的卫星平台其研制成本要低、设计与研制周期要短、可靠性要高，还要以有效载荷为中心，按照飞行任务的个性化要求进行"定制"。

采用不同设计方法得到的卫星平台具有不同的柔性，卫星公用平台具有缓冲能力，能在一定范围内适应不同的有效载荷；采用模块化设计方法的卫星平台具有适应能力，能够通过部分模块的替换、增减和修改适应不同有效载荷。但上述两种设计方法由于采用消极的方式处理有效载荷或飞行任务的变化，因此所具有的柔性级别均相对较低，不能实现与有效载荷的最优匹配。

为此，提出一种柔性化平台的概念。柔性化卫星平台由可重构模块、公用模块和专用模块（系统）组成，以具有功能可重构的模块为特征，采用标准化接口和总线式结构，通过即插即用方式实现快速集成，以实现面向有效载荷和飞行任务的优化设计为最终目标。由于其采用积极的方式处理有效载荷或飞行任务的变化，因此具有最高级别的柔性[4]。

柔性化平台的柔性体现在对各种有效载荷和飞行任务的适应能力方面，它不是一个固定的卫星平台，而是根据有效载荷和飞行任务的不同，由可重构模块通过功能与接口的灵活重构快速集成其他功能模块构建的柔性平台。其可重构模块在硬件的物理结构上保持固定，通过软件配置实现其功能与接口的重构，可灵活适配公用模块和有效载荷；公用模块是卫星通用的功能模块，通过其标准化和系列化实现模块的通用，在有效载荷和飞行任务确定后，通过系统优化，在系列化产品中进行选配；专用模块是指卫星不能实现通用的模块，需要根据有效载荷和飞行任务的不同单独设计，主要是结构、热控和电缆网模块。由于可重构模块和公用模块的通用化设计，具备了批量化生产的条件，可显著缩短研制周期、降低研制成本；同时又具备了灵活适应有效载荷和飞行任务的能力，可实现卫星的高性能，充分体现了快速响应微小卫星的技术特点。

柔性化平台与通常的卫星模块化平台相比，都是采用模块化设计方法集成的具有通用功能的卫星平台，但作为各自的基本组成单元，却有本质的不同。通常卫星模块化平台的组成模块是一种刚性模块，其结构及接口参数是固定的，它的柔性只能通过刚性模块的不同组合或大量研制与个性化需求相关的模块获得；而对于柔性化平台，其基本组成单元包括刚性模块和可重构模块，可重构模块具有特定的物理结构，但功能和接口不固定，可通过软件灵活配置，其柔性通过可重构模块的重新配置结合刚性模块的组合来实现。

柔性化平台构成原理如图 4-1 所示。

柔性化平台设计方法在模块化设计的基础上，通过对卫星不同功能或相同功能不同性能、不同规格的部组件进行功能分析，划分并构造出可重构模块、公用模块和专用模块，通过可重构模块的系统重构、公用模块的优化配置以及专用模块的优化设计实现对有效载荷和飞行任务个性化需求，是对模块化设计方法的提升。其可重构模块的引入，显著减少了功能模块的数量，避免了由于卫星需求多样化导致的模块数激增问题。同时，解决了模块化产品的批量化生产问题，在降低成本的同时提高了针对任务的快速响应能力。

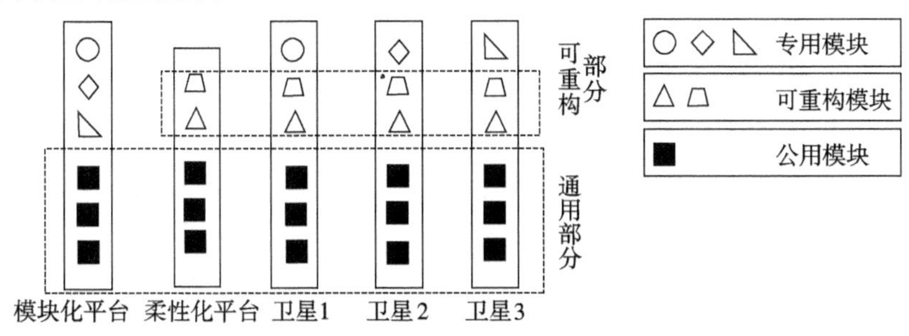

图 4-1　柔性化平台原理示意图

4.1.2　柔性化平台的体系结构

快速响应微小卫星的柔性化平台由可重构模块、公用模块和专用模块（系统）组成。由于微小卫星系统快速集成的核心是综合电子系统，且通过重构系统设计能够实现其功能和接口的灵活转换，因此，综合电子系统可以设计成为柔性化平台一个重要的可重构模块。同时，针对系统快速集成的需求，综合电子系统的软件也需具备快速生成的能力，为此采用模块化设计的方法，按照软件模块的功能建立相应的软件构件，系统集成时采用动态链接的方法快速生成所需的系统软件；公用模块是按照功能通过模块划分而给出的具有通用特性的功能模块，最终的实体是标准化单机产品；专用模块（系统）需要以有效载荷和飞行任务要求为目标，采用多学科优化设计针对具体卫星而确定。在基于柔性化平台的快速响应微小卫星的设计过程中，综合考虑了有效载荷、飞行任务以及标准化公用模块（单机产品）与专用模块之间的耦合关系，在完成任务要求的总目标下，对其质量、体积、功耗、成本等关键参数进行优化，从而彻底改变了传统的以卫星平台为核心的研制模式。

针对不同类型的快速响应微小卫星，由于载荷外形和安装要求存在较大差别，其柔性化平台的外形结构也不再像传统卫星那样具有较为固定的形式，而是一种较为灵活的柔性结构。柔性化平台的可重构模块与公用模块原则上具有即插即用的标准接口，但限于目前卫星部组件的技术状态，部分部组件难以实现接口的标准化，因此，对于该类模块必须通过可重构模块的接口重构实现即插即用。

如图 4-2 所示为基于柔性化平台快速构建的快速响应微小卫星体系结构，它由任务需求选定的有效载荷和具有标准接口的柔性化平台组成。柔性化平台通过可重构模块的功能重构、公用模块的优化配置、专用模块（系统）的优化设计、构件化软件的在线装订以及基于标准总线的即插即用实现快速构建，具有对各类有效载荷灵活适应和对不同任务快速响应的能力，基于柔性化平台集成的微小卫星，其有效载荷比可超过40％。

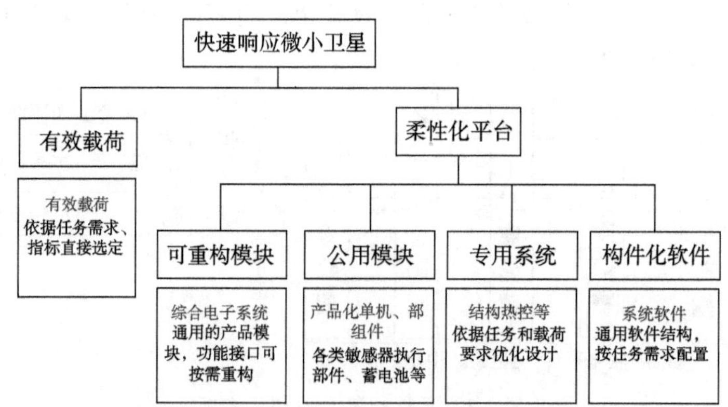

图 4-2　基于柔性化平台的快速响应微小卫星体系结构

4.1.2.1　可重构模块

可重构模块是为适应卫星快速集成而构建的一类可灵活适配公用模块与有效载荷的通用模块。该模块的物理结构固定，可通过系统功能、I/O及总线重构来灵活适应有效载荷和飞行任务的变化，是构建柔性化平台的核心。

快速响应微小卫星的可重构模块即可重构综合电子系统，由智能核心单元、可重构功能单元、总线网络（如CAN总线）等组成，通过其接口和功能重构，可快速匹配公用模块，进而迅速构成整个卫星的数据信息网络系统，如图4-3所示。

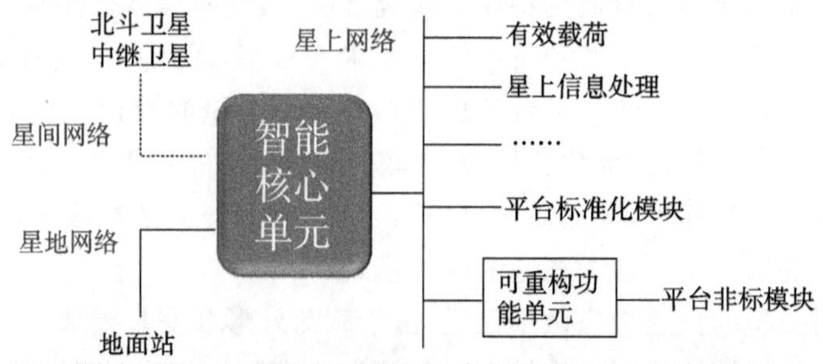

图 4-3　基于可重构模块的快速响应微小卫星信息网络

其中，智能核心单元是该模块的核心，完成传统中心计算机和测控应答机的所有功能，对内通过标准总线（如CAN总线等）扩展星内网络，对外通过无线通道扩展星地和星间的测控网络。采用标准化板卡式接口，通过不同板卡的自由组合可快速重构卫星不同的星地和星间网络（详见4.2节）。

可重构功能单元在硬件结构保持不变的情况下，通过软件配置实现接口重构和功能重构，进而快速集成各种标准和非标准接口公用模块，是实现快速响应微小卫星综合电子系统即插即用的核心所在(详见第 5 章)。

可重构功能单元的接口重构主要针对不同非标准接口公用模块，能够适配不同 I/O(如 RS422/RS485、LVDS、TTL、三态接口等)和外部总线设计(1553B、CAN、RS485、SPACEWIRE 等)，通过软件及程序配置满足不同系统功能的需求，如图 4-4 所示。

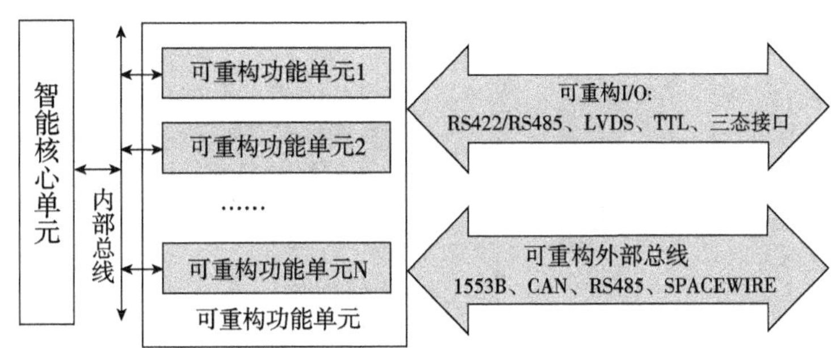

图 4-4　可重构功能单元接口重构示意图

功能重构包括功能静态重构和动态重构。静态功能重构类似于接口重构，保持物理结构不变，通过软件配置重构成不同的下位机(电源下位机、载荷下位机、数传下位机等)，满足不同系统功能的需求。动态功能重构则是在静态功能重构的基础上，为了适应有效载荷与任务需求的变化以及卫星在轨运行状态的变化，通过 SoC 与 FPGA 联合设计实现的在轨功能重构，如图 4-5 所示。传统设计中采用一次性加载或系统运行前进行一次加载的方式，无法解决空间环境对系统造成的瞬时或永久性故障问题[5]。可重构功能单元采用动态重构方法可有效解决可重构功能单元空间可靠应用的难题。通过对功能单元中的 FPGA 定时加载刷新，及时解除可重构功能单元存在的故障。通过 SoC 对 FPGA 运行环境的现场保护，保证综合电子系统运行的连续性，有效解决了状态改变或需求改变所导致的卫星运行管理间断问题。

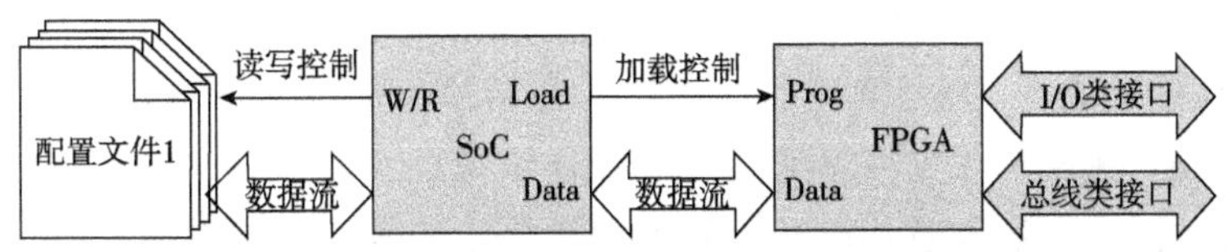

图 4-5　可重构功能单元的动态功能重构

图 4-6 是某光学快速响应微小卫星基于可重构模块建立的数据信息网络实例。其中可重构功能单元完成模拟量接口飞轮、422 接口陀螺和模拟太阳敏感器的接口重构，以及电源下位机和相机下位机的低速功能重构与数据路由的高速功能重构。高速数据路由具有标准化的高速接口，可灵活选配各类标准高速模块组成数据压缩/

存储/处理与传输模块。

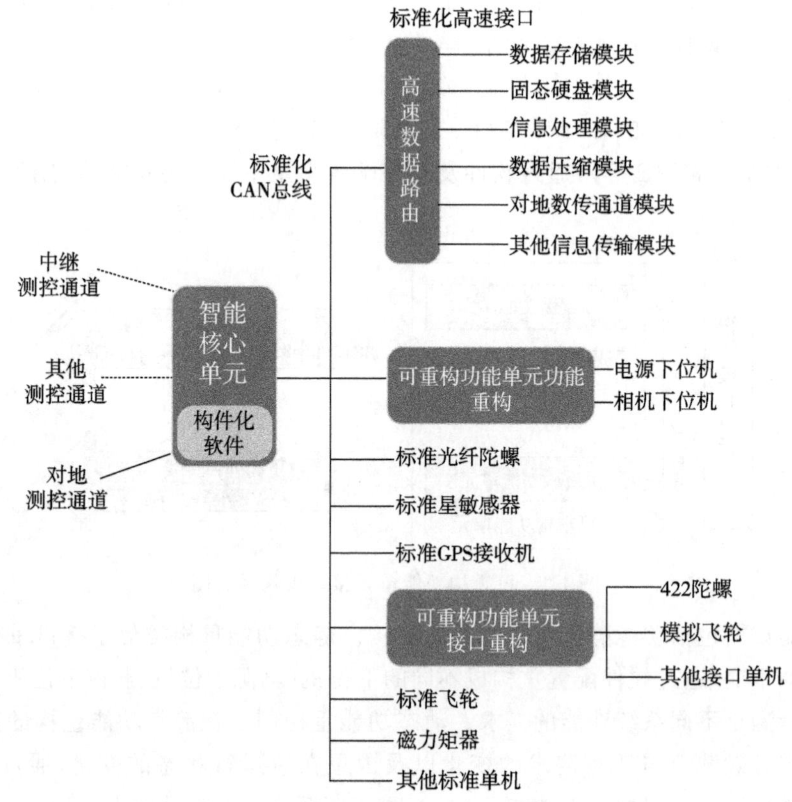

图 4-6　某光学快速响应微小卫星数据信息网络

4.1.2.2　公用模块

公用模块是各类快速响应微小卫星通用的功能模块，涉及到模块的划分以及接口设计等（详见 4.3 节）。公用模块具有标准化、系列化的特征，针对具体的快速响应微小卫星，可根据需要选配不同规格的公用模块，如产品化单机、部组件，包括各类敏感器、执行机构、电池、天线等，选配的依据是系统优化设计的结果。优化设计的目标是系统的性能和成本，优化设计的变量是各公用模块的性能参数，根据优化设计结果，从系列化公用模块中选取参数最接近设计结果的模块产品。公用模块主要针对姿态与轨道控制、电源与总体电路以及测控与数传系统。

公用模块通常体现为以下三种产品类型。

(1)标准化板卡：具有标准化接口，多块板卡通过可重构模块与系统适配，实现系统能力的扩展，如电源控制器及配电单元。

(2)单机：分为标准化单机和非标准化单机，标准化单机具备即插即用的标准化接口，可直接接入系统，如 CAN 接口的光纤陀螺、反作用飞轮等；非标准化单机的接口不具备即插即用标准，需经过可重构功能单元的接口重构与系统适配，如 RS485 接口的星敏感器、模拟量接口的推力器等。

(3)其他组部件：除上述分类外的其他产品化模块，例如蓄电池组。

4.1.2.3　专用模块(系统)

专用模块(系统)是指根据有效载荷和飞行任务的变化需要重新设计的模块，如结构与机构、热控、电缆网等。专用模块随有效载荷和飞行任务变化较大，难以实现通用化。为实现专用模块的快速设计与研制，需要结合虚拟试验等方法进行系统优化设计，进而根据有效载荷、公用模块以及可重构模块的配置情况，尽可能选择专用系统的标准件，以缩短其设计与研制的周期。

在结构与机构模块的快速设计中，可基于虚拟试验的专用系统快速优化设计。设计原则包括支持并行 AIT 的组装式结构、支持快速裁剪的多功能结构等。建立结构与机构模块标准件库，包括标准预埋件、灵巧机构与驱动、标准支架等总装直属件等。模块安装板采用铝蜂窝结构，可根据任务需求进行快速裁剪，同时基于标准件库根据任务灵活选配，满足发射及在轨刚度与强度的要求。

在热控模块快速设计中，基于虚拟试验方法进行热控方案快速优化设计。根据单机配置情况，采用分布式热控思想，各分区开设独立散热面，减少分区间的热耦合，强化分区内部等温设计。重点考虑满足快速响应微小卫星多窗口、多倾角发射任务的热控要求，建立标准件库，包括标准加热片、标准二次表面镜、标准高导热率材料等。采用分布式热控方法提高热设计灵活性，采用散热面智能调温方式，适应不同轨道要求。

另外，电缆网也属于专用模块(系统)，需要卫星的有效载荷、可重构模块和公用模块确定后进行设计。为缩短其研制周期，可以预先建立分段的电缆网组件，待整星各功能模块确定后，基于这些分段的电缆网进行整星电缆网的快速集成。

4.1.2.4　构件化软件

构件化软件由基于软件总线的软件模块组合而成，通过软件模块的复用，缩短软件设计开发的周期，达到降低成本的目的。

构件化软件的体系结构如图 4-7 所示，包括应用软件子层、软件基础子层。其中，软件基础子层采用操作系统映射的方法兼容不同的操作系统，同时提供硬件驱动支持，通过嵌入式链接器的方式实现软件构件的功能重构。应用软件子层采用软件构件数据交互协议，通过软件总线快速链接不同功能构件。

对软件构件进行分类管理，由姿态敏感类构件、姿态计算类构件、模式控制类构件、管理类构件、接口类构件及应用类构件等组成构件库，并根据任务要求进行快速重构使用，软件构件的分类如图 4-8 所示。

接口类构件：基于系统总线实现各模块节点间的通信，接收各节点发出的数据信息；接收执行数据注入指令；存储延时数据注入指令，并在指令指定时间执行；组织并

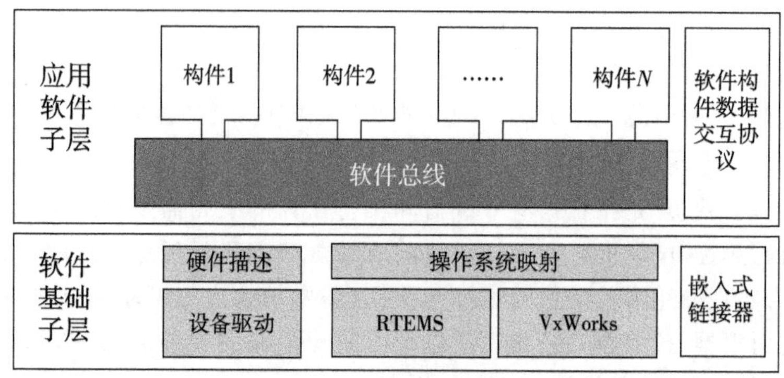

图 4-7　构件化软件层体系结构

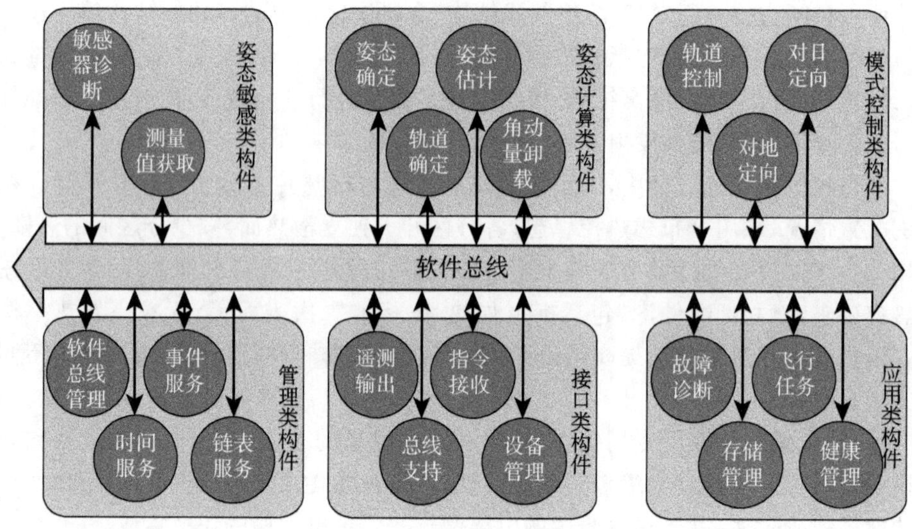

图 4-8　构件软件的分类组成

下传卫星遥测参数等。

管理类构件：管理软件构件，动态链接任务所需的构件；进行卫星时间管理；自主完成给定的飞行程序等。

应用类构件：进行飞行任务管理，执行注入的飞行任务；对各模块数据信息进行分析，获取卫星健康状态，并对故障模块进行自主处理；分析卫星系统电源电流、电压及蓄电池容量变化等，保证其飞行安全。

姿态敏感类构件：进行敏感器数据接收及有效性判断，将敏感器测量值转换为工程值。

姿态计算类构件：提供姿态计算基础功能，根据各姿态敏感器状态及工程数据确定卫星姿态与轨道；根据飞行任务、飞行状态控制卫星姿态与轨道。

模式控制类构件：管理各种姿态控制模式，并完成相应的控制。

构件化软件的体系结构、构件设计、中间件设计以及动态链接等方法详见第6章。

4.2　可重构模块智能核心单元及其设计方法

在快速响应微小卫星可重构模块综合电子系统中，智能核心单元是构成星间、星地网络以及星上网络的核心。在星间网络中，能够灵活扩展北斗、中继等测控通信链路；在即插即用的星上网络中，它具有开放式、可扩展的能力，是快速集成不同类型微小卫星的中心。因此，它作为可重构综合电子系统的核心，必须保证其设计的高可靠性。

4.2.1　智能核心单元主要功能及接口设计

智能核心单元是快速响应微小卫星星间、星地和星内信息交互与处理的中心，对星上各任务模块的运行进行高效可靠的管理与控制，监视整星运行状态，协调有效载荷工作、进行自主任务规划、自主测试，并实现星地、星间测控通信；为标准接口单机提供功能完善的标准化信息网络，同时为非标单机提供可重构功能单元进行接口标准扩展，将星上分散的各功能模块有机地连接起来，实现星上信息交换和共享，实时地完成星上运行管理、控制和任务调度。其主要功能包括星务管理、姿态与轨道控制以及星地和星间测控等。

智能核心单元的对外接口如图 4-9 所示。

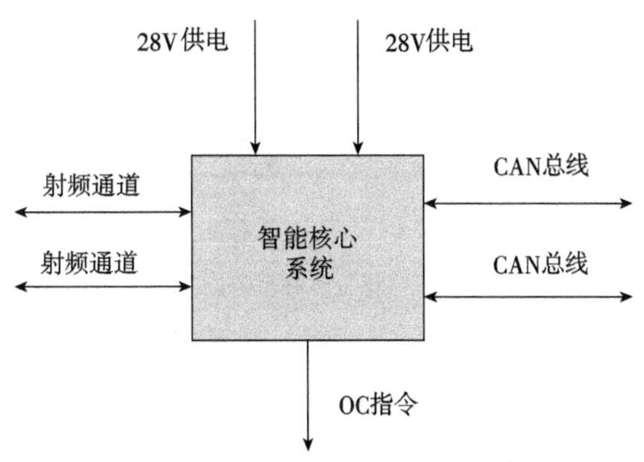

图 4-9　智能核心单元对外接口

其中，总线接口采用双 CAN 总线冗余（SJA1000＋82C250）设计；直接指令接口设计为 10～20 条直接指令接口（OC 输出，160ms 负脉冲，200mA 电流驱动），可根据任务需求而设定；采用 2 路不可控一次电源供电，内部组件的加、断电控制由智能核心单元自身完成。

4.2.2 智能核心单元内部板卡设计

智能核心单元将测控与中心计算机进行一体化设计，通过中心计算机完成测控下位机的参数采集、总线通信、指令及遥测转发等功能；同时，智能核心单元内部采用标准内总线设计，可实现标准接口不同板卡之间的灵活替换，也便于扩展具有标准接口的其他功能板卡，兼顾到对中继卫星等通信的扩展需求，智能核心单元还扩展了对中继卫星的通信板卡，实现对天、对地通信及信息处理与运行管理的一体化。

智能核心单元包括信息处理单元板卡、星地测控单元板卡、仲裁及供配电板卡等基本板卡和中继测控单元等扩展板卡。通过不同板卡的组合，可形成不同性能的智能核心单元，以灵活适应不同任务需求。

图 4-10 是一类典型的具有备份功能的智能核心单元拓扑结构，具体包括 2 块计算单元板卡、2 块星地测控单元板卡、1 块中继测控单元板卡和 1 块仲裁及供配电板卡。仲裁及供配电板卡为自身热备份状态，各板卡之间通过内总线进行遥测、遥控及自身遥测数据的交互。

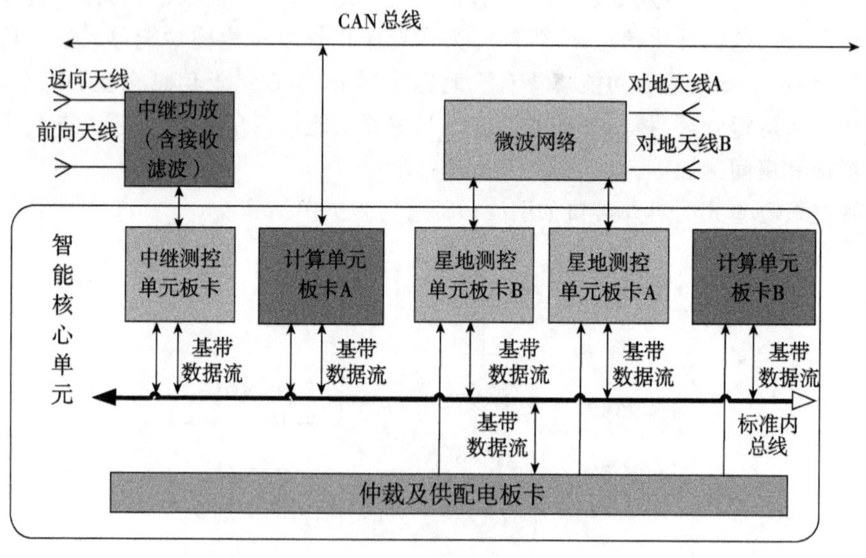

图 4-10 典型的智能核心单元拓扑结构图

其中，计算单元板卡包括遥控单元及处理器模块。采用标准化内总线接口设计，实现不同计算机板卡的灵活替换和双机同构或异构备份。遥控单元接收对地射频通道板卡或中继射频通道板卡通过标准内总线接口输出的遥控指令，并对遥控指令进行数字签名验证或对注入数据进行解密和签名验证，同时将解密后的指令进行译码后送执行机构，或发送至计算模块进行间接译码，再通过总线送执行机构或在智能核心系统内部执行。计算单元板卡还负责生成遥测数据，通过指令译码模块转发至星地射频通道板卡或中继射频通道板卡后调制发射。处理器模块是快速响应微小卫星集中进行信息管理、计算控制的部件。根据不同任务需求,CPU 既可选择 PPC8245 工业宽温级处理器,亦可选择常用的宇航级 CPU 芯片如 TS695、3803 等,从而具备同构备份或异构备份能力。

对地射频通道板卡采用扩频通信体制,用于实现射频信号与基带数据流的转换及测距功能。将上行遥控射频信号进行接收、解调、解扩后生成上行基带数据流,通过标准内总线接口发送至计算单元板卡;同时将计算单元板卡生成的需下传的遥测基带数据流进行扩频调制、放大及发射;射频通道板卡还具备测距信号的转发功能,接收测距帧后转发至地面。

中继射频通道板卡硬件设计与对地射频通道板卡基本相同,只是取消了测距功能,仅保留前向遥控功能和返向遥测功能。

仲裁及供配电板卡实现智能核心单元各板卡的供配电及仲裁功能,保证在不同板卡出现故障时,能够通过自主切换或地面切换手段实现智能核心单元的可靠运行。

此外,为保持智能核心单元的完整性,外扩了对地测控功能的微波网络和两个测控天线,以及对中继测控的功放、前向天线及反向天线。

微波网络主要由环形器和微带的混合接头组成,实现信号收发双工,完成对地射频通道板卡与天线之间的交叉备份。对上行,任一天线接收到信号,均可通过微波网络将信号发送至两个对地射频通道板卡;对下行,任一射频通道板卡发送信号,均可通过微波网络发送至两个天线。对地测控天线采用准全向天线,在卫星对地面和背地面均安装有天线,保证其在轨运行期间,测控系统始终可以使用全向通道接收和发送信号。

中继功放与中继返向天线配合使用,用于将中继射频通道板卡输出的返向信号进行放大后辐射至中继星,中继前向天线用于接收中继星的信号,发送在中继通道射频板卡。

智能核心单元内部嵌入的构件化软件采用了软件总线的体系构架,可根据飞行任务要求,选取符合飞行任务的软件构件,快速动态链接装订生成系统软件,从根本上实现了软件的复用,灵活适应飞行任务,缩短了软件的研制时间,降低了开发成本。

4.2.3　智能核心单元可靠性设计

智能核心单元的射频部分与传统的测控应答机备份方式相同,接收机热备份、发射机冷备份,但接收机也有断电及加电的指令对其进行控制,防止接收机的 FPGA 出现锁定。

计算单元板卡可采用如下双机热备份方式:控制 CAN 总线及输出 OC(测控直接指令)的使能,当班机使能有效,可以与总线上其他单机部件通信,并可 OC 输出;

非当班机不能进行输出，只能进行内部通信；当班机和非当班机也可通过指令进行加断电。指令译码模块处于长加电状态，采用分立器件搭建，本身具有较高的可靠性，可输出OC指令对其他部件进行加断电，而本身不能进行加电及断电；解密模块具备超时后自动断电的功能，使解密模块故障时，卫星仍然能够在明态下工作。

仲裁及供配电板卡采用分立器件搭建，本身具有较高的可靠性，负责智能核心单元各个电路板卡的加电及断电，在其设计上避免出现单点失效。

对于OC指令，可由地面发送，经过应答机、标准接口及供配电模块、指令译码后输出，也可由计算机发出，经过指令译码后输出。

4.3 公用模块的划分与确定

在可重构模块确定后，需要重点进行公用模块的划分与确定。模块划分是指将卫星平台的总体功能按照模块化设计的特点和要求，合理划分成多个功能模块的过程。在划分过程中，首先对卫星平台的总功能进行分解，得到一系列基本功能单元，然后按照各功能单元间的相关程度重新将其聚成模块。因此，模块划分过程就其本质而言是一个功能单元的重组过程，需要解决的以下主要问题：

(1)卫星总体功能的分解程度。由于模块是完成某一个或某些功能的标准结构单元，卫星总体功能的抽象模式及总体功能分解方案以及分解程度将直接影响到模块的划分。

(2)功能单元相关程度。功能单元间的相关度是功能聚集成模块的依据。

(3)功能单元如何聚集成模块。

(4)模块划分数目的确定。模块划分数目关系到模块化设计的价值与效益。

4.3.1 模块划分的准则和依据

针对具体的微小卫星柔性化平台，其公用模块划分的准则可以从以下几个方面考虑。

4.3.1.1 功能独立性准则

模块的一个重要特性是功能独立，在模块划分时，应尽可能地将完成同一功能的部组件聚在一起构成一个模块，这样有助于提高模块的功能独立性，如星敏感器与陀螺组合构成一个完整的姿态确定模块。

4.3.1.2 需求变化准则

需求变化主要包括两种类型：需求质量变化和需求数量变化。需求质量变化对模块的影响可以转化为功能独立性准则，因为需求质量变化往往是功能上的变化，也就是对卫星功能的要求不同最终可以通过功能独立性准则来实现，如遥感微小卫星的成像分辨率决定了姿态确定精度的不同，而较低精度的姿态确定可以通过太阳敏感器与地球敏感器组合的姿态确定模块实现，而高精度的姿态确定则需要星敏感器与陀螺组合的模块来实现。而需求数量变化往往需要模块划分具有更广的功能谱系，常常导致某些部组件系列化设计的改变，从而使得原来从属于某一模块的部组件独立出来构成单独的模块，因此，需求数量的变化决定了哪些部组件可设计为公用模块，且这些模块需要怎样进行系列化设计。

基于上述准则进行模块划分时，根据经验进行人为划分难以对所有因素进行全面而综合的考虑，因此，将模块划分准则进行量化后采用计算机进行自动划分是一种有效的途径。

对上述模块划分准则进行分析可知，柔性化平台的功能模块遵循相似性原理，即一个模块中的部组件在某些方面具有不同程度的相关性，称为同一模块部组件之间的相关度。记部组件 i 与部组件 j 之间的相关度为 R_{ij}，其取值范围为$[0, R_{\max}]$，$R_{ij}=0$ 表示无关，$R_{ij}=R_{\max}$ 表示强相关，通常情况下 $R_{\max}=1$，有时也采用大于 1 的自然数，如采用 9 分制、5 分制的专家评分准则。

模块中部组件的相关度具有下列特性。

(1) 自反性：$R_{ij}=R_{\max}$，即部组件与自身强相关；

(2) 对称性：$R_{ij}=R_{ji}$，即部组件 i 与部组件 j 的相关程度等价于部组件 j 与部组件 i 的相关程度；

(3) 非传递性：$R_{ij}>0$ 且 $R_{ik}>0$ 时，不一定有 $R_{ik}>0$，即部组件 i 与 j 相关且部组件 j 与 k 相关，但部组件 i 与 k 不一定相关。R_{ij} 表达了模糊子集(部组件之间的相关程度)上的一个模糊关系，因此满足非传递性(模糊关系特征函数的性质之一)。

因此，模块部组件之间的相关主要包括两个方面：功能相关和需求相关。

(1) 功能相关

模块部组件间的功能相关通常可描述如下。

a. 独立关系：部组件 P_i 与 P_j 所完成的子功能之间没有交集，即它们是各自独立地完成自己对相关功能的作用，互不影响；

b. 依存关系：部组件 P_i 与 P_j 为某个子功能而存在，且缺一不可；

c. 排斥关系：就完成某个子功能而言，部组件 P_i 与 P_j 只能取其一，对于一个具体的模块而言，二者不能同时出现；

d. 冲突关系：部组件 P_i 与 P_j 同时出现在模块中将导致总体性能下降；

e. 协作关系：部组件 P_i 与 P_j 同时出现在模块中将导致总体性能上升，即部组件 P_i 的存在是为了 P_j 更好地完成某个子功能。

在上述五种关系中，部组件之间的相关程度按如下顺序依次减弱：依存关系、协作关系、冲突关系、排斥关系、独立关系。其中排斥关系与独立关系从相关度定义来看是等价的，只是性质不同而已。表 4-1 给出模块部组件之间功能相关度的评价准则。

表 4-1 功能相关度评价准则

相关描述	相关度
部组件 P_i 与 P_j 满足依存关系	5
部组件 P_i 与 P_j 满足协作关系	3～4
部组件 P_i 与 P_j 满足冲突关系	1～2
部组件 P_i 与 P_j 满足独立或排斥关系	0

(2)需求相关

基于卫星功能需求可以构造出相应模块部组件的关系,如表 4-2 所示。

表 4-2 基于需求相关的部组件关联表

相关描述	受影响的部组件
CR_1	P_1,P_2等
CR_2	P_1,P_3等
…	…
CR_m	P_5,P_n等

利用表 4-2 可以自动生成在每个需求 CR_k 影响下的模块部组件相关矩阵 $A_{n\times n,k}$。其中,$k=1,2,\cdots,m$;部组件 i 与 j 在需求 k 方面的相关度为 $A_{ij,k}\in\{0,5\}$;m 表示需求数;P_i 表示部组件数;n 表示部组件个数。按照表 4-2 中的 CR_1 可以得到表 4-3 的对称矩阵。

表 4-3 需求 CR_1 影响下的部组件相关矩阵

部组件	P_1	P_2	P_3	…	P_n
P_1	5	3	0	…	0
P_2		5	1	…	0
P_3			5	…	0
…				…	…
P_n					5

基于上述的模块划分准则和相关度定义,即可采用计算机进行柔性化平台功能模块的定量化划分与评价。

4.3.2 基于接口的功能模块划分方法

传统的卫星模块化设计是从定性的角度来划分各功能模块[6],基于功能分解来划分模块,首先分析用户需求(飞行任务和有效载荷),然后将用户需求映射到功能域,并通过黑箱法对功能进行分解,再将各子功能映射到物理结构。这种方法受设计者主观因素影响较大,难以实现模块的最优划分。因此,本书采用一种定量的模块划分方法,在对卫星平台功能分解的基础上,基于部组件之间接口特性、采用模糊割集方法进行卫星平台模块的划分，从而给出柔性化平台公用模块的合理划分方案。

4.3.2.1　模块接口特征

模块之间的接口在系统集成过程中起着至关重要的作用，因此在模块划分时充分考虑其接口特性，不但可以使模块划分的更合理，而且有利于最终柔性化平台的集成。同时，为了保证不同功能模块的组合和相同功能模块的互换，模块应具有可组合性和互换性，而这两个特征主要体现在接口方面。

卫星平台中模块之间的接口分为功能接口和机械接口两类。功能接口指的是能量流、控制流和信息流信息及其传递的方法，而机械接口指的是模块之间安装与配合的要求。在部分模块之间既存在机械接口，又存在功能接口。接口约束反映了模块之间的相互依赖程度，如姿态测量模块与安装板之间需要保证严格的装配精度。

模块与模块之间、模块部组件之间的连接通过机械接口来实现，因而在模块或部组件之间存在配合面。相对于功能接口，机械接口对模块划分的影响更为直接，因此在分配接口权重时，机械接口作为主要因素来考虑。

通过对不同任务需求的综合分析，将卫星柔性化平台的功能分解成不同的部组件，定义相互之间的接口约束关系。根据独立公理原理，模块之间的功能必须保持独立。然而要求功能完全独立是不现实的，但在模块划分时使得其接口之间的依赖程度最小，可以使接口约束因素对平台性能的影响最小，从而使模块划分更趋合理。图 4-11是从任务需求到基于接口约束形成模块的划分过程示意图。首先对用户需求进行功能分解，然后寻求功能域（FR_S）与物理域（DP_S）之间的映射关系，定义相应的接口，最后根据接口特性用模糊割集方法对各接口的依赖程度进行量化和综合。

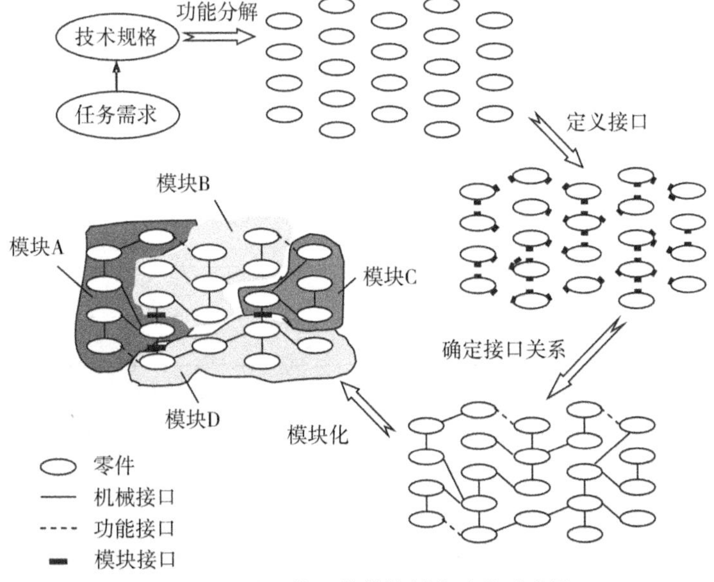

图 4-11　基于接口的模块划分过程示意图

从接口约束值的大小寻求最小约束关系的接口处将模块进行划分，从而将卫星平台分成相应的功能模块，实现模块的合理划分。

4.3.2.2 基于模糊割集的模块划分方法

在理论上很难通过定量的方式来准确定义模块之间的接口依赖程度，但可以通过接口之间的功能关系、配合要求等确定其接口之间的约束值，然后根据其大小来划分模块。

假定卫星平台有 n 个部组件组成，用 V 表示所有部组件的集合，$V=\{v_1,v_2,\cdots,v_n\}$，模块与模块之间通过一定的接口相连接，用 $E=\{e_1,e_2,\cdots,e_m\}$ 表示相互之间的接口集，即若 $e_k\in E$，则 $e_k=v_iv_j$，则卫星平台就可用 $G^*=[V,E]$ 图来表示各部组件及其相互之间的连接关系。E 中的元素 $e_1,e_2,\cdots,e_m$ 为 G^* 的枝，表示部组件之间的接口依赖程度，其数值可以通过功能接口和机械接口的依赖程度进行综合评定。其中，功能接口通过功能相关性描述接口的依赖程度，机械接口通过模块之间的配合关系用隶属度函数描述接口依赖的相对程度，如表 4-4 和表 4-5 所示。

表 4-4 卫星平台部组件之间功能接口的相关性描述

相关程度	隶属度	功能关系描述
很强	1.0	两个模块必须成对使用，缺一不可
强	0.8	模块之间存在能量流，且为完成同一功能
中	0.6	模块之间存在信息流
弱	0.4	模块之间存在控制流
很弱	0.2	模块之间存在功能差异
无	0	两个模块毫不相干

表 4-5 卫星平台部组件之间机械接口的依赖关系描述

依赖程度	隶属度	关系描述
很强	1.0	直接连接
强	0.8	配合有严格公差要求
中	0.6	配合有公差要求
弱	0.4	配合尺寸要求一般
很弱	0.2	接触但无配合尺寸
无	0	无接口

设 ω_F 表示功能接口权重系数，ω_G 表示机械接口权重系数，且 $\omega_F+\omega_G=1$，接口权重系数可由层次分析法(AHP)通过两两比较得到，如表 4-6 所示。

表 4-6　功能接口与机械接口判断矩阵和权值

	功能接口	机械接口	权重 ω
功能接口	1	1/3	0.25
机械接口	3	1	0.75

用 F 表示功能接口相关性隶属度，G 表示机械接口依赖关系隶属度，则用接口权重和接口依赖关系的隶属度进行综合评价可求出接口约束值。设 $\boldsymbol{R}=(r_{ij})_{n\times n}$ 表示所有部组件之间的模糊接口约束关系，R 是 $\boldsymbol{R}$ 的隶属函数，用加权平均法求出。$\mu_{\mathrm{R}}=\mu_{\mathrm{F}}\omega_{\mathrm{F}}+\mu_{\mathrm{G}}\omega_{\mathrm{G}}$，$\mu_{\mathrm{R}}\in[0,1]$为归一化权向量。

记 $r_{ij}=\mu_{\mathrm{R}}(v_i,v_j)$，且 $\forall_i$，$r_{ii}=\mu_{\mathrm{R}}(v_i,v_j)=0$，则接口约束关系矩阵 $\boldsymbol{R}$ 为

$$\boldsymbol{R}=\begin{bmatrix} 0 & r_{12} & r_{13} & \cdots & r_{1\mathrm{n}} \\ & 0 & r_{23} & \cdots & r_{2\mathrm{n}} \\ & & & \cdots & r_{3\mathrm{n}} \\ & & & \ddots & \cdots \\ & & & & 0 \end{bmatrix} \tag{4-1}$$

其中，元素 r_{ij} 的构造方法为

$$r_{ij}=\begin{cases} \mu_{\mathrm{F}ij}\omega_{\mathrm{F}}+\mu_{\mathrm{G}ij}\omega_{\mathrm{G}} & (i\neq j) \\ 0 & (i=j) \end{cases} \tag{4-2}$$

当 $i\neq j$ 时，r_{ij} 可能为 0 值表示第 i 个部组件与第 j 个部组件之间不存在接口约束关系。

引入模糊矩阵 R 之后，所有平台部组件之间的关系可以用 $G=[V,R]$ 的模糊图来表示，矩阵 R 中的元素 r_{ij} 为组成 G 的各条边。由于模块划分是对有接口约束关系的部组件进行归类，各部组件之间通过一定的接口直接或间接相联系，因此 G 必定是一个连通图。在一个连通图 G 中，移去一些边使 G 成为不连通图，则这些边组成的集合称为割集，用 S 表示。

设有某一割集 S 把上述部组件集 V 分割为两个不相交的集合 V_1 和 V_2，则连通图 G 分成两个不连通图 G_1 和 G_2，其中 $G_1=[V_1,R]$，$G_2=[V_2,R]$。若割集 S 中所有边的连通强度都小于某一设定值，则 G_1 和 G_2 即为具有允许接口约束关系的两个独立模块。在连通图 G 中，连通强度即为接口约束关系 r_{ij}，为方便起见，接口约束关系对应边用 e 来表示。

设某割集 S_i 将 G 分割为 G_1 和 G_2，S_i 由 k 条边组成，分别用 $e_1,e_2,\cdots,e_k$ 表示，即 $S_i=\{e_1,e_2,\cdots,e_k\}$，则这些边中最大值 $e_{\mathrm{m}i}=\bigvee_{i=1}^{k}e_i$，对于给定的值，如果符号 $e_{\mathrm{m}i}\leqslant\lambda$，则表示割集 S_i 将部组件集 G 在接口约束关系的水平上分为两个独立模块 G_1 和 G_2。假设分割 G 的割集数为 P，只要在割集 $S_i=\{S_1,S_2,\cdots,S_p\}$ 中，找出所有符合 $e_{\mathrm{m}j}\leqslant\lambda$

($j=1,2,\cdots,p$)的割集，则这些割集将 G 分成的若干子图即为在该水平上的模块划分结果。

4.3.3 模块的系列化设计

公用模块的系列化设计就是进行其系列的总体策划，以便针对有效载荷和飞行任务快速构建卫星柔性化平台，实现系统的高性能和低成本是快速响应微小卫星产品体系建设的重要环节。按照某一标准构成模块系列，其目的是在设计与集成快速响应微小卫星时，能够最优地组成满足用户性能指标和经济指标要求的柔性化平台。例如，对于遥感类快速响应微小卫星的姿态控制功能，最基本应形成三个系列：高精度姿态控制模块、中精度姿态控制模块和低精度姿态控制模块。

模块系列的总体设计需描绘出各模块的具体特征，图 4-12 是柔性化平台模块层次的细化。

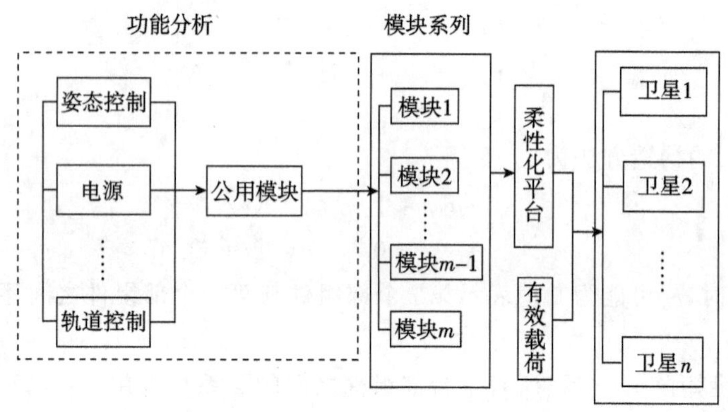

图 4-12 模块系列化过程示意图

将卫星平台除了可重构模块(综合电子系统)和专用模块(结构与热控系统等)之外的功能进行分解，基于模糊割集的方法进行模块划分，分离出其中相同或相似的单元，再通过模块化设计进行统一、归并和简化，形成独立的公用模块，这些模块应具有某种特定功能和接口关系，具备互换性。

柔性化平台公用模块的系列化设计可分为如下几类。

(1)功能参数系列化：如姿态稳定控制模块，可按精度适当分级，形成模块系列；

(2)功能集成系列化：柔性化平台的公用模块是分层次的，功能集成系列化就是形成不同集成程度的模块系列；

(3) 接口系列化：配备有系列化接口或接口模块，以便与其他模块快速集成。

实现模块的系列化首先要完成模块的典型化工作，即使模块具有概括和代表同类功能的基本特征，并清除模块功能上不必要的重复性和多样性。通过模块的典型化，确定模块的功能和接口方式，实现对模块功能及参数的界定。模块功能的典型化过程实际上也是一个优化过程,以消除低功能和不必要的类型,使形成的公用模块更精炼、更合理。

模块功能的典型化主要着眼于功能的等效性,即具有相同的效能,但其构成方式或原理可以是不同的,如镍铬电池和氢镍电池可具有相同效能,但构成原理不同。

4.3.4　模块的接口设计

柔性化平台的性能并不是其组成模块性能的简单总和,将独立的模块集成为系统并能够协调工作,则必须进行正确、合理的接口设计,包括机械接口、电气接口等。柔性化平台快速集成的关键在于模块接口的标准化和通用化。例如,在计算机领域,由于采用了标准的总线结构,不同厂家的产品模块均能融入系统并协调工作[7]。同时,接口的标准化可提高系统组合的效率,便于集成具有多样性任务要求的快速响应微小卫星。

柔性化平台各组成模块间的接口方式大致分为两类,如图 4-13 所示。直接式接口是指模块本身带有接口,能直接进行连接并传递功能。这种接口只传递信息、参数或单纯进行连接,并不直接使用或处理信息、参数。例如,电气互连中的各种电缆、连接器,机械互连中的各种连接件等。间接式接口是指两个功能模块间通过接口模块进行连接,这种接口模块可对信息或参数进行处理,使相连的模块能够匹配,体现为一个功能部件或是设备,例如各种接口转化电路板等。

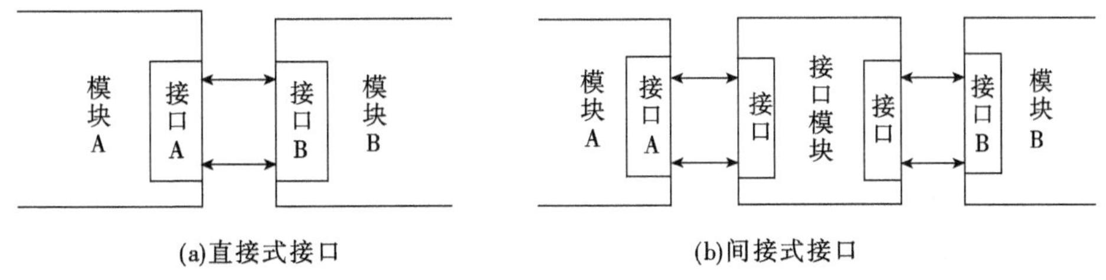

图 4-13　模块接口的方式

按接口机理对接口进行分类如下。

(1)机械接口:机械接口是模块间的连接界面,实现静态结合或动态结合(传递力和运动)。接口结构包括接口形式和接口尺寸及精度等,除满足功能需求外,主要应具有互换性和兼容性。

(2)电气接口:电气接口是传递各种电气信息的界面。传递信息可用电缆、开关及连接器,为在多个模块间传输一组统一信息和数据则可采用标准的总线(BUS)结构。对于模块间无兼容性的接口,则需采用具有接收、处理和发送功能的接口电路板或接口设备。例如,模拟信号与数字信号间的 A/D 与 D/A 转换、电压转换的配电器等。

(3)机电接口:机电接口是间接型接口,实现机械量与电量之间的转换,在机电接口中有能量转换和传输的效率问题、阻抗匹配问题、信息传输和变换问题等。

(4)其他物理量与电量的转换接口：卫星中常用到许多物理量，这些物理量都需转换成电量才能为信息处理系统所接受。例如，接收天线是将电磁波转换成电量，而发射天线则是将电量转换成电磁波。各种热敏、力敏、光敏、磁敏等传感器均可认为是一种接口形式，而由这些传感器与相应 A/D 转换器构成的设备，则构成将物理量变换为电量的接口模块。

(5)软件接口：软件接口主要是指对信息进行平稳地传递、变换和调整的接口，除了软件模块间的接口程序外，还包括诸如信号线描述、时序与控制规约、数据传输协议、字符与图像传送及识别规范等。

妥善解决模块接口的互换性与兼容性问题，是实现模块接口通用性的重要手段。但由于种种原因，许多卫星其对同类功能模块的接口要求不同，因而应使所设计的模块具有多种接口，或者说模块能与多种对象兼容，此乃扩大模块通用性的有效途径。兼容性是解决模块继承性与技术更新之间矛盾的有效手段，即通过新旧模块间的兼容，延长模块的复用率。为实现必要的兼容，对比较复杂的接口，可考虑设计接口模块。然而，就模块的兼容性而言，则是希望接口数(包括接口种类和同一种接口的数量)越多越好，这样可扩大模块的通用范围，减少模块的品种，但却带来接口结构复杂、系统冗余增大、成本增加等问题。因此，在具体设计时应进行综合权衡。

具体的接口设计将在 4.4 节中结合模块的即插即用方法进行阐述。

4.3.5　柔性化平台公用模块的划分

基于上述各节的设计方法，即可进行柔性化平台公用模块的划分，其主要步骤如下。

4.3.5.1　模块划分原则的确定

基于功能独立性和接口相关性准则确定划分原则，若满足下列条件即可确定为一个独立的公用模块。

(1)技术状态：模块功能完善，与其他模块具有明确而简洁的接口形式；

(2)独立性：模块功能相对独立，与其他模块不存在硬件资源的冗余；

(3)通用性：模块功能可以被各类微小卫星普遍采用；

(4)继承性：模块的硬件能够被技术更新后的下一代卫星所利用；

(5)可扩展性：模块中的硬件便于技术更新后升级和更换。

4.3.5.2　模块的层次、规模与数量的确定

将柔性化平台按功能划分为模块，重点要考虑系统集成与测试的难易程度。就模块的规模而言，则希望模块越小越好，因为越小越易于处理，但模块划分得越小，数量就越多，在集成系统时由于条理层次复杂，给集成和测试带来不便；就模块的数量而言，则是希望越少越好，但如模块数量太少，集成虽然简单，但每个模块的规模过

大，模块本身的处理就变得较为困难，且不利于模块的系列化。有效的解决办法是将柔性化平台按照功能分成层次，每个层次由数量及规模适中的模块组成。这种由适当数量控制的层次结构，可使柔性化平台的构成简洁、条理分明，各个层次在技术上也易于处理。

在进行公用模块划分时，应将柔性化平台的功能按层次依次展开，逐层向下分解，高层次以低层次为基础，由低层次组成，但高层次又带动和决定低层次的构成。模块的通用性随层次的下降而增大，使整个系统呈现宝塔型结构。而模块的规模则随层次的下降而减小。合理的系统层次结构，不仅使系统的构成简洁，而且可以提高系统的适应性和灵活性，使系统易于扩展、调整和升级。

4.3.5.3　功能相关度分析

为了进行系统功能的合并，引入相关度的概念：一个子功能 f_i 与另一个子功能 f_j 之间的相关程度称为相关度，用 r_{ij} 表示。

为了进行相关度的分析和计算，将子功能之间的相关性分为如下几类。

(1)功能相关性：子功能 f_i 与子功能 f_j 为完成某一个功能而存在，且缺一不可，则称 f_i 与 f_j 功能相关；

(2)时间相关性：子功能 f_i 与子功能 f_j 同时存在于柔性化平台中，则称 f_i 与 f_j 时间相关；

(3)空间相关性：子功能 f_i 的载体与子功能 f_j 的载体在柔性化平台中占据相同的空间，则称 f_i 与 f_j 空间相关；

(4)信息相关性：子功能 f_i 与子功能 f_j 之间存在力、能量、控制、信息等传递关系，则称 f_i 与 f_j 信息相关。

在定义了上面四种相关性之后，接下来就要计算子功能之间的相关度，计算方法如下。

设子功能之间的相关性有 n 种，第 k 种相关性对相关度的影响系数为 ω_k，则子功能 f_i 与子功能 f_j 的相关度为

$$r_{ij} = \sum_{k=1}^{n} \omega_k \cdot r_{ij}^k \tag{4-3}$$

当 f_i 与 f_j 之间满足第 k 种相关条件时，$r_{ij}^k=1$；当 f_i 与 f_j 之间不满足第 k 种相关条件时，$r_{ij}^k=0$。

显然有

$$\sum_{k=1}^{n} \omega_k = 1 \tag{4-4}$$

根据相关性定义，子功能之间的相关性类型有 4 种，即式(4-3)中的 $n=4$。要确定每一种相关对相关度的影响系数 ω_k，就是要确定它们的权重。可采用层次分析法(AHP)中的权重计算方法，根据功能相关、时间相关、空间相关、信息相关这 4 种相

关对模块划分的重要程度不同，计算权重 ω_1、ω_2、ω_3、ω_4。

对于任意子功能 f_i、f_j，如果 f_i、$f_j(i\neq j)$满足相同的模块独立条件，则 f_i 与 f_j 可能相关，相关度按式(4-3)计算，f_i、f_j 与其他模块之间的相关度为 0。

如果 f_i、$f_j(i\neq j)$分别满足不同的模块独立条件，则 f_i 与 f_j 为独立模块，相互之间及与其他模块之间的相关度均为 0；如果 f_i 满足任一条模块独立条件，而 f_j 不满足任何一条模块独立条件，则 f_i 为独立模块，与所有其他模块之间的相关度都为 0；f_j 与其他模块之间的相关度按式(4-3)计算。

这样可以计算出所有子功能之间的相关度，得到的相关度矩阵为

$$R=\{r_{ij}\},r_{ij}\in[0,1]\quad(i,j=1,2,3,\cdots,n)\tag{4-5}$$

然后可以将相关度达到某一数值的子功能模块进行合并。

4.3.5.4　模块划分结果的综合评价

完成公用模块划分后，需要对所划分模块的效果进行评价，目的是确保同一模块内的功能单元不会发生冲突，避免偶尔出现因相关性计算中未考虑到的某些因素的限制，使相关度较高的两个功能单元不能同属于一个模块。如果能满足大多数的评价指标，则说明模块划分的比较合理；反之，则要重新进行模块的划分。解决的方法主要有两个：一是重新计算相关度矩阵，将相关性矩阵中对应模块之间的相关度置为零，然后重新进行功能单元的合并（在相关性能够全面的反映功能单元聚合的要求时，可以省略这一步）；二是利用经验和知识对功能模块划分结果进行适当的调整。

可采用多种评价方法对模块划分结果进行综合评价[8]。例如，根据模块的外在构成状态对模块化程度的影响来进行评价，具体的评价指标如表 4-7 所示。构成柔性化平台的模块数比例大，说明模块化程度高；模块规模小，则易于处理；模块间结合数少、结合强度弱、接口结构简单，则易于系统集成；模块内结合强度大，方可构成一个模块；模块的完全性是指把模块看做“黑箱”，不管其内容如何，只根据其输入、输出关系即可确定其性质；模块的通用性是指模块适用多颗微小卫星的可能性或对多颗微小卫星的兼容性。

表 4-7　模块划分的宏观评价要素

模块化的主要因素	影响方向	模块化的主要因素	影响方向
柔性化平台的模块数	－(大)	模块间的结合数	－(少)
模块的大小	－(小)	接口的简易性	－(简)
模块内的结合强度	＋(强)	模块的完整性	＋(强)
模块间的结合强度	－(弱)	模块的通用性	＋(大)

综上所述，这种定性与定量相结合、按照相关度大小来确定模块的方法主要从两方面进行考虑：

(1)对于符合独立模块条件的子功能,可考虑作为独立的模块;

(2)对于不符合独立模块条件的子功能或者有两个以上的子功能符合相同的独立模块条件,则需要计算子功能之间的相关度,再根据相关度的大小来决定。

该方法使得模块划分从按经验和指导性原则进行,拓展到可以系统地、有步骤地、程序化地进行,为计算机辅助模块划分奠定了基础。

4.3.5.5　模块的相容性分析

在各功能模块外部特性确定后,必须进行相容性分析。相容性分析的目的是将各功能模块所需要的硬件进行统一规划与合并,以最高性能的硬件为选择的目标,使各模块的相同硬件共享使用,最大限度地减少硬件的数量,增强系统软件的功能。

各模块内部的硬件配置需要根据功能模块所要求达到的技术性能指标进行选择,同时要考虑重量、功耗、供电、安装、热控和成本等要求。同一功能的模块内部硬件和软件的配置不是唯一的,可以根据模块外部接口的特性而变化。例如高精度、高稳定度姿态控制模块,硬件可以选择 2 个星敏感器和 4 个光纤陀螺,或选择 1 个星敏感器、1 个地球敏感器和 4 个光纤陀螺,也可以选择 2 个数据更新频率较高的星敏感器(10Hz以上),陀螺也可以选择精度较高的挠性陀螺和激光陀螺等。硬件的不同选择,带来软件功能的不同;同时,硬件的选择还要考虑与其他功能模块的资源与信息共用的问题。在确定高精度、高稳定度姿态控制模块的硬件时,应充分考虑与有效载荷模块的资源共用。

综上,柔性化平台公用模块的划分可按以下两种思路进行。

1. 系统级—功能模块级—组部件级

(1)姿态与轨道控制系统

a. 姿态测量与确定功能:星敏感器、太阳敏感器、地球敏感器、磁强计、陀螺等;

b. 姿态机动控制功能:反作用飞轮、控制力矩陀螺、推力器等;

c. 姿态稳定控制功能:反作用飞轮、磁力矩器等;

d. 轨道测量确定功能:磁强计、GPS 接收机等;

e. 轨道控制功能:推力器等。

其中,反作用飞轮同时用于姿态稳定控制和姿态机动控制;磁强计同时用于轨道确定和姿态确定;推力器同时用于姿态机动和轨道控制。

(2)电源系统

a. 电源管理功能:配电器;

b. 电源存储功能:蓄电池组;

c. 电源产生功能:太阳电池阵。

(3)推进系统

a. 推进管理功能:综合线路盒;

b. 推进剂存储功能:贮箱、气瓶;

c. 推力控制功能：推力器。

(4)数传系统

a. 数据存储功能：固态存储器；

b. 信息收发功能：天线、中继终端天线等。

按照上述思路，可以将系统的各种功能设计成公用模块，满足模块独立性条件。对于各公用模块的部组件选择，可以设计成模块系列，如姿态测量与确定模块可以按照姿态确定精度的不同划分成高精度、中等精度和一般精度模块，也可以细分为测量精度取具体数值的系列模块。

2. 基本要素—功能模块级—组部件级

按照这一思路，可将柔性化平台划分为最小生存要素和功能扩展要素两个方面。综合电子系统作为可重构模块属于最小生存要素。

(1)最小生存要素

a. 姿态与轨道确定模块：太阳敏感器、磁强计、陀螺；

b. 姿态稳定控制模块：反作用飞轮、磁力矩器；

c. 电源管理模块：配电器；

d. 电源存储模块：蓄电池组；

e. 电源产生模块：太阳电池阵；

f. 天线模块：测控天线。

(2)功能扩展要素

a. 高精度姿态测量确定模块；

b. 高精度姿态控制模块；

c. 姿态敏捷机动模块；

d. 高精度轨道确定模块；

e. 轨道控制模块；

f. 大容量电源模块；

g. 大容量电源存储模块；

h. 大容量电源产生模块；

i. 数据存储模块：固态存储器；

j. 扩展天线模块：中继终端天线；

k. 推进管理模块：推进综合线路盒；

l. 推进剂存储模块：贮箱、气瓶；

m. 推力器模块：推力器等。

上述最小生存要素涉及的公用模块与可重构模块构成柔性化平台的最小系统，功能扩展要素涉及的公用模块是针对不同需求配置的功能模块，但不是专用模块，针对任务不需要重新设计，只需要选配即可。

按照模块类型划分，公用模块基本上可以分为三类：系统总线模块、总线转换模块以及与软件无关模块。系统总线模块指通信接口为系统总线的功能模块；总线转换模块指系统中非系统总线通信的模块，这样的模块需要进行总线转换，然后与系统中的其他模块连接；与软件无关模块指构成柔性化平台必不可少的，但是与软件无关的电气模块，如电源模块（蓄电池和太阳电池阵）等。

4.4　模块的标准化和即插即用设计方法

模块的标准化和即插即用是柔性化平台的重要技术特征。模块的标准化主要体现在其外部接口的统一，包括机械接口、电气接口和软件协议接口。一个支持即插即用的标准化模块既需要内部具备完备的功能，又需要具备统一的外部接口。标准化接口主要包括以下六个方面的标准化。

（1）物理层：定义接插件、连接电缆以及连接方式等；

（2）信号层：定义信号编码、电压、噪声和信号传输率；

（3）字符层：定义用以管理链路传输数据字和控制字；

（4）交换层：定义连接初始化、流控制、连接错误检测和连接错误恢复等协议；

（5）数据层：定义数据如何被分包和在数据总线上传输；

（6）网络层：定义网络结构和数据包从起点到终点的网络传输过程，定义连接错误和网络层错误的处理方法。

其中，物理层标准化由模块的物理接口标准化设计实现，其余五个方面的标准化由模块的电气接口标准化设计实现。

4.4.1　物理接口的标准化设计

即插即用标准化模块的物理层主要由转接头、连接电缆以及连接方式等组成。通常采用 9 针 D 型转接头，规格尺寸如图 4-14 所示，其中上下两排孔中心距为 0.112 英寸，纵向双孔间距为 0.108 英寸。

插头的针脚分别定义为 Din＋、Sin＋Innershield、Sout－、Dout－、Din－、Sin－、Sout＋、Dout＋，各针脚所在位置如图 4-15 所示。

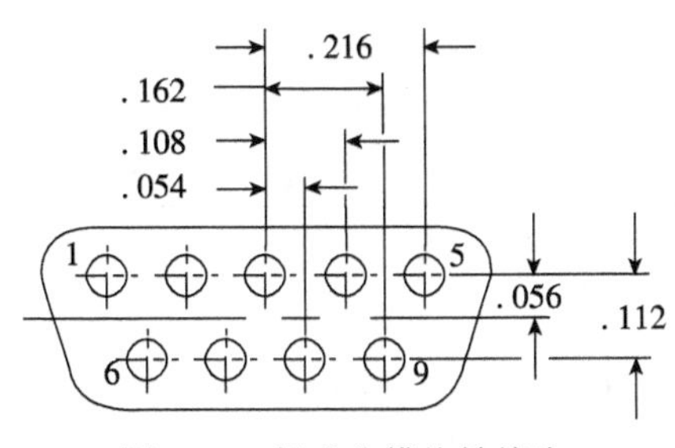

图 4-14　标准化模块转接头

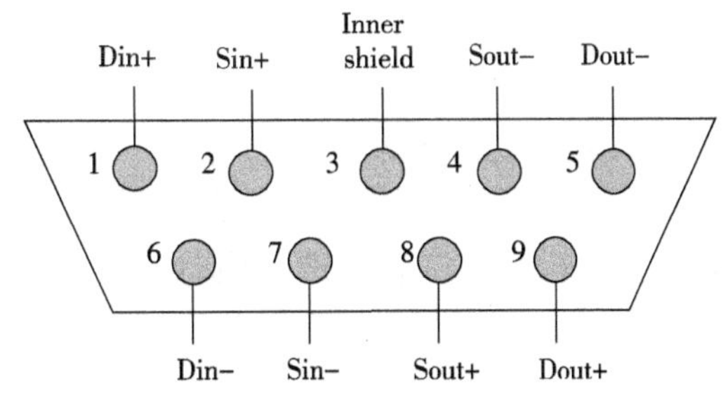

图 4-15　转接头信号分配示意图

接口标准化设计另一个重要的部分是模块间的连接电缆,一般由四对双绞线组成,采用 100Ω 差分阻抗,具有屏蔽层。每根电缆符合 AWG28 标准,整个电缆束符合 AWG40 标准。传输电缆的长度对传输信号的衰减程度和抗干扰能力均有不同程度的影响,但卫星中采用的电缆通常较短,可忽略长度对信号的影响。图 4-16 给出模块间电缆连接的示意图。

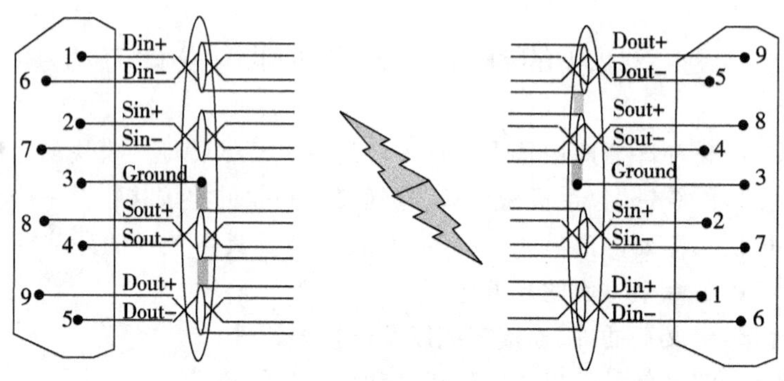

图 4-16 电缆连接关系图

模块间电缆连接关系如表 4-8 所示。其中针脚 3 为接地针,与每对双绞线的内屏蔽层相连,从而增加了抗干扰能力。

表 4-8 模块间电缆连接针脚对应表

模块 A 信号	模块 A 针脚	连接关系	模块 B 针脚	模块 B 信号
A−Din+	1	−连接−	9	B−Dout+
A−Din−	6	−连接−	5	B−Dout−
A−Sin+	2	−连接−	8	B−Sout+
A−Sin−	7	−连接−	4	B−Sout−
A−Ground	3	−未连接−	3	B−Ground
A−Sout+	8	−连接−	2	B−Sin+
A−Sout−	4	−连接−	7	B−Sin−
A−Dout+	9	−连接−	1	B−Din+
A−Dout−	5	−连接−	6	B−Din−
A−Shield	Shell	−连接−	Shell	B−Shield

4.4.2 电气接口的标准化设计

即插即用模块的电气接口信号层通常基于低电压差分信号设计,利用平衡信号进行高速率低电压互连。平衡或差分信号提供较好的噪声容限,低电压使得传输功耗较低，其差分信号传输过程如图 4-17 所示。

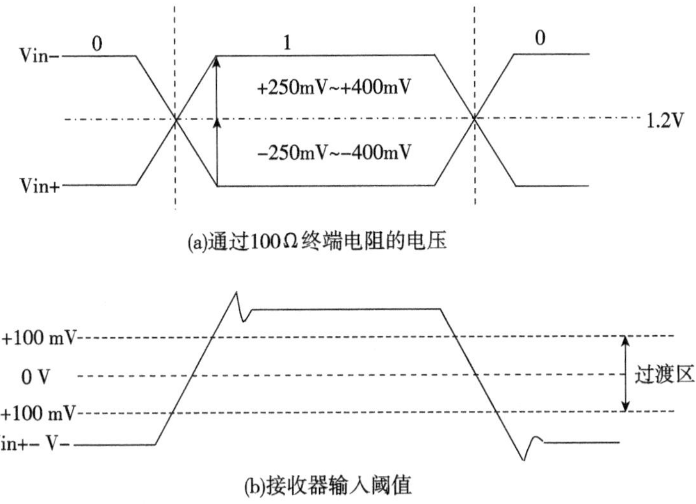

图 4-17　信号传输过程

低电压差分采用电流模式，恒定的电流（3.5mA）沿传输介质传输，通过 100Ω 终端阻抗，再回到驱动端。驱动端两对晶体管开关控制终端电阻的电流方向，当驱动端晶体管为“+”时，标记为“－”的晶体管处于关闭状态，电流则按图 4-18 中箭头方向传输。

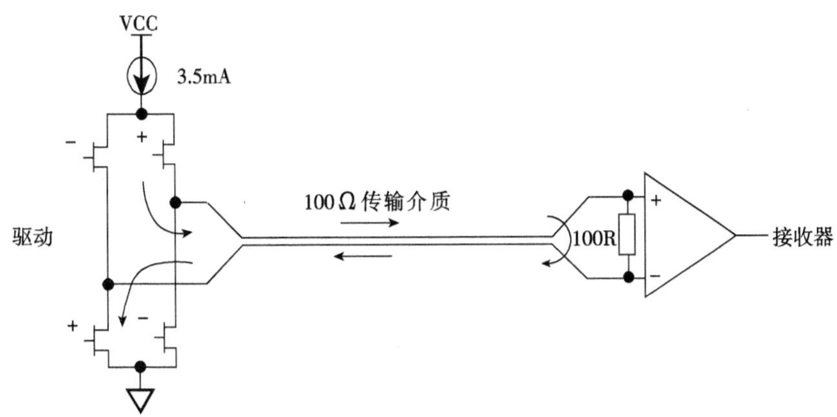

图 4-18　信号发送和接收

即插即用接口利用数据-选通编码，这种编码方式利用数据和选通对传输时钟进行编码，然后通过简单的异或操作从数据和选通上解码出时钟编码。驱动器只有一个电源，最高的电流输出约 3.5mA，而开关盒则提供终端电阻器的驱动电流。这个差分驱动器采用奇数模式的传输方式，等量及方向相反的电流分别在传输线路上传送。电流会重新回流到双绞线内，由于电流环路面积较小，会产生较小的电磁干扰。电源对供电加以限制，以免转变时产生突变电流。由于无突变电流影响，因此数据传输速度可高达 1Gbps 以上，同时不会大幅增加功耗。此外，恒流驱动器的输出可以容许传输线路出现短路或接地情况，即使出现也不会产生散热方面的问题。

差分接收器是一款高阻抗芯片，可以检测小至 20mV 的差分信号，然后将这些信号放大，以至达到标准逻辑电位。由于差分信号具有 1.2V 的典型驱动器补偿电压，而接收器可以接收由接地至 2.4V 的输入电压，因此可以抑制高达±1V 来自传输线路的共模噪声。此外，驱动器及接收器可以带电插入，恒流式驱动不会对系统造成任何损害。接收器具备高度安全性，当输入引脚均处于浮动状态时，接收器的安全功能可以防止其输出出现振荡。

总线传输使用 DS 编码(data-strobe)，这种编码将时钟和传送的数据编码为 Data 信号和 Strobe 信号。在接收端简单地将 Data 信号异或 Strobe 信号即可恢复发送时钟。在 DS 编码中需要传送的数据由 Data 信号直接传输，Strobe 信号每当 Data 信号和前一位保持不变时发生变化，选通则在数据保持不变时改变状态，编码形式如图 4-19 所示。

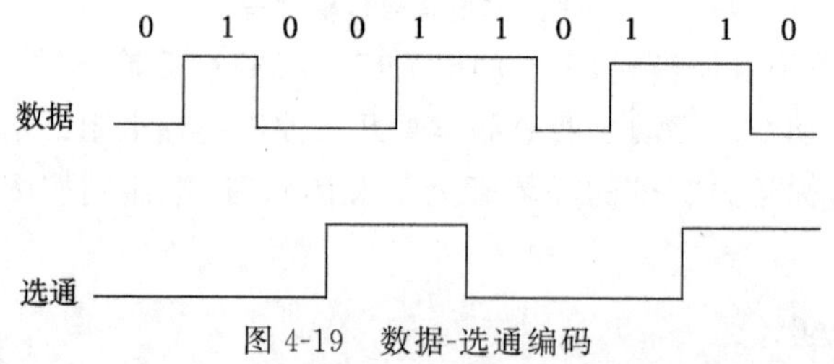

图 4-19 数据-选通编码

标准化总线的最大数据传输率是衡量总线性能的重要指标，决定传输率的因素较多，主要包括电缆长度、驱动器和接收器采用的编码和解码方法以及信号抖动等。图 4-20 给出了抖动对数据信号和选通信号的影响情况。

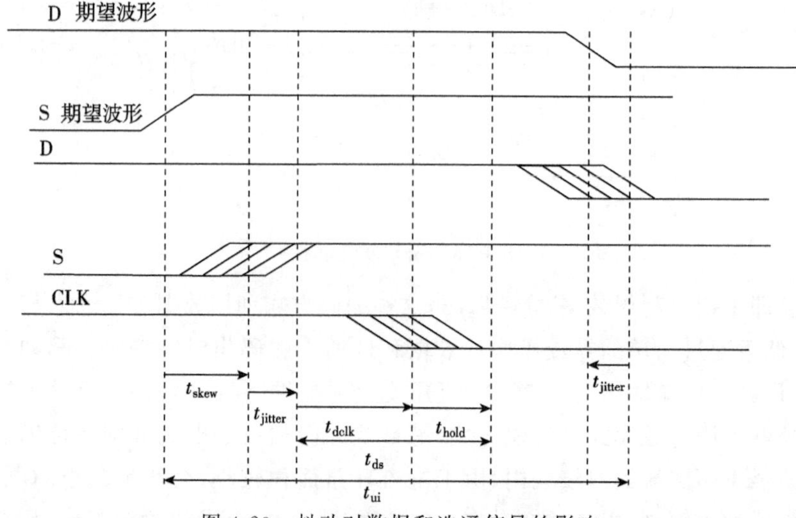

图 4-20 抖动对数据和选通信号的影响

其中，t_{skew} 是数据信号和选通信号间的偏移；t_{jitter} 是数据信号和选通信号间的时钟抖动，并且有数据 t_{jitter} = 选通 t_{jitter}；t_{dclk} 是接收器在数据信号沿和选通信号沿的延时；t_{hold} 是保持时间；t_{ui} 是传输位间隔。

影响偏移和时钟抖动的因素包括编码器、解码器、驱动器、接收器、接插件、电缆和 PCB 等。在数据位的传输通路上，偏移和时钟抖动的分布情况如图 4-21 所示。

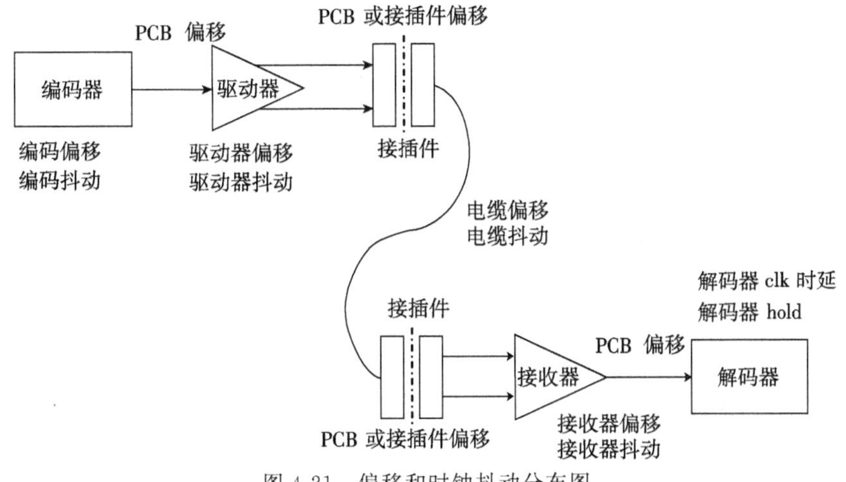

图 4-21　偏移和时钟抖动分布图

4.4.3　软件接口标准化设计

软件接口标准化主要指即插即用模块间传输数据所遵循的标准数据格式，包括命令帧格式、数据帧格式、辅助信息帧格式等。

柔性化平台各即插即用模块间通过总线方式连接，如果删除某个模块，只需将该模块从总线上断接，并将该模块的软件构件删除即可；如果增加模块，则只需将模块按总线规则连入总线，并将模块的软件构件在综合电子系统中进行注册。

每个即插即用模块均通过标准的软件接口（MAPI）与综合电子系统模块交换数据，综合电子系统模块通过 MAPI 向该模块发送控制指令、数据或通过 MAPI 读取模块的硬件运行状态和指令执行结果等。另外模块间的数据交换也通过 MAPI 实现，若图 4-22 中的模块 3 和模块 5 要想进行数据交换则需通过综合电子系统的 MAPI 来完成。

为保证 MAPI 能够正确地获知模块的类型、数据传输格式等信息，需要在每个模块内部和综合电子系统内部维护全局数据，这些数据包括设备描述符、配置描述符、接口描述符、端点描述符、字符串描述符等。

设备描述符：描述设备的通用信息，如产品 ID、支持的设备类、子类和适用的协议以及默认端点的数量等。在综合电子系统模块的操作系统中，即插即用模块采用 pnp_device 结构体来描述，描述符定义为结构体 pnp_device_desriptor，代码如下。

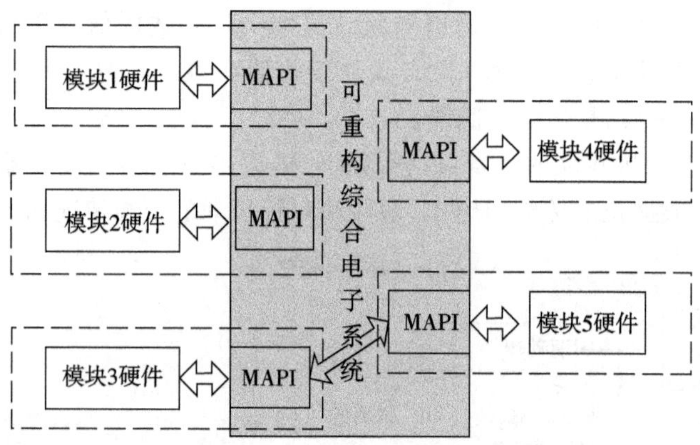

图 4-22　标准化软件接口示意图

```
struct pnp_device_descriptor
{
    __u8    bLength;                //描述符长度
    __u8    bDescriptorType;        //描述符类型编号
    __le16  bcdPnP;                 //PnP 版本号
    __u8    bDeviceClass;           //PnP 分配的设备类 code
    __u8    bDeviceSubClass;        //PnP 分配的子类 code
    __u8    bDeviceProtocol;        //PnP 分配的协议 code
    __u8    bMaxPacketSize0;        //endpoint0 最大包大小
    __le16  idVector;               //厂商编号
    __le16  idProduct;              //产品编号
    __le16  bcdDevice;              //设备出厂编号
    __u8    iManufacturer;          //描述厂商字符串的索引
    __u8    bNumConfiguration;      //可能的配置数量
}__attribute__((packed));
```

配置描述符:描述配置中的接口数、支持的挂起和恢复能力以及功率要求等。采用 pnp_host_config 结构体描述,配置描述符定义为结构体 pnp_config_descriptor,代码如下。

```
struct pnp_config_descriptor
{
    __u8    bLength;                //描述符长度
    __u8    bDescriptorType;        //描述符类型编号
    __le16  wTotalLength;           //配置所返回的所有数据的大小
    __u8    bNumInterfaces;         //配置所支持的接口数
    __u8    bConfigurationValue;    //Set_Configuration 命令需要的参数值
    __u8    iConfiguration;         //描述该配置的字符串的索引值
```

```
    __u8    bmAttributes;          //供电模式的选择
    __le16  bMaxPower;             //设备从总线提取的最大电流
}__attribute__((packed));
```

接口描述符：描述接口类、子类和适用的协议等，采用 pnp_interface 结构体描述，接口描述符定义为结构体 pnp_interface_descriptor，代码如下。

```
struct pnp_ interface _descriptor
{
    __u8    bLength;               //描述符长度
    __u8    bDescriptorType;       //描述符类型编号
    __u8    bInterfaceNumber;      //接口的编号
    __u8    bAlternateSetting;     //设备的接口描述符编号
    __u8    bNumEndpoints;         //该接口使用的端点数，不包括端点 0
    __u8    bInterfaceClass;       //接口类型
    __u8    bInterfaceSubClass;    //接口子类型
    __u8    bInterfaceProtocol;    //接口所遵循的协议
    __u8    bInterface;            //描述该接口的字符串索引值
}__attribute__((packed));
```

端点描述符：描述端点地址、方向和类型，支持的最大端点数量等。如果是终端类型的端点则包括轮询频率。端点描述采用 pnp_host_endpoint 结构，端点描述符定义为 pnp_endpoint_descriptor 结构体，代码如下。

```
struct pnp_ endpoint _descriptor
{
    __u8    bLength;          //描述符长度
    __u8    bDescriptorType;  //描述符类型编号
    __u8    bEndpointAddress;
                            //端点地址 0~ 3 位是端点号，第 7 位是方向(0-OUT,1-IN)
    __u8    bmAttributes;     //端点属性:bit[0:1]的值为 00 表示控制，为 01 表示
                                同步，为 02 表示批量，为 03 表示终端
    __le16  wMaxPacketSize;   //本端点接收或发送的最大信息包的大小
    __u8    bInterval;        //轮询数据传送端点的时间间隔
                              //对于批量传送的端点以及控制传输的端点，
                              //对于同步传输的端点，此域必须为 1
                              //对于中断传输的端点，此域值的范围为 1~ 255
    __u8    bRefresh;
    __u8    bSysnchAddress;
}__attribute__((packed));
```

字符串描述符：有时描述符中会为某些字段提供字符串索引，可被用来检索描述性字符串，并以多语言形式提供。字符串描述符是可选的，采用 pnp_string_descriptor 结构体，代码如下。

```
struct pnp_ string _descriptor
{
    __u8    bLength;            //描述符长度
    __u8    bDescriptorType;    //描述符类型编号
    __le16  wData[1];
}__attribute__((packed));
```

4.4.4 即插即用的信息网络协议设计

即插即用的模块间采用 OSI 标准化信息网络，选用三层网络模型，利用统一的网络协议进行各模块间的信息交互，如图 4-23 所示。

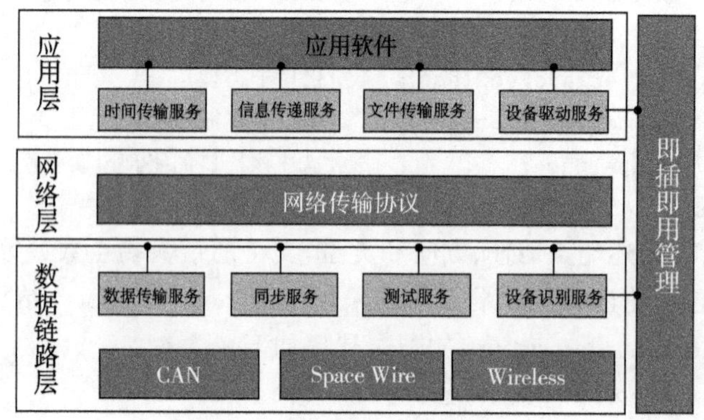

图 4-23 即插即用的信息网络协议

其中，数据链路层兼容多种不同底层接口形式，网络层提供统一的网络传输协议，应用层提供多种数据传输服务，并支持软件总线结构的上层应用。因此，通过数据链路层的模块识别服务和应用层的模块驱动服务联合工作，即可实现模块的即插即用。该协议底层可兼容多种物理总线接口（如 CAN、SpaceWire、Wireless 等），通过物理接口连接各下位机节点，统一多样的总线接口类型有利于系统模块的扩展。

在此基础上，数据链路层提供多种基础服务支持：数据包传输服务，该服务为数据包在信息网络内的传输提供可靠的通道服务；同步服务，该服务为节点间的同步通信提供基础服务，如时间同步等；测试服务，该服务用以测试数据链路层的数据传输情况及网络连接情况，为快速测试提供基础数据链路层支持；模块识别服务，该服务用以识别新加入系统的模块，并为其驱动提供基础服务。

网络层协议是即插即用信息网络的核心，所有的应用层协议都需网络层报文格式，为上层应用提供统一的数据接口，屏蔽底层物理特性，实现节点间的点对点通信。目前，尚无卫星可直接应用的即插即用网络通信协议，现有的信息网络通信协议，如 TCP/IP 与 SCPS 等，存在如下应用问题：

(1)IP 及 NP 协议针对不可靠信道传输开发，而卫星的信息网络需要针对可靠传输信道(节点有限、距离短、链路层存在校验、数据量有限)；

(2)IP 及 NP 协议针对复杂网络开发，为解决复杂路由问题存在大量参数设置，而卫星信息网络为单一网络，仅存在简单路由问题；

(3)IP 及 NP 协议栈复杂，虽具备较强灵活性，但对节点计算能力的要求较高，而卫星下位机节点的计算能力相对较弱；

(4)IP 及 NP 协议没有考虑对底层多总线的直接支持，针对卫星常用总线的映射实现起来复杂，如 CAN 总线、485 总线等。

针对现有网络层协议的不足，提出对网络层协议重点进行以下几个方面的改进和补充：

(1)牺牲一部分 IP 及 NP 协议灵活性，将可变首部长度修改为固定首部长度；

(2)为适应 CAN 总线的应用，将首部长度设置为小于 8 字节；

(3)鉴于卫星内部节点数目有限，将节点地址定为 8 位；

(4)删除与复杂路由相关的设置。

保留 IP 及 NP 协议的前几位格式及内容设置，使本协议与 IP 及 NP 协议相兼容。协议网络层首部的格式定义如图 4-24 所示。

<table>
<tr><td>版本号
(3)</td><td colspan="2">包长度
(13)</td><td>传输协议
(4)</td><td>控制域
(4)</td><td>源地址
(8)</td></tr>
<tr><td colspan="2">目的地址
(8)</td><td colspan="3">保留
(16)</td><td>校验
(8)</td></tr>
<tr><td colspan="6">数据</td></tr>
</table>

图 4-24　网络层协议首部格式定义

模块识别服务从协议层面保证即插即用的实现，采用唯一识别码与通信 ID 动态匹配的方法。识别码长度为 24 位，其中前十位为模块类型号(可区分 1024 种模块类型)，其他为模块序号。每个模块拥有唯一的识别码，其中模块类型号用以表明模块的类型，即该模块可以完成的功能、提供的数据内容、接收的指令等。

可重构综合电子系统通过所接入模块的识别码对其类型进行识别，相同的模块类型号操作方式、所提供的数据内容等完全相同。

由于本协议首先考虑的是单颗卫星内部的数据通信，考虑到其节点数量有限，且即使是多卫星通信，8 位的地址可以表示 256 个节点数量，也能满足通信需求，故本协议将地址定位 8 位，且暂不分网络号，若多网络通信，可以通过路由将所有网络节点虚拟到一个网络内。地址由提供地址分配服务的节点进行分配，需要此服务的节点称作地址分配客户端。基于本协议定义的地址分配、再分配以及查询方式如图 4-25～图 4-27 所示。

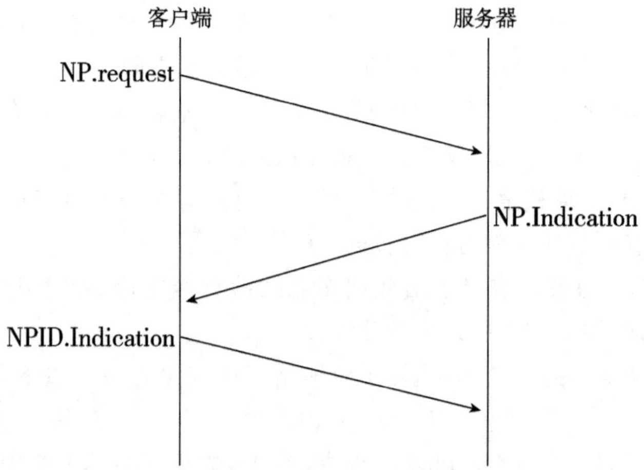

图 4-25　地址初始分配通信方式

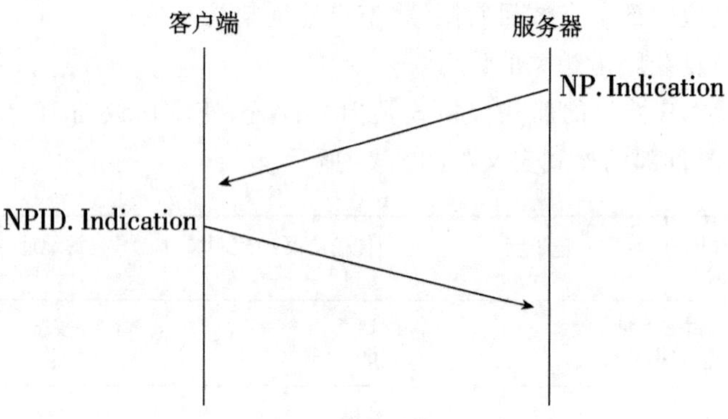

图 4-26　地址重新分配通信方式

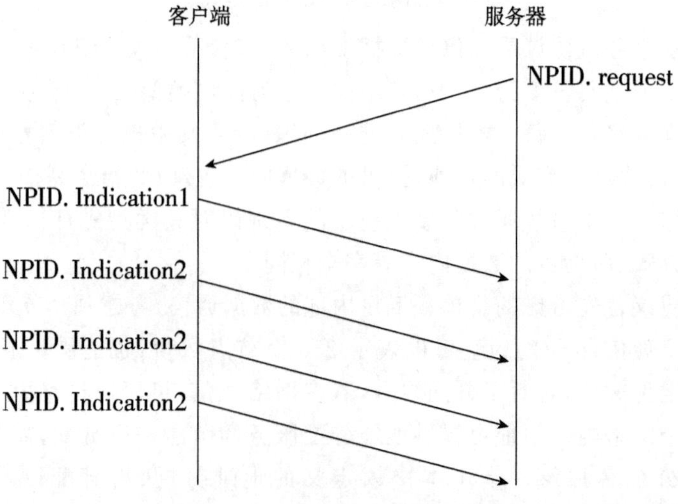

图 4-27　节点地址查询通信方式

在建立了网络层通信协议后，针对 CAN 总线进行协议映射即可建立 CAN 总线协议，用于转换 CAN 数据链路层和网络层。采用扩展的 29 位帧 ID 表示 CAN2.0B 通信协议，如图 4-28 所示。CAN 总线的 ID28、ID27 位指示该帧是广播帧或是通信帧。

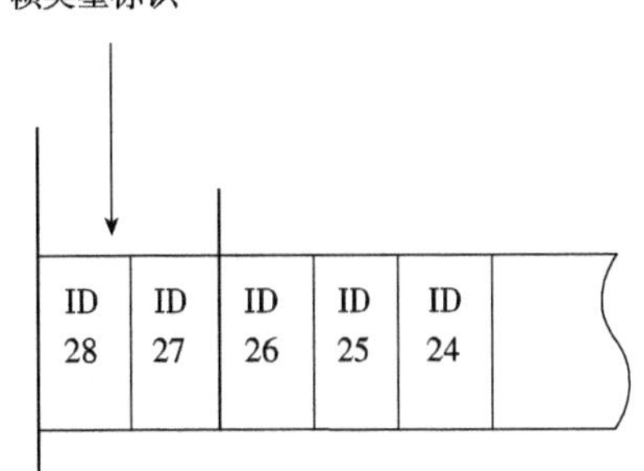

图 4-28　CAN 总线帧类型定义格式

当帧类型标识为 11B 时，表明该帧为特殊通道广播帧，此时 ID26～ID3 的含义为出厂唯一节点号；ID02～ID00 为帧计数，如图 4-29 所示。

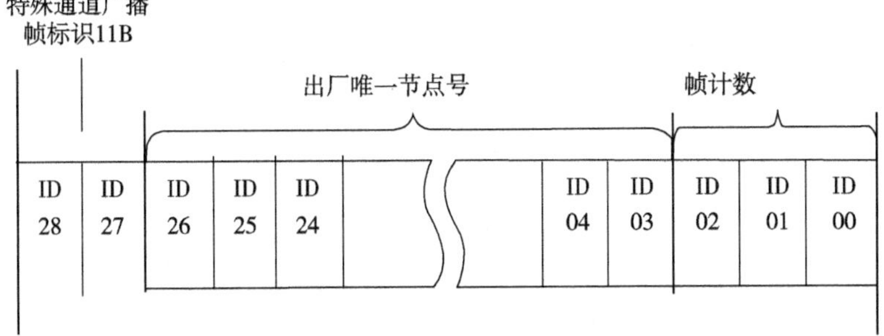

图 4-29　CAN 总线特殊通道帧定义格式

当帧类型标识为 10B 时，表明该帧为广播帧，此时 ID26～ID19 表明接收节点的地址(广播帧为 FFH)，ID18～ID11 表明发送节点的地址，如图 4-30 所示。

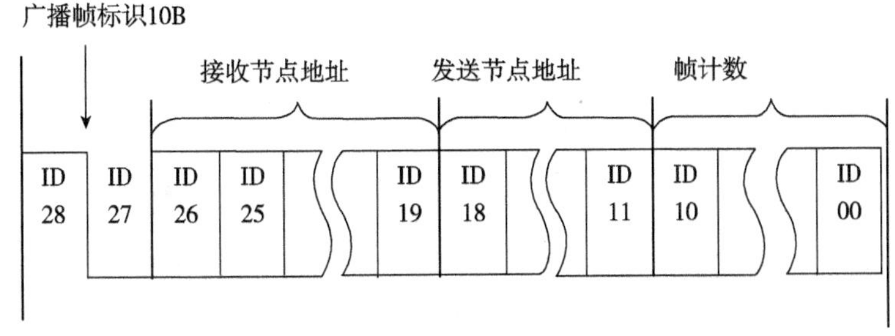

图 4-30　CAN 总线广播帧定义格式

当帧类型标识为 00B 时，表明该帧为通信帧。此时，ID26～ID19 表明接收节点的地址，ID18～ID11 表明发送节点的地址，如图 4-31 所示。

网络传输协议提供统一的数据传输包头，如表 4-9 所示。

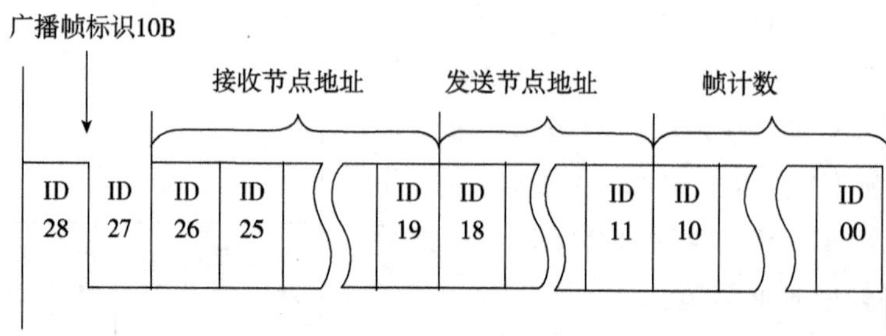

图 4-31　CAN 总线通信帧定义格式

表 4-9　网络传输包头协议格式

<table>
<tr><th>顺序</th><th colspan="2">名称</th><th colspan="2">长度</th><th colspan="2">详细说明</th></tr>
<tr><td>1</td><td rowspan="20">首部</td><td>版本号</td><td rowspan="20">8 字节</td><td>3 位</td><td colspan="2">表明所使用协议的版本号,当前为 001B</td></tr>
<tr><td>2</td><td>包长度</td><td>11 位</td><td colspan="2">表明发送一包 NP 数据包的长度,11 位,最长为 2048 字节,长度包含首部</td></tr>
<tr><td>3</td><td>保留</td><td>2 位</td><td colspan="2"></td></tr>
<tr><td rowspan="12">4</td><td rowspan="12">应用协议</td><td rowspan="12">4 位</td><td colspan="2">表征所传输使用的应用层协议</td></tr>
<tr><td>数值</td><td>协议</td></tr>
<tr><td>0000B</td><td>保留</td></tr>
<tr><td>0001B</td><td>信息传递服务</td></tr>
<tr><td>0010B</td><td>时间传输服务</td></tr>
<tr><td>0011B</td><td>在轨快速测试服务</td></tr>
<tr><td>0100B</td><td>文件传输服务</td></tr>
<tr><td>0101B</td><td>设备驱动服务</td></tr>
<tr><td>0110B</td><td>信息传递控制服务</td></tr>
<tr><td>0111</td><td>遥控传输协议</td></tr>
<tr><td>1000</td><td>遥测传输协议</td></tr>
<tr><td>其他</td><td>保留</td></tr>
<tr><td>5</td><td>控制域</td><td>4 位</td><td colspan="2">保留使用,填写全 1B 码</td></tr>
<tr><td>6</td><td>源地址</td><td>8 位</td><td colspan="2">8 位,表征该数据帧发出节点的地址</td></tr>
<tr><td>7</td><td>目的地址</td><td>8 位</td><td colspan="2">8 位,表征需接收该数据帧的节点地址</td></tr>
<tr><td>8</td><td>包编号</td><td>3 位</td><td colspan="2">包编号</td></tr>
<tr><td>9</td><td>保留</td><td>13 位</td><td colspan="2"></td></tr>
<tr><td>9</td><td>校验</td><td>8 位</td><td colspan="2">当首部所有字节(共 8 字节)之和模 256 为 0 时通过校验</td></tr>
<tr><td>10</td><td colspan="2">数据内容</td><td colspan="2">0～2032 字节</td><td colspan="2"></td></tr>
</table>

根据数据类型不同将网络传输协议分为信息传递服务协议、遥测协议和遥控协议。信息传递服务用于各节点间的数据交互，具有统一的格式，如表 4-10 所示。

表 4-10　信息传递服务协议格式表

顺序	项目	内容	说明
0	协议识别码	填写 3C	识别该协议是数据传输协议
$1\sim n-1$	数据区		

遥测协议是将各模块的参数发送至地面测试平台的协议，该协议除了包含网络传输包头外，还需包含该协议的识别码以区分其与信息传递服务及遥控协议的区别(信息传递服务及遥控协议也含有协议识别码)。遥测协议的数据区格式如表 4-11 所示。

表 4-11　遥测协议数据区协议格式

字节序号	内容定义	备注
0	EBH	
1	90H	
2～4	接收指令部件的唯一识别码 oID	
5	包编号	
6	保留	填写 00
7～62	遥测数据区内容	
63	校验和	

遥控协议除包头外的数据区定义如表 4-12 所示。

表 4-12　遥控协议数据区协议格式

字节序号	内容定义	备注
0	76H	
1	25H	
2～4	接收指令部件的唯一识别码 oID	
5	指令编号	
6	指令长度	
7～61	数据内容	
62～63	CRC 校验	

同步服务协议用于数据链路层的帧同步，协议基于服务器/客户端模型，同一网络中有且只有一个数据同步服务器。此外，可重构综合电子系统模块和各模块的通信在以上协议框架下进行，数据区具体根据各模块不同有不同的定义。

4.4.5 非标准模块的接口转换方法

柔性化平台的可重构模块采用标准接口设计，以实现与公用模块的即插即用快速集成。从广义上讲，公用模块可以是具有即插即用标准接口的功能模块，也可以是非标准接口的功能模块。考虑到现阶段卫星部组件的技术状态，其接口种类和形式复杂，包括数字接口、模拟接口、电源接口等，对于这些具有非标准接口部组件构成的公用模块，实现即插即用的唯一途径就是进行接口的转换。非标准接口的转换是对其进行的扩展，在维持原有接口特性的同时，对外体现新的标准接口。为此，提出一种接口转换模块方案，如图 4-32 所示。

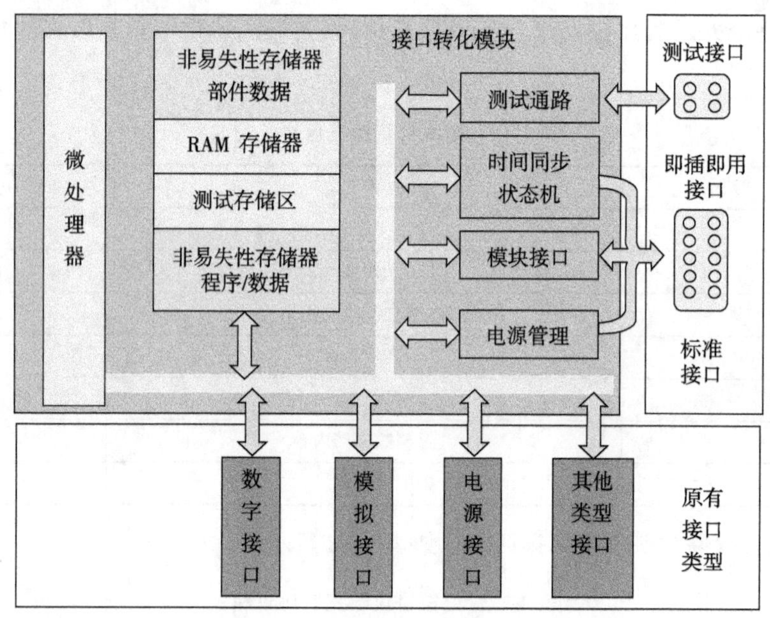

图 4-32　标准化接口转换示意图

接口转换模块将部组件的非标准化接口转换为即插即用的接口，它主要包含微处理器、存储器、接口管理三个部分，微处理器用以管理部组件和标准接口数据，存储器用以存储部组件的数据、接口管理程序和测试数据等，接口管理主要完成数据的时间同步、数据类型转换以及电源管理等。外部接口由测试接口和即插即用的标准接口组成，测试接口用以外接测试设备，即插即用接口用于进行系统的快速集成。

4.5 基于柔性化平台的微小卫星一体化设计方法

基于柔性化平台的卫星一体化设计主要包括公用模块的优化配置、可重构模块的功能与接口重构、专用系统的优化设计以及构件化软件快速配置与装订等设计工作，其流程如图 4-33 所示。

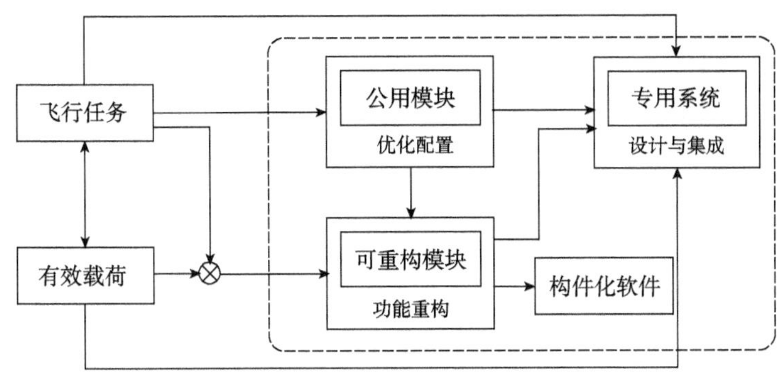

图 4-33　基于柔性化平台的卫星设计流程

(1)公用模块优化配置：依据飞行任务和有效载荷的需求，以公用模块的性能参数作为优化设计变量，以工程要求为约束条件，以卫星总体功能、性能和成本为优化目标，采用多学科、多目标优化设计方法，确定公用模块的最优配置参数；基于优化确定的配置参数，按照性能参数最接近的原则，在可选产品系列中选配公用模块，形成公用模块配置方案。

(2)可重构模块的功能与接口重构：根据飞行任务和有效载荷需求、以及所形成的公用模块配置方案，对可重构模块的功能及接口进行动态重构，形成既满足任务需求又与有效载荷及公用模块的各类特定接口相匹配的综合电子系统及其多总线集成网络。

(3)围绕飞行任务及有效载荷需求、可重构功能模块和公用模块的配置方案：进行专用系统优化设计，确定专用系统方案，完成卫星的总体设计。

(4)构件化软件配置与装订：根据可重构模块、公用模块配置情况以及卫星任务需求选择软件构件，通过快速链接生成系统软件。

上述柔性化平台快速构建的设计流程中，公用模块的优化配置与专用系统优化设计均涉及多学科、多目标优化设计问题，相关的优化设计方法很多，如合作协同进化 MDO 算法、基于 Pareto 最优解的多目标遗传算法等，这里不再赘述。关于构件化软件快速配置与装订的方法详见第 6 章。

4.5.1　基于优化配置的公用模块选配方法

通过多学科、多目标优化设计确定的公用模块配置参数是实现柔性化平台性能和指标最优的设计值，在此基础上还需按照性能参数最接近的原则，在可选模块系列产品中进行选配，才能最终确定公用模块配置方案。因此，公用模块的选配是从已建立的模块库中搜索满足功能要求模块的过程。

假设通过多学科、多目标优化设计得到的理想公用模块为 $M_{\mathrm{i}}=(m_1, m_2, \cdots, m_j)$，其中 m_i 是其第 i 个性能参数，而在模块库中的模块为 $M_{\mathrm{data}}=(m_{\mathrm{d1}}, m_{\mathrm{d2}}, \cdots, m_{\mathrm{d}j})$，则 M_{i} 与 M_{data} 的关系分为以下两种：

(1)$M_{data} \supseteq M_i$,即在模块库中的现有模块完全能满足理想模块的要求;

(2)$M_{data} \subset M_i$,即在模块库中的现有模块不能满足理想模块的要求,必须修改或设计新的模块来满足要求。

由于模块库中的模块不一定完全满足设计要求,如果重新设计模块,则难以满足快速设计的需求。因此,当在模块库中不能找到完全满足要求的模块时,可做如下处理:

(1)若在模块库中能找到与理想模块的差异在用户允许范围内的模块时,则选用之;

(2)若(1)无法满足,则找出与理想模块最接近的模块,对该模块的要求是,定性参数完全匹配,定量参数最接近,并以该模块为基础,通过对其部分部组件的替换或软件的处理可得到所需的模块;

(3)如果目标模块与模块库中的模块差异太大,则将重新设计模块,并将该模块添加到模块库中。

模块的选配流程如图 4-34 所示。

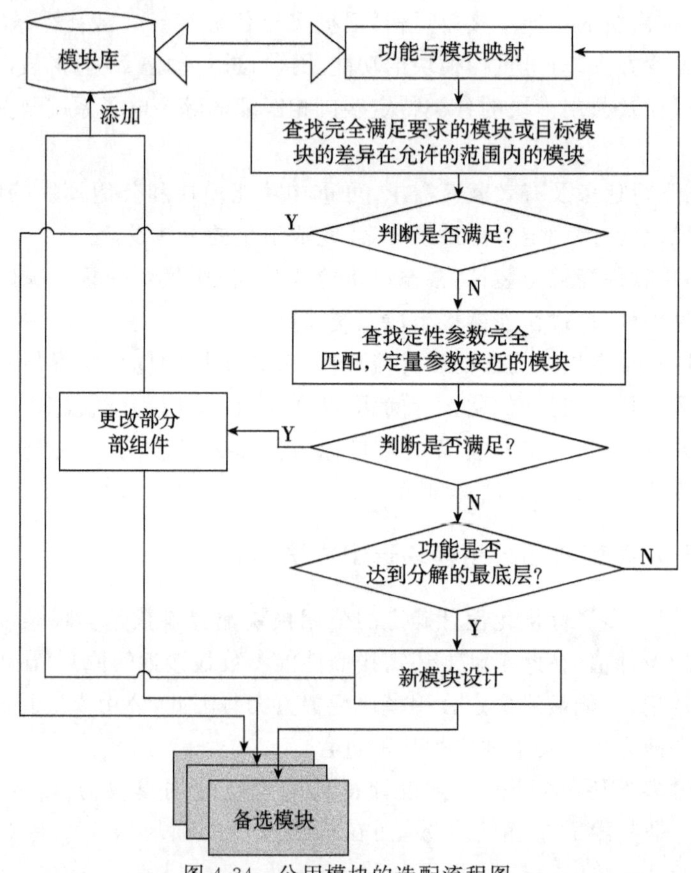

图 4-34　公用模块的选配流程图

公用模块选配的步骤如下。

步骤 1：通过多学科、多目标优化设计，得到理想的公用模块最优配置参数；

步骤 2：搜索模块库，查找是否有模块能完全满足要求，或在模块库中的模块与理想模块的差异在用户允许的范围内，若有转步骤 6，否则转步骤 3；

步骤 3：在模块库中找出与理想模块最接近的模块，其定性参数完全匹配，定量参数最接近，经软硬件的简单修改即可满足要求；

步骤 4：如果理想模块与模块库中的模块差异太大，检查功能的分解是否达到分解的最底层，若是转步骤 5，否则转步骤 2，对于没有模块对应的功能，继续进行分解；

步骤 5：对已经达到功能分解最底层且在模块库中没有模块对应的功能，重新设计模块，添加到模块库中，同时转步骤 6；

步骤 6：存入备选模块库。

通常情况下，模块库存储的系列模块产品中满足性能要求的模块往往不止一个，因此在进行公用模块选配时，还需要进行模块的优选和综合，力争以较少类型与数量的部组件获得满意的模块组合。

为了确定最接近理想模块的公用模块，提出通过建立功能-模块矩阵表来确定最佳模块的方法，如表 4-13 所示。

表 4-13　功能-模块矩阵表

功能	模块				
f_1	s_1^1	s_1^2	…	…	s_1^k
f_2	s_2^1	s_2^2	…	…	s_2^k
…	…	…	…	…	…
f_i	s_i^1	s_i^2	…	…	s_i^k
…	…	…	…	…	…
f_m	s_m^1	s_m^2	…	…	s_m^k

功能栏内的 $f_1, f_2, \cdots, f_i, \cdots, f_m$ 分别代表完成某功能所需要的各个子功能，m 表示子功能的数目；模块栏内 $s_i^1, s_i^2, \cdots, s_i^k$ 代表子功能 f_i 所对应的模块(部组件)。显然 k 是可变值，因为实现每个功能的模块数目是不同的，若为实现高精度的姿态控制功能，可以有若干个模块可以选配，包括星敏感器模块、星敏感器与陀螺组合模块等。

由功能-模块矩阵表的形式可知，从每个功能所对应的模块中任选其一，组合在一起就是能满足总功能要求的一个公用模块，由于每个功能所对应的模块均不止一个，因此这种组合模块的数量较大，如表 4-14 所示。利用功能-模块矩阵表可以直观、系统地进行模块的组合和综合，并充分利用功能模块矩阵表与 Excel 的相似性，将设计过程编成电子表格形式，以性能和成本作为目标函数并借助于计算机来实现对组合模块的优选。在对模块组合进行优选的过程中，一方面要充分考虑各模块在接口上的相容性以及模块之间的约束条件，以剔除不相容的组合方案；另一方面则要从性能指标,如成本、控制精度等方面剔除显然有问题的组合方案,以提高优选和综合的效率。

表 4-14 通过功能-模块矩阵表优选模块过程

功能	模块				
f_1	s_1^1	s_1^2	…	…	s_1^k
f_2	s_2^1	s_2^2	…	…	s_2^k
…	…	…	…	…	…
f_i	s_i^1	s_i^2	…	…	s_i^k
…	…	…	…	…	…
f_m	s_m^1	s_m^2	…	…	s_m^k
			方案2		方案1

4.5.2 可重构模块的重构配置方法

可重构模块的系统重构配置包含两个层次:一是在柔性化平台设计中,通过系统重构灵活适应公用模块和有效载荷的功能和接口需求,实现即插即用的快速集成;二是卫星在轨飞行过程中,通过系统功能的重构适应不同任务切换和故障模式的自主隔离与恢复等。

公用模块配置方案确定后,需要对可重构模块(综合电子系统)进行系统重构配置,快速匹配公用模块和有效载荷。可重构综合电子系统的配置包括系统功能和接口的重构,采用 FPGA 重构方法实现,其原理如图 4-35 所示。

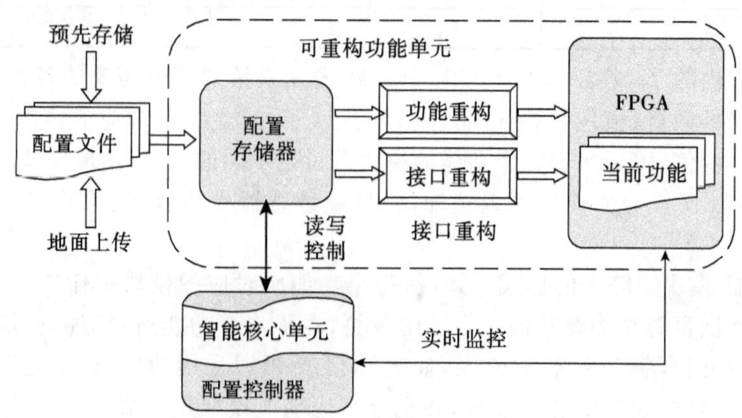

图 4-35 可重构综合电子系统重构原理

针对不同的有效载荷和公用模块,可重构模块所对应的 FPGA 片内处理系统体系结构不同,因此将不同模式的 FPGA 配置文件分别存储至配置存储器(SoC)中,由智能核心单元给出重构信号，实现可重构功能单元系统功能和接口的切换。

可重构功能单元根据功能需求可重构为电源控制器、姿态与轨道控制计算机、数传和热控下位机等模块，其接口针对与其相连的公用模块进行重构，其中对外 I/O 可重构为 RS422/RS485、LVDS、TTL 和三态接口等，对外总线可重构为 CAN 和 SpaceWire 等即插即用总线。

卫星在轨飞行过程中的动态重构通过 FPGA 的可重构特性实现，采用 SOPC 技术将软件顶层应用与硬件底层设计拟合为一个设计文件，在重构过程中进行一次重构即可完成包括软件和硬件在内的内容转换。

在可重构功能单元的 FPGA 设计中，配置 PROM(如 18V00)/FLASH(如 XCF00)用以存储 FPGA 设计文件，在系统上电后，自动将设计文件装载到 FPGA中。同时，PROM/FLASH 未被占用的存储单元，还可用于存储其他用户数据，减少系统硬件资源，系统配置电路如图 4-36 所示。

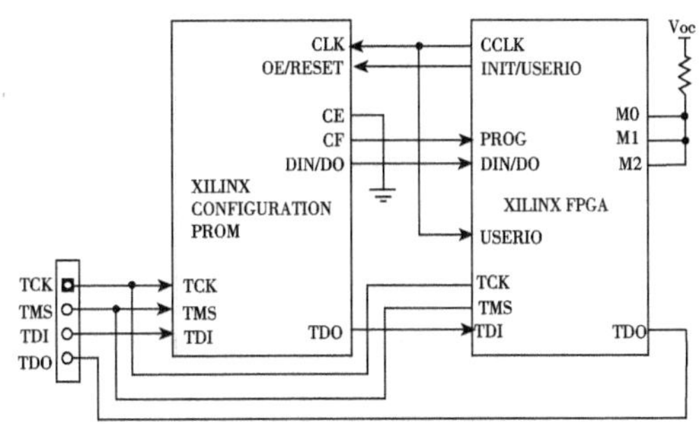

图 4-36　配置电路原理图

在系统动态重构过程中，由 FPGA 的 CCLK 引脚发出时钟，驱动 PROM/FLASH 的 CLK，而 PROM/FLASH 根据 CE/、OE_RESET/的状态来确定地址(PROM/FLASH 内部数据存储单元的地址)；如果 FPGA 将所有的设计数据读取完毕，则停止产生 CCLK 时钟。而 CE/、OE_RESET/的状态可能在 FPGA 配置完毕之后变化，使地址复位。当 CCLK 产生且 PROM/FLASH 有数据输出时，要判断这些数据是否是设计数据。判断的方法是通过一个同步字段来实现。不同系列的FPGA同步字段会有不同，如 Virtex 系列 FPGA同步字段是 AA995566h。

在 FPGA 配置过程中，INIT/变低，表示 FPGA 接收的数据有 CRC 校验错误，这时 PROM/FLASH 的地址计数器会清零；当 OE_RESET/为低时，PROM/FLASH 的地址计数器复位。表 4-15 给出 OE_RESET/和 CE/与 PROM/FLASH 地址的真值。

表 4-15　配置用信号分类

Control Inputs		Internal Address	Outputs
OE_RESET/	CE/		DATA
High	Low	If address≤TC：increment	Active
		If address>TC：do not change	High-Z
Low	Low	Held reset	High-Z
High	High	Held reset	High-Z
Low	High	Held reset	High-Z

如果在 FPGA 配置完成后，继续读取用户自定义在 PROM/FLASH 中的数据，此时 CE/信号不能为高，因此将该引脚连接到 USER IO 上，这样当 FPGA 配置成功后，该 USER IO 输出为低，从而 PROM/FLASH 地址就不会复位。

系统设计中通常将 OE_RESET/直接连接到 INIT/上，同时 INIT/在 FPGA 成功配置后，要作为一个 USER IO 使用。这样，一方面保证在 FPGA 配置过程中如果出现 CRC 错误，可以再重新发起一次配置操作；另一方面当 FPGA 成功配置后，INIT/成为一个 USER IO，可以使该 USER IO 输出为高，这样 OE_RESET/为高，PROM/FLASH 内部地址不会复位，PROM/FLASH 处在输出使能状态。

以上两项措施保证了在 FPGA 成功配置后，PROM/FLASH 的地址不会清零。但是由于 FPGA 成功配置后，停止产生 CCLK，所以，尽管 PROM/FLASH 地址没有被复位，但是也不会增加，同样不能正确读取用户自定义的数据。解决的办法是将一个 USER IO 连接到 PROM/FLASH 的 CLK 引脚上，此时，FPGA 的 CCLK 和一个 USER IO 同时都连接到 PROM/FLASH 的 CLK 引脚上。这样，就可以在 FPGA 成功配置后，通过控制 USER IO 来产生时钟脉冲，读取自定义在 PROM/FLASH 中的数据。因为数据是串行的，而且 PROM/FLASH 的地址不可见，因此仍需要数据具有可识别的同步头。

图 4-37 为一个标准的 PROM/FLASH 数据读取宏单元框图，其各引脚信号定义见表 4-16。

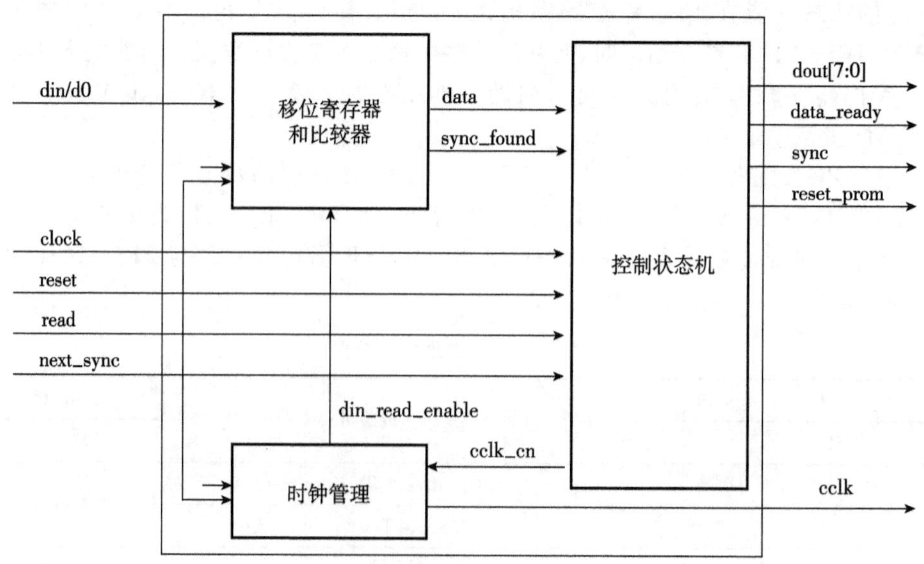

图 4-37　PROM/FLASH 数据读取宏单元框图

表 4-16　读取宏单元各引脚信号定义

号名	IO 方向	描述
clock	输入	所有信号的寄存都是在 clock 的上升沿
reset	输入	异步低有效复位信号。该信号将所有逻辑复位到初始状态
din/d0	输入	连接到 PROM/FLASH 的数据输出引脚。用户数据出现在该引脚上
read	输入	该信号低有效。该信号指示该宏单元从 PROM/FLASH 中读取下一个 8bit 数据
next_sync	输入	该信号低有效。该信号指示该宏单元搜索存储在 PROM/FLASH 中的下一个同步字段
dout[7：0]	输出	用户自定义数据会出现在该总线上。该总线上是否是有效的用户数据，由 data_ready 来指示。当 data_ready 保持一个时钟周期的低电平时，表明该总线上的数据是有效的
data_ready	输出	该信号低有效。当该信号持续一个时钟周期为低时，就表明 dout[7:0] 上的数据是有效的用户自定义数据
sync	输出	该信号低有效。当从检测到从 PROM/FLASH 中读出的数据有同步字段时，该信号变低
reset_prom	输出	该信号低有效。当该宏单元被复位时，该信号就会变低。该信号连接到 PROM/FLASH 的 CE/或 OE_RESET/上。当该信号为低时，使 PROM/FLASH 的地址计数器复位
cclk	输出	该信号非 FPGA 引脚上那个 CCLK。该信号只是模拟 CCLK

在可重构模块的设计过程中，另一个需要注意的问题是存放在 PROM 中的文件格式，通常采用 Intel Object 和 Hex 格式。

在 Intel Object 和 Hex 格式文件里的数据顺序与从 PROM/FLASH 读到 FPGA 中的数据顺序是相反的，即 Intel Object 和 Hex 文件中的 MSB 是 FPGA 中的 LSB。由于数据顺序颠倒，采用如下两种方式来处理位交换：

(1)用户数据不作任何变化而附加到 PROM 配置数据后面，当用户数据读到 FPGA 之后，根据实际需要再决定是否将顺序调整过来；

(2)数据进行位交换后再附加到 PROM 配置数据后面。

在使用 Perl 脚本的时候，由于 Hex 文件有位交换是否使能的功能，因此－swap 选项可以是 on 或者 off(打开位交换使能或者关闭)。尽管 Intel Object 无此功能，但是－swap 选项也必须说明，尽管此时的说明是不起任何作用的。

采用 Intel Object 格式需要附加开始字串域、字节计数域、地址域、记录类型域、校验和域以及实际的数据。Perl 文件可以自动计算这些域，并将它们加到 PROM 文件当中。为使脚本文件可以正确计算这些数值，用户数据需要以每行 16 字节排列。

表 4-17 给出可被 iMPACT 识别的记录类型。

表 4-17　配置文件数据格式

(a)00

:	BC	AAAA	00	hhhh…h	CC
Start Character	Byte Count	Hex Address	Record Type	hh=1 Data Byte	Checksum
	2 Characters	4 Characters	2 Characters	2 up to 32 Characters	2 Characters

(b)01

:	00	0000	01	FF
Start Character	Byte Count	Hex Address	Record Type	Checksum
	2 Characters	4 Characters	2 Characters	2 Characters

(c)04

:	02	0000	04	hhhh…h	CC
Start Character	Byte Count	Hex Address	Record Type	2 Byte Offset	Checksum
	2 Characters	4 Characters	2 Characters	2 up to 32 Characters	2 Characters

其中：

00：数据记录；

01：文件记录结束(指示文件结束)；

04：扩展的线性地址记录(提供偏移，用以确定绝对目的地址)；

校验和采用 2 进制和的补码方式以 16 进制给出。2 进制和包括字节计数值＋地址＋记录类型＋数据类型。

扩展的线性地址记录定义了一个 32 位的线性地址。该地址加到后续的数据记录地址上，得到绝对地址。

最后，为了消除空间环境效应对综合电子系统的影响，在重构设计中增加了修复性重构功能，并提供两级看门狗机制以保证这一功能的正常触发。其中 FPGA 片内处理系统定期向外置看门狗电路发出清狗信号，当 FPGA 发生辐射损伤时清狗信号失效，外置看门狗电路在 3 秒内无法接收到正确的清狗信号后将发出重构信号，触发其进行修复性重构。如果多次重构不成功或是重构后片内处理系统仍然无法向看门狗电路输出有效的信号，则意味着 FPGA 很可能发生了不可修复的损伤，此时电源板上的看门狗电路在 48 秒内无法接收到正确的清狗信号，自主进行板间的切机操作，并切断可重构综合电子系统板的供电，从而实现故障隔离。此外智能核心单元按照 15min 的周期产生重构信号触发对 FPGA 的修复性重构，从而进一步消除单粒子效应对其潜在的影响。当这类重构进行时智能核心单元通过与 FPGA 间的串口通路发送重构握手信号，而片内处理系统对该串口中断进行响应，进入中断服务程序前的寄存器(通用寄存器及 SPR 寄存器)，发送给智能核心单元进行断点状态保护。智能核心单元接收到来自 FPGA 片内处理系统的断点信息后，触发重构过程，并在重构完成后将断点信息通过串口返回至片内处理系统，以实现其重构后的状态恢复。

4.6　基于柔性化平台的微小卫星快速集成方法

基于柔性化平台的系统快速集成是实现快速响应微小卫星研制的重要环节。系统集成是在公用模块优化配置、可重构模块快速重构和专用模块优化设计基础上，通过多总线和模块即插即用快速构建微小卫星的过程，主要涉及多总线集成、即插即用模块的自主识别与驱动、系统构件化软件的快速配置与装订、系统快速测试以及流程优化等核心问题。其中构件化软件的快速配置与装订、系统快速测试将分别在第 6 章和第 7 章中详细阐述，以下重点给出其他核心问题的解决方法。

4.6.1　基于 CAN 总线的接口协议

CAN 总线是一种具备即插即用功能的多主总线[9]，通信介质可以是双绞线、同轴电缆或光导纤维，通信速率可达 1Mbps 以上。CAN 总线通信接口集成了 CAN 协议的物理层和数据链路层功能，可完成对通信数据的帧处理，包括位填充、数据块编码、循环冗余检验和优先级判别等。

CAN 总线协议废除了传统的站地址编码，代之以对通信数据块进行编码，从而可使网络内的节点个数在理论上不受限制，数据块的标识码由 11 位或 29 位二进制数组成，可以定义 211 或 229 个不同的数据块，这种编码方式还可使不同的节点同时接收到相同的数据，在卫星的分布式控制系统中非常适用。数据段长度最多为 8 个字节，可满足卫星中控制命令、工作状态及测试数据的一般要求。同时不会占用总线时间过长，从而保证了通信的实时性。CAN 总线协议采用 CRC 检验并可提供相应的错误处理功能，保证了数据通信的可靠性。

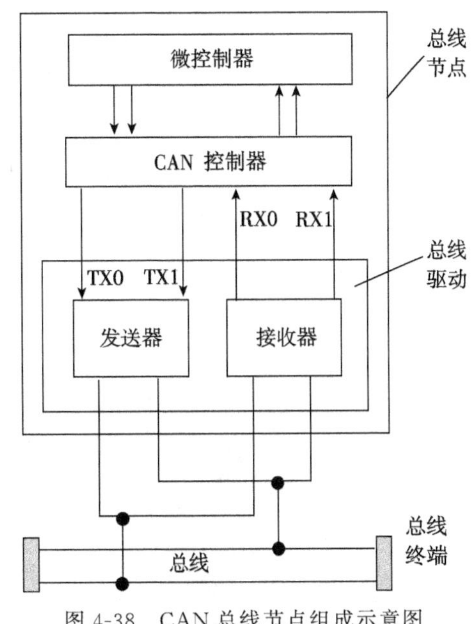

图 4-38　CAN 总线节点组成示意图

CAN 总线采用了多主竞争式总线结构，具有多主站运行和分散仲裁的串行总线以及广播通信的特点。CAN 总线上任意节点可在任意时刻主动地向网络上其他节点发送信息而不分主次，因此可在各节点之间实现自由通信。CAN 总线系统通常由数据总线、总线终端、具有微控制器的总线节点、CAN 控制器和总线驱动组成，如图 4-38 所示。

CAN 总线的逻辑连接控制(logical link control，LLC)和介质访问控制(medium

access control,MAC)具有显著优势。从图 4-39的 CAN 和 ISO 开放系统互联参考模型可以看出,CAN 总线具备专门的发送和接收芯片,不需要额外的软硬件开销。CANaerospace 是在 CAN 协议基础上针对航天应用的扩展,主要集中在高层协议部分,包括网络层、传输层、会话层、表示层和应用层。

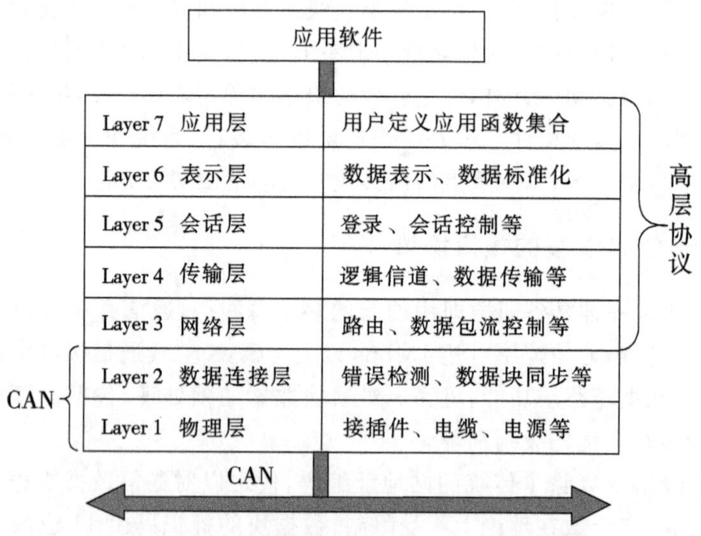

图 4-39 CAN 和 ISO 开放系统互联参考模型

CAN 是广播型总线,采用面向对象方式进行数据传输,当总线空闲时,网络中的任何一个节点都可以开始传输数据帧,数据帧的具体格式见图 4-40。CAN 数据帧一次能够传输 0~8 个字节的数据,并以一个 CAN 标识符开始。

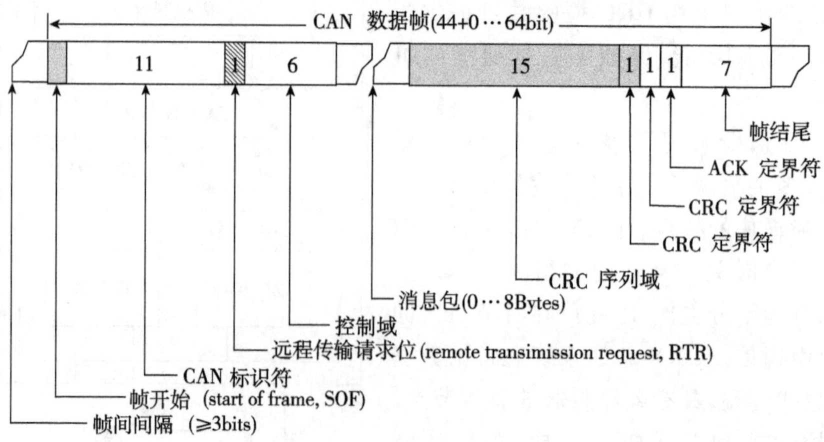

图 4-40 CAN 总线数据帧结构

CAN 总线标识符具有如下两方面的作用:

(1)确定了数据帧的传输优先级,标识符对应的数值越小,则该数据包具有越高的传输优先级，从而保证了数据传输的可靠性；

(2)具有唯一性，其对应的数据包能够在接收端正确处理。

CAN 总线支持两种标识符，分别是 11bit 标识符和 29bit 标识符，即标准标识符和扩展标识符，两种标识符能够在网络上并存，不会彼此干扰。

针对柔性化平台的模块化即插即用特点，迫切需要其软硬件模块拥有互操作能力强和重用性好的标准接口。因此，CANaerospace 标准得以迅速发展和应用[10]，主要得益于其统一的协议，以及在实时性、带宽管理和硬件容错方面的优势。

CANaerospace 强调接口定义，尽量采用少的软件实现接口的简单化，同时兼具 CAN 协议在数据通信方面的能力和低成本特性，具有如下技术特点。

(1)平等网络：总线节点间没有主从关系，各节点享有相同的权利去操作总线；

(2)自识别消息格式：数据类型和传输节点类型等信息包含在每个消息包中，总线上的节点能够由此对消息包进行识别；

(3)紧急情况下的信号机制：消息错误能够被 BIT(build in test)功能检测到，并且由检测节点向外传输该状态；

(4)节点服务机制：支持指定节点的完全检测、数据下载、时间同步或面向连接和无连接方式的诊断等服务；

(5)标识符分配：提供一个预定义标识符分布，并且支持多种标识符分配；

(6)易于实现：集成到软件中的 CANaerospace 具有最小代码，便于测试和确认；

(7)可扩展性：所有定义均可扩展，为将来增强功能和针对具体应用进行修改提供了支持，目前同时支持标准和扩展的 CAN 标识符。

CANaerospace 总线是 multi-drop 网络，通信时能够保持数据的一致性，总线节点收到的数据均来自同一个消息源，并且每个节点的健康情况决定了整个网络的健康情况。表 4-18 给出 CANaerospace 总线的逻辑通信信道和消息类型。

表 4-18　CANaerospace 总线逻辑通信信道和消息类型

逻辑信道缩写	逻辑信道消息类型	CAN 标识符范围	描述和通信类型
EED	紧急事件数据	0～127	总线出现问题时异步传输的 ATM 消息
NSH	节点服务数据	128～199	按定义的时间间隔异步传输的 P2P 消息
UDH	用户定义数据(高优先)	200～299	用户定义的消息、数据格式，并按固定间隔传输的 ATM 消息
NOD	正常操作数据	300～1799	异步或循环传输的 ATM 消息，定义了操作和状态数据的传输间隔
UDL	用户定义数据(低优先)	1800～1899	用户定义的消息、数据格式和传输间隔的 ATM 消息

续表

逻辑信道缩写	逻辑信道消息类型	CAN 标识符范围	描述和通信类型
DSD	调试服务数据	1900～1999	用户定义消息，异步或循环传输给总线节点的调试通信操作
NSL	节点服务数据	2000～2031	异步或循环传输的 P2P 消息，用以测试和维护操作

由于快速响应微小卫星综合电子系统的智能核心单元与可重构功能单元具有统一的接口，因此可以采用统一的数据传输格式，其中 MSB(most significant bit)位于数据的最左端，被最先传输，如图 4-41 所示。

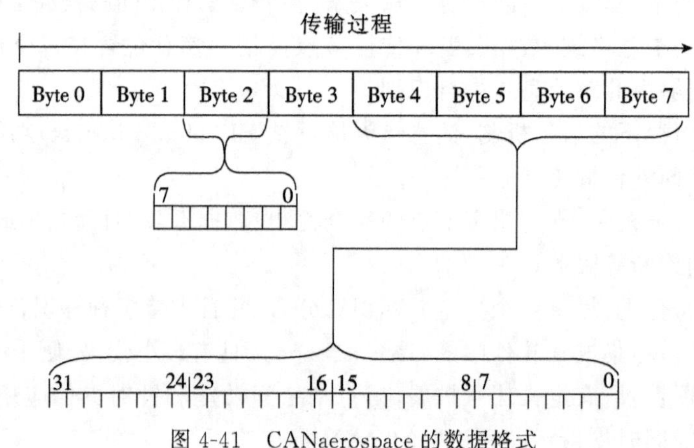

图 4-41　CANaerospace 的数据格式

图 4-42 给出 CANaerospace 的传输消息格式，使得所有总线上节点不需要额外信息就能识别每个消息包及其属性。按照这个消息格式进行通信，使 CANaerospace 总线监听、解析所有数据包内容等操作变得简单。这种自识别的消息格式能够最大化互操作能力、支持高效的系统监视。

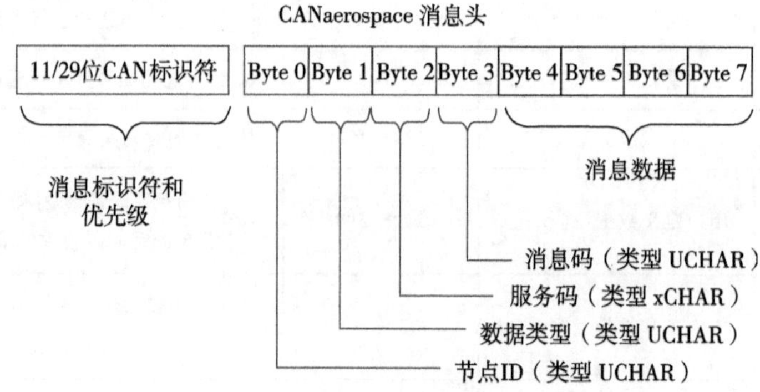

图 4-42　CANaerospace 消息格式

表 4-19 给出了 CANaerospace 消息头的解释和使用方法。

表 4-19 CANaerospace 消息头描述

头字节	描述
节点 ID (node-ID)	node-ID 占用 0～255 字节，node-ID 为 0 是广播 ID。对于紧急事件数据(EED)和正常操作数据(NOD)消息，node-ID 标识传输端；对于其他消息，node-ID 标识地址端
数据类型 (data type)	指出数据和相应消息类型。数据类型码源自 CANaerospace 数据类型表，CANaerospace 支持一个消息多种数据类型，备份单元在执行特定功能时可以使用不同的数据类型
服务码 (service code)	对于正常操作数据(NOD)消息，服务码由 8 位组成。对于节点服务数据(NSL/NSH)消息，服务码包含当前操作的节点服务码；对于正常操作数据，该字节应该连续反映数据状态，即包含接收端监视到的状态
消息码 (message code)	对于正常操作数据(NOD)消息，消息码随消息包数量而递增，消息码增大到 255 后自动从 0 开始重新递增。这一特征使得总线节点能够检测到丢失或延误的消息情况，确定正确序列。对于节点服务数据(NSL/NSH)消息，消息码用来扩展指定的服务

4.6.2 即插即用模块的自主识别和驱动方法

即插即用模块的自主识别是基于接口标准化和部件智能化而提出的，与传统部组件不同的是，即插即用模块在具备传统部组件功能的同时，能够提供总线数据交互功能，使模块能够即插即用到数据总线，实现快速集成和测试。本节将首先给出即插即用模块的自主识别方法，在此基础上，进行即插即用模块的驱动方法研究。

4.6.2.1 基于即插即用总线的模块自主识别方法

即插即用的标准化模块结构如图 4-43 所示，由微处理器、数据存储器、总线控制器以及相应的部件(敏感器或执行部件等)组成。其内部的微处理器将敏感器或执行部件的信号转换成总线数据，并将总线数据转换成敏感器或执行部件的信号，同时执

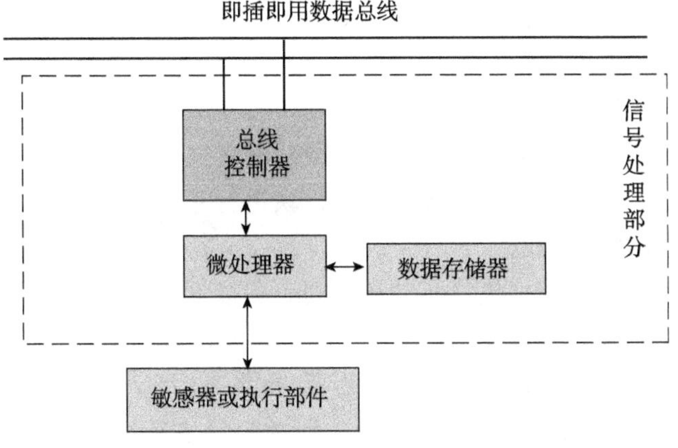

图 4-43 即插即用标准化模块结构示意图

行即插即用总线的各种指令;数据存储器存储该模块必需的参数和运行、测试相关程序,其中,各个即插即用模块共同的参数为仿真参数,即当总线上向该节点发送“检测指令”时,即可将仿真参数从存储器中读取出来,发送到敏感器或执行部件,然后采集敏感器或执行部件的参数,与预存的参数做比对,来判断器件是否正常;当总线向该节点发送“查询指令”后,即插即用模块将采集到的敏感器或执行部件的参数发送到即插即用总线,来确认通信通路及模块是否正常工作。

通常,检测指令由综合电子系统的智能核心单元发起,向某个即插即用模块发送,并根据被测模块的需求向其提供参数数据,在模块执行完相应指令后,将结果反馈给综合电子系统的智能核心单元,智能核心单元将模块返回的结果和存储器中该模块相关测试信息比对,再根据相应故障诊断策略,即可确定当前模块的工作状态。

即插即用标准化模块的身份自主识别是指在智能节点接入总线后,智能核心单元能够根据节点发布的数据帧识别出该模块,并完成相应管理操作。卫星的模块自主身份识别包括即插即用标准化模块设计、自主识别及相应软件体系结构和传输协议设计等。

即插即用标准化模块支持的自识别的智能节点存储器中包括部件唯一标识、声明信息和备用信息,具体包括软件接口标准中定义的部件信息。

部件唯一标识是即插即用标准化模块区别于其他模块的信息,每个即插即用标准化模块具有唯一标识,唯一标识可以在出厂时生成,也可以在组装时分配。

声明信息包括提供的服务、所需资源和驱动程序等。提供的服务指该模块能够提供给外部的服务,如提供何种数据等信息。所需资源描述模块运行需要的环境资源,例如采集太阳信息或地球信息等。驱动程序描述模块运行需要的程序信息,包括驱动程序号等。

图 4-44 给出即插即用模块的自主身份识别过程。

即插即用标准化模块的自主识别需要综合电子系统具有一定的功能,智能核心单元提供模块管理程序,专门管理挂在总线上的各种智能模块。管理程序具有如下功能。

(1)模块识别:根据保存的模块 ID 列表和收到的数据帧识别智能模块,当模块 ID 列表不能满足需求时,以模块特征码表作为补充;

(2)模块注册:对新加入并正确识别的模块进行登记、注册,将结果保存入模块注册表,以备以后使用时查找;

(3)模块驱动程序:根据模块驱动程序列表和接收到的智能节点数据帧,选择、管理针对该模块的驱动程序;

(4)驱动更新:根据用户或研制方的需要,提供驱动程序更新的功能;

(5)模块维护:定期对模块注册表中注册的模块进行维护,含通路检测、状态检测等;

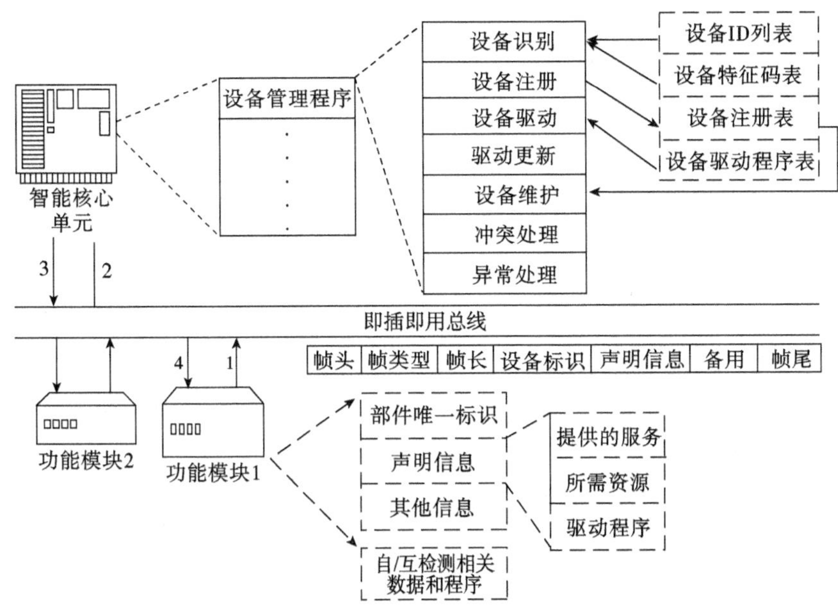

图 4-44　即插即用模块的自主识别过程

(6)冲突处理:对于模块重复、ID 冲突等用户错误操作或模块间数据冲突等问题进行处理,包括确定冲突部件、报告异常等;

(7)异常处理:对于模块管理程序不能处理的所有异常情况进行处理,并将异常模块和异常情况报告用户。

自主识别数据帧由帧头、帧类型、帧长度、模块标识、声明信息、备用字节和帧尾组成,是新加入模块和综合电子系统间通信的唯一帧格式,帧中包含模块唯一标识和描述信息等。

即插即用标准化模块的识别过程主要由综合电子系统端和标准化模块端两部分组成,综合电子系统端开始运行后,除完成正常数据通讯功能外还监听端口状态,等待模块接入,在收到识别字后,表明总线上有新的模块期望与综合电子系统建立连接。智能核心单元根据收到的识别字信息,按照数据传输路径向标准化模块发送其位置信息。然后,进入到等待模块描述信息状态,在收到模块描述信息后,根据模块信息在驱动程序库中对每个驱动进行匹配,找到该模块可用的驱动程序,并向模块发送识别成功数据包。至此,综合电子系统与标准化模块间的数据通路已经建立完成,可以基于该通路进行数据通信。图 4-45 给出即插即用模块的自主识别流程。

与综合电子系统端识别过程不同,即插即用标准化模块在接入总线、加电后,经过一定时间间隔的模块稳定时间(通常为 6.4 微秒),向外广播模块识别字。接入总线的每个标准化模块均收到该识别字,但只有综合电子系统的智能核心单元处理该

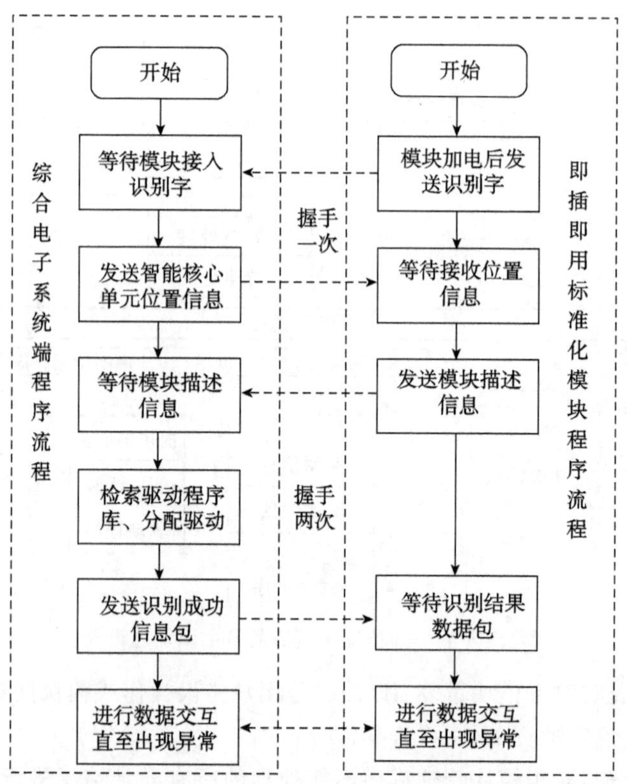

图 4-45　即插即用模块自主识别流程

识别字。发送识别字后，标准化模块进入等待智能核心单元位置信息状态，收到该位置数据包后，标准化模块能够确定智能核心单元的逻辑地址。然后，向智能核心单元逻辑地址发送模块描述信息，将模块相关的信息打包发送给智能核心单元，供其查找驱动使用。如果收到智能核心单元的识别成功数据包，则可按照预先定义的数据格式与其进行数据通信，否则模块进入休眠状态。

在综合电子系统识别标准化模块过程中，进行了两次握手操作：其中一次是即插即用模块通知综合电子系统和智能核心单元发送位置信息至模块；另一次握手是即插即用模块发送模块描述信息至智能核心单元，智能核心单元将识别结果反馈给模块。经过两次握手，即插即用模块能够确定自己的状态(识别或未识别)，综合电子系统能够确定该模块对应的通信数据格式。

即插即用模块间数据交互的状态转移过程如图 4-46 所示，在模块接入或连接故障恢复后，模块首先配置总线控制器状态(Reset Tx、Reset Rx)，等待 6.4 微秒的信道稳定间隔，然后使能接收态(Reset Tx、Enable Rx)向另一个模块发送 NULLs，在收到 NULLs 后回复 FCTS 信息给数据源，完成一次交互，收到 FCTS 后模块进入工作状态，可以进行正常的数据交互。

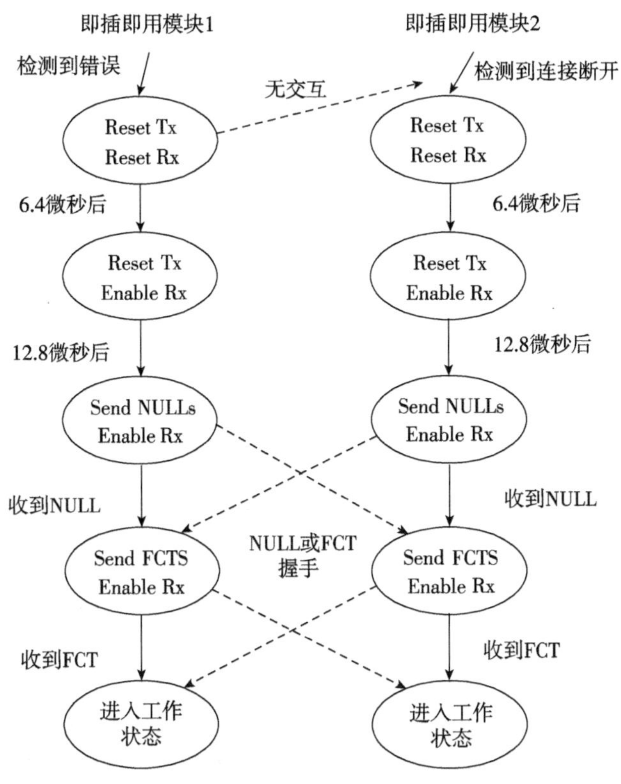

图 4-46　模块间连接重新建立过程

总线状态机是总线接口正常工作的关键，是整个总线接口的核心。图 4-47 给出了标准化模块总线通信协议中完整的状态框图，按照该状态图控制接收端和发送端正常工作。图中可以看到每个即插即用模块内部均有六个运行状态，分别为 Error Reset、Error Wait、ReadyStarted、Connecting 和 Run 状态，根据不同的触发条件在这 6 个工作状态中转换。

各个工作状态和触发条件如下。

(1)Reset：所有可以使系统重启的信号，包括软件 Reset、硬件 Reset 和开机初始化。

(2)Afternus：代表状态间变化经过的特定时延。在协议中对各种不同的状态变化给出了不同的时延设定。这些时延有着明确的定义，对整个系统正常工作起着至关重要的作用。

(3)Link Enabled：控制状态机开始工作的使能信号，可以通过软件或者硬件来使能。在 IPCore 的设计中将寄存器的使能位和 Link Enabled 相连，通过在寄存器中写入“0”或者“1”来使能 Link Enabled 信号。

(4)gotNull：当有 Null 字符被接收到时，gotNull 被置位。由于 Null 信号是

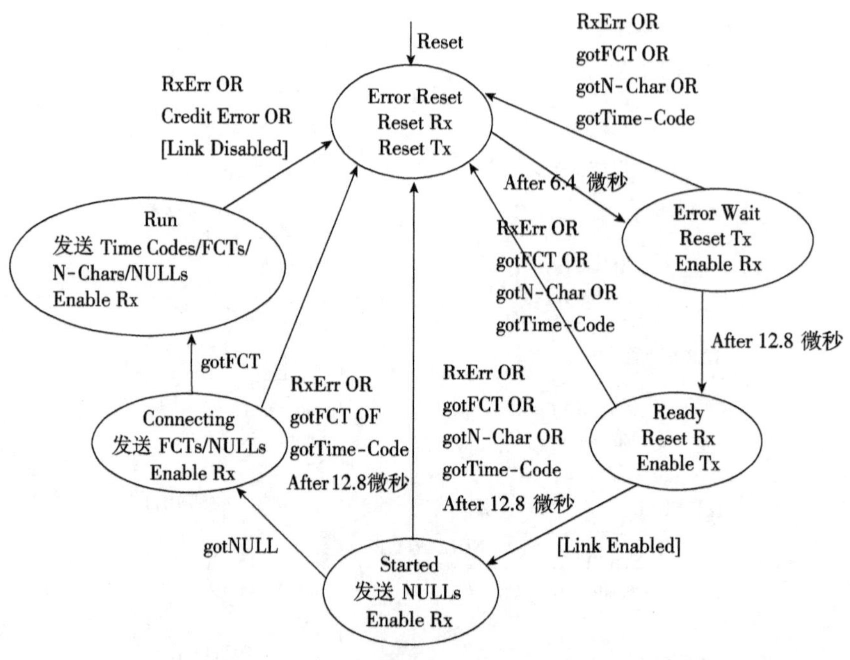

图 4-47　模块间状态转移图

L-Char，用来维持链路的链接，因此在链路上不传输 N-Char、FCT 和 Time-Cede 时，需要不停的交换 Null 来保证链接的正常运行。只要接收端在工作，即 Enable 使能时，对于 Null 字符的监测就不停工作。

系统初始化后直到收到第一个 Null 字符之间所有接收的数据都将被忽略。如果当接收 Null 时有校验位错误，gotNull 信号不被置位。这里根据协议中校验位的规则来分析一下在接口初始化阶段 Null 字符中三个校验位的取值。在一个 Null 字符中会出现两位校验位，如图 4-48 所示。P2 覆盖 ESC 字符的后两位数据位和 FCT 字符的控制位与校验位，由于这些字符的值是固定的，所以 P2 的值也被确定为“1”。对于 P3，同样其覆盖范围包括 FCT 字符的后两位，后一个跟随字符的校验位和控制位，对于初始化过程而言，跟随在 Null 字符之后的不是 FCT 就是 Null 字符，因此其控制位总是为“1”，从而 P3 的取值在链路初始化时也是确定的。对于 Pl 也是同样的情况，当总线链路初始化时，Null 字符序列为“011101000”。当接收到这样一串序列时 gotNull 置位。

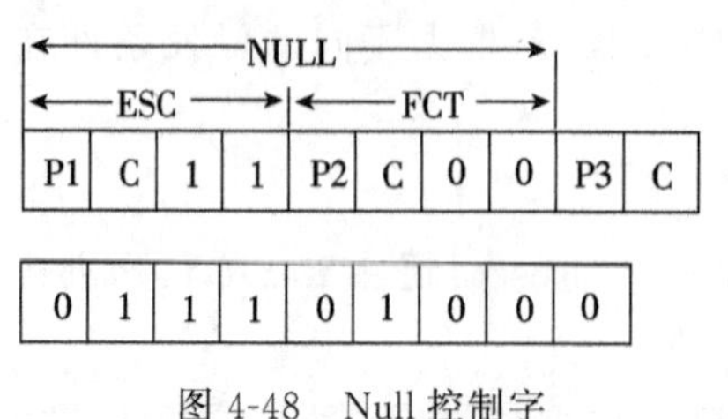

图 4-48　Null 控制字

(5)gotFCT：FCT 字符只有当总线链路处于 Connecting 和 Run 状态时被接收，处于别的状态接收到 FCT 会报错。每当一个 FCT 字符被接收时，gotFCT 信号置位。

(6)gotN-Char：当总线从智能核心单元接收到一个N-Char字符时，gotN-Char置位。当接口接收到N-Char而状态机不处于Run状态时，系统会发出错误报告。

(7)gotTime-Code：当总线从智能核心单元接收到一个Time-Code字符时，gotTime-Code置位。当接口接收到Time-Code而状态机不处于Run状态时，和gotN-Char情况相同，系统会发出错误报告。

(8)RxErr：RxErr信号是所有错误信号的总称。在总线协议中，为了满足卫星应用的需求，对可能发生的错误做出了详细定义。从链路层的错误到网络层的错误，协议都给出了明确的定义和恢复错误的方法。在第5章中将对总线协议中的错误监测机制给出详细的分析。这里的RxErr包括Disconnect Error、Parity Error和Escape Error。

4.6.2.2　基于即插即用总线的模块驱动方法

基于柔性化平台的即插即用快速集成需要对接入总线的标准化模块进行管理，而基于软件设计进行模块管理功能的实现，能够方便地对柔性化平台众多即插即用模块的接入、删除和修改等操作进行处理，从而不会因某个模块的加入和断开影响系统的正常工作，也不会因某个模块的故障而使整个系统瘫痪。

用来管理即插即用模块的软件称为即插即用驱动程序，通常驱动程序需要操作系统的支持，不同操作系统的驱动程序具有不同的实现和运行方式，用以协调用户应用程序、操作系统和硬件模块三者之间的关系。驱动程序的形式主要包含以下几种。

1. 无操作系统的驱动程序

在没有操作系统的情况下，模块驱动的接口被直接提交给了应用软件，应用软件没有跨越任何层次就可直接访问模块驱动的接口。模块驱动包含的接口函数也与模块的硬件功能直接吻合，没有任何附加功能。图4-49为无操作系统情况下模块硬件、驱动程序与应用软件的关系。

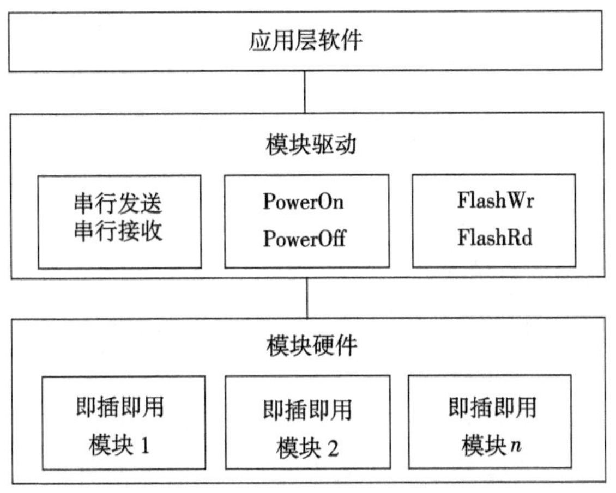

图4-49　无操作系统时模块硬件、驱动和应用软件的关系

一种不合理的设计是直接在应用软件中操作模块的寄存器，而不单独设计驱动模块，如图 4-50 所示。这种设计意味着系统中不存在或未能充分利用可被重用的驱动代码，不利于软件构件化的设计与实现。

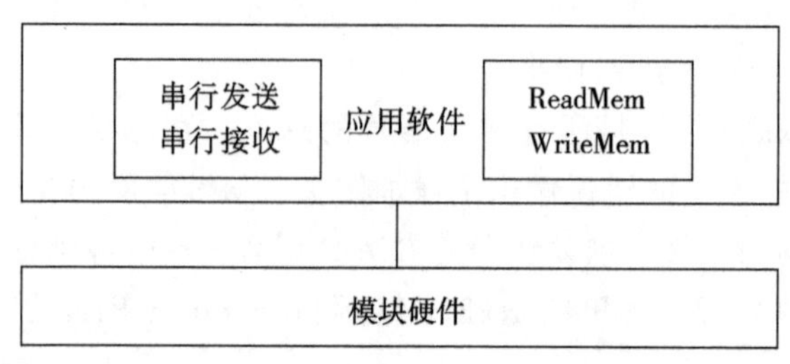

图 4-50 应用软件直接访问模块硬件示意图

无操作系统时模块驱动的操作必不可少，否则模块驱动不可能与硬件打交道，在系统设计时还需要将模块驱动融入内核。为了实现这种融合，必须在所有的模块驱动中设计面向操作系统内核接口，该接口由操作系统决定，对一类模块而言其结构一致，独立于具体的模块。

由此可见，存在操作系统时，设备驱动变成了连接模块硬件和内核的桥梁，操作系统的存在势必要求模块驱动附加更多的代码和功能，把单一的"驱使模块行动"变成了操作系统内与模块交互的环节，对外呈现为操作系统的 API，不再为应用软件直接提供接口。

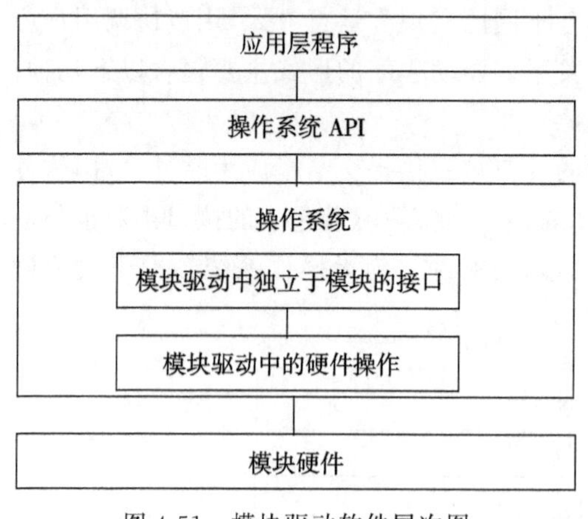

图 4-51 模块驱动软件层次图

2. 有操作系统的驱动程序

存在操作系统时的模块驱动如图 4-51 所示。若模块驱动均按照操作系统给出的独立于模块的接口而设计，应用程序将可使用统一的系统调用接口来访问各种模块硬件。对于 VxWorks、Linux 等操作系统，应用程序通过Write()、Read()等函数读写文件就可以访问各种模块，而不用管理模块的具体类型和工作方式。

如图 4-52 所示，操作系统内核主要由进程调度、内存管理、虚拟文件系统、网络接口和进程间通信等五个部分组成。

调度系统中的多个进程对处理器的访问使得多个进程能在处理器中微观串行、宏观并行地执行。进程调度处于系统的中心位置，内核中其他的系统均依赖于进程调度，因为每个系统都需要挂起或恢复进程。

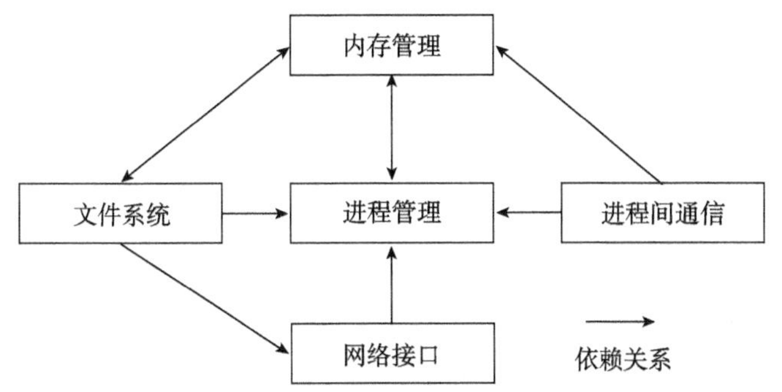

图 4-52 操作系统内核组成及其进程关系图

3. 驱动程序状态转移

如图 4-53 所示，驱动程序作为操作系统的进程，需要在几个状态间进行切换。当驱动程序请求的资源不能得到满足时，驱动一般会调度其他进程执行，并使驱动对应的进程进入休眠状态，直到它请求的资源被释放，才会被唤醒而进入就绪状态。睡眠分为可被打断的睡眠和不可被打断的睡眠，两者的区别在于可被打断的睡眠在收到信号的时候会醒来。

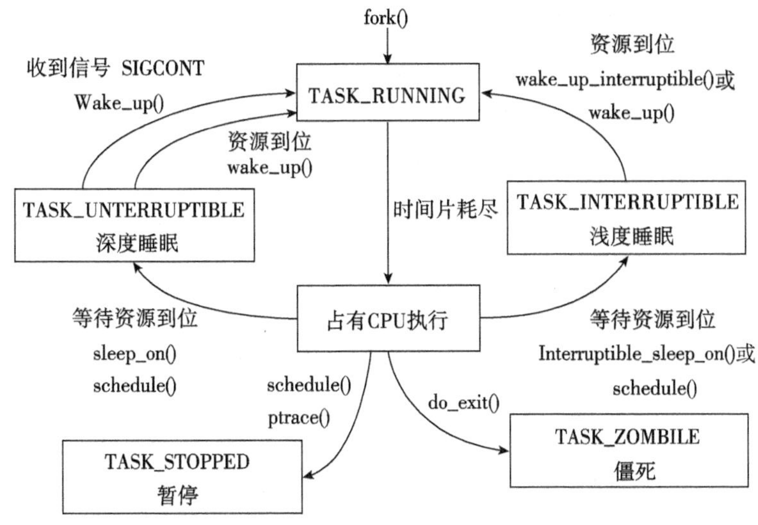

图 4-53 驱动进程状态转换关系图

驱动程序的状态转换使得驱动进程不会一直占有处理器资源，导致其他程序不能获得执行的机会。一旦其他进程得不到执行的机会，卫星系统将陷于锁死状态，直到当前驱动进程等待的资源被释放，驱动调用结束。

上述是从操作系统的角度看即插即用模块的驱动程序运行状态，从即插即用模块的角度来看，一个即插即用模块驱动器使用事件和信号量机制来启动、停止和删除模块，驱动程序的全部即插即用功能代码包括

```
PNP_START_DEVICE
PNP_QUERY_STOP_DEVICE
PNP_STOP_DEVICE
PNP_CANCEL_STOP_DEVICE
PNP_QUERY_REMOVE_DEVICE
PNP_REMOVE_DEVICE
PNP_CANCEL_REMOVE_DEVICE
PNP_SURPRISE_REMOVAL
PNP_QUERY_CAPABILITIES
PNP_QUERY_PNP_DEVICE_STATE
PNP_QUERY_INTERFACE
PNP_DEVICE_USAGE_NOTIFICATION
PNP_FILTER_RESOURCE_REQUIREMENTS
PNP_QUERY_DEVICE_RELATIONS
```

对于即插即用模块，在理论上有六种即插即用状态：模块工作、模块停止、模块删除、即将停止、即将删除和意外删除。

这里的“理论上”是指实际上并没有这些状态存在，只是结合即插即用 IRP(I/O request packet)的各种情况而设想的各种状态，即插即用状态之间的转换如图 4-54 所示。

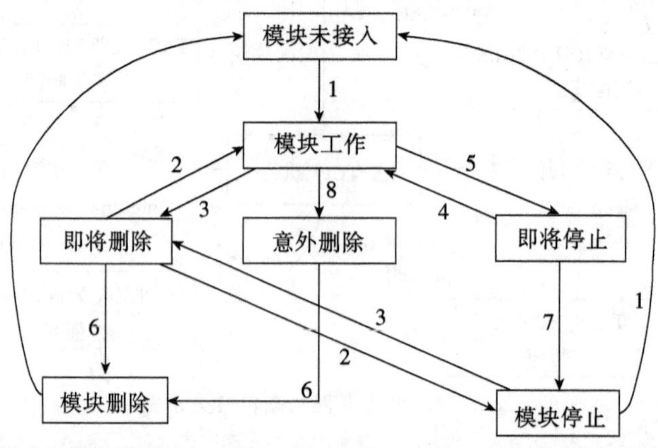

图 4-54　即插即用各状态以及触发相应转换的 IRP

以下是触发相应状态转换的八个 IRP 功能代码：

(1)PNP_START_DEVICE;

(2)PNP_QUERY_REMOVE_DEVICE;

(3)PNP_CANCEL_REMOVE_DEVICE;

(4) PNP_CANCEL_STOP_DEVICE;

(5) PNP_QUERY_STOP_DEVICE;

(6) PNP_REMOVE_DEVICE;

(7) PNP_STOP_DEVICE;

(8) PNP_SURPRISE_REMOVAL。

当模块未接入时,系统调用驱动入口函数(driver entry)中所设定的添加模块(add device)函数指针来添加模块,同时对缓冲区等进行初始化处理。当模块的功能驱动程序加载后,会有一个 PNP_START_DEVICE 的即插即用 IRP 到来,驱动程序从这个 IRP 中获得模块的硬件资源后,对模块进行初始化,然后驱动程序开始正常工作。

如果从总线上删除一个模块时,驱动程序接到一个 PNP_QUERY_REMOVE 的 IRP,此时驱动程序会根据模块的状态决定是否删除模块。若删除,则会在稍后接到一个 PNP_REMOVE_DEVICE,同时进入““即将删除”状态。处于这个状态时,模块仍有不被删除的可能,因而会发出一个 PNP_CANCEL_REMOVE,当驱动程序收到该 IRP 后,应适当调整,比如激活 IRP 队列,然后回到工作状态,或决定删除模块,驱动程序必须在下一个 IRP 到来时删除在 add device 函数中所做的所有工作。当系统硬件资源重新分配时,比如插入一个与其他正在使用的硬件资源发生冲突的即插即用模块,会接到一个 PNP_QUERY_STOP 的 IRP,询问该设备是否可以停止工作一段时间。如果可以满足这个请求的话,比如可以把 IRP 排队,以便在模块停止使用期间不会丢失存用的数据,则可以选择同意这个请求,然后驱动程序进入“即将停止”状态。此时系统会有两种做法:一种是改变主意,决定不重新分配资源,这时会送来一个 PNP_CANCEL_STOP 以使驱动程序回到工作状态;另一种是获得所有相关硬件资源的驱动程序同意,而且决定重新分配资源,此时会下发一个 PNP_STOP_DEVICE,以使所有相关驱动程序完全停止工作,以便重新分配资源。当驱动程序因为模块资源而停止时,最终会有一个 PNP_START_DEVICE 到来,其中包含着新的模块资源。值得注意的是,当驱动程序处于“模块停止”状态时,有可能会接收到 PNP_QUERY_REMOVE,从而进入“即将删除”状态,此乃根据可靠性给出的即插即用逻辑设计。

4. 驱动程序设计

柔性化平台的即插即用模块集成时采用树形拓扑结构,综合电子系统侧和模块侧的 USB 控制器分别称为主机控制器(host controller)和即插即用模块控制器(plug & play device controller,PDC),每条总线上只有一个主机控制器,负责协调主机和模块间的通信,如图 4-55 所示。

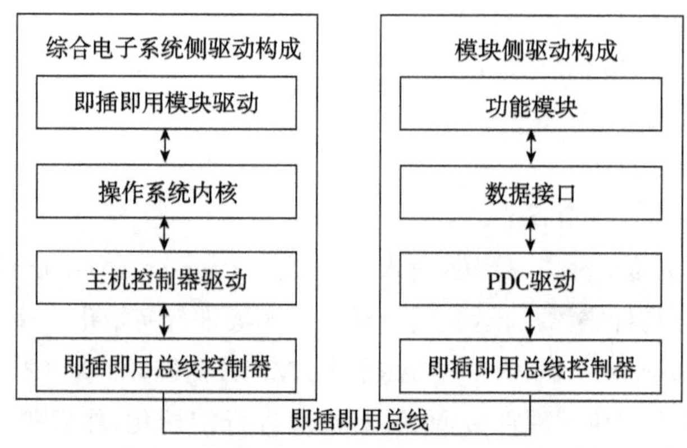

图 4-55　柔性化平台模块驱动总体结构

图 4-55 左侧为综合电子系统侧的驱动构成，处于最底层的是即插即用总线控制器，其上运行的是主机控制器驱动程序，主机控制器的上层为操作系统内核，再上层为即插即用模块备驱动层（插入主机即插即用总线上的模块驱动）。因此，在综合电子系统侧的层次结构中，实现即插即用的驱动包括两类：主机控制器驱动和即插即用总线模块驱动。前者控制插入其中的即插即用模块，后者控制即插即用模块如何与主机通信。主机控制器驱动和模块驱动之间的操作系统内核非常重要，其功能包括通过定义数据结构、宏和功能函数，向上为模块驱动提供编程接口，向下为主机控制器驱动提供编程接口。综合电子系统侧的即插即用模块驱动程序通过全局变量维护整个系统的模块信息；完成模块热插拔控制、总线数据传输控制等。

以 VxWorks 为操作系统的卫星构件化软件系统中，驱动程序作为任务被调用，包含驱动程序库、驱动程序描述表、任务列表和全局表量表四个主要部分。另外，还包括任务调度主循环和处理器资源，任务调度主循环根据任务执行逻辑进行调度，为任务分配处理器资源。

由于卫星的即插即用模块类型复杂，为使其能够顺利接入系统并被识别，需要有驱动程序库的支持。驱动程序库保存了即插即用模块的类型信息、配置信息、接口描述信息和模块描述信息等。驱动程序根据接入模块的不同，从驱动程序库中查找是否存在与之匹配的驱动程序（采用枚举法），并将匹配到的驱动程序调出驱动程序描述表，供数据通信和模块管理使用。驱动程序描述列表记录了系统中所有当前可用即插即用模块的驱动程序地址和数据通信协议等信息，驱动管理任务的任何关于即插即用的操作均通过该表完成。

在传统卫星软件设计中不提供驱动程序管理功能[11]，软件通过用户给定的驱动程序接口从模块取得数据和向模块发送指令，无法完成模块的在线接入和删除等功能。与传统卫星软件体系结构不同，构件化软件具备即插即用模块驱动的程序管理功能,并且驱动管理任务与其他任务处在同一层次。其他任务只能通过该任务完成与即插即用模块的交互,如姿态敏感器或执行机构的数据采集等。驱动管理任务组成如图4-56所示。

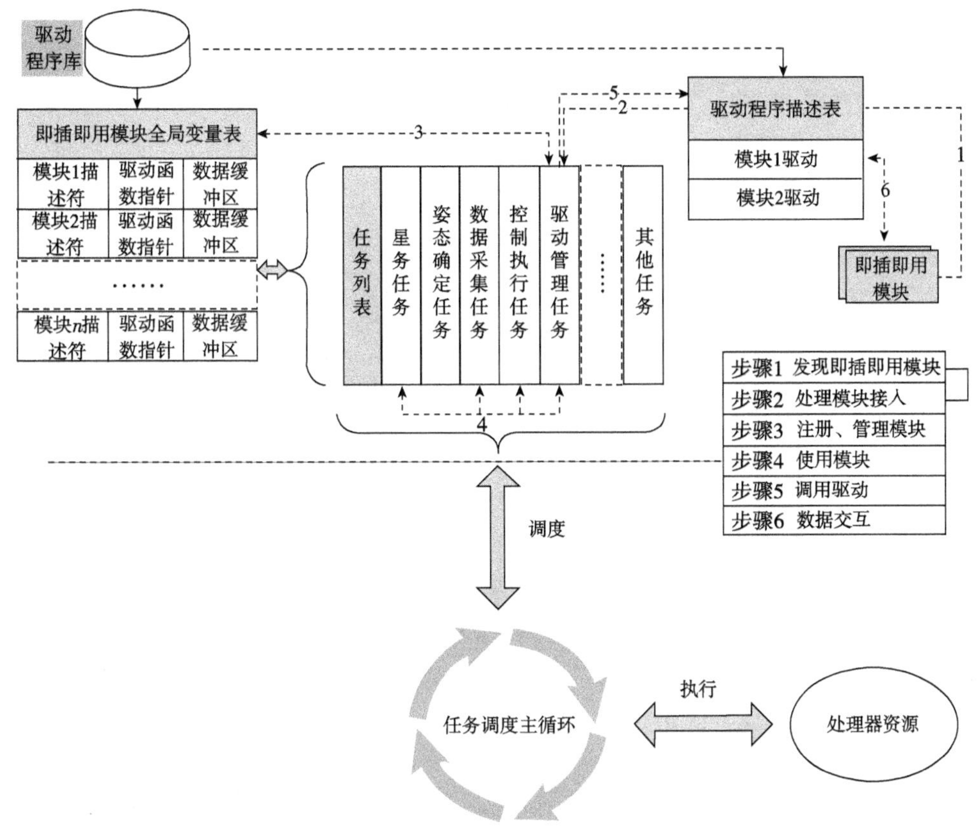

图4-56 即插即用模块驱动管理过程

因为模块操作与CPU操作是异步的,所以当模块请求中断服务时,必须发送信号给CPU的一个或几个针脚。在跳到执行模块驱动程序中断服务程序之前,CPU需存储当前的状态信息等。

模块在以下情况下产生中断:

(1)完成了当前操作,准备进行另外一个操作时;

(2)当模块的缓冲区或者先进先出将要空(输出)或者将要满(输入)时,产生中断让驱动程序去重新填充模块的缓冲区,或者清空模块的缓冲区去保证后续操作不会暂停;

(3)模块执行操作时遇到错误时。

对于驱动程序管理任务,其主要职能是响应即插即用模块的接入、删除和判断其是否处于故障状态，以及维护即插即用全局变量表和响应其他任务的调用请求。驱动管理的具体流程如图 4-57 所示。

柔性化平台即插即用模块的工作流程如下。

(1)模块接入：模块接入后上电自检，查询本身有没有指定地址或编号，然后向监控主机发送通信请求，请求中包含模块类型、是否指定地址或编号。

(2)枚举过程：确定了接入模块的类型、指定地址或编号后，即进入枚举过程，其流程如图 4-58 所示。

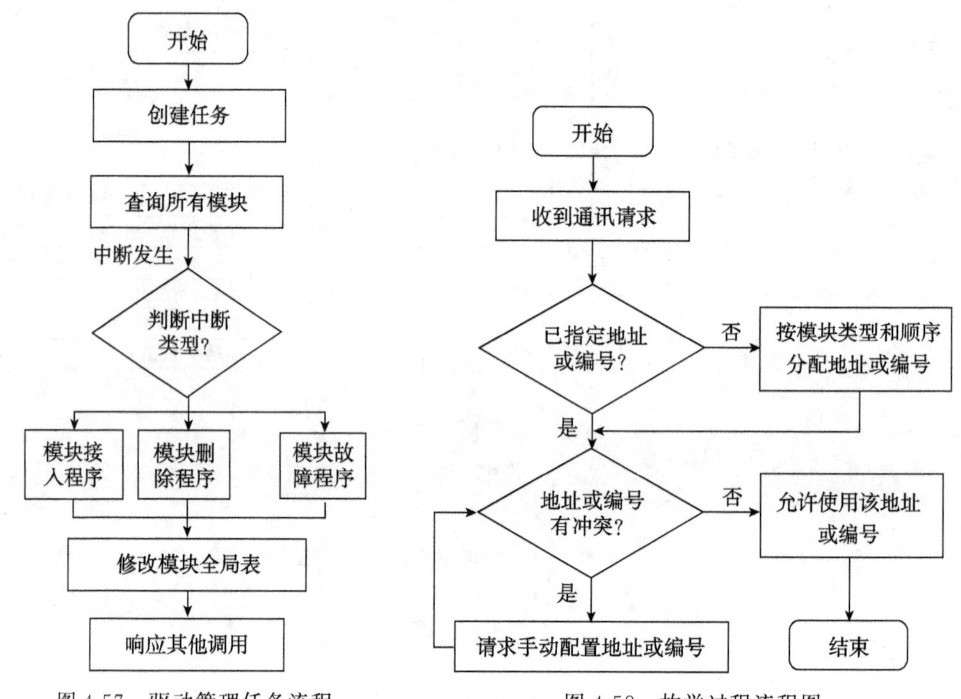

图 4-57　驱动管理任务流程　　　　图 4-58　枚举过程流程图

(3)正常工作阶段：枚举过程后，新的模块被加入到系统中，并拥有独立的地址或编号，可以进行正常的通信和操作。

与枚举过程相反，即插即用模块的移除过程主要是之前分配资源的回收和模块全局表相应项的维护，其过程如图 4-59 所示。

4.6.3　基于柔性化平台的卫星快速研制流程

快速响应微小卫星采用柔性化平台的设计理念和体系结构设计，其研制流程也与传统卫星研制流程有着本质的区别。快速响应微小卫星的研制阶段主要包括任务设计与分析、快速集成与快速测试、快速入轨及应用等三个主要阶段，其研制流程如图 4-60 所示。

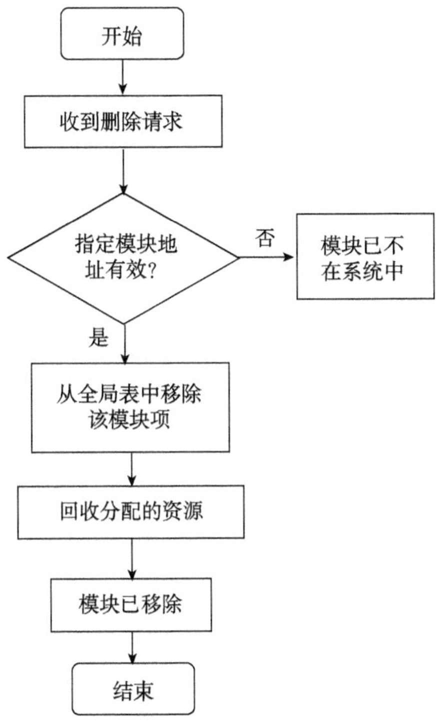

图 4-59 模块删除过程流程图

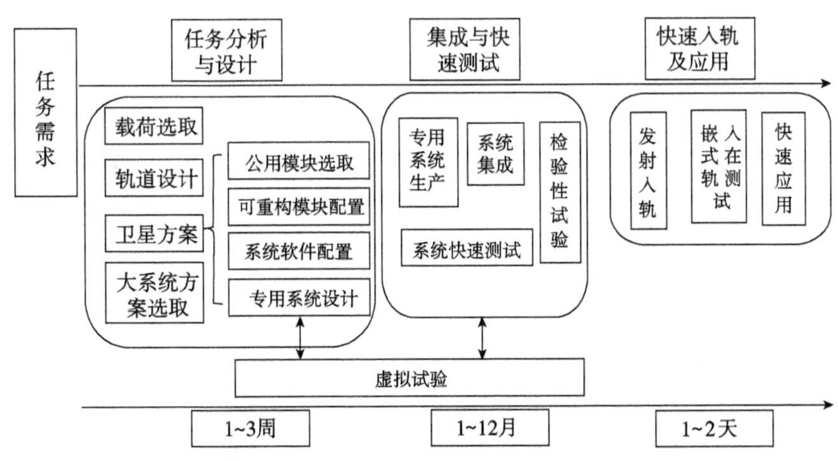

图 4-60 快速响应微小卫星研制阶段划分

与传统卫星 3～6 年的研制周期相比，采用柔性化平台的快速响应微小卫星研制仅需 1～12 个月的时间，从而可以显著降低研制成本。

传统卫星研制阶段包括方案论证、方案设计、初样研制、正样研制、发射场阶段直至发射入轨。快速响应微小卫星将研制阶段优化为任务设计与分析、快速集成与快速测试、快速入轨及应用三个阶段。

在任务设计与分析阶段，根据任务需求确定有效载荷和任务轨道，继而给出柔性化平台的指标，进行公用模块优化配置、可重构模块系统重构和专用系统优化设计，并确定工程系统方案；在快速集成与快速测试阶段，通过基于可重构模块和公用模块的即插即用快速集成以及自动化快速测试减少集成和测试时间，采用支持并行 AIT 的组装式结构和支持快速裁剪的多功能结构实现专用系统的快速集成；在发射及在轨阶段，采用机动发射、在轨嵌入式测试等方法实现快速入轨和快速应用。通过上述研制流程的优化，缩短研制周期，提高任务响应速度，降低研制成本。

4.6.3.1 快速任务设计与分析

根据任务需求，经过 1～3 周的任务分析与设计，获取快速响应微小卫星的总体方案（公用模块优化配置方案、可重构功能单元配置方案、卫星结构构型等），快速任务设计与分析的过程如图 4-61 所示。

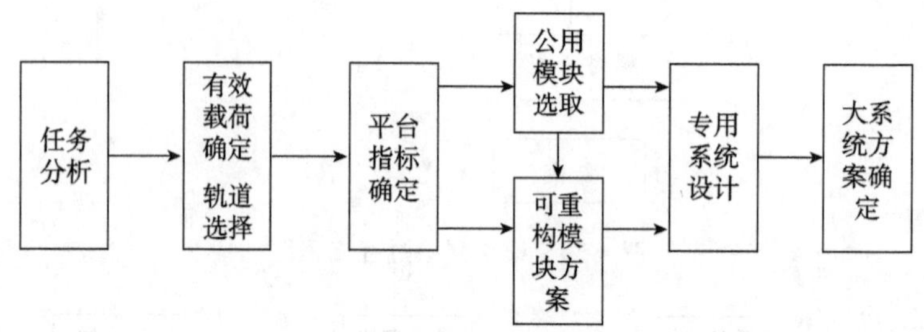

图 4-61 任务设计与分析过程

首先，对快速响应微小卫星的飞行任务进行分析，给出满足任务要求的系统指标。继而根据系统指标，进行有效载荷选择和轨道分析，根据分析结果确定有效载荷配置和任务轨道，给出载荷对平台期望的指标要求，并对总体指标进行分配。

其次，根据已分配的系统指标，对卫星的各功能系统进行公用模块的优化配置，并对各功能系统给出相应的设计指标。

然后，根据卫星公用模块和有效载荷的配置方案，确定可重构功能单元的功能及接口配置方案，同时确定系统的软件构件配置。

最后，根据有效载荷、公用模块、可重构功能单元及其相互之间的安装要求，进行整个快速响应微小卫星的构型与布局设计，给出包括结构、热控、电缆网等在内的专用系统优化设计方案。专用系统设计完成后，进行整星的虚拟装配与虚拟试验，以检验设计方案的正确性与合理性。

根据上述步骤，可完成卫星的总体方案设计，给出总体设计指标以及功耗与质量分配情况。快速任务设计与分析阶段的工作流程如图 4-62 所示。

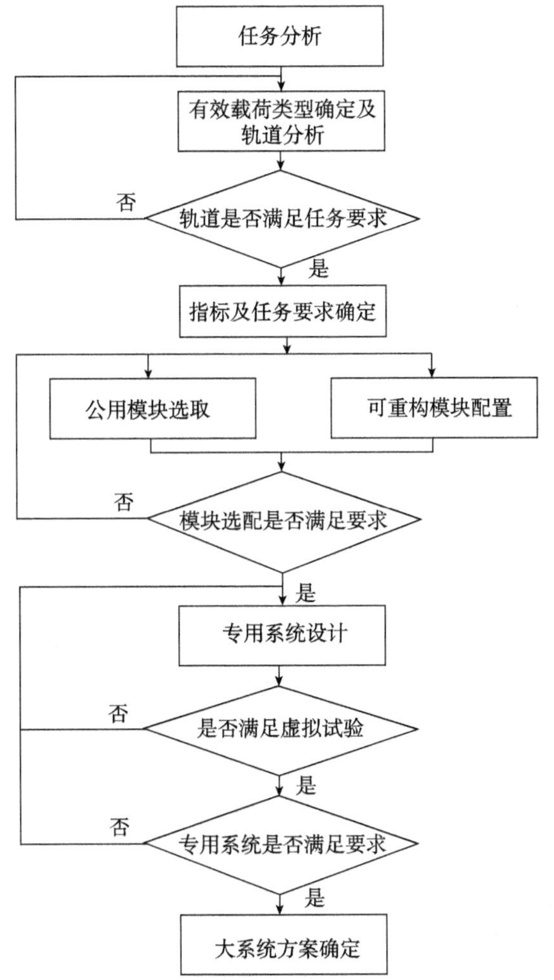

图 4-62　快速任务设计与分析流程

具体流程为，根据任务需求进行任务分析和指标分解，根据任务分析结果确定有效载荷和任务轨道的主要参数，给出快速响应微小卫星的具体指标要求。根据指标要求在产品库中进行有效载荷和公用模块的匹配与优选，进而根据选定的公用模块和有效载荷，进行可重构功能单元的功能和接口重构，并通过对可重构功能单元进行软件构件的配置，快速实现产品化公用模块、有效载荷与中心计算机之间功能和接口的匹配。最后，采用数字化设计、分析与虚拟装配等方法进行卫星结构与构型、热控以及总体电路等专用系统的快速优化设计，同时根据卫星各种单机和任务需求完成系统软件构件的选择和配置。

此外，根据确定的任务轨道和卫星总体方案在产品库中合理选择运载器、地面运控与应用系统，完成大系统方案的确定。

4.6.3.2 快速集成与快速测试

快速集成与快速测试是快速响应微小卫方案实现的阶段。在该阶段,针对卫星的总体方案,经过1～12月的时间完成卫星集成、测试与试验,研制满足快速入轨和应用要求的快速响应微小卫星,快速集成与测试阶段的工作流程如图4-63所示。

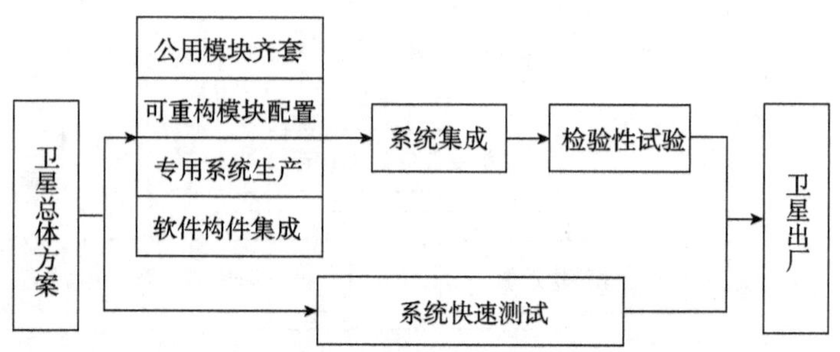

图 4-63 快速集成与快速测试阶段工作流程图

该阶段将基于并行生产与测试的理念开展研制工作,以缩短快速响应微小卫星的研制周期。首先,将根据卫星总体方案进行专用系统生产,同时并行开展系统软件构件集成、公用模块齐套、可重构功能单元的接口和功能重构等工作;当专用系统生产完成后,开展整星的集成工作。在专用系统加工和系统集成的过程中,并行开展系统测试工作。在完成系统集成和测试确认后,采用虚拟试验与环境试验相结合的检验性试验方法完成整星各种试验。为了缩短研制周期、降低研制成本,采用虚拟试验的方法来替代大部分的传统试验,同时为了保证卫星研制安全可靠,对快速响应微小卫星进行检验性试验验证,主要包括小量级的振动试验和短周期的真空热试验等,在完成各种虚拟试验和检验性验证试验后,快速响应微小卫星具备出厂状态。

4.6.3.3 快速入轨及应用

该阶段将快速响应微小卫星在1～2天的时间内快速机动发射入轨,并完成在轨自主快速测试,交付使用,主要工作流程如图4-64所示。

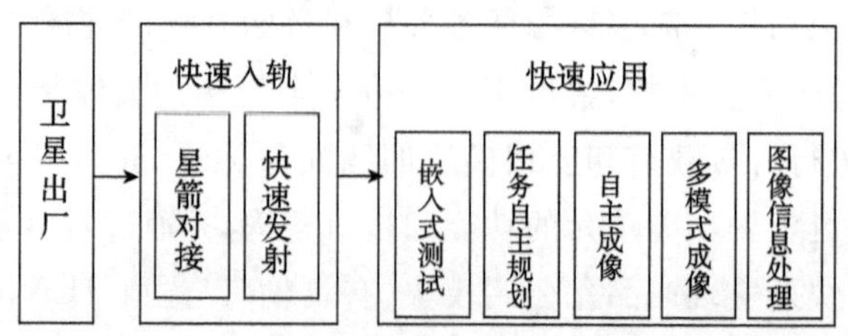

图 4-64 快速入轨及应用阶段工作流程图

快速响应微小卫星将采用以车载机动发射为主的小型运载火箭,在短时间内即可机动到发射地点,具备快速无依托发射条件。入轨后,卫星系统软件将调用在轨嵌入式测试构件进行在轨测试,从而有效缩短在轨测试时间。完成在轨测试后,即可进行相应的快速应用任务,如图像在轨处理、自主成像、多模式成像等。

通过在轨嵌入式测试、工作模式多样化、在轨成像自主处理、在轨情报自动生成、任务自主管理与规划等保证快速应用任务的顺利进行。

参 考 文 献

[1]Galeazzi C. PRIMA：a new competitive small satellite platform[J]. Acta Astronautica，2000，46(2)：379-388.

[2]Mughal M R，Anwar A，Reyneri L M. Plug-and-play design approach to smart harness for modular small satellites[J]. Acta Astronautica，2014，94(2)，754-764.

[3]Cao X B. Flexible platform based mino-satellite design method [J]. Aerospace Science and Technology，2016，48：162-168.

[4]张世杰，王本利，孙兆伟. 基于标准化功能模块的微小卫星柔性化平台设计方法[J]. 航天标准化，2009，2(1)：1-9.

[5]徐国栋，赵丹，向文豪，等. 可重构的卫星/运载复用电子系统设计[J]. 航空学报，2009，30(7)：1298-1304.

[6]牛亚峰，王杰娟，王斌. 快速响应空间典型模块化平台设计特点分析[J]. 控制工程，2010，17：106-109.

[7]Brand J，Kowaliwsky V. On the use of a standard backplane in a modular satellite communications terminal architecture[C]. IEEE Military Communications Conference，2008：2998-3002.

[8]孙杰，孙兆伟，赵阳. 微星航天器模块化设计及其关键技术研究[J]. 哈尔滨工业大学学报，2007，39(12)：1908-1911.

[9]孙兆伟，邢雷，徐国栋，等. 基于可重构技术的上面级航天器综合电子系统[J]. 光学精密工程，2012，20(2)：296-304.

[10]Janu P，Boril J. The communication analysis of strapdown inertial navigation systems via CANaerospace bus[C]. Proceedings ELMAR，2012：117-120.

[11]吕广强. 基于 VxWorks 的星载软件设计及其一体化测试平台[D]. 哈尔滨工业大学硕士学位论文，2007：13-31.

第5章　柔性化平台可重构综合电子系统设计方法

卫星的综合电子系统是指以星载计算机为核心、通过星上总线网络连接各类星载电子设备构成的电子系统，是卫星运行管理与控制、信息处理与传输的核心和中枢。传统卫星研制中综合电子系统采用定制模式进行设计，各分系统独立研制各自的电子系统，硬件资源浪费严重，研制周期长、成本高，不能适应快速响应微小卫星技术发展的需求。

可重构综合电子系统是在系统功能高度集成的基础上，优化系统硬件配置，强化系统软件功能，通过星上软硬件即插即用总线集成的、具有系统功能和接口重构能力的网络化系统，具有开放式的体系结构。其通用核心模块实现卫星的基本功能，对于任何卫星均适用；可重构模块可根据不同卫星的需求进行增减，并通过软件灵活重构其功能和接口，以适应不同硬件的快速接入。

可重构综合电子系统是微小卫星柔性化平台的核心，也是快速响应微小卫星实现快速研制的关键。卫星的快速研制首先是其综合电子系统的快速构建问题，并要求所构建的综合电子系统能够快速灵活地匹配其他功能模块（部组件等）以及有效载荷。综合电子系统快速构建的有效途径是其系统可灵活重构，即在系统硬件结构不变的条件下，通过软件配置实现系统功能和对外接口的按需重构，从而为实现产品的标准化和通用化奠定基础，满足不同任务卫星快速研制的需求。同时，综合电子系统的灵活重构也是快速响应微小卫星在轨飞行阶段针对不同任务进行功能切换、实现应急任务快速响应的必要前提[1~3]。

目前，由于星载电子系统部件供应商以及技术标准等诸多原因的限制，系统间信号传输的接口种类繁多，多种总线均在卫星中有所应用（如 I^2C、CAN、1553B、SPW、SPI 等），总线标准的不兼容限制了系统的重构和扩展。为了克服这种非标准化的问题，可采取两种技术线路：一是参照其他领域的行业标准制定相应的规范；二是通过可重构设计实现与不同接口标准的兼容。然而由于卫星产品自身的特点（市场规模有限、定制程度高、批量化程度低等），制定相应的标准和规范虽然技术上可行，但短时间内难以实现。因此，实现快速响应微小卫星综合电子系统的灵活重构，必须解决其系统重构的设计问题。作为一种半定制可编程器件，FPGA 不但消除了专用集成电路（ASIC）设计和制造的高昂成本，还可以根据具体任务由用户灵活地定制内部电路和外部接口，FPGA 的这种可重构特性，恰好符合快速响应微小卫星综合电子系统重构和即插即用集成的发展需求[4,5]。

在可重构综合电子系统设计中，具有兼容性的体系结构设计和硬件重构技术是两个重要方向，其中体系结构在宏观层面决定了系统的灵活性和扩展性，硬件重构技术则在微观层面解决了底层技术问题。本章首先对可重构综合电子系统的体系结构及其重构方法进行了详细论述，继而对基于 FPGA 的可靠性设计以及基于低等级器件的可靠性设计问题进行探讨。

5.1　综合电子系统重构机理及其体系结构设计

可重构电子系统的概念是加州大学的 Estrin 于 20 世纪 60 年代中期提出的，虽然当时的理论和技术水平有限，但其“固定单元＋可变单元(fixed-plus-variable)”的结构被公认为是现代硬件可重构系统体系结构的先驱和基石。综合电子系统的体系结构在狭义上属于硬件设计的范畴，指依据性能、功耗、成本和可靠性等指标设计系统的硬件结构；而广义上则还包括了与硬件相关的软件设计及集成。

5.1.1　电子系统硬件重构的原理及方法

加州大学伯克利分校的 Dehon 和 Wawrzynek 教授在 1999 年对硬件可重构电子系统进行了严格定义。

(1)可重构电子系统是一类计算机组织结构；

(2)该结构具有制造后的芯片定制能力；

(3)该结构具有将算法由时间域向空间域映射的能力。

该定义清晰的提炼出了可重构电子系统与基于 ASIC 通用微处理器的硬件不可变系统的不同，得到了国际上的广泛认可。如图 5-1 所示，硬件可重构系统将不同子任务从时域映射到可重构器件的空间域上，实现多个不同任务的分时并行处理，进而

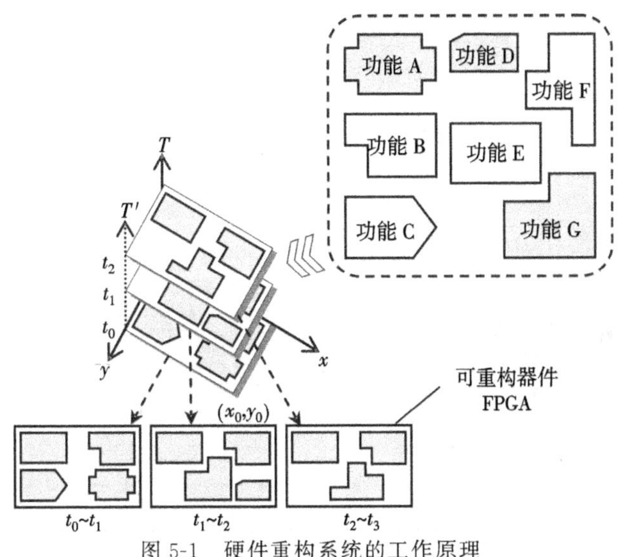

图 5-1　硬件重构系统的工作原理

获得更高的数据吞吐量、计算能力和接口灵活性。

可重构电子系统的功能由可重构器件当前的配置决定，只要避免算法在空间维度上的冲突，就可以在计算过程中通过更变配置信息动态改变系统的功能，从而兼具硬件的高性能和软件的灵活性。

可重构器件是可重构电子系统的硬件基础，是算法由时间域向空间域映射的物理平台，其运行速度、容量规模和重构时间等具体指标对系统整体的设计与性能产生重要影响。通用的可重构器件经历了 PAL、GAL、CPLD 与 FPGA 的发展阶段，其中 FPGA 是目前最主流的可重构器件，其集成度甚至已经达到上千万门。

FPGA 重构技术就是对 FPGA 的全部或者部分逻辑资源实现系统层次的功能变换，大体分为动态重构和静态重构两种。其中动态重构指的是 FPGA 能够在部分功能不中断的情况下，实现剩余功能的动态配置。相对于静态系统重构，动态部分重构缩短了重构的时间，而且在重构时，非重构部分依然运行，其寄存器中的数据不会丢失，从而减少了重构系统的开销，提高了系统运行的效率。FPGA 重构的底层技术是 FPGA 编程，目前主流的有两大类，一种是反熔丝技术，即电擦写技术，该技术曾经广泛使用，但重构实时性较差。另一种是基于静态存储器(SRAM)可编程原理的 FPGA 编程技术，其基本原理是，FPGA 中各部件之间由 SRAM 相接，通过对 SRAM 编程便可实现应用的需求。

FPGA 在片内集成了大量的可编程逻辑和布线单元，岛状结构是其典型的结构模型。如图 5-2 所示，大量细粒度的可配置逻辑块(configurable logic block，CLB)聚合起来构成功能组，而查找表(look up table，LUT)是 CLB 的核心，通过对 LUT 相应地址空间的存储内容进行编程，可以使 CLB 表现出任意的逻辑功能。FPGA 中每个 CLB 均与可编程互连网络连通，并通过可编程开关阵列来实现局部逻辑信号的交互。在 FPGA 中布线资源占用了绝大部分芯片面积，而可配置逻辑块阵列往往仅占芯片整体资源的 10%左右。

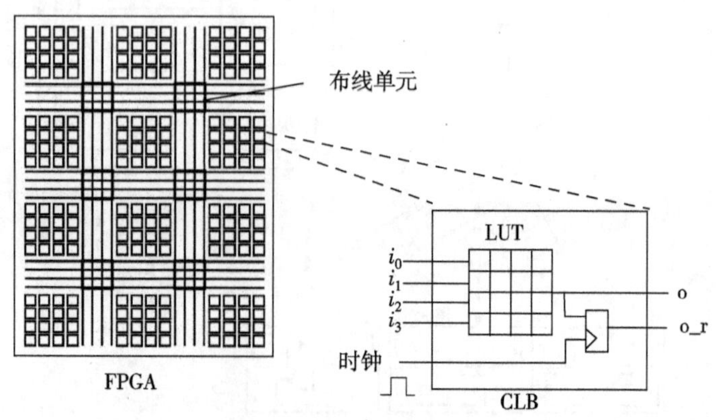

图 5-2 FPGA 内部岛状结构

FPGA 的电路功能取决于配置存储器中的配置信息，因此配置存储器支持的配置方式决定了具体的重构方式。最典型的 FPGA 重构方式有单上下文（single context）、多上下文（multi-context）和动态部分重构（dynamic partial reconfiguration）三种。

在 FPGA 中单上下文的重构方式所需要的配置控制电路最为简单，但每次重构都需要对整个配置存储器重新写入配置信息，从而导致 FPGA 处于暂时的功能中断状态，因此又被称为静态重构。多上下文的重构方式指在 FPGA 中配备多个配置存储单元，各个单元中存储不同的配置信息，通过激活配置存储单元使得 FPGA 处于相应的工作状态。这种重构方式具有重构时间短的优点，能够将重构时间对系统的影响降到最低，但是多个备份的配置存储单元会占用大量的片内资源，因此这一类 FPGA 目前尚处于试验阶段。动态部分重构技术的基础是对 FPGA 片上配置存储单元的局部重新配置，从而在重构时不会影响片上其他电路的正常运行。由于动态部分重构能够避免 FPGA 在重构时的功能中断，并有效降低重构所需的时间，因此，已经成为可重构计算领域重要的发展趋势。

通用处理单元与重构器件是硬件可重构系统中的核心，其中通用处理单元主要负责控制类任务，重构器件则主要负责并行计算和接口扩展单元，而两者的耦合关系决定了系统整体的能力与系统结构。图 5-3(a)所示为分离耦合方式的可重构系统，可重构器件与通用处理单元拥有各自独立的存储节点，并通过总线或 IO 端口互连的模式，是最松散的可重构电子系统耦合方式。这种方式具有结构简单的优点，但通用处理单元与可重构器件的通信速率往往会成为限制系统性能提升的瓶颈，因此较适用于数据量小但计算量大的场合。图 5-3(b)所示为协处理器耦合方式的可重构系统，可重构器件作为通用处理单元的协处理器，两者拥有统一的存储节点，使得系统的耦合程度得到提升。在这种耦合方式下可重构器件与通用处理单元的通信延迟与数据总量都得到降低，适合数据调用频繁的场合。图 5-3(c)所示为片上系统耦合方式的可重构系统，在该方式中处理单元以 IP 的形式嵌入可重构器件，具有最高的系统集成度与通信效率，是可重构电子系统技术的最新发展方向。

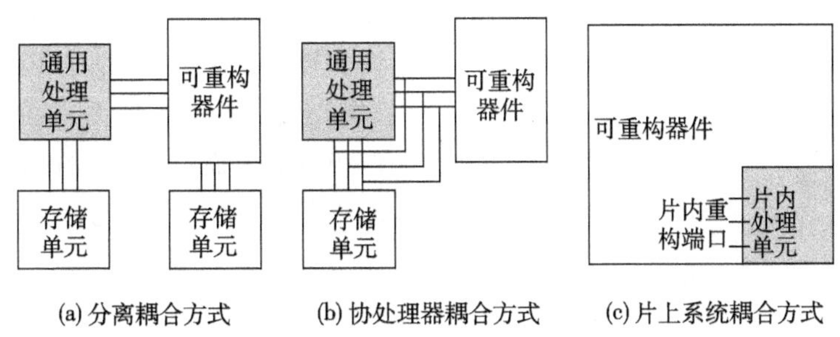

图 5-3　可重构电子系统耦合方式

5.1.2 FPGA 资源规划与可重构系统体系结构

快速响应微小卫星要求快速适应多种不同的任务，为了满足不同类型任务的需求，综合电子系统需要具备对可重构硬件资源的动态管理能力，而 FPGA 资源的划分策略与调度方法会对系统的整体性能产生影响，不合理的资源划分策略与调度方法不但会降低任务的响应与处理速度，还会产生大量的资源碎片，导致可重构资源利用率的下降[6]。

典型的 FPGA 片内可重构资源采用图 5-2 所示的岛状模型，允许开发工具将其中的可配置逻辑单元按照区域划分成若干矩形模块，而这些模块可以单独容纳任何不大于其规模的数字集成电路。基于可配置矩形模块，可以实现对 FPGA 资源的有效管理。

图 5-4 描述了两种典型的 FPGA 资源规划模型：二维模型与一维模型。图 5-4(a)所描述的二维规划模型中，可配置矩形模块具有任意的长度与高度，处于二维平面内的任意位置。该规划方式下 FPGA 的利用率最高，其产生的内部(可配置矩形模块内)和外部(可配置矩形模块外)资源碎片均为最少。然而，这种规划方式导致任务调度的复杂度随着 FPGA 资源总量的增加而激增，从而降低了资源管理的效率。此外可配置矩形模块的大小与位置均不确定，现有 FPGA 器件与设计工具难以提供相应支持。

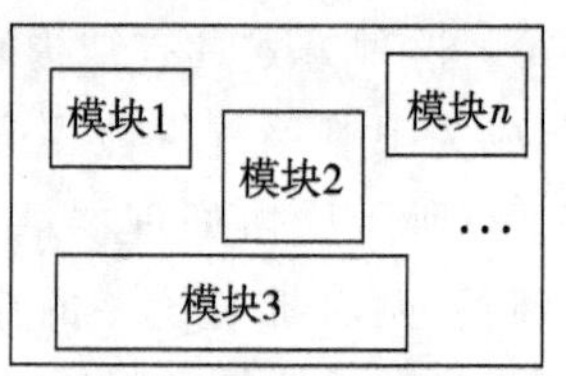

(a) FPGA资源规划二维模型

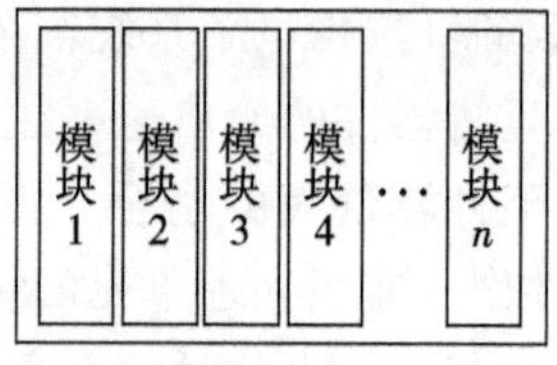

(b) FPGA资源规划一维模型

图 5-4 FPGA 资源规划方式

在图 5-4 (b)所描述的一维规划模型中，可配置矩形模块具有固定的高度与位置，通过限定其高度与相对位置，将 FPGA 资源规划的维度由二维降为一维，降低了资源管理的难度，且支持重构的典型 FPGA(如 Virtex 系列)器件，均支持此按列重构的模式。因此，一维的 FPGA 资源规划模型具有器件与设计工具的支持。但相对二维而言，一维的规划模型产生的资源碎片较多，因此对 FPGA 资源的利用效率是检验一维规划模型的重要指标。

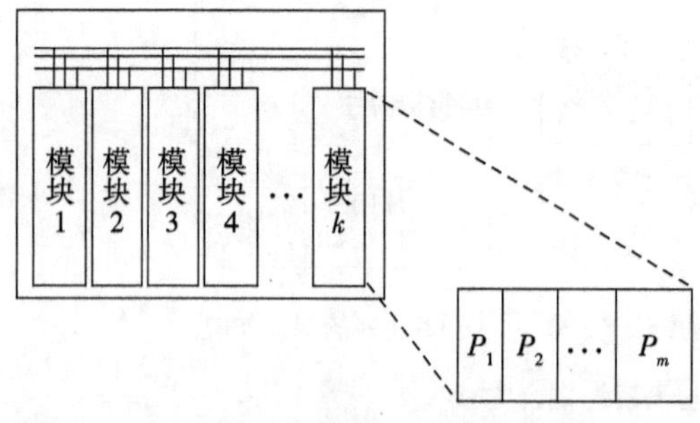

图 5-5 FPGA 资源分级划分策略

本节所述的规划策略采用一维的规划模型。如图 5-5 所示，假定 FPGA

的可重构区域共有 α 个 CLB，其中构建全局数据通路需要 β 个 CLB（β 的数量由总线的类型和构建方式决定），则能够供使用的 CLB 数目为 δ。

$$\delta=\alpha-\beta \tag{5-1}$$

令可重构区域纵向的 CLB 数目为 h，则系统能利用的可重构资源共有 l 列。

$$l=\frac{\delta}{h} \tag{5-2}$$

将 l 列可重构资源平均划分为 k 份，则每个可配置矩形模块所对应的 CLB 列数为 $\bar{l}$，包含的 CLB 数量为 δ/k。

单纯将 FPGA 资源划分为大小完全相等的可配置矩形模块，会导致模块内部资源碎片的激增，即使较小规模的电路也会占用整个模块的资源。若根据具体任务所需电路的规模对 FPGA 的内部资源进行差额划分，即令可配置矩形模块大小不等，可有效地提高任务调度过程的 FPGA 利用率。因此，将可配置矩形模块中的资源进一步划分成 m 个子模块 P_i（$i\in[1,m]$），其对应的 CLB 列数分别为$\overline{l_i}$（$i\in[1,m]$）。

$$\bar{l}=\sum_{i=1}^{m}\overline{l_i} \tag{5-3}$$

$$\overline{l_i}<\overline{l_j}\quad(1\leqslant i<j\leqslant m) \tag{5-4}$$

任务中所需电路的规模介于 $T_{\min}$ 与 $T_{\max}$ 之间，子模块的规模按照增量 λ 等差增长。在实际情况下规模小于 $T_{\min}$ 的可重构模块不能容纳任何电路，定义$\overline{l_1}$的大小为 $\lambda+T_{\min}/h$；规模大于 $T_{\max}$ 的可重构模块没有任何意义，定义$\overline{l_m}$大小为 $T_{\max}/h$。即有

$$\overline{l_{i+1}}=\overline{l_i}+\frac{\lambda}{h} \tag{5-5}$$

$$\bar{l}=\frac{(T_{\min}+\lambda+T_{\max})m}{2h}=\frac{(m+1)T_{\max}+(m-1)T_{\min}}{2h} \tag{5-6}$$

如下式所示，m 与 k 两个参数完全决定了目标 FPGA 器件的资源划分形式。

$$\delta=hk\bar{l}=\frac{(m+1)kT_{\max}+(m-1)kT_{\min}}{2} \tag{5-7}$$

假定任务序列所需要的电路规模在 $T_{\min}$ 与 $T_{\max}$ 之间均匀分布，则规模在$\overline{l_{i+1}}h$ 与 $\overline{l_i}h$ 之间的任务占其总量的 $1/m$，则 FPGA 对这部分任务的处理能力可以用 T 来衡量。

$$T=1/(km)\quad(i\in[1,m]) \tag{5-8}$$

因此，FPGA 的资源划分可以用公式(5-7)与公式(5-8)决定，求得整形参数 k 与 m，在满足公式(5-7)的前提下，使得 T 最小，其对系统的性能提升率 r 表示为

$$r=\frac{t_{\mathrm{r}}+t_{\mathrm{h}}}{t_{\mathrm{s}}}=\frac{t_{\mathrm{r}}+kt_{\mathrm{s}}}{t_{\mathrm{s}}} \tag{5-9}$$

其中，t_{r} 是重构过程需要的时间；t_{s} 是单纯用软件执行该任务需要的时间；t_{h} 是借助硬件电路执行该任务需要的时间；k 是硬件计算加速比的倒数。

从式(5-9)中可以看出，t_r 与 t_s 的比率会对 r 产生很大影响，当两者较为接近时，即使 k 很小(即加速比很大)的系统整体性能也不会得到明显改善。研究表明，在多任务的系统中可重构电子系统的模式切换非常频繁，t_r 甚至会占整个执行时间的25%～98%。因此，在调度策略中规定：如果某任务被暂时中止，但其在短期内将重新启动，则在任务中断期间与其对应的可配置单元将仍处于占用状态，从而避免频繁重构带来的系统性能下降。

按照系统重构方法，任务对应的电路可放入任何大于等于其规模的可配置单元中，如规模介于$\overline{l_i}h$ 与$\overline{l_{i+1}}h$ 之间的电路可放入大小为$\overline{l_j}h$ $(j\in[i+1,m])$的可配置单元中，但如果规定其必须选择规模为$\overline{l_{i+1}}h$ 的可配置单元，则称这种策略为约束型调度模式，此时 FPGA 的利用率最高。但当某一时刻任务所需的电路较为集中的时候，会导致任务的平均等待时间增加。如果规定大小介于$\overline{l_i}h$ 与$\overline{l_{i+1}}h$ 之间的电路可以选择任何规模等于$\overline{l_{i+1}}h$ 的可配置单元，则称这种策略为扩展型调度模式，此模式下 FPGA 的利用率会相应下降，但任务调度的灵活性能够得到提高，从而使任务的平均等待时间降低。

基于随机测试任务序列，对约束模式和扩展模式两种调度方法的性能进行评估，结果如图 5-6 所示。可以看出扩展模式调度方法在任务数较多的情况下，能够明显降低任务的平均等待时间。

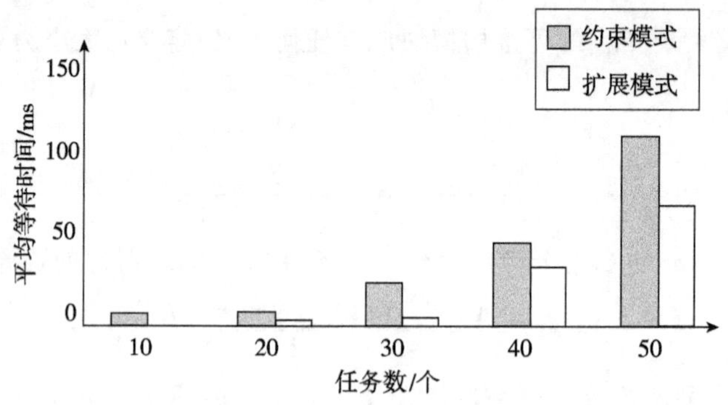

图 5-6　FPGA 资源调度策略性能评估

快速响应微小卫星要求综合电子系统具备多任务、多进程的并行处理能力和多种接口的适应能力。因此，基于上述 FPGA 资源规划与调度方法，提出一种由任务进程、实时操作系统、处理器和可重构硬件资源组成的综合电子系统体系结构。其中操作系统有效隔离了抽象的“任务进程”与底层的“FPGA 资源”，使 FPGA 资源的统一管理与调度成为可能。

该体系结构如图 5-7 所示，硬件包括存储单元、FPGA 和 PROM 型配置芯片三部分。其中 FPGA 的内部资源又被划分为主控单元和可配置单元阵列两个区域，主控单元由软核处理器、存储控制器、FPGA 内部配置端口和片内总线组成，在三百万门级 FPGA 中(如 Xilinx 系列的 XQR2V3000),主控单元只占用大约 8%的资源,片内绝大部分资源被划分成若干可配置单元,可配置单元能够通过预留总线接口实现与主控单元的通信。主控单元不但通过片内配置端口动态地分配与管理 FPGA 资源,并且可根据任务进程的具体需求将其配置成任意功能的数字电路。

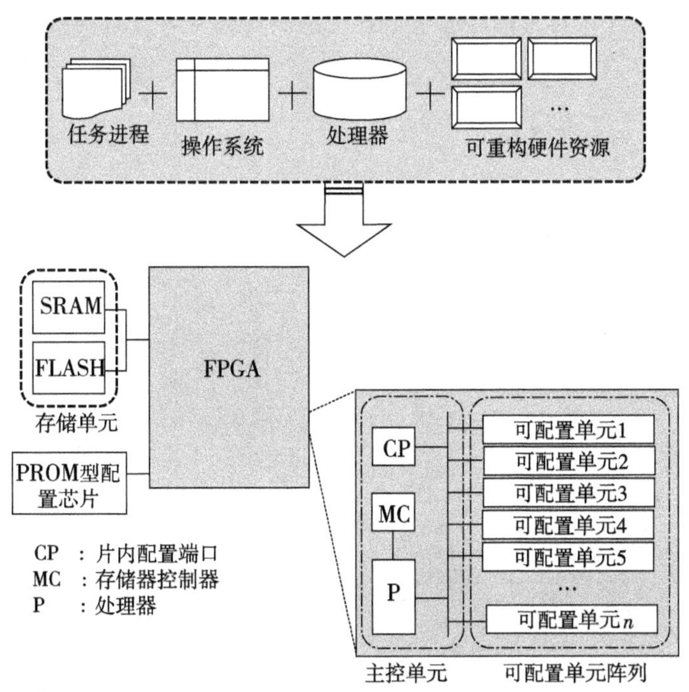

图 5-7　可重构综合电子系统体系结构

PROM 型配置芯片是系统的重构控制单元,负责重构模式的选择和 FPGA 的重构控制,需要有一定的“智能”,通常由辐射加固 MCU 或反熔丝 FPGA 实现。从可靠性角度讲 FPGA 和重构控制单元属于串行结构,无论是 FPGA 的失效还是重构控制单元的失效,都将导致系统整体的失效。基于此,主控单元集成了智能重构控制单元大部分功能,而电路结构保持不变,仅利用专用 PROM 型配置芯片完成 FPGA 电路的配置。专用 PROM 型配置芯片具有电路结构简洁、抗空间辐射能力强、配置稳定可靠等优点,不但能在卫星正常寿命期间保证系统的安全可靠,还具有很高的配置速度,经测试只需约 50ms 即能完成 FPGA 的配置。此外,在主控单元进行重构时,配置文件直接由处理器进行调用,所以与普通的可重构电子系统不同,该体系框架不需要额外的配置文件存储器,重构所需的配置信息可以与程序代码一起统一存放在同一块 Flash 中。

系统重构调度方案如图 5-8 所示,系统上电复位后,由配置芯片完成主控单元部分的配置,随后由主控单元中的处理器从 Flash 中加载软件程序并执行;当某个任务进程需要建立时,由其向操作系统提出相应功能电路的申请,操作系统则以可配置单元为中心对 FPGA 资源统一管理并分配所需的任务进程，继而按照任务需求将其配置成相应功能的电路，并提供所对应的驱动程序以便任务进程调用。此外，在任务进程处理完毕或被终止后，操作系统在删除任务的同时，还将对该任务所占用的 FPGA 资源进行统一回收，以供新的任务使用。这种动态的管理机制不但提高了 FPGA 资源的利用率，还赋予了可重构综合电子系统按照任务需求实时调整自身电路结构的能力。

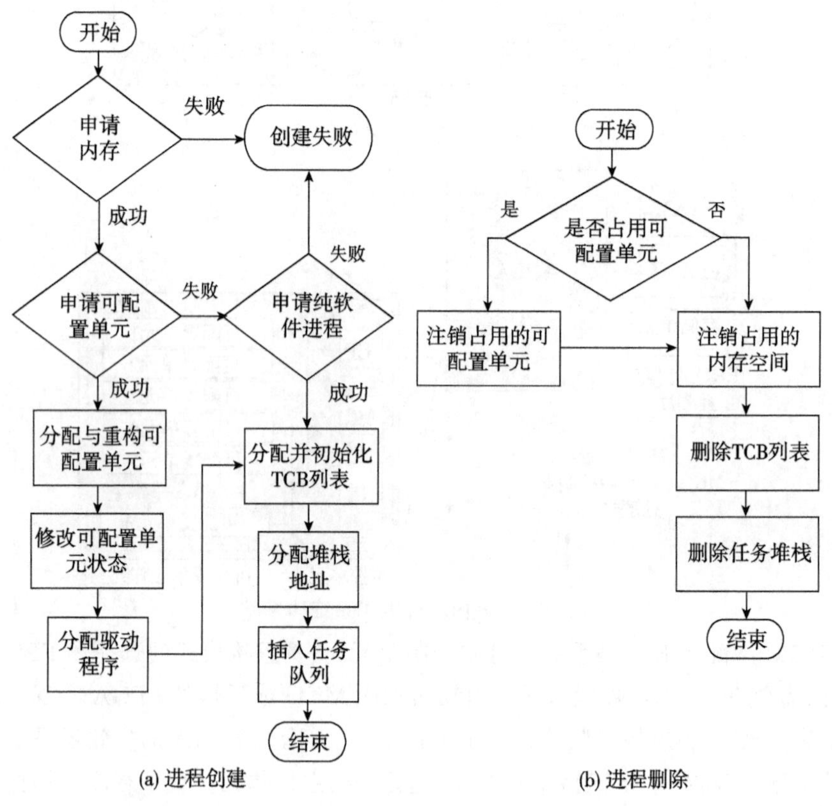

图 5-8　进程创建与删除流程

传统的可重构系统倾向于人工规划重构过程，即由设计者决定重构触发机制（什么时间或什么情况下进行重构）和重构管理机制（如何重构与重构成什么样的电路结构），并在具体实现时利用额外的智能控制器（如 MCU 等）按照预先的规划控制整个重构过程。人工干预的方法在任务数量较少且任务之间数据关联性较低时，能够简化系统结构、获得较高的 FPGA 资源利用率，还能够很好协调可重构系统中电路单元的空间与时间冲突。快速响应微小卫星的综合电子系统除了负责常规的星务管理、姿态/轨道控制外，还将负责诸如热控、测控、数传以及数据融合处理等传统下位机的工作，并且需要实时处理和执行应急任务，在这样一个多任务、多进程、多接口、强数据耦合的情况下，必须具备自主规划能力。

实时操作系统(如 vxworks)以软件进程的形式对任务进行调度和管理,但FPGA并不是传统意义上的计算机资源,操作系统并不具备对其的管理功能。因此为了实现 FPGA 资源的动态管理,不但需要对 FPGA 进行预先规划,还要对其实时操作系统进行改进。

为了掌握可配置单元的状态(空闲或占用),操作系统在初始化时对所有的可配置单元进行编码并建立索引链表,其中编码隐含了单元在 FPGA 内的位置信息,编码相邻的单元在 FPGA 内也是物理相邻的,在分配可配置单元时"First-Fit"策略可以有效减少资源碎片的产生。该策略实质上是根据编码号对可配置单元的优先级管理,即具有最小编码号的空闲可配置单元将被优先利用。通过对可配置单元的状态链表进行映射,可以不必轮询所有可配置单元的状态,在固定的时间周期内快速获得符合要求的空闲单元编号。

操作系统隔离了任务进程与 FPGA 的底层细节,使得软件程序不依赖于具体型号的 FPGA 器件,能够在不同设计之间方便地复用。而操作系统对任务进程的操作主要分为进程创建、进程执行和进程注销三种。同一个任务可以具有两种进程:一是具有硬件电路支持的高效进程;二是与传统进程相同的纯软件进程。这是针对快速响应微小卫星任务进程多而特殊设计的,当 FPGA 不能为所有任务同时提供足够的资源时,在保证实时性的前提下,某些对硬件解算单元需求迫切性较低的任务可以转由纯软件实现。因此,当系统内尚有足够的空闲 FPGA 资源时,操作系统将优先建立具有硬件电路支持的进程以提高任务的执行效率;而空闲 FPGA 资源不足时,操作系统将转而建立纯软件进程,以保证星上任务的实时性。

具体的进程创建流程如图 5-8(a)所示,操作系统首先在内存中为程序开辟出空间,然后如果系统尚有足够的空闲可配置单元,操作系统将其分配给待创建的进程并通过 FPGA 片内配置端口将其配置成相应功能的电路;而如果没有足够的可重构硬件资源,操作系统将自动创建纯软件的进程。而当某一任务运行结束后,如图5-8(b)所示,操作系统首先将收回该进程占用的 FPGA 资源并释放内存空间,然后删除进程的 TCB 列表和堆栈。

5.1.3　可重构综合电子系统的故障处理方法

卫星在轨工作时,空间的高能粒子会导致可重构综合电子系统的半导体器件失效,对于 FPGA 而言,辐射损伤分为暂时性和永久性两类,其中暂时性损伤又被称为软错误,即当损伤发生后电路的结构和功能将被改变,直到 FPGA 被重构或是复位;而永久性损伤又被称为硬错误,这类损伤发生后,FPGA 中电路结构和功能将被永久改变[7]。

在可重构综合电子系统体系结构中,可配置单元与任务进程一一对应。如图5-9所示,当某个单元发生暂时性损伤后,其对应的电路功能将被改变,而调用该单元的任务进程也将伴随出现错误。与 FPGA 底层单元的失效相比任务进程的错误较为宏观,可以由专门的故障检测算法进行识别。当在任务层面检测到某个进程出现错误后,可以通过索引关系立刻找到对应的 FPGA 重构资源块,并且在对错误进程重建的同时,操作系统将为进程重新分配可用的 FPGA 资源。当损伤的 FPGA 资源块重新启用时,由于进程的创建包含了对 FPGA 的配置过程,所以损伤的部分将被自动修复。

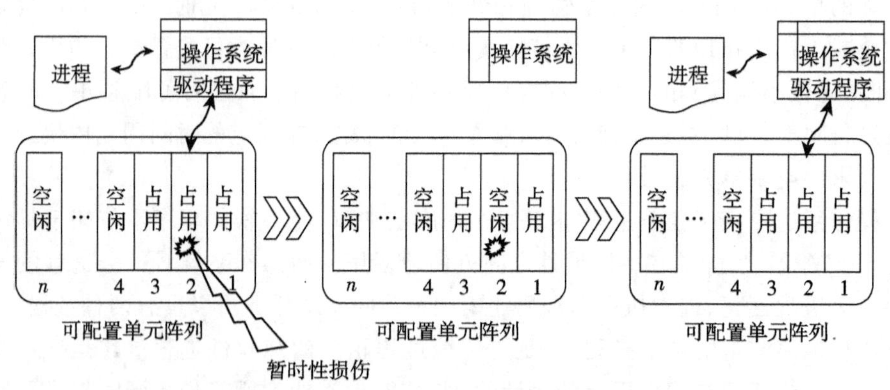

图 5-9 可重构综合电子系统暂时性损伤的处理

如果某可配置单元在多次重构后均出现错误,则可判定在该单元的 FPGA 资源范围内有永久性损伤发生。如图 5-10 所示,操作系统将会把该单元永久性地从资源链表中删除,并用另一个空闲的单元替代失效的单元。由于同等规模的可配置单元彼此互为冗余且由操作系统动态管理,少量的缺失不会对计算机性能造成明显影响。

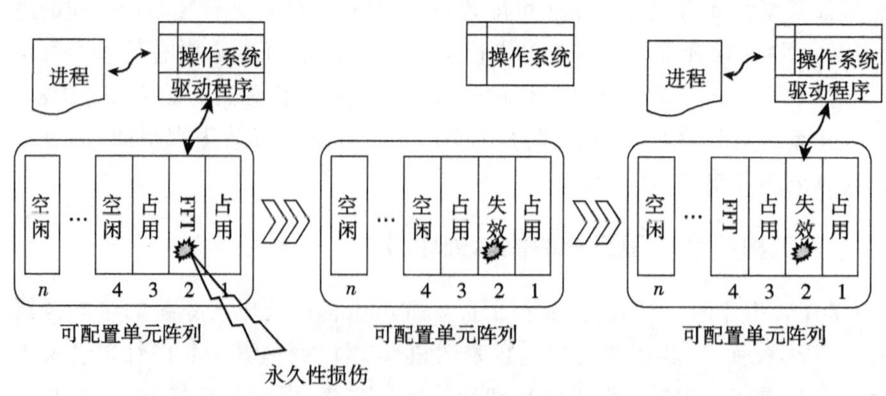

图 5-10 重构综合电子系统永久性损伤的修复

对 FPGA 资源的预先规划和动态调度是对其永久性损伤在线修复的基础。针对 FPGA 内部资源的划分,可以在硬件上实现对损伤单元的物理隔离;针对 FPGA 资源的动态调度,可以利用内部冗余资源替代损伤部分的功能。设 FPGA 内部共有

T 个 CLB，主控单元占用了其中的 C 个，可配置单元阵列占用了其中的 $k \times h \times \sum_{i=1}^{m} \overline{l_i}$ 个，空闲的 CLB 数量共计 f 个，三者满足如下关系。

$$T = C + k \times h \times \sum_{i=1}^{m} \overline{l_i} + f \tag{5-10}$$

由于 FPGA 的永久性损伤不能被清除，随着时间的增加损伤的点数也将随之积累。当前时刻 FPGA 内的损伤点数为 w，如果主控单元包含任何一个损伤点，则系统将整体失效，FPGA 的利用率降为 0。而主控单元至少包含一个损伤点的概率 P_c 为

$$P_c = 1 - \left| \frac{T - C}{T} \right|^w \tag{5-11}$$

对于规模为 $h\overline{l_i}$ 的可配置单元，至少包含一个损伤点的概率 $P_{\overline{l_i}}$ 为

$$P_{\overline{l_i}} = 1 - \left| \frac{T - h\overline{l_i}}{T} \right|^w \tag{5-12}$$

当可配置单元内包含任何一个损伤点时该单元将失效，可配置单元的失效不会对其他单元造成影响，当规模为 $h\overline{l_i}$ 的可配置单元失效后，相应 FPGA 的利用率 $R_{\overline{l_i}}$ 为

$$R_{\overline{l_i}} = \frac{T - C - h\overline{l_i} - f}{T - C} \tag{5-13}$$

因此，在 w 点永久性损伤的情况下，系统对 FPGA 的整体利用率 P 为

$$P = (1 - P_c) \times \prod_{i=0}^{m} R_{\overline{l_i}}^{\;k \times P_{\overline{l_i}}} \tag{5-14}$$

5.2　可重构综合电子系统快速重构与可靠性设计

可重构综合电子系统的重构速度取决于配置文件的生成时间和 FPGA 的配置时间。其中 FPGA 的配置时间由芯片类型和配置方式决定，为实现快速重构主要方式就是缩短配置文件的生成时间。可重构综合电子系统是柔性化平台的核心，必须具有高可靠性，为此，本节将基于等寿命设计方法探讨其可靠性设计问题。

5.2.1　基于混合遗传算法的重构任务快速规划

FPGA 同一时刻所能容纳的算法规模受到可编程硬件资源总量的限制，而重构任务规划生成系统所执行的算法规模通常较为庞大，因此，通常的做法是将整个任务拆分为若干硬件资源耗费较少、彼此之间具有关联性（任务之间需要传递数据）和依赖性（一个任务必须在另一个或几个任务执行完成后才能开始执行）的子任务再进行处理。

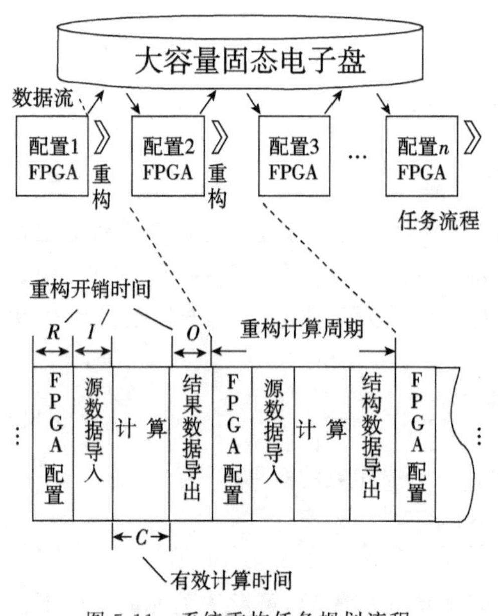

图 5-11 系统重构任务规划流程

符合依赖性约束并对可重构资源需求不大于 FPGA 容量的子任务集合称为 FPGA 的有效配置，如图 5-11 所示。基于 FPGA 进行任务规划时，需要重新刷入新的配置文件实现功能的切换。FPGA 重构时，属于前一个配置的数据将会消失。因此，需要在重构前将临时数据通过高速总线送入大容量存储器，将 FPGA和高速内存等资源腾出供重构后的任务调用。在 FPGA 完成重构后，进行计算之前，需要将相关数据从外部存储器读出并导入，重构配置时间和数据吞吐时间，两者共同构成额外的重构时间开销[8]。

假设任务流程共包括 m 个有效配置，则 FPGA 的工作周期 T_k 为

$$T_i = R_i + I_i + C_i + O_i \quad (i \in [1, m]) \tag{5-15}$$

式中，R 为 FPGA 配置时间；I 为待处理数据导入时间；C 为计算时间；O 为计算结果数据导出的时间。

任务调度的目的是在满足 FPGA 资源和任务依赖性约束的前提下，通过对任务流的合理划分，使得附加时间开销在整个任务周期 T 中（$T = T_1 + T_2 + \cdots T_m$）所占比例最小，即

$$\min f(x) = \sum_{i=1}^{m} (T_i - C_i) = \sum_{i=1}^{m} (R_i + I_i + O_i) \tag{5-16}$$

FPGA 型号确定后，重构配置时间 T_c 为常数，因此重构次数决定总的配置时间开销 R。

$$R = \sum_{i=1}^{m} R_i = m \times T_c \tag{5-17}$$

处于同一个有效配置的子任务，经过 FIFO 缓存设计，在理想情况下彼此之间的数据通信可以由流水线（pipeline）在片内高速实现，本文中将其忽略。两个有效配置间需要传递的数据，需要进行两次传输（从固态存储器导入/导出各一次）。若总线带宽 B 为常数，则数据吞吐量 H 将决定任务全流程的通信时间开销 C。

$$C = \sum_{i=1}^{m} (I_i + O_i) = 2 \times H/B \tag{5-18}$$

FPGA 任务调度优化问题可以等价为，在满足任务依赖性约束和资源约束的前

提下，确定任务流中所有子任务的有效配置，使 $f(x)$ 最小化。

复杂任务可以拆分为 n 个子任务组成的任务流，利用 DAG:$G=(V,A)$ 可以描述任务流，如图 5-12 所示。V 代表子任务的集合(与图中节点对应)；每个节点对应的 FPGA 资源占用向量为 M(M_i 表示节点 V_i 的资源占用量)；A 表示任务间的数据流与边对应；定义数据流矩阵 $D_{n\times n}$($D(i,j)$表示节点 i 到 j 的数据量)。

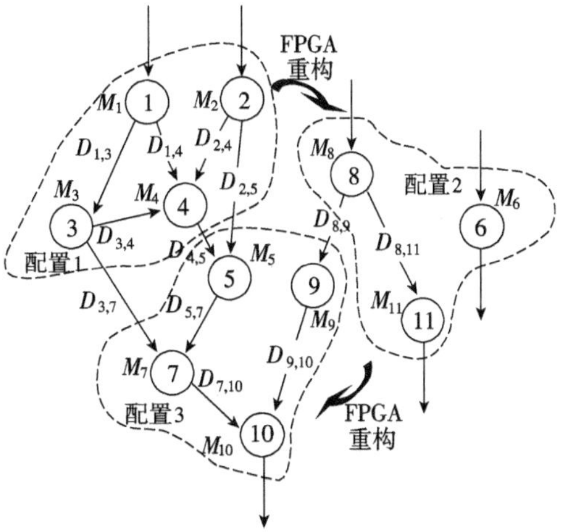

图 5-12　基于 DAG 的 FPGA 任务调度描述

基于任务流的 DAG 模型，FPGA 任务调度等同于对图进行割集划分。每个割集包含若干任务节点，对应 FPGA 一个配置。定义配置向量 F，F_i 表示 V_i 对应的配置编号，同一割集内的任务节点具有同样的配置编号，整个流程的 FPGA 重构次数 m 满足

$$m=\max(F_i,i\in[1,n])\quad(m\in[1,n])\tag{5-19}$$

基于 DAG 虽然可以随意创建任务割集，但只有满足以下约束的割集才能称为有效割集。

(1)资源约束：同一割集所有节点所需的可重构资源之和，不大于 FPGA 资源总量；

(2)依赖性约束：当前割集中任一节点的先辈节点，不能属于后继配置；

(3)唯一性约束：DAG 中每个节点只能属于唯一的割集；

(4)完备性约束：DAG 中不存在没有划分的节点。

每一有效割集对应一个 FPGA 的有效配置，因此，任务调度问题可转化为 DAG 割集优化问题，其数学模型如下。

$$\begin{cases}\min f(x)=\sum\limits_{i=1}^{m}(R_i+I_i+O_i)\\ \sum\limits_{i=1}^{n}(F_i==j)M_i\leqslant \text{FPGA\_resource}\quad(j\in[1,m])\\ \text{if}(D(i,j)\neq 0)\\ F_i\leqslant F_j\quad(i\in[1,n],j\in[1,n])\end{cases}\tag{5-20}$$

当 V_i 与 V_j 有数据传递关系时 $D(i,j)\geqslant 0$，V_i 必须属于 V_j 的同一割集($F_i=F_j$)或前导割集($F_i<F_j$)。

该模型具有非线性和约束复杂的特点，遗传算法(GA)不要求目标函数具有连续

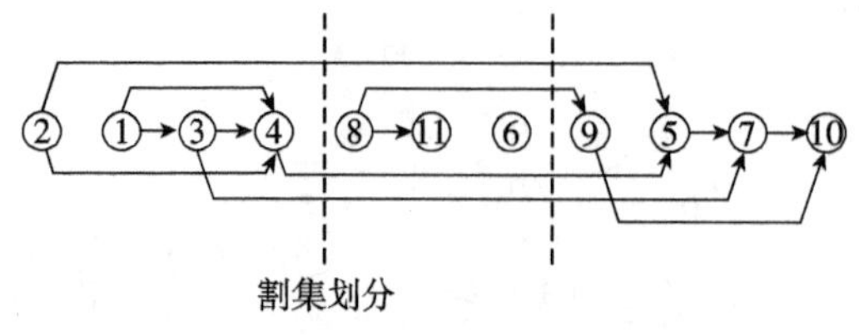

图 5-13　DAG 的拓扑排序和割集划分

性和可微性，可应用于该优化问题的求解，但需在编码规则中附加节点的依赖性信息[9]。拓扑排序(topological sort，TS)是对 DAG 中所有节点的线性排序，如图 5-13 所示，当$(i,j)\in A$，且 V_i 的优先级高于 V_j 时，则 V_i 必在 V_j 的左边出现。拓扑排序后，能够保证 A 中所有边均从左到右排列，进而满足数据的依赖性约束。TS 的 $k\in[1,n-1]$次划分能够生成 $k+1$ 个任务割集，若所有割集均能满足 FPGA 资源约束，即为可行解。

图 5-14 所示为一个 n 节点 DAG(以图 5-3 中 DAG 为例)，基因编码 G 的长度为 $2n-1$。

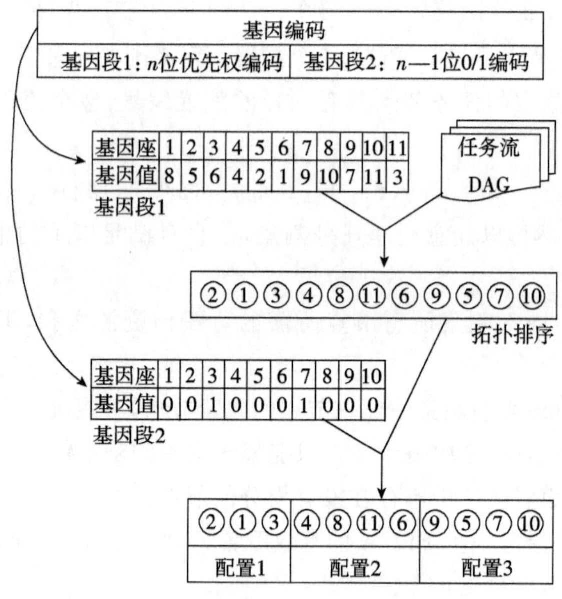

图 5-14　基于优先级的遗传算子编码

基因段 1 的 $G_i(i\in[1,n])$为基于优先级的实数编码，用于生成拓扑排序 S；基因段 2 的 $G_i(i\in[n+1,2n-1])$为二进制编码，用于生成任务割集。基因段 1 的基因座对应任务节点编号，基因值是$[1,n]$的唯一值，越大优先级越高。定义 E 为节点入度，$i\in[1,n]$为 G 中对应节点的输入数量。基因段 1 和 E 可以生成 G 的一个唯一拓扑排序，算法如下：

```
Input:E,G_i i∈[1,n],D
Output:S
for i= 1 to n do
    Q= assemble of k,where E_k k∈[1,n]equal 0;
```

```
    E(i)= m,where Gm is the largest from m∈ Q;
    for j= 1 to n do
        if D(E(i),j)≠0
           Ej--;
        end
    end
    ES(i) = - 1;
end
```

基因段2的基因座对应 S 的分割点，n 个节点最多能创建 n 个割集，因此，片段2的基因座最多有 $n-1$ 个。基因段2的基因值采用二进制编码，值为1表示在 S 对应位置插入分割，进而生成配置向量 C。

同一代种群中不同个体对应的最大函数值为 $f_{\max}$，最小值为 $f_{\min}$。为了使算法在求解时沿正确的方向优化，定义超出约束的FPGA资源消耗为惩罚函数 $p(x)$，种群中惩罚函数最大值为 $p_{\max}$。通常目标函数与惩罚函数值不在一个数量级上，常规的线性适应度函数结构为

$$F(x)=f(x)+kp(x) \tag{5-21}$$

其中，k 为惩罚常数。因此在惩罚函数值较小时无法获得足够的惩罚力度，难以保证算法收敛到最优可行解，为此，定义目标满意度函数与约束满意度函数为

$$f_{\text{sat}}(x)=\frac{f_{\max}-f(x)}{f_{\max}-f_{\min}} \tag{5-22}$$

$$p_{\text{sat}}(x)=\frac{p_{\max}-p(x)}{p_{\max}} \tag{5-23}$$

目标满意度函数和约束满意度函数将目标函数与惩罚函数值进行了归一化处理，保证了惩罚力度能够对函数收敛方向产生足够影响。对于约束满意度函数 $p_{\text{sat}}(x)\in[0,1]$，同一代种群中，FPGA资源需求超出总量最多的个体($\max(p(x))$)具有最低的满意度，即 $p_{\text{sat}}(x)=0$，没有违反约束的个体 $p_{\text{sat}}(x)=1$。

定义新的适应度函数为

$$F(x)=f_{\text{sat}}(x)p_{\text{sat}}(x)^{\frac{m\cdot(kt-1)}{t}} \tag{5-24}$$

式中，m 为同代个体中无效解的比例；k 为惩罚系数；t 为进化的代数。

交叉算子的作用是基于父代基因生成子代基因。优先级编码的基因值是$[1,n]$的唯一值，而常规的单点、多点等交叉算子无法保证子代编码基因值的唯一性。故而，采用基于基因座的位置交叉算法实现基因片段1的交叉，如图5-15所示。

算法首先随机生成0/1的二进制交叉模板，然后从父代1中按照模板中1的位置提取对应的基因值，再对父代2进行从左到右扫描填充余下的基因值，进而生成子代1；从父代2中按照模板中1的位置提取对应的基因值，再对父代1进行从左到右扫描填充余下的基因值，进而生成子代2。对于片段2的0/1编码则采用常规的多

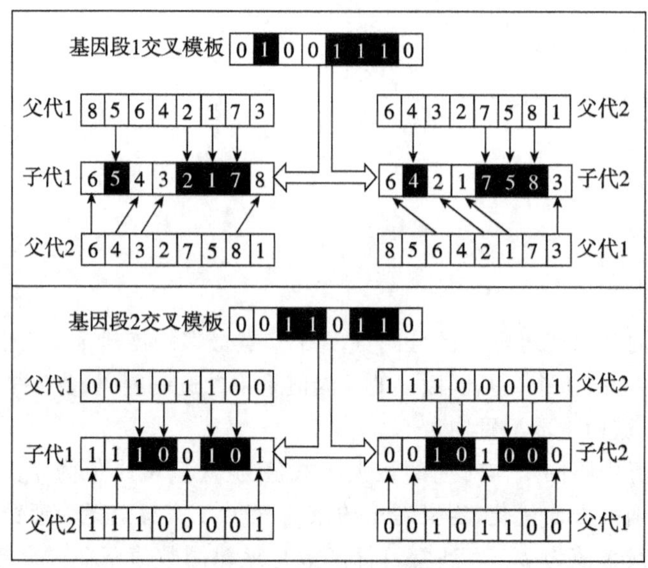

图 5-15 交叉算子示意图

点交叉算法。

多次迭代后，种群多样性减少容易导致算法过早收敛，随机突变产生的个体往往适应度较低，经选择算子过滤后难以进入子代种群，无法很好保证算法的收敛方向。针对该问题，在随机突变算子的基础上增加局部搜索环节，即对突变后基因的临域进行搜索，从中寻找突变个体的改进值，具体算法如下。

```
Input:gen,k
Output:refine_gen
part1= {gen₁,gen₂…genₙ};
part2= {genₙ₊₁,genₙ₊₂…gen₂ₙ₋₁};
create random array local1= {local1₁, local1₂…local1ₖ₊₁};
create random array local2= {local2₁, local2₂…local2ₖ};
for i= 1 to k do
    new_part1ᵢ= part1 swap part1(local1ₖ₊₁) and part1(local1ᵢ);
    new_part2ᵢ= part2 replace part2(local1ₖ) with 1- part2(local1ₖ);
end
for i= 1 to k do
    for j= 1 to k do
        new_gen₍ᵢ₋₁₎ₖ₊ⱼ= {new_part1ᵢ, new_part2ⱼ};
    end
end
refine_gen = best new_gen, the gen has min f(new_genᵢ), i∈[1,n]
```

基因的临域为针对随机选择的突变点一定范围内的基因进行遍历搜索，寻找最优基因。临域越大则局部搜索的效果越好，但是计算量越大，根据仿真结果，临域规模参数 $k=3$ 或 4 较为适合。

因为对目标函数和惩罚函数进行了归一化处理，种群个体适应度的差距被缩小，单纯的赌轮选择可能会遗漏当前种群中的最优解。为此，采用最优选择和赌轮选择相结合的方式选择算子，首先保证当前种群中一定比例的最优解被选择，剩余空缺则采用赌轮选择生成，最终通过合并两种算法的结果，生成最终的后代种群。

整体的算法如下。

(1)初始化，生成初始随机种群 ADAM(t)，进化代数 $t=0$；

(2)根据交叉算子基于 ADAM(t)生成种群 EVA(t)；

(3)根据局部搜索突变算子基于 ADAM(t)和 EVA(t)生成 GAIN(t)；

(4)根据选择算子基于 ADAM(t)、EVA(t)、GAIN(t)生成 ADAM($t+1$)；

(5)若满足终止条件停止进化，否则转入(2)。

算法满足终止条件后，根据收敛结果可得到整体任务流的配置向量 C，进而通过 FPGA 有效配置的割集划分实现了任务的调度优化。

5.2.2　可重构综合电子系统等寿命优化设计

基于快速响应任务的具体要求(如成本、体积、重量、寿命和可靠性等)以及综合电子系统部组件的货架产品，可进行可重构综合电子系统的快速集成。在货架产品中同功能部件有多种选型，具有不同的价格、重量、体积和可靠性。假定对于第 i 类部件的第 j 种选型，价格成本用 P_{ij} 表示，重量用 M_{ij} 表示，体积用 V_{ij} 表示，可靠性用 R_{ij} 表示。同类部件可以通过冗余提高可靠性，但是不同部件之间是功能独立的串行结构[10]。

在集成可重构综合电子系统后，除必须满足其体积、重量和性能的基本要求外，还需要保证在预期寿命内具有足够的可靠性，同时研制成本最低。等寿命的可靠性设计是实现上述目标的一种有效方法，可以使各部件在预期寿命内的可靠性趋于一致，在最大程度上消除系统的可靠性短板。

可重构综合电子系统等寿命优化问题可以用下面的非线性混合整数规划模型表示。

$$\min f_1(C,N)=\sqrt{\frac{\sum_{i=1}^{n}\left[1-\left(1-R_{iC_i}\right)^{N_i}-R_{\text{aim}}{}^{1/n}\right]^2}{n}} \tag{5-25}$$

$$\min f_2(C,N)=\sum_{i=1}^{n}P_{iC_i}\left(N_i+\mathrm{e}^{N_i/4}\right) \tag{5-26}$$

$$G_1(C,N)=\sum_{i=1}^{n}W_{iC_i}N_i\mathrm{e}^{N_i/4}\leqslant W_{\text{aim}} \tag{5-27}$$

$$G_2(C,N)=\sum_{i=1}^{n}V_{iC_i}N_i\leqslant V_{\text{aim}} \tag{5-28}$$

$$G_3(C,N)=\prod_{i=1}^{n}\left[1-\left(1-R_{iC_i}\right)^{N_i}\right]\leqslant R_{\text{aim}} \tag{5-29}$$

$$1\leqslant N_i\leqslant 5\quad (i=1,\cdots,n) \tag{5-30}$$

其中，N_i 是部件 i 的冗余数量，$N=\{N_1,N_2,\cdots,N_n\}$；C_i 是部件 i 的选型编号，$C=\{C_1,C_2,\cdots,C_n\}$；$f_1(C,N)$是在冗余部件为 C 和冗余数量为 N 的情况下，部件可靠性的均方差；$f_2(C,N)$是在冗余部件为 C 和冗余数量为 N 的情况下，系统总价格成本；等寿命设计需要在满足整体可靠性指标的前提下，让串联系统各个环节的可靠性趋于相等。此外，式中 R_{aim}是预定寿命内的预期可靠性；W_{aim}和 V_{aim}分别是系统的质量和体积上限。

下面采用遗传算法求解上述的多目标优化问题。遗传算法通过交叉、突变等算子对初始种群的潜在可行方向进行随机搜索，经过多次迭代后获取种群中的最优解。种群中每一个个体由一串编码表示，在可重构综合电子系统等寿命优化问题中，遗传编码需要包含部件的选型和冗余数量，因此采用二维编码方式，如图 5-16 所示。基因编码的基因座与部件编号一一对应。基因编码的第一维表示部件的选型，因为产品库中同一类部件能提供的选型数量不同，所以基因值 $i\leqslant C_i\max$($C_i\max$：部件 i 提供的类型数量)。编码第二维表示部件的冗余数量(假定同类部件不同型号不允许混合冗余)，基因值 $j\leqslant N_i\max$($N_i\max$：部件 i 允许的冗余数量)。例如系统中共有 n 个部件，则每个个体的基因包含 $2n$ 位自然数，每一个基因对应一个潜在可行解。同时，如果种群规模为 m，则种群的编码规模为 $2mn$。

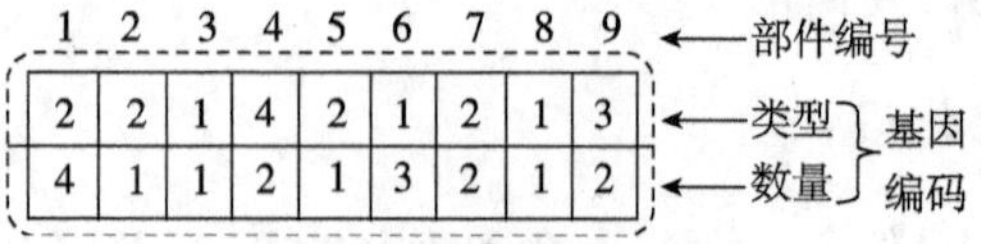

1	2	3	4	5	6	7	8	9	←部件编号	
2	2	1	4	2	1	2	1	3	←类型	基因
4	1	1	2	1	3	2	1	2	←数量	编码

图 5-16　遗传编码示意图

生成 m 个初始个体(即种群规模为 m)，初始种群记为 adam，种群中个体记为 adam_i，$i=1,2,\cdots,m$。为了保证种群在解空间的覆盖均匀性，采用基于拉丁方的种群初始化方法。

在每一次迭代中保持种群规模为 m，迭代产生新的种群记为 pop，第 i 代种群即为 pop_i。pop_i 包含了同一代个体的编码，记为 gen_i ($i\in[1,m]$)。

对于综合电子系统等寿命优化问题，通常两个目标函数的函数值量级不相同。在约束函数值较小时，难以对算法的收敛方向产生足够影响。为了解决该问题，定义目标满意度函数和约束满意度函数对函数值进行归一化处理。

可靠性方差满意度函数为

$$f_1\max=\max f_1(\text{gen}_i)\quad (i\in[1,m]) \tag{5-31}$$

$$f_1\min=\min f_1(\text{gen}_i)\quad (i\in[1,m]) \tag{5-32}$$

$$f_1\text{sat}(\text{gen}_i)=\frac{f_1\max-f_1(\text{gen}_i)}{f_1\max-f_1\min}\quad (i\in[1,m]) \tag{5-33}$$

式中，$f_1\max$ 是同一代种群中可靠性均方差的最大值；与之对应 $f_1\min$ 是可靠性均方差的最小值；因为 f_1 的优化目标是最小化，式(5-33)为归一化后的满意度函数(函数值区间[0,1])。

价格成本满意度函数为

$$f_2\max=\max f_2(\text{gen}_i)\quad (i\in[1,m]) \tag{5-34}$$

$$f_2\min=\min f_2(\text{gen}_i)\quad (i\in[1,m]) \tag{5-35}$$

$$f_2\text{sat}(\text{gen}_i)=\frac{f_2\max-f_2(\text{gen}_i)}{f_2\max-f_2\min}\quad (i\in[1,m]) \tag{5-36}$$

其中，$f_2\max$ 是同一代种群中个体的价格成本最大值；与之对应 $f_2\min$ 是价格成本最小值；f_2 的优化目标是最小化，式(5-36)为归一化后的满意度函数(函数值区间[0,1])。

体积约束满意度函数为

$$\begin{cases} V_i=f_V(\text{gen}_i)-V_{\text{aim}}, & \text{if}(f_V(\text{gen}_i)\geqslant V_{\text{aim}}) \\ V_i=0, & \text{if}(f_V(\text{gen}_i)<V_{\text{aim}}) \end{cases} \tag{5-37}$$

$$f_V\max=\max f_V(\text{gen}_i)\quad (i\in[1,m]) \tag{5-38}$$

$$f_V\text{sat}(\text{gen}_i)=\frac{f_V\max-f_V(\text{gen}_i)}{f_V\max}\quad (i\in[1,m]) \tag{5-39}$$

系统的体积超出体积约束 V_{aim} 时，V_i 为体积约束的超出量，反之 V_i 为 0；$f_V\max$ 为同一代种群的个体超出体积约束的最大值；式(5-39)为归一化后的体积约束满意度函数(函数值区间[0,1])。

重量约束满意度函数为

$$\begin{cases} W_i=f_W(\text{gen}_i)-W_{\text{aim}}, & \text{if}(f_W(\text{gen}_i)\geqslant W_{\text{aim}}) \\ W_i=0, & \text{if}(f_W(\text{gen}_i)<W_{\text{aim}}) \end{cases} \tag{5-40}$$

$$f_W\max=\max f_W(\text{gen}_i)\quad (i\in[1,m]) \tag{5-41}$$

$$f_W\text{sat}(\text{gen}_i)=\frac{f_W\max-f_W(\text{gen}_i)}{f_W\max}\quad (i\in[1,m]) \tag{5-42}$$

系统的重量超出质量约束 W_{aim} 时，W_i 为约束超出量，反之 W_i 为 0；$f_W\max$ 为同一代种群的个体超出重量约束的最大值；式(5-42)为归一化后的重量约束满意度函数(函数值区间[0,1])。

可靠性约束满意度函数为

$$\begin{cases} R_i=R_{\text{aim}}-f_R(\text{gen}_i), & \text{if}(f_R(\text{gen}_i)\leqslant R_{\text{aim}}) \\ R_i=0, & \text{if}(f_R(\text{gen}_i)>R_{\text{aim}}) \end{cases} \tag{5-43}$$

$$f_R\max=\max f_R(\text{gen}_i)\quad (i\in[1,m]) \tag{5-44}$$

$$f_R\text{sat}(\text{gen}_i)=\frac{f_R\max-f_R(\text{gen}_i)}{f_R\max}\quad (i\in[1,m]) \tag{5-45}$$

系统可靠性低于目标约束 R_{aim} 时，R_i 为个体 i 的可靠性差距；式(5-45)为归一化后的可靠性约束满意度函数(函数值区间[0,1])。

在采用遗传算法进行多目标优化时，由于选择算子的原因，有限种群有时会收敛到一个非支配点上，这种现象称为遗传漂移(genetic drift)。为了避免遗传漂移问题，采用沿 Pareto 边界面的共享方法进行均匀采样。

定义 Pareto 个体的共享函数如下。

$$\mathrm{Sh}(d_{ij})\begin{cases}1-\left|\dfrac{d_{ij}}{\sigma}\right|^{\alpha}, & \text{if}(d_{ij}<\sigma) \quad (i,j\in[1,m]) \\ 0, & \text{if}(d_{ij}\geqslant\sigma) \quad (i,j\in[1,m])\end{cases} \tag{5-46}$$

其中，α 是分享常数(本节取 $\alpha=2$)；σ 是小生境半径，由期望的个体分离程度决定。根据共享函数，Pareto 解共享后的适应值 f'_i 为

$$f'_i=\frac{f_i}{\sum\limits_{j=1}^{m}\mathrm{Sh}(d_{ij})} \quad (i,j\in[1,m]) \tag{5-47}$$

Pareto 解的共享包含了自身，如果个体的小生境内只有自身，则共享后的适应值等于原始值，否则共享后的适应值将降低。

因为，对目标函数和约束函数值进行归一化处理，个体差距缩小，单纯的轮盘算法可能会遗漏当前种群中的最优解。为此选择算子采用轮盘算法和最优选择相结合的方式，其中轮盘算法先计算个体的相对适应度 F。

$$F_k=\frac{f_k}{\sum\limits_{j=1}^{m}f'_i} \quad (k\in[1,m]) \tag{5-48}$$

个体的相对适应度越大，被选中的概率越大。另外，为了保证最优个体一定能被选中，具有最高适应度的个体不参与转轮算法，直接进入下一次迭代。

交叉算子采用双点交叉的方式，具体如图 5-17 所示，按交叉概率选择两个父代个体，并随机选择两个节点，然后交换两个父代节点间的编码产生两个子代个体。

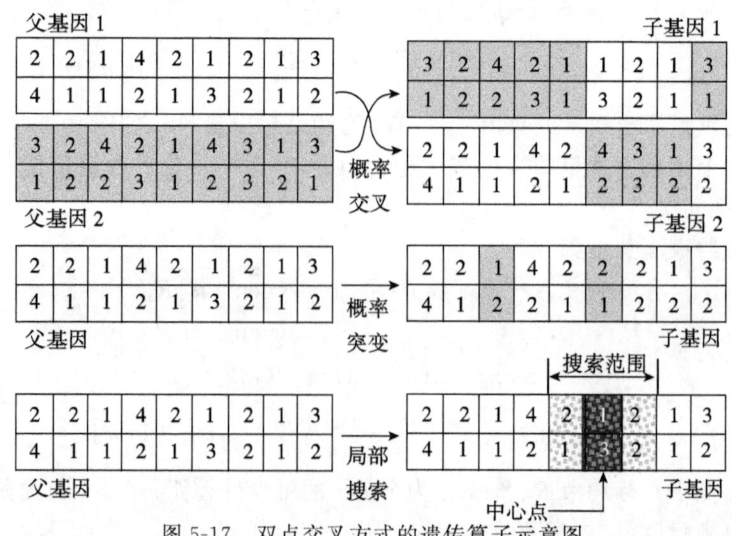

图 5-17　双点交叉方式的遗传算子示意图

在遗传算法多次迭代后趋于收敛,种群的多样性减少,可能出现早熟现象,使算法不能收敛到全局最优解。为了避免该问题,需要变异算子调整个体编码串中的部分基因值,达到提高种群多样性的目的。变异算子采用概率突变和局部搜索相结合的方式。概率突变是按变异概率选中个体中的任意一个节点,对该节点的数值进行随机重置。但是随机突变产生的个体往往适应度较低,经选择算子过滤后难以很好引导算法的收敛方向。为此增加局部搜索的突变方式加以补充,即对按概率选定的突变点邻域进行遍历,寻找该区域的最优个体作为突变结果。局部搜索的邻域越大效果越好,但计算量越大,大量仿真计算结果显示,邻域规模参数为3较为适合。

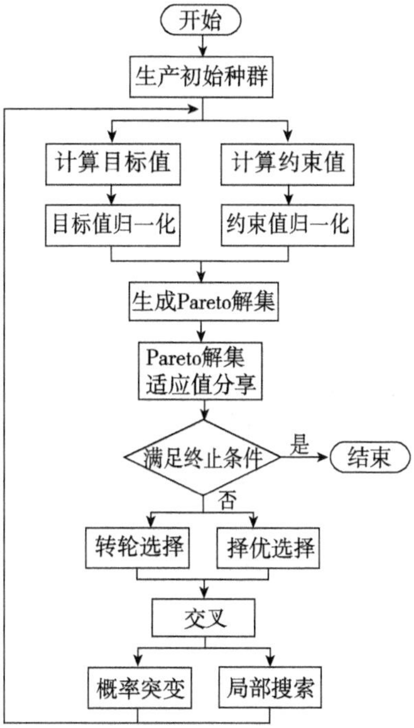

遗传算法的计算步骤如图5-18所示。

(1)初始化种群。

(2)分别计算目标函数值和约束函数值。

(3)生成 Pareto 解集。

(4)对 Pareto 解集进行适应值分享。

(5)判断是否满足终止条件。如满足停止迭代算法;如不满足继续迭代。

(6)经过选择算子、交叉算子和变异算子产生下一代种群,返回步骤(2)。

图5-18 采用遗传算法进行等寿命优化的流程

5.3 可重构综合电子系统的故障屏蔽与修复方法

可重构综合电子系统的核心器件 FPGA 是一种基于 SRAM 的半定制可编程器件,具有对空间辐射敏感的特性。宇宙空间中的高能射线(质子、重离子和γ光子等)会改变半导体元器件的电路结构,从而导致系统整体功能紊乱甚至失效[11,12]。为提高可重构综合电子系统的在轨可靠性,本节对 FPGA 的故障屏蔽与修复方法进行研究。

5.3.1 空间环境对 FPGA 的影响分析

可重构综合电子系统在轨工作时,其核心器件 FPGA 将不可避免的受到各种高能射线或粒子的影响。空间辐射对 FPGA 的损伤通常分为暂时性和永久性两类,暂时性损伤可以通过重构或掉电复位等方法修复,因此被称为软错误,而永久性损伤则会烧毁配置存储单元并将其永久性置“0”(sa0)或置“1”(sa1),从而导致 FPGA 功能的彻底改变，因此又被称为硬错误。单粒子翻转（SEU）是在星载电子系统中最常见的软错误，其产生原因是高速的铁族射线、质子、中子等粒子撞击到门电路的PN结，当粒子中的能量达到一定阈值后将导致芯片材料电离，并沿其运动轨迹产生瞬态电流。如果电流强度与电路原本存储的电荷相当，则门电路原本的状态将发生改变，这种改变既可以是从“0”到“1”，也可以从“1”到“0”。但随着门电路重新加载正确信息，SEU的影响将被消除。总剂量效应是在星载电子系统中最常见的硬错误，其产生原因是γ光子或高能离子在集成电路的栅与衬底之间的SiO_2中产生大量空穴（电子对），大部分空穴在正电场的作用下向SiO_2与Si界面扩散，并在SiO_2一侧形成界面陷阱电荷。陷阱电荷的积累将导致集成电路器件性能的下降，当电荷总量积累到一定程度后，其对应的器件将失效。这种失效是永久性的。因此，目前主要靠提高半导体器件的等级来避免总剂量效应，比如低等级的MOS器件中有约50％的空穴可以传递到界面，而高等级的辐射加固器件这一比例可以降至2％以下。

FPGA的内部结构如图5-19所示，主要包括可编程逻辑单元（CLB）和布线单元，其中CLB是FPGA的基本功能单元，主要由查找表（LUT）和寄存器组成。在FPGA中所有的逻辑功能都借助LUT实现，而布线单元则将设计所用到的CLB等资源连在一起。在FPGA中所有的可配置资源的配置端点都与片内配置存储器（大容量FPGA通常采用SRAM）的存储单元相连接，因此可重构综合电子系统的内部电路结构完全由其中存储的配置文件（bitstream）决定。

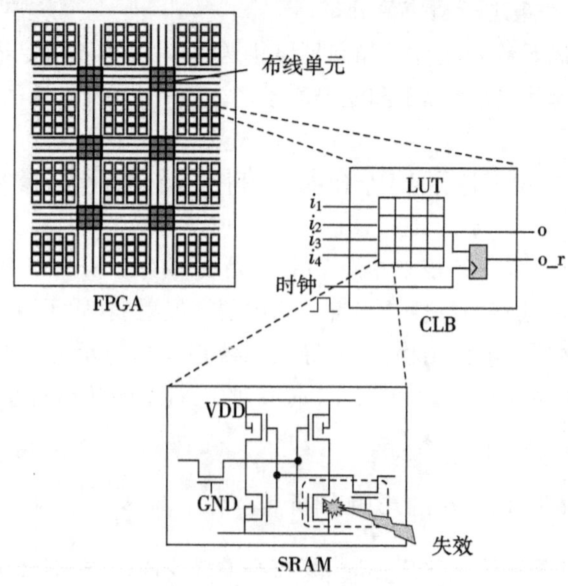

图5-19　FPGA内部结构及失效原理

在ASIC器件中SEU对组合逻辑电路的影响可以等同于瞬态脉冲或电流扰动；对时序电路的影响可以等同于寄存器翻转，并且翻转后错误的信息可以随着寄存器的重新载入而自动清除。而在 FPGA 中由于用户定义的电路结构都是由配置存储器(SRAM)中的存储信息决定的，所以当 SEU 发生在配置存储器内时，FPGA 所对应的电路结构也随之改变，并且由于 FPGA 的配置存储器只会在配置时刷新，因此，故障的影响将一直持续直到对 FPGA 进行重构。

在 FPGA 中辐射损伤造成的影响因损伤位置的不同而不同，在图 5-20 中给出了常见的损伤模型。

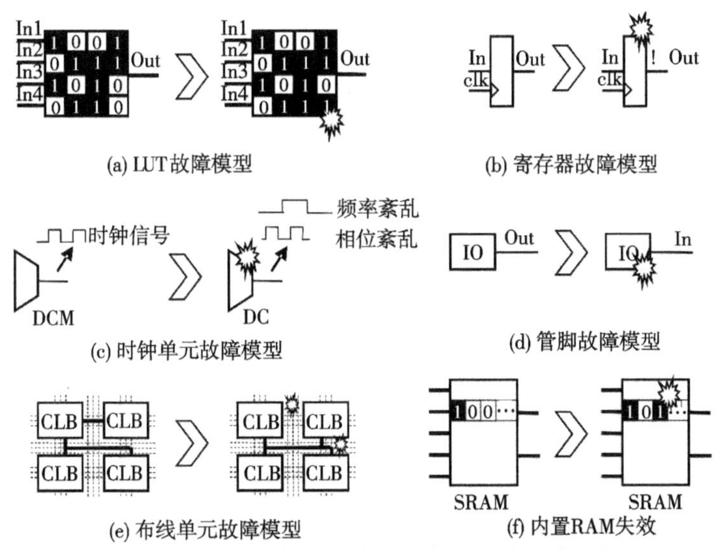

图 5-20　常见 FPGA 故障的损伤模型

CLB 中的查找表(LUT)负责 FPGA 的逻辑实现，因此图 5-20(a)所示辐射损伤将改变其配置列表，从而改变对应电路的功能，所以 LUT 的损伤模型可以等价为持续的信号干扰。CLB 中的寄存器(flip-flop)负责存储由前端产生的逻辑信号，如图 5-20(b)所示辐射损伤将翻转其中存储的电平信号，如果损伤类型为暂时性，则故障模型可以等价为持续一段时间的信号干扰；如果损伤类型为永久性，则故障模型可以等价为与高电平或地的短路。FPGA 中的时钟单元负责对外界提供时钟信号进行分频、倍频或相移等操作，如图 5-20(c)所示辐射损伤对其产生的故障模型可以等价为时钟的频率紊乱和相位紊乱。FPGA 的管脚负责与片外通信，可以按照需求被配置成输入(input)、输出(output)、输入输出(inout)、高阻、差分等类型，如图 5-20(d)所示管脚配置部分的辐射损伤将改变管脚的类型，其故障模型可以等价为板级的短路和断路。FPGA 中的布线单元负责连通各个 CLB 的信号互连，如图 5-20(e)所示布线单元部分的故障模型可以等价为片级的短路和断路。FPGA 的内置 RAM 也是一种重要的存储单元，如图 5-20(f)所示内置 RAM 的辐射损伤将改变其中存储的数据，其故障模型可以等价为在存储过程中的信号扰动。

5.3.2 FPGA容错有限状态机设计

传统的有限状态机(FSM)结构如图5-21所示，由状态转移电路、状态寄存器和逻辑输出电路三部分构成，其中状态转移电路和逻辑输出电路是组合逻辑电路。FPGA配置单元的SEU会改变配置文件的信息，导致组合逻辑电路功能紊乱，其影响与噪声等效。因为SEU属于软错误，所以对发生SEU的配置单元重新写入正确的配置信息，可以修复FPGA的组合逻辑电路[13]。

由于状态寄存器的存在，使得FSM成为时序电路。FPGA内的寄存器资源分布于每个可配置逻辑单元中，寄存器所存储的信息随着电路状态的改变而改变。FPGA内寄存器存储的值不能由配置单元内的信息直接控制，因此，动态重构无法发现和修复时序电路。有限状态机被广泛使用，如处理器的指令集译码电路就是一个有限状态机。本节提出一种利用FPGA内置RAM构建高可靠性FSM的方法，旨在兼顾FPGA资源占用量与功耗，提高FSM抗SEU的能力。

下面以交通信号灯控制器FSM为例对该设计方法进行说明。假定交通信号灯控制器FSM的状态流程(如图5-22所示)分为5个状态。FSM的输出为Hwy和Cnty，分别为两个2bit的控制信号。FSM每个状态所对应的输出如表5-1所示，通过按照{State，Hwy，Cntry}的格式进行编码，这样的源码编码中包含了FSM的状态信息和输出信息。接着将源码编码进行汉明码转换，可以得到能够纠正一位错误、检查两位错误的冗余校验编码。

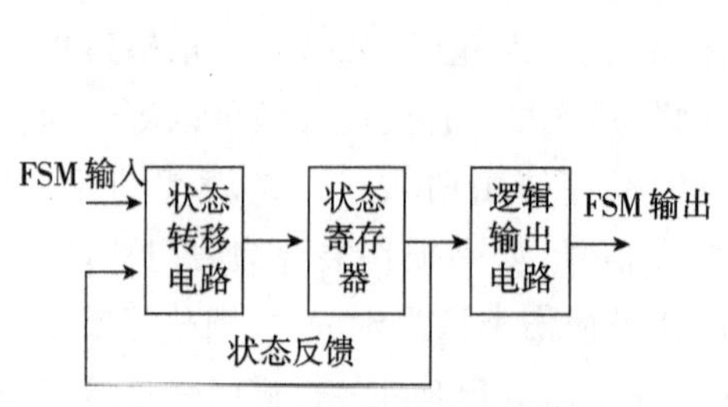

图5-21　传统有限状态机结构图

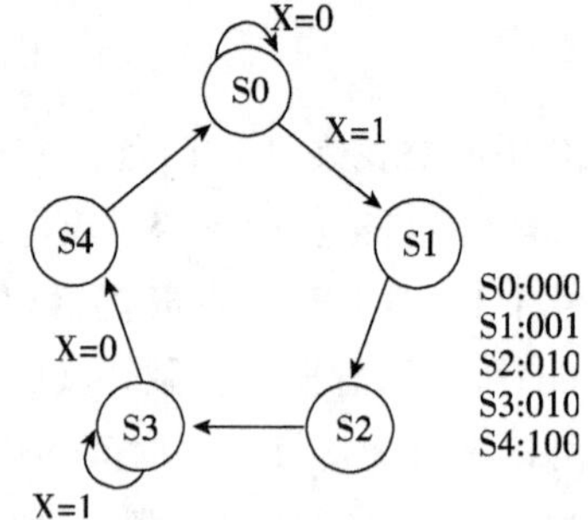

图5-22　交通信号灯控制器状态流程图

表5-1　有限状态机编码

状态	Hwy	Cntry	源码编码	汉明码编码
S0:000	10	00	0001000	110 1001 0000
S1:001	01	00	0010100	110 1010 1100
S2:010	00	00	0100000	100 1100 0000
S3:011	00	10	0110010	100 0110 1010
S4:100	00	01	1000001	001 0000 1001

在得到状态信息和输出信息的冗余校验码之后，利用 FPGA 内置 RAM 构建如图 5-23 所示的 FSM。如图 5-22 所示，当系统复位之后，FSM 默认进入 S0 状态，输出 Hwy＝2’b10，Cntry＝2’b00。而系统复位之后，RAM 的寻址地址归零，对应存储单元的值为 11’b11010010000，经过汉明码解码可以得到该值所对应的源码为 7’b0001000。从源码的编码原理可知，源码的第 0 和第 1 位是 Cntry 输出信号，第 2 位和第 3 位是 Hwy 输出信号，高 3 位为 FSM 的状态信息。因此可以将源码的低 4 位(4’b1000)作为 FSM 的输出，并将高 3 位(3’b000)作为状态信息反馈至 RAM 输入端，与输入 X 一起成为新的寻址地址。假设此时 X 为 1’b1，新的地址为 4’b0001。RAM 在地址 1 所对应的单元存储的值为 11’b11010101100，经过汉明码解码得源码 7’b0010100。从源码可以看出，状态信息为3’b001，输出 Hwy＝2’b01，输出 Cntry＝2’b00。以此类推，可以看出，基于 RAM 实现的 FSM 与图 5-22 所示的状态流程图完全吻合。

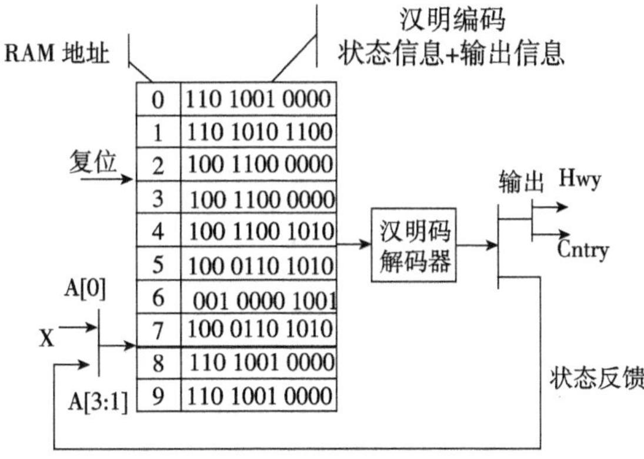

图 5-23　基于 RAM 实现的交通信号灯 FSM

基于 RAM 的 FSM 具有与状态机复杂度无关的固定结构。只需修改 RAM 存储的值就可以修改 FSM 的功能，适合于可重构综合电子系统 FSM 的构建与维护。此外，FPGA 的内置 RAM 是固定电路，相对可编程逻辑电路具有更低的功耗。

利用 FPGA 内置 RAM 构建的 FSM，将原本对 SEU 敏感的可编程逻辑电路，转化为由固定或是受保护(汉明码校验)的电路结构加以实现。在新的 FSM 结构中，RAM 存储单元实现了传统的状态寄存器和逻辑输出电路的功能，并通过对存储信息进行汉明码编码加以保护，对同一存储单元的单点 SEU 不会对功能造成任何影响。RAM 的地址译码电路实现了状态转移电路的功能。FPGA 内置 RAM 的地址译码电路结构固定，属于 ASIC 电路，TID 和 SEE 都很难对其造成影响，对空间辐射的抵抗能力较可编程单元显著提高。

对于输入位宽为 $n$bit、输出位宽为 $m$bit 的 FSM，FPGA 内置 RAM 的资源占用量为 $2^{(n+s)}(m+s+r)$。其中 s 和 r 分别为 FSM 的状态编码和汉明码校验码位宽。可以看出，输入位宽的增加会显著增加 FPGA 内置 RAM 的占用量，通过对输入信号的处理与合并可显著降低 FSM 的输入位宽[8]。对于具体的 FSM，状态编码和输出的位宽是固定的，所以汉明码校验码位宽 r 也是固定的，且有 $2^r \geqslant m+s+r+1$。基于 RAM 的 FSM 结构中，只有校验码解码电路由可编程逻辑实现。这部分电路结构简单并且固定，只对这部分电路进行三模冗余设计，可在有限增加资源开销的前提下，显著提高系统的可靠性。

虽然汉明码编码可以校正一位错误，但卫星长时间工作在空间辐射的环境下，很容易造成 RAM 内存储信息的错误积累。当存储单元两个以上不同位置发生 SEU 的时候，汉明码就失去了纠错能力。为了保障卫星长期运行的可靠性，避免因错误积累而失效，FSM 必须具有自动检错和纠错能力。

FPGA 的内置 RAM 通常均设计为双端口 RAM。双端口 RAM 具有两个读写端口，可以分别独立完成读写操作。利用双端口 RAM 的这一特性，可以构建高可靠性的 FSM，其结构如图 5-24 所示。端口 1 为只写端口，端口 2 为只读端口。当 RAM 的存储单元发生单点 SEU 后，通过校验电路汉明码解码，可以发现并纠正错误。将经过校正的编码中的输出信息作为 FSM 的输出，状态信息反馈至端口 2 的地址总线。校验电路在每个时钟周期通过寄存器缓存当前周期端口 2 的地址值。校验电路的地址缓存寄存器和校正后的编码分别与端口 1 的地址总线和数据总线相连。如果校验电路在当前时钟周期检测出 SEU，则在下一时钟周期将校正后的编码重新写入 RAM，覆盖 SEU 产生的错误。校验电路寄存器的值在每个时钟周期更新，不存在错误积累的问题。同时寄存器的位宽与端口 2 的地址总线的位宽相同(事实上与 FSM 输入的位宽相同即可)，资源占用少。所以单独对校验电路进行三模设计，不会显著增加 FPGA 的资源占用量。

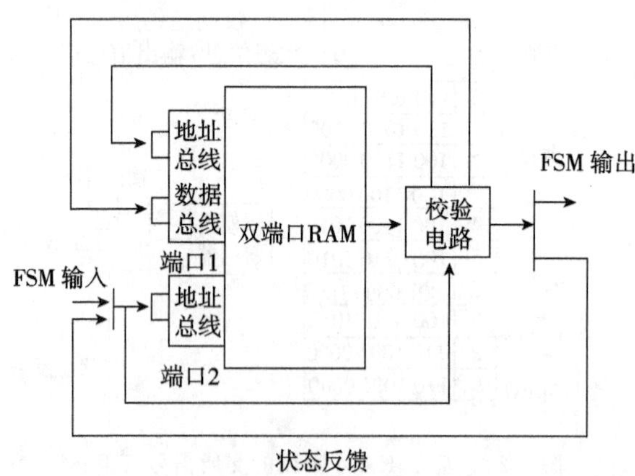

图 5-24　基于双端口 RAM 的抗辐射 FSM

图 5-24 所示的基于双端口 RAM 的 FSM 可以在一个时钟周期内自动纠正单点 SEU，但这种自动校验机制只对当前状态发生作用，所以在检错能力上尚有不足。卫星的某些状态是不定期进入的，对于 FSM 长时间不会进入的状态，在很长周期内都无法被汉明码校正，依然存在错误积累的可能。为解决这一问题，对图 5-24 中的 FSM 结构进行改进，改进后的周期校验抗辐射 FSM 结构如图 5-25 所示。通过外置看门狗，产生周期性的触发信号，触发 FSM 进入校验模式。在校验模式中，RAM 的输出与系统断开，只读端口地址总线切至单独的计数器。计数器

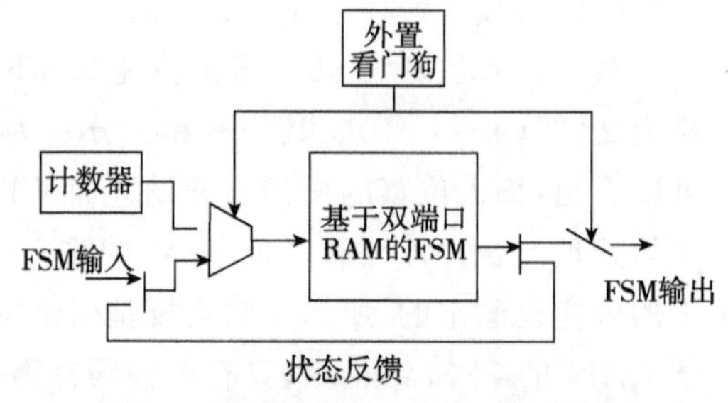

图 5-25　周期校验抗辐射 FSM 结构

从零开始递增计数，对 RAM 中的存储单元遍历。与此同时，校验电路依次对 RAM 的存储信息进行自动校验和纠正。当 RAM 中的存储单元遍历校验结束后，FSM 切回正常工作模式。在遍历校验时，FSM 处于控制中断状态，当系统工作在 100M 时钟频率时，对于 1KRAM 的遍历校验只需要 10μs 左右。而卫星的控制周期一般为数百毫秒，所以 FSM 遍历校验造成的短时间控制中断对系统性能的影响基本可以忽略。

基于可编程逻辑的传统结构 FSM 占用 176 个 LUT 和 104 个寄存器。如 XQR2V3000 型 FPGA 的 LUT 是 4 选 1 型，而 4 选 1 型 LUT 的功能由配置存储器中长度为 2^4bit 的配置文件决定。因此，传统结构 FSM 的 LUT 部分总计占用 $M_L=16\times176=2816$ 个存储单元，而寄存器部分占用 $M_F=104$ 个存储单元。

因为 FPGA 内的布尔电路结构求解属于 NP 完全问题，计算量极大，所以 FPGA 设计工具均采用启发式算法来加速求解，但采用启发式算法无法保证 FPGA 资源被完全利用。因此，不是所有在 LUT 配置文件部分发生的 SEU 都会引起电路功能异常。大量的试验结果表明：在 LUT 的配置文件中，大约 60%的存储单元发生的 SEU 会导致电路的功能失效。传统结构的 FSM 没有任何的容错机制，所以 LUT 部分和寄存器部分任何的功能失效都会导致 FSM 失效。FSM 失效会导致电路输出错误的控制信号，传统结构 FSM 的可靠性如式(5-49)所示，服从泊松分布。其中 λ 为存储单元 SEU 的发生率，从近地轨道卫星的飞行数据可得 $\lambda=48\times10^{-6}$ upsets/bit/day。

$$R_t=\ell^{-\lambda(0.6M_L+M_F)t} \tag{5-49}$$

三模冗余 FSM 可以屏蔽单机失效带来的错误输出。配合 FPGA 的动态重构，可进一步提高三模冗余 FSM 的可靠性。但 FPGA 动态重构只能修复配置存储器中的 SEU，对 FPGA 寄存器的失效无能为力。状态转移电路和寄存器的 SEU 会引起状态信息的改变，无法由动态重构修正，根据式(5-50)可以得出这部分电路的可靠性 r_a。逻辑输出电路的 SEU 可以由动态重构修复，根据式(5-51)可以得出这部分电路的可靠性 r_b。不考虑表决系统可靠性，根据式(5-52)可以得出带有动态重构功能的三模冗余 FSM 的可靠性 R_{TMR}。

$$r_a=\ell^{-\lambda(0.6\cdot0.5\cdot M_L+M_F)t} \tag{5-50}$$

$$r_b=\ell^{-\lambda\cdot0.6\cdot0.5\cdot M_L T} \tag{5-51}$$

$$\begin{aligned}R_{TMR}&=(r_ar_b)^3+3(1-r_a)(r_ar_b)^2+3r_a(1-r_b)(r_ar_b)^2\\&=3(r_ar_b)^2-2(r_ar_b)^3\\&=(r_ar_b)^2(3-2r_ar_b)\end{aligned} \tag{5-52}$$

对传统结构和三模冗余结构的 FSM 可靠性进行仿真，仿真结果如图 5-26 所示。从图中可以看出，在 100 天的卫星在轨飞行过程中，带有动态重构功能的三模冗余 FSM 可靠性明显高于传统结构的 FSM。三模冗余 FSM 拥有三级表决机制，可以第

一时间发现错误，并通过系统复位等操作加以修复。

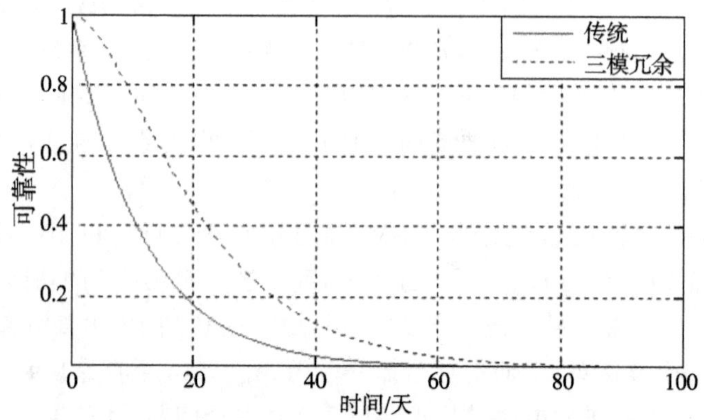

图 5-26　传统结构和三模冗余结构 FSM 的可靠性对比仿真结果

周期校验抗辐射 FSM 的主体是 FPGA 的内置双端口 RAM，存储器基本单元的可靠性如式(5-53)所示，服从泊松分布。

$$p(t)=\mathrm{e}^{-\lambda t} \tag{5-53}$$

用于构建 FSM 的 RAM 存储单元位宽为 $m+s+r$，因为有汉明码编码保护，所以只有当一个存储单元两个以上不同位置发生 SEU 时，FSM 才会失效。存储单元在时间 t 内不发生 SEU 的概率如式(5-54)所示，用 $r_0(t)$表示；在时间 t 内仅有一处 SEU 发生的概率如式(5-55)所示用 $r_1(t)$表示。因此将 $r_0(t)$和 $r_1(t)$相加，可得一个存储单元在时间 t 内的可靠性，用 $r(t)$表示。

$$r_0(t)=(\mathrm{e}^{-\lambda t})^{m+s+r}=\mathrm{e}^{-\lambda(m+s+r)t} \tag{5-54}$$

$$r_1(t)=C_{m+s+r}^{1}(1-\mathrm{e}^{-\lambda t})\mathrm{e}^{-\lambda(m+s+r-1)t}=(m+s+r)(\mathrm{e}^{-\lambda(m+s+r-1)t}-\mathrm{e}^{-\lambda(m+s+r)t}) \tag{5-55}$$

$$r(t)=r_0(t)+r_1(t)=(m+s+r)\mathrm{e}^{-\lambda(m+s+r-1)t}+(1-m-s-r)\mathrm{e}^{-\lambda(m+s+r)t} \tag{5-56}$$

用于构建 FSM 的 RAM 有 2^{n+s}个存储单元，根据式(5-57)可得整个 RAM 在时间 t 内的可靠性 $R(t)$。

$$R(t)=r(t)^{n+s}=[(m+s+r)\mathrm{e}^{-\lambda(m+s+r-1)t}+(1-m-s-r)\mathrm{e}^{-\lambda(m+s+r)t}]^{2^{n+s}} \tag{5-57}$$

基于双端口 RAM 的 FSM 可以通过回写对存储单元中的 SEU 进行校正。因此具有校正功能的 FSM 可靠性 $R_T(t)$如式(5-58)和式(5-59)所示。式中 T 为双端口 RAM 的校验周期。不具备周期校验功能 FSM 的校验周期取决于状态机内的状态遍历周期，具有不确定性。周期校验 FSM 的校验周期取决于外置看门狗的触发信号。

$$R_T(t)=(R(T))^k=[(m+s+r)\mathrm{e}^{-\lambda(m+s+r-1)T}+(1-m-s-r)\mathrm{e}^{-\lambda(m+s+r)T}]^{2^{n+s}k} \tag{5-58}$$

$$kT\leqslant t\leqslant(k+1)T \tag{5-59}$$

以某近地轨道微小卫星为例，假设用于构建 FSM 的 RAM 大小为 $2^{10}\times 20$，对不同的校验周期进行仿真，结果如图 5-17 所示。选择校验周期为 1 小时，卫星的 FSM 在三年的任务周期内可靠性高于 0.979。选择校验周期为 12 小时和 24 小时，FSM 在三年任务周期内的可靠性为 0.78 和 0.63。说明校验周期越短，FSM 的可靠性越高。

综上所述，周期校验抗辐射 FSM 在设计中充分考虑了 SEU 对 FSM 电路的影响，采用了四种容错手段。

(1)用固定电路取代可编程逻辑电路；

(2)加入了基于汉明码的自我纠检错机制；

(3)加入了自我修复机制；

(4)加入了周期检验机制避免错误积累。

综合的容错设计弥补了 FPGA 器件本身抗辐射能力的不足，使得周期校验抗辐射 FSM 的可靠性大幅提升。对比图 5-26 和图 5-27 可以看出，相对于传统结构和三模冗余结构的 FSM，周期校验抗辐射 FSM 具有明显的优势。

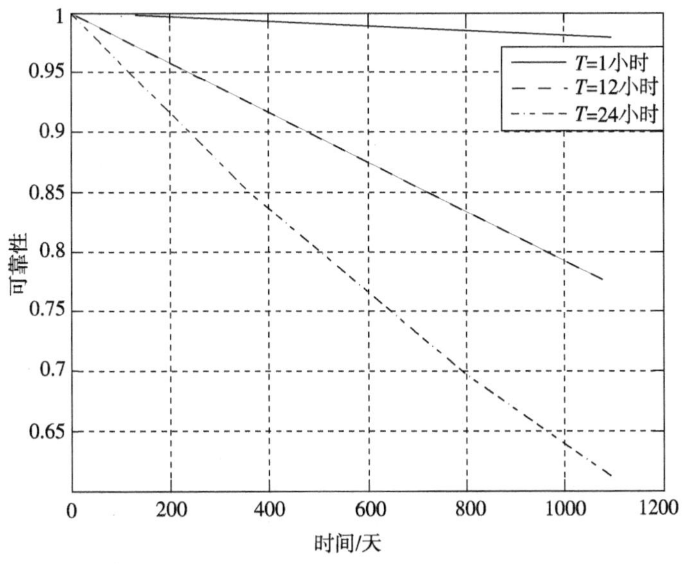

图 5-27　周期校验抗辐射 FSM 可靠性仿真

5.3.3　基于 SAT 问题的 FPGA 永久性故障修复

对于特定的 FPGA 器件而言，不同的配置文件对应不同的电路结构，但不同的电路结构可以具有相同的功能，如半加器等，见图 5-28 所示。当损伤发生后，对于损伤前的配置文件 b 而言，所对应的电路功能与损伤前不完全吻合。但如果可以存在一组新的配置文件 b'，其对应的电路结构可以避开损伤的影响，并在功能上与损伤前完全相同。那么将 b' 重新下载到 FPGA 内，就可以完全复现损伤前的电路功能。因此,利用 FPGA 自身资源对永久性损伤容错的关键在于对配置文件 b'的求解。这样的容错本质上是一种带约束(损伤位置)的逆向综合。可是 FPGA 的综合不但需要相应的器件库支持,还需要大量的计算和内存空间,综合电子系统计算机远远无法满足需求[14]。如果能围绕着具体的损伤位置,仅在一个较小的区域内进行容错求解,可以在最大程度上减少所需的计算量和内存空间,但这需要精确确定损伤发生的位置。

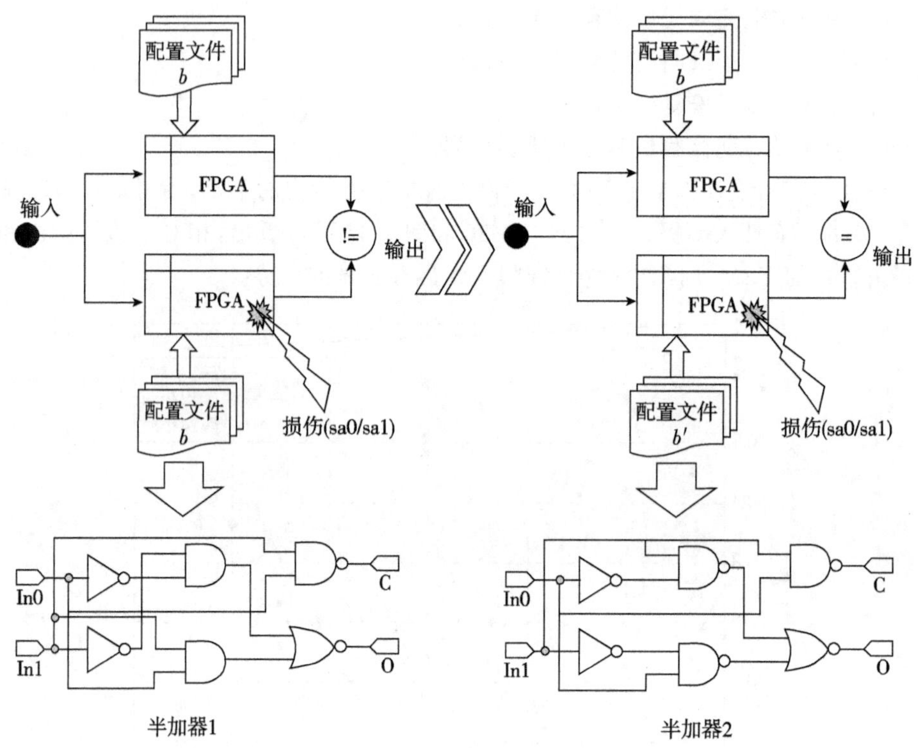

图 5-28　FPGA 永久性损伤修复原理

FPGA 配置文件的动态回读技术使损伤的精确定位成为可能。在任何的 FPGA 中,配置文件均是按一定的帧格式排列。如表 5-2 所示,以 Xilinx 的 Spartan3 系列的配置文件为例,每帧数据的地址包含 3 个地址部分:列地址、最大地址和最小地址。其中帧数据中还包含 LUT 的配置信息。通过回读配置文件,将其与原始文件进行比较,就可以获取损伤在 FPGA 中的地址、类型(sa0/sa1)和位置等一系列信息。根据这些信息,可以实现损伤的精确定位。此外,因为直接对 bitstream 操作,可以不依赖于特定的器件库。

根据上述分析,FPGA 利用自身资源对永久性损伤的容错,可以分为损伤识别、损伤定位和损伤修复三个阶段。其中损伤的识别和定位可以通过对 bitstream 的回读和解析完成。但即使围绕着损伤位置限定了范围,直接基于 bitstream 进行容错电路的求解，仍需要很大的计算量和内存空间。为了减小电路求解的计算量，可以建立FPGA 内部资源的功能模型，将 FPGA 的容错问题转化成为可满足性问题。

表 5-2　Xilinx Spartan3 系列 FPGA 配置文件帧格式

Column	TERM_L	IOI_L	CLB	BRAM_INIT	BRAM	CLB	GCLK_L	CLB	…
Block	0	0	0	2	1	0	0	0	…
Major	1	2	3	0	0	4	0	5	…
Minor	0～1	0～18	0～18	0～18	0～75	0～18	0	0～18	…

为摆脱器件库的约束，直接利用 bitstream 进行逆向综合，需要建立 FPGA 内部资源的功能模型。因为在 FPGA 的电路中所有逻辑功能均由 LUT 实现，所以在损伤定位后通过对 bitstream 解析，将与损伤单元有直接连接关系的 LUT 提取出来，可以实现小范围的逆向综合。如图 5-29 所示，对于任意 4 选 1 型的 LUT，与其具有直接联系的 LUT 总共不超过 5 个，所以为了降低所需的计算量和内存空间，FPGA 的容错求解可以被约束在 5 个 LUT 的电路范围内。

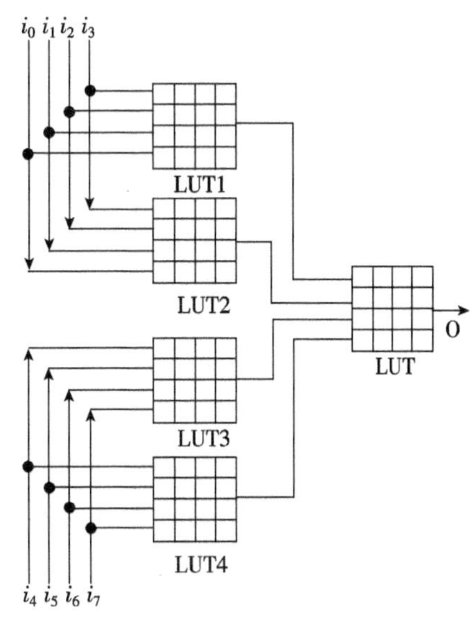

图 5-29　由四选一查找表构成的 FPGA 电路

单个 4 选 1 型 LUT 的布尔逻辑功能模型 f_{LUT} 如式(5-60)所示。作为 FPGA 的基本功能单元，LUT 的功能由输入信号和配置信息决定，所以 f_{LUT} 是输入($i_0 \sim i_3$)和配置文件($b_0 \sim b_{15}$)的函数。而图 5-29 中电路在结构上包含了 5 个连接关系固定的 LUT，所以式(5-61)所示电路的功能模型 f 由 5 个 LUT 对应 f_{LUT} 共同组成，f 是关于输入(i_n)和配置信息(b_n)的函数。

$$
\begin{aligned}
f_{\mathrm{LUT}}= & (b_0 \wedge !\, i_3 \wedge !\, i_2 \wedge !\, i_1 \wedge !\, i_0) \vee (b_1 \wedge !\, i_3 \wedge !\, i_2 \wedge !\, i_1 \wedge i_0) \\
& \vee (b_2 \wedge !\, i_3 \wedge !\, i_2 \wedge i_1 \wedge !\, i_0) \vee (b_3 \wedge !\, i_3 \wedge !\, i_2 \wedge i_1 \wedge i_0) \\
& \vee (b_4 \wedge !\, i_3 \wedge i_2 \wedge !\, i_1 \wedge !\, i_0) \vee (b_5 \wedge !\, i_3 \wedge i_2 \wedge !\, i_1 \wedge i_0) \\
& \vee (b_6 \wedge !\, i_3 \wedge i_2 \wedge i_1 \wedge !\, i_0) \vee (b_7 \wedge !\, i_3 \wedge i_2 \wedge i_1 \wedge i_0) \\
& \vee (b_8 \wedge i_3 \wedge !\, i_2 \wedge !\, i_1 \wedge !\, i_0) \vee (b_9 \wedge i_3 \wedge !\, i_2 \wedge !\, i_1 \wedge i_0) \\
& \vee (b_{10} \wedge i_3 \wedge !\, i_2 \wedge i_1 \wedge !\, i_0) \vee (b_{11} \wedge i_3 \wedge !\, i_2 \wedge i_1 \wedge i_0) \\
& \vee (b_{12} \wedge i_3 \wedge i_2 \wedge !\, i_1 \wedge !\, i_0) \vee (b_{13} \wedge i_3 \wedge i_2 \wedge !\, i_1 \wedge i_0) \\
& \vee (b_{14} \wedge i_3 \wedge i_2 \wedge i_1 \wedge !\, i_0) \vee (b_{15} \wedge i_3 \wedge i_2 \wedge i_1 \wedge i_0)
\end{aligned} \tag{5-60}
$$

$$
\mathrm{o}=f(f_{\mathrm{LUT4}}, f_{\mathrm{LUT3}}, f_{\mathrm{LUT2}}, f_{\mathrm{LUT1}}, f_{\mathrm{LUT0}}) \tag{5-61}
$$

当某个 LUT 发生了 sa0 或者 sa1 型损伤后，对应的功能模型 f_{LUT} 将发生改变，从而导致式(5-61)中(图 5-29)的电路功能模型 f 改变为 f'，而 f' 的具体形式可以根据损伤的具体类型和位置而确定。虽然 f' 也是关于输入和配置信息的函数，但是对于相同的输入和配置信息而言 f' 与 f 的输出并不完全相同。对于图 5-29 中电路对应的 f 和 f' 而言，定义 b 为损伤前配置文件，b' 为待求配置文件，其中 b 和 b' 的长度均为80(5×16)bit。如果对于所有可能的输入，b' 对应 f' 的输出与 b 对应 f 的输出完全相同则 M 等于 1，这说明，b' 在损伤后 FPGA 上所对应电路的功能与损伤前电路的功能完全相同。因此，FPGA 的永久性损伤容错可以等价为对满足 M 等于 1 的 b' 的求解。

$$
\begin{aligned}
M= & (f'(b',0)\odot f(b,0))\wedge(f'(b',1)\odot f(b,1)) \\
& \wedge(f'(b',2)\odot f(b,2))\wedge(f'(b',3)\odot f(b,3)) \\
& \wedge\cdots(f'(b',(2^n-1))\odot f(b,(2^n-1)))
\end{aligned}
\tag{5-62}
$$

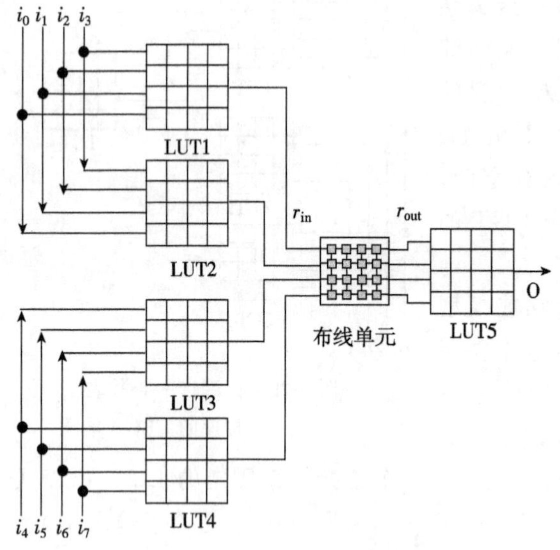

图 5-30 由查找表和布线单元共同构成的 FPGA 电路

典型的 FPGA 中 70% 以上的 bitstream 信息是关于布线的。如式(5-64)所示，对式(5-61)中的电路模型 f 加以改进，在其中加入式(5-63)所示的布线单元模型后，其所对应的电路结构如图 5-30 所示。相对于采用式(5-61)中的电路模型，采用式(5-63)的 f 可以显著提高容错求解的成功率。此时 b 和 b' 的长度均为 88bit，其中 80bit 为 LUT 的配置信息，其余 8bit 为布线单元的配置信息。将式(5-64)重新带入式(5-62)，通过对满足 M 等于 1 的 b' 的求解，即可实现对 FPGA 永久性损伤的容错。

$$
\begin{aligned}
f_{\mathrm{router0}}= & (i_0\wedge !\,b_1\wedge !\,b_0)\vee(i_1\wedge !\,b_1\wedge b_0) \\
& \vee(i_2\wedge b_1\wedge !\,b_0)\vee(i_3\wedge b_1\wedge b_0) \\
f_{\mathrm{router1}}= & (i_0\wedge !\,b_3\wedge !\,b_2)\vee(i_1\wedge !\,b_3\wedge b_2) \\
& \vee(i_2\wedge b_3\wedge !\,b_2)\vee(i_3\wedge b_3\wedge b_2) \\
f_{\mathrm{router3}}= & (i_0\wedge !\,b_5\wedge !\,b_4)\vee(i_1\wedge !\,b_5\wedge b_4) \\
& \vee(i_2\wedge b_5\wedge !\,b_4)\vee(i_3\wedge b_5\wedge b_4) \\
f_{\mathrm{router4}}= & (i_0\wedge !\,b_7\wedge !\,b_6)\vee(i_1\wedge !\,b_7\wedge b_6) \\
& \vee(i_2\wedge b_7\wedge !\,b_6)\vee(i_3\wedge b_7\wedge b_6)
\end{aligned}
\tag{5-63}
$$

$$r_{out}=f_{router}(f_{router4},f_{router3},f_{router1},f_{router0})$$
$$o=f(f_{LUT4},f_{LUT3},f_{LUT2},f_{LUT1},f_{LUT0},f_{router}) \tag{5-64}$$

基于上述分析，FPGA 的容错问题被转化为对 b' 的求解问题。但式(5-62)所描述的问题本质是数理逻辑的电路可满足性问题，该问题已经被证明属于 NPC(不存在线性时间复杂度的解法)问题。所以即使将电路缩小到一个较小范围，求解复杂度仍很高。

对于 NPC 问题，采用局部搜索算法可以提高求解效率。因此，提出一种 GSAT 算法来进行容错求解，该算法具有计算量小、内存空间占用少的特性(空间复杂度为 O(1))，适用于综合电子系统的计算机。此外，GSAT 算法专门针对可满足性问题，可以确保求得的 b' 能够满足式(5-62)中所有子句，即新的电路在功能上与 FPGA 损伤前完全相同。

根据式(5-62)中模型的结构特点，标准 GSAT 求解器不能直接用于求解，需要对该求解器进行改进，使其能够适用于具体的容错问题求解。改进后的算法结构如下所示。

```
将原始 Bitstream 作为搜索起点(当前解)
while (不满足子句数等于 0) do begin
  if (step> 阈值) begin
          随机产生 Bitstream 并作为当前解
          step 置 1
  end else begin
  依次翻转 Bitstream 所有变元(排除损伤点)，将具有最小子句不满足数的变元存入解序列
  if (解序列对应的子句满足数增加)
          温度归 0
  else 升温
  if (解序列中解的子句满足数= 2^n)
         求解成功并输出解
  else begin
         产生一个随机数
         if (随机数< 当前温度)
                 随机翻转一个 Bitstream 变元作为新的当前解
             else 在解序列中随机选择一个解作为当前解 end
  end
  totalstep 加 1
  if (totalstep> 失败阈值)
         求解失败
end
```

FPGA 容错问题的特点决定了其解空间变化平缓且充满了局部最优的陷阱，为此，在算法的第 9 步和第 10 步引入动态升温和退火机制。在求解器搜索求解的过程中，如果不满足子句数减少，则说明当前电路在功能上与损伤前电路的吻合度提高，同时也意味着求解器可能沿着正确的搜索路径进行求解，因此将求解器的温度降为 0，以保证求解器继续沿着该路径进行尝试。当求解过程中不满足子句数不再减少时，则说明求解器可能陷入了局部最优。求解器采用随机迈步(会随机翻转当前解的变元)的方法可以摆脱局部最优，但随机迈步往往伴随着不满足子句数的急剧增加。为了避免在求解过程中频繁随机迈步以至于无法收敛，在算法中规定当不满足子句数不再减少时求解器的温度上升，然后随机产生一个数值，当随机数的值高于温度值时，求解器继续沿着当前路径进行搜索；而当随机数值低于温度值时，求解器采用随机迈步的策略以摆脱局部最优的困境。由于采用逐步升温的策略，避免了求解器频繁的随机迈步。同时，随着求解器未能求得更优解的时间增加，算法中的温度值也增加，使得算法能够以更大的概率随机迈步，从而摆脱局部最优解，并收敛至最终的全局最优解。

5.4　可重构综合电子系统的实现方法

基于上述各节给出的可重构综合电子系统设计方法，针对某快速响应微小卫星的需求，给出可重构综合电子系统样机的实现方法，主要包括中心计算机和智能接口单元，并构建半物理仿真系统，对基于可重构综合电子系统的即插即用集成方法进行仿真验证。

5.4.1　可重构综合电子系统样机及其性能测试方法

可重构综合电子系统样机包括数字类智能接口单元(如图 5-31(a)所示)、模拟类智能接口单元(如图 5-31(b)所示)和中心计算机(如图 5-31(c)所示)等。

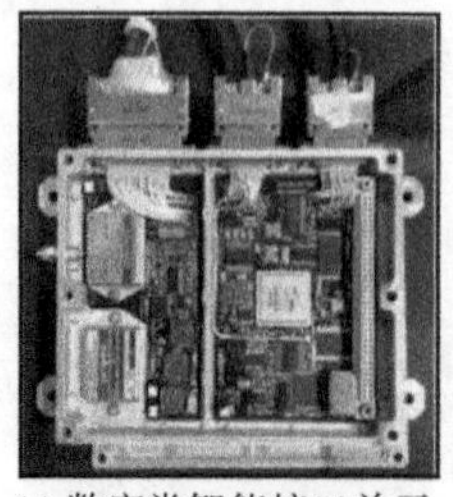
(a) 数字类智能接口单元

(b) 模拟类智能接口单元

(c) 中心计算机

图 5-31　可重构综合电子系统样机实物

数字类智能接口单元采用 Xilinx 公司的 XC4VFX12 型 FPGA 作为主芯片，而可靠性更高的 XQR2V3000-CG717 型芯片可作为样机的升级芯片，该芯片总剂量效应达 200Krad(Si)，抗单粒子闩锁能力达 160MeV-cm2/mg；模拟类智能接口单元采用 C8051f040 型 SOC 芯片作为主芯片，该芯片已经在试验三号微小卫星上成功进行了飞行试验验证。

中心计算机采用 Xilinx 公司的XC5VFX100T型 FPGA 作为主芯片，XQR17V16 作为配置芯片，FPGA 和配置单元之间通过配置信号线和配置数据信号线相连。存储单元由非易失型存储器 EEPROM 和易失型存储器 SRAM 共同组成，其中 EEPROM 用于程序代码和总要数据的永久性保存，选用 3D Plus 公司的抗辐射型器件 MMEE08510804SCC，芯片在内部集成了 16 个容量为 128KB 的 HN58V1001 基片，因此总容量达到了 2MB。SRAM 是程序运行的主要空间，也是星上处理系统在可靠性方面的一块短板，因此选用了 3D Plus 公司的抗辐射型 MMSR32510604S-Y 器件。该芯片内部包含四片 256K · 16bit 的高速 CMOS 静态 RAM 基片，其总容量为 2MB。

为了实现对接口转换单元的功能测试，需要设计顶层控制模块，通过模拟串口发送信息，将串行数据送给 UART 接收器，并由串口接收器转换成并行格式传递给 CAN 模块，再由 CAN 控制器重新打包一条 CAN 协议消息发送给 UART 发送器，最终的信息将重新从顶层控制模块进行串行输出，完成串口协议与 CAN 协议的转换工作。具体测试流程如图 5-32 所示。

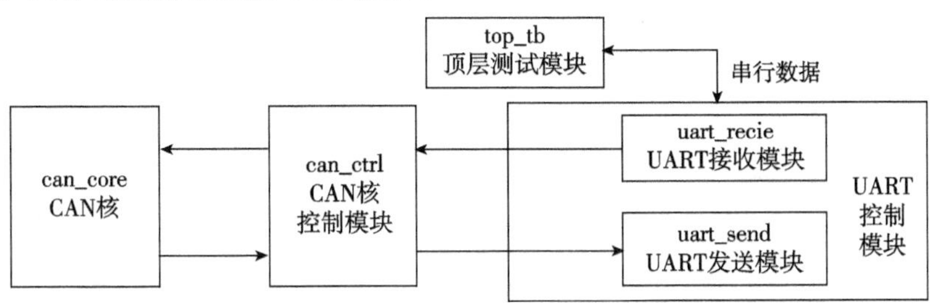

图 5-32　系统测试框图

测试平台选择博世(Bosch)模拟环测试境，测试标准兼容 CAN/CAN2.0 协议，测试的原理是建立在参考 CAN 模型的实施行为层面。CAN 协议转换模块将会添加事先配置好的数据帧标识符信息和数据长度码，最终测试模块将添加 CAN 协议后的数据重新从 UART 接口串行输出，完成接口转换单元串口协议和 CAN 协议的转换验证。UART 接收模块的数据串行输入波形如图 5-33 所示。

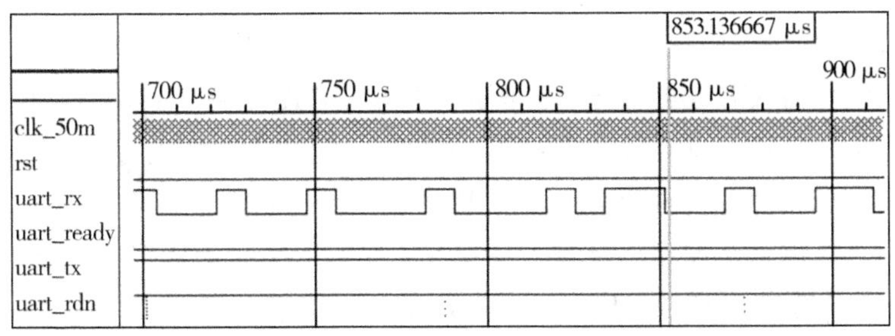

图 5-33　数据串行输入波形图

CAN 的信息串行输出如图 5-34 所示。

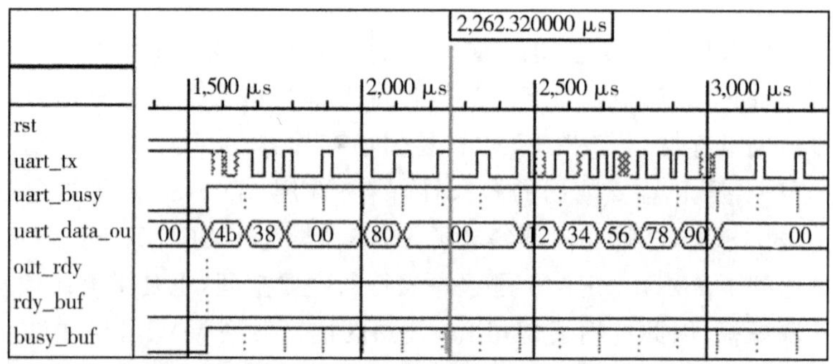

图 5-34 串行输出数据

CANLogiCore 初始化开始的时候，数据被读进去后，命令寄存器两个传输请求位当中的一个位被重置。状态寄存器当中的发送状态位为高的时候，在总线协议允许的情况下，数据这时可以进行传输。当传输成功完成后，状态寄存器的发送完成位变成高电平。它将保持此状态，直到发送请求位被再一次重置。在发送完成位启用的同时，发送中断位被置位。对 CAN_Core 各个寄存器（命令寄存器、位定时寄存器、附加寄存器、状态寄存器、中断寄存器、预分频寄存器）的初始化仿真波形图如图 5-35 所示。

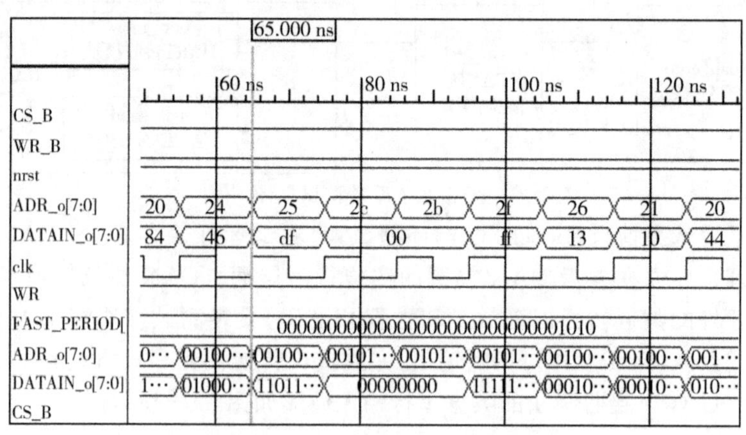

图 5-35 CAN 控制器初始化仿真图

对于 CAN 协议模块的仿真，需要为 CANCore 设计一个 can_ctrl 控制模块，它用来对 CANCore 进行读写操作等控制，并实现与 UART 接收、发送模块的数据传送。模块 can_ctrl 的一个主要功能是配置 CANCore 的工作模式，对 CAN 核进行初始化，另一个功能就是发送信息 message 给 CANCore 以及从 CANCore 接收消息。CAN 控制器具有接收 FIFO(RX FIFO)，用于存储接收到的信息。该 RX FIFO 深度是可配置的，并且可以存储多达 64 条消息。通过验收滤波器的消息将被存储在 RX

FIFO 中，如果没有接收过滤器，所有收到的信息都将被存储进 RX FIFO，本文仿真没有验收滤波器。CAN 控制器具有一个可配置的发送 FIFO(TX FIFO)，最多也可存储 64 条消息。CAN 控制器同时还具有一个高优先级的发送缓冲器(TX HPB)，只能存储一个消息。当有一个高优先级的消息需要发送，将这条消息写入高优先级发送缓冲器，在发送缓冲器中的消息的优先级高于在 TX FIFO 中的消息。

一条完整的 CAN 数据信息的 16 个字节必须完整的从 RX FIFO 中读出，每一条 CAN 消息都需要被读取四部分，首先读出 4 个字节的 CAN 标识符，然后读出数据长度信息，第三部分读数据字 1 内存储的数据，最后是数据字 2 内存储的数据信息，当往寄存器当中写一条消息的时候也是按照这样的格式与顺序执行。can_ctrl 模块接收来自 UART 接收模块传送的并行数据信息，并将 CAN 协议的信息标识符、长度码信息加入到 CAN 的一帧消息中，传送进 CAN 核，然后再接收 CAN 核传递出的 CAN 消息，以此验证 CANCore 可以有效的进行 CAN 信息的传输，CAN 控制模块数据如图 5-36 所示。

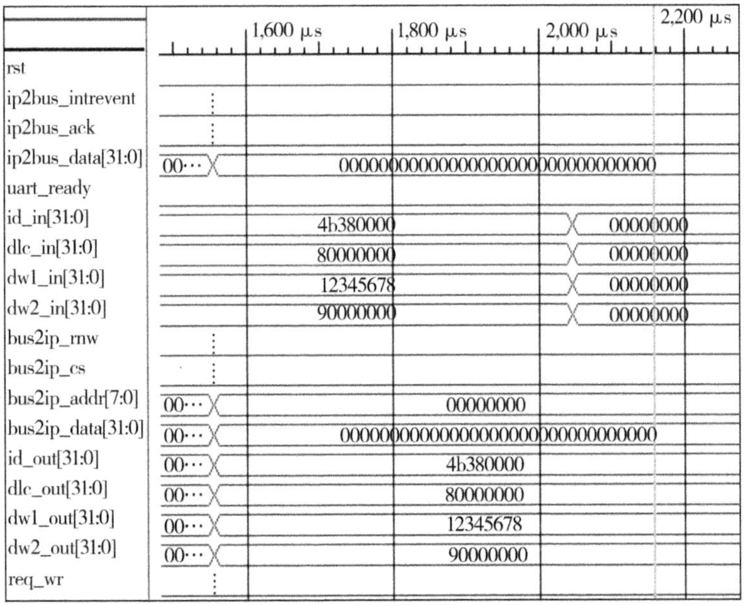

图 5-36　CAN 控制模块收发数据

CAN 核接收消息如图 5-37 所示。

当 CANCore 接收完一帧完整消息后，将这一条消息传送回 CAN 控制模块，以此验证 CAN 核的收发功能，发送信息如图 5-38 所示。

UART 接收数据的时钟关键就在于要很好地捕捉 UART 起始位的下降沿，要实现这一目的，最简单有效的办法就是提高采样时钟的频率，波特率为 115200、系统时钟 50MHz 时 UART 接收器的采样格式如图 5-39 所示。

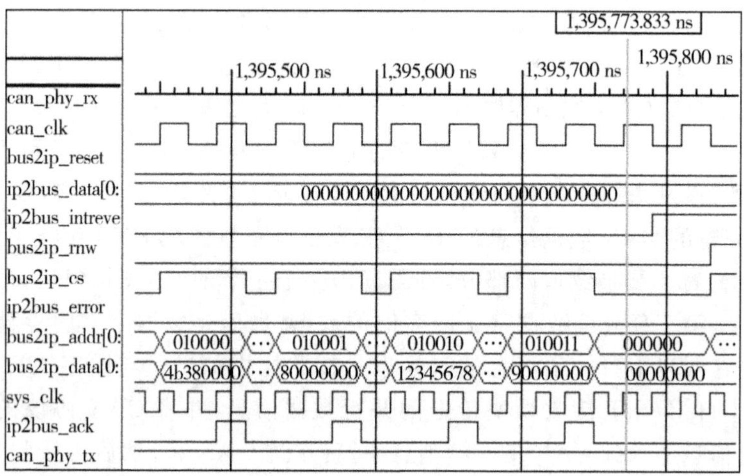

图 5-37　CAN 控制器接收数据

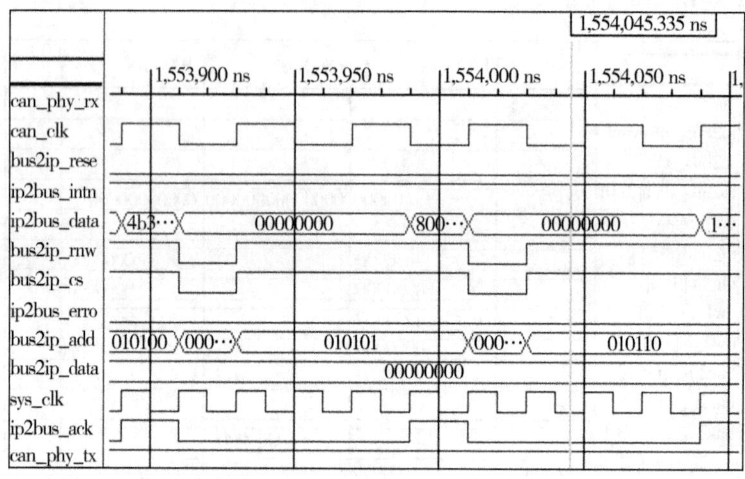

图 5-38　CAN 控制器发送数据

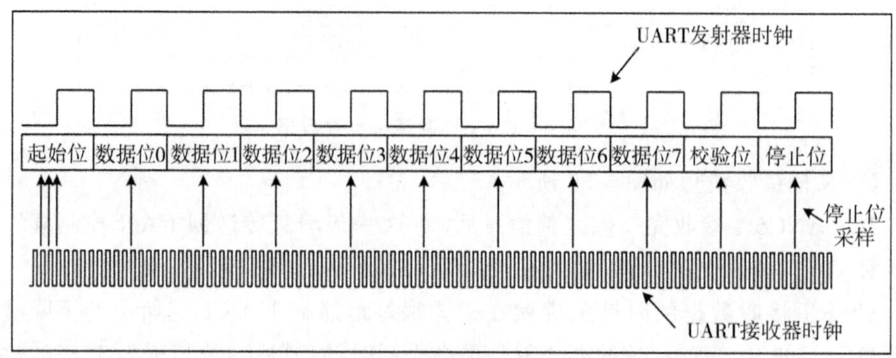

图 5-39　UART 接收器采样格式

串口接收数据的过程：数据线路处于空闲状态时，信号线为高电平；当接收模块检测到下降沿也就是起始位时，则说明线路上有数据需要传输，接收器按照从低位到高位的顺序接收数据；当数据接收完毕后，则将数据存入寄存器并通知 CAN 模块接收。

同发送一样，接收的数据帧格式也是可以进行编程设置的。此外，还具备了检测溢出出错、奇偶校验出错、帧格式出错等出错检测，并且每种错误都可以设置相应的错误标志。UART 接收模块首先接收串行数据，如图 5-40 所示。

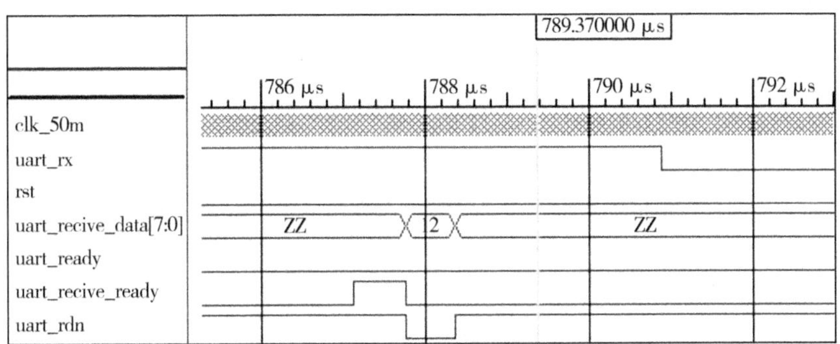

图 5-40　UART 接收器接收数据

串口接收模块的功能是将串行的数据转换成并行的格式如图 5-41 所示。

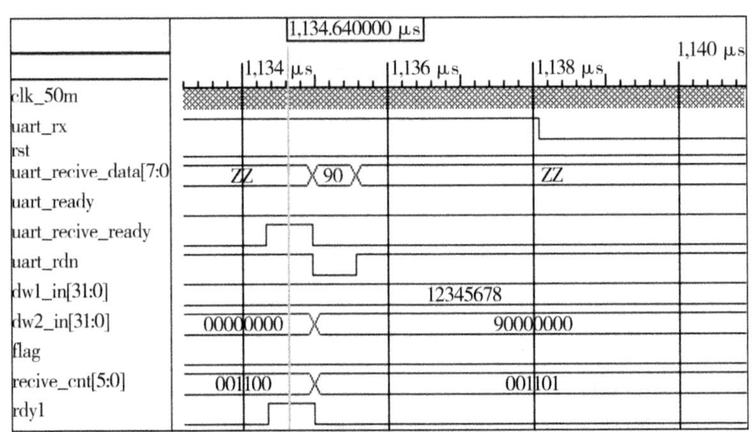

图 5-41　UART 接收器串/并转换

串口发送数据的过程：当数据传输线路处于空闲状态时，呈现高电平；UART 发送模块收到上层 CAN 控制模块发送来的一条消息后，将并行数据信息转换成串行的格式，将信号线的电平拉低，然后按照先低后高的顺序发送数据位；当一节数据成功发送后，添加一位高电平的停止位，一字节的串口协议信息则发送完毕。UART 发送模块 uart_send 需要将上层模块发送的并行信息转换成串行格式发送出去，如图 5-42 所示。

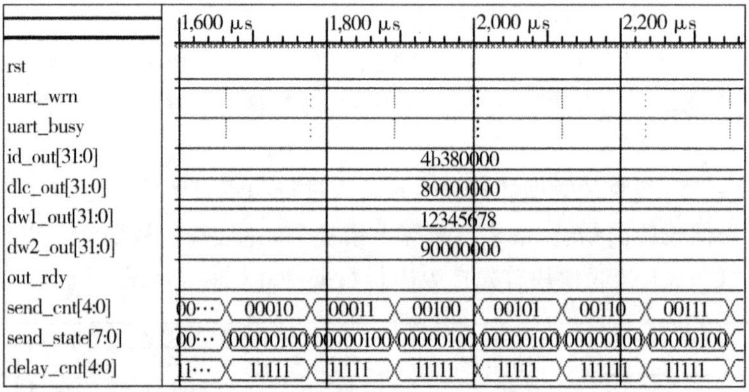

图 5-42　UART 发送器接收并行数据

当 UART 发送模块接收一条完整的 CAN 协议消息后，将并行的消息转换成 8 比特字节的形式，并按照串行接口协议的形式串行输出，如图 5-43 所示。

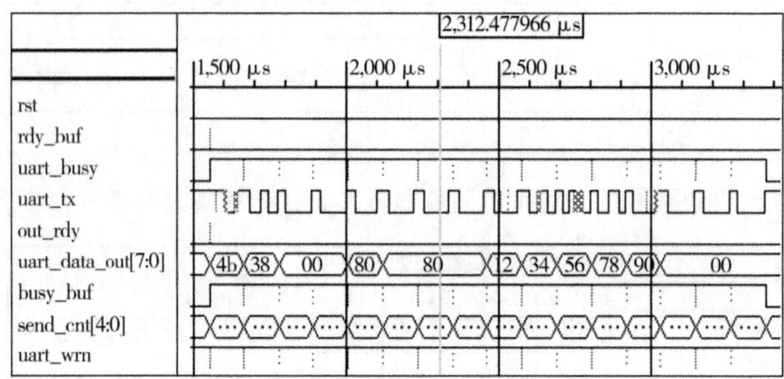

图 5-43　UART 发送器发送串行数据

5.4.2　系统半物理仿真验证

可重构综合电子系统的总线拓扑关系将对星内通信网络的效率和可靠性产生决定性的影响。星上采用的拓扑结构主要有星型、总线型以及既混合型(既包含星型又包含总线型)三类。其中在星型拓扑结构中有效载荷、敏感元件和执行器件等单元，均通过某种接口与中心计算机直接或间接相连。这种拓扑结构的优点在于接口灵活多样；各个节点的信息可以并行传输，能够在很大程度上消除通信速率的限制，进而充分发挥可重构综合电子系统并行处理的优势。但是星型的电气拓扑结构接口类型难以标准化，容易造成接口类型混乱，难以做到设备的即插即用。

基于总线型的星上电气系统拓扑结构，采用标准化的总线接口，星上所有功能单元的数据均通过总线进行通信。虽然在总线型的电气拓扑结构中数据采集周期受到总线传输速率的限制，但利于各功能单元的即插即用和快速调试。

总线型电气拓扑结构有利于快速响应微小卫星即插即用的快速集成。同时任务的复杂化和高精度控制需求对星上总线的通信速率、灵活性和可靠性均提出了更高的要求。CAN 总线具有传输速率高、抗干扰能力强和价格成本低的特点，是快速响应微小卫星适合采用的一种总线方式。此外，CAN 总线通讯物理层采用符合 ISO DIS11898 标准的双绞屏蔽线，即使其中一条线接地或与电源短路、甚至开路，CAN 总线仍能正确传输信息，具有很高的可靠性。因此，在即插即用的可重构综合电子系统布局中，首选 CAN 总线作为系统总线。

针对上述总线型电气拓扑结构，建立的快速响应微小卫星仿真验证系统的拓扑结构如图 5-44 所示。

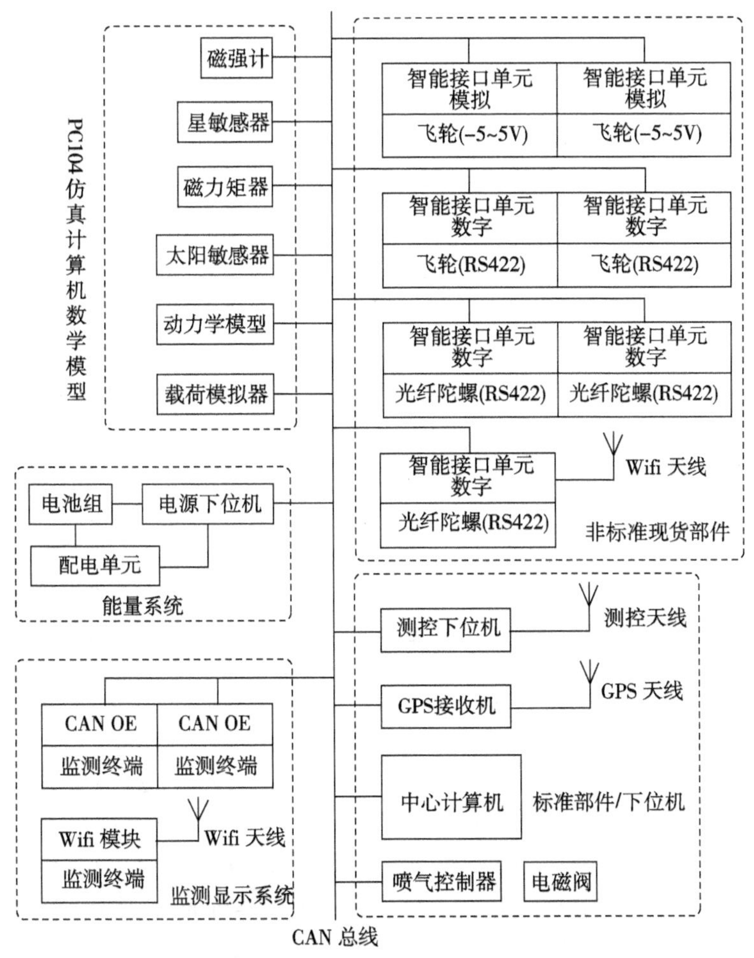

图 5-44　快速响应微小卫星仿真系统电气拓扑结构

围绕 CAN 总线，将半物理仿真系统分为以下五个部分。

(1) 非标准现货部件，包括两类飞轮（一种为模拟接口、一种为 RS422 接口），两类光纤陀螺（一种为 RS485 接口、一种为 RS422 接口），通过智能接口单元与 CAN

总线实现即插即用的系统集成；

(2)标准部件/下位机，包含了测控下位机、GPS 接收机以及喷气控制器等，这些部件均采用即插即用的标准接口通过 CAN 总线实现系统集成；

(3)数学仿真模型，包含磁强计、星敏感器、磁力矩器、太阳敏感器、动力学模型以及有效载荷等，运行在 PC104 仿真计算机中；

(4)能量系统，包含电池组、电源下位机和配电单元负责整个系统的能量供给；

(5)监测显示系统，包括 CAN 总线检测器、Wifi 模块(用于验证无线测试)、监测终端、数据库和结果显示软件。

半物理仿真的初始数据如表 5-3 所示。

表 5-3　半物理仿真实验初始参数

条件名称 1	条件名称 2	初始参数
轨道	轨道半长轴 a	3.2016×10^6m
	偏心率 e	1
	轨道倾角 i	−49.403°
	升交点赤经 Ω	−85.203°
	近地点角距 ω	−90°
	真近角 θ	0°
姿态角速度	ω_x	0°/s
	ω_y	0°/s
	ω_z	0°/s
姿态四元数	e_1	−0.078017
	e_2	−0.70279
	e_3	0.70367
	e_4	0.069633
仿真参数	仿真时间	3500s
	XPC 仿真周期	10ms

卫星飞行任务主要包括两个阶段，起飞 668s 之前为运载主动段(模式一)，668s 以后进入在轨飞行段(模式二)，因此，设定 668s 为重构触发时间，在该时间点进行计算机运载主动段模式与在轨飞行模式的切换。对于样机而言，重构时间指标是固定不变的，所以采用开环的方式进行测试，令样机在第一个模式中以 20s 为间隔通过 CAN 接口对外输出数据帧(01 AA AA AA AA AA AA AA)，发送 100 次数据帧以后对 C8051 发出重构请求，C8051 在接受到该请求后触发重构过程，并令样机在重构后的模式中按照 20s 为间隔通过 CAN 接口对外输出数据帧(01 08 09 0A 0B 0C 0D 0E)。外部 CAN 总线监测设备的总线监测结果如图 5-45 所示，从上一帧数据发送

结束到重构完成共经过 43.4ms,因此,可以得知实际的重构时间小于卫星在轨预定控制的周期。

Time	Chn	ID	Dir	DLC	Data
20.008479	1	4004000x	Rx	8	01 AA AA AA AA AA AA AA
20.008461	1	4004000x	Rx	8	01 AA AA AA AA AA AA AA
20.008459	1	4004000x	Rx	8	01 AA AA AA AA AA AA AA
20.008461	1	4004000x	Rx	8	01 AA AA AA AA AA AA AA
20.008461	1	4004000x	Rx	8	01 AA AA AA AA AA AA AA
20.008461	1	4004000x	Rx	8	01 AA AA AA AA AA AA AA
20.008462	1	4004000x	Rx	8	01 AA AA AA AA AA AA AA
20.008461	1	4004000x	Rx	8	01 AA AA AA AA AA AA AA
20.008464	1	4004000x	Rx	8	01 AA AA AA AA AA AA AA
0.043404	2	18054000x	Rx	8	01 08 09 0A 0B 0C 0D 0E
20.008462	2	18054000x	Rx	8	01 08 09 0A 0B 0C 0D 0E
20.008464	2	18054000x	Rx	8	01 08 09 0A 0B 0C 0D 0E
20.008464	2	18054000x	Rx	8	01 08 09 0A 0B 0C 0D 0E
20.008462	2	18054000x	Rx	8	01 08 09 0A 0B 0C 0D 0E
20.008464	2	18054000x	Rx	8	01 08 09 0A 0B 0C 0D 0E
20.008464	2	18054000x	Rx	8	01 08 09 0A 0B 0C 0D 0E
20.008462	2	18054000x	Rx	8	01 08 09 0A 0B 0C 0D 0E

图 5-45 样机模式切换时间测试结果

在测得实际的重构时间后,将样机接入半物理仿真系统对重构时间对系统整体的影响进行测试,结果如图 5-46 所示。

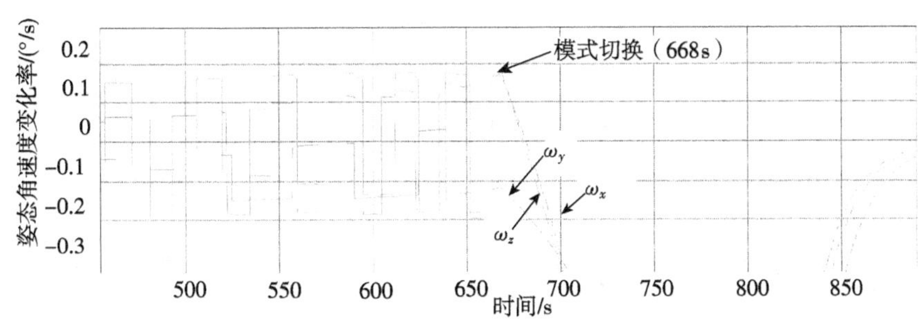

图 5-46 重构时间对系统的影响曲线

从图 5-46 中的闭环仿真结果可看出,当计算机系统模式重构切换时,卫星在轨道坐标系下滚动和俯仰轴方向的姿态角速度变化平稳,仅偏航轴的姿态角速度出现了 0.005°/s 左右的跳变,但随即也趋于平稳。因为重构时间很短,仅占控制周期的 20%,所以系统重构对卫星姿态的宏观影响也被降到工程上可以接受的程度。

5.5 COTS 器件可靠性应用的设计方法

快速响应微小卫星的低成本是其设计过程中首先需要考虑的因素。实现快速响应微小卫星低成本设计的技术途径主要包括两个方面:一是建立完善的产品体系,形成系列化的货架产品,通过产品的批量化降低研制成本;二是采用工业级或商业级的低等级器件，在减少对高等级器件依赖的同时，进一步降低研制成本。

采用商用(commercial-off-the-shelf，COTS)器件设计是快速响应微小卫星低成本设计的主要手段。通常情况下，COTS器件与宇航级器件相比价格低廉，而性能却领先2～3代。因此，COTS器件在快速响应微小卫星领域具有广阔的应用前景。

空间环境与地面环境的最大区别是存在空间粒子辐射，而COTS器件通常是针对地面用户设计的，所以抗辐射能力相对较弱，空间应用会导致其性能下降甚至失效。因此，COTS器件在微小卫星上的应用，首先需要解决其针对空间粒子辐射的可靠性和安全性设计问题。针对该问题，本节提出了COTS器件的冗余网络设计方法、针对单粒子闩锁的断电/加电设计方法，以及COTS器件的抗辐射加固方法等。

根据可靠性、抗辐射能力、温度范围、价格和性能等方面的不同，电子器件等级从高到低通常分为：宇航级、军级、工业级和商业级等，其中各等级器件的抗辐射能力、温度范围、可靠性和价格是由高到低，性能是由低到高。相比于宇航级和军级器件，COTS的成本通常要低几倍甚至几十倍，而性能却更具有优势[15]。

快速响应微小卫星通常运行在较低的轨道(500km以下)，处于辐射带的下方，其COTS器件受空间粒子辐射的影响相对较小；而700～6000km的中轨道是质子辐射干扰最严重的区域，防护处理的难度极大；高轨道卫星通常面临电子辐射，相对质子辐射较易防护。所以，COTS器件较适合应用于快速响应微小卫星等近地轨道卫星。在卫星中应用商用器件时会遇到辐射量积累和位移损伤等问题，使其系统可靠度降低，而冗余电路和错误检测等相关方法的应用尚不成熟，导致COTS器件在卫星中难以大量应用。快速响应微小卫星对于减轻质量、减小体积、降低功耗和提高性能的要求更加迫切，COTS器件是达到要求的首选对象，因此必须突破其可靠性应用的瓶颈问题。

本节首先分析了空间环境对COTS器件的影响，然后阐述了COTS器件在卫星上应用的方法，提出了基于COTS器件冗余网络设计和针对单粒子闩锁的断电/再加电保护设计以及COTS器件的抗辐射加固等方法。

5.5.1 空间环境对COTS器件的影响

空间环境与地面环境的最大区别是存在空间粒子辐射。COTS器件受电离辐射、电磁和太阳风等干扰可导致以下三类问题。

5.5.1.1 总辐射剂量(total ionizing dose，TID)累积效应

电子器件对辐射有吸收和累积效应，吸收辐射量越大说明器件吸收辐射能越多，遭受损害越严重。电阻和电容等被动元件不受TID影响，而二极管和振荡器等主动元件对TID敏感，会产生微漏电、零漂和能耗增加等现象，严重时可导致元件永久失效。目前，主要是通过增加蒙皮厚度和改进材料性能等方法来减小TID的积累效应。

5.5.1.2　位移损伤(displacement damage)

高能质子撞击硅或其他半导体时，硅原子借助其晶格给质子以反作用。若质子能量足够高，被撞击电子会脱离原始晶格游离在原子间并在原位置产生空缺，甚至导致电子继续撞击其他原子，产生一系列位移效应造成元件的物理损害。经过一段时间后，游离电子回到原晶格位置，位移效应可以自动消除。在 COTS 器件中，光电元件对位移损伤敏感，一般半导体元件可忽略此影响。

5.5.1.3　单粒子效应(single event effects，SEE)

单粒子效应在卫星运行期间随时可能发生，包括单粒子翻转(SEU)、单粒子闩锁(SEL)和单粒子烧毁(SEB)等。例如数据存储电路中，信息储存在电路节点，高能重离子撞击节点后可在晶体管中产生充足的电荷，改变节点状态(SEU)进而导致储存信息发生错误。

SEU 不属于破坏性硬件错误，可通过软件重启或处理单元的特殊算法予以纠正；而 SEL 可导致过电流效应，对电路产生物理损伤甚至使其永久性失效，一般不能通过软件手段进行恢复，但可以通过抗闩锁系统设计进行有效应对。随着电子元器件加工工艺的提高，其单位尺寸越来越小，粒子撞击后释放能量的空间变小，因此，COTS 器件对 SEU 尤为敏感，SEU 已成为 COTS 器件在空间应用的主要限制因素。

5.5.2　COTS 器件在卫星上应用的主要方法

由于 COTS 器件的性能相对宇航级器件高出很多，工程实践中更关心其可靠性问题[12]。在空间应用前需要采取必要的措施，以提高 COTS 器件的可靠度。常用的方法如下。

5.5.2.1　应用前筛选

元器件的筛选是对同一批次元器件进行一系列破坏性测试和性能测试的过程，以确定该批次元器件是否满足应用的可靠性要求。COTS 器件的宇航级别筛选过程可概括为：

(1)外观检查：包括封装严密和引脚锈蚀等，筛选出明显不合格产品；

(2)射线检查：用 X 射线检查元器件内部是否有裂痕和损伤等；

(3)声学显微镜测试(CSAM)：对元器件内部和外部的损伤进行深入检查；

(4)热循环测试：验证其对于空间热环境的适应性；

(5)振动冲击测试：验证其对于卫星发射阶段动力学环境的适应性；

(6)空间环境的辐射测试：验证其对于空间辐射环境的适应能力。

针对特殊项目的要求，对于相应元器件还需进行疲劳测试、湿热测试等不同等级的测试。

5.5.2.2 辐射加固防护

COTS 器件通常采用塑封工艺，在空间应用前需对其进行抗辐射封装，以提高可靠度。例如增加防辐射蒙皮，使元器件处在低辐射环境中工作；或在某些元器件外部添加防辐射涂层等，增强其抗辐射能力。但辐射加固措施会增加卫星的质量，并对元器件的性能产生一定的影响。

5.5.2.3 COTS 器件的限额使用

COTS 器件应用于空间时受到各种因素限制，其性能通常不能完全发挥而必须限额使用。以总线频率为例，商用微处理器处理频率已达近千兆赫兹，但与微处理器配套的宇航级总线和缓存最高频率不过 300MHz，如 PowerPC7448 微处理器拥有总线频率最大值为 200MHz，但在实际应用时却被限制在 50～100MHz。元器件的能耗与其主频相对应，通常卫星的综合电子系统计算机能耗在 30～40W，如 PowerPC7448 单核微处理器的最高功率（总线和核心都是最高频率）为 30W。

5.5.2.4 冗余设计

系统容错是空间领域应对单粒子效应的有效方法之一，其基本思想是系统冗余设计，可分为硬件冗余、时间冗余、软件冗余和信息冗余等。

硬件冗余包括模块冗余（双模冗余或三模冗余）和看门狗定时器、超时器（主要负责检测程序进程）等的冗余。图 5-47 所示为双模冗余和三模冗余系统的示意图。

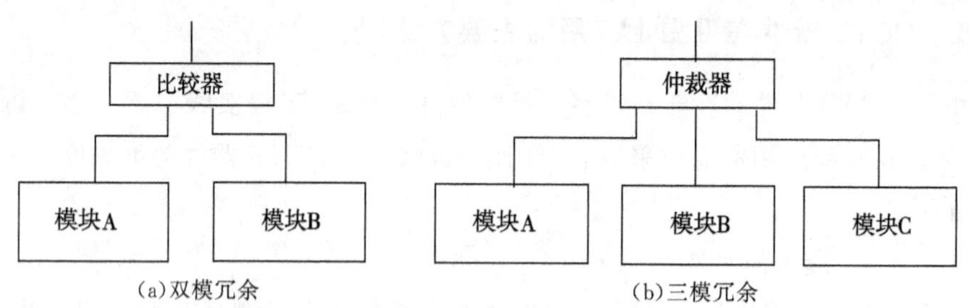

图 5-47 硬件冗余的容错结构

信息冗余是在已有的信息中加入用于检测错误和纠正错误的额外信息。典型的信息冗余码是错误检测码、错误纠正码（ECC）和自我检测逻辑电路等。

软件冗余是通过软件设计实现系统容错。因为一般情况硬件错误在检测和纠正后不会重复出现，但软件错误可能经常出现。冗余结构的设计方法已趋于成熟，但传统的双模冗余和三模冗余对硬件有一定的冲击，而且单纯的硬件冗余已在性能方面形成瓶颈，软件冗余已经成为系统冗余设计的重要方向。

5.5.3 COTS 器件冗余网络设计方法

冗余设计是 COTS 器件在空间应用时必不可少而又行之有效的方法。冗余设计根据对象不同可分为硬件冗余设计、软件冗余设计和软硬件混合冗余设计。

5.5.3.1 硬件冗余设计

硬件冗余设计方法相对比较成熟，下面以看门狗处理器和三模冗余系统为例说明硬件冗余设计的方法。

1. 看门狗处理器设计

看门狗处理器是一种较为简便的容错结构，可减小系统性能的开销。在总线设置看门狗处理器，可以实时地检测总线状态，检测永久错误和瞬时错误，如图5-48所示。综合电子系统计算机定期向看门狗处理器发送确认信号，当计算机出错后延时或者没有发送信号时，看门狗处理器报错，并对系统进行复位。

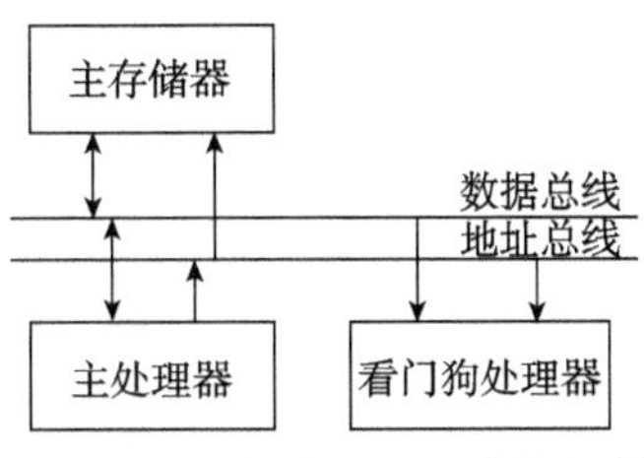

图5-48 看门狗处理器检错机制

法国宇航局(CENS)基于晶片机处理器设计的MYRIADE微小卫星(2004年发射)，即通过简单方式应用多重级别看门狗处理器对抗SEE。看门狗容错方式优点是不影响系统性能、可靠性高、实时性强[16]。

2. 三模冗余系统设计

三模冗余系统由三路独立的处理器单元和仲裁器组成，逻辑相互平等，结构完全相同，每个处理器单元均拥有独立指令输入通道和处理电路，三者与总线均有接口，如图5-49所示。

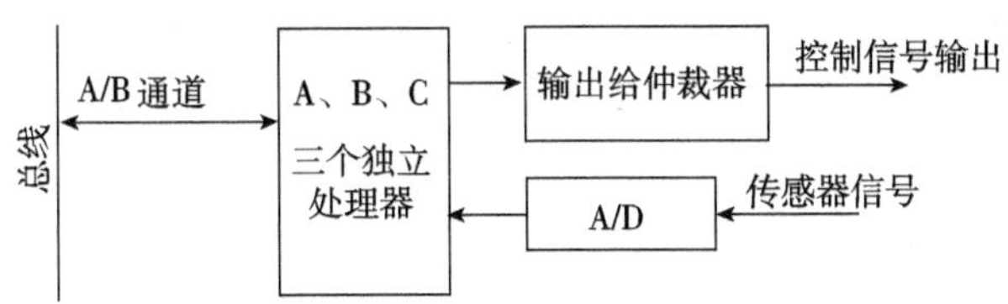

图5-49 三模冗余系统结构图

三个处理器同时接收和处理相同的数据，正常情况下三机输出相同。若某个处理器出错，则仲裁器根据多数表决原则立即隔离错误机，并启动错误恢复程序，直至三机输出相同。

Subhasish Mitra[17]在传统结构基础上提出一种新仲裁方案，通过改进传统数据流的“位-位”比较器，从而可以有效提高系统的可靠度。三模冗余系统可实现不间断输出，并可有效隔离错误，但需要通常设计三倍以上的硬件开销，且增加的仲裁器依然是可靠度的瓶颈。

5.5.3.2 软件冗余设计

软件冗余包括一致性检验和时间冗余(相同的程序至少运行两次，以比较所得到结果的一致性)。COTS器件有两种典型的软件冗余方法，即通过复制指令进行错误检测(EDDI)的方法与通过软件签名控制流检错(CFCSS)的方法。

EDDI 冗余方法是不依赖特定硬件的纯软件检错方法。ARGOS 卫星中 EDDI 计算机硬件基于 COTS IDT-3081 处理器(R3000 指令设置)设计,同一程序指令被复制在两个寄存器中。因为在相应寄存器和存储器单元内的计算值应实时相等,所以可快速检测出单粒子翻转错误。

CFCSS 将指令分成若干相对独立的基本块,并绘制控制流图(每个节点代表一个基本块、每条线代表块之间的过度)。通过控制流图中程序跳跃和流图之间过度是否正确来判断是否发生错误。图 5-50 所示为 CFCSS 功能原理图。

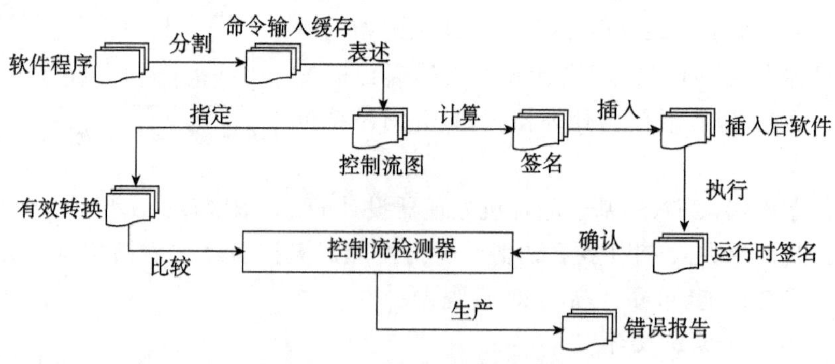

图 5-50 控制流检测机制

软件签名将特殊签名和指令进行融合,二者同时生成并保存。在指令执行期间,通过生成的签名和已储存的签名进行比较检测错误。软件检测方法将检测信息插入到指令流里,不需要额外的辅助硬件开销,因此应用灵活、成本低。CFCSS 方法可提高控制流错误的检测率,但同时会增加软件执行的时间,降低系统的性能。

EDDI 冗余方法存在占用内存开销较大和运算性能较差等缺点。因此,该方法被多次改进,例如通过纯软件方法在存储器中加纠错码(ECC)以及改进的 EDDI+ECC+CFE 错误检测方法等。改进错误检测码的方法如图 5-51 所示。

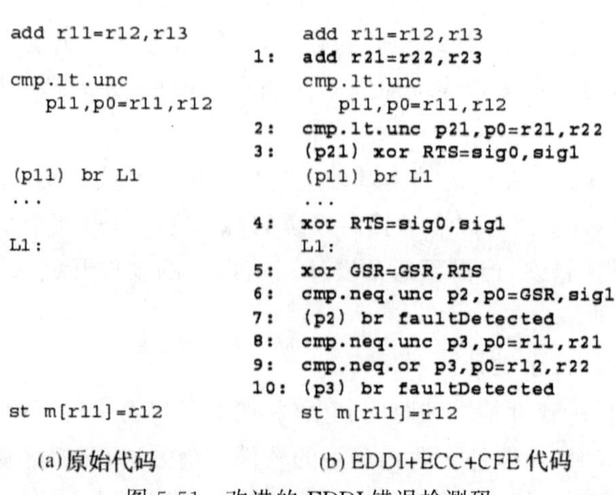

add r11=r12,r13
cmp.lt.unc
p11,p0=r11,r12
(p11) br L1
...
L1:
st m[r11]=r12
add r11=r12,r13
1: add r21=r22,r23
cmp.lt.unc
p11,p0=r11,r12
2: cmp.lt.unc p21,p0=r21,r22
3: (p21) xor RTS=sig0,sig1
(p11) br L1
...
4: xor RTS=sig0,sig1
L1:
5: xor GSR=GSR,RTS
6: cmp.neq.unc p2,p0=GSR,sig1
7: (p2) br faultDetected
8: cmp.neq.unc p3,p0=r11,r21
9: cmp.neq.or p3,p0=r12,r22
10: (p3) br faultDetected
st m[r11]=r12
(a)原始代码
(b) EDDI+ECC+CFE 代码

图 5-51 改进的 EDDI 错误检测码

CNES 针对软件冗余设计提出了一种超低成本的 DMT 和 DT2 结构——“向前恢复”的错误校正方法，原理如图 5-52 所示。如果在当前给定任务 i 的运算出错，其执行即被取消，然后同一个任务的下一迭代 $i+1$ 代替 i。该错误恢复模式适合于控制回路系统，但需要其容错结构具有双倍的运算能力。

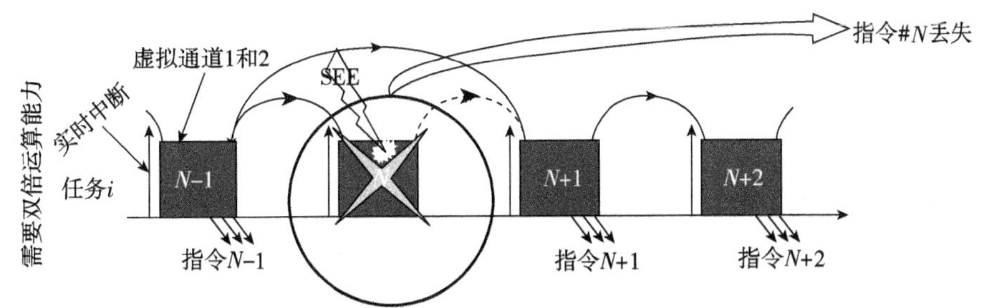

图 5-52　向前恢复原理示意图

与软件冗余类似，Czajkowski 等提出一种超低功耗 TTMR(time triple modular redundancy)时间冗余方法。该方法在无错误状态时是时间双模冗余模式，错误恢复时采用时间三模冗余方式，可有效减少系统处理数据的时间开销。

5.5.3.3　软硬件混合冗余设计

软硬件混合冗余设计可克服单纯硬件冗余电路设计复杂以及软件冗余设计占用性能开销的缺点。Mahmood 和 McCluskey[16] 首先提出该容错方法，前提是看门狗处理器支持软件运行。Campagna 和 Violante[18] 之后提出改进的混合冗余设计方法。其硬件层用简单硬件设备实现比较器功能，检查存储器的两个数据缓存区是否一致：从两个输出缓冲区的基础地址开始，已知它们的大小，采用位对位的比较来核实两存储器是否持有相同数据。在错配情况时，两处理器发送中断进而发出错误检测信号，否则向卫星综合电子系统发送信息，表明数据可用。基础地址和数据大小从每个任务中接收，如果比较器在规定时间没有接收到任何数据，会激活看门狗报警，并发送至卫星综合电子系统。

软件层分为两个模块，第一个软件模块为源-源编译器，它可解析被注释的代码并产生容错码，该容错码将在容错结构上运行；第二个软件模块在源代码编辑之后获得加强码，强化比较器通讯指令，当源代码被解析且生成加强码，便有两组数据生成并同时在不同的处理器和储存器中处理。

混合冗余设计方法的优点是不需要 CPU 同步，减少硬件开销，同时降低系统性能的占用，源-源编辑器可自动插入指令来设置比较器设备，且比较器和大多数 CPU 兼容。

5.5.3.4　冗余网络设计方法

COTS 器件作为当前流行的电子器件，其集成规模大，更容易受单粒子翻转和单粒子闩锁效应的影响，其中单粒子翻转更加频繁，对于处理器及存储类器件将导致频繁的故障。

单粒子翻转现象是 CMOS 电路受高能粒子穿越引起的逻辑翻转，若对翻转后单元重新写入，则可以纠正该类错误。发生单粒子翻转故障时，可以通过 EDAC 设计纠正翻转逻辑，也可通过看门狗设计使系统复位，还可通过冗余设计，使故障部件自主断电后再加电，解除故障状态。

单粒子闩锁现象是 CMOS 电路受高能粒子穿越引起局部电荷沉积触发的可控硅效应，导致电源与地之间短路，如果不及时采取措施，则由短路引起的大电流可能使器件造成永久性损坏，给系统安全带来巨大的隐患。

COTS 器件在微小卫星上的应用，除了考虑安全性设计外，还必须进行特殊的可靠性设计。传统提高可靠性设计的方法如分级备份、芯片级备份、模块级备份、板级备份等仍然可以借鉴。这些方法思路明了、设计简单，对于性能要求不高的 COTS 器件比较合适。但是，对于性能要求较高的 COTS 器件，由于器件本身需要系统时钟频率高，内部设计复杂，集成电路规模大，外部接口多，芯片级备份设计复杂，板级备份成本较高等，只能采用新型的基于 COTS 器件的冗余网络设计方法来确保系统的可靠性和安全性，同时，可以降低系统设计对 COTS 器件的性能要求，进而降低系统成本。

基于 COTS 器件冗余网络的设计方法，其核心是采用一组相对性能较低的 COTS 器件，通过网络总线连接构成一个总线网络，实现一个高性能 COTS 器件的功能[19]。整个 COTS 器件网络的功能被划分为多个单独的小功能模块，而每一个单独的功能模块在该 COTS 器件网络中至少由两个 COTS 器件独立实现，即整个 COTS 器件网络中信息是冗余的，以此提高整个网络的可靠性。

下面以含有 4 个 COTS 器件的冗余网络来说明该设计方法的原理，如图 5-53 所示。图中，COTS 器件冗余网络包括商用器件 COTS_A、COTS_B、COTS_C、COTS_D、数据总线、仲裁控制电路。4 个 COTS 器件通过数据总线互联，用以交互产生的数据；每个 COTS 器件的供电受仲裁控制电路控制，可对相应的 COTS 器件实施加、断电控制。仲裁控制电路从每个 COTS 器件中采集状态信号，对这些信号进行逻辑运算与时序处理后，生成相应的控制信号控制 COTS 器件的加、断电，并选择合适的控制策略。

首先对整个 COTS 器件网络的功能进行划分，这里划分为 4 个功能 P1、P2、P3、P4，其顺序为 P1→P2→P3→P4，其中 P1、P2、P3 为中间功能不输出，P4 为需要输出的功能。COTS_A 实现功能 P1、P2、P3，COTS_B 实现功能 P2、P3、P4，COTS_C 实现功能 P3、P4、P1，COTS_D 实现功能 P4、P1、P2，该 COTS 器件网络能够实现所要求的所有功能，且每个单独的功能模块在该 COTS 器件网络中至少由两个 COTS 器件独立实现，即每个功能至少由两个 COTS 器件独立实现。

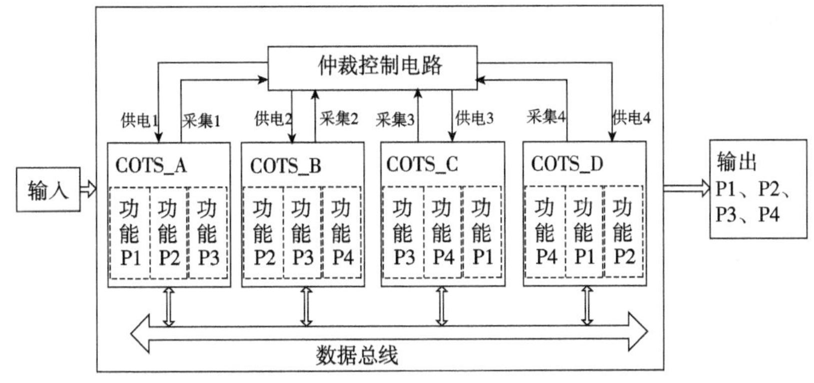

图 5-53 COTS 器件冗余网络设计框图

工作时仲裁控制电路根据 COTS 器件的工作状态选择不同的工作模式：COTS 器件网络先从输入中获取 COTS 器件网络所需要的信息，包括数据、信号等，按不同模式约定的工作策略在不同的器件中完成 P1、P2、P3 和 P4 功能；各部分功能的结果发送至内部总线上完成功能模块间数据的交互，将计算后的 P4 功能输出；当 COTS_A、COTS_B、COTS_C 和 COTS_D 中某一个模块由于空间环境引起翻转或锁定出现故障时，仲裁控制电路根据检测到故障立刻改变工作模式，选用其他 COTS 器件完成故障器件该完成的功能，实现系统的无缝连接。同时将故障的 COTS 器件断电后重新加电，解除器件的故障状态，完成故障的处理。

5.5.4 针对单粒子闩锁的断电/再加电保护设计

卫星在轨运行时，COTS 器件受单粒子作用会发生单粒子翻转和单粒子闩锁故障，发生单粒子翻转故障时，可以通过复位解除故障状态；而发生单粒子闩锁故障时，则必须采取器件断电后再加电的保护措施。

为了能及时有效的处理单粒子闩锁故障，本节提出采用限流保护及自断电/加电控制的主动防护方法。对于大规模 COTS 器件，由于其工作的峰值电流较大，简单的电阻限流措施无法限制器件的局部闩锁，因此，需要采取专门的保护电路，检测器件电流的变化情况，当电流超过预计门限时，启动电源断电程序，以保护电路的运行安全。自主加电/断电的控制电路原理框图如图 5-54 所示。

初始态时 a 点和 b 点的电压均为 0V，NMOS 管处于开路状态，DC-DC 的使能端 INH 上拉为高电平，DC-DC 模块有电压输出，C8051 处理器可以加电工作。当发生单粒子闩锁故障时，处理器中看门狗电路输出使 c 点变为低电平，此时 PMOS 管导通，经过二极管 D1 向电容 C1 充电，a 点电平升高，当超过门限电压时，NMOS 管导通，DC-DC 使能端 INH 下拉到低电平，DC-DC 模块无输出电压，但由于负载电容的存在，输出电压逐渐下降为 0V，输出电压维持的时间不小于 10ms。在此期间，C1 充电已达到饱和电压，并使 NMOS 管处于导通状态。当负载电压下降到 0V 后，PMOS

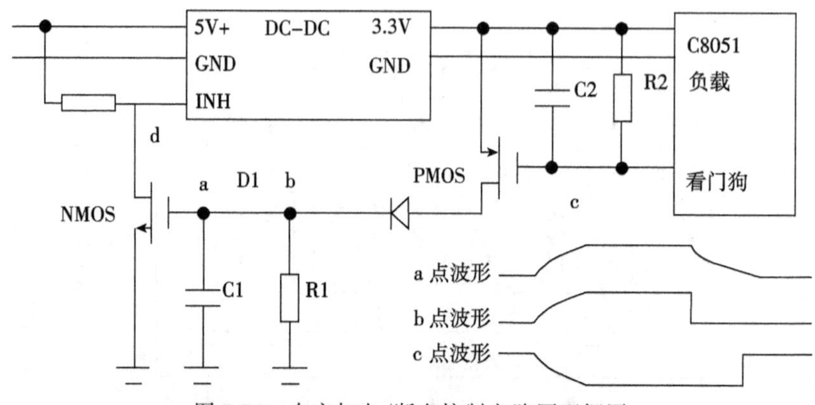

图 5-54 自主加电/断电控制电路原理框图

管处于截止状态，电容 C1 开始通过电阻 R1 放电，当 C1 上的电压低于 NMOS 管的截止电压后，NMOS 处于截止状态，DC-DC 使能允许其重新输出，C8051 处理器再次进入工作状态，完成一次自断电/加电控制过程。

5.5.5 COTS 器件抗辐射加固的设计方法

COTS 器件的空间可靠应用，需要从生产、加工等环节保障其具有良好的抗辐射性能。在其设计阶段，可以采用各种抗辐射加固方法和手段来加固器件。然而，所有的这些加固都是基于冗余方法，如三模冗余、时间冗余、ECC 编码和译码加固等，这些加固方法均会给其带来额外的开销和负担，包括面积和时间上的冗余，除了会造成器件性能的下降之外，还会增加系统成本。因此，为了保证 COTS 器件尽量不降低性能和增加成本，就需要采用先进的加固方法。本节以存储器的 ECC 加固为例，给出一种先进的 ECC 加固方法。

低轨道辐射导致的存储器反转主要是单粒子的反转，如果采用其他加固方法，如 BCH 码和 RS 码等，虽然可以对存储器进行保护，但是将会增加很大的额外硬件开销。因此，可以采用基于缩短汉明码编码的单纠错双检错(SEC-DED)机制对存储器进行加固设计，不仅能够有效降低冗余度带来的面积占用，而且还会显著提高数据传输的可靠性。

图 5-55 给出基于该编码-译码机制设计的电路框图。

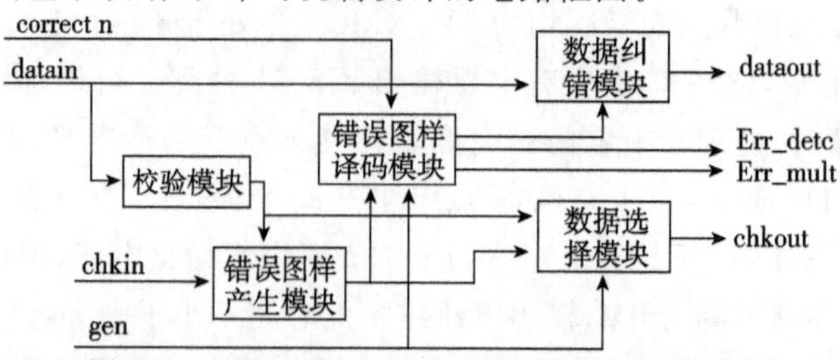

图 5-55 基于 SEC-DED 机制的电路结构原理图

图 5-56 为存储器系统的硬件实现框图，数据从 PowerPC 处理器读出以后，发送到接收发送缓存模块，然后再读出送到光纤通道(FCFS)接收模块。

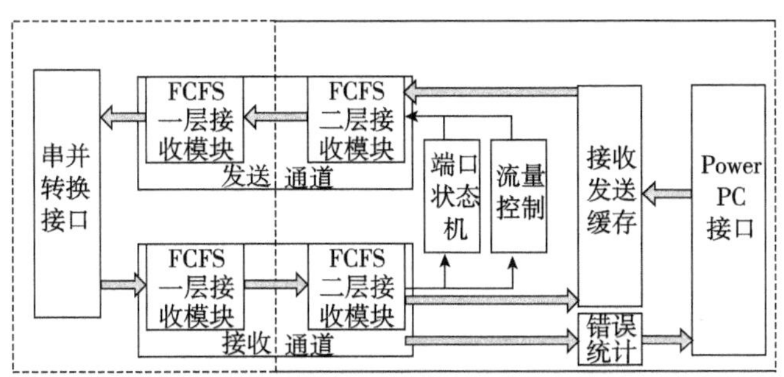

图 5-56　系统实现的硬件框图

通过 ISE10.1 开发环境调用 modelsim 软件仿真，对数据的编解码和加固后的电路进行仿真分析，结果见图 5-57～图 5-59 所示。

图 5-57　SEC-DED 对数据编码的仿真波形

图 5-58　SEC-DED 对数据进行译码校验的仿真波形

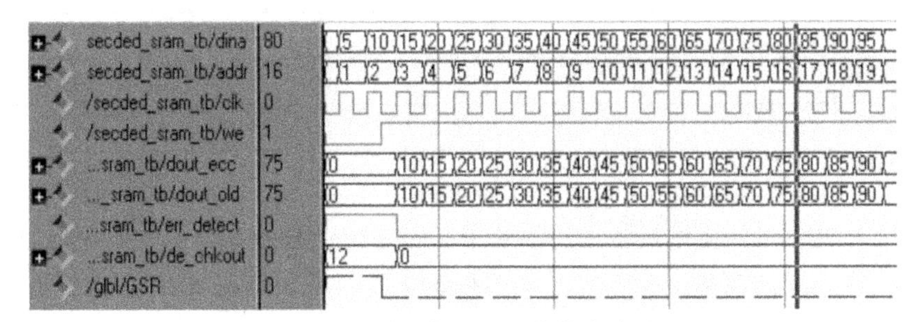

图 5-59　编码加固后系统仿真波形

从图 5-57 可以看出，32 位的数据 data in 经 SEC-DED 模块编码得到了 7 位的校验码 chkout，这个 7 位校验码将和 32 位数据同步存储在存储器中，在译码时用来对数据是否出错进行校验。

从图 5-58 可知，32 位的数据和 7 位的校验码同时送进 SEC-DED 译码模块对数据进行译码校验，err_detect 为高时表明数据出错，chkout 为译码错误图样，其为 0 时表示数据正确传输。

从图 5-59 可以看出，从处理器读出的数据(dina)，经过 SEC-DED 加固的接收发送缓存模块，能够正确的从存储器里读出，并且和原来的时序保持一致，即和未经过加固的接收发送缓存模块读出的数据(dout_old)时序是一致的。

为了保证芯片系统的同步，经过纠错编码的数据不仅要能够正确的对发生错误的数据位进行纠正，还需保证译码后读出的数据与原有未加固的数据保持时钟同步。

在 ISE10.1 中综合得出经过 SEC-DED 编码加固后的电路图如图 5-60 所示。

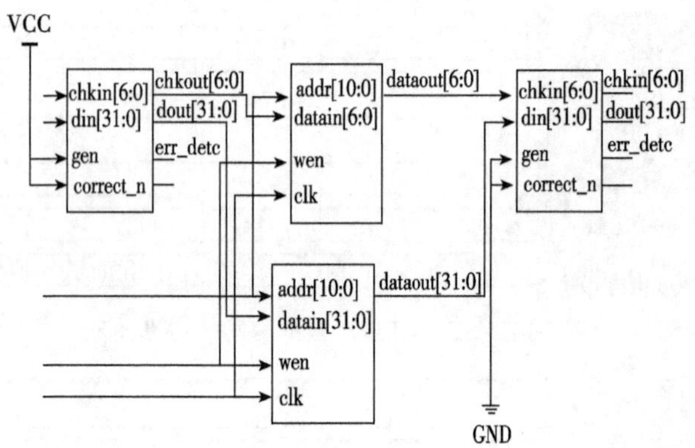

图 5-60　SEC-DED 加固后系统电路图

表 5-4 给出加固设计前后资源的比较结果。可以看出，经过 SEC-DED 编码加固后的存储器电路与原存储电路相比，资源额外占用率在 23%左右。

表 5-4　加固设计前后资源的比较结果

资源类别	未加固设计	加固设计	额外占用率/%
# Xors	0	45	—
# DFF	67616	84007	24.2
# Multiplexers	32	39	21.9
# Tristates	65 536	79 872	21.9

为了解决空间环境中最常见的单粒子翻转效应引起的存储器软错误导致的数据传输可靠性降低的影响，基于缩短汉明码的 SEC-DED 编码原理电路具有明显的优势。

对32bit存储器数据的可靠性进行对比分析，表明利用该编码可以对数据的传输可靠度提高3～6个数量级。该设计有效地解决了单粒子翻转效应带来的数据传输错误，同时相对标准纠错编码设计，其冗余度明显降低，保证了硬件资源的最简，编码电路额外占用的资源远低于50%。

参考文献

[1]Forsberg H, Bjureus P, Soderquist I. Next generation COTS-commercial IP blocks in avionics [C]. The 23rd Digital Avionics Systems Conference, Sweden, 2004: 121-132.

[2]Shibayama N, Akazawa N, Koyama M. Space verification of on-board-computer integrated with commercial IC [J]. Mitsubishi Heavy Industry, Ltd. Technical Review, 2005, 42(5): 1-5.

[3]Martin M. Modular open network ARCH itecture (MONARCH): transitioning plug-and-play to aerospace [C]. IEEE Aerospace Conference, USA, 2013: 1-10.

[4]Victor M, Daniel L, James L. Cell-based architecture for adaptive wiring panels: a first prototype [J]. Journal of Aerospace Information Systems, 2013, 10(4): 187-208.

[5]Schaire S. NASA goddard space flight center (GSFC) wallops flight facility [J]. IEEE Geoscience and Remote Sensing Magazine. 2013, 1(2): 76-78.

[6]刘源，孙兆伟，邢雷，等. 可重构星载信息处理系统FPGA预规划技术研究[J]，哈尔滨工程大学学报，2013，34(7)：1407-1414.

[7]Liu Y, Shen Y, Xing L, et al. The design of an adaptive on-board computer for small satellites [J], Journal of Information and Computational Science, 2012, 9(17): 5211-5223.

[8]Liu Y, Shen Y, Sun Z W, et al. Task scheduling algorithm of FPGA for on-board reconfigurable coprocessor [C], International Conference on Computer Science and Artificial Intelligence, Chengdu, 2013.

[9]齐映红，曹喜滨. 基于遗传算法的最优多脉冲交会轨道设计[J]. 哈尔滨工业大学学报，2008，40(9)：1345-1348.

[10]刘源，沈毅，邢雷，等. 快速响应卫星电子系统等寿命设计方法[J]. 航空学报 2014，35(6)：1673-1683.

[11]马秀娟，曹喜滨，马兴瑞. 小卫星星上计算机系统可靠性研究[J]. 系统工程与电子技术，2002，24(8)：127-129.

[12]马秀娟，张秀珍，曹喜滨，等. 容错星载计算机系统结构设计[J]. 微处理机，2003，4：47-49.

[13]孙兆伟，刘源，徐国栋，等. 基于FPGA内置RAM的抗辐射有限状态机设计[J]. 航空学报，2010，31(6)：989-995.

[14]孙兆伟，刘源，陈健，等. 基于可满足性问题求解的FPGA永久性损伤容错技术研究[J]. 宇航学报，2011，32(3)：652-659.

[15]王峰，郭金生，李晖. 商用现货器件在卫星中的应用[J]. 卫星工程，2013，22(4)：87-94.

[16]Mahmood A, McCluskey E J. Concurrent error detection using watchdog processors-a survey [J]. IEEE Transactions on Computers, 1988, 37(2): 160-174.

[17]Lovelette M N, Shirvani P P, McCluskey E J, et al. Strategies for fault-tolerant, space-based computing: lessons learned from the ARGOS testbed[C]. Proc. IEEE Aerospace Conf., 2002, 5:2109-2119.

[18]Campagna S, Violante M. A framework to support the design of COTS-based reliable space computers for on-board data handling[C]. On-Line Testing Symposium (IOLTS), 2010 IEEE 16th International. 2010:91-96.

[19]李化义,李璟璟,李冬柏,等.一种星上商用器件冗余网络设计电路[P]:中国,2010106119425. 2010-12-29.

第6章　柔性化平台构件化软件及其设计方法

卫星通常采用复杂的分布式控制方式[1]，其软件分散在各个单机、敏感器或执行机构等硬件中，数量多达数十种以上。这些分散的软件，大部分属于硬件的附属品，功能简单，只需对硬件激励做出相关响应，如热控时进行加热带开关控制等；代码量小，少则数十行多则千余行；测试容易，进行一次测试仅需几十个用例即可；成熟度高，可在不同的卫星中应用而不需考虑继承性，如光纤陀螺系统软件等。诸如此类的软件除了过程控制更加严苛，安全性、可靠性要求更高外，在设计方法上与其他嵌入式软件并无二致。

所不同的是，卫星的系统软件（也称飞行软件，flight software）通常运行在综合电子系统的中心计算机中[2]，是卫星信息交汇的核心节点，汇集了绝大部分的数据、状态、控制指令等。作为卫星功能实现的核心，需要完成大量复杂工作，包括部组件管理、任务管理、健康管理等；作为卫星数据处理的中枢，负责完成姿态与轨道确定、系统状态采集与处理等。由此可见，卫星的系统软件不仅体量庞大（数万行代码），而且直接影响卫星飞行任务的成败。因此，卫星的系统软件在设计开发过程中，功能与数据交叠严重、难度和代码量大，且导致测试工作量大、研制周期长。

快速响应微小卫星设计与研制的快速性需求与系统软件的上述特征相违背，缩短系统软件的设计开发周期势在必行。

制约微小卫星系统软件开发周期的关键因素是软件开发模型，目前广泛采用的是瀑布模型[3]，该模型中基本的活动、描述、开发、有效性验证和进化等均被看成是一些界限分明的独立过程，包含需求分析、软件设计、编程实现以及测试等阶段，这模型的优点是过程清晰可见、易受控，适用于对可靠性、安全性要求较高的系统。该模型每个阶段的结果是文档化的文件输出，并且作为下一阶段的输入，实际操作时，通过软件回归进行各阶段的迭代实现，但阶段划分、文档设置繁杂，不仅耗时长，而且增加了开发成本。

采用面向复用的软件开发模型可以有效缩短软件开发周期[4]，这种模型基于已存在的大量可复用软件组件，系统开发着重于如何快速集成这些组件，而不是从头开始研制。在微小卫星软件设计领域，软件复用有以下几种方法。

（1）系统整体复用

整个软件不需改变而直接应用到其他卫星，或应用于不同系统配置的同类卫星。这种复用方式在卫星软件研制中较为普遍，如系列型号间的软件集成便是这种复用方式。但是这种复用方式适用面较窄，仅适合于配置相差较小的系统，不同卫星型号系统配置千差万别，因而也无法使软件做到真正的整体复用。

(2)对象或函数复用

重复使用一个单一功能的软件组件,如标准函数模块的重复使用。在微小卫星软件开发中,经常从旧型号代码中寻找可用资源,或从“软件代码库”中查找可复用的函数。但这种复用方式也伴随着危险,由于直接采用以往的函数,往往忽略该函数的适用性,航天领域著名的伊利亚纳火箭爆炸就是函数复用错误导致的[5]。另外,这种方式复用的对象较为基础,只能在一定程度上缩短软件开发时间。

(3)COTS 软件复用

直接采用现有的商用软件模块,如系统软件设计时采用嵌入式实时操作系统等都属于 COTS 软件复用的范畴[6]。虽然采用成熟的商用软件模块能够简化卫星软件的设计,但商业软件模块的代码冗长,针对微小卫星的软件设计经常需要剪裁,同时还要受到系统硬件的限制。

(4)软件构件复用

软件构件定义为完成某种功能的软件模块,按照组成标准无需修改即可独立进行调用。就卫星飞行软件而言,通过软件构件的选配可以灵活方便地实现其研制[7],可见软件构件复用是缩短卫星软件开发周期的最有效手段。软件构件复用需要通信中间件的支持,具有接口标准化的特点,所以对综合电子系统性能有较高的要求。随着综合电子系统处理器水平的不断提升,使基于通信中间件的软件构件复用成为可能。

柔性化平台设计方法在将卫星硬件划分为可重构模块、公用模块和专用模块的同时,也将相应的软件进行构件化设计,通过软件构件的即插即用动态链接快速装订飞行软件,从而奠定了基于柔性化平台快速研制微小卫星的软硬件基础。

6.1 构件化软件体系结构及其设计方法

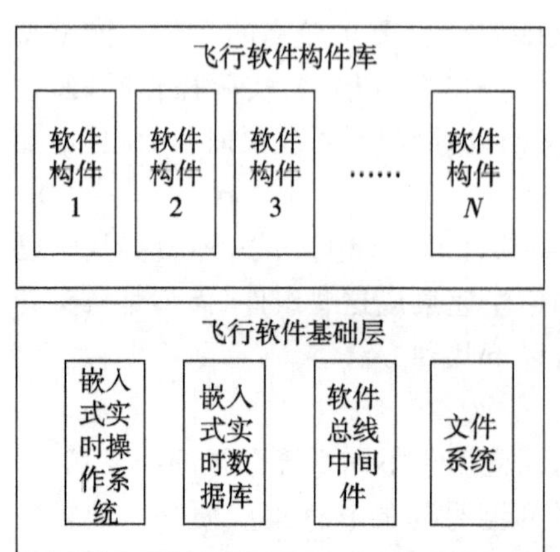

图 6-1 构件化软件系统的组成

采用柔性化平台设计方法进行微小卫星的快速集成,需要具备两个基本条件:一是具有即插即用标准化接口的硬件模块(可重构模块和公用模块),能够通过多总线方式实现其快速集成;二是与之相匹配的软件构件,可以通过构件的动态链接快速装订成系统软件,同时还要求相应的软件构件具备支持硬件即插即用的能力。

柔性化平台的软件系统采用构件化设计后,系统软件将有两部分组成:飞行软件基础层和飞行软件构件库。其系统组成如图 6-1 所示。

其中，飞行软件基础层包括嵌入式实时操作系统、嵌入式实时数据库、文件系统、软件总线中间件或其他 COTS 软件等公用软件构件，属于柔性化平台系统软件的固定部分，是实现软件构件化设计的核心；飞行软件构件库中存储有各种类型的软件构件，每种构件均具备一种相对独立的功能，属于系统软件中需要配置的部分。软件构件又分为系统服务软件构件和应用程序软件构件。系统服务软件构件用于构件管理、总线管理、遥控遥测管理、进程管理以及时钟管理等，主要包括模块识别构件、总线数据接收构件和发送构件、遥测组帧及存储构件、指令接收构件、时钟构件、状态构件以及中心机命令处理构件等；应用程序软件构件用于完成各系统的功能，如姿态与轨道确定、姿态与轨道控制、蓄电池充放电控制以及主动热控制等。

6.1.1　构件化软件的体系结构

基于柔性化平台构建的快速响应微小卫星，其系统软件主要包括星务管理、控制管理和健康管理等功能。

星务管理主要包括即插即用模块管理、时间管理、遥控管理、遥测管理、供配电管理、任务规划与管理、在轨测试管理等。

控制管理主要包括姿态与轨道确定、姿态与轨道控制、蓄电池充放电控制、加热带控制、火工品控制等。

健康管理主要包括各级故障诊断与隔离、系统重构管理等。

构件化软件系统的快速集成的主要环节是软件总线中间件，它是基于嵌入式实时操作系统、为构件提供标准数据交互的一种实时通信机制。采用软件总线中间件后，构件化软件系统的体系结构如图 6-2 所示。

构件化软件系统体系可采用多条软件总线，分别用于星务管理和控制管理等。软件总线间通过总线路由相连。

硬件总线是综合电子系统与公用模块之间传送信息的通信干线，软件总线则是一个抽象的概念。伴随软件构件的提出，针对构件的复用和软件集成的快速性需求，提出软件总线的概念。这主要源于对硬件总线的概念移植，是硬件总线的虚拟与映射。通过软件总线使软件构件能够按照特定的接口标准方便地进行集成和卸载。

以姿态与轨道控制软件为例说明构件化软件体系结构与传统软件系统的不同。传统的姿态与轨道控制软件虽也采用模块化设计，但各模块按照功能要求彼此传递数据，形成复杂的网状拓扑结构，如图 6-3 所示。当某个功能模块出现异常时，有可能造成整个网络的瘫痪。

基于软件总线的构件化姿态与轨道控制软件可将各构件添加到软件总线中，各构件仅与软件总线发生关系，发送或接收数据，如图 6-4 所示。各构件并行的与软件总线进行通信，当任何一个构件出现异常时，整个系统仍可正常运行。

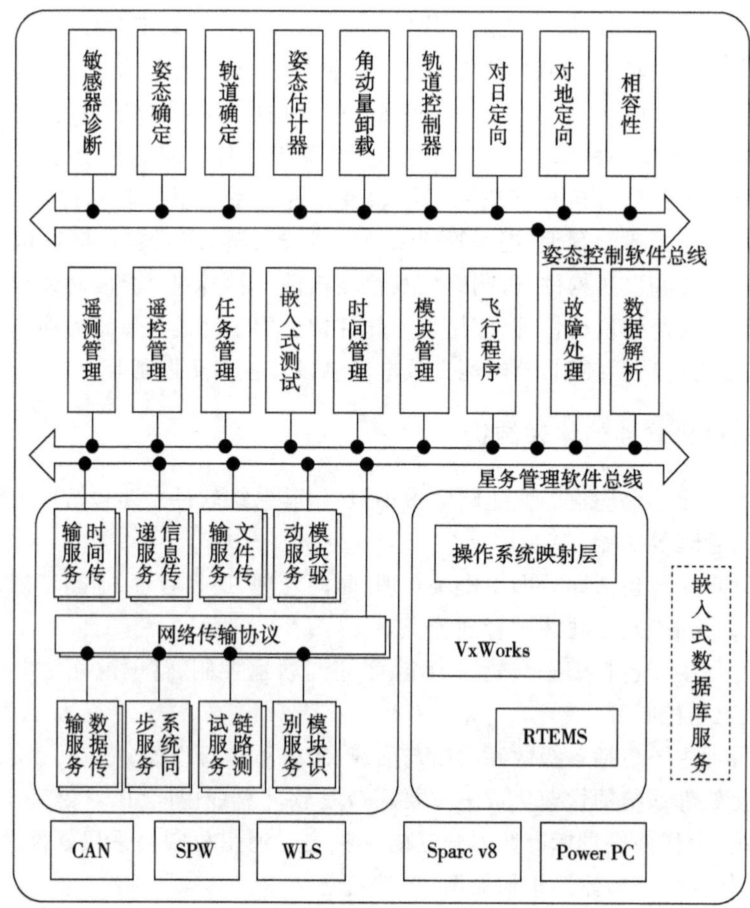

图 6-2　构件化软件系统体系结构示意图

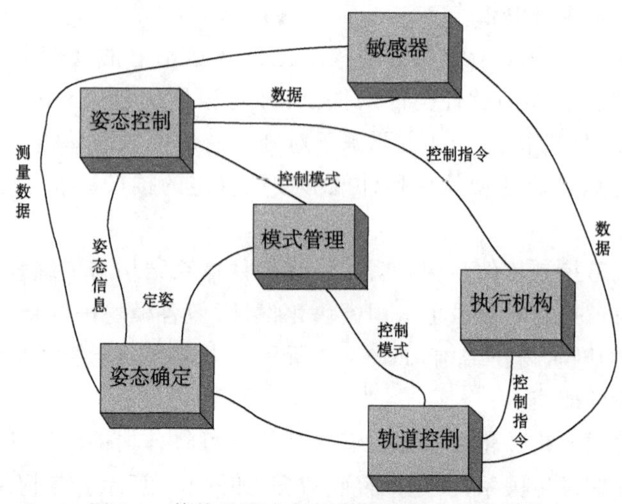

图 6-3　传统的姿态与轨道控制软件体系结构

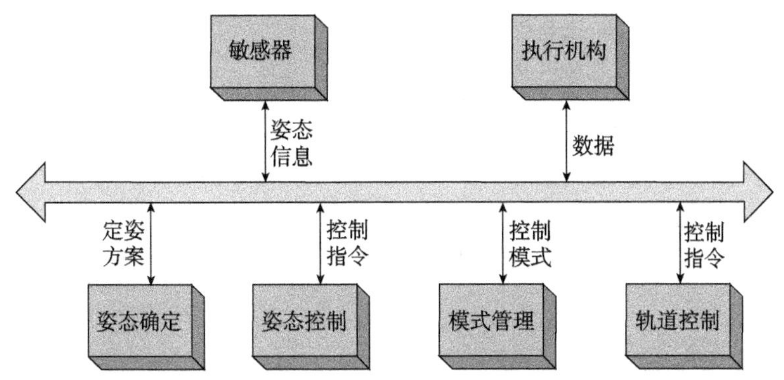

图 6-4　基于软件总线的构件化姿态与轨道控制软件体系结构

图 6-5 给出基于软件总线的姿态与轨道控制软件一种具体的体系结构模型，软件总线采用以数据为中心的设计方法，基于发布者/订阅者模型和“类”的概念进行面向对象的设计。在这种设计定位下，需要重点考虑构件接口与软件总线控制器的设计，同时合理设计操作系统各个进程之间的协同关系，如信号时序及消息队列、时间等待等。还要密切关注不同构件的优先级设计，以及是否存在互锁等问题。

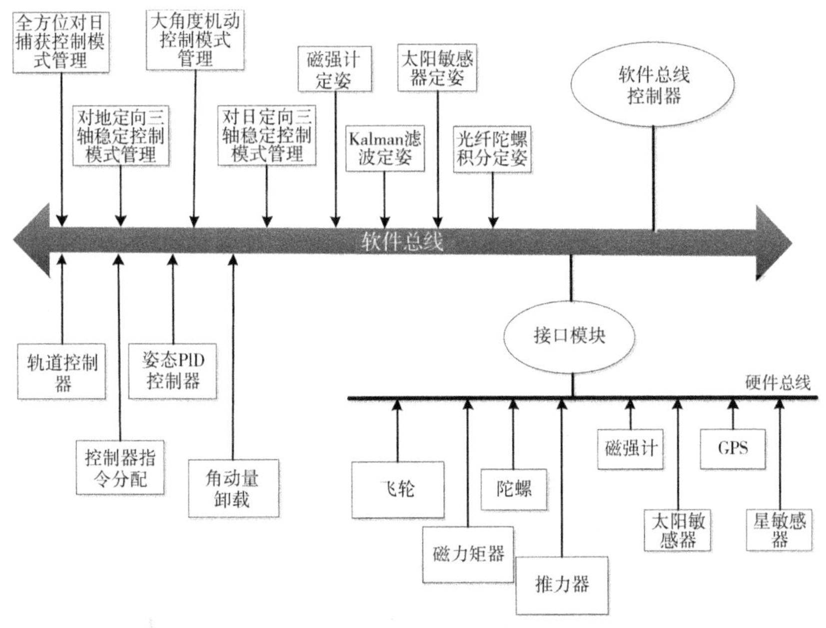

图 6-5　基于软件总线的姿态与轨道控制软件结构形式

构件化软件的研制过程分为两个阶段：产品开发与产品配置。其中，产品开发是指软件构件、飞行软件基础层的开发、建立和维护过程；产品配置是指针对具体的快速响应微小卫星，从飞行软件构件库中选取所用构件进行配置的过程。构件化软件的研制流程如图 6-6 所示。

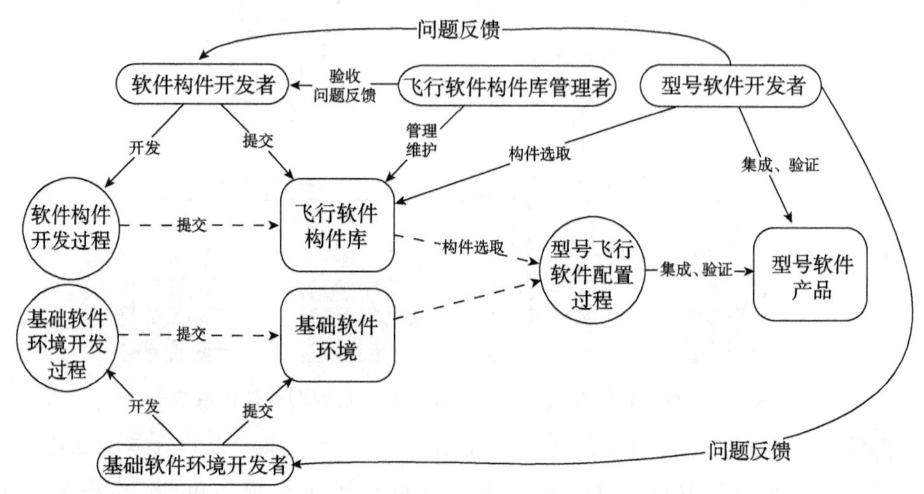

图 6-6 构件化软件研制流程

软件构件的开发过程是在柔性化平台功能分解基础上，按照功能相对独立的原则，采用瀑布模型进行相关构件的设计、编程与测试验证，其流程如图 6-7 所示。需要完备的软件需求分析、设计及测试，保证软件代码质量，同时输出构件使用文档。在完成软件构件开发研制后，将构件提交至飞行软件构件库。

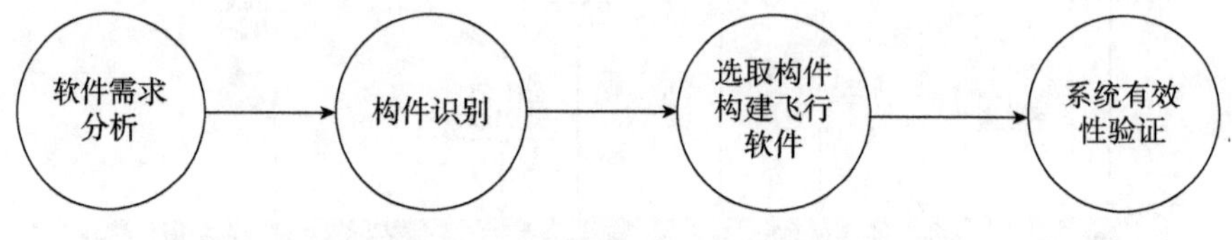

图 6-7 软件构件开发流程

飞行软件构件库用来存储和管理软件构件，并可根据技术发展对相关构件进行维护和升级。

基础软件环境用于对飞行软件的集成层进行开发与维护。

针对具体任务需求，在柔性化平台的可重构模块、公用模块确定后，依据以下过程进行飞行软件的集成与测试：

(1)分析具体快速响应微小卫星的载荷类型及飞行任务需求；

(2)依据需求从飞行软件构件库中选取所需的软件构件；

(3)集成软件构件及基础软件环境，构建微小卫星的飞行软件；

(4)依据软件需求对所构建的飞行软件进行有效性测试与验证等。

6.1.2 构件化软件的自适应与重构方法

为实现微小卫星系统的快速集成，在其系统软件构件化设计的同时，需要充分考虑柔性化平台硬件模块即插即用、总线式集成的特点，使系统软件适应硬件模块即插即用的要求，具备基于总线式体系结构的自适应和重构能力。

柔性化平台的即插即用是硬件和软件即插即用的结合，需要获得硬件模块、软件构件和驱动程序的支持。即插即用的软件在无用户干预的情况下，即可使系统自主识别或适应硬件配置的改变。

柔性化平台即插即用软件与传统卫星软件的不同主要体现在如下几点。

(1)自主动态识别系统中接入的即插即用硬件模块。当添加一个即插即用模块时，系统能自动识别出该模块，并为其分配相应的资源。

(2)硬件资源分配和再分配。为每一个即插即用模块所提出的资源需求(如I/O、中断等)进行合理的资源分配，当有新的即插即用模块被添加到正在运行的系统中时，可以重新分配资源。

(3)根据系统接入的即插即用模块情况，动态调整系统中其他模块的运行参数，即对系统进行软件自适应与重构。例如接入姿态敏感器模块时，系统将根据精度确定调用的姿态控制算法。

柔性化平台的软件自适应主要指系统软件能够自动感知硬件模块的变化，并根据预定策略对感知到的变化进行处理，使系统健康运行；软件重构是当系统硬件模块变动时，为保证系统任务的高效、准确完成，需要对软件构件进行重新配置和替换等。

柔性化平台软件的自适应和重构需要采用合理的软件体系结构，基于操作系统的自身特性，并结合一定的自适应与重构算法实现。软件自适应与重构属于应用层范畴，重构的内容主要为数据管理模型、姿态确定与控制模型和星务管理模型等顶层应用；自适应的主要内容包括即插即用模块自适应、驱动程序自适应、数据管理模型自适应和应用层程序自适应等。

柔性化平台的系统软件要求能够正确识别和管理即插即用的硬件模块，而且任务的不同不应引起软件结构本质的变化，这就要求其具备通用化的体系结构和即插即用的能力。

6.1.3　即插即用的构件化软件体系结构

针对柔性化平台的构件化软件设计，提出其即插即用的体系结构，如图 6-8 所示。

(1)将通常卫星系统软件拆分为相应的软件构件和软件中间件，并将软件构件中可复用的部分独立出来单独设计；

(2)将硬件模块描述拆分为硬件模块描述层和标准化模块协议层，将标准化部分进行独立设计。

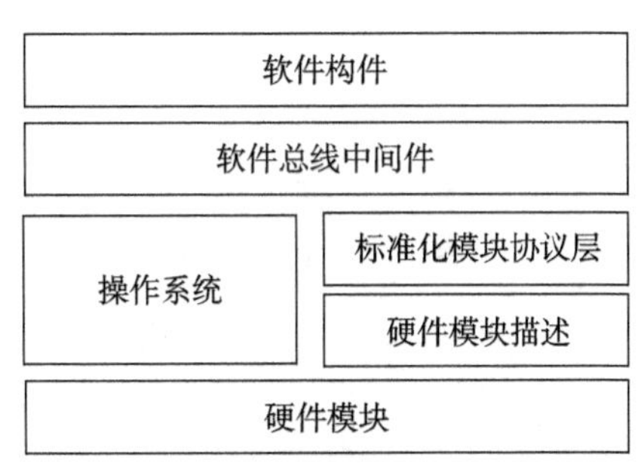

图 6-8　即插即用软件体系结构示意图

即插即用的软件体系结构采用层次化设计，层内部提供服务，层与层之间设计接口,其接口的标准化是设计的重点。软件总线中间件将柔性化平台通用的功能进行集成,作为构件化软件系统的核心,用以沟通硬件模块与软件构件。软件总线中间件的通用功能主要包括如下几个方面。

(1)时间管理:主要包括校时和守时,提供星上时间;

(2)遥测管理:整理星上遥测数据,并将整理后的数据发送给地面;

(3)遥控管理:解释执行地面发送的遥控指令,包括立即执行的指令和延时执行的指令;

(4)文件管理:用于管理存储文件数据,包括程序和重要参数等;

(5)事件管理:用于管理和存储星上重要事件;

(6)模块管理:用于硬件模块的管理等。

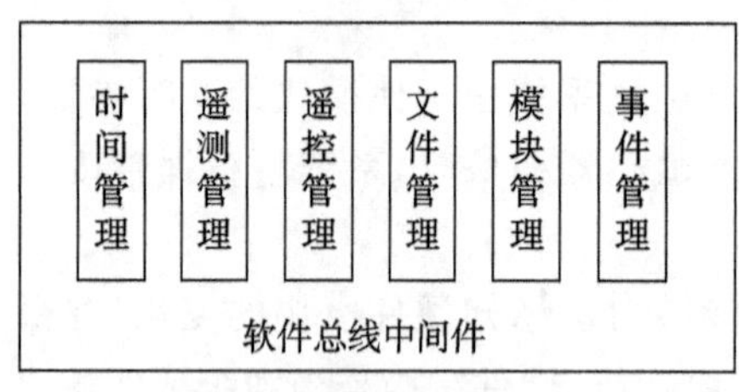

图 6-9 软件总线中间件的主要功能

以上为提取系统通用功能后给出的软件总线中间件的功能,如图 6-9 所示。软件总线中间件充分体现了以数据为中心的设计思想。

以数据为中心的设计思想简化了构件间的接口设计,对单一功能来讲,接口变为获取数据和提供数据。将各软件构件的接口统一到同一条“软件总线”中,便可以满足构件间的数据交换需求,如图 6-10 所示。

采取软件总线有利于新构件的接入,将软件总线的接口进行标准化设计,同时也可将软件总线延伸到软件构件,将软件构件作为软件总线的一个节点,软件总线中间件可看作软件总线的一个标准构件。

软件总线是软件构件间进行高效数据交换的一种机制,采用这种结构可减少软件构件间的耦合,使构件化软件体系结构具备良好的可扩展性,见图 6-11 所示。

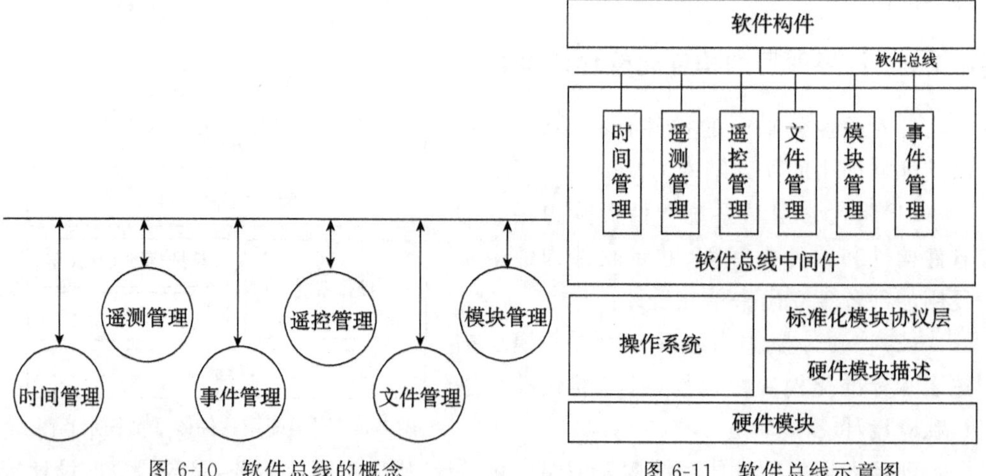

图 6-10 软件总线的概念

图 6-11 软件总线示意图

标准化模块协议层用于管理即插即用的硬件模块，其主要功能包括如下几个方面。

(1)对即插即用的硬件模块进行自主识别；

(2)提供即插即用硬件模块的驱动服务；

(3)为即插即用硬件模块提供数据转换和存储服务；

(4)提供系统时间服务；

(5)提供数据同步服务等。

该协议层由满足以上需求的通用协议栈组成，其中包括物理层、数据链路层、传输层和会话层，如图 6-12 所示。

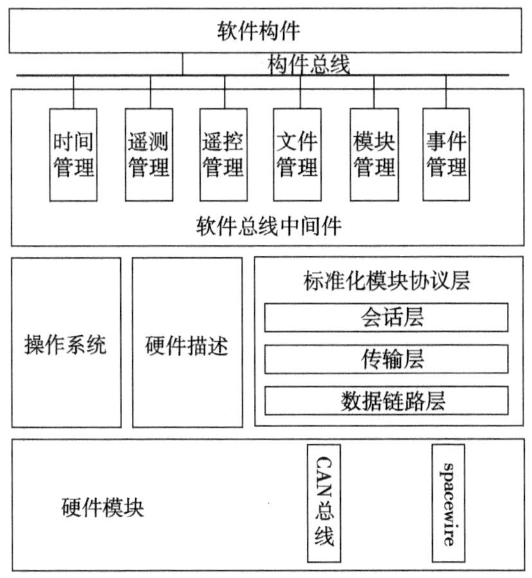

图 6-12　柔性化平台标准化模块协议层示意图

(1)物理层

规定硬件模块通信的物理特性，用于建立、维护和拆除物理链路连接。物理层给出具体的通信信号形式，充分考虑了多种形式总线(如 UART、I^2C、spacewire、CAN 等)，具体的物理层定义应符合相关总线通信的规范。

(2)数据链路层

在物理层的基础上，建立相邻结点之间的数据链路，通过差错控制保证数据帧在信道上无差错的传输。数据链路层的作用包括物理地址寻址、数据组帧、流量控制、数据检错以及重发等。

不同总线分别拥有各自的数据链路层规范，在柔性化平台中除遵循特定总线的数据链路层规范外，还需要给出一种“通用数据交换协议”。

“通用数据交换协议”为上层应用隐藏底层具体的总线形式，甚至可以做到 CAN 总线模块与 UART 总线模块的互联互通。该协议支持不同硬件模块间的高效数据交换和管理，以及模块的故障诊断与处理等，为不同总线形式、不同接口形式的模块提供了统一高效的数据交换协议。对系统软件而言，提供了一种与总线、接口无关的模块管理方式，消除了总线升级或接口变更对软件的影响；对模块间通信而言，为不同总线或接口的模块提供了一种数据交换方式，从而满足柔性化平台灵活配置、快速集成的要求。

(3)传输层

协议的传输层用于建立传输路径，包括“统一模块识别协议”和“统一模块学习协议”，如图 6-13 所示。

其中“统一模块识别协议”负责新接入模块的正确识别和驱动，如图 6-14 所示。

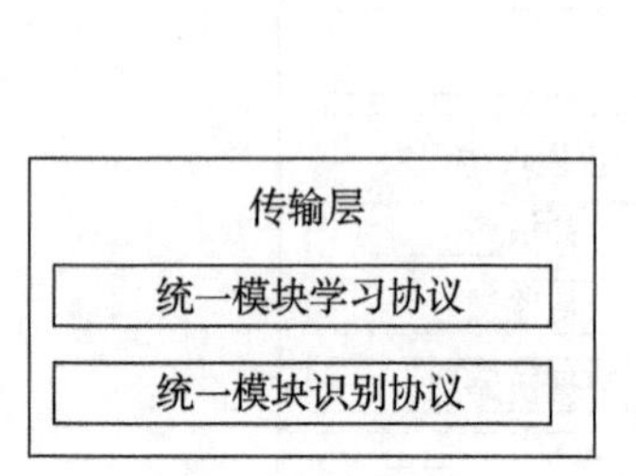

图 6-13　标准化模块协议的传输层

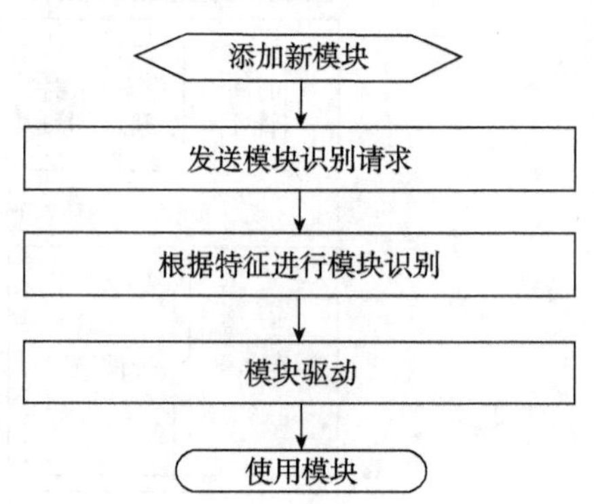

图 6-14　统一模块识别与驱动流程

该协议的工作流程如下：

a. 新接入的模块发出通用模块识别请求；

b. 系统软件接收到通用模块识别请求后，根据其识别特征字对新接入的模块进行识别；

c. 模块成功识别后，系统软件根据模块类型进行模块驱动。

针对该工作流程，不同总线的方式有所区别。例如，对 spacewire 总线而言，模块发出的通用模块识别请求是通过其特定的连接环境给出的，系统软件可以自动检测出是否新接入了 spacewire 节点，且 spacewire 总线采用点对点的拓扑结构形式，系统软件可以通过特定的通道和新接入的节点进行通信。

但 CAN 总线采用总线拓扑形式，没有点对点的通信信道，也没有硬件模块连接的专用识别信号，因此，需采用以下两种方法完成 CAN 总线模块的识别：硬件改造或通过信息传输。硬件改造的难度较大，若将 CAN 总线改造成点对点的拓扑结构，则其原有优势将不复存在；若接入专用识别信号线，则造成 CAN 总线过度复杂，使其节点数量受到限制，可见硬件改造并不可行。

采用信息传输的方法，新接入的模块需在 CAN 总线上发送识别请求，难点在于如何使新接入的节点发送的识别数据和总线上正在通信的数据不产生冲突。为此提出一种虚拟识别通道的方法，新接入的模块通过虚拟识别通道与系统软件进行信息交互，该交互仅限于模块的识别操作，当通过虚拟通道识别后，系统软件为新接入的模块分配专用通信通道，继而实现模块的识别和通信。该虚拟识别通道的实质是通过软件的方式将总线拓扑结构虚拟为点对点的拓扑结构。

在传输层还需制定“统一模块学习协议”，该协议是针对系统软件所未知的硬件模块设置的。该协议要求新接入的模块存储自身的使用方式，当系统软件不识别该模块的使用方式时，便将使用方式传输给系统软件，完成其学习过程后进行模块驱动。系统软件未知的模块在学习前可以使用最基本的驱动进行操作，从而保证模块的基本使用，如遥测遥控、时间服务等，但无法完成该未知模块的特定功能。

(4)会话层

会话层用于系统软件与模块建立会话，会话建立后系统软件方可为模块提供各种服务，该层的服务内容如图 6-15 所示。

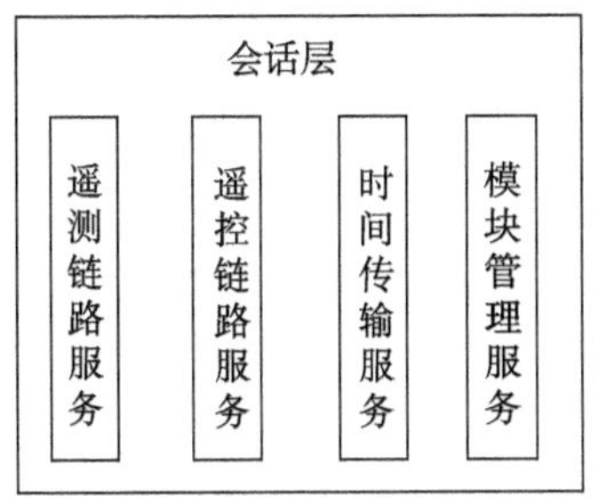

图 6-15　会话层提供的服务

遥测链路服务：在遥测服务中系统软件充当网关的作用，将通用硬件模块给出的数据信息下传到地面。

遥控链路服务：在遥控服务中系统软件同样充当网关的作用，将地面指令转发给通用模块。

时间传输服务：为通用硬件模块提供星上时间。

模块管理服务：按时巡检模块健康状况，发现故障时自主进行故障隔离与处理。

会话层给出的服务与软件总线中间件的功能是对应的，但这不是说两者是一致的，软件总线中间件主要侧重于功能的实现，而会话层主要侧重于通信服务。

以上给出了即插即用软件的体系结构。采取软件总线的方式，将其协议层与硬件模块服务有机连接，为柔性化平台的构件化软件设计、标准或非标准接口硬件模块的即插即用奠定了基础。

柔性化平台即插即用系统软件的总体结构形式如图 6-16 所示。

采用上述即插即用的软件结构，系统的软件总线和硬件总线便可以有机结合，软件总线可以看作是硬件总线的延伸，也可以将硬件总线上的模块虚拟到软件总线中，同时实现了硬件和软件的即插即用。在会话层基础上进行模块虚拟化，将各种不同的硬件模块进行虚拟化，可得到无差别的虚拟化模块，从而为上层应用程序提供了统一的模块接口。

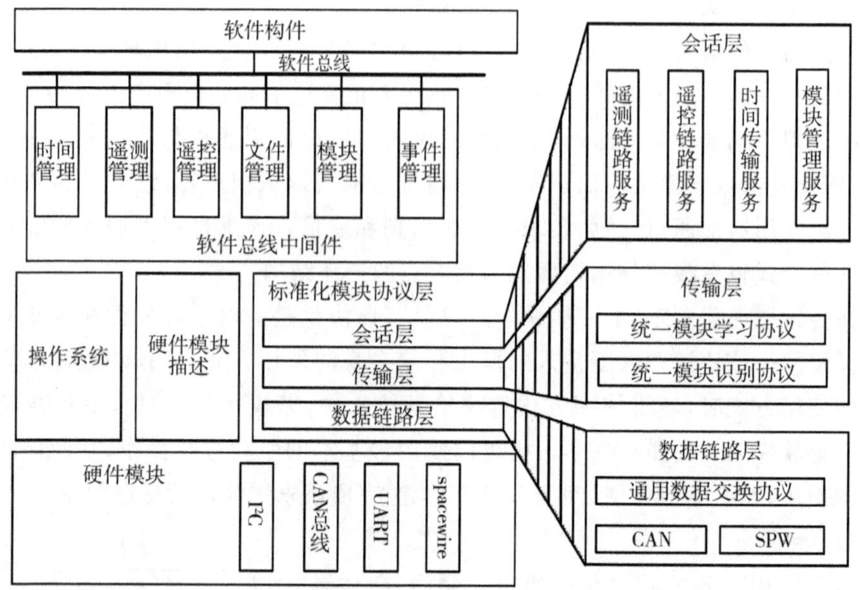

图 6-16　柔性化平台即插即用软件结构示意图

6.2　构件化软件总线设计

柔性化平台的硬件模块作为智能节点与系统软件相联系，为了增强其软件代码的复用程度、以及扩展与重构能力，将软件划分为若干个独立功能的模块，并将软件模块间的数据接口进行标准化设计，统一管理其间的数据交互。接口标准化后的软件模块称为软件构件，构件间统一数据交互的机制称为软件总线。

软件构件在系统软件设计中能够复用，同时其还包含一系列互相关联的操作和服务，它既能在设计时使用或修改，也能够在运行状态下使用和修改，并以二进制形式存储，使其能够快速有效地接入系统。

软件总线提供一种二进制形式的软件构件接入和退出机制，实现构件管理、消息管理、数据管理和注册管理等，且软件总线作为构件间的统一信息接口，为不同节点间的构件提供信息通道。

软件总线采用以数据为中心的设计方法，每个构件均作为数据的发布者和订阅者。软件总线作为数据交互的管理者，接受构件向软件总线的注册，并通知软件总线该构件所发布及订阅的数据，软件总线统筹所有构件的数据需求，及时传输各构件所需的数据，并及时启动满足运行要求的构件，获取新数据。在上述软件构件的管理过程中，软件总线中间件起着至关重要的作用。

6.2.1　软件总线中间件(QST)的概念

QST 是 Qus Smurfs Topic 的缩写，其中 Qus 表征软件总线，体现轻巧(quick)和与硬件无关(quite)的特点；Smurfs 表征软件构件，体现灵活多变的特点；Topic 表征软件主题，体现其在构件化软件系统中的核心作用。

QST 是以嵌入式实时操作系统为基础、为嵌入式软件构件提供标准化数据交互、对构件接口完成标准化的一种实时软件通信中间件，用于嵌入式软件的应用层，为软件构件提供标准接口服务，其在构件化软件体系结构中的位置如图 6-17 所示。

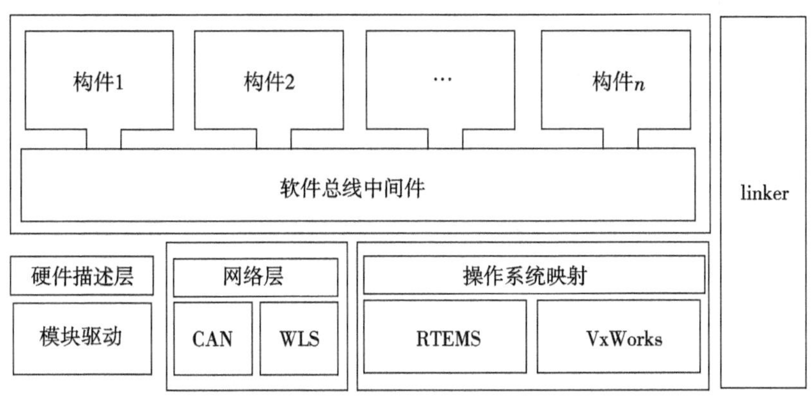

图 6-17　采用软件总线中间件的软件体系结构示意图

该体系结构由应用层、操作系统支持层、硬件层、标准网络层及链接器组成。其中应用层采用软件总线的结构，集合不同的应用程序软件构件；操作系统层采用操作系统映射的方法兼容不同的操作系统(如 RTEMS、VxWorks 等)；标准网络层实现标准化网络的通信结构；硬件描述层实现硬件模块的即插即用；linker 实现软件构件的动态链接。

6.2.2　软件总线中间件设计

软件总线中间件 QST 采用以数据为中心、面向对象的订阅者/发布者模型设计。

QST 设计侧重关注数据交互、淡化功能的复杂逻辑关系，从而简化系统体系结构；采用订阅者/发布者模型来简化软件构件接口，提高数据交互的效率；此外为兼顾系统的灵活性与执行效率，采用 OOPC 技术将 C 语言和面向对象的设计相结合，运用 C 语言的宏技巧实现基本的面向对象设计，在保证效率的同时，提高软件构件的重用性。

6.2.2.1　软件总线中间件组成及其结构

软件总线中间件主要由三部分组成，即 Qus(软件总线)、Smurfs(软件构件)和 Topic(主题)。

软件构件订阅其感兴趣的主题，通过对订阅主题的处理和加工发布新主题。这样多个构件间相互订阅其他构件发布的主题，并发布自身主题，完成整个系统的功能。

软件总线(Qus)负责管理，综合管理构件及主题的发布和订阅，协调不同构件的运行。

软件构件(Smurfs)完成订阅、处理和新主题发布，构件分为内部构件和外部构件，外部构件需要和软件总线外的软件构件进行交互，而内部构件则不需要。

主题(Topic)是构件间协调通信的纽带。

不同的软件构件具备的状态也不同。内部构件具备四种不同的状态：运行态、就绪态、融合态和未融合态；外部构件则只具备运行态和等待态两种状态。

当构件运行所需的条件满足时，构件启动运行则构件处于运行态；当构件运行完毕后，自动转入融合态；具备融合态的软件构件，如果再次满足运行条件，则其转入就绪态，如果其订阅的主题被删除，则融合态构件转入未融合态；就绪态构件满足运行条件时就进入运行态开始运行，如果此时其订阅的主题被删除则自动转入未融合态；未融合态中的构件如果订阅的主题满足则转入融合态。内部构件四种状态转移如图 6-18 所示。

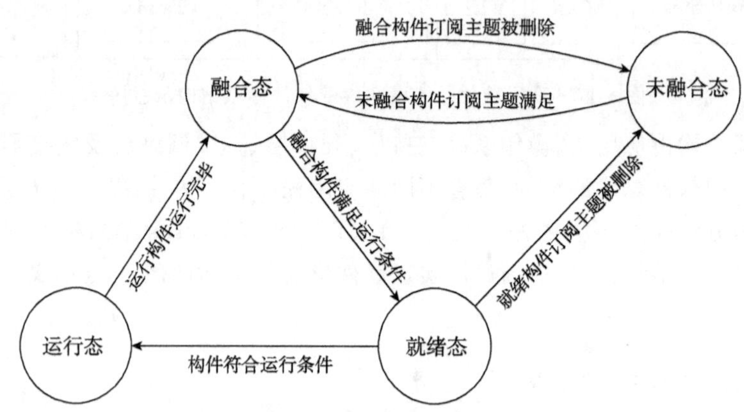

图 6-18 内部构件状态转移图

外部构件与硬件模块直接联系，当所对应的硬件模块满足条件时其进入运行态，否则进入等待态，一直等待硬件模块信号，外部构件状态转移如图 6-19 所示。

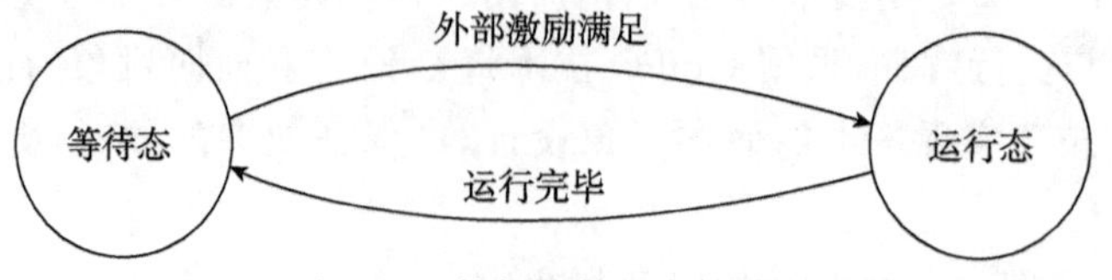

图 6-19 外部构件状态转移图

软件总线中间件采用简化的面向对象设计方法，借鉴软件领域“类”的概念进行设计。在柔性化平台构件化软件中建立的“类”结构如表 6-1 所示。

表 6-1　软件总线中所建立的“类”

名称	描述
QUS	用来描述软件总线及其相关的操作
SMURFS	用来描述软件构件
SMURFSLIST	用来描述构件链表
TOPIC	用来描述构件主题
PUBTOPIC	用来描述订阅的主题
SUBTOPIC	用来描述发布的主题
TOPICLIST	用来描述主题链表

柔性化平台构件化软件中所建立的对象关系如图 6-20 和图 6-21 所示。

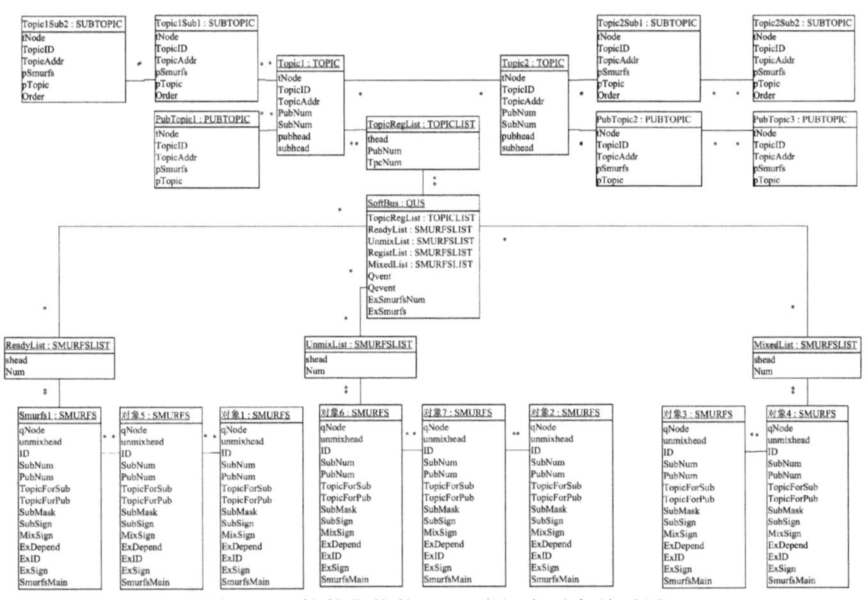

图 6-20　构件化软件 QUS 类视角对象关系图

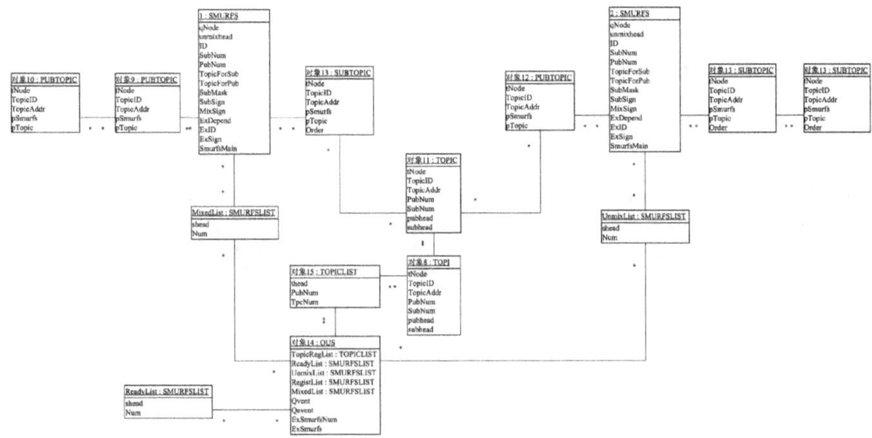

图 6-21　SMURFS 类视角对象关系图

6.2.2.2 软件总线中间件设计

1. QUS 类

Qus类
-TopicRegList : TopicList类 -ReadyList : SmurfsList类 -UnmixList : SmurfsList类 -RegistList : SmurfsList类 -Qvent -Qevent -ExSmurfsNum -ExSmurfs : Smurfs类
+QusInit() +Join() +Quit() +Search() +StartQus() +StopQus() +GetQusInfo() +SetQusParm()

图 6-22 QUS类定义

QUS 类表征软件总线的数据结构和相关操作,用于管理整个软件总线、构件及相应主题,协调软件构件的添加、删除以及主题的发布和订阅等。QUS 类型定义如图 6-22 所示。

该类中含有三个 SMURFSLIST 类链表,用来存储加入软件总线的构件,每个构件只能存在其中一个链表中,软件总线根据构件数据订阅及发布情况,将构件在此三类链表中移动。该类中含有一个 TOPICLIST 类链表,用来协调存储构件所发布或订阅的主题;此外 Qvent 和 Qevent 用于标识与外部构件相关联的消息;ExSmurfsNum表明外部构件数量,ExSmurfs 用于存储外部构件。

(1)未融合链表(UnmixList)

未融合链表的表头采用 SMURFSLIST 结构,表项为 SMURFS(构件)结构。该链表的表项是一些满足如下要求的构件:存在一种或几种订阅的数据未查找到发布者。未融合链表如图 6-23 所示。

(2)融合链表(MixedList)

融合链表表头为 SMURFSLIST 结构,表项为 SMURFS(构件)结构。该链表的表项是一些满足如下要求的构件:至少一个订阅数据查找到发布者,但未达到运行要求。融合链表如图 6-24 所示。

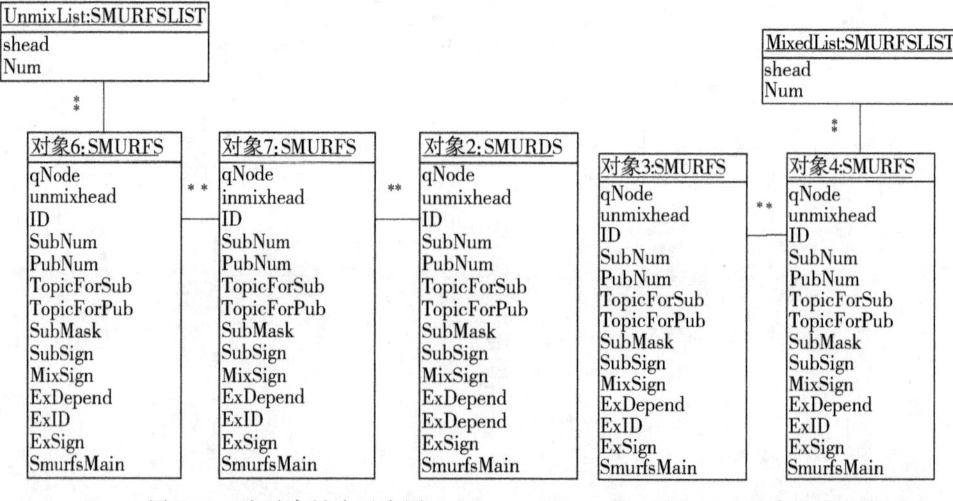

图 6-23 未融合链表示意图　　图 6-24 融合链表示意图

(3)就绪链表(ReadyList)

就绪链表的表头为 SMURFSLIST 结构，表项为 SMURFS(构件)结构。该链表的表项是一些满足如下要求的构件：至少一个订阅数据查找到发布者，且其订阅的数据到位，具备运行要求。就绪链表如图 6-25 所示。

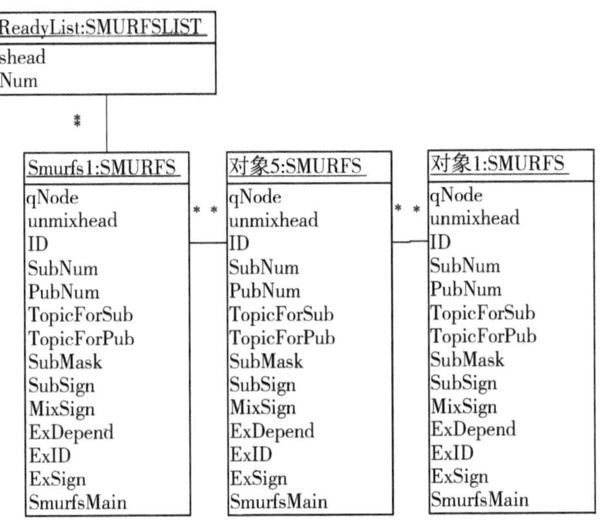

图 6-25　就绪链表示意图

(4)主题注册链表

主题注册链表的表头为 TOPICLIST 类，表项为 TOPIC 类，每项 TOPIC 至少存在一个发布者。主题注册链表如图 6-26 所示。

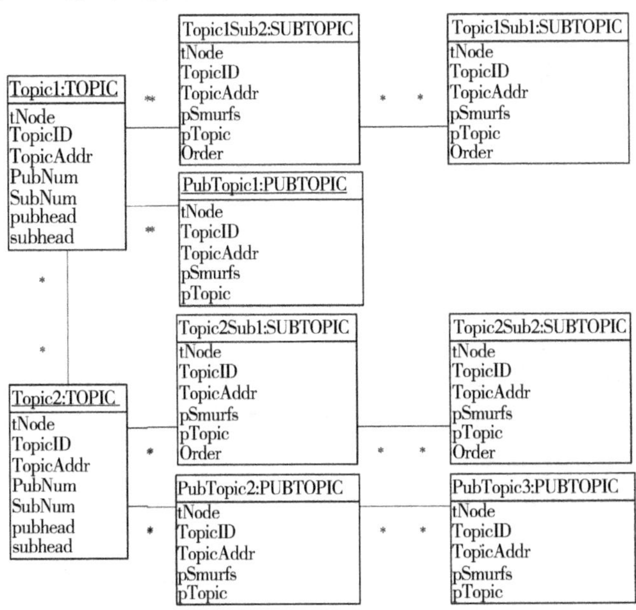

图 6-26　主题注册链表示意图

QUS 的操作共有七种:总线初始化、构件加入、构件退出、总线启动、分析未融合链表、分析融合链表和分析主题链表。

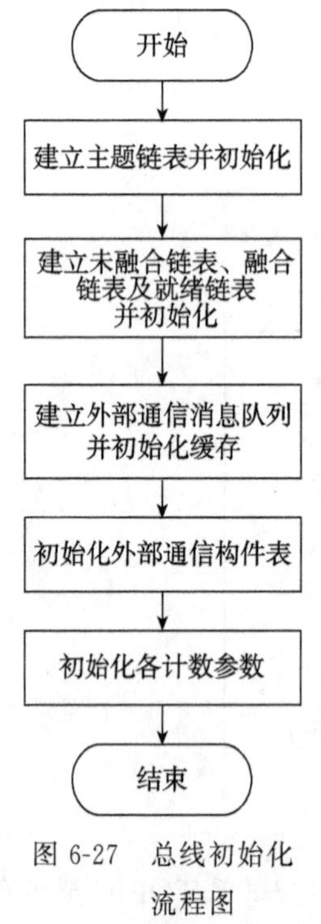

图 6-27　总线初始化流程图

(1)总线初始化(QusInit)

软件总线在使用前要初始化其内部结构,并将软件总线与路由关联。软件总线初始化函数需要传入两个参数:一是软件总线结构体指针;二是软件总线名称。其函数源代码为

```
QSL_STATUSQst_qus_init(
  Qst_T_qus   * f_qus,      /* * < [in]需要进行初始化的软件
                                              总线指针* /
  UC8         * f_name       /* * < [in]软件总线名称* /
  );
```

软件总线使用前需调用该函数进行初始化。软件总线要先于软件构件进行初始化,因为在软件构件初始化中要将构件挂载到指定的软件总线,若挂载时软件总线未初始化则可能导致挂载出错。

总线初始化主要操作包括建立未融合链表并初始化、建立融合链表并初始化、建立就绪链表并初始化、建立主题注册链表并初始化、建立外部通信消息队列并初始化、初始化外部通信构件,总线初始化流程如图 6-27 所示。

(2)构件加入(Join)

软件构件加入软件总线时,软件总线需对其类型进行判断,外部构件的加入要受到软件总线外部接口数量的限制,内部构件加入后视情况放入相关构件链表中。构件加入程序流程如图 6-28 所示。

(3)构件退出(Quit)

软件构件退出时,对于外部构件需释放占用的相关空间;对于内部构件需从相关链表中将其删除。构件删除时需同时删除其订阅及发布的相关主题,并对所有构件的融合性进行重新分析。构件退出程序流程如图 6-29 所示。

(4)总线启动(Start)

软件总线与软件构件在初始化后,可以启动软件总线来调度相应构件。软件总线启动函数源代码为

```
QSL_STATUS Qst_qus_start(
          Qst_T_qus *  f_qus        /* * < [in]目标 Qus 总线* /
          );
```

对于单任务系统,在初始化完成后,直接调用该函数启动软件总线。软件总线内部调用为死循环,根据用户对构件主题的定义自主调度构件运行。

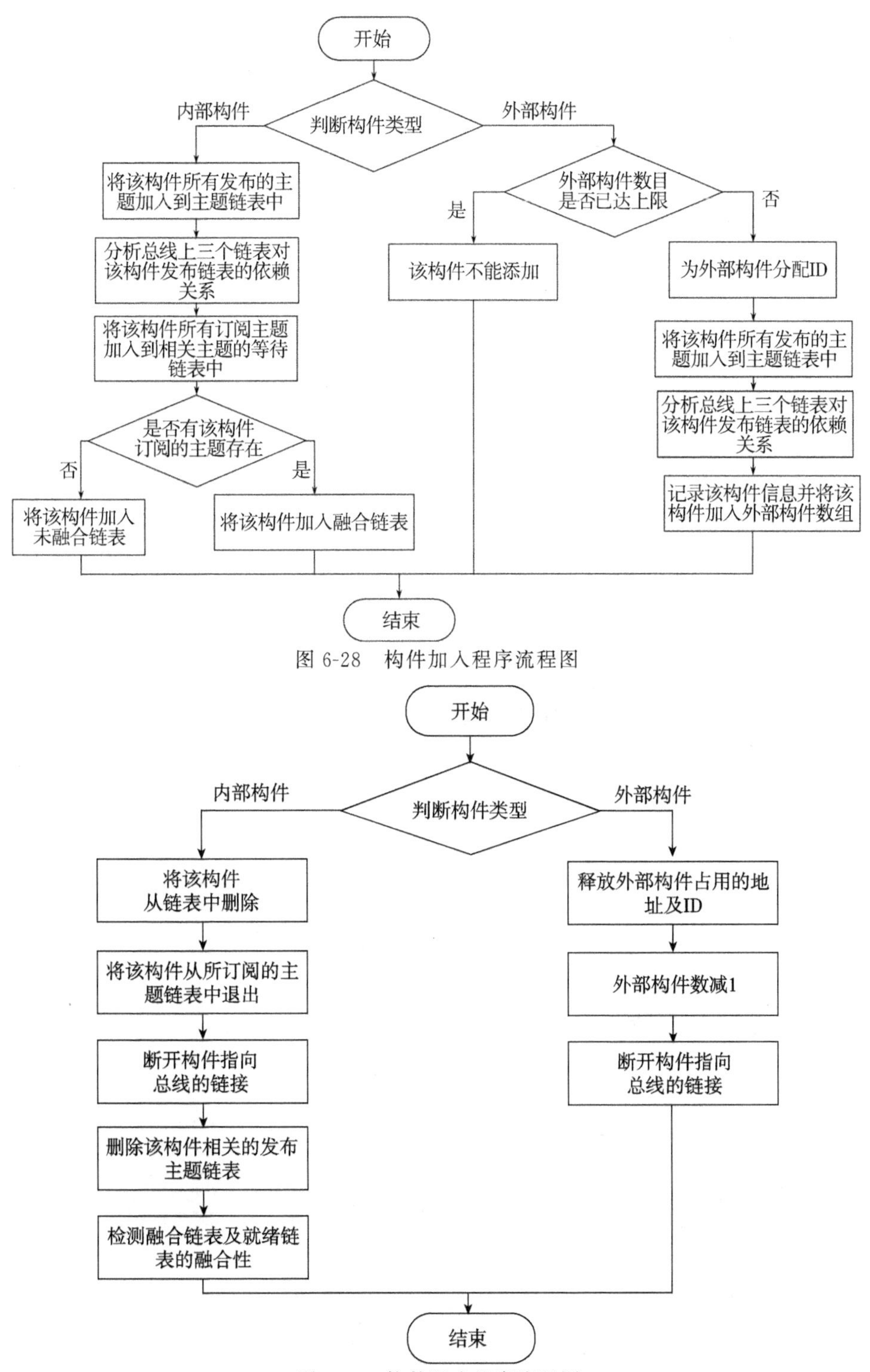

图 6-28　构件加入程序流程图

图 6-29　构件退出程序流程图

对于多任务系统，用户需在不同任务的执行函数中启动不同的软件总线。任务的优先级影响软件总线运行的优先级，用户需根据需求及所使用的操作系统分配软件总线到对应的任务。多任务系统的软件总线之间依靠 Qst 所提供的软件路由进行通信，通信的依据是订阅和发布相应主题，且不同软件总线可以相互订阅和发布主题。

以两任务为例，其对应的任务函数分别为 Test_Task_1 和 Test_Task_2，其对应的软件总线分别为 Test_Qst_1 和 Test_Qst_2，则两条总线的初始化函数源代码为

```
void Test_Task_1 (void)
{
    Qst_qus_start( & Test_Qst_1 ) ;
}
void Test_Task_2 (void)
{
    Qst_qus_start( & Test_Qst_2 ) ;
}
```

软件总线启动后，首先检测外部是否存在激励。当外部激励到来时，则启动相关外部构件操作，并检测就绪链表，执行所有能够运行的构件。

每次构件运行接收后均要对主题链表进行重新分析，并将符合运行条件的构件加入就绪链表中。总线启动程序流程如图 6-30 所示。

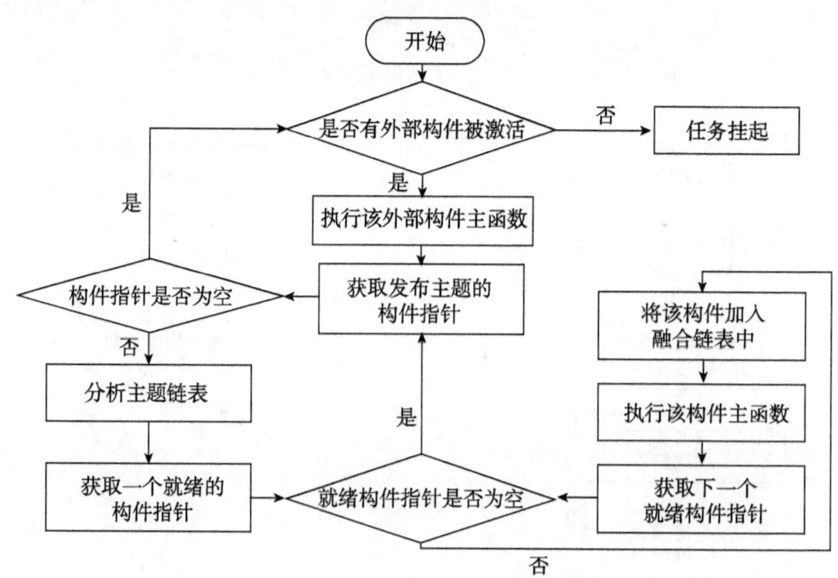

图 6-30　总线启动程序流程图

(5)分析链表的未融合性(AnalysisListUnmix)

当有新构件加入后，需要对未融合链表、融合链表及就绪链表进行未融合性分

析，其目的是查看链表是否会由于新构件发布的主题而融合其订阅的主题。分析链表的未融合性程序流程如图 6-31 所示。

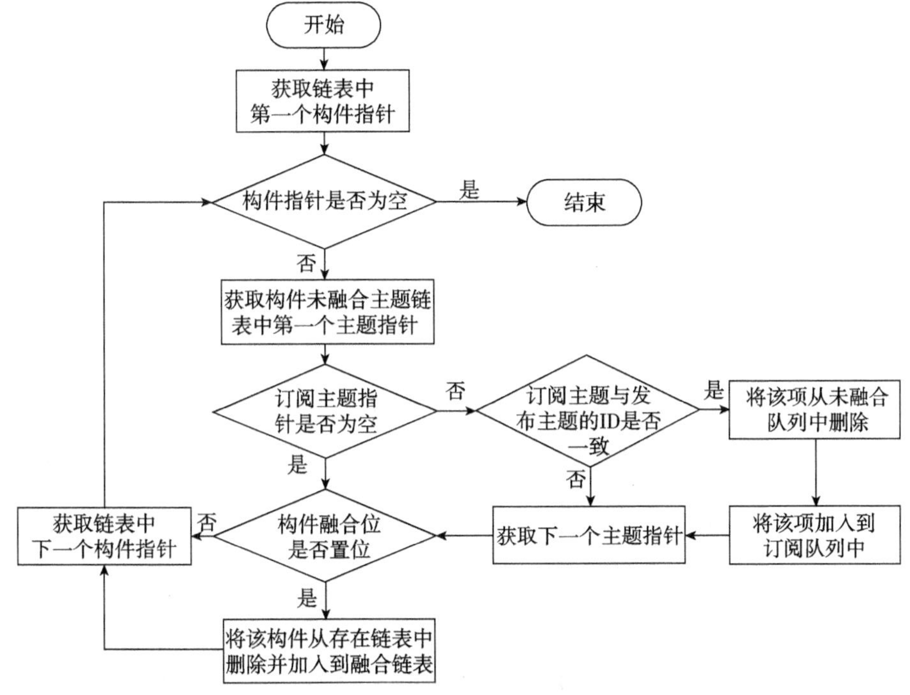

图 6-31　分析未融合链表程序流程图

(6)分析链表融合性(AnalysisListMixed)

当构件退出时，需要对融合链表、就绪链表进行分析，删除订阅退出构件发布主题的相关表项。分析融合链表程序流程如图 6-32 所示。

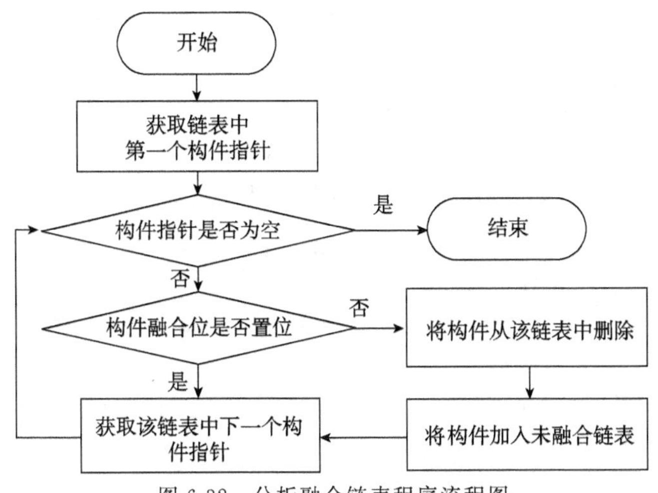

图 6-32　分析融合链表程序流程图

(7)分析注册主题链表(AnalysisTopicList)

分析主题链表的目的是运行结束发布数据后,是否存在具备运行状态的构件,若存在将其加入就绪链表中。分析注册主题链表程序流程如图 6-33 所示。

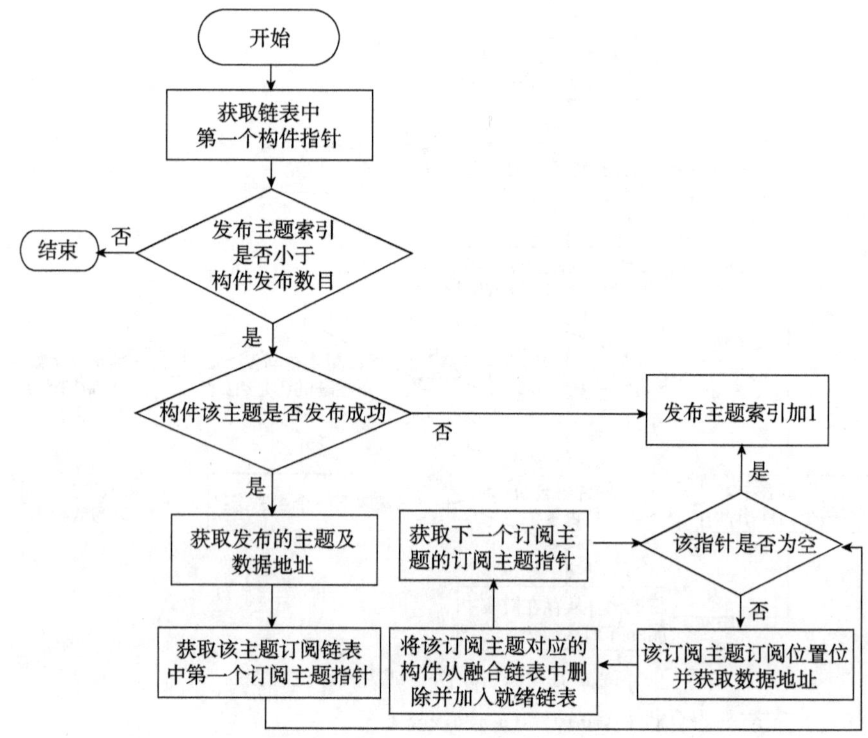

图 6-33　分析注册主题链表程序流程图

SMURFS
-qNode -unmixhead -ID -SubNum -PubNum -TopicForSub -TopicForPub -SubMask -SubSign -MixSign -ExDepend -ExID -ExSign -SmurfsMain
+Init() +AddSubTopic() +AddPubTopic() +AddUnmixtopic() +DelUnmixtopic()

图 6-34　SMURFS 类结构示意图

2. SMURFS 类

SMURFS 类用来描述软件构件的特性和对其进行的操作,主要包括构件主函数、构件订阅和发布的数据等。SMURFS 类结构如图 6-34 所示。

SMURFS 类成员分为以下 4 种类型。

(1)构件类型、外部条件满足标识、外部条件识别标识

构件类型(ExDepend)用来区分构件是内部构件还是外部构件。

对于外部构件,外部条件满足标识(ExID)及外部条件识别标识(ExSign)有效,外部条件满足标识用以区分构件运行的激励是否到来,外部条件识别标识用来查询外部激励源。

(2)订阅表、订阅主题数目、订阅屏蔽字、订阅信号字、融合信号字

订阅表(TopicForSub)列出该构件所有的订阅主题,该表为一个 16 项的数组,每一项均为一个订阅主题;订阅主题数目(SubNum)表征订阅表中的有效项;订阅屏蔽字(SubMask)用来按位表征订阅表中每项的有效状态;订阅信号字(SubSign)按位表征每一项订阅主题是否已更新;融合信号字按位表征每一项订阅主题是否订阅成功。

订阅表示意图如图 6-35 所示。

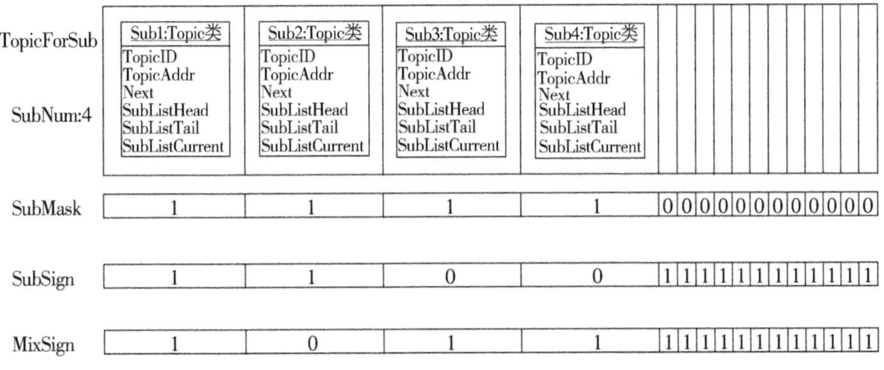

图 6-35　SMURFS 类订阅表示意图

(3)发布表、发布主题数目

发布表列出该构件所发布的所有主题。该表为一个 16 项数组,每一项均为一个发布的主题;发布主题数目(PubNum)表征该表中有效项数目。

发布表如图 6-36 所示。

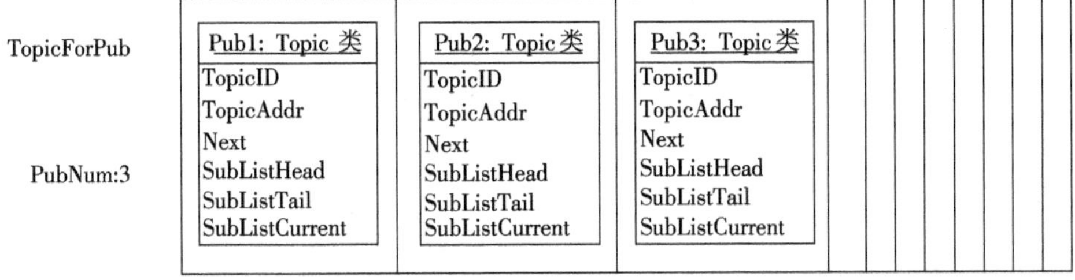

图 6-36　发布表示意图

(4)未融合主题链表、总线类指针

未融合主题链表的表项为该构件未订阅成功的主题订阅项。总线类指针在构件加入总线时指向所加入的总线,目的是方便调用总线特性。

SMURFS 类的操作包括构件初始化、添加未融合主题链表、删除未融合主题链表、添加订阅主题、添加发布主题等。

(1)构件初始化(InitSmurfs)

构件结构体初始化函数是初始化构件的数据结构,包括初始化构件名、构件 ID、

订阅(发布)主题数目、构件订阅(发布)主题存储空间以及构件所要执行的主函数。其函数源代码为

```
QSL_STATUSQst_smurfs_init(
    Qst_T_smurfs        * f_smurfs,         /* * < [in]需要初始化的软件构件* /
    UC8                 * f_name,           /* * < [in]构件名* /
    UL32                  f_id,             /* * < [in]该构件的 ID 编号* /
    UC8                   f_invoice_num,    /* * < [in]构件订阅的主题数目* /
    Qst_T_suber_invoice* f_invoice_table,   /* * < [in]构件订阅的主题* /
    UC8                   f_form_num,       /* * < [in]构件发布的主题数目* /
    Qst_T_puber_form    * f_form_table,     /* * < [in]构件发布的主题* /
    QSL_FUNCPTR           f_smurfsmain      /* * < [in]该构件对应的主函数* /
    );
```

其中,变量 f_smurfs、f_invoice_table 和 f_form_table 所需的存储空间,由该构件所在文件开始处定义,构件号由用户自定义,能够区分各构件即可。

构件初始化操作主要包括初始化各种相关表项,并设置构件类型及构件主函数。构件初始化程序流程如图 6-37 所示。

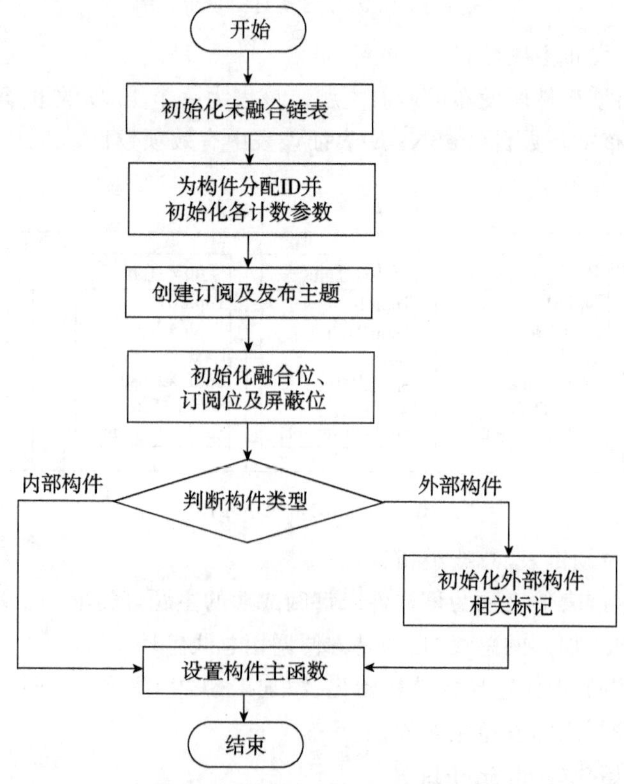

图 6-37 构件初始化程序流程图

(2)添加构件订阅主题(AddSubTopic)

添加订阅主题函数是向构件添加一个订阅主题(该主题通过主题 ID 唯一确定),在构件中记录该订阅主题,并建立构件与订阅主题的关系。该函数必须在构件初始化函数 Qst_smurfs_init 之后使用,其函数源代码为

```
QSL_STATUSQst_smurfs_add_invoice(
    Qst_T_smurfs      * f_smurfs,      /* * < [in]待添加订阅主题的构件指针* /
    UL32                f_topic,       /* * < [in]需订阅主题的 ID* /
    UC8               * f_invoice_id   /* * < [out]订阅主题的索引号* /
    );
```

其中,f_smurfs 为所要添加订阅主题的构件指针;f_topic 为添加到构件中的订阅主题的 ID;f_invoice_id 是订阅主题的索引号,记录该订阅主题在构件的序号,在构件主函数中作为判断构件执行的条件。

根据 QST 设计规范,所有构件均需由主题驱动执行,即使是某些接口构件(如 RS485、CAN 等)也需要订阅相应的主题。

添加订阅主题根据主题 ID,在构件的订阅主题数组中建立对应的关系,主要是初始化订阅主题变量,其流程如图 6-38 所示。

(3)添加构件发布主题(AddPubTopic)

添加发布主题函数是向构件添加一个发布主题,在构件中记录该主题,建立构件与发布主题的关系。其函数源代码为

```
QSL_STATUSQst_smurfs_add_form(
    Qst_T_smurfs      * f_smurfs,      /* * < [in] 软件构件* /
    UL32                f_topic,       /* * < [in] 需发布的主题的 ID* /
    void              * payload,       /* * < [in] 需发布主题数据存储地址* /
    UC8               * f_form_id      /* * < [out] 发布主题的索引号* /
    );
```

其中,f_smurfs 为所要添加发布主题的构件指针;f_topic 为添加到构件的发布主题的 ID;payload 为发布主题的数据信息存储地址。构件发布主题需同时提供其存储空间,该参数即为存储空间的指针,当构件所发布的主题无对应的数据,则该变量可指向一个 UC8 变量,切不可将该变量赋值为 NULL;f_invoice_id 是发布主题的索引号。

添加发布主题并不是构件初始化必要的过程,某些构件执行链的最后一个构件(如从接口发送数据的构件),没有构件接续此构件的工作,故此类构件不需要发布主题,亦即不需要添加发布主题。该发布主题函数必须在 Qst_smurfs_init 之后才能使用。

添加构件发布主题主要是建立构件与发布主题间的关系,并初始化该发布主题的 ID、数据地址、发布位、发布主题节点等,其流程如图 6-39 所示。

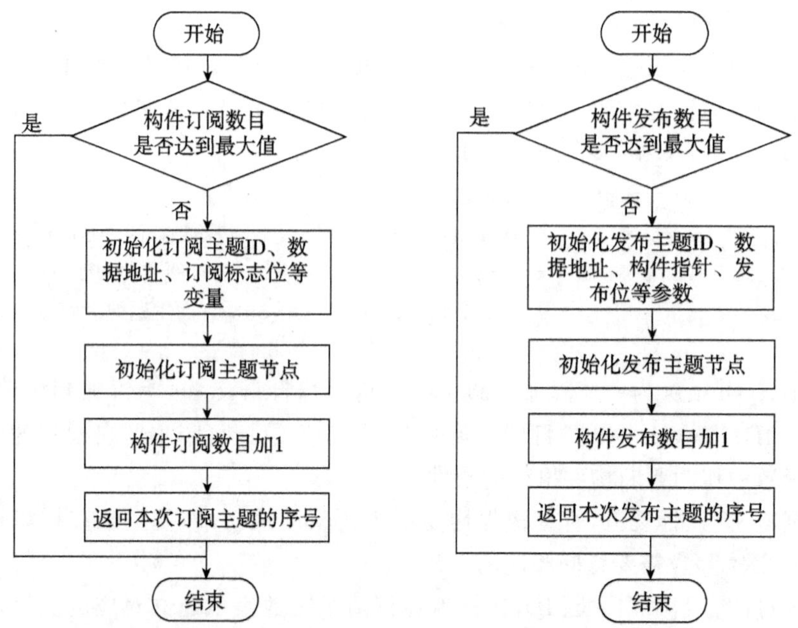

图 6-38 添加构件订阅主题程序流程图　　图 6-39 构件添加发布主题程序流程图

(4)添加订阅主题到未融合链表(AddUnmixtopic)

每个构件维护一个未融合链表,用于存储没有订阅成功的主题,添加订阅主题到未融合链表就是根据订阅主题的 ID 将其插入至未融合链表中。

(5)从未融合链表中删除订阅主题(DelUnmixtopic)

当存在构件订阅主题时,则该订阅主题订阅成功,此时需将其从该构件的未融合链表中删除。

3. TOPIC 类

TOPIC 类用来存储主题,细分为 ROOTTOPIC、PUBTOPIC 和 SUBTOPIC 三类。其中 ROOTTOPCI 是将主题订阅者和主题发布者相关联,通过该类实现订阅和发布的协调;SUBTOPIC 使主题和订阅该主题的构件相关联;PUBTOPIC 使主题和发布该主题的构件相关联。TOPIC 相关类型结构如图 6-40 所示。

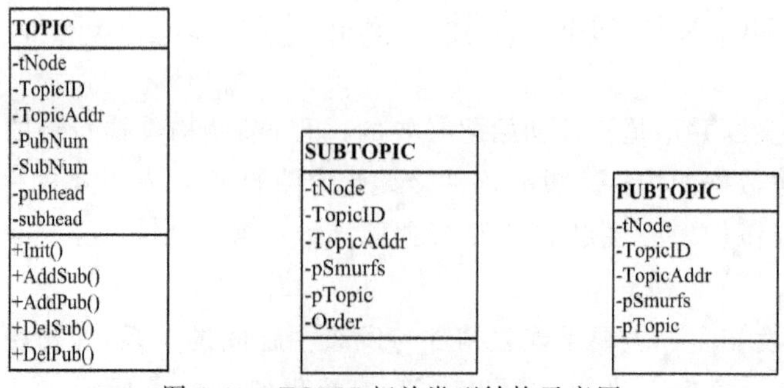

图 6-40 TOPIC 相关类型结构示意图

ROOTTOPIC 类的内容包括主题 ID、主题地址、订阅者数量、发布者数量、订阅者链表、发布者链表。其提供的主要操作有添加订阅者、删除订阅者、添加发布者、删除发布者。添加(删除)订阅(发布)者的操作就是将对应的节点添加到链表中或从链表中删除对应的节点,并改变计数器。

SUBTOPIC 与 PUBTOPIC 类的内容包括主题 ID、主题地址、所在构件地址、关联的 TOPIC 类地址。

4. TOPICLIST 类

TOPICLIST 类用来管理 ROOTTOPIC 类型的链表,包括链表的头节点、所发布主题的数目、所订阅主题的数目,其结构示意图如图 6-41 所示。

TOPICLIST 类的操作主要包括初始化、发布主题、取消发布主题、订阅主题、取消订阅主题等。

(1)初始化(Init)

用于创建链表,并清零所发布主题的数目和所订阅主题的数目。

(2)发布主题(Pub)

发布主题时,先从当前根主题链表中查找该主题是否存在,如果存在则将该主题添加到对应根主题节点中的发布主题链表中,否则先添加新的根主题节点,然后再将本发布主题添加到对应根主题节点中的发布主题链表中。

发布主题程序流程如图 6-42 所示。

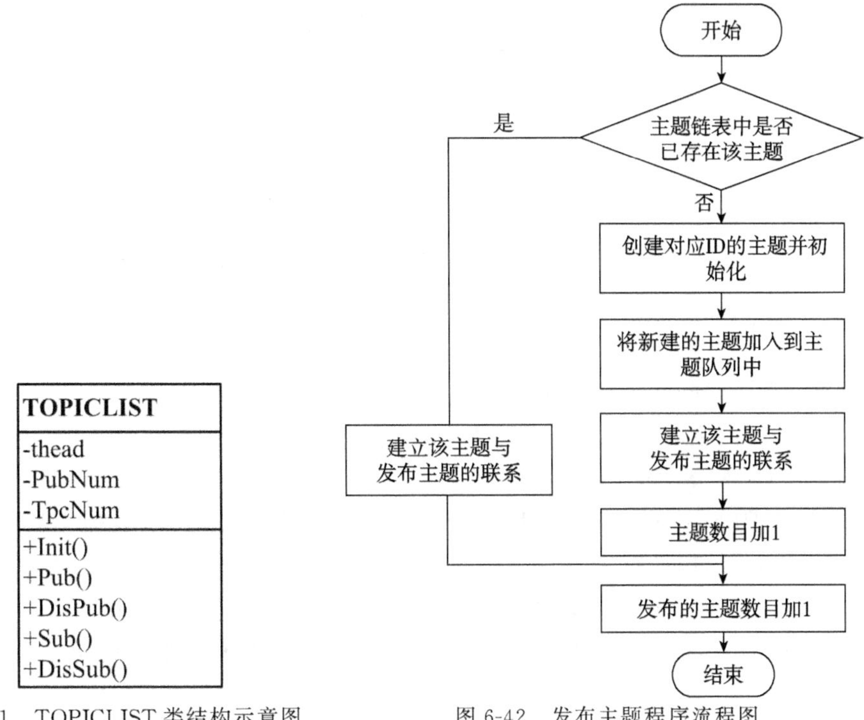

图 6-41　TOPICLIST 类结构示意图　　图 6-42　发布主题程序流程图

(3)取消发布主题(DisPUB)

取消发布主题操作前先从当前根主题链表中查找该主题是否存在,删除该发布主题后,还要查看对应根主题节点中该发布主题是否还存在发布者,如果不存在发布者的则将该根主题节点中的所有订阅主题删除,并删除该根主题节点。

取消发布主题程序流程如图 6-43 所示。

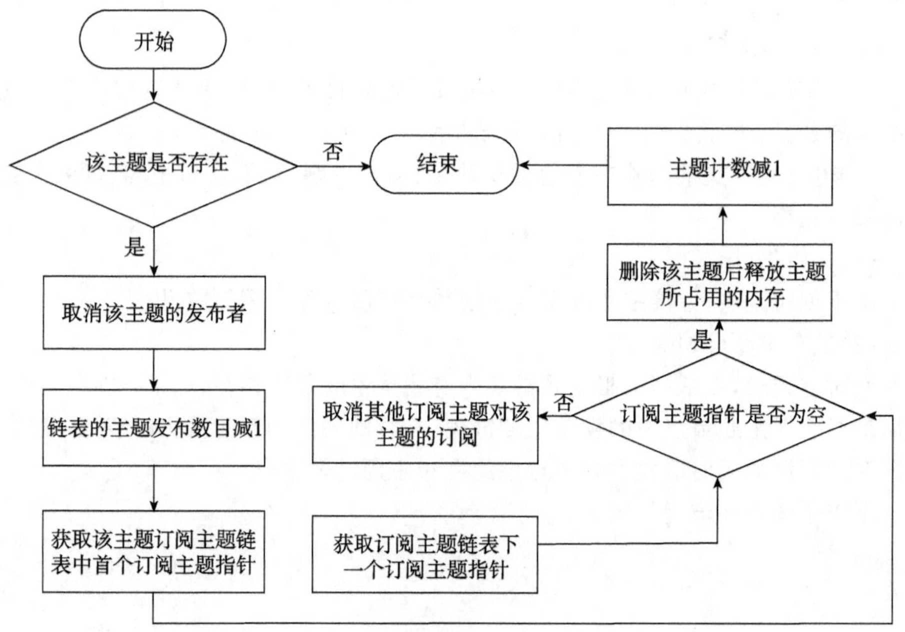

图 6-43　取消发布主题程序流程图

(4)订阅主题(SUB)

订阅主题操作前要从当前根主题链表中查找该订阅主题是否存在,如果存在则将本订阅主题添加到根主题节点的订阅主题链表中。如果当前根主题链表中不存在该订阅主题,则设置发布该主题的构件为融合状态。订阅主题程序流程如图 6-44 所示。

(5)取消订阅主题(DisSUB)

取消订阅主题操作时直接从对应根主题的订阅主题链表中删除该主题即可。

5. SMURFSLIST 类

SMURFSLIST 类用来管理 SMURFS 类型的链表,包括链表的头节点、链表中构件计数,其结构如图 6-45 所示。

SMURFSLIST 类提供的操作有初始化、添加构件和删除构件。

初始化操作用来建立链表并清空构件计数值;添加构件用来向链表中添加一个构件;删除构件用来从链表中删除指定的构件。

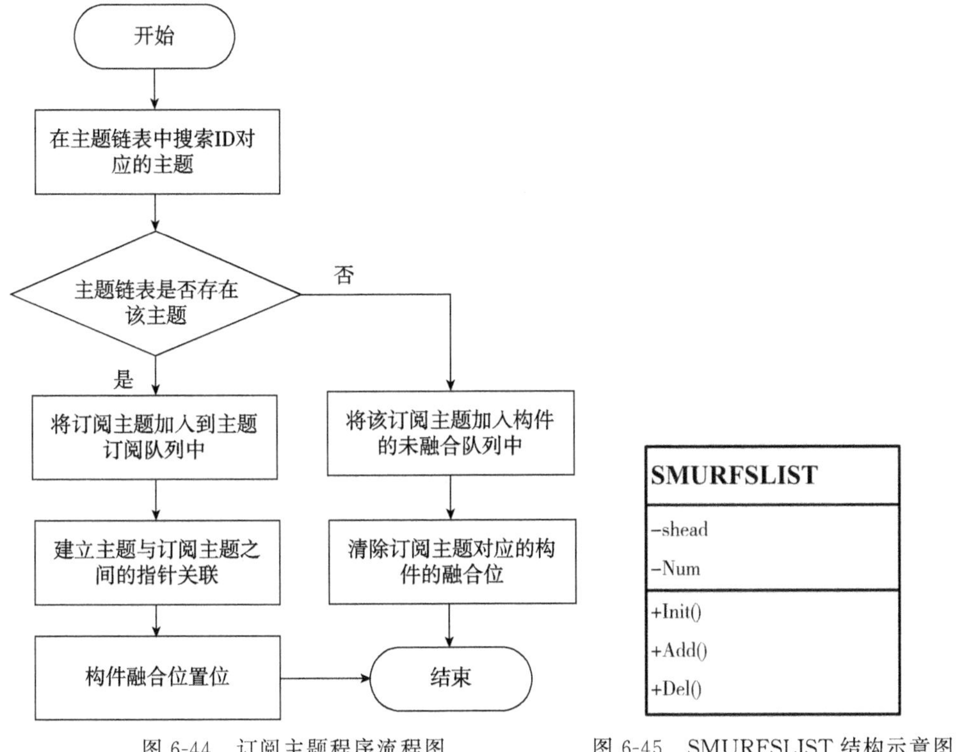

图 6-44　订阅主题程序流程图　　图 6-45　SMURFSLIST 结构示意图

6.3　柔性化平台软件的构件划分方法

柔性化平台的软件构件划分是实现其系统软件快速构建的首要环节。柔性化平台的系统软件从功能上可分为两个层次：一是系统服务软件，即系统软件的核心构架：主要包括构件管理、总线管理、遥控遥测管理、进程管理以及时钟管理等；二是应用程序软件，主要包括完成柔性化平台各系统功能的应用软件，如姿态与轨道确定、姿态与轨道控制、蓄电池充放电控制以及主动热控制等。

系统服务软件的构件划分应充分考虑其通用性和功能独立性，并尽量减少各构件之间的耦合，以便于构件的调用与升级；从功能独立性方面考虑，应用程序软件的构件划分相对简单，关键是合理设计构件接口，以实现构件的即插即用。

6.3.1　系统服务软件的构件划分

对于即插即用的综合电子系统智能计算机（中心计算机）而言，所有与之相连的硬件模块均是下位机，其地位和功能相差无几，使用方法也基本相同，区别主要在于具体的功能和数据，因此具备采用统一方法进行模块管理的前提条件。

对于采用标准化通信协议的柔性化平台，其硬件模块的使用具备通用性，在软件设计时可以采用统一的结构，按照通信协议进行统一管理。模块管理的具体功能如表 6-2 所示。

表 6-2 模块管理的具体功能

<table>
<tr><th colspan="2">功能</th><th>描述</th></tr>
<tr><td colspan="2">模块数据接收</td><td>接收标准模块的工程参数</td></tr>
<tr><td rowspan="2">控制指令发送</td><td>突发</td><td>向标准模块发送控制指令</td></tr>
<tr><td>定时发送</td><td>定时向模块发送指令</td></tr>
<tr><td rowspan="2">遥测参数下传</td><td>实时遥测</td><td>将标准模块工程参数下传到地面</td></tr>
<tr><td>延时遥测</td><td>将标准模块工程参数存储到存储器中</td></tr>
<tr><td colspan="2">数据解析</td><td>获取模块工程参数中自主使用的相关数据</td></tr>
<tr><td colspan="2">数据诊断</td><td>对解析出的数据进行范围诊断</td></tr>
<tr><td colspan="2">故障诊断</td><td>针对数据的趋势和反映进行高级诊断</td></tr>
</table>

根据表 6-2 中的通用功能，对硬件模块的驱动主要包括模块识别、模块数据接收、控制指令发送、模块故障诊断与处理等。

为实现系统服务软件的功能，对其构件进行如下划分，如表 6-3 所示。

表 6-3 系统服务软件的构件划分

构件名称	构件描述
总线数据接收构件	该构件接收来自 CAN 总线的数据，根据通信帧类型不同，进行类别区分并存储
模块识别构件	该构件按协议进行模块识别，进行通信 ID 分配，将模块加入当前模块库
总线数据发送构件	该构件将通信需要的数据通过 CAN 总线发送
指令接收构件	该构件主要接收指令信息，由中心计算接收后，查找接收该指令的通信地址，并将指令发布
遥测组帧及存储构件	该构件对 CAN 总线各模块的数据进行分类缓存，待获得地面发送的同步服务后，将遥测数据发布
时钟构件	该构件利用定时器每隔一定时间发布一次时钟主题，为硬件模块和软件构件提供外部激励
状态构件	该构件主要是搜集综合电子系统的状态信息，在特定时间将数据发布
中心机命令处理构件	该构件主要用于处理中心机的命令，包括构件的在线添加与删除、模块强制在线及强制离线等

柔性化平台的软件构件通过软件总线链接成系统软件，其外部构件靠外部激励激活，内部构件通过主题来激励。当一个构件获得另外一个构件发布的主题时，应处理发布主题构件发布的数据，即链接两构件的主题有对应的数据结构来存储数据，并随主题一起传给订阅该主题的构件。

系统服务软件的主题及其对应的数据结构和编号如表 6-4 所示。

表 6-4　系统服务软件的主题划分

主题名称	编号	数据结构形式	
模块识别上行主题	0×21000001	识别协议控制码	unsigned char
		设备唯一识别码	unsigned long
		数据长度	unsigned char
		设备(申请的)nID	unsigned char
数据传输上行主题	0×21000002	数传协议控制码	unsigned char
		接收地址	unsigned char
		发送地址	unsigned char
		帧编号	unsigned char
		应用协议类型	unsigned char
		数据地址	unsigned char *
		包长度	unsigned long
		设备节点地址	Type_Class_Node *
模块识别下行主题	0×21000003	识别协议控制码	unsigned char
		设备唯一识别码	unsigned long
		分配的 nID	unsigned char
		数据长度	unsigned char
		数据	unsigned char
数据传输下行主题	0×21000004	数传协议控制码	unsigned char
		接收地址	unsigned char
		发送地址	unsigned char
		应用协议类型	unsigned char
		数据地址	unsigned char *
		数据长度	unsigned char
数据同步主题	0×21000005	同步协议控制码	unsigned char
		接收地址	unsigned char
		发送地址	unsigned char
		同步帧识别码	unsigned char
		数据长度	unsigned char
		数据	unsigned char
时钟主题	0×21000006	构件 ID	unsigned long
		数据长度	unsigned char
		数据地址	unsigned char *
状态主题	0×21000007	无	

构件所订阅的主题及发布的主题如表 6-5 所示。各构件之间及构件与主题之间的联系如图 6-46 所示。

表 6-5　不同构件订阅与发布的主题

构件名称	构件类型	订阅的主题	发布的主题
总线数据接收构件	外部	无	模块识别上行主题
			数据传输上行主题
			数据同步主题
模块识别构件	内部	模块识别上行主题	模块识别下行主题
总线数据发送构件	内部	模块识别下行主题	无
		数据传输下行主题	
指令接收构件	内部	数据传输上行主题	数据传输下行主题
		时钟主题	状态主题
遥测组帧及存储构件	内部	数据传输上行主题	数据传输下行主题
		数据同步主题	
时钟构件	外部	无	时钟主题
状态构件	内部	时钟主题	数据传输上行主题
		状态主题	
中心机命令处理构件	内部	数据传输下行主题	状态主题
		时钟主题	

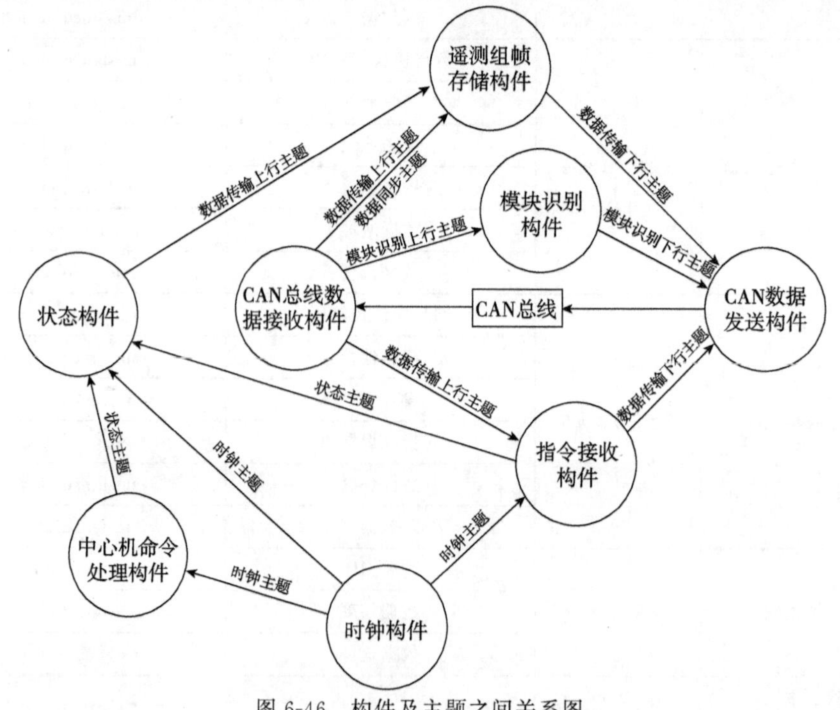

图 6-46　构件及主题之间关系图

柔性化平台的软件构件划分完成后,需遵循相应的规范编写源代码,通过编译形成二进制文件存储于构件库中,以便开发系统软件时灵活调用。采用QST软件总线的构件,在构件初始化过程中通常要完成构件结构体初始化、添加订阅主题、添加发布主题以及构件向软件总线注册等过程。同时,每个构件均有一个主函数,该主函数中对数据的提取、发布均要符合QST软件总线的要求。

6.3.1.1　构件主功能规范

构件通过订阅和发布不同的主题进行通信,当构件订阅的主题发布后,该构件就会执行其主功能,执行完成后根据需要发布新主题或者结束本次执行。此过程是一个数据传递过程,构件对数据加工处理后,通过发布新主题将该数据传递给下一个构件继续处理。构件的功能主函数从上一构件获得数据,进行数据处理后放入自己提供的存储空间,根据需要再发布出去。软件构件主功能就是处理数据和将数据传递给下一个构件。

软件构件主功能函数定义为无输入无输出形式,该函数指针在构件结构体初始化时作为参数(Qst_smurfs_init 的最后一个参数)传入构件,当构件订阅的主题被发布时,构件会调用该主功能函数。

构件主功能函数通常需使用下面三个宏。

(1)GET_SMURFS_SUB_SIGN(SMURFS,INVOICE)

当构件订阅的主题数目多于一个时,各主题均可能使该主功能函数执行。为使主功能函数有序地执行多个主题,定义该宏。该宏有两个参数:SMURFS为构件指针;INVOICE为订阅主题索引号。当获取构件SMURFS索引号为INVOICE订阅主题的订阅位时,该位为TRUE表示是该主题导致主功能函数执行。订阅主题的索引号INVOICE在添加订阅主题函数Qst_smurfs_add_invoice中获得。

(2)GET_SUB_ADDR_TO_READ(BUF_G,TYPE_G,SMURFS_G,ADDR_G)

该宏的主要作用是获得发布主题的数据实体地址,并清除订阅位。其包含四个参数:BUF_G为即将指向发布主题的实体地址(输出);TYPE_G为发布主题的数据类型(输入);SMURFS_G为订阅该主题的构件(输入);ADDR_G为该构件对应的订阅索引号。该宏在判断宏GET_SMURFS_SUB_SIGN之后使用,且必须使用。TYPE_G的数据类型与发布该主题构件的数据类型一致。

(3)DO_PUB(QUS,ITEM)

该宏的主要作用是将相应主题(ITEM)发布到总线(QUS)上,由软件总线调度该主题和数据。

6.3.1.2　构件变量规范

软件构件需要相应的变量或空间来存储信息,这些变量通常包括如下几种。

(1)结构体变量:该变量是Qst_T_smurfs类型,保存构件的相关信息。

(2)存储发布主题变量:该变量是类型为Qst_T_puber_form的数组,用于保存构件发布的主题,数组的大小由发布主题的数目决定。

(3)存储订阅主题变量:该变量是类型为 Qst_T_suber_invoice 的数组,用于保存构件订阅的主题,数组的大小由订阅主题的数目决定。

(4)订阅主题索引号变量:该变量是 UC8 类型,用于存储主题在该构件订阅主题数组中的索引。构件文件中需要定义的订阅主题索引号数目由该构件订阅的主题数目决定。由于一个构件可能同时订阅多个不同的主题,每个主题都可能导致该构件功能主函数被调用。因此,通过该变量来区分调用功能主函数的主题。

(5)发布主题索引号变量:该变量是 UC8 类型,功能与订阅主题索引号变量类似。但发布主题索引号变量并不使用,仅存储发布主题的索引号。如果构件有发布的主题,则可以仅定义一个发布主题索引号变量即可。

(6)数据存储变量:该变量的类型由用户自定义,主要用于存储该构件所发布的数据。构件有发布的主题则必须定义数据存储变量,如果该构件所发布的主题仅是具有定时、通知等作用,而不发布数据,则用户可以定义一个 UC8 作为该变量,切不可定义为 NULL。

(7)其他变量:除了以上与构件相关的变量外,用户还可能定义一些其他变量。

接入软件总线的构件通过该总线进行通信,构件间不能相互通信,更不能有变量间的耦合。因此以上变量需定义为 static 全局变量,在保证构件所在文件中的函数都能访问到变量的同时,避免其他构件误用该变量。

6.3.1.3 构件编写示例

针对软件构件的主功能和变量规范,给出一个构件的编写示例。假定该构件订阅了两个主题 DEMO_SMRFS_TOPIC_ID_1 和 DEMO_SMRFS_TOPIC_ID_2,主题 1 所对应的数据类型为 My_Def_Type_2;主题 2 仅起通知作用,不发布数据,其提供的内存空间应为 UC8 型。该构件被 DEMO_SMRFS_TOPIC_ID_1 的主题激活后,处理 My_Def_Type_2 类型的数据,并准备发布数据 Demo_Data1;若被 DEMO_SMRFS_TOPIC_ID_2 激活,则该构件执行预先定义的功能(无需处理数据),之后发布主题。该构件的源代码如下。

```
# include“ALLH.h”
/* 头文件已定义的数据类型
QSL_FUNCPTR     函数指针
My_Def_Type_2   自定义数据类型
* /
/* 头文件中已定义的宏,构件 ID 和主题 ID
# define DEMO_SMURFS_ID                 0x02000000
# define DEMO_SMRFS_TOPIC_ID_1          0x10000001
# define DEMO_SMRFS_TOPIC_ID_2          0x10000002
# define DEMO_SMRFS_TOPIC_ID_3          0x10000003
```

```
# define DEMO_SMRFS_TOPIC_ID_4        0x10000004
* /
1)
void Demo_smurfs_Main(void);
static Qst_T_smurfs     Smurfs_demo;
static Qst_T_suber_invoice  Smurfs_Invoice[2];
static Qst_T_puber_form      Smurfs_Form[2];
2)
static My_Def_Type_1     Demo_Data1;
static UC8               Demo_Data2;
3)
static UC8    Invoice_Count1,Invoice_Count2;
static UC8    Form_Count;
4)
/*****************************************************************
输入:无
输出:无
功能:构件结构体初始化。
* /
VoidDemo_Smurfs( Qst_T_qus *  f_qus )
{
/* 初始化构件结构体* /
Qst_smurfs_init( (Qst_T _smurfs    * )&Smurfs_demo,
                        "Demo_smurfs",
                        0x02000000,
                        2,
                        Smurfs_Invoice,
                        2,
                        Smurfs_Form,
                        ( QSL_FUNCPTR  )Demo_smurfs_Main
                      );
5)
/* 添加订阅主题* /
Qst_smurfs_add_invoice( &Smurfs_demo,
                          DEMO_SMRFS_TOPIC_ID_1,
                          &Invoice_Count1 );
```

```
Qst_smurfs_add_invoice( &Smurfs_demo,
                        DEMO_SMRFS_TOPIC_ID_2,
                        &Invoice_Count2 );
6)
/* 添加发布主题* /
Qst_smurfs_add_form( &Smurfs_demo,
                     DEMO_SMRFS_TOPIC_ID_3,
                     (void * )&Demo_Data1,
                     &Form_Count );
Qst_smurfs_add_form( &Smurfs_demo,
                     DEMO_SMRFS_TOPIC_ID_4,
                     (void * )&Demo_Data2,
                     &Form_Count );
7)
/* 将构件添加到软件总线* /
Qst_qus_install_smurfs( f_qus,&Smurfs_demo );
8)
}
/* * * * * * * * * * * * * * * * * * * * * * * * * * * * * * * * * * * * * * * *
* * * * * * * * * * * * * * * * * * * * * * * * * * *
输入:无
输出:无
功能:CAN 总线数据链路层初始化。
* /
void Demo_smurfs_Main(void)
{
My_Def_Type_2  r_data_type_2;
UC8            r_data_uc8;
if(GET_SMURFS_SUB_SIGN(&Smurfs_demo,Invoice_Count1) = =  TRUE )
9)
{
GET_SUB_ADDR_TO_READ( r_data_type_2,
                      My_Def_Type_2,
                      &Smurfs_demo,
                       Invoice_Count1 );
10)
/* 此处为处理数据类型 My_Def_Type_2 的数据,并将需要传给下一个构件的参数或计算结
```

```
果放入类型为 My_Def_Type_1 的变量 Demo_Data1 中* /
11)
DO_PUB( &Smurfs_demo,DEMO_SMRFS_TOPIC_ID_3 );
12)
}
else if(GET_SMURFS_SUB_SIGN(&Smurfs_demo,Invoice_Count2) = =  TRUE )
{
13)
        GET_SUB_ADDR_TO_READ( r_data_uc8,
                              UC8,
                             &Smurfs_demo,
                              Invoice_Count2 );
14)
        /* 此处执行该主题的功能* /
15)
        DO_PUB( &Smurfs_demo,DEMO_SMRFS_TOPIC_ID_4 );
16)
}
}
```

其中，

1)在头文件 ALLH. h 中预定义的宏。

2)定义构件结构体，用于存储发布主题和订阅主题数组变量，数组变量均为 2，即发布 2 个主题、订阅 2 个主题。

3)定义数据存储空间变量，构件发布 2 个主题，一个主题定义为 My_Def_Type_1 类型的数据 Demo_Data1，另一主题无对应数据，故将其定义为 UC8 类型。

4)定义发布主题和订阅主题索引号变量，该构件订阅 2 个主题，定义 2 个订阅主题索引号变量；虽然发布 2 个主题，但可共用 1 个索引号变量。

5)构件结构体初始化，并将该构件主功能函数挂载到构件。

6)向构件中添加 2 个订阅主题，表示该构件订阅了 DEMO_SMRFS_TOPIC_ID_1 和 DEMO_SMRFS_TOPIC_ID_2 主题。

7)向构件中添加 2 个发布主题，主题号为 DEMO_SMRFS_TOPIC_ID_3 的主题所发布的数据存储在 Demo_Data1 中；主题号 DEMO_SMRFS_TOPIC_ID_4 的主题无对应的发布数据，也需提供一个数据空间 Demo_Data2。

8) 将构件挂载到对应的软件总线，待软件总线启动后调度该构件。

9) 判断导致该构件运行的是否是主题 DEMO_SMRFS_TOPIC_ID_1(Invoice_

Count1 为该主题索引号)，如果是则进行相应的处理。用户只需将构件地址和订阅主题索引号作为参数调用该宏，判断是否为 TRUE 即可。

10) 获取 DEMO_SMRFS_TOPIC_ID_1 主题所对应的地址，将其放在指针 r_data_type_2 中，之后可以通过该指针访问数据。该宏同时将该主题订阅成功位清除，防止下次进入该功能函数后该宏返回值仍然为 TRUE。

11)针对 10)中获取的数据进行处理，并将结果存放于数据结构为 my_Def_Type_1 的变量 Demo_Data1 中，该数据变量与发布主题 DEMO_SMRFS_TOPIC_ID_3 对应。

12)将主题号为 DEMO_SMRFS_TOPIC_ID_3 和其对应的数据发布到总线，待下一个构件处理该数据。在构件添加发布主题时，已经建立了该主题与数据存储空间 Demo_Data1 的对应关系，此处只发布主题的构件和待发布主题号即可。

13) 判断导致该构件运行的主题是否是 DEMO_ SMRFS_TOPIC_ID_2。

14)DEMO_SMRFS_TOPIC_ID_2 无对应数据，此处仅将订阅主题成功的标位清除。

15)由于没有数据可处理，用户可根据需求在此添加其他功能代码。

16)发布主题号为 DEMO_SMRFS_TOPIC_ID_4 的主题，该主题仅起通知作用。

基于上述软件构件的编写示例，即可编写其他的软件构件。

6.3.2 系统服务软件构件设计

6.3.2.1 总线数据接收构件

总线数据接收构件主要接收来自 CAN 总线上的数据，即从 CAN 控制器缓存中获取数据，根据协议类型的不同进行不同的处理。处理数据的类型主要有模块识别协议、数据传输协议及同步服务协议。该构件属于外部构件，故其没有订阅的主题，主要发布三个方面的主题:模块识别上行主题、数据传输上行主题及数据同步主题。

对于模块识别协议，将识别信息存储在模块识别上行主题对应的数据结构中，并发布模块识别上行主题进行下一步处理。模块识别协议主要有两种:一种是模块识别申请帧;另一种是模块识别确认帧。两者的不同依靠协议控制码来判定，存储在数据结构的 FTCtrl 变量中。oID 用于存储申请识别的模块唯一识别码，Data 用于存储申请或分配的通信地址。

对于数据传输协议，该构件的处理方式分为首帧、中间帧及尾帧。按照通信协议，首帧是应用层网络传输协议，其中包括包长度、应用协议类型、包编号等参数，将这些参数保存至数据传输上行主题对应的数据结构中。不同模块的工程参数可能有不同的类型，这就导致该模块具有不同的工程参数链，这里包编号的作用是在模块库中索引对应的工程参数链。中间帧都是有效的工程参数值，根据首帧中的包编号可以检索到该包对应的工程参数链，然后根据帧编号依次将工程参数值存至该工程参数链中。每个数据传输协议帧编号中都含有当前帧的编号，在存储前必须检验帧编号的连续性，以保证数据存储的正确性。当收到的是尾帧时，保存尾帧数据后将数据结构中的模块节点指针指向该模块，至此，该数据结构就保存了整个包的信息，即只要调用该数据结构时，就可以找到其对应的模块及工程参数链。最后发布主题进行下一步的处理。

对于同步协议服务帧，该构件保存其控制码、接收地址、发送地址、同步帧识别码、数据长度及数据，然后发布数据同步主题。

总线接收构件的流程如图 6-47 所示。

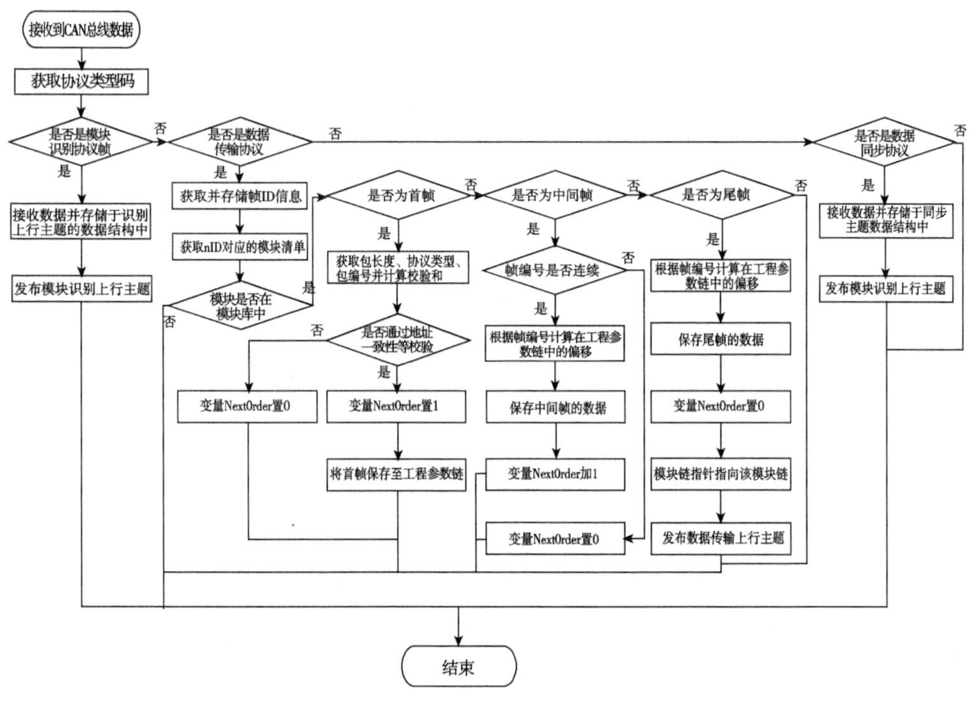

图 6-47　总线接收构件流程图

6.3.2.2　模块识别构件

该构件主要功能是在总线接收构件发出模块识别上行主题后，获得模块识别协议帧的数据，然后根据帧的类型进行不同处理。模块识别协议帧有两种：模块识别申请帧和模块识别确认帧。当收到模块识别申请帧时，该构件根据其模块唯一识别码在模块库里查找。若该模块存在于模块库中，则为其分配通信地址 nID，并发布模块识别下行主题控制数据，发送构件向该模块发送模块识别允许帧。若收到的是模块识别确认帧，则检测该模块是否已在线。该构件的工作流程如图 6-48 所示。

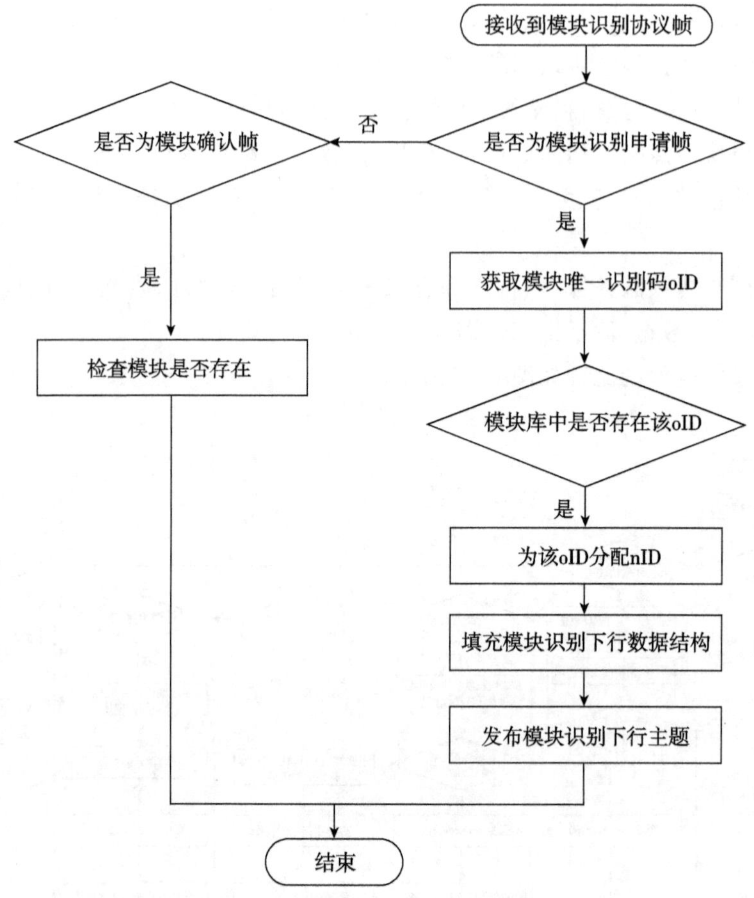

图 6-48　模块识别构件流程图

模块识别构件订阅一个主题同时发布一个主题,该构件的功能是在系统启动后接受模块的申请为各模块分配通信地址。通常,模块向综合电子系统中心计算机发送申请帧,申请添加到系统中,中心计算机收到后在模块库中查找是否存在该模块,如果存在则为该模块分配地址;模块收到中心计算机分配的通信地址后,会发送确认帧,中心计算机收到该确认帧后,自检模块库中的信息,完成与该模块通信的准备。

6.3.2.3　总线数据发送构件

总线数据发送构件的主要作用是向总线上发送数据。该构件订阅了模块识别下行主题及数据传输下行主题,故其向总线上发送两种数据:模块识别下行数据及数据传输下行数据。当该构件被模块识别下行主题激活时,需要发送模块识别下行数据,实际上就是在收到模块申请帧后给模块发送允许帧。该构件先获取要发送的数据结构,再填写相应的允许帧,最后将该帧从总线上发出去。

当构件被数据传输下行主题激活时,该构件获得该主题的数据结构地址。首先要保证该数据不是发送给中心,即接收地址不是中心机。这样处理是因为对于遥测数据来说，都是要先从下位机发送给中心机，再由中心机转发至地面，此时在数据传输下行数据中，目标地址总是地面；但是，对于遥控并不是所有的数据都给下位机，有的命令是用来给中心计算机，而遥控指令要通过数据发送构件向下位机发送。显然当遥控数据作为中心计算机控制命令时，不能用该构件将控制命令发送至总线，因此，增加判断目的地址是否为中心计算机。

若数据不发给中心计算机，则分首帧、中间帧及尾帧分别将数据发送至总线。其流程图如图 6-49 所示。

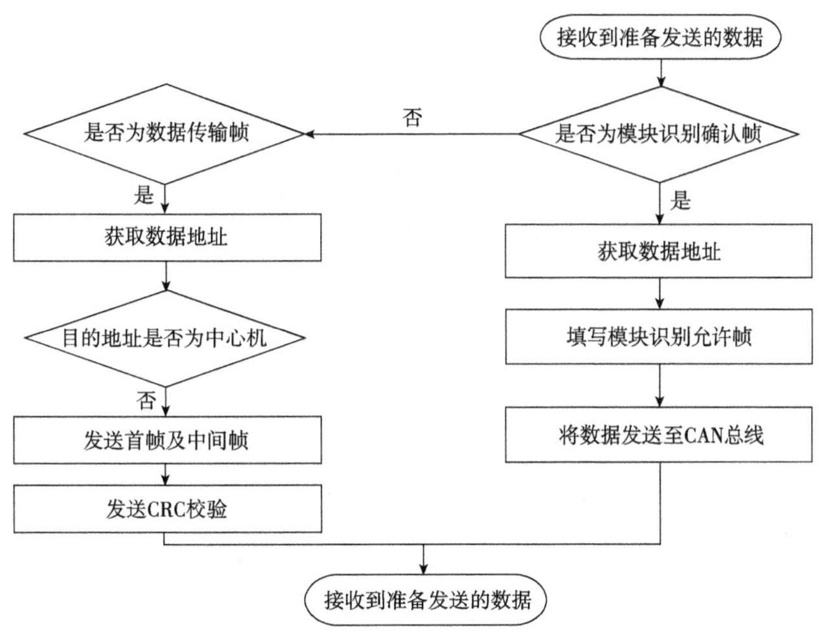

图 6-49　总线数据下行流程图

6.3.2.4　指令接收构件

指令接收构件主要作用是接收地面的遥控协议帧，并将其转换为信息传递服务协议。当收到数据传输上行主题及数据后，指令接收构件首先判断协议是否为遥控协议并检验其遥控协议识别码。该构件只处理遥控协议传来的数据，若是遥控协议传过来的数据，则该构件将遥控协议部分去掉后提取有效数据并打包成信息传递服务包，发布数据下行主题。该构件需要检测接收命令的模块是否为中心机，因为中心机的命令不需要从总线上发出。另外，在接到命令数据包时，该构件更新当前指令接收模块的模块唯一识别码、最新指令编号及指令编号。

此外该构件还接收时钟主题，该主题无数据传送。在接到时钟主题后，该构件需要将其维护的命令信息打包传送给相关构件，组合状态主题的数据结构后发布状态主题。该构件的工作流程如图 6-50 所示。

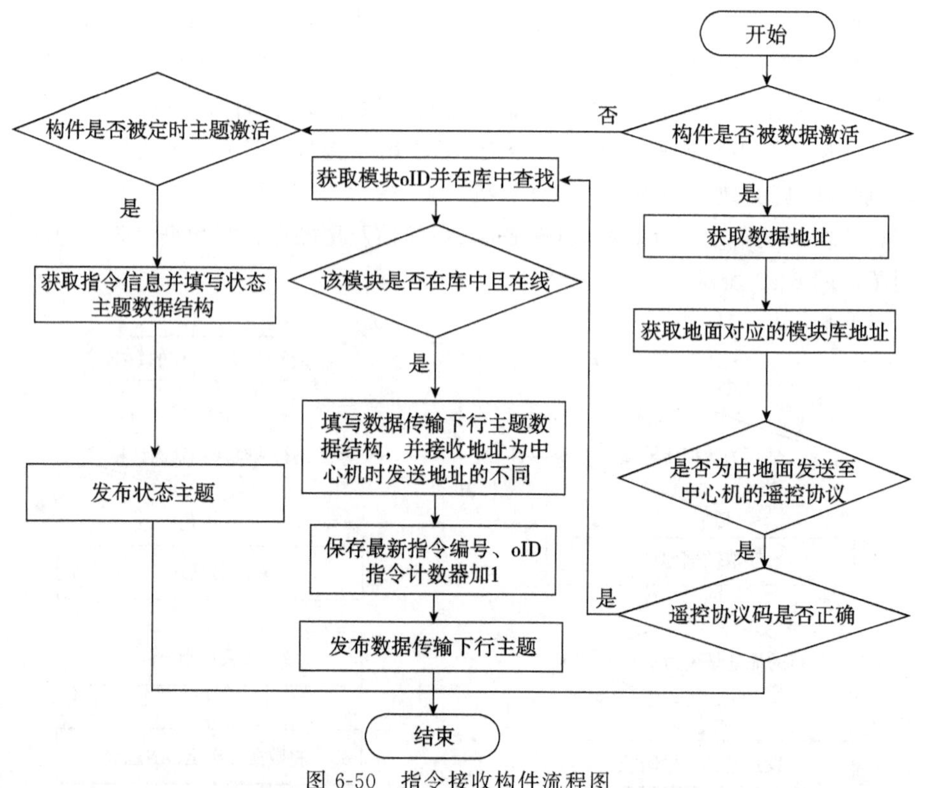

图 6-50 指令接收构件流程图

6.3.2.5 遥测组帧及存储构件

遥测组帧及存储构件接收数据传输上行主题，将各模块传来的工程参数存储于缓存。对于模块的工程参链，只有达到其存储周期时才存储一次。用于存储工程参数的缓存是一个固定大小的数组，存储方式为先入先出，由缓存头、缓存尾及数据计数组成。数据存储在缓存头至缓存尾之间，当存储数据时缓存尾加 1，取出数据时缓存头加 1；当缓存头或尾到达最大时从数组头重新开始。当数据计数为 0 时，缓存中没有数据；当其为数组维数时存储达到最大值，此时将缓存头加 1 并使数据计数减 1，用以保证存储最新数据。

由于遥测包长度固定，故在模块参数不足的情况下，用特定的数值填充。当遥测接收到数据同步主题时，从缓存中向地面发送一帧下位机工程参数即遥测包。此时填写数据传输下行主题数据结构，使目的地址为地面，发送地址为中心机，且协议为遥测协议，数据地址指向缓存头，发布数据传输下行主题即可。遥测组帧及存储构件的工作流程如图 6-51 所示。

6.3.2.6 时钟构件

时钟构件的作用比较简单，通过定时器定时产生中断后发布时钟主题，目的是给其他构件提供定时处理事件的时机。

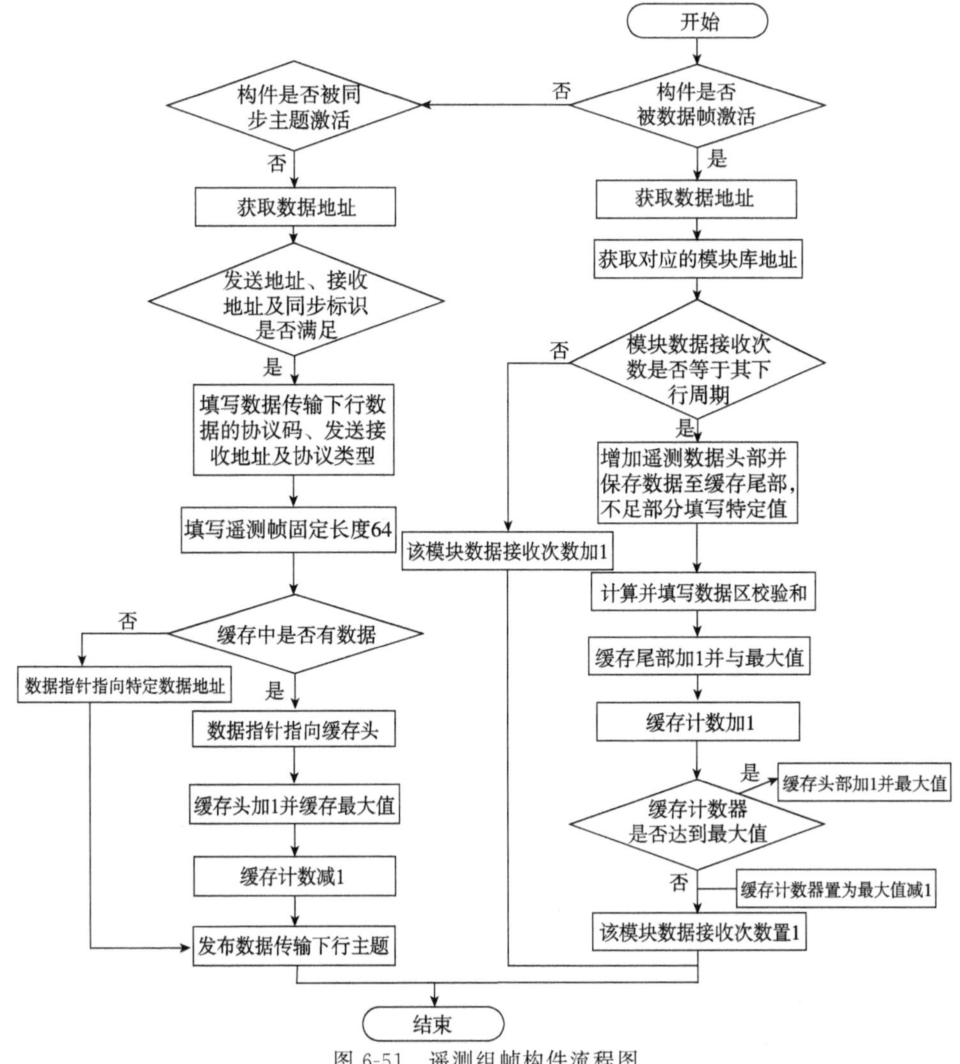

图 6-51　遥测组帧构件流程图

6.3.2.7　状态构件

状态构件接收两个主题：状态主题和时钟主题。接收到状态主题时，表明有其他构件向该构件传来了新状态。发布状态主题的构件有两个：命令接收构件和中心机命令处理构件。当该构件收到状态主题时，首先会判断该状态信息来自哪个构件。对于命令接收构件传来的状态信息，该构件更新指令接收计数、最新指令 oID、最新指令编号等状态；对于来自中心机命令处理构件的状态信息，该构件更新中心计算机接收指令计数。

当该构件接收到时钟主题时，需要将状态信息发送给遥测构件，此时需要发布数据传输上行主题。所以，在构件被时钟主题激活后，首先填写的是数据传输上行主题的数据结构。为了将这些状态信息添加至遥测数据缓存中，所填写的数据传输上行主题的数据结构模拟数据上行主题的数据填写，即此处发送地址为中心机地址，协议类型为信息传递，长度为 20；不设置接收地址与协议控制码。

在收到状态主题和时钟主题时，模拟参数包编号设置，将中心机节点的当前工程参数链设置为 0。之所以将中心机的 FG_Now 强制置 0，是因为在普通的数据传输过程中，数据包中包含工程参数帧当前值，获得后直接校验存储即可；而本包数据是由中心机产生，相当于自发自收，若不强制置 0，则必须在模块库中将中心机的 FG_Now 置 0，但其他模块均不需要置 0。为了操作统一，且防止在建立模块库时因忽略此问题而造成的严重影响，在程序中这样处理可提高鲁棒性。

在发布数据传输上行主题前，该构件还更新其他状态，包括当前在线节点数、就绪构件数、未融合构件数、融合构件数等，最后将数据指针指向中心机模块节点，并发布主题。

该构件的工作流程如图 6-52 所示。

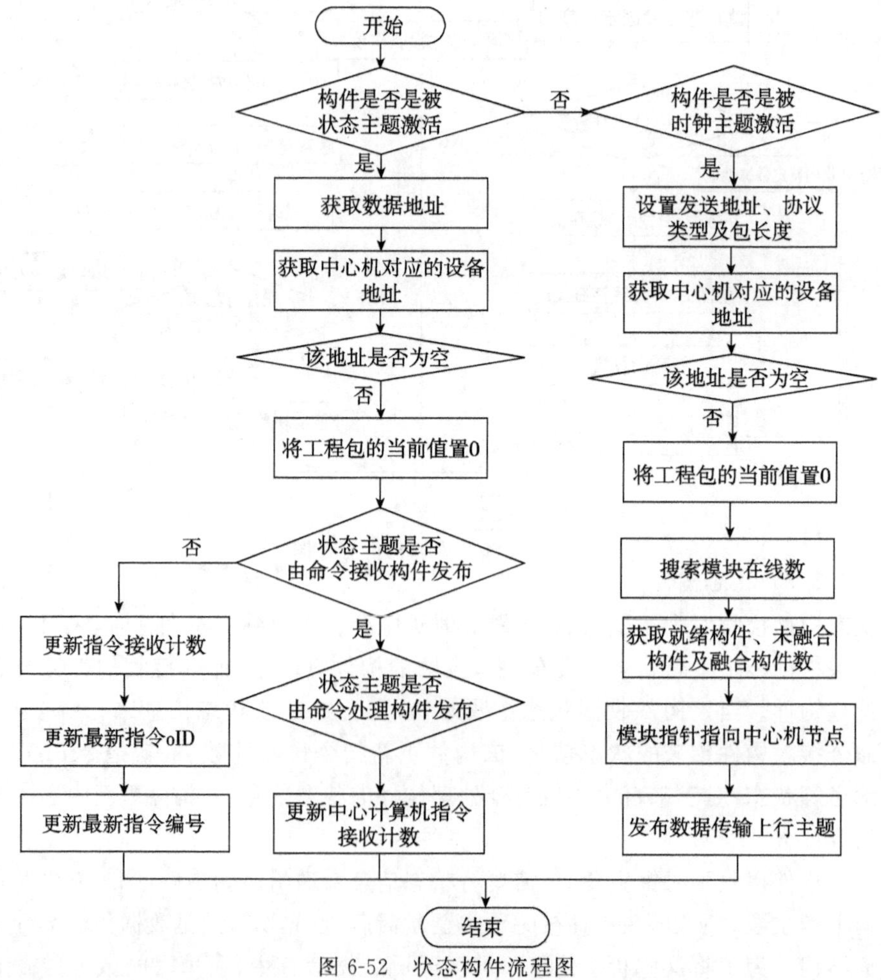

图 6-52　状态构件流程图

6.3.2.8　中心机命令处理构件

中心机命令处理构件订阅命令接收构件发布数据传输下行主题，该构件主要作用是用于控制智能核心单元的构件添加、删除以及模块的强制在线、离线。

命令处理构件可以判断该命令是针对构件还是模块。当命令是添加构件且该构件不在总线上时，运行该构件初始化程序，使其加入总线；当命令为删除构件且构件在总线上时，将该构件退出总线，并释放构件所占用的内存。为了防止将构件删除后无法添加，造成程序无法运行，不能删除执行过程中的构件，包括总线数据接收构件、指令接收构件及中心机命令处理构件等。

当命令是模块强制在线时，根据模块 oID 将模块激活；命令为模块强制离线且模块在总线上时，将模块置为离线态。

同时，该构件还订阅时钟主题，将中心机指令计数作为状态主题数据发布。中心机命令处理构件工作流程如图 6-53 所示。

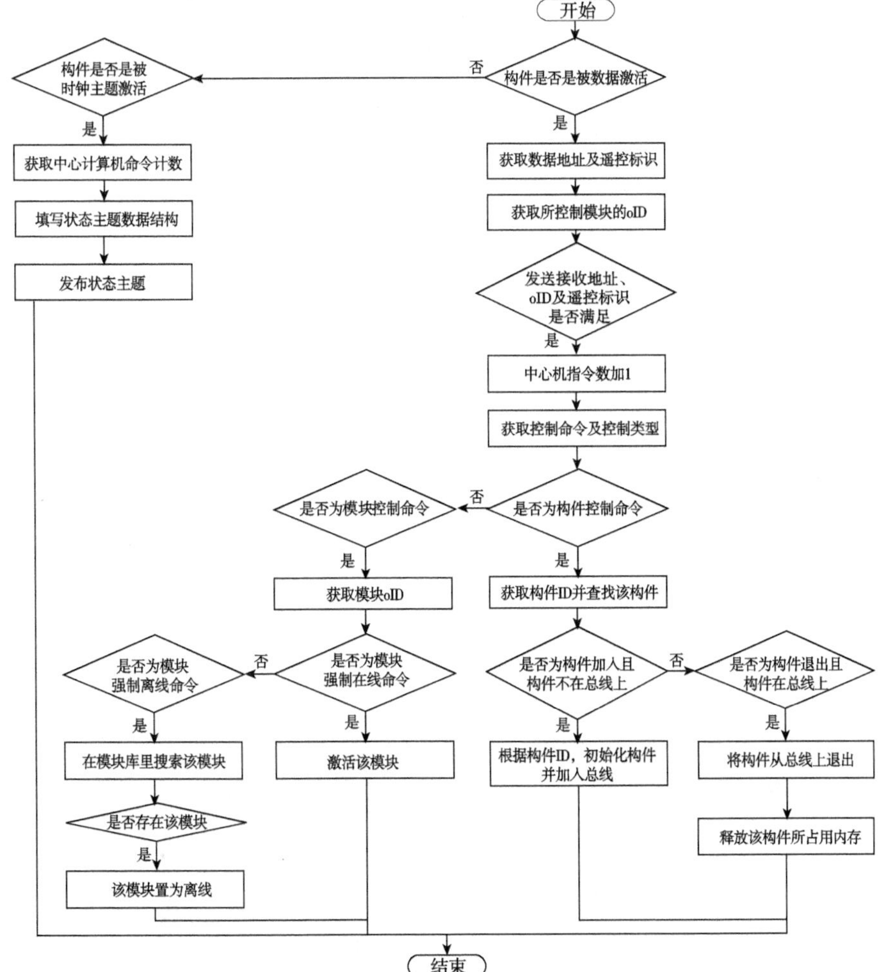

图 6-53　中心机命令处理构件流程图

6.3.3 应用程序软件构件设计

应用程序软件构件是除卫星上述系统服务功能之外完成其他功能所需的软件构件，主要包括姿态与轨道控制、主动热控、蓄电池充放电管理、供配电管理、数传管理、载荷控制与管理等。

应用程序软件构件需根据相应硬件模块的系列化需求进行设计，以姿态确定功能为例，硬件模块可以分为星敏感器与陀螺组合定姿、太阳敏感器与地球敏感器组合定姿、星敏感器单独定姿、太阳敏感器与磁强计组合定姿、磁强计结合地磁场矢量定姿以及其他考虑卫星动力学模型在内的联合定姿等，同时每种定姿方法又根据精度要求的不同需采用不同的滤波估计和定姿算法。因此，姿态确定软件构件应按照硬件模块与定姿精度要求进行系列化设计。

应用程序的软件构件划分也应遵循功能独立原则，采用标准化接口设计，便于即插即用地快速接入系统。应用程序软件构件设计的方法与系统服务软件构件设计相同，这里不再赘述，仅以星敏感器双矢量定姿构件为例给出其设计实例。

双矢量定姿时，其输入数据为两星敏感器的测量数据及其安装矩阵和其转置，由其他构件传入星敏感器双矢量定姿构件中，为此定义如下数据结构进行数据传递。

```
typedef struct sensordata
{
        Double  Q_sensorA,
        double Q_sensorB,
        double  CsbA[3],
        double  CbsA[3],
        double  CsbB[3],
        double   CbsB[3]
}Type_Topic_SensorData;
```

在星敏感器双矢量定姿计算出姿态后，需将该姿态信息传递给下一个构件，四元数姿态信息为 4 个 double 类型，这里定义大小为 4 的 double 型数据 Q_aR_I 作为计算结果。

该构件的源代码如下。

```
void DetermationTwo_Main(void);
static Qst_T_smurfs               Smurfs_DetermationTwo;
static double                     Q_aR_I[4];
static Qst_T_suber_invoice        Smurfs_DetermationTwo_Invoice[1];
static Qst_T_puber_form                 Smurfs_DetermationTwo_Form[1];
static UC8                              DetermationTwo_Invoice;
static UC8                              DetermationTwo_Form;
```

```
1)
void __INIT__DetermationTwo( Qst_T_qus * f_qus )
{
    Qst_T_qus * r_qus = f_qus;
    /* 初始化构件* /
    Qst_smurfs_init( (Qst_T _smurfs   * )&Smurfs_DetermationTwo,
                        "SNP_NDP",
                        SMURFS_ID_DETERMATIONTWO,
                        1,
                        Smurfs_DetermationTwo_Invoice,
                        1,
                        Smurfs_DetermationTwo_Form,
                        ( QSL_FUNCPTR  )DetermationTwo_Main
                      );
    /* 添加订阅主题* /
    Qst_smurfs_add_invoice( &Smurfs _DetermationTwo,
                            TPC_STARTSENSOR_FRAME,
                            &DetermationTwo_Invoice );
    /* 添加发布主题* /
    Qst_smurfs_add_form( &Smurfs_DetermationTwo,
                         TPC_ATTITUDE_FRAME,
                         (void * )&Q_aR_I,
                         &DetermationTwo_Form );
    /* 将构件添加到软件总线上* /
    Qst_qus_install_smurfs( r_qus,&Smurfs_DetermationTwo );
}
2)
/* * * * * * * * * * * * * * * * * * * * * * * * * * * * * * * * * * * * * *
* * * * * * * * * * * * * * * * * * * * * * * * * *
输入:无
输出:无
功能:双矢量定姿构件主函数。
* /
void DetermationTwo_Main(void)
{
    Type_Topic_SensorData * tmp_SensorData_frame ;
    Type_Class_Node * tmp_node_info;
    QSL_STATUSluc_red;
```

```
    Qst_T_fifo_item  r_item;
    double InSightLineS[3]= {0,0,1},InSightLine1AR[3];
    double InSightLine2AR[3],InSightLine3AR[3];
    double InSightLine1I1[3],InSightLine2I2[3],InSightLine3I3[3];
    doubleQis[4],Cis[3][3],Cib[3][3],Cbi[3][3],CbiNew[3][3];
    double MatrixA[3][3],MatrixB[3][3],InvMatrixB[3][3];
    double temp1[3][3],temp2[3][3],temp3[3][3];
    double Gain1= 1.5,Gain2= 0.5;
    if( Smurfs_DetermationTwo.invoice_table[ DetermationTwo_Invoice ].sub_
sign = =  TRUE )
    {
        GET_SUB_ADDR_TO_READ ( tmp_SensorData_frame,
                              Type_Topic_SensorData,
                              &Smurfs_DetermationTwo,
                              DetermationTwo_Invoice );

    /* 四元数共轭,惯性系相对于A安装坐标系的姿态矩阵* /
    QuatConjuction(tmp_SensorData_frame- > Q_sensorA,Qis);
    /* 由四元数计算姿态矩阵* /
    Quat2Matrix(Qis,Cis);
    /* 根据A测量值算本体系相对于惯性的姿态* /
    ProMatrix333(Cis,tmp_SensorData_frame- > CsbA,Cib);
    /* 计算光轴矢量在本体坐标系的分量* /
    ProMatrix331 ( tmp _ SensorData _ frame - > CbsA, InSightLineS,
InSightLine1AR);
    /* 计算光轴矢量在惯性坐标系的分量* /
    ProMatrix331(Cib,InSightLine1AR,InSightLine1I1);
    QuatConjuction(tmp_SensorData_frame- > Q_sensorB,Qis);
    Quat2Matrix(Qis,Cis);
    ProMatrix333(Cis,tmp_SensorData_frame- > CsbB,Cib);
    ProMatrix331 ( tmp _ SensorData _ frame - > CbsB, InSightLineS,
InSightLine2AR);
    ProMatrix331(Cib,InSightLine2AR,InSightLine2I2);
    CrossProduct(InSightLine1AR,InSightLine2AR,InSightLine3AR);
    CrossProduct(InSightLine1I1,InSightLine2I2,InSightLine3I3);
    /* 矢量构成矩阵,在本体的分量* /
    CreatMatrix(InSightLine1AR,InSightLine2AR,InSightLine3AR,MatrixA);
    CreatMatrix(InSightLine1I1,InSightLine2I2,InSightLine3I3,MatrixB);
```

```
    InvMatrix(MatrixB,InvMatrixB);/* 矩阵求逆* /
    ProMatrix333(MatrixA,InvMatrixB,Cbi);/* 矩阵乘法* /
    GainMatrix(Cbi,Gain1,temp1); /* 单位正交化* /
    Transpose(Cbi,Cib);/* 转置* /
    ProMatrix333(Cib,Cbi,temp2);
    ProMatrix333(Cbi,temp2,temp3);
    GainMatrix(temp3,Gain2,temp2);
    SubMatrix(temp1,temp2,CbiNew);/* 矩阵减法* /
Tatti2Quat(CbiNew,Q_aR_I);/* 姿态矩阵变为四元数,输出给 Q_aR_I* /
3)
    /* 发布主题* /
    r_item.smurfs =  &Smurfs_DetermationTwo;
    r_item.topic  =  TPC_ATTITUDE_FRAME;
    DO_PUB( r_item.smurfs- > qus,r_item );
4)
    }
}
```

其中，

1)变量定义,包括待发布数据 Q_aR_I,以及发布和订阅变量等;

2)构件初始化,该构件订阅了星敏感器数据主题,发布了姿态四元数主题;

3)构件主函数,通过获得的信息计算出卫星姿态四元数;

4)将计算的姿态四元数发布出去,供下一个订阅该数据的构件使用。

6.4　构件化软件的动态链接与加载方法

采用软件构件化设计方法,使快速响应微小卫星的系统软件能够具备更灵活的特性,在柔性化平台快速集成过程中可以快速构建其软件系统,在轨飞行阶段可以根据任务不同通过在轨链接实现软件系统的重构。

虽然微小卫星软件在研制过程中通过大量测试工作可以提升代码质量,但是其部分缺陷只有卫星在轨运行时才会被暴露,因此,对于快速响应微小卫星而言,急需具备软件在轨更新的能力,以实现飞行软件的代码更换或维护。

由于卫星的飞行软件体量较大,且在轨测控时间和速率均有限,如果飞行软件出现故障,采用传统的软件更新模式需要将新的软件代码通过测控通道上传至卫星,更新过程将需要数月时间,且更新过程中由于软件版本可能不稳定,将给卫星运行带来极大的风险。因此,目前卫星飞行软件在轨维护最常用的方法是进行目标码级修正,通过简单更改软件缺陷处的目标码逻辑,完成软件的修正。这种修正方式由于必须面向目标码，不仅对技术人员提出了较高要求，而且其修正范围有限，存在某种缺陷类型难以修正的可能。同时，目标码级的修正方式也无法实现快速响应微小卫星飞行软件在轨功能的扩展。

卫星飞行软件在轨更新陷入上述窘境的根本原因在于目前飞行软件的研制方式，将应用软件和操作系统集成编译，函数相互调用、相互依赖，无法相互剥离。

采用构件化软件设计方法后，卫星飞行软件在轨更新与维护可大为改观。从函数调用关系的角度看，构件化设计方法具有以下特点：

(1)软件构件是飞行软件的可配置组件，由于采用了软件总线中间件，相互之间不存在调用关系。这样，每个软件构件都可以作为独立的模块存在，在进行链接时不涉及构件间的相互耦合，相互之间没有依赖关系。

(2)软件构件可能调用的中间件、实时操作系统等均为相对稳定的模块，一般不会发生变动，被称为基础服务软件，具有极高的可靠性。

基础服务软件构件间相互独立且不依赖任何构件，这样单独构件链接时，只需获取其所需要的符号。从链接器角度看，链接器只需操作新增构件。传统的静态链接过程将整个程序链接生成一个文件，在采用构件化软件设计后，基础服务软件可采用静态链接方法生成为独立的文件，存在于独立的内存空间中。这样飞行软件在柔性化平台快速集成时，可采用相应软件构件快速编译、链接而成；在轨飞行阶段可通过构件地面编译、在轨链接的方式实现系统软件的重构，以实现飞行软件的在轨更新和维护。

构件化设计方法是实现软件构件在轨链接的基础，其原因在于，软件构件只调用其他软件服务库中的API，而不被其他的构件调用，和其他构件的数据交互只通过软件总线完成。这种结构使软件构件加入时仅需链接现有的代码段，从而简化了在轨链接的复杂度，显著减小了链接器的大小，使其可以嵌入到飞行软件中而不会导致软件规模过大。

6.4.1　软件构件的动态链接方法

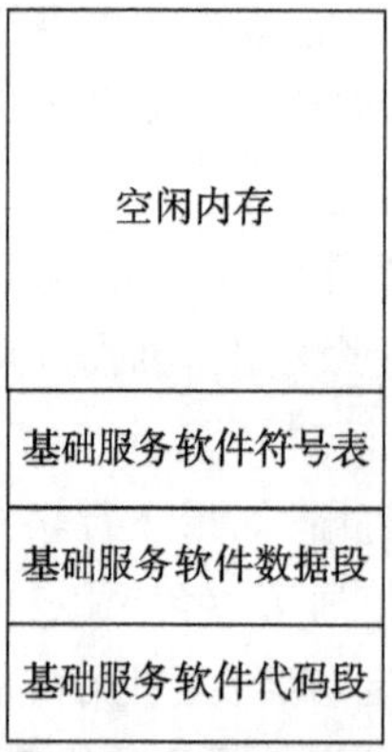

空闲内存
基础服务软件符号表
基础服务软件数据段
基础服务软件代码段

图 6-54　飞行软件静态内存分配示意图

飞行软件初始运行时内存状态如图 6-54 所示。图中基础服务软件除了包含操作系统和软件中间件以外，还包括构件链接器、接收构件的目标文件以及为构件的目标文件分配内存等功能。基础服务软件的代码段和数据段单独分配、单独使用，同时设置基础服务软件符号表，用来存储基础服务软件中的所有符号链接信息。

飞行软件的构件动态链接过程如图 6-55 所示，通常由构件目标文件上传或加载、内存分配、目标文件链接和初始化构件四个过程。

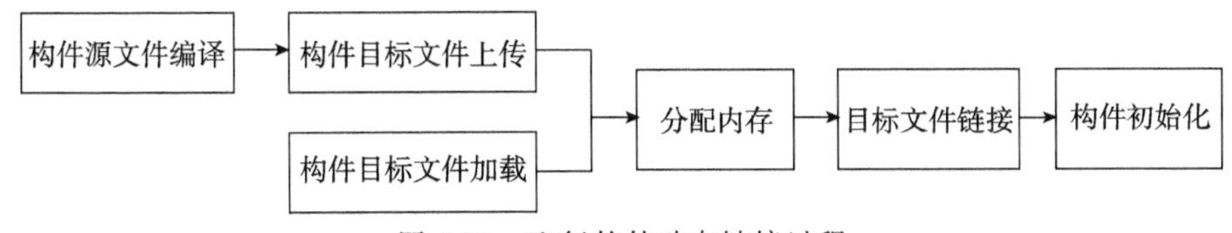

图 6-55　飞行软件动态链接过程

(1)构件的目标文件上传是在地面编译生成后，通过地面与飞行软件的通信通道将其注入到飞行软件中，通常采用 CAN 总线、串口等，其上传过程系统界面如图 6-56 所示。构件目标文件加载的前提是配置文件已存在。

(2)基础服务软件管理中心计算机中的空闲内存，当构件上传或加载时，内存管理模块从空闲内存区中分配该构件所需的内存；并将接收到的该构件代码段、数据段等信息存储在该内存区。除此之外，该内存区还需存储该构件的重定位信息等，具体内存划分如图 6-57 所示。

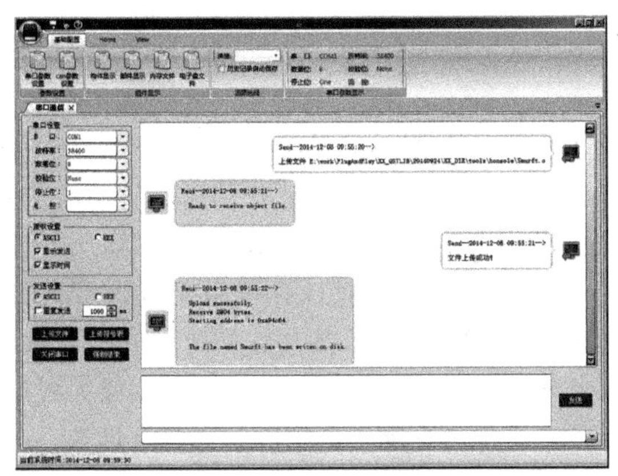

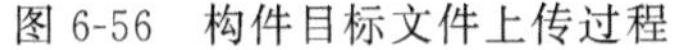

图 6-56　构件目标文件上传过程

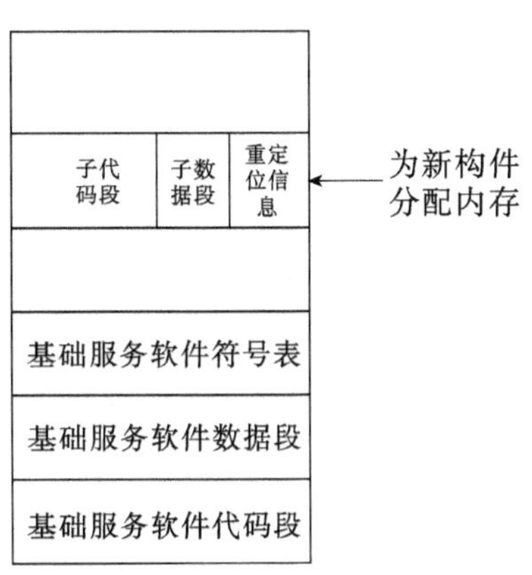

图 6-57　空闲内存区分配示意图

(3)在获得内存空间后，动态链接器将上传的构件目标文件中所需要使用的基础服务软件构件进行链接，使其可以使用基础服务软件中的函数，这个过程称为目标文件链接。目标文件链接过程如图 6-58 所示。

动态链接器通过查找基础服务软件的符号表文件，与目标文件的符号表进行符号匹配，获取构件所需的符号信息，对构件的目标软件代码进行重定位，同时返回构件初始化入口地址，在构件初始化时使用。在此过程中，链接器要从庞大的基础服务软件符号表(通常数千个符号甚至上万个)中查找该构件所需符号，若按照由编译器生成的 ELF 格式顺序查找将会严重降低查找效率。为解决此问题，将基础服务软件的符号表按 Hash 表方式进行排序，再根据不同符号的特点迅速定位，提高查找效率，缩短查找时间。

(4)构件初始化过程，调用从链接器返回的软件构件初始化函数，将构件添加到软件总线，由软件总线调度该构件运行。

将软件构件添加到软件总线后的工作过程如图 6-59 所示。

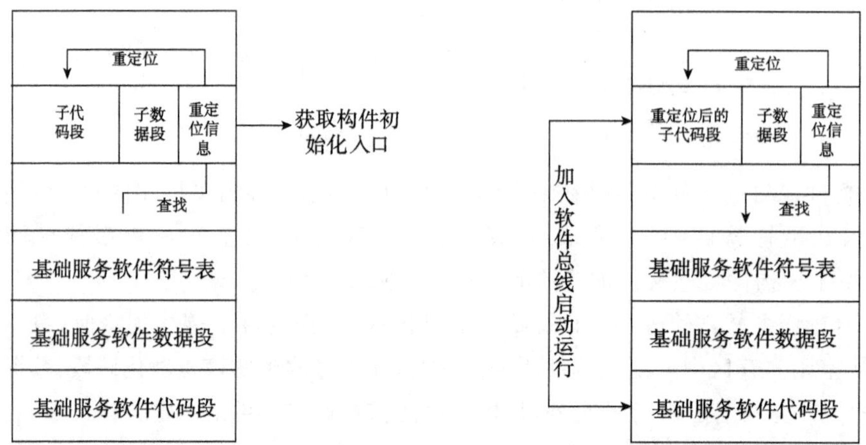

图 6-58 软件构件代码重定位示意图

图 6-59 将构件添加到软件总线的工作过程

6.4.2 软件构件的动态加载方法

实现软件构件的动态链接后，卫星飞行软件能够具备灵活的加载方式。在卫星程序存储器中有两个文件夹，分别存放着已经链接的可执行文件和未链接的构件目标文件。卫星系统软件运行时，RAM 中存放着与 ROM、EEPROM 对应的引导程序、基础服务软件和应用程序软件构件等，动态更新单元存放在程序存储器（如 EEPROM 或 FLASH）中。在程序存储器中建立文件系统，此文件系统中的程序分成两部分：一部分存放带链接器的基础服务程序或只放链接器而不包含基础服务程序，被称为基础服务目录；另一部分被称为动态链接区。动态链接区分为两个目录：一个用于存放系统固有的构件，被称为固有构件目录；另一目录存放更新或更改的构件，被称为更新区构件目录。动态链接区存放待链接的构件目标文件，有时可能包含基础服务程序（由不同的加载方式决定）。

表 6-6 列出了三种常用的加载方式，用户可依据需求选择不同的加载方式。

表 6-6 软件构件动态链接的加载方式

加载方式	加载方法	特点
传统方式	直接加载运行，在运行过程中通过动态链接的方式改变系统功能	加载速度快
配置方式	系统不加载任何软件构件，系统服务层启动后，读取配置文件，并实时链接软件构件	灵活性高，可不改变系统层软件，仅需要给出正确配置文件便可完成软件构造
完全重构方式	引导代码启动后，全部软件重新链接，加载运行	可对系统服务层软件进行功能重构

传统方式将构件和基础服务软件通过静态链接方法生成一个文件，放入程序存

储器的非动态链接区，系统启动过程中不需要链接任何构件和服务。当需要更新或改变部分功能时，再通过动态链接方式添加构件。上传的构件目标文件被动态链接后加入到程序中，构件执行前，会将该构件目标文件写入到程序存储器动态链接区的更新构件目录中，并更改配置文件，以便中心计算机重新启动后直接将该构件链接。图 6-60 给出了传统方式下改变功能的加载过程。

配置方式中只将基础服务软件通过静态链接方式生成文件，将构件的目标文件放在存储器动态链接区的固有构件目录中。同时，该方式有一个存放在固定位置上的配置文件，该配置文件描述了更新构件目录下和固有构件目录下需要链接的构件。图 6-61 给出了配置方式下构件加载的过程。

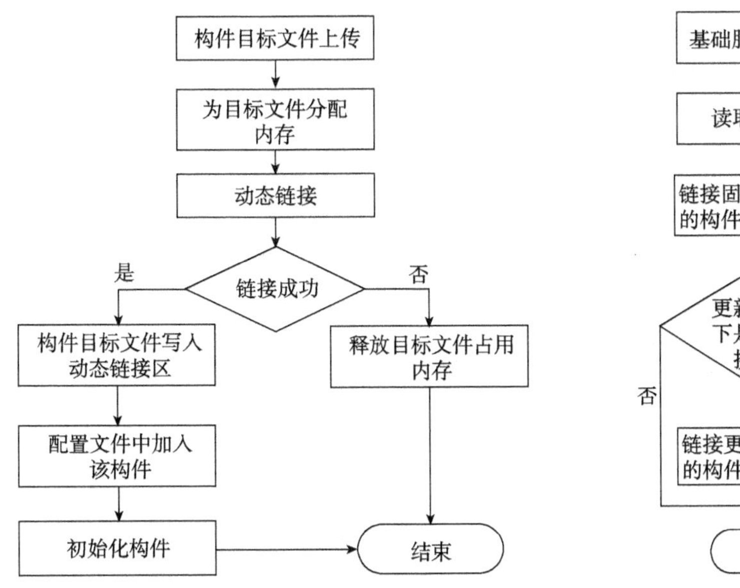

图 6-60　传统方式中改变功能的过程

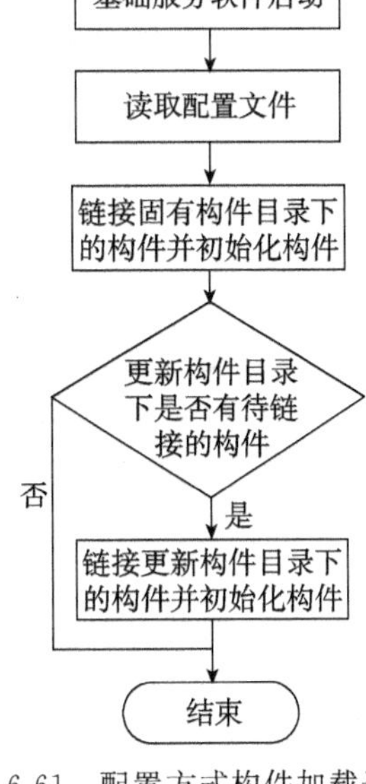

图 6-61　配置方式构件加载过程

在启动基础服务软件后，将配置文件中指定的构件通过动态链接的方式添加到系统中。该方式可以作为传统方式的一种辅助形式，当构件上传并成功链接后，该构件目标文件会被写入到更新构件目录中，并更改配置文件。此时构件加入系统中运行，实现其功能。当系统重新启动后，基础服务软件会通过配置文件直接将该构件重新链接加入到系统中，从功能上表现为该构件已经完全处于系统中。

完全重构方式只将链接器生成一个文件存放于基础服务目录，同时在动态链接区中增加一个目录，存放基础服务软件的构件目录。系统启动后先加载链接器，之后首先链接基础服务软件的相应构件，再链接固有构件目录中和更新构件目录中的构件。由于该方式在启动过程中几乎将整个飞行软件重新链接，故其启动速度相对于其他两种方式均较慢，且对于快速响应微小卫星而言，其基础服务软件构件相对不变，因此，这种加载方式通常不予采用。

参考文献

[1]Fortescue P,Swinerd G,Stark J. Spacecraft Systems Engineering[M]. 4th ed. New Jersey:Wiley,2011.

[2]汤铭瑞. 航天型号软件研制过程[M]. 北京:宇航出版社,1999.

[3]普雷斯曼. 软件工程——实践者的研究方法[M]. 郑人杰,马素霞,等译. 北京:机械工业出版社,2011.

[4]萨默维尔. 软件工程[M]. 程成,等译. 北京:机械工业出版社,2011.

[5]Leveson N G. The role of software in recent aerospace accidents[C]. Proceedings of the 19th International System Safety Conference,2001.

[6]Chen J,Yan R,Sun Z. Design of micro-satellite ACOS software architecture based on software bus[C]. International Conference on Mechatronics and Control,2014.

[7]Fronterhouse D,Lyke J,Achramowicz S. Plug-and-play satellite (PnPSat) [C]. AIAA Infotech Aerospace 2007 Conference and Exhibition,2007.

[8]Cannon S. Responsive space plug & play with the satellite data model [C]. Proceedings of the AIAA Infotech 2007 Conference,2007.

[9]朱海江,孙兆伟,陈健,等. 基于设计模式的星载软件体系结构设计方法[J]. 计算机应用与软件,2008,12:180-181.

第7章　快速响应微小卫星快速测试方法

快速响应微小卫星要求快速研制、快速发射和快速在轨应用，因此，必须具备快速地面测试和在轨测试的能力。传统卫星的地面测试时间需要几个月，在轨测试时间需要几周，无法满足快速响应微小卫星的需求，迫切需要提出新的测试方法，建立适应快速测试的系统体系结构，设计和研制具备自动化测试功能的测试系统。

卫星快速测试的主要途径是优化测试流程和测试项目，通过设计适应快速测试的系统体系结构、研制即插即用的测试系统，采用即插即用、测试序列自动生成等方法，实现测试的自动化，提高测试效率。

传统卫星的研制流程通常包括方案论证、初样研制和正样研制阶段。初样和正样研制又分为方案设计、产品研制(包括结构件生产和软件研制)、桌面联试、总装集成与测试以及地面环境试验等阶段，其中正样研制还包括发射场集成与测试、发射、在轨测试与应用等。而快速响应微小卫星在制定了相关行业标准后，其研制流程一般只有正样阶段，主要包括快速任务分析与设计、系统集成与快速测试、快速入轨与应用。快速任务分析与设计包括载荷选取、任务轨道设计、卫星方案以及工程系统方案确定；系统集成与快速测试包括柔性化平台公用模块选取、可重构综合电子系统配置、专用系统研制、即插即用的快速集成、快速测试以及检验性环境试验；快速入轨与应用包括快速发射、在轨快速测试以及多模式在轨灵活应用等。

快速响应微小卫星测试流程优化与其研制流程密切相关，由于公用模块采用货架产品不需要进行研制，飞行软件采用构件化软件方式通过软件总线快速构建，因此卫星方案确定后，只需进行专用系统(包括结构、机构、热控以及电缆等)的生产，同时进行系统的桌面集成与测试。其中电缆采用测试电缆(由于公用模块接口是标准化的，其测试电缆可以提前生产)，将与热控系统无关的测试项目全部在该阶段测试完毕，系统集成后只进行状态检查和热控系统的相关测试。由于系统测试与专用系统生产、并行工作，不单独占用时间，从而有效减少了测试时间，优化了测试流程[1]。

测试项目的优化主要体现在三个方面：

(1)系统桌面集成与测试过程中，对于可重构综合电子系统与公用模块(单机)只进行必要的性能和指标测试，如单机产品特性测试、遥测参数与遥控指令检查等。对于传统卫星这些测试项目在单机测试和系统测试中都要进行，其主要原因是传统卫星研制采用定制的模式，新研产品(包括软件)必须经过充分的测试才能保证其可靠性。而对于快速响应微小卫星，在建立了产品体系实现货架采购后，所有产品的研制和定型均遵循统一的标准，可以保证其应用的可靠性。

(2)快速响应微小卫星的测试不再区分单机测试、分系统测试和整星测试。单机和分系统的测试项目涵盖在整星测试中,从而优化了重叠的测试项目,在保证测试覆盖性的前提下,简化了测试流程,有效缩短了测试时间。

(3)整星系统级测试项目得到优化,如快速响应微小卫星通常采用虚拟试验与验证性试验相结合的环境试验方式,使得其试验流程显著简化,随着试验矩阵的优化,与之相关的测试项目也自然得到优化。

卫星测试流程和测试项目的优化只是实现快速测试的一个方面,而更主要的方面则是采用即插即用、测试序列自动生成等方法实现的自动化测试。快速响应微小卫星的自动化测试主要包括测试系统体系结构设计、测试序列生成方法、测试系统硬件设计方法以及在轨嵌入式测试方法等。

7.1 快速测试系统体系结构及其设计

7.1.1 快速响应微小卫星的测试要求及系统方案

传统卫星的测试系统是针对具体型号的专用测试系统。系统接口和协议不标准、通用性差;体系结构不开放、扩展性差;测试过程和测试数据主要靠人工管理、自动化程度低;通常一颗卫星或者一个型号需要一套测试系统,而且很难快速调整测试系统以快速适应新的被测卫星。因此,快速响应微小卫星测试系统的设计既要考虑具体卫星的实际要求,又要兼顾未来可扩展的需要。

快速响应微小卫星测试系统的主要功能和性能要求如下:

(1)供配电功能,如恒压源供电、太阳阵模拟器供电等;

(2)供电控制功能,如内外电切换控制、综合电子系统计算机加/断电控制等;

(3)支持卫星控制系统的闭环仿真与测试;

(4)支持星上部件故障模拟与注入,包括功能、性能、接口的故障模拟等;

(5)支持各类星上总线的实时监测;

(6)支持公用模块(单机)和系统功能专检,如姿态测量与执行机构功能检测、测控功能检测、数传功能检测等;

(7)支持有线测试、无线测试以及特殊信号测试。

快速响应微小卫星对测试系统的特殊要求可以概括如下。

(1)适应性要求:支持卫星研制和发射阶段的快速测试,能够适应任务载荷变化及系统集成阶段变化,满足各阶段测试要求;

(2)扩展性要求:对于具体的快速响应微小卫星很难保证测试系统能够满足所有要求,因此,要求测试系统在通用化的基础上具备可扩展性,能够根据需要进行功能扩展和性能升级,即系统应具备即插即用的快速扩展能力;

(3)开放性要求：允许第三方研制的专用测试设备或者商用测试仪器仪表快速接入测试系统，要求测试系统的体系结构不能是特殊的，而应该是被广泛接受的，有比较好的商用基础，系统具备标准输入输出接口，方便进行二次开发，可以作为通用的标准测试平台进行推广与应用；

(4)其他要求：支持网络化测试，具备模块化快速拆分与组合功能，轻小便携。

针对上述要求，快速响应微小卫星的快速测试系统以主测试计算机为核心，通过局域网与各功能、性能测试设备进行连接，如图 7-1 所示。系统主要包括四部分：网络管理系统、供配电控制系统、控制系统测试仿真环境以及通用/专用测试系统[2]。

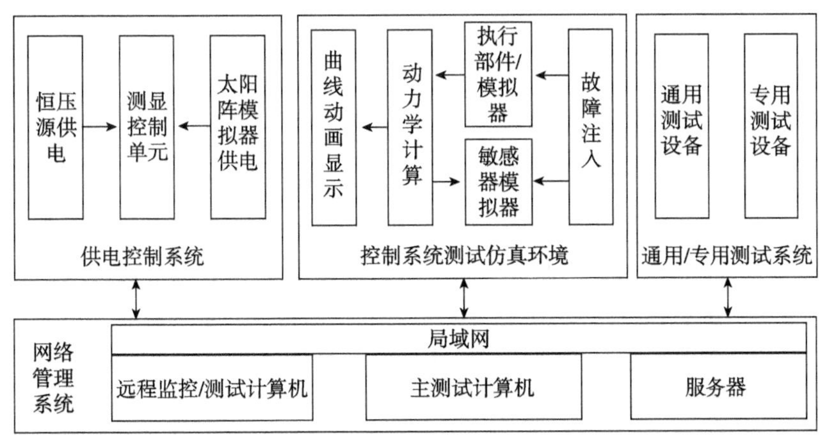

图 7-1　自动化测试系统组成框图

网络管理系统负责测试系统运行的控制与管理，包括主测试计算机、服务器、远程监控/测试计算机、局域网等。主测试计算机负责整个测试系统管理，是测试服务器端软件的运行环境；服务器负责测试数据的存储与管理；远程监控/测试计算机运行自动化测试客户端软件，是系统测试与管理的终端，同时提供远程监视功能。

供配电控制系统包括恒压电源、太阳电池阵模拟器、测显控制单元等。其中恒压电源提供星上系统需要的母线电压，供电电压可灵活调节，可用于模拟蓄电池供电；太阳电池阵模拟器用于模拟太阳电池阵对星上蓄电池进行充放电的控制过程；测显控制单元具备地面供电输出控制、采集并显示卫星通过脱插传输到地面的有线信号、星上有线控制等功能。

控制系统测试仿真环境的原理如图 7-2 所示。此环境主要用于轨道和姿态控制系统的闭环仿真与测试，包括动力学计算机、模拟器组合、故障注入设备、动画与曲线显示计算机等。其中动力学计算机负责空间环境模拟、卫星姿态与轨道模型计算等；模拟器组合包括敏感器模拟器、执行部件模拟器、执行部件信号采集卡、环境温度模拟器等；故障注入设备用于模拟各种敏感器和控制执行机构的故障，以测试星上故障检测与处理能力；动画与曲线显示计算机用于进行卫星在轨姿态与轨道的参数曲线与动画显示。

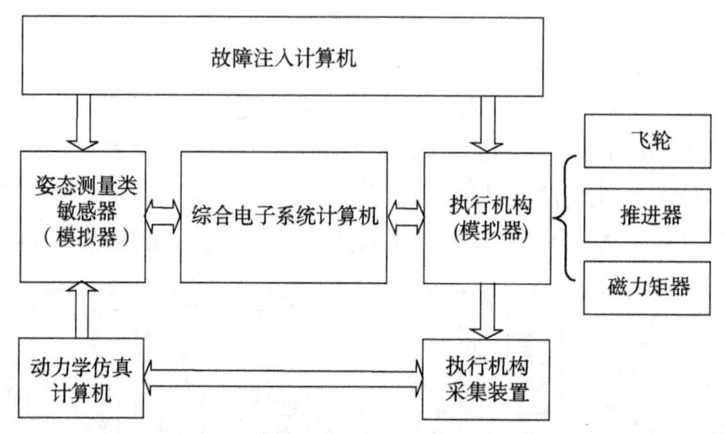

图 7-2 控制系统仿真环境原理框图

动力学仿真计算机接收来自控制执行机构的控制量，经过卫星动力学方程计算后生成卫星姿态轨道参数，并通过空间环境扰动模型计算卫星当前面临环境的参数描述等，发送给敏感器模拟器，敏感器模拟器的输出信息被卫星综合电子系统计算机采集，按照控制策略生成相应的控制量输出给控制执行机构或者控制执行机构模拟器，形成闭环仿真测试系统。故障注入设备可以进行敏感器模拟器故障注入也可以进行控制执行机构模拟器故障注入，但不能直接进行执行机构的故障注入。

通用/专用测试系统主要用于卫星控制系统外的测试，包括通用测试设备和专用测试设备。其中通用测试设备包括数字万用表、示波器等；专用测试设备包括遥控前端、遥测前端、总线测试设备以及单机专检设备等。

快速测试系统与卫星设备的接口关系如图 7-3 所示，主要包括供配电接口和星上信号采集接口、无线测控通路接口、星上总线接口、其他被测信号接口（如控制信号、特定被测信号等）。测试系统的对外接口采用标准化设计，可随着测试阶段的不同灵活配置和应用相应的测试接口[3]。

单机测试设备主要包括综合电子系统计算机单检设备、配电器单元单检设备、测控与数传系统单检设备等，在单机测试过程中应用，与星上相应单机进行连接。其接口与相应单机接口一致，按类型包括电压量、电流量、阻抗、频率、波形等。

综合测试设备包括总线专用测试设备和遥控遥测设备等，主要用于卫星集成后或者全系统的综合测试。总线专用测试设备在综合测试过程中进行系统总线监视，与星上设备的接口为总线接口；遥控遥测设备与卫星的接口有两路：有线通路和无线通路。无线通路用于地面天线和卫星测控天线之间的无线通信，有线通路用于遥控遥测设备与星上测控应答机之间进行的高频电缆通信。

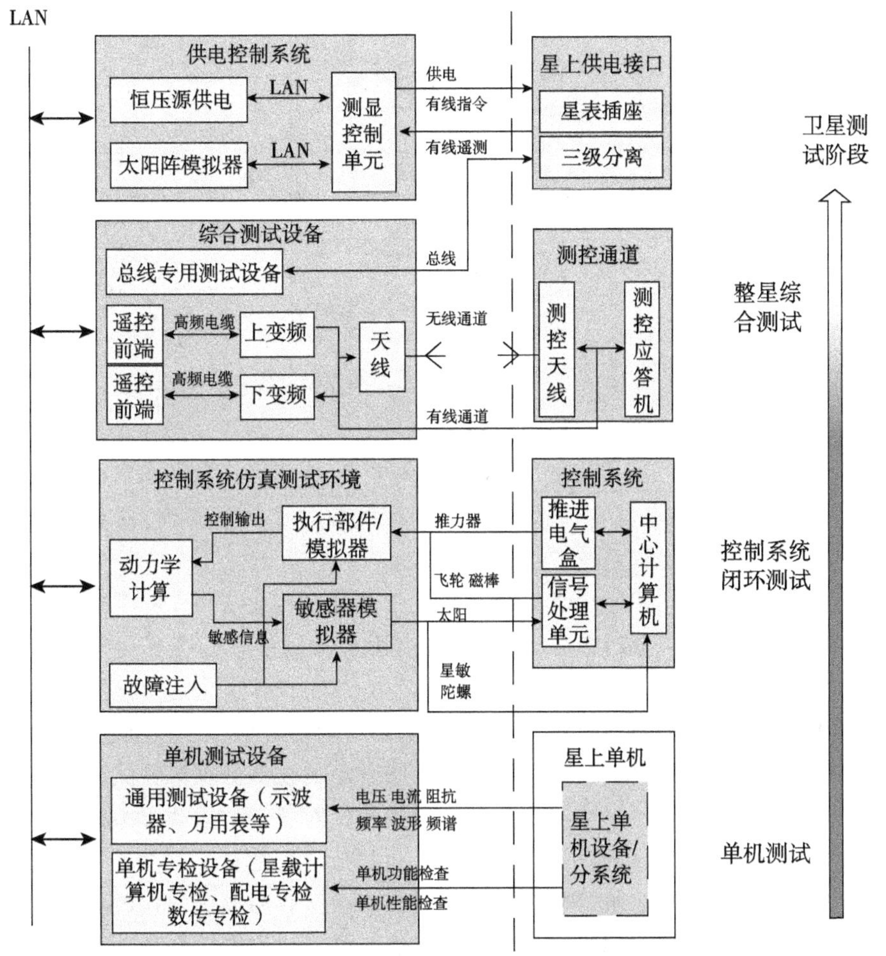

图 7-3　测试平台与被测试飞行器接口

各测试模块采用以太网进行连接，可以任意拆分与组合，这种体系结构可以满足快速响应微小卫星研制阶段以及发射阶段的测试需要，系统可以随时加入新的测试设备，相应测试设备也可以随时退出测试系统。

自动化测试软件在卫星快速测试中起着决定性作用，是快速测试系统可靠运行与管理的核心，其数据流图如图 7-4 所示。由于快速测试系统采用网络结构，自动化测试软件包括服务器端软件和客户端软件。服务器端软件运行于主测试计算机，服务端软件运行于远程监控终端、遥控终端、遥测终端等，两者配合完成自动化测试任务。自动化测试软件负责测试系统管理、测试用户管理、测试协议配置、测试序列生成、测试数据自主处理、测试过程自主调度与管理以及测试报表自动生成等。

自动化测试软件的主要功能如下。

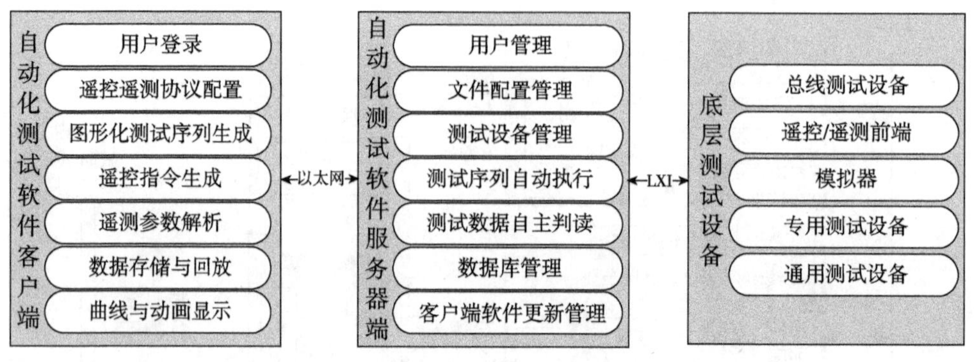

图 7-4　自动化测试软件的数据流图

(1)测试用户管理:快速测试系统需要按照测试人员的不同操作和权限设置不同的系统状态,以便于满足不同测试阶段的测试需求,从而保证系统运行的安全可靠。

(2)测试系统管理:包括测试设备管理和测试软件模块的管理,便于根据不同测试任务要求快速构建测试系统。

(3)测试系统校时:快速测试系统需要建立统一的时间系统,采用服务器周期性主动发送的校时数据包进行校时,测试网络内所有单机接收的服务器时间用以修正本机时间。

(4)遥控/遥测数据帧格式配置:针对不同类型快速响应微小卫星的遥控/遥测帧格式的差异,测试软件具备支持不同格式、不同来源的遥测数据帧格式的配置功能。

(5)遥测参数解析配置:遥测参数解析配置是针对特定的遥测参数进行自动化解析的协议,自动化测试软件要求参数代号唯一,其他均可配置。

(6)遥测参数接收、解析、判读与显示:遥测参数接收需要设定接收通道和接收方式。遥测参数解析是根据解析协议将接收到的二进制遥测参数(原码)解析为具有实际物理意义的工程值;遥测参数判读是将解析后的工程值根据事先设定的判读规则自动进行判读,对超出预警的参数进行报警并生成报警报告;遥测参数的显示包括参数页面显示、参数页面的编辑、遥测参数实时显示以及参数曲线显示等。

(7)测试信息的存储:主要包括测试原码的存储、工程值的选择性存储、遥测页面的存储、遥控指令的存储、遥测软件操作事件存储、测试过程信息(测试项目、测试序列、报表文件等)的编辑和存储。

(8)变参数遥控指令生成:变参数遥控指令的代号、名称以及所包含的参数数量是固定的,但参数的具体内容可变。变参数遥控指令生成是将具有实际物理意义的量根据遥控指令生成协议加工成综合电子系统计算机可识别的遥控指令数据帧。

(9)遥控指令组帧、发送与广播:遥控指令组帧和发送根据遥控通路的不同而不同。遥控指令组帧是将遥控指令根据遥控帧格式填加相应的帧头、帧尾、校验、填充字节生成卫星识别的遥控数据帧的过程;遥控指令发送是根据遥控通道调用相应的数据传输函数进行数据帧发送的过程;遥控指令广播是在遥控指令发送后向测试系统中所有的用户发送指令及消息的过程。

(10)数据回放:用于选择回放时间和数据文件,将存储在数据库中的测试数据按照设定的回放速度进行动态回放,主要用于事后异常查询与故障诊断等。

(11)测试系统页面编辑:测试系统页面编辑主要是为了给测试用户一个比较直观的测试系统界面,用户可以直观了解卫星组成、测试系统所包含的测试设备、测试系统当前状态、测试所需时间等信息,可生成自动化测试的一键式操作页面。

(12)测试项目选择与编辑:用户可以选择已经存在的测试项目,也可以在已有测试项目的基础上重新编辑测试项目。

(13)测试序列生成:图像化的测试序列生成采用图元托摘方式编辑测试序列,能够将图形化的测试序列翻译成机器识别的测试序列表格文件,能够调用已有的测试序列库进行查找、填加、删除、修改等操作。

(14)测试过程管理:主要是负责测试过程的调度与执行,调度主要是分配测试所需要的资源、根据上一步测试结果确定下一步执行路径、接收并处理操作人员的人工干预等。

(15)测试报表生成:根据自动化测试所提供的指定格式,将测试结果生成标准化的测试表格。

(16)测试数据的维护与管理:测试数据的维护与管理主要指服务器端数据的存储、管理、查询与维护,为后续扩展应用提供标准的数据接口。

7.1.2 快速测试系统体系结构设计

实现快速响应微小卫星的自动化测试需要建立通用的快速测试系统,既能适应卫星集成过程的快速测试(纵向要求),又可以满足不同类型卫星的测试要求(横向要求)。由于快速响应微小卫星在不同集成阶段以及发射阶段的测试要求、测试项目、测试接口不尽相同,即使同一测试项目在不同集成阶段由于测试要求不同所采用的测试方法、测试设备也有可能不同,这就要求快速测试系统必须具备灵活组合与系统重构的功能[4]。

为了适应不同类型微小卫星的快速测试,测试系统的测试设备和自动化测试软件均要求具备通用性;测试系统的体系结构应具备开放性和可扩展性,能够兼容现有的和未来可能出现的商用测试仪器仪表以及第三方的测试设备。同时,为了提高测试效率,还要求测试系统具备即插即用、在线重构、自动化测试等能力。

为了满足测试系统各节点即插即用的要求,快速测试系统以主测试计算机为核心,通过局域网连接各测试节点,同时为了兼容商用测试仪器仪表和第三方测试设备,底层采用 LXI 总线连接各测试设备,该体系结构最大程度地保证了系统的兼容性和开放性,如图 7-5 所示。

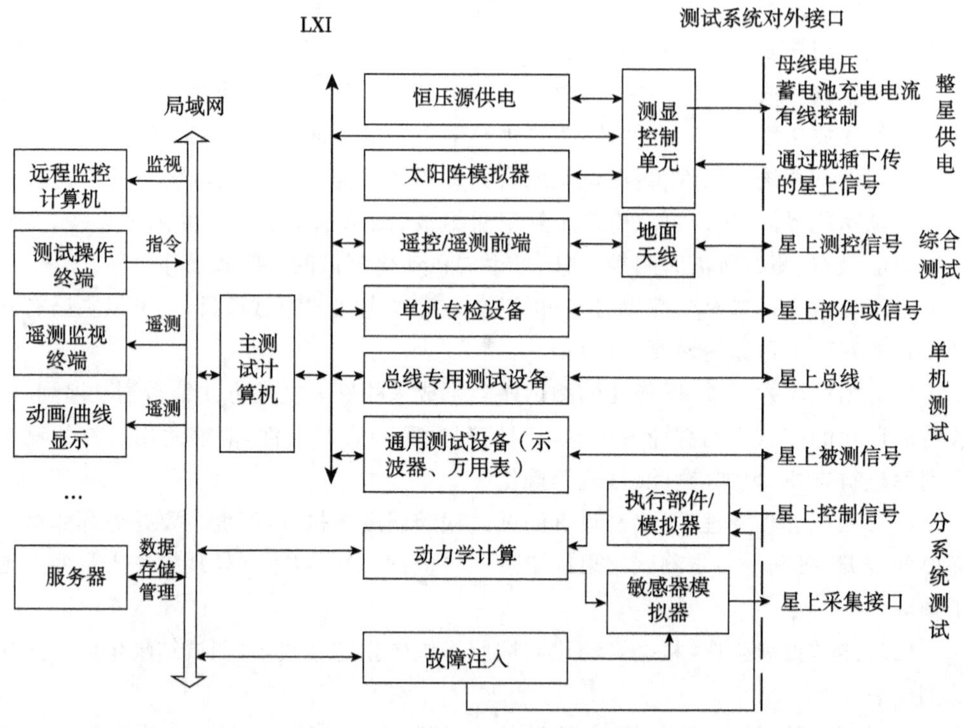

图 7-5　快速测试系统的体系结构

快速测试系统设有两条系统总线，主测试计算机与底层测试设备之间通过 LXI 总线连接，主测试计算机与上位机之间采用局域网连接。LXI 是一种基于局域网的模块化测试平台标准。目前，大部分的商用测试仪器仪表均支持该规范，因此这样的体系结构满足了测试系统实时动态重构的要求，随时可以根据测试需要添加新的满足 LXI 要求的测试设备，系统具有良好的开放性、扩展性和兼容性。同时，上层应用采用局域网结构，提高了数据的传输速度和实时性，也使系统具备了网络测试和远程监控等功能。从系统体系结构可以看出，快速测试系统从底层构建到上层应用均支持即插即用。

在该体系结构中 LXI 设备识别与驱动设计、模拟器组合系统体系设计是其关键，其中 LXI 设备识别与驱动设计解决系统对已有测试设备的兼容问题，模拟器组合体系设计解决模拟器的即插即用问题。

7.1.2.1　LXI 设备识别与驱动设计

LXI 总线采用 LAN 接口作为其物理标准，可以实现 1Gb/s 高速数据传输。同时，LXI 系统不需要如 VXI/PXI 系统的 0 槽控制器和系统机箱等。与传统的卡式仪器(VXI、PXI)相比，LXI 具备诸多优势：

(1)以太网、标准 PC 和软件应用广泛，技术成熟，易于构建 LXI 系统；

(2)基于 TCP/IP 的 LXI 网络是一种标准的开放式网络，不同厂商的设备易于互联，这种特性非常适合解决控制系统中不同厂商设备的兼容和互操作问题；

(3)能够便捷地访问远程系统，共享访问多数据库；

(4)能够实现办公自动化网络与工业控制网络的有机结合；

(5)LXI 采用的 IEEE1588 网络同步标准，可以得到纳秒级的时钟同步误差，与以太网相比，较好地解决了其实时性差的缺陷。

LXI 标准设备识别与驱动要求与之相连接的设备均满足 LXI 总线标准，采用 LAN 触发的 C 类设备(提供符合 LXI 标准的 LAN 和 Web 接口，不需要支持物理触发和 IEEE1588 定时要求)。由于对硬件接口没有特殊要求，只需要具备以太网接口，就可以实现即插即用。其自识别是通过在主测试机上进行注册实现的，注册时须进入 Web 网页和 IP 配置网页。Web 网页显示仪器号、厂商、序号、说明信息、LXI 类别(A、B、C)与版本、主机名、MAC 地址、TCP/IP 地址、固件和/或软件版本、IEEE1588 PTP 当前响应时间；IP 配置网页显示主机名、域、描述、TCP/IP 模式、IP 地址、子网掩码、网关以及 DNS 等[5]。

LXI 设备驱动程序必须采用 VISA 资源名：

TCPIP[board]::host address[::LAN device name][::INSTR]

TCPIP[board]::host address::port::SOCKET

其中，board 表示计算机中物理网络接口卡的整数；host address 是主机名或是 IP 地址(用“.”隔开的十进制的 4 个字节)；INSTR 是资源类，表示支持读、写、触发、状态和清楚的协议；SOCKET 是资源类，表示基于原始 TCP/IP 连接的协议只支持读/写。

对于标准 LXI 设备测试计算机会根据 VXI-11 自动调用器 IVI 驱动实现自主驱动。

对于已有的专用测试系统，由于设计标准的不统一，可能不符合网络测试的需求，对这类非标准 LXI 设备需要进行类似 LXI 设备的改造，使其满足 LXI 设备的要求。

LXI 仪器通过 VXI-11 协议进行网络识别，遵循 VXI-11 协议的仪器控制端通过搜索 IP 地址范围发现网络中的 LXI 仪器，同时 VXI-11 网络发现协议还具有沟通上层仪器的作用，并完成对仪器的控制与通信。VXI-11 协议底层采用 ONC/RPC 来实现函数的远程调用，用以沟通仪器控制端与仪器端。

虽然采用第三方的 RPC(remote produre call)库能够简化 VXI-11 网络发现协议的开发过程，但要受到源代码的限制。而自主设计 RPC 库实现 VXI-11 网络发现协议，可以实现源代码级共享，便于程序移植。为此，给出一种 ONC/RPC 库的设计方法。

由于 RPC 服务器程序采用匿名的端口号，RPC 客户端程序并不知道 RPC 服务器程序的端口号,因此,ONC/RPC在服务器端必须有一个端口映射程序即portmap程序。端口映射程序的端口号是知名端口号,在TCP和UDP实现时端口号均为111。服务器端启动时,首先启动端口映射程序,然后再启动RPC服务器程序。这之间发生的过程主要是RPC服务器程序向端口映射程序进行注册,即告诉端口映射程序RPC服务器程序所使用的端口号。注册成功后,端口映射程序保存RPC服务器程序的端口号。而RPC客户端首先访问端口映射程序获取RPC服务器程序的端口号,然后客户端再建立与RPC服务器程序的连接,访问RPC服务器程序中的远程函数。RPC服务器程序中的函数均由其程序号、版本号和函数号确定。ONC/RPC执行的动态过程如图7-6所示。

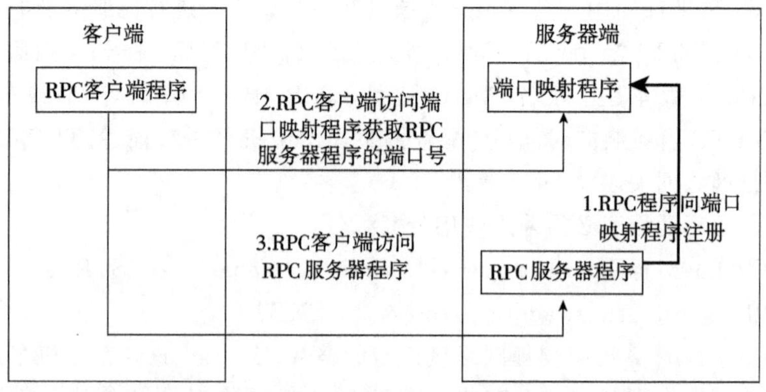

图7-6 RPC程序运行过程

自主实现RPC库实现VXI-11协议的设计主要包括两个方面的工作:端口映射程序设计与VXI-11协议的RPC服务器端程序设计。

(1)端口映射程序设计

端口映射程序须有一个端口号,如在基于UDP时使用的端口号是111。端口映射程序是一个RPC服务器程序,拥有一个程序号为0x186A0、版本号为2的远程函数集,包含了6个远程函数。

PMAPPROC_NULL函数:函数号为0,一般不进行任何实质性的操作。按照习惯,任何函数号为0号的函数不接收参数,也不返回任何结果。

PMAPPROC_SET函数:函数号为1,RPC服务器程序调用此函数向端口映射程序注册。RPC服务器程序将其程序号、版本号、协议类型以及其使用的端口号作为函数参数字段构建到RPC请求报文中,发送给端口映射程序,从而向端口映射程序进行注册。

PMAPPROC_UNSET函数:函数号为2,RPC服务器程序调用此函数来删除一个已经注册的RPC服务器程序。

PMAPPROC_GETPORT函数:函数号为3,RPC客户端程序调用此函数向端口映射程序查询指定的 RPC 服务器程序的端口号。RPC 客户端程序将 RPC 服务器程序的程序号、版本号等信息作为函数参数字段构建到 RPC 请求报文中，发送给端口映射程序，从而查询指定 RPC 服务器程序的注册信息。

PMAPPROC_DUMP 函数：函数号为 4，此函数返回端口映射程序中存储的所有 RPC 服务器程序的记录信息，每条记录信息包含程序号、版本号、协议号和端口号。

PMAPPROC_CALLIT 函数：函数号为 5，此函数允许调用者调用在同一台机器上的另一个远程函数，而不需要知道这个远程函数的 RPC 服务器程序的端口号。

对于端口映射程序需要实现上述 6 个远程函数。对于实现 VXI-11 网络发现协议，端口映射程序需要完成的功能就是如何保存 RPC 服务器程序的信息以及 RPC 客户端程序查询指定 RPC 服务器程序的信息。

端口映射程序可采用多线程方式进行设计，程序中存在 7 个线程相互配合共同完成端口映射程序的功能。主线程负责界面处理，1 个线程负责监听 RPC 请求报文并分发任务，另外 5 个线程构成一个线程池，负责处理 RPC 请求报文并向客户端发送 RPC 回应报文。在多线程的程序设计中，界面的处理工作通常交给主线程去完成，而数据通信的任务交由其他线程去处理。这样当用户操作界面时，不会由于通信任务的阻塞而影响用户对界面的操作。端口映射程序的线程结构框图如图 7-7 所示。

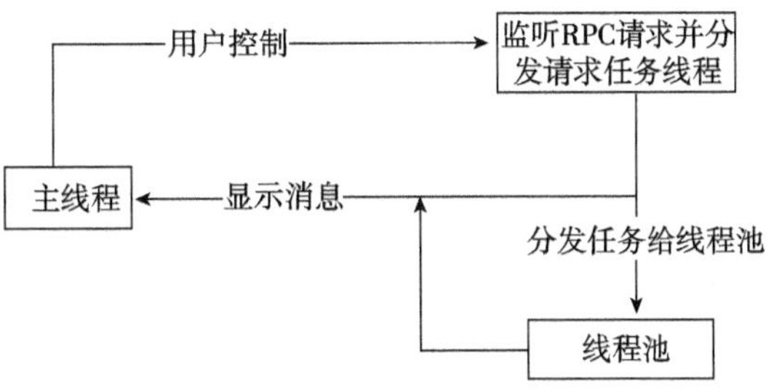

图 7-7　端口映射程序的线程结构框图

客户端调用 RPC 服务器程序中的函数时，在 RPC 请求报文中仅包含该函数的程序号、版本号和函数号。需要在端口映射程序中将上述 3 个编号与其所确定的函数实现动态绑定，解析数据包后方可立即调用相应的函数。

为实现端口映射程序对 RPC 客户端的并行处理能力，在端口映射程序中监听 RPC 请求线程，与线程池配合工作来实现并行处理能力。主线程初始化程序的时候会创建一个信号，其最大资源数为 5，且初始可使用的资源数为 0，监听 RPC 请求线程与线程池中的线程利用此信号进行线程之间的同步，监听 RPC 请求线程一直阻塞，等待 RPC 请求报文的到来。若其监听到一个 RPC 请求报文，监听 RPC 请求线程判断线程池中还有无空闲线程，如果有空闲线程，则对信号的当前资源数量递增 1，增加资源数量后的信号经过操作系统内部处理后发出。线程池中的线程接收信号后，操作系统调度其中的一个线程运行来处理 RPC 请求报文并递减此信号内核对象的当前可使用资源数。与此同时，线程池中的其他线程由于没有竞争获得此信号内核对象而继续保持休眠状态，线程池中的空闲线程不占用 CPU 的执行时间。由此实现了监听与分发处理 RPC 请求报文的功能。

端口映射程序的另一个功能是保存 RPC 服务器的程序号、版本号和端口号等信息。RPC 服务器程序启动运行后，需要完成的第一件事便是发送 RPC 请求报文，调用端口映射程序的 PMAPPROC_SET 函数进行注册。端口映射程序接收到 RPC 请求报文后，线程池中的线程解析报文并调用 PMAPPROC_SET 标准接口函数。

端口映射程序执行 PMAPPROC_SET 函数的时候，首先查找 RPC 服务器信息链表中是否已经存在上述信息。若不存在，动态分配上述数据结构。将 RPC 请求报文中的参数字段的信息填入上述结构中，然后按照程序号由小到大的顺序插入到 RPC 服务器信息链表中，便于以后的查找。当客户端程序访问端口映射程序获取指定 RPC 服务器程序的端口号时，在链表中查询是否有指定的 RPC 服务器程序已经注册，若有返回端口号。

(2)服务器端程序设计

VXI-11 协议的 RPC 服务器端程序设计类似于端口映射程序设计。不同点在于 VXI-11 协议的 RPC 服务器程序中仅存在 VXI-11 函数的动态绑定链表，即 RPC 函数链表。而在程序初始化的时候需要向端口映射程序发送 RPC 请求报文来注册自身以及初始化 RPC 函数链表，然后就等待 RPC 客户端请求的到来。

VXI-11 协议的 RPC 服务器端程序仍采用多线程的方式进行设计。采用监听 RPC 请求报文线程与线程池共同配合的方法实现对 RPC 客户端请求的并行处理能力。RPC 请求监听线程仍然负责监听 RPC 请求报文和分发任务；线程池中的线程依然负责 RPC 请求报文的处理工作。而且 RPC 请求监听线程与线程池中的线程同样采用信号内核对象进行线程同步。主线程和监听 RPC 请求报文线程的处理流程与端口映射程序的主线程与监听 RPC 请求报文线程一样。而线程池中的线程处理流程与端口映射程序线程池中的线程有所不同。端口映射程序线程池中的线程调用完一个远程函数就完成了本次 RPC 请求的处理流程，线程需要先关闭此次连接的套接字然后重新回到线程池中。而 VXI-11 程序线程池中线程的处理开始于其处理调用主通道 create_link 函数的 RPC 请求报文，终止于其处理调用主通道 destroy_link 函数的 RPC 请求报文。因此，每次 RPC 请求报文处理完成后线程直接重新回到线程池中；仅当处理的 RPC 请求报文调用是主通道的 destroy_link 函数时，需要在回到线程池之前关闭此次连接的套接字[6]。

VXI-11 网络发现协议规定客户端调用主通道的 create_link 函数时，服务器端执行 create_ link 函数后，需要返回异常通道的端口号作为函数返回值的一个子项。客户端接收到服务器端的 RPC 回应报文获取异常通道的端口号后，建立与服务器端异常通道的连接。连接建立后马上又关闭此连接，而并不调用异常通道的函数。由于异常通道的事件处理紧迫性大于主通道，VXI-11 程序主线程初始化的时候，需要创建一个优先级较高的线程用于处理异常通道的事务。

7.1.2.2　模拟器组合体系设计

目前，在没有建立快速响应微小卫星产品体系的情况下，卫星的设备配套厂家众多，单机齐套时间相对较长；即使将来建立了产品体系，也会因产品配套时间不统一而出现某些产品不到位的情况。通过研制相应设备的模拟器来实现其电接口及其工作时序，在卫星仅有部分产品到位的情况下，采用相应模拟器能够与星上已有的真实设备协同运行，构造出一个虚拟的被测卫星，可以尽早开始卫星的综合测试，通过对卫星渐进增量式的测试，缩短研制和测试周期。

同时，针对卫星故障模式和故障数据积累不够，测试数据自动判读条件不完备，较难实现自动化化测试的问题，通过卫星设备的智能模拟，构建具备故障注入接口和故障模拟功能的卫星设备模拟器，模拟卫星可能的故障状态，更加有针对性地对卫星故障模式进行分析和验证，并对星上故障处理对策的有效性进行评估，可为卫星自动化测试和故障诊断提供必要的储备和技术支撑。

当前，典型的系统组合体系结构分别为GPIB总线结构、VXI总线结构和PXI总线结构。采用上述体系结构的优点是标准化程度高，可选用通用仪器，开发工作量小，但是上述三种系统组合体系结构也存在难以克服的问题。

(1)功能适应性差、扩展性差、通用性差：三种测试系统的功能模块大都为定型产品，功能扩展能力较差，对特殊任务需求的适应能力差，在被测信号种类较少、测试时间要求不高、数据传输速率较低的场合具有优势。而卫星模拟器的组合设计，待测信号种类较多、数量庞大，各模拟器为并行运算、并行输出，上述体系结构难以胜任。

(2)环境适应能力不满足要求：目前市场上能提供的GPIB、VXI、PXI仪器绝大部分为商业级产品，无法满足快速响应微小卫星－30～＋50℃工作温度范围和机动运输的要求。

(3)组合效率低：模块化总线系统一般为卡式机箱、标准板卡设计，0槽控制器不能被占用，必须采用专用接口接收等，这些都会限制卫星设备模拟器的设计空间。

为了使得快速测试系统结构简单、便于拆分和组合，模拟器组合采用统一的结构设计。同时，为满足设计任务中对多种类、多通道信号并行监测、测量的需求，对快速测试系统采用自定义的开放式体系结构，其主要设计思路如下：

(1)按照待测信号的不同进行功能模块的划分，每个功能模块完成一种特定信号的监测与采集任务，功能相对独立，确保对信号的并行测试；

(2)功能模块的硬件标准化、软件模块化，基于FPGA通过软件刷新实现系统功能和接口的灵活重构，能够有效适应复杂多变的快速测试任务需求；

(3)尽量简化控制器与各功能模块之间的联系，并采用嵌入式软件控制快速测试系统的运行流程，以满足输入/输出信息的实时性要求。

控制系统仿真环境即采用了模块化设计的方法，各组合体内部主要包括供电电源、各功能模块和开放式总线底板，具有如下技术特点：

(1)板上信号可以自定义,系统有很好的扩展性;

(2)不受标准总线板卡限制,容易满足环境要求;

(3)机箱设计充分考虑了散热和抗振设计,可靠性高;

(4)结构设计简单,易于更换,可维修性好。

结构设计中采用底板连接方式,具有良好的开放性和兼容性,并且充分考虑了散热和抗振设计,系统可靠性高,具有可维修性。一体化的机箱结构具有良好的电磁兼容特性,对于不同型号微小卫星的测试,具备良好的通用性,通过采用不同的功能模块即可快速完成测试系统的配置。结构设计为标准的 4U/6U 机箱,最大可以扩展为 12 个槽位。

机箱的结构采用加固的插箱式结构,推入式插入板卡,每个板卡上安装拔板器,以便于插装,插箱前端安装压条,以提高板卡入位后的稳固性。机箱门采用双自由度门轴前开门结构,手紧螺母紧固方式,提高了开关机箱的方便性。机箱由焊接框架、顶板、底板、左右侧板和前后面板构成封闭式结构,顶板、底板、左右侧板、前后面板与焊接框架用螺钉连接,焊接框架由铝合金板材经局部焊接后机加工构成,前面板上安装有把手,焊接框架前部安装与机柜连接的固定板,顶板、底板、左右侧板、前后面板均为硬质铝合金板材。机箱结构如图 7-8、图 7-9 所示。

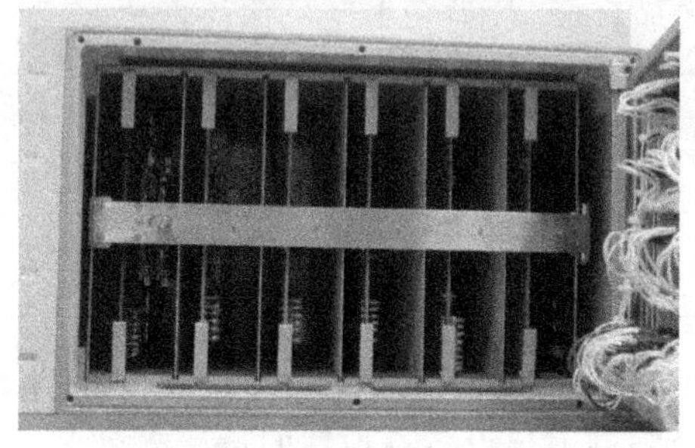

图 7-8 开放式机箱及其内部结构图

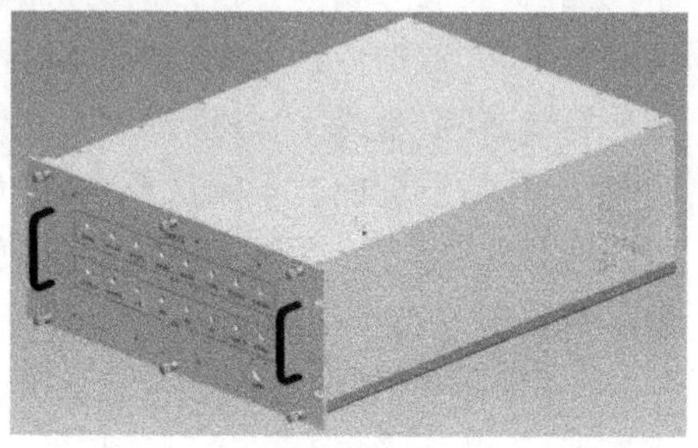

图 7-9 模拟器组合机箱侧视图

前面板装有状态指示灯、复位按键、自检按键等(可以安装屏幕、触摸屏等),后面板装有电气连接器、供电接口、散热通道、定位及安装结构件(以及模块可扩展接口:USB、LAN、PS\2 等)。机箱内的板卡由滑槽定位,通过背板插座相连。背板引线到机箱前、后面板连接器的结构。

根据对核心控制模块及各功能板卡之间关系的分析,开放式总线可以看成是几类功能信号的集合,它是底板的一部分,为协调各功能模块之间的工作,各司其职,互不干扰,总线上可分为五类信号,如图 7-10 所示。

(1)复位、时统等功能信号

在总线中全局复位信号和时统信号是必不可少的,全局复位信号可以对各分散的单元(器件或模块)发出统一指令,使所有功能单元在同一时间恢复到初始状态值,

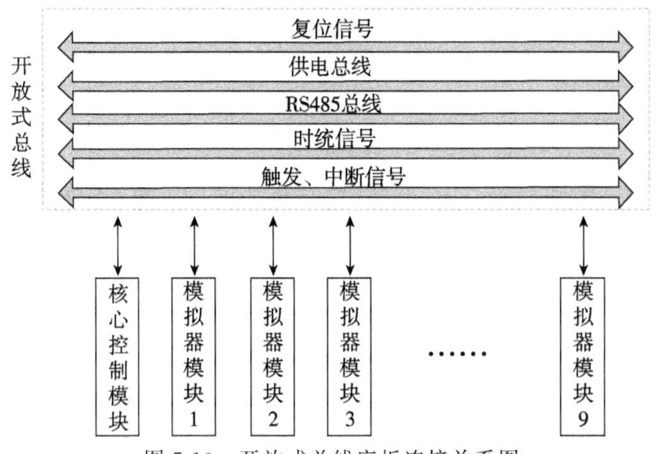

图7-10 开放式总线底板连接关系图

板卡之间具有极小的复位时间延迟;而时统信号会使各单元拥有一个统一的时钟进行定时。

(2)供电总线

供电总线与电源模块连接在一起,所以电源模块可以提供总线上所有的电源电压,供电总线与每个单元均采用直连的方式,使每个单元都拥有相同的供电电压,实际分配到不同模块上所需要的不同电压通过各模块上的电源电压转换器来进行转换,供电总线仅提供几种典型供电电压,如+15V、-15V、+5V等。

(3) RS-485总线

RS-485总线使用IL485作为电平转换芯片,可以完成总线间的基本功能控制,由于其传输速率较低,一般不作为数据传输通路使用,只将RS-485总线作为系统的数据注入及故障注入总线。

(4)触发、中断信号

针对某些对实时性要求较高的测试应用,采用数据通信来请求其他单元协同工作的方式显然不能满足对实时性的要求,因此,在开放式总线中加入了硬线触发机制。

7.2 测试序列快速生成方法

7.2.1 基于T-时延离散Petri网模型的测试序列动态生成方法

测试序列是自动化测试系统的重要组成部分,卫星系统测试模块较多、可行的测试序列数目庞大,这给测试序列的生成、存储和组织提出了较高要求。各单元的测试时间和复杂度不同,因此针对用户的各种测试要求(如时间、覆盖性等)分别给出测试序列并将其存储是不现实的。现有测试序列生成方法主要针对协议测试和硬件测试,对测试序列的存储、执行和中间结果数据等重要信息考虑较少。有限状态机(FSM)或扩展有限状态机(EFSM)缺乏对模型的分析能力,而基于Petri网产生测试序列的方法能够方便描述系统的并发、异步等行为,并可对系统模型进行性能分析[7,8]。

通过对被测试系统构造Petri网模型,并对其进行分析,可以揭示其在结构和动态行为方面的许多重要特性,而变迁与时限联系的T-时延离散Petri网(T-timed discrete Petri net,TTDPN)在该方面优势更明显。采用TTDPN对被测系统建模,能够有效地描述被测系统的状态和行为,模拟运行TTDPN能够发现系统潜在的问题和冲突。

基于T-时延离散Petri网模型进行测试序列的生成,其主要环节包括建立被测对象与TTDPN模型的映射关系、提出TTDPN的矩阵表示方法、证明关系矩阵与TTDPN模型间的若干性质、建立总线型微小卫星TTDPN模型、分析模型可达性和可测性、在TTDPN矩阵表示基础上设计实现被测对象的测试序列动态生成算法。该算法生成的测试序列建立在被测对象TTDPN虚拟运行基础上,因此序列具有较高执行效率及较短序列长度。

7.2.1.1 测试对象的T-离散时延Petri网描述方法

利用Petri网对被测对象进行建模,将测试内容以Petri网形式组织、能够节省存储空间,在测试任务下达后,根据具体测试内容动态生成测试序列,避免无关测试项,减少重复测试,从而提高测试效率。在对测试序列深入分析基础上,结合Petri网模型原理,建立T-时延离散Petri网与被测对象映射关系,并利用Petri可达性分析方法,分析总线型微小卫星模型的测试可达性。

1. 测试序列分析

测试过程包括任务提出、测试序列生成、序列执行和结果分析判读四个阶段。测试序列按照被测对象的外部接口标准分步或整体传入被测对象,并执行相应测试指令,得出测试结果。测试序列是针对某个(些)被测对象提出,为完成某项测试内容而编写或生成的测试程序和数据。被测对象包括中间数据集合、内部接口集合、外部接口集合以及状态集合和时间集合,各集合具体内容如下:

(1)中间数据集合,保存被测对象内部中间结果数据的集合,能够根据用户需要将中间数据输出给主测试计算机;

(2)内部接口集,是被测对象内部软/硬件接口的集合;

(3)外部接口集,是被测对象与外部交互的软、硬件接口的集合,测试系统通过外部接口将测试数据和命令发送到被测对象,将测试结果或中间数据发送给测试系统;

(4)状态集合,是被测对象内部所有状态的集合,根据输入测试序列的不同,系统内部的状态转移情况也不同;

(5)时间集合,保存每个状态转换或序列执行的时间。

被测对象的测试序列组成和状态转换关系如图 7-11 左半部分所示。

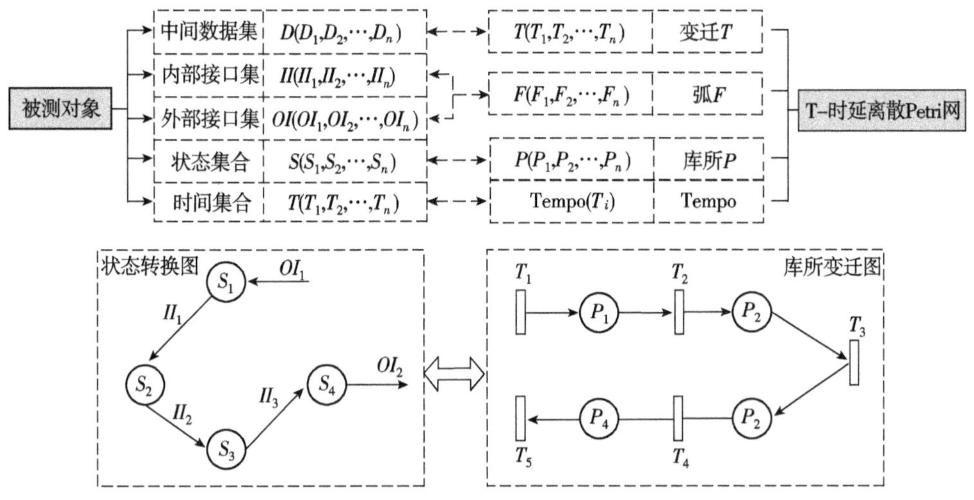

图 7-11　被测对象与 Petri 网映射关系图

2. T-时延离散 Petri 网与被测对象的映射关系

定义 1：一个 T-时延离散 Petri 网系统（TTDPN）是一个五元组

$$\sum = (P, T; F, M(t), \text{Tempo}) \tag{7-1}$$

其中，$(P,T;F)$ 是一个原型 Petri 网；$M(t):P \rightarrow N_0$（非负整数集）为 t 时刻的标识；$\text{Tempo}(T) \rightarrow Q_0$（非负有理数集），$\text{Tempo}(T_j)=d_j$ 是与变迁 T_j 相联系的时限，表示变迁 T_j 发生到完成需要 d_j 个单位时间，即当一个标识 M 满足 $M(T_j)>$时，变迁 T_j 立刻就可以发生，但要经过 d_j 个单位时间，T_j 的发生才结束[9]。

被测对象与 Petri 网具有映射关系，其中状态集合对应库所集合，时间集合对应 Tempo，内外接口对应 Petri 网的弧 F，中间数据对应变迁 T，被测对象状态转换图对应 Petri 网的库所变迁图。

3. 基于 Petri 网可达标识图的测试可达性分析

总线型微小卫星综合电子系统测试模型的基本约束条件：

(1)测试系统通过变迁向被测系统注入命令；

(2)每个库所表示被测对象一个状态；

(3)被测对象通过变迁向测试系统输出中间结果；

(4)通过系统总线进行数据交互。

根据以上约束条件，给出由一个姿态敏感器、控制执行机构、总线与综合电子系统计算机（星载机）组成的卫星最小总线系统 TTDPN 模型，如图 7-12，p_1 表示星载机处于空闲状态，p_2 表示姿态敏感器收到星载机发来的命令，p_3 表示姿态敏感器完成数据采集任务并准备向星载机发送测量数据，p_4 星载机处理敏感器数据，并根据控制算法产生相应控制率，p_5表示执行机构工作状态，p_6表示总线状态，p_7表示星载机处理完一个控制周期。变迁 $T_1 \to T_6$ 分别代表星载机向姿态敏感器发送数据采集命令、敏感器采集数据、向星载机发送数据、向执行机构发送数据、执行完毕和星载机完成一个控制周期。

在图 7-12 所示的 TTDPN 模型中，令$(d_1,d_2,d_3,d_4,d_5,d_6)=(10,10,90,20,50,60)$，则该模型的可达标识图如图 7-13 所示。由可达标识图可看出，整个系统运行周期为 190 个单位时间，系统以最大速度运行，即一旦变迁 T_j 是使能的，则 T_j 激发所需的标记立即被预订(即 $\tau_j \equiv 0$)。因此，从 M_0 开始的状态可达集为 $R(M_0)=\{M_0,M_1,M_2,M_3,M_4,M_5\}$，状态集为 $MS=\{M_0,M_1,M_2,M_3,M_4,M_5\}$，这表明任意状态都是 M_0可达的，即任意状态都可测。

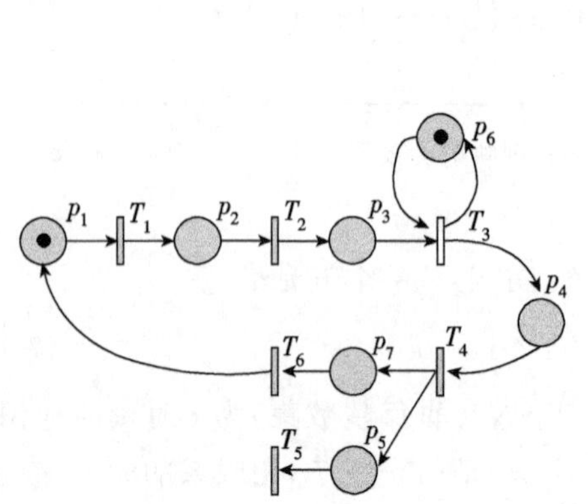

图 7-12　总线型微小卫星系统 TTDPN 模型

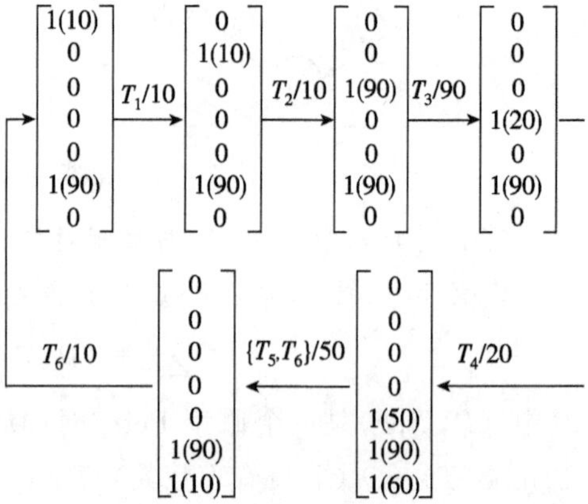

$$\begin{bmatrix}1(10)\\0\\0\\0\\0\\1(90)\\0\end{bmatrix}\xrightarrow{T_1/10}\begin{bmatrix}0\\1(10)\\0\\0\\0\\1(90)\\0\end{bmatrix}\xrightarrow{T_2/10}\begin{bmatrix}0\\0\\1(90)\\0\\0\\1(90)\\0\end{bmatrix}\xrightarrow{T_3/90}\begin{bmatrix}0\\0\\0\\1(20)\\0\\1(90)\\0\end{bmatrix}\xrightarrow{T_4/20}\begin{bmatrix}0\\0\\0\\0\\1(50)\\1(90)\\1(60)\end{bmatrix}\xrightarrow{\{T_5,T_6\}/50}\begin{bmatrix}0\\0\\0\\0\\0\\1(90)\\1(10)\end{bmatrix}\xrightarrow{T_6/10}\cdots$$

图 7-13　总线 TTDPN 模型可达标识图

7.2.1.2　TTDPN 网的矩阵表示

Petri 网分析方法主要有可达标识图与可覆盖树、关系矩阵与状态方程、Petri 网语言和 Petri 网进程等。可达图与可覆盖树方法能够直观地表达 Petri 网的可达性，但当 Petri 网变复杂时，可达图和可覆盖树将变得极其复杂，在其上的查询等操作难于实现，Petri 网语言和进程具有丰富的表示能力，但并不支持状态的动态检索，传统关系矩阵方法只能与纯网一一对应。

在关系矩阵基础上对其进行拓展，采用矩阵 $\overset{p\to t}{A}$ 和 $\overset{t\to p}{A}$ 共同表示一个 Petri 网，该方法能够有效描述复杂的 Petri 网，并支持动态检索，适合测试序列的动态、快速生成，矩阵 $\overset{p\to t}{A}$ 和 $\overset{t\to p}{A}$ 定义如下。

定义 2：设 $\sum=(P,T;F,M(t),\text{Tempo})$ 为一个 T-时延离散 Petri 网，$P=\{p_1,p_2,\cdots,p_m\}$，$T=\{T_1,T_2,\cdots,T_n\}$，则 Petri 网 $\sum$ 的结构$(P,T;F)$可以用矩阵 $\overset{p\to T}{A}=(\overset{p\to T}{a_{ij}})_{m\times n}$和 $\overset{T\to p}{A}=(\overset{T\to p}{a_{ij}})_{n\times m}$共同表示。其中，

$$\overset{p\to T}{a_{ij}}=\begin{cases}1 & (若(p_i,T_j)\in F)\\0 & (否则)\end{cases},\quad \overset{T\to p}{a_{ij}}=\begin{cases}1 & (若(T_i,p_j)\in F)\\0 & (否则)\end{cases}$$

矩阵$\overset{p\to T}{A}_{m\times n}$为库所→变迁阵；$\overset{T\to p}{A}_{n\times m}$为变迁→库所阵。

性质 1：$(b_{ij})_{m\times m}=\overset{p\to T}{A}\times\overset{T\to p}{A}$，若 $b_{ii}\neq 0(\mathrm{i}=1,2,\cdots,m)$，则在库所 p_i 处存在子网（p_i 自环子网）。

证明：$b_{ii}=\sum_{k=1}^{n}\overset{p\to T}{a_{ik}}\times\overset{T\to p}{a_{ki}}$

若 $b_{ii}\neq 0$，则至少存在一个 $k(1<k<n)$，使得$\overset{p\to T}{a_{ik}}\neq 0$ 且$\overset{T\to p}{a_{ki}}\neq 0$。因为$\overset{p\to T}{a_{ik}}$ 和$\overset{T\to p}{a_{ki}}$ 只有 0 和 1 两种取值，所以$\overset{p\to T}{a_{ik}}=\overset{T\to p}{a_{ki}}=1$，存在$(p_i,T_k)\in F$ 且$(T_k,p_i)\in F$，即在库所 p_i 处存在子网（p_i 自环子网）。同理可证性质 2。

性质 2：$(a_{ij})_{m\times m}=\overset{T\to p}{A}\times\overset{p\to T}{A}$，若 $a_{ii}\neq 0(\mathrm{i}=1,2,\cdots,m)$，则在变迁 t_i 处存在子网（T_i 自环子网）。

7.2.1.3　基于 TTDPN 关系矩阵的测试序列动态生成算法

每个被测对象对应一个 TTDPN，以矩阵 $\overset{p\to t}{A}$ 和 $\overset{t\to p}{A}$ 形式存储被测对象的模型，并以此为输入实现测试序列生成。基于 TTDPN 模型能够动态生成任意可达状态的测试序列。从获得测试任务到生成测试序列需要如下步骤[10]：

(1) 获得测试任务；

(2)根据测试任务分析欲测试的状态集 $P_t=\{p_{t1},p_{t2},\cdots,p_{tm}\}$；

(3)从 M_0开始模拟 TTDPN 运行；

(4)记录所有从 p_0开始到 P_t的路径；

(5)根据(4)的路径生成针对 P_t的测试序列。

算法：基于 TTDPN 关系矩阵的测试序列动态生成算法。

输入：TTDPN 模型的库所→变迁矩阵$\overset{p\to T}{A}_{m\times n}$，变迁→库所矩阵$\overset{T\to p}{A}_{n\times m}$和测试状态集 P_t。

输出：针对 P_t的测试序列。

操作：

(1) 时钟置零。

(2)对于每个变迁 $T_j\in T$(j 为变迁数目)，循环执行如下操作，直到 $P_t=\Phi$。

a. 如果 T_j 处于激发态，则当 T_j时延大于零时 T_j 时延自减，当 T_j 时延等于零时释放所有前集(标识清空)，标记所有处于预定状态或空闲状态的后集，并标记 T_j

激发结束，将变化的库所加入测试序列；如果变化的库所 $p_i \in P_t$，则从 P_t 中删除 p_i。

b. 如果 T_j 处于未激发状态，则判断 $^{\bullet}T_j$ 和 $T_j^{\bullet}$ 中库所标识，如果 $^{\bullet}T_j$ 集合中每个库所均有标识，且 $T_j^{\bullet}$ 中每个库所均无标识，依据性质 1 和性质 2 查找并允许 $p \in {}^{\bullet}T_j$ 且 $p \in T_j^{\bullet}$ 情况（库所 p 有标识），则标记 T_j 为激发态，将 T_j 加入测试序列。

c. 时钟加 1，时钟值写入测试队列。

(3)算法结束，返回测试序列。

7.2.1.4 应用实例

基于 T-时延离散 Petri 网的微小卫星测试序列生成算法，建立在系统模型基础上，具有更高的置信度，生成的测试序列能够全面、准确地覆盖卫星系统状态，并能够根据用户输入的测试约束，结合系统模型动态地生成测试序列，使得测试序列具有较高执行效率。图 7-12 中微小卫星 TTDPN 模型的测试序列如表 7-1 所示[11]。

表 7-1 测试序列

测试状态	序列运行时间	序列长度	测试序列
p_2	10	2	$p_1\ T_1$
p_3	20	4	$p_1\ T_1\ p_2\ T_2$
p_4	110	7	$p_1\ T_1\ p_2\ T_2\ p_3\ p_6\ T_3$
p_5	130	9	$p_1\ T_1\ p_2\ T_2\ p_3\ p_6\ T_3\ p_4\ T_4$
p_6	110	7	$p_1\ T_1\ p_2\ T_2\ p_3\ p_6\ T_3$
p_7	130	9	$p_1\ T_1\ p_2\ T_2\ p_3\ p_6\ T_3\ p_4\ T_4$

基于 TTDPN 模型的测试序列生成方法产生的测试序列能够覆盖所有被测试状态集 P_t，而传统测试序列生成方法针对 P_t 中每个被测状态产生测试序列，因此，随着被测状态集包含状态数量的增加，测试序列的执行时间显著增加，而基于 TTDPN 模型生成的测试序列执行时间也随测试状态数目增加而变大，并稳定在 130 左右（如图 7-14 所示），较传统方法生成的串行测试序列具有更高的执行效率[12]。

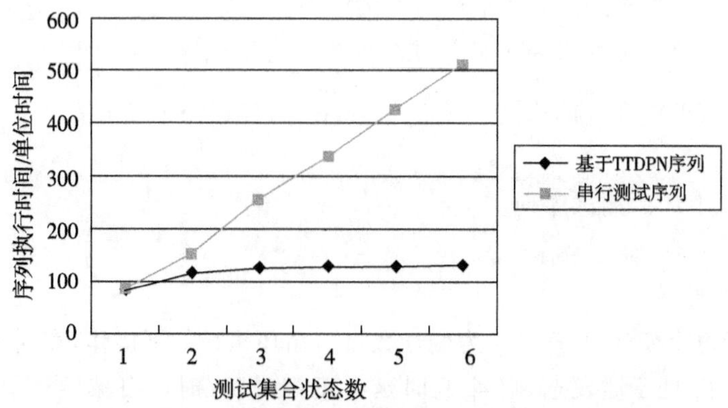

图 7-14 总线型微小卫星系统测试序列执行效率比较图

随着系统模型状态数目增加，模型状态空间将随之增大，当状态数量超过一定限制后，一般计算机的存储和计算能力将无法承受，从而使问题不可求解，即状态空间爆炸。测试序列的长度是衡量序列生成算法适应能力的重要指标，如图 7-15 所示。总线型微小卫星系统传统序列生成方法生成的序列长度随测试状态数迅速增加，而基于 TTDPN 模型序列生成方法产生的测试序列稳定在最长测试序列处，即稳定在 9 附近。因此，基于 TTDPN 模型的测试序列生成方法适应能力更强，生成的测试序列长度更稳定，适合可靠性要求高的快速响应微小卫星系统测试。

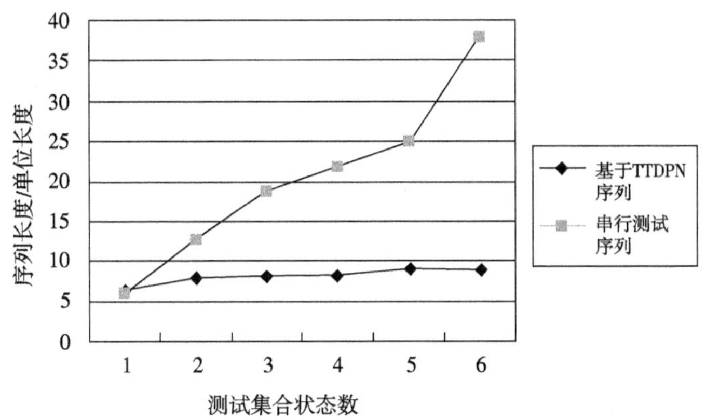

图 7-15　总线型微小卫星系统测试序列长度比较图

7.2.2　测试序列优化方法

微小卫星的电性能测试主要包括单元测试、系统级测试、整星综合测试以及环境试验过程中的测试等。在传统卫星研制过程中，测试时间一般为几个月。对于快速响应微小卫星而言，从应急任务提出到卫星发射入轨要在一个月甚至更短的时间内完成，发射场测试一般限制在几小时内完成，测试项目的优化显得尤为重要，因此，必须进行测试序列的优化设计。

测试序列优化的内容是测试项目（工作量）和测试时间，可以进行单目标优化，也可以进行多目标优化。如果每个测试模块对测试序列的需求是独立的，即对于一个测试序列而言，只为一个测试模块服务。当出现一个测试序列为两个或者多个模块服务的情况时，在计算总的消耗时间和总的工作量时，与该测试序列相关的时间和工作量只需计算一次。因为，可以设置一个全局变量来保存已经计算过的该测试序列的内容。

只考虑一个优化目标（比如测试权重）的测试序列优化问题可以转化为单目标的线性规划问题。考虑多个优化目标的测试序列优化问题，可转化形成多目标线性规划问题。如在考虑测试序列权重比例的同时考虑测试序列的稳定性。对于给定测试时间和测试项目的任务，测试序列的稳定性较为重要，在建模过程中，通常也将稳定性作为一个优化目标。

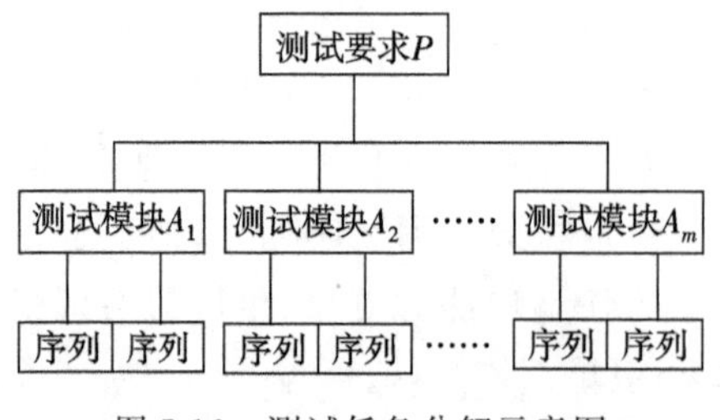

图 7-16 测试任务分解示意图

给定如图 7-16 所示的测试任务，其中 P 是测试要求，$A_1, A_2, \cdots, A_m$ 是实现测试要求 P 所要测试的模块。对于模块 $A_i(i=1,2,\cdots,m)$，$a_{i1}, a_{i2}, \cdots, a_{ik_i}$ 是实现模块 A_i 测试所需要的测试序列。对于每一个测试序列 $a_{ij}(i=1,2,\cdots,m; j=1,2,\cdots,k_i)$，假定完成测试需要消耗的时间是 t_{ij}，需要花费的工作量是 w_{ij}，其在整个系统测试中的重要性用权重比值 c_{ij} 来表示。权重比值越大代表其在整个系统测试中的重要性越高，也代表着该测试序列对于实现既定测试目标的作用越大。对于给定的测试时间 T 和测试工作量 W，在考虑其测试权重比值最大的情况下，选择适合的测试序列来完成既定测试目标即为一个线性规划问题。

为给出问题的线性规划表达式，做如下定义：

将所有测试序列构成的有限集合记作 A，A 中的元素是完成测试任务所需要的全部测试序列，表示为

$$A=\{a_1, a_2, \cdots, a_n\} \tag{7-2}$$

其中，每个 a_i 是一个测试序列；$n=\sum_{i=1}^{m} k_i$。相应的把完成测试序列 a_i 所用的时间记作 t_i，所需要的工作量记作 w_i，其在整个测试系统中所占的测试权重记作 c_i。为了表示在测试过程中，测试序列 a_i 是否被选中，定义测试序列状态量 x_i。x_i 取值 0 或者 1，当 x_i 取 0 时，表示在当前测试要求下没有被选中；当 x_i 取 1 时，表示在当前测试要求下被选中。

于是，在给定测试时间和测试工作量的情况下。测试序列优化选择问题就是如下的一个线性规划问题：

$$\begin{aligned} \max \quad & c_1x_1+c_2x_2+\cdots+c_nx_n \\ \text{s. b.} \quad & t_1x_1+t_2x_2+\cdots+t_nx_n \leqslant T \\ & w_1x_1+w_2x_2+\cdots+w_nx_n \leqslant W \\ & x_i=0 \quad \text{or} \quad x_i=1 \quad (i=1,2,\cdots,n) \end{aligned} \tag{7-3}$$

若令 $C=(c_1, c_2, \cdots, c_n)$，$X=(x_1, x_2, \cdots, x_n)$，$b=(T, W)$，$B=\begin{bmatrix} t_1 & t_2 & \cdots & t_n \\ w_1 & w_2 & \cdots & w_n \end{bmatrix}$，则上式可表示为

$$\begin{aligned} \max \quad & CX \\ \text{s. b.} \quad & BX \leqslant b \end{aligned} \tag{7-4}$$

这样就把测试序列优化选择的问题转换成一个线性规划问题，每个测试模块对测试序列的需求是独立的。

以上是从测试序列权重比例的一个目标抽象得到的数学模型。如果考虑多个目标来完成测试任务，就形成了多目标线性规划问题。如在考虑测试序列权重比例的同时考虑测试序列的稳定性，对于给定测试时间和测试工作量的任务来说，有的测试序列由于其稳定性比较好，在给定的时间和工作量约束下，可以不测试即能完成同样的测试任务。假设每一个测试序列的稳定参数是 d_i，综合考虑测试序列的比例权重和稳定性，就可以得到如下的多目标线性规划问题：

$$\begin{aligned}
&\max \quad c_1x_1+c_2x_2+\cdots+c_nx_n\\
&\min \quad d_1x_1+d_2x_2+\cdots+d_nx_n\\
&\text{s. b.} \quad t_1x_1+t_2x_2+\cdots+t_nx_n\leqslant T\\
&\qquad\ \ w_1x_1+w_2x_2+\cdots+w_nx_n\leqslant W\\
&\qquad\ \ x_i=0 \quad \text{or} \quad x_i=1 \quad (i=1,2,\cdots,n)
\end{aligned} \tag{7-5}$$

令 $\overline{d_i}=-d_i(i=1,2,\cdots,n)$，$\bar{C}=\begin{bmatrix}\dfrac{c_1}{\overline{d_1}} & \dfrac{c_2}{\overline{d_2}} & \cdots & \dfrac{c_n}{\overline{d_n}}\end{bmatrix}$，则上式可以简化为

$$\begin{aligned}
&\max \quad \bar{C}X\\
&\text{s. b.} \quad BX\leqslant b
\end{aligned} \tag{7-6}$$

可见，测试序列优化问题可以采用数学建模方法转化为线性规划问题。测试流程优化过程主要包括以下四个步骤，如图 7-17 所示。

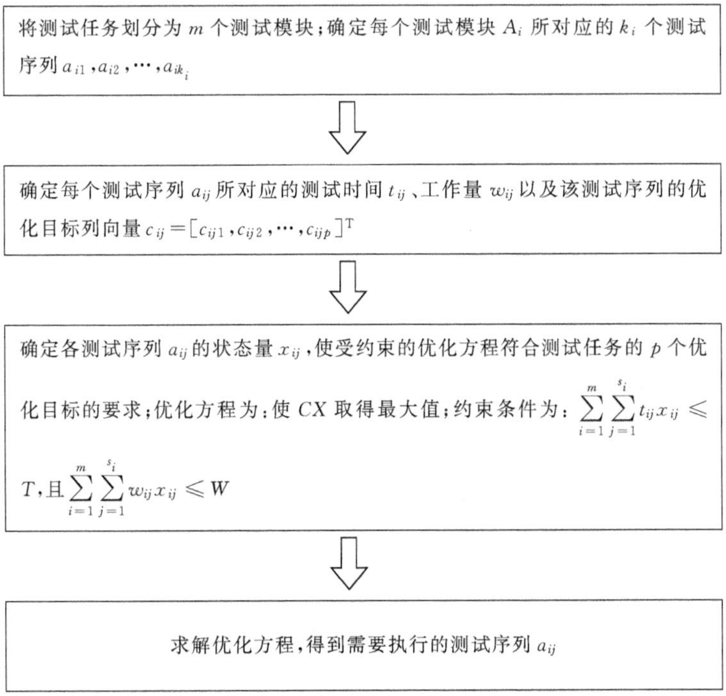

将测试任务划分为 m 个测试模块；确定每个测试模块 A_i 所对应的 k_i 个测试序列 $a_{i1},a_{i2},\cdots,a_{ik_i}$

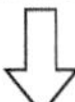

确定每个测试序列 a_{ij} 所对应的测试时间 t_{ij}、工作量 w_{ij} 以及该测试序列的优化目标列向量 $c_{ij}=[c_{ij1},c_{ij2},\cdots,c_{ijp}]^{\mathrm{T}}$

确定各测试序列 a_{ij} 的状态量 x_{ij}，使受约束的优化方程符合测试任务的 p 个优化目标的要求；优化方程为：使 CX 取得最大值；约束条件为：$\sum_{i=1}^{m}\sum_{j=1}^{s_i}t_{ij}x_{ij}\leqslant T$，且 $\sum_{i=1}^{m}\sum_{j=1}^{s_i}w_{ij}x_{ij}\leqslant W$

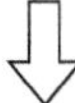

求解优化方程，得到需要执行的测试序列 a_{ij}

图 7-17　测试流程优化过程

以某微小卫星的信号处理单元测试为例，说明测试流程优化方法的应用，信号处理单元的测试项目、时间、权重如表 7-2 所示。

表 7-2 信号处理单元测试项目优化表

序号	测试项目	时间/min	权重	测试时间限制/min	
				<10	<12
1	功耗测量	1	8	√	√
2	二次电源测量	5	8	√	√
3	太阳预处理测量	2	3		√
4	磁力矩器电流遥测测量	1	2	√	
5	飞轮控制电压测量	3	4	√	√
6	飞轮转速脉冲测量	5	4		

实际测试过程中没有对工作量进行限制，即只要求在规定时间内，尽可能将重要的测试项目测试完毕。

从优化结果可以看出，如果限制在 10 分钟之内完成测试，需要测试第 1、2、4、5 项；如果时间限制在 12 分钟内，就需要测试第 1、2、3、5 项，即根据测试要求进行测试项目的优化选择。

通过测试流程优化方法，将测试任务划分为 m 个测试模块，每个测试模块对应了多个测试序列，并确定了每个测试序列对应的测试时间、工作量以及优化目标列向量等，这样，就可以根据测试任务的优化目标来合理确定各测试序列的状态量取值，使受约束的优化方程能够满足所有优化目标的要求。由于优化方程是在测试时间与工作量的约束条件下对优化目标的定量描述，因此，通过求解优化方程所得到的各测试序列，即为在测试时间和工作量约束情况下所能得到的测试序列的总体最优方案。

7.3 自动化测试软件设计方法

7.3.1 图形化测试序列生成方法

7.3.1.1 测试序列的图形化描述

测试序列是有序的测试操作的集合，测试序列生成是自动化测试的基础，卫星测试就是执行测试序列的过程，自动化测试就是测试系统自主地调用测试资源、自动执行测试序列、自主进行测试过程控制的过程。

一次测试操作也称为一个测试业务，测试业务可以如下描述：

测试业务 T＝｛驱动时间或者信号，激励/操作，相关参数采集与判读｝。

若干个测试业务按照一定的规则和流程组成测试序列，测试过程建模为一个有向图。这样的测试序列计算机是不能识别的，需要转换成计算机可以识别并能够正确执行的描述方法，即数据库表格描述方式，如图 7-18 所示。其中，T 表示测试业务；K 表示遥控指令；S 表示遥测参数。

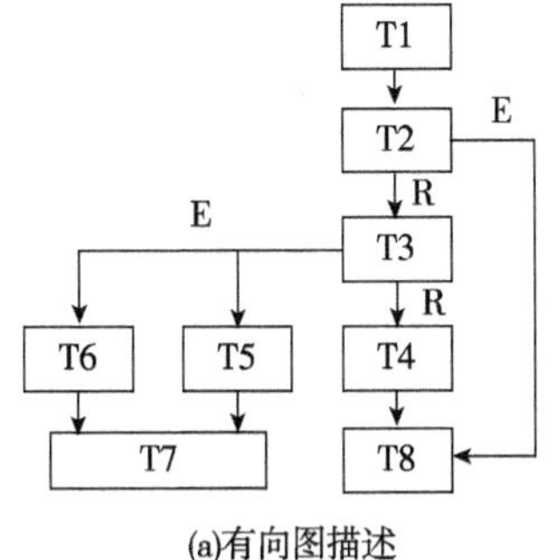

(a)有向图描述

编号	驱动时间/信号	控制指令	期望结果	监测周期	后续测试业务
T001	00m00s	K001	S029∈[0,3] S030∈[0,4]	2	
T002	00m10s	K002	S001∈[3,5] S004∈[0,5]	3	R: T003 E: T008
T003	T2结果	K006	S011∈[0,1] S012∈[0,1]	3	R: T004 E: T005 T006

(b)数据库表格描述

图 7-18　测试序列的描述

一个测试序列可以自动执行，需要测试系统至少具备如下能力：

(1)能够监测系统时间或者驱动信号，触发测试业务的执行；

(2)可以自动调用遥控指令库，选择指令进行发送；

(3)可以自动接收遥测参数，并解析成具有实际物理意义的工程值；

(4)可以自动根据判读要求，进行测试数据的判读；

(5)能够根据前一测试业务执行结果自动选择测试流程。

7.3.1.2　图形化测试序列生成软件设计

自动化测试软件采用客户端-服务器结构。图形化测试序列生成软件也包括了两部分：客户端部分和服务器部分。测试序列在客户端以图元组成的有向图表现，数据库端存储为 XML 文件，执行为表格文件，客户端与服务器端通过以 XML 文件格式进行测试序列的存储、查询、调用等操作，如图 7-19 所示。

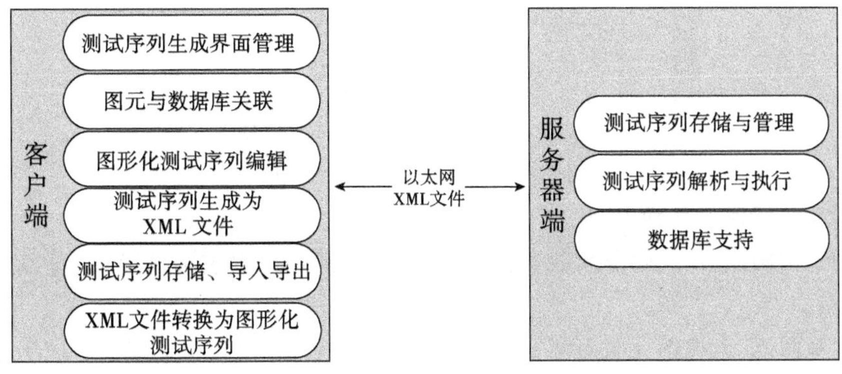

图 7-19　图形化测试序列生成数据流图

客户端部分是图形化测试序列生成的主要模块，功能如下：

(1)图形化序列生成的界面管理；

(2)图元与相应遥控指令、遥测参数等的关联；

(3)图形化测试序列模型的生成；

(4)图形化测试序列 XML 描述文件的生成；

(5)图形化测试序列的存储、导入、导出；

(6)测试序列的 XML 文件描述转化为图形化测试序列。

服务器部分图形化测试序列生成软件的主要功能如下：

(1)图形化测试序列文件的存储与管理；

(2)图形化测试序列文件的解析与执行；

(3)数据库支持。

7.3.1.3　客户端软件设计

客户端部分软件主要包括界面管理和后台操作。图形化测试序列生成的界面主要包括菜单条、测试流程项(测试项目名称列表)、工具箱、测试序列编辑区、属性设置区、缩略图区、状态栏等，如图 7-20 所示。

其中工具箱内主要是测试序列生成需要用到的图元，属性设置区是点击不同图元打开的属性关联页面，用于将图元与具体遥控指令或者操作进行关联、遥测参数与数据库中的遥测数据进行关联，缩略图区提供整个测试序列的缩放显示。

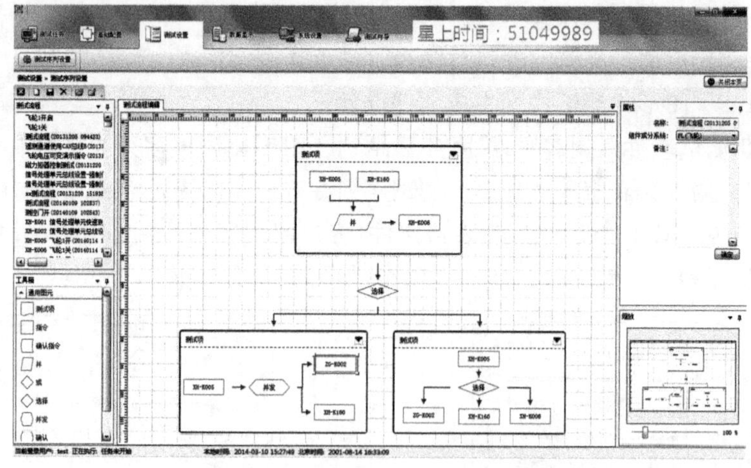

图 7-20　测试序列生成界面截图

图元包括如下几种类型。

测试项图元：作为容器承载各种指令图元，一般用于封装测试模块，可以实现多级封装。

指令图元：该类图元与遥测遥控映射关系库一一对应，其主要属性对应于遥测遥控映射关系库表格的各字段。

用户干预图元：用于实现用户的干预，相当于程序的断点，当执行到该图元时，会询问用户是否继续执行。

事件驱动图元：当遇到事件/信号驱动的任务时，它可以根据当前的上一步执行结果循环执行某一指令。

逻辑图元：该类图元支持顺序、选择、并发、或、与五种执行模式，可以用于建立测试项之间或者测试指令之间的连接关系。

客户端图像化测试序列生成过程如下：

(1)根据测试项目命名一个测试序列；

(2)从工具箱中拖拽图元到测试序列编辑区构建测试序列；

(3)各类图元与其功能的关联；

(4)图形化测试序列保存，后台自动生成 XML 文件。

拖放主要由拖放源和拖放目标两部分组成，拖放源和拖放目标各自拥有不同的事件，需要在适当的事件中完成相应功能。在拖放设置时必然要引起图元坐标的改变，位置的改变在搭建中是非常频繁的，并且每一次改变都要进行存储，如果采用数据库进行存储的话对数据库的开销就会非常大，从而会给数据库以及网络带来巨大的负担。为此，采用文件方式进行存储，文件采用 XML 语言作为快速测试系统中各个部件之间信息交换的标准。该标准提供自动测试系统中各个部分描述的 XML Schema，用户在此基础上生成 XML 文件来描述与交换快速测试系统中的相关信息，把操作频繁的图元坐标值、图元间的逻辑关系、图元间的连线以及与图元属性相关的数据都在其内部存储。由于采用了 ATML 标准，并且支持生成的 XML 文件导入导出的功能，进而实现一处搭建、多处使用的模式，避免了重复工作，提供工作效率。

图形化测试序列的 XML 文件描述如图 7-21 所示。

```
<?xml version="1.0" encoding="utf-8" ?>
- <TestProcessRoot>
  - <TestProcess>
      <Id>0762eff4-84fe-49cc-ad0f-c26b5a975eea</Id>
      <Name>测试流程(20140616 134439)</Name>
      <Remark />
    </TestProcess>
  - <TestItems>
    - <TestItem>
        <Id>d0a205b0-dcaa-4eae-9cf6-b957ad0664fb</Id>
        <ProcessId>0762eff4-84fe-49cc-ad0f-c26b5a975eea</ProcessId>
        <Name>测试项</Name>
        <ExecTimes>1</ExecTimes>
        <Delay>0</Delay>
        <Criterion />
        <ItemType>0</ItemType>
        <ItemIdx>0</ItemIdx>
        <Precursor />
        <Postorder>44e520d1-e92a-4e2e-ba77-91eb164be38d</Postorder>
      </TestItem>
```

图 7-21　测试序列的 XML 文件截图

XML 的内容以＜TestProcessRoot＞标记开始，以＜/TestProcessRoot＞结束，期间记录了测试序列相关的所有信息，这些信息主要分为两个部分：测试序列业务和页面图元显示。

(1)测试序列业务

测试序列业务包括测试项目、测试业务和测试指令。

测试项目以<TestProcess>标记开始、以</TestProcess>标记结束，内部节点名和 Testprocess 数据库表的字段名相同。其中，

Id：测试项目 ID；

Name：测试项目名称；

Cat：测试项目类别；

SubSysId：组件或分系统 ID(用于与相应的组件或分系统关联)；

Remark：测试项目的备注与说明。

测试业务是以<TestItems>标记开始、以</TestItems>标记结束的测试项集合，其中每一个测试项以<TestItem>标记开始、以</TestItem>标记结束，内部节点名与 Testitem 数据库表中的字段名相同。其中，

Id：测试业务 ID；

ProcessId：测试项目 ID(用于与相应的测试项目关联，表示此测试项所属的测试序列)；

Name：测试业务名称；

PreconditionDesc：执行前提描述；

PreconditionType：执行前提类型；

Precondition：执行前提；

ExecTimes：测试项执行次数；

ItemIdx：执行顺序；

ItemType：测试项类型；

Precursor：此测试业务的前驱测试项；

Postorder：此测试业务的后驱测试项。

测试指令是以<TestElems>标记开始、以</TestElems>标记结束的测试指令集合，其中每一个测试指令以< TestElem>标记开始、以</TestElem>标记结束，内部节点名与 Testelem 数据库表中的字段名相同。其中，

Id：测试指令 ID；

ItemId：测试项 ID(用于与相关测试业务关联，表示此测试指令所属的测试业务)；

TcId：遥控指令 ID(用于测试指令与遥控指令的关联)；

TcCode：遥控指令代码；

Name：测试指令名；

ElemType：测试指令类型；

JudgmentDesc：判决条件描述；

JudgmentType：判决条件类型；

Judgment：判决条件；

JudgmentTime：判决时间；

ExecTimes：执行次数；

ExceptionType：异常处理方式；

ElemIdx：测试指令执行顺序；

Precursor：此测试指令的前驱测试业务；

Postorder：此测试指令的后驱测试业务。

(2)页面图元显示部分

页面图元显示分为测试项图元显示和测试指令图元显示。

测试项图元显示以<DesignerRoot>标记开始、以</DesignerRoot>标记结束，代表整个测试序列画布。其中，

GraphId：测试项图元所属的测试序列，存储测试序列ID，以<DesignerItems>标记开始、以</DesignerItems>标记结束，是整个测试序列包含的所用测试项图元的集合，每个测试项图元又以<DesignerItem>标记开始、以</DesignerItem>标记结束；

ID：测试业务ID；

Left：图元距离测试序列画布左上角原点的X轴坐标距离；

Top：图元距离测试序列画布左上角原点的Y轴坐标距离；

Width：图元的宽度；

Height：图元的高度；

zIndex：图元的图层级别；

IsGroup：图元是否已分组；

<DesignerRoot>元素内还包含一个<Connections>元素，表示该图元画布内的测试指令图元之间的连接线集合，集合内部的每一个<Connection>代表一个连接线。其中，

SourceID：连接线开始图元(记录该图元ID)；

SinkID：连接线结束图元(记录该图元ID)；

zIndex：连接线的图层级别。

测试指令图元显示以<GraphItems>标记开始、以</GraphItems>标记结束，内部包含多个<DesignerRoot>元素，每个元素代表一个测试项的内部画布，每个画布内部又包含一个<DesignerItems>元素，表示此测试项所包含的测试指令图元集合，集合内部每一个<DesignerItem>元素均代表一个测试指令图元。其中，

ID：测试指令ID；

Left：测试指令图元距离测试项画布左上角原点的X轴坐标距离；

Top：测试指令图元距离测试项画布左上角原点的Y轴坐标距离；

Width：测试指令图元的宽度；

Height：测试指令图元的高度；

zIndex：测试指令图元的图层级别；

IsGroup：测试指令图元是否已分组。

每个＜DesignerRoot＞元素内还包含一个＜Connections＞元素，表示该测试项图元画布内的测试指令图元之间的连接线集合，集合内部的每个＜Connection＞代表一个连接线。其中，

SourceID：连接线开始图元（记录该图元 ID）；

SinkID：连接线结束图元（记录该图元 ID）；

zIndex：连接线的图层级别。

7.3.1.4　服务端软件设计

服务器端测试序列生成软件的功能实现过程如下：

（1）接收客户端生成的 XML 文件，保存到数据库；

（2）解析 XML 文件，关联相应数据库，XML 文件中对图元的每个属性描述与数据库中的一个字段相对应；

（3）服务器接收到客户端发来的任务 ID，从数据库任务表中调取相应测试序列文件；

（4）根据任务 ID，按照测试序列调取测试业务来执行。

数据库的存储内容包括任务表、测试序列、测试指令表等的存储。

任务表存储内容包括任务 ID、任务执行状态、任务开始时间、任务结束时间等。

测试序列存储内容包括测试序列 ID、所属任务 ID、测试项名称、是否为逻辑图元、测试序列执行顺序、测试项执行次数、测试项执行状态、开始时间、结束时间等。

测试指令表存储内容包括：测试指令 ID、所属测试业务 ID、关联指令 ID、指令执行次数、等待执行时间、是否为逻辑图元或特殊指令、判决条件、判决等待时间、执行状态、开始时间、结束时间等。

图形化测试序列 XML 文件与服务器中数据库的关联如图 7-22 所示。

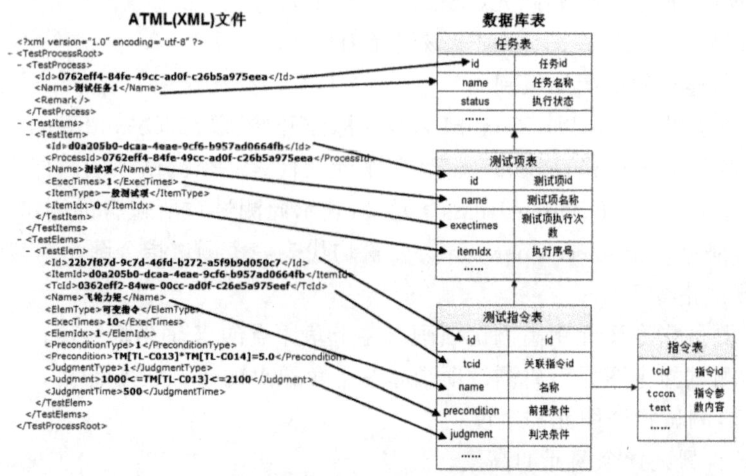

图 7-22　测试序列 XML 文件与数据库关联示意图

7.3.2　软件协议配置方法

通常,不同型号的卫星所采用的遥控/遥测协议不同,通过软件协议配置可不必修改遥控/遥测软件代码,通过简单的协议配置实现卫星地面自动化测试软件的通用化。软件协议配置主要包括遥控/遥测数据包格式配置和遥测参数解析协议配置。

7.3.2.1　遥控/遥测数据包格式配置

遥控/遥测数据包格式是指卫星通过无线信道或者有线信道发送或者接收数据包的格式,主要包括帧头标志、数据包长度、帧标志字、参数数量、参数位置、校验方式等。

遥控/遥测协议配置通过数据库协议配置表格实现,主要包括三类表格:遥控/遥测协议配置表、帧类型表和帧格式表,如图 7-23 所示。

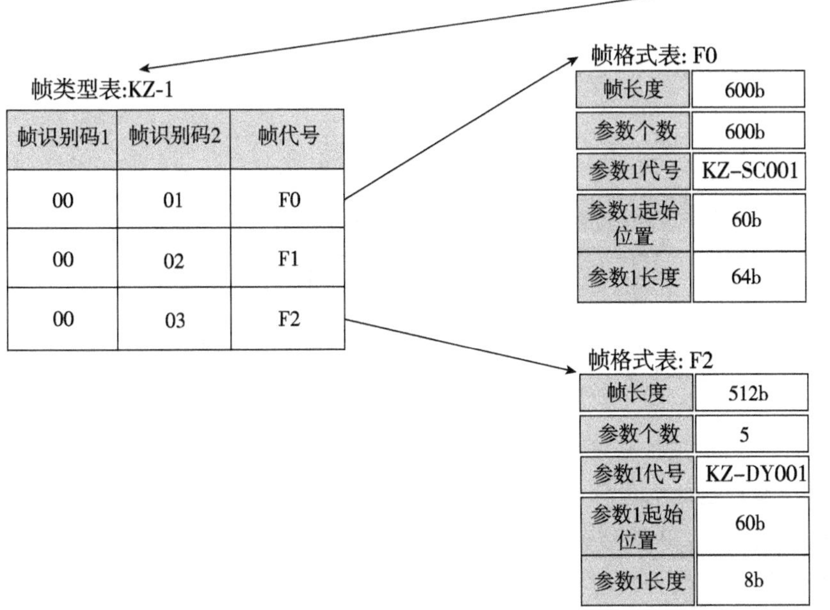

图 7-23　遥控/遥测数据包格式协议配置

遥控/遥测协议配置表包含 8 个字段:协议版本号、帧头、帧识别码 1 位置、帧识别码 1 长度、帧识别码 2 位置、帧识别码 2 长度、帧校验方式和帧类型表。

协议版本号:1 字符,代表该协议的版本号;

帧头:所有数据包的起始字节,如 EB 90;

帧识别码位置:数据包识别字节的起始位,如 120 表示从数据包的第 120bit 开始为帧识别码;

帧识别码长度:帧识别码所占的位数,如 8 表示帧识别码为 8bit;

帧校验方式:数据包的校验方式,0 代表累加和、1 代表 CRC;

帧类型表:记录数据包类型的表名称,不超过 64 字符;

帧类型表包含了 3 个字段:帧识别码 1、帧识别码 2 和帧代号。

帧类型表指明了每帧数据的长度、参数个数、参数位置、参数长度等信息。

如图 8-25 所示的例子中,遥控/遥测数据包主要有 3 类,起始位均为 EB 90,校验均为 CRC 校验。其中,

F0:数据帧长 600bit,包含了 10 个参数,KZ-SC001 起始位 60bit,长度 64bit;

F3:数据帧长 512bit,包含了 5 个参数,KZ-DY001 起始位 60bit,长度 8bit。

7.3.2.2 遥测参数解析协议配置

遥测参数解析协议配置的前提是已经确定遥测参数所在的数据包名称和位置,因此,遥测数据包协议配置文件是由多个以数据包名字命名的配置文件组成,每个配置文件包括了 10 个字段:起始位置、长度、遥测代号、参数名称、原码存储方式、工程值处理方式、处理参数、工程值单位、保留小数位数和预警值等,如图 7-24 所示。

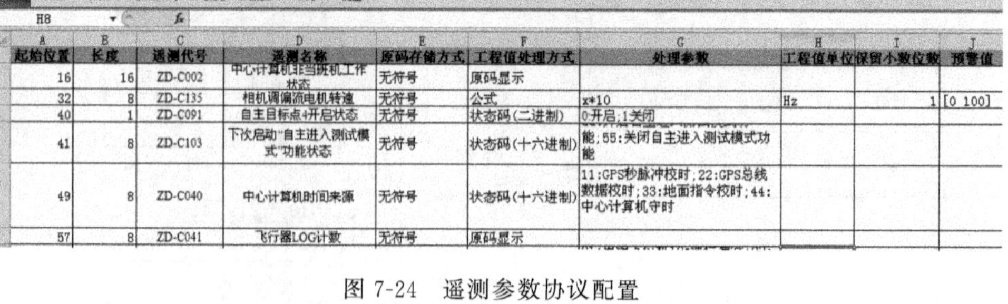

起始位置	长度	遥测代号	遥测名称	原码存储方式	工程值处理方式	处理参数	工程值单位	保留小数位数	预警值
16	16	ZD-C002	中心计算机非当班机工作状态	无符号	原码显示				
32	8	ZD-C135	相机调偏流电机转速	无符号	公式	x*10	Hz	1	[0 100]
40	1	ZD-C091	自主目标点4开启状态	无符号	状态码(二进制)	0开启;1关闭			
41	8	ZD-C103	下次启动"自主进入测试模式"功能状态	无符号	状态码(十六进制)	能;55:关闭自主进入测试模式功能			
49	8	ZD-C040	中心计算机时间来源	无符号	状态码(十六进制)	11:GPS秒脉冲校时;22:GPS总线数据校时;33:地面指令校时;44:中心计算机守时			
57	8	ZD-C041	飞行器LOG计数	无符号	原码显示				

图 7-24 遥测参数协议配置

起始位:参数起始的位置,整个数据包起始位置为 0bit;

长度:参数长度,单位为 bit;

参数代号:该参数在数据库中的代号,字符串;

参数名称:遥测参数的名称,字符串;

原码存储方式:包含了 3 种可选择方式,无符号、补码和反码;

工程值处理方式:包含了原码显示、十进制显示、公式、状态码等;

①公式指需要在处理参数中列写处理公式,支持常用的数学函数

②状态码一般用于枚举显示状态，包含二进制、十进和十六进制状态码

处理参数：处理方式为公式或状态码显示时需要填写该参数，状态码要求列出所有要显示的参数类型，公式则列写处理公式；

工程值单位：用于显示参数的单位；

保留小数位数：在公式和十进制显示时使用；

预警值：可选择填写，规定数据的有效范围。

遥测参数解析协议要求参数代号唯一，其他均是可配置的，遥测参数需要配置的项目包括参数代号、参数名称、所属分系统、解析方式、显示方式、报警阈值或者报警值等。

通过上述协议配置方式可实现不同型号卫星遥控遥测协议的快速转换，为自动化测试软件通用化设计奠定了基础。

7.3.3　测试数据自主判读方法

卫星测试数据自主判读包含静态判读和动态判读，其中静态判读的判读标准是静态的，与系统的运行状态无关，可以在系统运行前进行设置，也可以在系统运行过程中设置，如区间判读和状态判读等。区间判读是指遥测参数工程值超出规定的区间后报警，区间判读一般针对数据量遥测信息。区间判读也支持多区间的判读，规则设置如下：

[区间 1]，[区间 2]，[区间 n]

区间之间采用逗号隔开，每个区间采用中括号标志，下限在前，上限在后，用逗号隔开，如[下限，上限]。

状态判读一般针对状态量信息，当遥测参数工程值出现某个状态时进行报警（可以采用字符串比对方法实现），如“电源下位机＝关”则报警。

动态判读是指事先不能设置判断依据，判断依据是随着系统运行实时确定的，如卫星姿态事先不能确定在什么范围是正确的，只能通过系统运行确定，因此，动态判断相比静态判断更为复杂。

动态判断可以分为两种：非连续性判断和连续性判断。非连续性判断是指当前运行结果只与前一次操作相关，而与其他状态或者更早的动作无关，常见的为“指令-遥测”判断，如当前继电器状态只与前一次继电器操作相关，而与其他无关。判断规则为 if 操作 then 结果＝预期状态；

连续性判断是指当前状态不仅与上一步操作相关，还与更早的操作，甚至与其他状态相关，主要用于卫星控制系统的参数判断，如姿态、轨道状态等的判读。

控制系统闭环遥测数据判断方法为在原有卫星闭环测试系统的基础上，增加一个由数学模型构成的测试数据模型预测模块，该模块按照一定的周期从卫星闭环测

试系统中获得星载计算机、敏感器模拟器和控制执行机构的输出值，以此作为预测模块中对应部分的输入输出值来消除由于计算舍入、计算机字长以及加入的随机噪声等不同因素引起的误差累积。然后对测试数据预测模块输出的数据和闭环测试系统的测试数据进行对比，根据预先设计好的判读准则对数据进行实时自主判读，如图7-25所示。

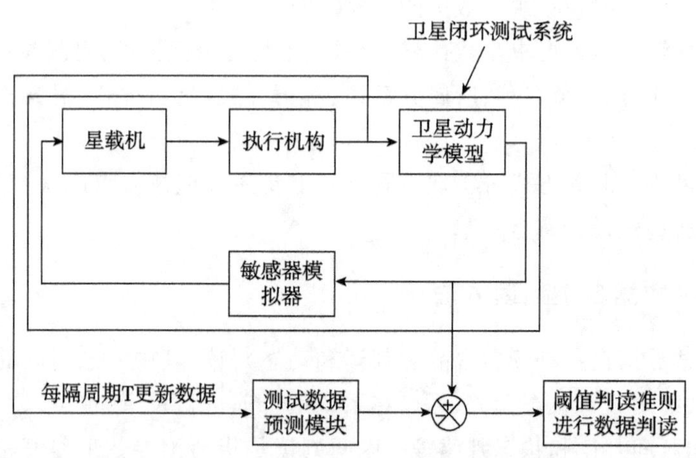

图 7-25　控制系统自主参数判读原理图

具体判读流程(见图 7-26)如下。

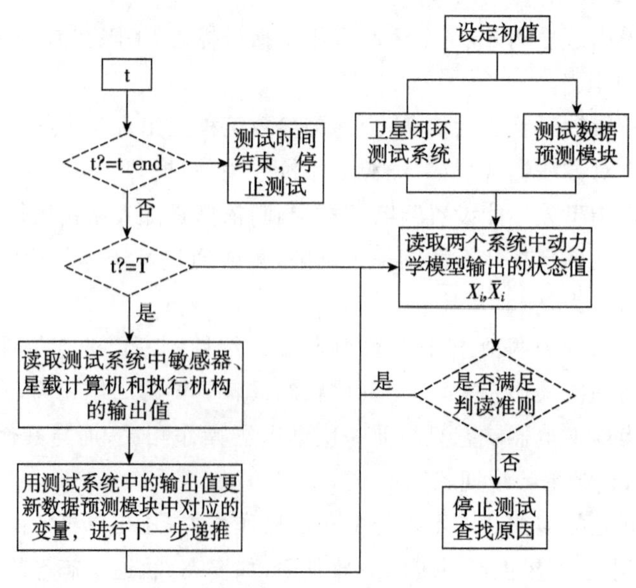

图 7-26　控制系统遥测参数自主判读流程图

步骤 1:建立与卫星闭环测试系统对应的由数学模型组成的预测模块,设定采样周期,对闭环测试系统中的星载计算机、敏感器模拟器和控制执行机构的输出值进行采样,并用采集的数据作为预测模型中对应变量的当前值;

步骤 2:根据实际测试需要,制定测试数据判读准则,给定闭环测试系统输出值与模型预测模块预测值之差的绝对值上、下限;

步骤 3:在相同初始条件的情况下,同时运行卫星闭环测试系统和模型预测模块,实时读取测试系统中的状态值和模型预测模块中预测的状态值,如姿态角和姿态角速度等,根据步骤二中制定的阈值对测试数据进行实时判读。

7.3.4　自动化测试软件的应用实例

为直观说明自动化测试软件的应用,以某飞轮动态特性的自动化测试为例进行测试过程的描述。飞轮共有 6 个遥测参数,测试项目为飞轮动态特性测试,检查在不同控制电压时飞轮的加速和减速特性。测试方法:①在飞轮转速为 0 的情况下,先发送+5V(0.04Nm 力矩)控制电压,记录飞轮转速,直到飞轮达到 4000 转/分;然后发送−5V 控制电压,记录飞轮转速,直到飞轮达到−4000 转/分;最后发送+5V 控制电压,直到飞轮转速为 0。②在飞轮转速为 0 的情况下,先发送+2.5V(0.02Nm 力矩)控制电压,记录飞轮转速,直到飞轮达到 4000 转/分;然后发送−2.5V 控制电压,记录飞轮转速,直到飞轮达到−4000 转/分;最后发送+2.5V 控制电压,直到飞轮转速为 0。

应用过程如下。

第一步:配置遥测数据包格式,由于遥测为固定长遥测,每包 64 个字节,不必单独配置帧格式表,所以帧格式表合并到遥测参数解析协议配置表中,如图 7-27 所示。

协议版本	帧头	帧识别码 1 位置	帧识别码 1 长度	帧识别码 2 位置	帧识别码 2 长度	帧校验方式	帧类型表
00	EB 90	2	2	62	2	CRC	KZ-1

(a)KZ 遥控遥测协议配置表

帧识别码 1	帧识别码 2	帧代号	备注
20 11	01 00	F0	常用状态参数(帧/秒)
20 11	01 01	F1	控制部件状态(帧/2秒)
20 11	01 02	F2	电源系统状态(帧/2秒)

(b)帧类型表名称 KZ-1

起始位	长度	代号	遥测名称	存储方式	处理方式	处理参数	单位	小数位	预警值
16	8	FL-C001	飞轮供电电压	原码	公式	X*30/256	V	1	[29 31]
24	8	FL-C002	飞轮供电电流	原码	公式	X*30/256	A	1	[0 3]
32	16	FL-C003	飞轮供电电压	补码	公式	X*5/1024	V	2	[-5 +5]
48	16	FL-C004	飞轮控制转速	补码	十进制显示		转/分		[-6000 +5000]
64	8	FL-C005	飞轮控制轴温	原码	公式	X*5/256		1	[0 5]
72	8	FL-C006	飞轮通信状态	原码	状态码（十六进制）	0:通信异常；1:通信正常			通信异常

(c)F1 帧遥测参数解析表

图 7-27　协议配置图

第二步：采用图形化测试序列生成方法，编辑给出测试序列，如图 7-28 所示。

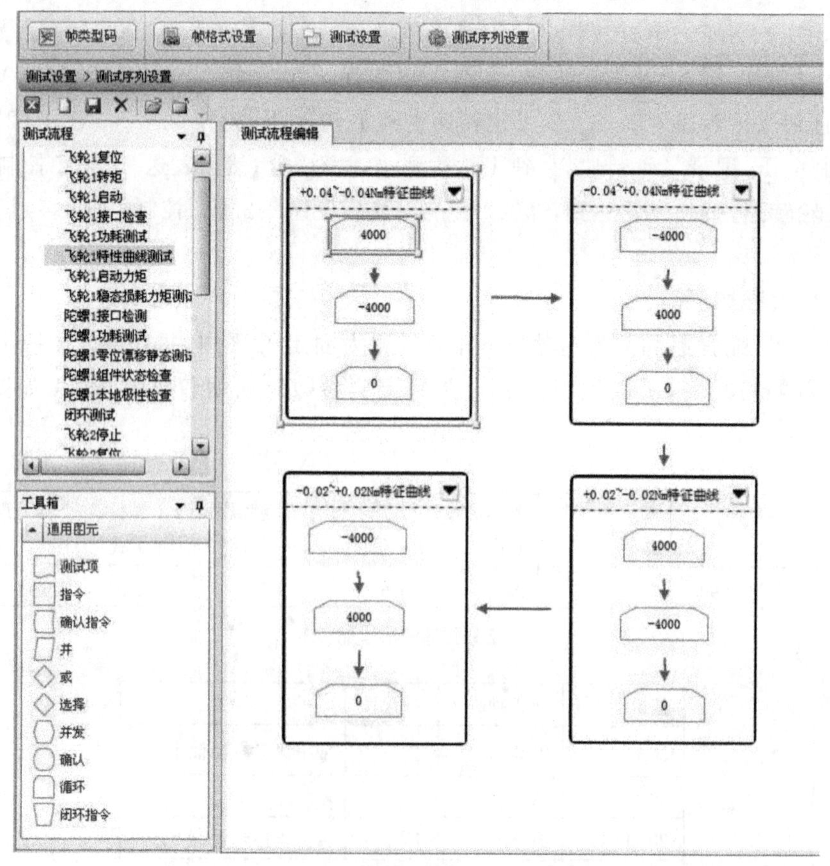

图 7-28　飞轮动态特性测试序列图

第三步：测试软件自动生成的测试报告如图 7-29 所示。

在生成的测试报告中，不仅包含了飞轮动态特性测试结果，还包括了接口检查、稳态功耗测试、启动力矩测试等结果，这里不再详细介绍。

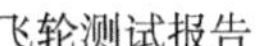

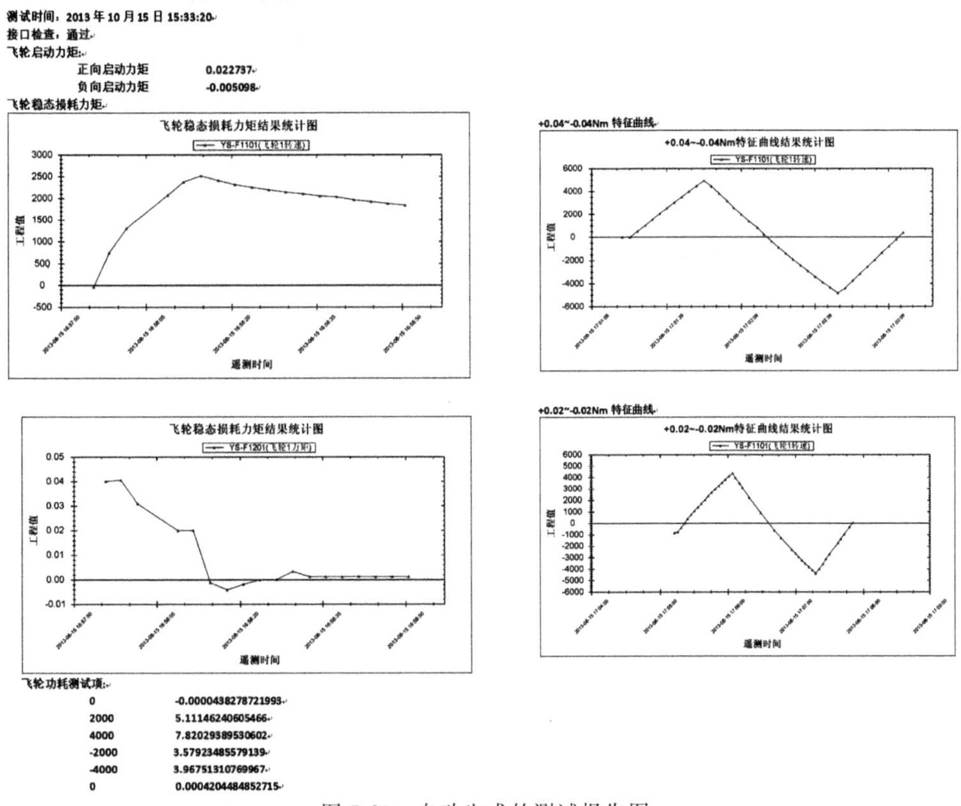

测试时间：2013 年 10 月 15 日 15:33:20

接口检查：通过

飞轮启动力矩：

正向启动力矩	0.022737
负向启动力矩	-0.005098

飞轮稳态损耗力矩：

飞轮稳态损耗力矩结果统计图

+0.04~-0.04Nm 特征曲线：

+0.04~-0.04Nm特征曲线结果统计图

飞轮稳态损耗力矩结果统计图

+0.02~-0.02Nm 特征曲线：

+0.02~-0.02Nm特征曲线结果统计图

飞轮功耗测试项：

0	-0.0000438278721993
2000	5.11146240605466
4000	7.82029389530602
-2000	3.57923485579139
-4000	3.96751310769967
0	0.0004204484852715

图 7-29　自动生成的测试报告图

7.4　卫星在轨快速自主测试方法

卫星发射入轨后，首先要进行在轨测试，确认状态正常后才能执行空间任务。卫星发射入轨后的状态检测、确认和性能测试，称为卫星在轨测试，贯穿卫星飞行任务的整个周期。这里在轨测试仅指卫星入轨到卫星正常执行空间任务期间的卫星状态确认与测试。

目前，卫星在轨测试采用地面人员参与的星地回路测试。当卫星飞行到地面站可见弧段时，地面站向卫星发送遥控指令，卫星接收到地面指令后执行相应的动作，采集自身的状态信息，测试数据打包后通过无线信道发送给地面站，地面站的测试人员收到卫星测试数据后，进行人工判读，根据判读结果向卫星发送下一条遥控指令执行下一步的操作。整个过程严重依赖地面站，受限于地面站数量、可见测控弧段时间长度、测控信道宽度等因素，有效测试时间短、效率低，故障信息发现与处理严重滞后。同时，某些项目的测试需要特殊要求，如太阳电池阵的测试至少需要卫星经历一个阴影区，显著增加了测试时间。目前，卫星在轨测试一般需要几天到几个月，国际上最快也需要 48 小时(美国战术星)，难以满足快速应用的要求[13]。

基于星地回路的卫星在轨测试模式主要问题是测试自主性差，在轨自主测试是解决这一问题的最有效方法。采用在轨自主测试方法可以显著提高测试效率，缩短测试时间，为快速应用提供有力保障。在轨自主测试的最大问题是脱离了地面人工干预，测试的准确性难以保证。一旦测试结果出现偏差，会对卫星飞行安全产生致命的影响。

在轨嵌入式自主测试是一种先进的在轨自主测试方法，不增加卫星系统硬件设备，而是将测试模块嵌入到卫星正常飞行程序中，依存于正常飞行程序运行，无需独立存在。这种测试方法不影响卫星正常运行管理，在系统正常运行过程中进行自主测试，测试数据自主判读，不需要地面站配合，测试完成后测试结果自动发送给地面站。

在轨嵌入式自主测试主要包括两项内容：在轨状态自主确认与评估以及正常运行过程中的自激励测试。其中，在轨状态自主确认与评估是依据卫星工程参数进行综合判断，获取卫星运行状态，并对其进行准确确认；自激励测试方法是卫星通过自主发送激励信号，在正常运行管理的同时，对难以通过静态参数数值进行状态测试以及需要特殊测试要求的项目进行激励过程中的状态检测和评估。

7.4.1　在轨状态自主确认与评估方法

在轨状态自主确认与评估不同于在轨故障诊断，是一种量化的卫星状态综合评价方法，其基础是对大数据量工程参数的分析与综合。该方法应用的难点在于入轨后快速测试的状态参数数据量有限，难以保证状态确认的准确性。

进行卫星在轨状态自主确认与评估，首先需要解决状态参数的准确性问题，而增加测试的数据量是解决该问题的唯一途径。由于卫星地面测试和试验环境与真实飞行环境基本一致，因此，将地面数据引入星上可显著增加状态评估的样本量，可以将星上状态评估看作是地面测试与试验的延续。为此，提出一种将地面测试与试验数据引入星上进行在轨状态评估的方法。在地面测试和试验获得大量状态参数数据的基础上，采用数据回归分析、时间序列建模等方法，建立相应的在轨状态参数模型，如蓄电池组放电电流、飞轮在轨参数模型等。

蓄电池组放电电流在轨参数模型：

$$(I_{\mathrm{B}})_{\mathrm{D}} = \frac{P_{\mathrm{D}}}{\eta_{\mathrm{D}}(V_{\mathrm{B}})_{\mathrm{av}}} \tag{7-7}$$

其中，P_{D} 为蓄电池功率；$(I_{\mathrm{B}})_{\mathrm{D}}$ 为放电电流；$(V_{\mathrm{B}})_{\mathrm{av}}$ 为放电电压；η_{D} 为效率。

飞轮在轨状态参数模型：

$$\frac{\mathrm{d}\omega}{\mathrm{d}t} = \left[\frac{(U - K_e\omega)K_t}{R} - T_d - K_v\omega\right]/J \tag{7-8}$$

其中，ω 为飞轮角速度；U 为驱动控制电压；$K_e\omega$ 为飞轮产生的反电动势；R 为飞轮内阻；K_t 为转换系数；T_d 为飞轮内部干扰力矩（摩擦力矩等）；K_v 为控制参数；J 为飞轮转动惯量。

另外，为增加状态参数样本量，对于星上状态参数（如陀螺、星敏感器、飞轮等）进行密集采样，在一个控制周期（一般为 500ms）内进行 10 次以上的采样，可进一步增加状态参数的样本量，以此保证状态评估的准确性。

针对大样本量的状态参数评估问题，采用贝叶斯最优估计方法，对地面测试和试验的先验数据与在轨实时采集数据进行融合处理，实现对卫星状态参数的准确评估和确认，其评估原理如图 7-30 所示。

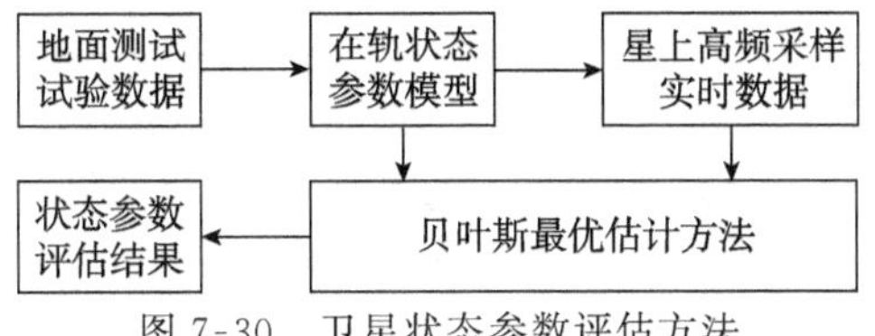

图 7-30　卫星状态参数评估方法

贝叶斯最优估计方法由式(7-9)表示：

$$\begin{gathered} |m_i - m_{i-1}| \leqslant 3\sigma_{i-1} \\ m_i^* = (1-k)m_{i-1} + km_i \quad m_i = m_i^* \\ \sigma_i^{*2} = \sigma_{i-1}^2 \frac{\sigma_i^2}{\sigma_i^2 + \sigma_{i-1}^2} \quad \sigma_i^2 = \sigma_i^{*2} \end{gathered} \tag{7-9}$$

其中，m_i，σ_i^2 分别为测试数据均值和方差；m_0，σ_0^2 分别为先验数据的均值和方差；k 为优化确定的小于 1 的常数。

通过增大样本数量和贝叶斯最优估计方法，提高了被测参数估计的置信度和精度，引入地面数据与未引用地面数据的状态参数均值和方差评估结果如图 7-31 所示。

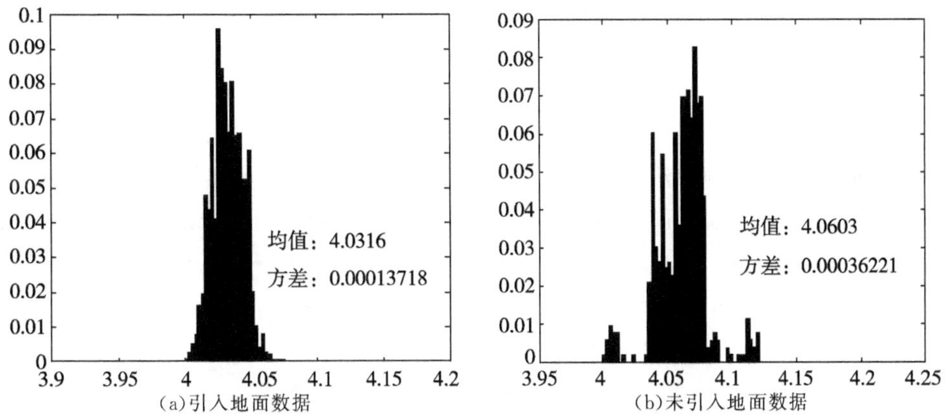

(a)引入地面数据　(b)未引入地面数据

图 7-31　引入地面数据前后的状态参数评估结果

获得准确的卫星状态参数后，接下来即可进行卫星单机、分系统和整星的状态确认与评估。首先，基于星上信息网络拓扑结构建立卫星三级状态评估的体系结构，如图 7-32 所示。

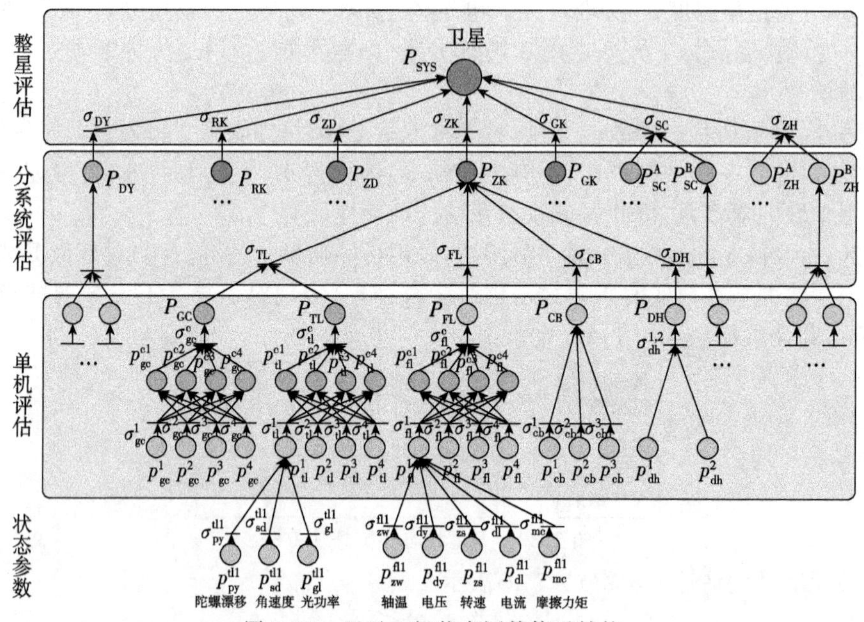

图 7-32　卫星三级状态评估体系结构

图中 P_{SYS} 表示卫星最终的评估结果；σ_{DY}、σ_{RK}、σ_{ZD}、σ_{ZK}、σ_{GK}、σ_{SC}、σ_{ZH} 分别表示电源、热控、综合电子、姿控、推进、测控数传和有效载荷系统的评估状态；P_{DY}、P_{RK} 等表示相应的系统评估结果；如果出现系统有多个独立组件时，例如测控数传系统有两套单机独立工作，则相应的系统要通过组件并联方式计算给出整个系统的评估结果，否则均按组件串联方式进行评估；σ_{TL}、σ_{FL} 等分别表示陀螺和飞轮等单机的状态，其中陀螺有两组独立工作，每组是 3+1 备份，飞轮是 3+1 备份，以此类推。

针对上述的卫星三级评估体系结构，分别建立三级状态评估模型，计算给出卫星三级状态的评估值，与设定的门限值进行比较，最后确认各级的状态，完成状态确认和评估。

按照连接状态，并联取评估值最大值，串联取评估值最小值，同时考虑系统重要性进行加权平衡的原则，给出卫星状态评估模型为

$$P_{SYS} = \min_{i=1,2,\cdots,n} \left(P_{sub}^{i}(1-\sigma_{sub}^{i})\right), \max_{j=1,2,\cdots,m} \left(P_{TGT}^{i}(1-\sigma_{TGT}^{i})\right) \tag{7-10}$$

其中，P_{sub}^{i} 表示串联组件的评估值，σ_{sub}^{i} 为其相应的加权系数；P_{TGT}^{i} 表示并联组件的评估值，σ_{TGT}^{i} 为其相应的加权系数；i 为串联组件数，j 为并联组件数。

以姿态控制分系统为例给出其评估模型为

$$\begin{aligned} P_{ZK} = \min(&P_{FL}(1-\sigma_{FL}), P_{GPS}(1-\sigma_{GPS}), P_{CB}(1-\sigma_{CB}), \\ &\max(P_{TL}(1-\sigma_{TL}), P_{PL}(1-\sigma_{PL}))) \end{aligned} \tag{7-11}$$

其中，P_{TL}、P_{PL}分别表示两组陀螺的评估值，σ_{TL}、σ_{PL}分别为其加权系数；P_{FL}、P_{GPS}和P_{CB}分别表示飞轮、GPS 和磁力矩器的评估值。

GPS、飞轮以及磁力矩器等相应单机的评估模型分别为

$$P_{gps}=\max[p_{gpsa}(1-\sigma_{gpsa}),p_{gpsb}(1-\sigma_{gpsb})] \tag{7-12}$$

$$P_{FL}=\max(C_4^3\min_{i=1,2,3}(p_{fl}^i(1-\sigma_{fl}^i))) \tag{7-13}$$

$$P_{CB}=\min_{i=1,2,3}(p_{cb}^i(1-\sigma_{cb}^i)) \tag{7-14}$$

在上述三级状态评估过程中，任何时刻出现评估值超限情况即认为出现故障，卫星进入安全飞行模式，自主进行故障诊断和处理。

7.4.2　卫星自激励测试方法

如果仅是采用上述的在轨自主状态确认与评估方法，只能测试大部分卫星的在轨运行状态，对于一些活动部件或机构等还不能完全确定其状态。同时，对于一些有特殊要求的测试项目，如卫星太阳帆板的性能测试，没有经历阴影区飞行无法完成测试。因此，在卫星自主状态确认与评估过程中，对于一些特殊的状态参数，还必须考虑采取特殊的获取手段。

针对活动部件或机构需要状态激励、部分测试项目需要遍历飞行全过程的问题，给出一种自激励状态评估方法。该方法的难点在于如何在不影响卫星正常飞行控制的情况下，进行自主动态测试。

自激励测试主要包括两种方式：

(1)在保证卫星正常飞行的条件下，通过较大幅度的激励使卫星状态发生明显变化，实现系统功能和性能测试。如卫星基于反作用飞轮的姿态大角度机动控制性能测试和太阳电池阵充放电功能测试，为缩短测试时间，需要将两者合并同时进行测试。在太阳光照区通过姿态大角度机动控制，使卫星太阳电池阵对日指向发生明显的偏离，达到测试其充放电功能的条件，并同时完成大角度姿态机动控制的性能测试。

此测试过程可以嵌入到卫星入轨后对日捕获模式或对日/对地大角度姿态机动控制模式中进行，从而不会对卫星的正常运行产生影响。

(2)在卫星正常运行控制的过程中，对需要测试的活动部件或机构，在正常控制基础上叠加一个伪随机控制量，通过对闭环系统的输出量进行差分，实现其自激励测试，其原理如图 7-33 所示。

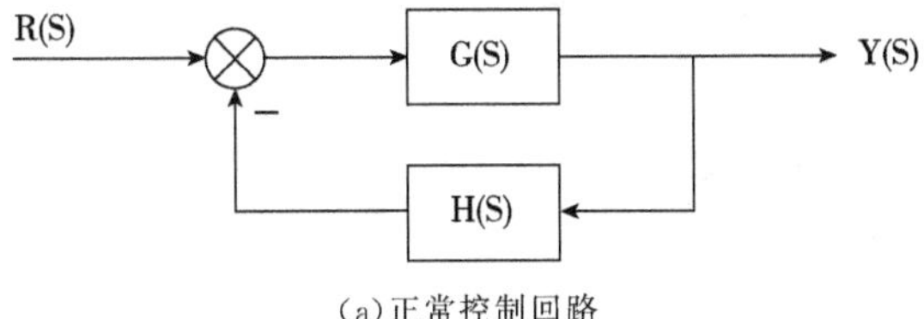

(a)正常控制回路

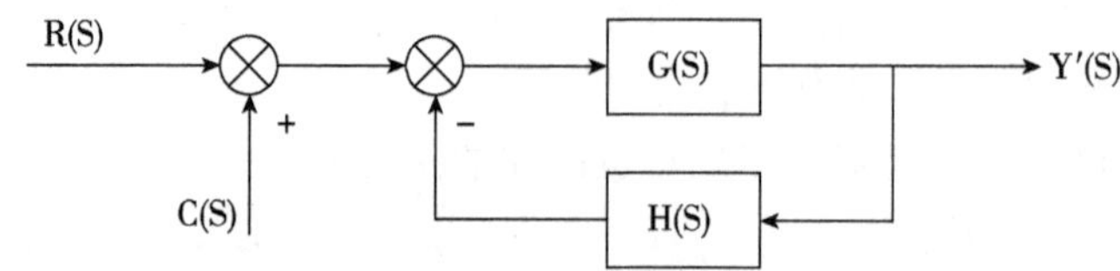

(b)施加伪随机激励控制回路

图 7-33　自激励伪随机差分测试原理图

其中，图 7-33(a)为正常控制回路，R(S)为控制信号，Y(S)为系统输出信号；图 7-33(b)为叠加伪随机激励信号后的控制回路，C(S)为伪随机信号，Y′(S)为此时系统的输出信号。

查分测试原理可表示为

$$\Delta(S)=Y'(S)-Y(S)=\frac{G(S)}{1+G(S)H(S)}C(S) \tag{7-15}$$

采用叠加伪随机信号的激励方式可以保证在不影响卫星飞行控制的前提下实现其在轨测试。这种方式是在正常控制激励条件下叠加一个测试激励，该测试激励的强度不会影响飞行控制。由于施加的是一个伪随机信号，持续一段时间后，即可辨识叠加激励期间的参数值，通过差分计算获取激励-响应特性，进而对卫星状态参数进行评估。

采用在轨嵌入式测试具有如下优点：

(1)快速性：在轨嵌入式测试不依赖地面测试人员的参与，在轨飞行任何阶段均可开展测试，无需等待测控弧段；

(2)准确性：在轨嵌入式测试不受星地通信链路容量的约束和限制，提供用于数据分析的数据量是地面数据分析的数十倍，数据样本量更大，结果分析更准确；

(3)通用性：自主状态确认与评估采用通用的嵌入式实时测试中间件，在卫星飞行程序中嵌入单独的功能模块，其体系结构不依赖卫星的具体任务或参数，具备通用性。

在轨嵌入式自主测试方法在快舟中进行了应用。基于嵌入式自主测试的总线协议、自激励测试，以及系统状态的快速准确确认与评估，快速完成了卫星的在轨自主测试。飞行器入轨后 1.5 小时内即完成了状态确认与评估，快速建立了工作状态，为其快速投入应用奠定了基础。

参 考 文 献

[1]赵保华，陈波，屈玉贵．一种改进的转换可执行分析测试序列生成算法[J]．中国科学技术大学学报，2007，37(9)：1096-1100．

[2]吴限德．快速响应小卫星测试理论与方法研究[D]．哈尔滨工业大学博士学位论文，2010：2-16．

[3]赵保华,高存皓,姜振海,等.一种基于测试序列失败树的动态测试方法[J].西安交通大学学报.2007,41:150-152.

[4]Gurumurthy S,Vasudevan S,Abraham J A. Automated mapping of pre-computed module-level test sequences to processor instructions[J]. International Test Conference IEEE,2005:10-20.

[5]马秋,黄勇.基于LXI总线导弹测试系统设计[J].航空计算技术,2012,42(6):111-113.

[6]吴限德,孙兆伟,陈卫东.小卫星测试数据在线时间序列判读方法[J].哈尔滨工程大学学报,2012,33:383-388.

[7]李鸣,高娜,江义东.LXI总线标准规范关键技术研究[J].电子测量技术,2010,33:22-24.

[8]吴限德,孙兆伟,仲惟超.小卫星地面自动测试系统中实时数据库事物优先级分配算法[J].自动化学报,2009,35:814-819.

[9]赵义军,吴哲辉.T-时延离散 Petri 网的运行原理及其性质[J].系统仿真学报,2007,19(S1):47-48.

[10]吴国强,吴限德,孙兆伟.基于 Petri 网的分布式编队小卫星星间通信仿真平台研究[J].宇航学报,2010,31:192-198.

[11]大卫 R,奥兰 H.佩特利网和逻辑控制器图形表示工具[M].黄建文,赵不贿译.北京:机械工业出版社,1996:53-61.

[12]吴哲辉.Petri 网导论[M].北京:机械工业出版社,2006:53-58.

[13]www. U. S. AIR. FORCE.

第 8 章　星箭一体化飞行器及其设计方法

空间快速响应要求航天器具备快速研制、快速发射、快速应用的能力。采用标准化硬件模块和软件构件、基于柔性化平台的软硬件即插即用方式，是实现卫星快速研制的有效手段。目前，在软硬件模块地面存储状态下，采用该方法快速响应卫星的系统集成与测试时间一般为 1～2 天[1]。如果采用卫星平台与任务载荷分别存储的模式，系统集成和测试时间可进一步缩短。

传统卫星通常采用固定塔架的发射方式，集成后的卫星首先与整流罩组成星罩组合体，转移至发射塔架后与火箭进行星箭对接、测试，发射准备流程至少需要 7 天[2]，远远不能满足快速发射的需求。空间快速响应的目标就是在突发事件发生时，地面快速发射卫星，卫星入轨后快速投入使用。由于固定塔架的发射方式受发射地点限制，很难满足卫星入轨后快速应用的要求。因此，在制约空间快速响应的三个主要因素中，快速发射是首先需要解决的核心难题[3]。

导弹的发射方式具有机动灵活、发射迅速的特点，不受发射地点限制，发射准备时间短。因此，如果能够采用小型固体火箭、像发射导弹那样机动发射卫星，就能够显著提高卫星发射的快速性和灵活性，是实现快速发射的唯一有效途径。

采用导弹方式发射卫星主要有机载和车载两种途径，机载发射可以提高卫星轨道的选取范围，可以借助挂机的初始速度，在一定程度上提高运载能力。美国曾采用改装的 B-52 运输机将增强型“飞马座”三级固体火箭运载到 13km 的海洋上空进行投放，火箭以水平姿态自由下落 5s 后一级发动机点火，9min 后将 191kg 的小卫星送入 584km、倾角为 94°的极地轨道，首次实现了卫星空中发射[4]。俄罗斯、乌克兰、以色列等国家也正在实施各自的空中发射计划，研制新型的机载小型固体火箭和运输系统。车载机动发射隐蔽性好，发射地点可灵活选择，是目前机动发射卫星的主要方式。俄罗斯曾采用退役的 RS-18 洲际弹道导弹改装“轰鸣”号轻型运载火箭成功发射小型卫星[5]；美国针对空间快速响应研制了“超级斯宙比”小型运载火箭，在考艾岛的海军靶场采用悬臂发射器发射 13 颗微型卫星，但火箭发射 1min 后在空中解体[6]。

导弹发射方式机动发射卫星也存在致命的弱点。采用空中(机载)方式发射，飞机挂载的质量有限，不能发射较大的任务载荷，同时技术复杂，实现难度较大；采用车载机动发射方式，在越野机动运输过程中，受到路面、桥梁和涵洞的限制，起飞重量不可能很大，发射任务载荷的能力有限。而高性能快速响应卫星的有效载荷，如高分辨率相机等质量较大，采用这种发射方式难以发射入轨。

如何采用小型固体火箭机动发射高性能卫星，在起飞重量受限的条件下提高任务载荷的入轨质量成为空间快速响应领域技术发展的焦点和难点。

为此，本章提出了星箭一体化飞行器的创新概念和设计方法，解决了导弹方式发射卫星的核心技术难题，为实现空间快速响应探索出一条新途径。

8.1 星箭一体化飞行器的概念与特点

通常，对于卫星设计而言，在火箭发射能力确定的条件下，要提高任务载荷的质量，只能减小卫星平台，提高有效载荷比。由于卫星结构刚度与强度要求苛刻，同时受限于部组件的技术条件，目前，微小卫星 40%的有效载荷比已经接近极限，很难进一步提高。单纯通过卫星平台轻量化来提高载荷比的方法已经没有可能[7]。

而传统卫星与火箭系统的设计流程互相独立，卫星平台与火箭末级各自使用自身的仪器设备。按照这种设计方法，卫星平台与火箭末级都配置有结构、电源、综合电子、推进、测控等功能系统，导致星箭系统资源的重复和浪费。

考虑到卫星发射时火箭的末级已经入轨，星箭分离后就成为空间垃圾不再使用，资源严重浪费，同时清理这些空间垃圾需要耗费大量的财力和物力。如果能将这些废弃的资源用于卫星，实现星箭资源共用，就能够在节省成本的同时，显著减少卫星系统的原有配置，在同等发射能力下发射更大的任务载荷。

例如，如果将火箭末级的结构、推进、惯组等用于卫星，即可省掉卫星平台的结构、推进系统和陀螺等；将卫星平台的综合电子、电源、测控等资源用于控制火箭，就省掉了火箭末级的综合电子、电源、测控等系统；同时，由于结构系统星箭共用，还可省掉星箭对接结构与火箭支撑舱等，这样就能大幅度减小卫星平台与火箭末级的质量和体积，从而显著提高任务载荷的入轨质量，并降低系统成本，如图 8-1 所示。

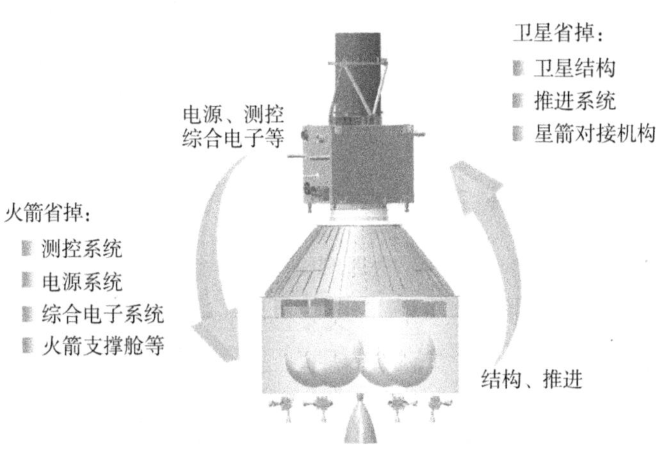

图 8-1 星箭资源共用示意图

星箭一体化就是将卫星平台与火箭末级合二为一，最大程度地融合卫星与火箭功能相同和相近系统的资源,实现系统资源的星箭共用,用一套系统实现卫星平台与火箭末级的双重功能。

星箭一体化设计的核心是建立一个卫星与火箭共用的舱段,称之为星箭共用服务舱,其结构与机构系统由卫星平台的结构与机构系统和火箭末级的结构系统融合而成;将卫星平台的综合电子系统与火箭末级的控制系统融合为共用服务舱综合电子系统;将卫星平台的姿态与轨道控制系统与火箭末级的液体姿控动力系统融合为共用服务舱姿态与轨道控制系统;将卫星平台的电源和总体电路系统与火箭末级的供配电系统融合为共用服务舱电源系统;将卫星平台的测控系统与火箭末级的遥外测系统融合为共用服务舱遥测系统;由于火箭末级通常没有热控系统,因此保留卫星平台的热控系统,如图 8-2 所示。

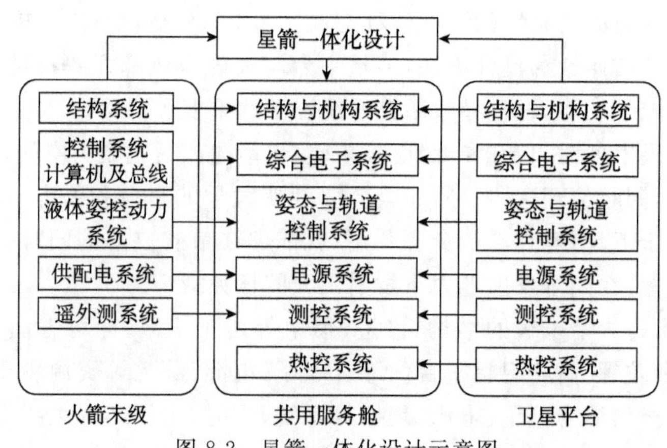

图 8-2　星箭一体化设计示意图

星箭共用服务舱打破了传统卫星与火箭单独设计的模式,通过系统资源共用和功能复用,省掉了星箭系统的重复配置以及星箭对接机构等,有效地消除了消极质量,进而大幅度提高了任务载荷入轨能力;从另一方面讲,在相同任务载荷入轨质量条件下,可以降低火箭的起飞质量,达到灵活机动运输的目的,有利于实现机动发射和快速响应。

8.1.1　星箭一体化飞行器系统组成

星箭一体化飞行器是一种全新概念的空间飞行器,由星箭共用服务舱、任务载荷、固体发动机与组合式整流罩组成,如图 8-3 所示。

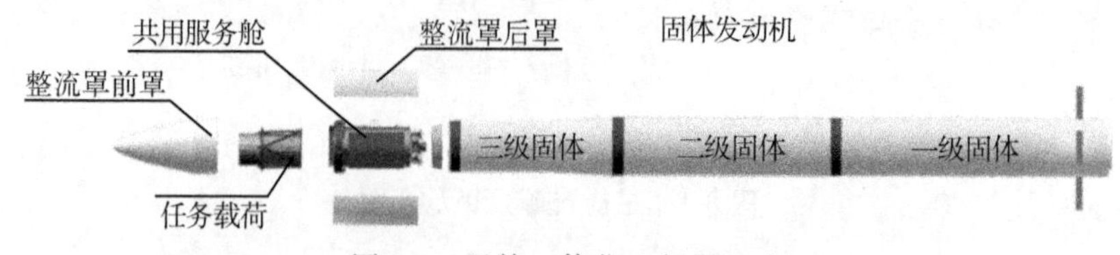

图 8-3　星箭一体化飞行器组成

星箭共用服务舱是星箭一体化飞行器的核心，如图 8-4 所示。其上端通过标准接口可灵活适配不同的任务载荷，下端可直接连接固体发动机集成星箭一体化飞行器。

图 8-4　星箭共用服务舱

星箭一体化飞行器的整流罩采用分段式设计，由前罩和两片后罩组成(图 8-3)。前罩空间全部用于安装任务载荷，同时，由于共用服务舱的任务载荷安装面采用了宽频带高效的减振设计和即插即用的标准化接口，使任务载荷可以像导弹更换弹头那样快速装载和灵活替换，并能够适应多种高性能任务载荷，如光学遥感、雷达遥感、红外遥感、视频相机、电子侦察以及通信和空间对抗载荷等。

星箭共用服务舱作为火箭末级，在发射段需要承受火箭一级飞行拐弯产生的超大弯矩(量级可达 27500N · m，而通常卫星结构承载不超过 5000N · m)，如果按照火箭末级承载要求设计，舱体结构质量过大，将牺牲任务载荷的质量。为使共用服务舱能够按照卫星结构要求实现轻量化设计，巧妙地提出了整流罩后罩与舱体结构联合承载的设计方法，通过优化设计，使后罩分载达到 85%以上，从而显著减轻了共用服务舱的结构质量。

星箭共用服务舱作为卫星与火箭共用的舱段，主动段控制火箭飞行，主要包括：各级固体发动机点火、主动段飞行控制、滑行段飞行控制、各级发动机分离以及整流罩前、后罩的分离等。固体发动机全部分离后，共用服务舱轨控发动机点火，通过一种全新的入轨点动态修正迭代制导方法，携带任务载荷精确入轨，并留轨与任务载荷构成卫星，通过在轨快速自主状态确认和任务规划立即投入使用。

星箭一体化飞行器在相同起飞重量下，将任务载荷的入轨质量提高了 1 倍以上，是解决快速响应卫星快速集成、适应越野机动快速发射以及入轨后快速投入应用难题的一种新途径。

8.1.2　星箭一体化飞行器的技术特点

星箭一体化飞行器采用创新的设计理念和设计方法，具有独特的技术优势。

(1)具备模块化储备状态下的快速集成能力

针对卫星的快速集成问题，国际上普遍采用基于功能模块的即插即用组装方式，如美国正在实施的战术星计划，采用这种方式进行系统集成，目前最快也需要 2 天时间，考虑到卫星集成后还需要星箭对接环节，卫星具备发射状态一般需要 3～5 天，难以满足突发事件的快速响应要求。如果采用整星地面储备的方式，虽然省掉了系统集成与测试的时间，但对于不同的任务需求，必须存储各种不同种类的卫星(如光学遥感、雷达遥感、通信等），研制成本将急剧提高。

星箭一体化设计与系统集成方式将星箭共用服务舱作为一个通用的舱段存储，能够根据飞行任务选配和快速装载不同的任务载荷，通过构件化软件快速装订系统飞行程序，既具备模块化存储的特点，又能够快速集成，连接固体发动机后即可构成星箭一体化飞行器，快速具备发射状态。在共用服务舱、任务载荷以及固体发动机模块化储备状态下，1 天内即可完成系统集成。

(2)适应车载越野机动和快速发射

由于采用了星箭一体化设计方法，有效地省掉了星箭系统的重复配置，从而减轻了系统的起飞重量，使星箭一体化飞行器具备了车载机动快速发射的条件。

星箭一体化飞行器在越野机动运输和发射段的力学载荷相对液体火箭高出 1 倍以上，高性能的任务载荷需要减振，由于任务载荷的安装空间限制，载荷边缘与整流罩前罩的间隙很小，为防止减振造成的载荷与整流罩碰撞问题，共用服务舱与任务载荷的安装接口采用了分布式三维减振装置，既具备宽带频减振效果，又能够限制横向位移，保证了高性能任务载荷在机动运输和发射段的系统安全。

不同于传统星箭单独测试的模式，采用星箭一体化的快速测试方法和发射流程，基于系统总线、即插即用接口与软件协议，实现了射前快速测试，使发射准备时间能够在数小时内完成，具备了快速发射的能力。

(3)适应低倾角、太阳同步等多种应急轨道

考虑到机动发射和在轨应用的要求，星箭一体化飞行器通常选择 300km 左右的应急轨道。选择 300km 左右的较低轨道，可以有效提高光学相机的地面分辨率；或者在同等分辨率条件下，降低相机的研制难度和成本。同时，该类轨道空间辐射环境相对较好，更适合采用工业级或商业级等低等级器件，降低系统成本；并且当寿命结束后，可很快地进入大气层烧毁，有益于减少空间垃圾。

为提高对目标的观测频次，卫星需要选择低倾角轨道。通过 2.2 节的分析可看出，与太阳同步轨道相比，选择低倾角轨道时，卫星对目标的观测频次可提高 1～2 倍。但低倾角轨道的轨道面与太阳光夹角变化大，卫星太阳翼需二维驱动、卫星散热面不固定，对卫星的热控、构型等系统设计提出了苛刻要求。为此，星箭一体化飞行器提出并采用了平时对日定向、工作时通过快速姿态机动对地定向的工作模式，如图 8-5 所示。

该工作模式使得飞行器无论运行在太阳同步轨道还是低倾角轨道，均可以采用固定太阳翼设计方案，避免了采用太阳翼驱动机构的复杂设计，提高了其在轨运行的可靠性，同时减少了系统质量，降低了成本。采用统一的热控方案即能适应各种应急轨道，使其具备了适应低倾角、太阳同步等多种应急轨道的能力。

(4)具有入轨后快速投入使用的能力

在轨测试时间过长是制约卫星快速应用的根本原因。传统卫星采用星地联合在

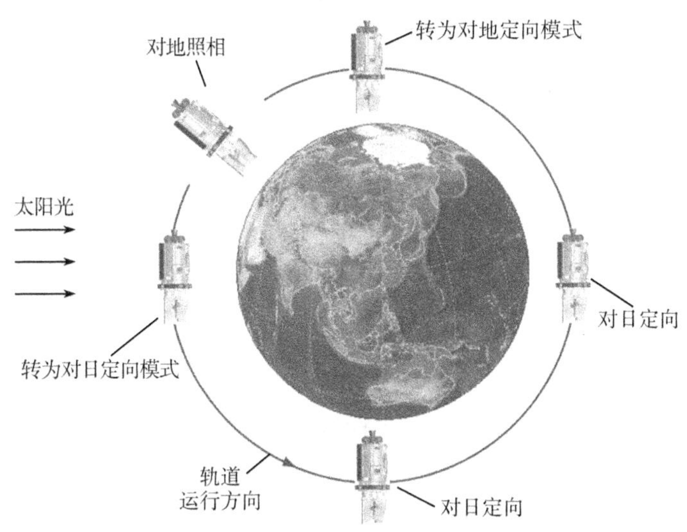

图 8-5　星箭一体化飞行器在轨工作模式

轨测试方法，受限于地面站、可测控圈、过顶时间、测控信道等多种因素，有效测试时间短、效率低，目前国际上最快也需要 2 天才能完成测试。

星箭一体化飞行器提出并采用了一种在轨快速自主测试方法，解决了脱离地面人工干预测试准确性难以保证的核心技术。通过引入地面测试和试验数据以及在轨状态快速采样增加状态参数样本量，建立部件、分系统和整星三级状态评估模型，通过贝叶斯最优估计实现了在轨状态的快速确认和在轨测试，在轨测试时间可缩短为小时级，使其具备了入轨后快速应用的能力。

(5)具有广域、多模式灵活成像能力

高分辨率光学相机的成像幅宽相对较窄，难以满足广域多目标观测的需求；同时对于一些特定的成像任务，如对河流、公路、海岸线以及海面舰船目标、导弹跟踪成像等，卫星光轴对地指向与传统成像的固定方式不同，其地面兴趣点不与卫星星下点轨迹平行，需要实时调整光轴对地指向进行成像，因此，需要卫星具备很强的轨道与姿态机动能力，以实现大侧摆角成像、多点目标成像等灵活成像能力。

星箭一体化飞行器由于共用了火箭末级的液体推进动力系统，具备了极强的轨道与姿态机动能力，可实现针对突发事件的快速轨道与姿态调整。同时，采用大角度快速姿态机动控制、灵巧成像控制等方法，可实现±45°以上的大侧摆角成像、多点目标连续成像以及沿迹灵活成像等，显著提高了对地面目标区域的覆盖宽度以及对多点目标的连续成像能力。

(6)具有信息的快速传输与分发能力

传统卫星的数据通常是传输到地面站，地面处理后再分发到用户。受到星地数传信道和数传时机的限制，用户难以及时获取需要的信息。由于发射段火箭需要星载计算机具有极强的计算能力(火箭飞行的控制周期通常为 20ms 以内),因此,星箭一体化飞行器综合电子系统配备了 DSP 等计算能力极强的处理器,具备星载图像数据快速处理能力,形成用户所需的情报信息。进而,具备了与小型移动地面站或用户终端的信息直接传输能力,15min 内即可完成数据的处理与分发。

8.2 星箭一体化设计方法

传统卫星与火箭归属两个领域,其任务剖面和工作模式差异较大,设计标准和研制规范存在较大冲突和矛盾,主要表现在:

(1)在部件和元器件可靠性方面:火箭短时间飞行,飞行时间为几百秒到几千秒;而卫星则需长时间在轨运行,工作时间从几个月到几年。

(2)在环境需求方面:火箭重点考虑地面运输、起吊、飞行等各种工况的热、力学环境;而卫星在发射前基本处在洁净环境中,飞行时放置在整流罩内,入轨后重点考虑空间辐照和热真空环境。

(3)在设计标准方面:火箭通过采用提高单机部件可靠性的办法,保证单次飞行的高可靠性,存在大量的单点失效节点;卫星则是通过冗余、备份等措施提升在轨长时间工作的可靠性,通常不允许单点失效环节。

(4)在研制规范方面:火箭出厂时按照同一批次抽取一套产品进行鉴定级试验,验证出厂产品的生产质量;而卫星则是对初样产品进行力学、热真空、热平衡等鉴定级试验,正样星出厂时只进行验收级试验。

表 8-1 给出了卫星与火箭相应分系统在设计与使用方面的主要差异。

表 8-1 卫星与火箭相应分系统的设计与使用差异

序号	分系统	卫星	火箭
1	综合电子	控制周期 500ms	控制周期 10~20ms
2		星务管理与控制并重	实时控制
3		6 个月以上,程序设计纠错	620s 飞行时间,高可靠
4		空间环境防护	地面力学环境和热环境
5		等电位接地	悬浮隔离接地
6	电源	蓄电池多次充放电	电池一次性使用
7		蓄电池输出采用调节母线	电池直接供电
8		采取熔断保护机制	没有熔断保护机制
9		采用统一供配电	一般采用分散供配电
10	结构	承载要求低	对横向、纵向承载要求高
11		没有气动外形要求	有气动外形要求
12		需要进行热控实施	不进行热控实施

续表

序号	分系统	卫星	火箭
13	热控	舱内温度要求－10°～＋45°	舱内温度要求－40°～＋70°
14		需要温度平衡，采取主动加被动控制	针对热冲击采取热隔离
15		不承受气动加热	侧喷流环主动承受气动加热
16		发动机在星体外部安装	发动机工作时存在大热源
17	轨道与姿态控制	一般采用 1N 以下推力姿控	采用 25N 进行末级姿态控制
18		需主动对管路加热	无热控要求
19		采用脉冲调宽(PWM)控制	采用开关控制
20	测控	遥测下传码速率通常 4Kbps	遥测下传码率 2Mbps
21		GPS 允许短暂失锁	GPS 对实时性和连续性要求高

星箭共用服务舱是跨界卫星与火箭两个领域的原始创新，它不是卫星平台与火箭末级的简单合并，而是要实现星箭在不同运行环境和参数配置要求下的系统功能共用，既要满足火箭的性能要求，又要保证卫星入轨后快速应用和可靠运行。

星箭一体化设计方法就是基于系统多功能设计和工作机理创新，解决卫星与火箭运行环境不同和系统参数配置差异大等矛盾的系统融合设计方法。

8.2.1　结构系统一体化设计方法

8.2.1.1　共用服务舱结构系统轻量化设计

星箭共用服务舱作为卫星与火箭的共用舱段，需要实现卫星结构和火箭结构两种功能。星箭一体化飞行器越野机动运输阶段，共用服务舱承受的弯矩通常可达到15000Nm 左右，机动发射时一级飞行阶段的弯矩高达 25000Nm 以上，而一般卫星的结构承载极限约为 5000Nm，如果按照卫星设计要求，结构将无法承受机动运输和发射段的超大载荷；如果按照火箭末级结构的承载能力设计，结构系统质量将显著增加，直接影响任务载荷的入轨质量。因此，结构系统一体化设计首先需要解决的问题就是如何既能按照卫星设计要求实现舱体结构的轻量化，又要能够承载机动运输和发射段的超大载荷。

考虑到星箭一体化飞行器发射段一级飞行结束之前整流罩还没有抛罩，如果能够用整流罩承担一部分结构载荷，就能减轻舱体结构的承载压力。为此，提出一种分段式整流罩设计以及基于整流罩与舱体结构联合承载的方法，巧妙地解决了舱体结构按照卫星要求轻量化设计的问题。

首先将整流罩分段式设计成前罩和后罩(图 8-6)，前罩安装在共用服务舱的前部，内部空间全部用于装载任务载荷；两片后罩采用嵌入式连接方式安装在舱体结构外侧，用于联合承载。这种分段式整流罩设计方法，使得侧喷流发动机能够安装在两段整流罩中间，解决了发射段飞行过程中俯仰、偏航和滚动侧喷流发动机的布局问题。

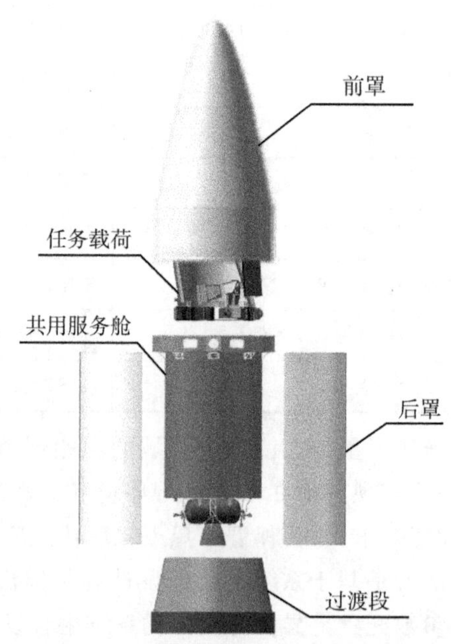

图 8-6　分段式整流罩设计示意图

整流罩前罩采用整体前向分离的方式，分离过程中存在与飞行器发生碰撞的危险。为此，采用了爆炸螺栓与气缸作动器联合的分离方法。当接到分离指令后，通过爆炸螺栓使前罩解锁，同时启动点火器点燃燃气发生器，产生气体推动气缸工作，整流罩前罩在气缸的推动下分开；气缸推动过程中，通过分离导杆对前罩进行限位，避免与飞行器发生碰撞；前罩脱离分离导杆后，导杆在钮簧和压缩弹簧的作用下侧向抛开。

整流罩后罩与舱体结构联合承载的难点是：既要在一级飞行时通过超大载荷的作用实现与舱体结构的静不定接触连接，达到整流罩分载结构载荷的要求，又要在一级飞行结束后，能够可靠地实现整流罩后罩的侧向分离。为此，需要优化给出静不定连接的合理装配间隙，间隙过大，整流罩分载较小，达不到分载的目的；间隙过小，则整流罩的分离摩擦力增大，将影响其可靠分离。

对于嵌入式整流罩的后罩，有两个横向对接面对整流罩形成约束限位，在抛罩分离时只能选用侧向平抛的分离方式。为保证其分离的可靠性和安全性，需要在结构系统一体化设计中，通过预紧力的方式保证合理的装配间隙。

综合考虑共用服务舱和整流罩后罩的装配预紧力与整流罩分离力的关系，建立相应的数学模型，优化给出其最佳装配间隙 Δ_0 为 0.4～0.8mm，如图 8-7 所示。

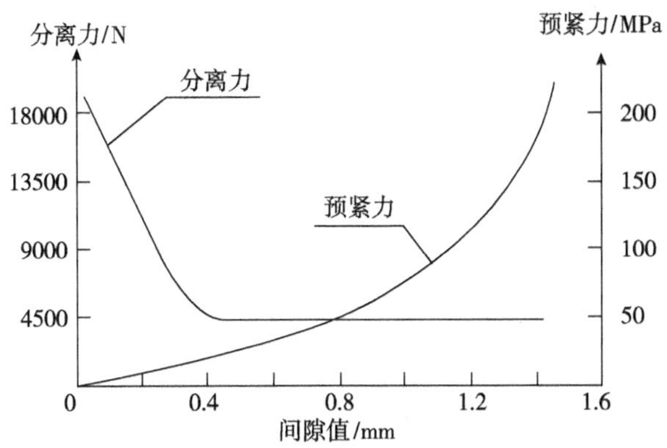

图 8-7　整流罩后罩与共用服务舱间最佳装配间隙

给定最佳装配间隙后，采用变形协调设计方法即可进行共用服务舱结构与整流罩后罩的联合承载设计。

整流罩可靠分离的最小间隙约束条件可表示为

$$\Delta = \frac{(E_1 S_1 + E_2 S_2) l}{E_1 S_1 \cdot E_2 S_2} F > \Delta_0 \tag{8-1}$$

其中，Δ 为系统装配间隙；E_1、S_1 分别为共用服务舱的材料弹性模量与横截面积；E_2、S_2 分别为整流罩后罩的材料模量与横向面积；l 为共用服务舱的轴向长度；F 为装配预紧力。

按卫星设计要求，必须保证共用服务舱的基频，其约束可表示为

$$\begin{cases} \omega_1 = \sqrt{\dfrac{\{A^{(1)}\}^T [K(E_1 S_1)] \{A^{(1)}\}}{\{A^{(1)}\}^T [M] \{A^{(1)}\}}} > \omega_0 \\ E_1 S_1 > E'_1 S'_1 \end{cases} \tag{8-2}$$

其中，ω_1 为共用服务舱的一阶固有频率；$\{A^{(1)}\}$ 为一阶阵型；$[M]$ 为共用服务舱的等效质量矩阵；$[K(E_1 S_1)]$ 为其等效刚度矩阵；ω_0 为最小基频限制条件；$E'_1 S'_1$ 为最小基频对应的弹性模量和横截面积。

在满足上述约束条件下，按照式(8-3)即可实现共用服务舱与后罩的联合承载设计。

$$\begin{cases} E_1 S_1 + E_2 S_2 = P \\ E_1 J_1 + E_2 J_2 = M \\ \lambda_1 = \dfrac{E_2 S_2}{E_1 S_1 + E_2 S_2} \\ \lambda_2 = \dfrac{E_2 J_2}{E_1 J_1 + E_2 J_2} \end{cases} \tag{8-3}$$

其中，P 为作用于共用服务舱与整流罩后罩结构上的轴向力；M 为作用于其上的弯矩；λ_1 为共用服务舱承载的分配系数；λ_2 为整流罩后罩承载的分配系数。

基于上述的变形协调载荷分配方法，为保证共用服务舱的结构基频要求，通过共用服务舱、整流罩后罩和过渡段串并联布局形成静不定连接(图 8-6)，针对静不定结构的变形协调，在共用服务舱与过渡段之间增加厚度可调节的调整垫，用来控制后罩与共用服务舱、过渡段的连接间隙，从而保证连接间隙在 0.4～0.8mm，在此基础上连接分离螺栓，利用后罩的弹性变形消除连接间隙，使得一级飞行过程中共用服务舱本应承受的超大载荷大部分都转移到整流罩和过渡段上。

该方法在快舟飞行器进行了应用，结果表明，通过上述的联合承载设计，整流罩后罩可以分载发射段 85%以上的载荷，保证了共用服务舱可以按照卫星要求实现轻量化设计，结构系统质量减少 50%以上。

8.2.1.2 具有宽频带减振功能的任务载荷标准接口设计

星箭一体化飞行器在发射段飞行过程中，任务载荷安装界面会经历来自各级主发动机点火、级间分离、整流罩前罩分离、整流罩后罩分离、大推力姿控发动机工作引起的冲击以及各级主发动机和姿控发动机工作引起的噪声和振动，这些动力学响应均是由共用服务舱主承力架传递到任务载荷安装界面。为了给各种高性能任务载荷提供良好的动力学环境，必须为任务载荷安装界面设计具有宽频带减振功能的标准化接口。

传统火箭的整流罩空间相对宽松，安装在其内部的卫星与整流罩内壁的间距通常为数十厘米；而星箭一体化飞行器安装任务载荷的整流罩前罩空间相对狭小，任务载荷的边缘与整流罩内壁间距只有厘米量级，系统减振产生的横向位移会导致任务载荷与整流罩发生碰撞。因此，必须在系统减振的同时兼顾横向位移的限制，为任务载荷安装面的宽频带减振设计提出了苛刻要求。

针对上述苛刻要求，提出一种复杂约束下的振动抑制与位移控制方法。借鉴 Stewart 减振平台的设计理念，通过在任务载荷的安装面分布式布置多个减振装置，达到宽频带三维减振的效果，同时有效地抑制任务载荷的横向位移，如图 8-8 所示。相比于 Stewart 减振平台，该方法设计的三维减振系统增加了两个冗余的减振装置，具有更高的可靠性和承载能力。

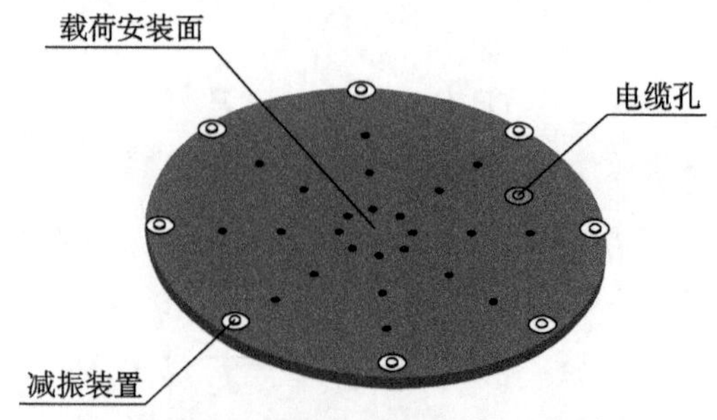

图 8-8 分布式减振装置示意图

分布式三维振动抑制与位移控制方法主要包括以下内容。

1. 确定减振装置的数量

将任务载荷视为刚体(单自由度系统),采用均匀分布的减振装置与安装面连接,各减振装置的横向和纵向刚度与阻尼相同,建立数学模型进行计算分析,给出减振装置数量与任务载荷顶端横向位移的关系,如图 8-9 所示。

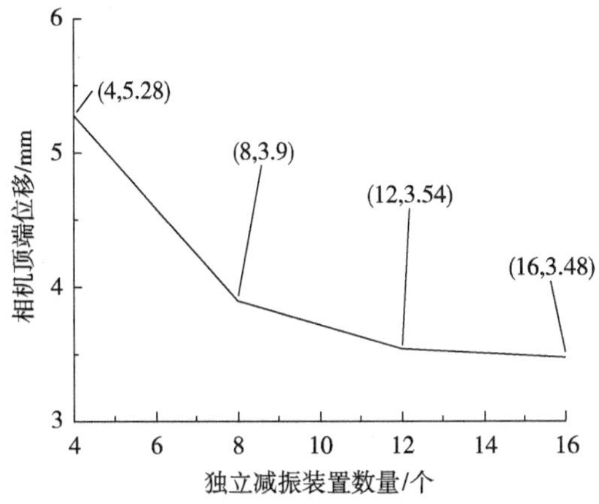

图 8-9　任务载荷顶端横向位移与减振装置数量的关系曲线

从图中可以看出,随着减振装置个数的增加,任务载荷的横向位移逐渐减小。当减振装置数量超过 8 个以后,位移增加量已趋于平缓。因此,可将减振装置的个数确定为 8 个,均匀分布在任务载荷安装面的边缘。

2. 减振装置设计与确定

减振装置应具有轴向减振、横向限位的特点,通过综合分析和实验验证,确定减振装置的结构形式如图 8-10 所示,采用上下组合的安装方式。其中,减振垫的选择是设计的关键。金属橡胶减振材料具有耐极限温度、减振性能好、空间环境下不易挥发等优点,成为减振垫的优选材料。针对金属橡胶减振垫的设计,通过计算其载荷与压缩量的关系,如图 8-11 所示,确定减振垫的截面尺寸外径为 ϕ50mm,内径为 ϕ12mm,压缩量为 28%。

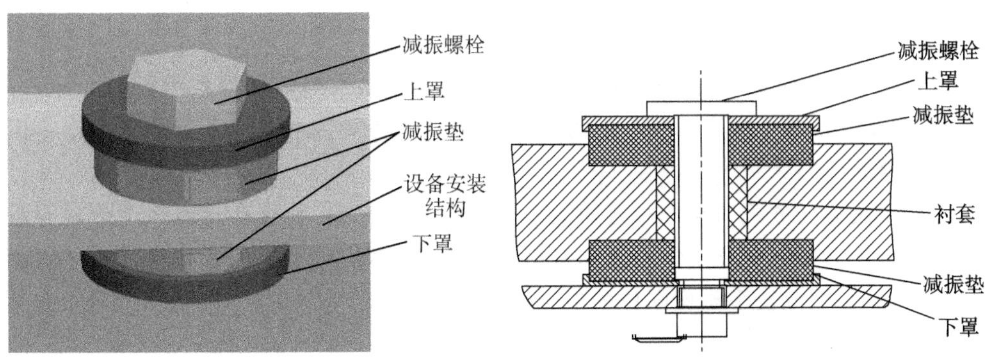

图 8-10　减振装置结构及安装方式示意图

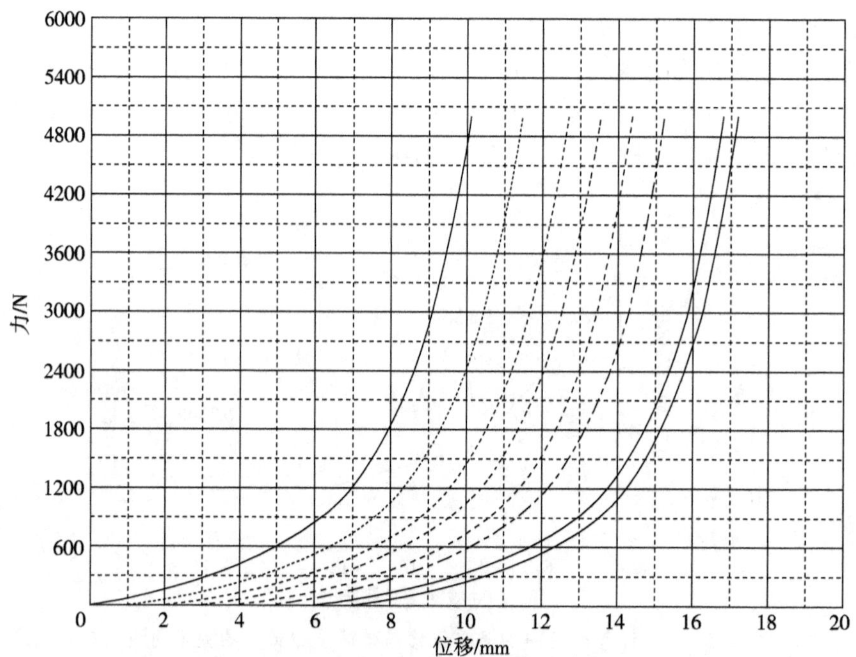

图 8-11 金属橡胶减振垫的力-位移曲线

该减振装置在三个平动方向均可以约束任务载荷安装面，兼有弹簧和阻尼的功能，上下减振垫在结构刚度上为并联关系，发射段飞行过程中的轴向过载只作用于下减振垫。任务载荷安装面板“悬浮”在 8 个减振装置构成的结构中，在三个方向均有减振作用。通过合理选择减振垫的尺寸以及 8 个减振装置的分布直径，可以为载荷安装面上的设备提供良好的动力学环境，同时满足对侧倾刚度(横向位移)的要求。

3. 有位移约束限制的三维减振系统设计

首先给出任务载荷的横向位移约束表达式：

$$\left\{x_R^2+\left[y_R-\frac{H}{R}(z_R-z_0)-\frac{R}{2}\left(\frac{z_R-z_0}{R}\right)^2-\frac{R}{2}\left(\frac{x_R-x_0}{R}\right)^2\right]^2+\left[z_R-\frac{H}{2}\left(\frac{z_R-z_0}{R}\right)^2\right]^2\right\}^{\frac{1}{2}}<\delta \tag{8-4}$$

其中，H 为任务载荷的高度；R 为任务载荷顶端横向最大截面的等效半径；x_R、y_R、z_R 与 x_0、y_0、z_0 分别为整流罩后罩与任务载荷顶端间距最小处的相应坐标；δ 为最小间距限制值。

继而建立任务载荷与分布式减振系统的动力学模型，其核心是对每个金属橡胶减振装置均考虑三次非线性刚度和双折线的本构关系[8]，求解任务载荷顶端的位移响应，该位移响应须小于横向位移限制值。

$$\{x\}=\left(\sum_{r=1}^{N}\frac{\{\varphi_r\}\{\varphi_r\}^T}{-\omega^2 m_r+k_r+j\omega c_r}\right)\{F\} \tag{8-5}$$

其中，$\{x\}$为位移响应；$\{\varphi_r\}$为第 r 阶阵型；m_r、c_r 与 k_r 为等效质量、阻尼和刚度；$\{F\}$为激励力。

最后，以任务载荷的响应最小为目标，通过选配不同的减振装置，实现其横向、纵向刚度和阻尼的动态调节，达到最佳的系统三维减振与位移控制效果。

对刚性连接状态和三维减振连接状态下的任务载荷进行振动试验，试验数据表明：刚性连接状态和三维减振连接状态下，系统的轴向一阶频率分别为 100Hz 和 63Hz，与仿真分析结果相比误差在 2Hz 以内。考察各测量点的随机振动响应，相比于刚性连接形式，采用三维减振方法进行整体减振后，300Hz 以上频段各测点的振动响应幅值均衰减 6dB 以上；300Hz 以下各测点的振动响应幅值均有大幅度衰减，各测量点随机振动响应的有效值衰减量不低于 55%；同时，大推力姿控发动机工作、整流罩前罩及后罩分离引起的任务载荷安装面处的冲击响应均减小 50%以上，达到了宽频带高效减振的效果。

通过振动试验数据分析计算，任务载荷顶端最大横向位移控制在 4mm 以内，在系统减振的同时实现了有效的位移控制。

相对于传统减振系统设计，该三维减振系统具有如下特点：

(1)多向减振：分布式三维减振系统能够同时在三个平动方向上显著降低系统的冲击和随机振动响应。

(2)侧倾刚度高：分布式三维减振保证了系统的侧倾刚度，有效减小了任务载荷顶端的横向位移，避免了任务载荷顶部与整流罩后罩发生碰撞。

(3)适应大准静态加速度下的稳定减振：火箭的纵向准静态加速度是由火箭所受的纵向外力引起的，纵向外力主要是发动机推力和气动力，由于发动机的推力随外界大气压力减小而增大，火箭质量随着燃料消耗而减轻，任务载荷所承受的纵向静态加速度逐渐增大，三维减振系统设计时，充分考虑了准静态加速度对减振性能的影响，实现了准静态加速度下的良好减振性能。

(4)适应大幅值、宽频带的系统减振：星箭一体化飞行器发射段的振动具有频带宽、幅值大的特点，三维减振系统实现了宽频带、大幅值工况下的减振。

(5)环境适应能力强：三维减振系统采用金属橡胶作为减振材料，能够很好地适应苛刻的空间环境，包括强电磁辐射、高洁净度和真空热环境等。

8.2.2　综合电子系统一体化设计方法

星箭共用服务舱综合电子系统具备从点火发射到在轨运行全过程的任务管理与运行控制能力。星箭一体化飞行器要经历机动发射和在轨飞行两个阶段，其综合电子系统在两个阶段的使用要求差异明显，表现为发射段单任务运行、工作时间短、对实时计算能力要求高；在轨段则需要多任务并行、运行管理要求复杂、对系统可靠性要求高。

同时，两个阶段空间环境对综合电子系统的影响机理不同，所需要的防护措施相互矛盾。发射段飞行器飞越大气层和电离层，其结构体将经过大量带电粒子区，在结构体内形成大电流冲击。对于 1.2m 直径的飞行器结构体，1s 时间内积累的电荷量可达 1020～1021e，产生 6.25～65A 的冲击电流。如果该电流经过综合电子系统的信号回路，就会产生严重的安全事故，严重影响发射段的运行安全。因此，该阶段需要将结构地与信号地隔离，避免大电流对综合电子系统电子元器件的冲击；飞行器在轨运行期间，会产生各种高能带电粒子的电荷积累，导致高压放电，严重时会将电子器件击穿形成永久性故障。因此，该阶段需要将结构地与信号地互联，形成电子系统的等电位状态，避免电荷积累导致局部的高电压差。

最后，与传统的卫星、火箭综合电子系统总线独立、互不影响不同，星箭一体化飞行器的综合电子系统总线连接了星箭多种负载，各级固体发动机分离时，会导致系统节点突变、总线失配，对综合电子系统的运行产生严重的干扰。

8.2.2.1　一体化综合电子系统的体系结构设计

针对综合电子系统在发射段和在轨运行段使用要求不同的问题，设计基于时变计算机和基于多机异构的两种综合电子系统体系结构。

基于时变计算机的系统体系结构如图 8-12 所示。其中，时变计算机作为中心计算机，采用双机热备份工作方式。可重构综合电子系统模块通过功能重构实现各分系统下位机功能，如电源系统、测控系统下位机等；通过接口重构与各功能部组件实现即插即用的快速连接，如星敏感器、光纤陀螺、锂离子蓄电池等。

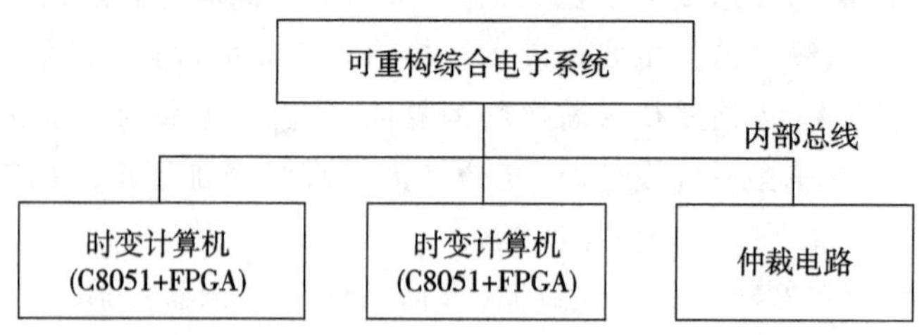

图 8-12　基于时变计算机的综合电子系统体系结构

时变计算机是一种全新概念的星载处理器，可根据任务需求通过软件配置实现硬件动态重构，发射段时发挥实时计算能力强的优势，实现控制周期为 20ms 的飞行控制；在轨段时具备可靠性高的特点，满足长期在轨可靠运行的要求[9]。时变计算机的系统组成及原理如图 8-13 所示。

时变计算机系统采用现场可编程器件 FPGA、通用微处理器 C8051 和外部存储器 FLASH 的方式构成，配置模块将控制任务的硬件算法下载到 FPGA 中实现处理器硬件电路功能，并根据应用需要，由 C8051 控制存储硬件算法的 FLASH 存储器，对 FPGA 进行快速重新配置，实现处理器硬件层次的功能重构。

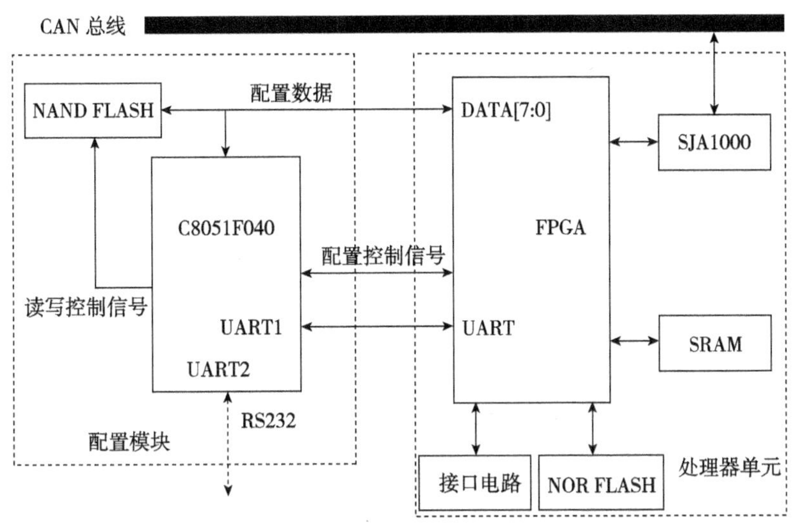

图 8-13　时变计算机系统组成

时变计算机中设计有 CAN 总线控制器 SJA1000，通过 CAN 总线实现处理器向系统发送和接收命令帧或数据帧，同时预留 RS232 与 RS422 等接口，分别用于测试以及其他非标准下位机的快速连接。

基于多机异构的综合电子系统体系结构如图 8-14 所示，其中，中心计算机为两个 TSC695 处理器和 1 个 DSP 处理器。

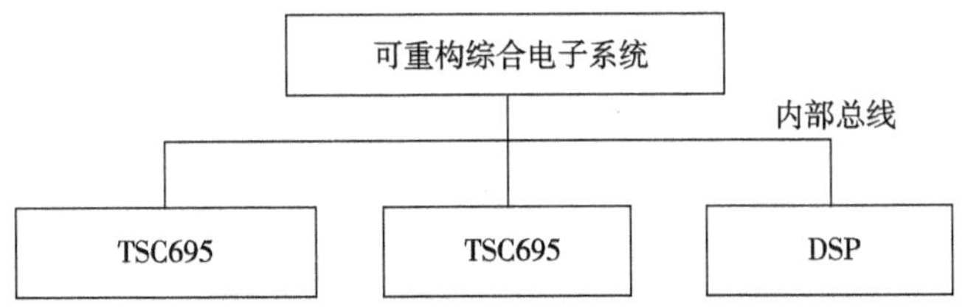

图 8-14　基于多机异构的综合电子系统体系结构

DSP 处理器主要负责飞行器发射段的飞行控制，满足主动段信息处理实时性强、单线程可靠工作以及控制周期短(10～20ms)的任务需求；TSC695 处理器用于在轨段运行管理与控制，采用双机备份方式，满足在轨飞行时真空辐照环境的要求，基于其多任务操作系统和多总线网络结构实现多任务的并行管理与运行控制，如嵌入式快速自主测试等；通信板主要是基于 FPGA 搭建的 RS422 类型的接口电路，用于应答机 PCM 接口；ONOFF 板主要是布置 OC 输出电路，用于系统对外输出指令；电源板提供中心计算机的电输入接口、切机指令及仲裁电路等。

三个处理器发射前均处于加电工作状态。发射段 DSP 处理器工作，此时由 DSP 处理器控制系统 I/O 接口；飞行器入轨后，DSP 给出控制切机信号，由磁保持继电器切换在轨段工作状态，此时 TSC695 处理器接管控制 I/O 接口。当两个 TSC695 处理器均出现故障时，系统可再次切换到 DSP 处理器工作状态，从而保证系统的安全运行[10,11]。

上述两种体系结构实现了星箭综合电子系统的一体化设计，有效地解决了星箭对综合电子系统使用要求不同的问题。

8.2.2.2　综合电子系统局部悬浮、全局等电位设计方法

实际上，发射段的大电流对电子器件的冲击是通过结构地电阻产生的电压起作用。由于结构地不是理想导体（电阻约为 20mΩ），当电流经过时，会产生一定的电压。如果控制信号的路径也经过结构地，则会对控制信号产生干扰，严重情况下还会导致控制错误。因此，要避免控制信号经过结构地，应采用差分传输或独立的信号地方式，并且对结构地与信号地可能构成的环路进行隔离，避免环路电流。但是，为避免在轨段电荷积累导致的高压放电，综合电子系统的结构地与信号地又必须互连，实现系统全局等电位，以保证不出现局部电压过高的情况。

针对发射段与在轨段综合电子系统防护机理相矛盾的问题，以多机异构的综合电子系统为例，给出一种局部电路悬浮、系统全局等电位的设计方法，其原理如图 8-15 所示。首先将负责发射段飞行控制的 DSP 处理器及相应电路进行悬浮设计，采用铝结构屏蔽 DSP 处理器，其内部按照火箭研制规范进行设计，外部通过光电隔离、磁隔离等方式进行电路连接，对 CAN 总线、OC 控制等系统互联路径进行防护。这种局部悬浮设计方式使 DSP 处理器及其电路与综合电子系统整体结构隔离，从而保证了发射段飞行控制的安全、可靠。

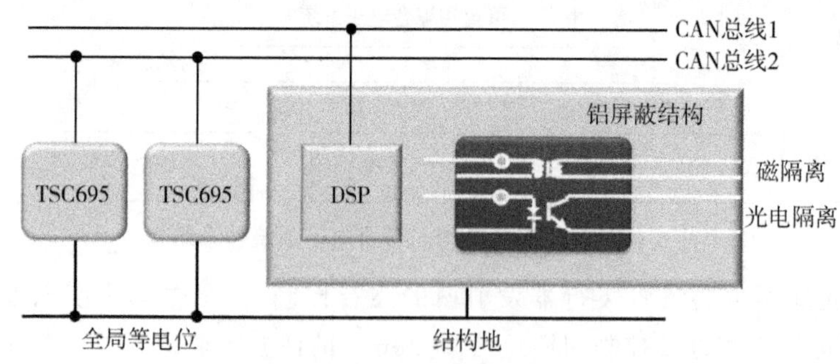

图 8-15　局部电路悬浮、全局等电位原理示意图

为避免在轨运行时局部电压过高产生的高压放电，在 DSP 处理器的铝结构屏蔽体外部，将铝结构体与综合电子系统的结构地互连，再将该结构地通过专线连接到飞行器结构上，实现飞行器全局的单点接地，保证综合电子系统的全局等电位，从而有效地解决了两种防护机理不能兼容的矛盾。

地面试验表明，在外界电流冲击为 50A 时，对 DSP 处理器及其相应电路的影响极小，系统电信号的误差小于 1%；该方法在快舟中进行应用，发射段没有出现大电流冲击的现象，在轨运行阶段没有出现高压放电的情况。

8.2.2.3　系统总线动态匹配设计方法

为解决总线负载动态突变影响飞行安全的问题，在综合电子系统设计中，给出一种系统总线动态匹配方法，其原理如图 8-16 所示。

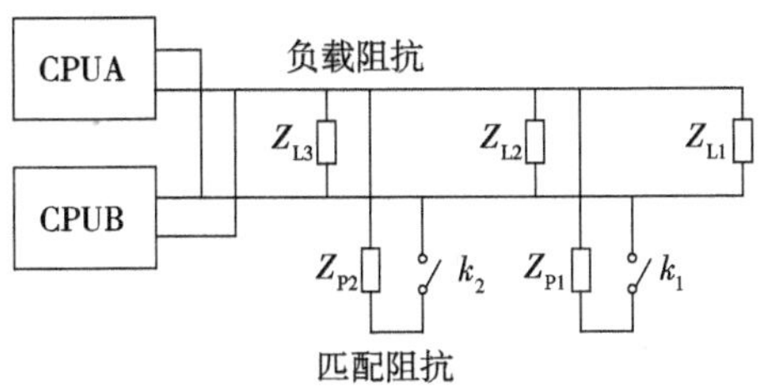

图 8-16　系统总线动态匹配原理图

当一级固体发动机分离时，其负载阻抗 Z_{L1} 被分离掉。此时系统自主接通开关 k_1，将匹配阻抗 Z_{P1} 动态接入回路中，使系统负载阻抗基本匹配，保证综合电子系统的稳定运行。以此类推，当各级固体发动机全部分离后，系统的负载阻抗仍与初始状态基本保持一致。

各级匹配阻抗采用下式给出：

$$
\begin{cases}
Z_P = Z_0 \dfrac{Z_L + jZ_0 \tan(\beta l_i)}{Z_0 + jZ_L \tan(\beta l_i)} \\
Z_0 = \dfrac{120}{\sqrt{\varepsilon_r}} \ln \dfrac{D + \sqrt{D^2 - d^2}}{d}
\end{cases}
\tag{8-6}
$$

其中，Z_0 为平行双导线间的阻抗；ε_r 为导线材料介电常数；D 为线间距；d 为线径；Z_P 为线间存在负载时的阻抗；Z_L 为负载阻抗；l_i 为各级固体发动机间的总线长度；β 为总线工作频率(波数)。

该方法在快舟中应用，发射段各级固体发动机分离，接入匹配电阻后没有出现错误指令与错误通信帧，保证了综合电子系统的平稳运行。

8.2.3　轨道与姿态控制系统一体化设计方法

星箭共用服务舱的轨道与姿态控制系统在固体发动机分离后，提供末级入轨动力，控制飞行器精确入轨；入轨后进行轨道保持控制、多模式成像任务需要的姿态快速机动控制以及低轨高精度、高稳定度姿态控制等，具备星箭一体化飞行器的全程制导与控制能力。星箭一体化飞行器全程制导与控制方法将在 8.3 节进行详细阐述。

轨道与姿态控制系统星箭共用的目标是减少系统配置，实现轻量化。在姿态测量方面，将传统火箭的惯组与卫星姿态角速度测量的陀螺共用；在姿态控制方面，由于推力器和管路是质量占比较大的部件，为减少推力器的数量，因此将用于发射段姿态控制的 25N 发动机作为飞行器入轨后轨道与姿态控制的执行机构，从而实现系统的轻量化。

为了实现星箭共用一套推力器系统，配置了 2 台 25N 轨道控制发动机和 4 台 25N 的姿态控制发动机，如图 8-17 所示，同时针对推力器使用方式不同(发射段采用开关控制，在轨段采用脉冲调宽控制)，提出一种基于软件配置的双模式切换控制方法，发射段采用开关控制，在轨段采用开机时长控制，从而基于最小配置同时满足了星箭一体化飞行器精确入轨和入轨后轨道与姿态控制的要求。

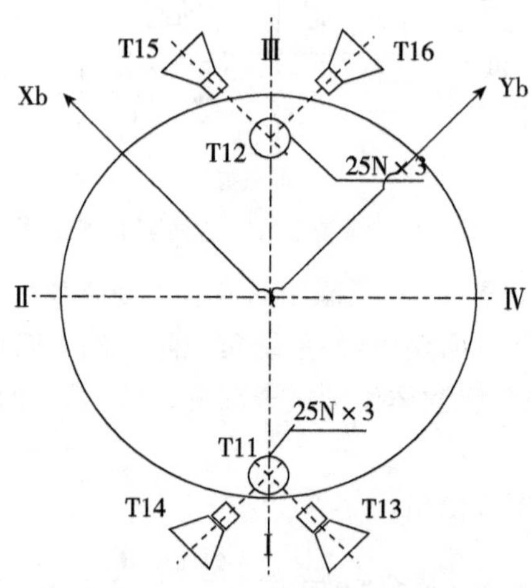

图 8-17 25N 大推力器配置示意图

通常，500kg 量级卫星的轨道保持控制需要 0.05Ns 量级的冲量，对应 25N 双组元推力器就需要输出 2ms 的控制脉冲，但由于开关特性的限制，推力器无法直接输出如此小的有效脉宽。25N 双组元推力器开关特性如图 8-18 所示。

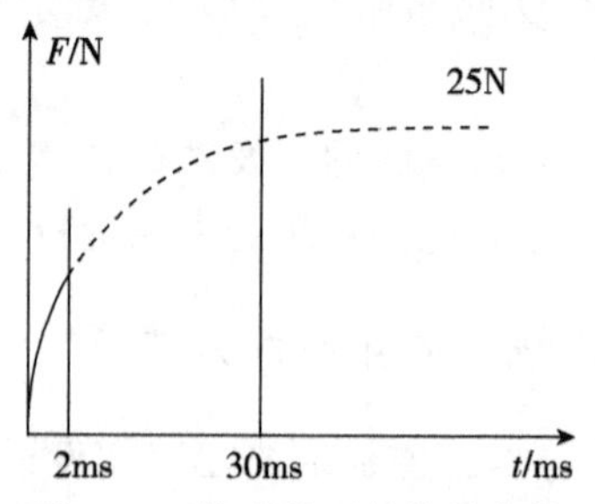

图 8-18 推力器开关特性曲线

针对大推力器无法直接输出小控制脉宽的问题，给出一种基于分散 PD 控制器、指令动态分配、PWM 脉冲调制器与控制信号偏置补偿的方法，其控制原理如图 8-19 所示。

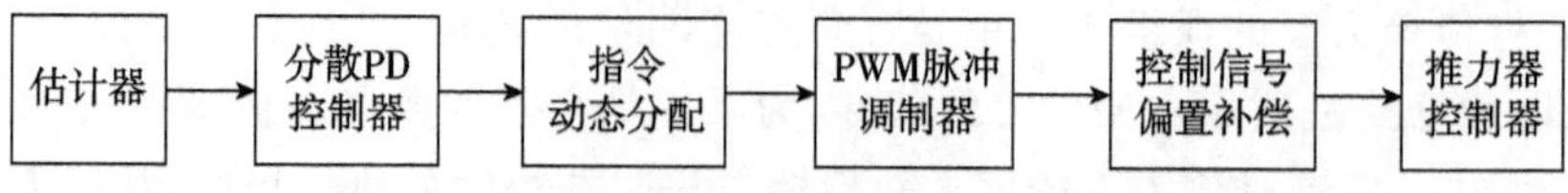

图 8-19 大推力器输出小脉宽的控制原理

首先将控制指令动态分配结果与推力器允许的最小脉宽进行比对，若小于允许值则推力器均补偿一个固定脉宽，保证成对工作的每个推力器工作时脉宽始终大于最小允许脉宽。

分散 PD 控制器用以解决控制力矩最小值受限、系统延时大与控制带宽低的问题，其原理如下：

$$U_{c\lambda} = \lambda^2 K_p \hat{e} + \lambda K_d \dot{\hat{e}} \tag{8-7}$$

其中，$U_{c\lambda}$ 为控制信号；K_p 为比例系数；K_d 为微分系数；$\hat{e}$ 为偏差角估值；$\dot{\hat{e}}$ 为偏差角速度估值；λ 为调整系数。

系统的控制周期为 T_s，在 n 个控制周期里，一次输出有效时 $U_c = U_{c\lambda}$，其余输出为零，即 $U_c = 0$。

假定采用四个推力器进行三通道姿态控制，系统控制通道不解耦，通过动态指令分配将控制指令分配给每个推力器，推力器组控制向量为 $\boldsymbol{U}_T = \boldsymbol{M}_T{}^{+}\boldsymbol{U}_c$，$\boldsymbol{M}_T{}^{+}$ 为推力器组结构矩阵的正分配伪逆矩阵。

然后，基于 PWM 脉冲调制器将推力器控制力调制成开机持续时间信号，调制方法为

$$\boldsymbol{O}_T = \boldsymbol{U}_T T_s / \boldsymbol{F}_0 \tag{8-8}$$

其中，$\boldsymbol{F}_0$ 为推力器工作推力；$\boldsymbol{O}_T$ 为推力器开机工作时间指令向量。

最后，通过控制信号偏置补偿方法，调整推力器开机信号：

$$O_T = \begin{cases} 0, & \max(O_T) < O_{CL} \\ O_T, & \min(O_T(\neq 0)) > O_{CU} \\ O_T + O_{CU} - \min(O_T) \end{cases} \tag{8-9}$$

其中，O_{CL} 为死区脉宽，O_{CU} 为最小开机脉宽，$O_{CU} > O_{CL}$。

该方法能够保证每个推力器的工作时间均大于设定的最小开机脉宽，使推力器实际输出力矩与设计的控制力矩相吻合，有效解决了 25N 双组元推力器无法直接用于小卫星轨道与姿态控制的难题。

采用 4 个成对的 25N 双组元推力器进行轨道保持控制仿真，结果表明：姿控推力器推进剂用量占 6.5%，姿态控制精度优于 1°，角速度精度优于 0.1°/s，轨道控制精度优于 100m。应用该方法，快舟飞行器成功实现了轨道保持控制，推进剂用量约占总量的 5%，姿态控制精度优于 1°，角速度精度优于 0.035°/s，轨道控制精度优于 0.5%。

8.2.4　电源系统一体化设计方法

星箭共用服务舱的电源系统需要为运载器和飞行器联合供电，系统负载多、变化大，并且发射段的分离环节多、冲击电流大，对电源系统影响严重。同时，需要考虑电

源系统一体化设计的最简系统配置要求。

传统运载器电源系统设计采用分散独立供电方式来解决电磁兼容问题，具体做法是：

(1)运载器各级独立供电；

(2)在每一级又采用分散供电方式，对控制、遥测、惯组等由一套电源单独供电，对火工品和伺服机构等大电流负载由另一套电源单独供电。

这种供电方式能够解决大电流负载对其他敏感设备的干扰，同时也回避了各级发动机分离带来的负载功率突变问题，但也带来系统质量大、供电接口复杂，蓄电池组发射准备时间长等缺点。

不同于运载器所采用的分散、独立供电体制，卫星的电源系统普遍采用单一电源、统一供电体制，两种供电体制完全不同。

星箭共用服务舱电源系统一体化设计的目标是采用统一的供配电体制，解决一体化飞行器发射段和入轨后的系统供电特殊要求，保证系统运行的安全、可靠，同时降低原有星箭电源系统质量，简化星箭射前地面供电接口，为快速发射创造条件。

发射段供电环境的特殊性表现在：

(1)飞行器入轨前，有 12 次运载器火工品大电流放电冲击，会通过蓄电池放电回路干扰飞行器供电母线；

(2)在固体发动机最后一级分离时，存在供电母线负载功率突变以及火工品起爆电流同时作用的恶劣供电情况，这种供电工况在以往的运载器以及常规的卫星供电中均不存在。

星箭共用的电源系统需要在其拓扑结构及关键功率调节电路设计上进行突破：

(1)建立适应发射段供电环境的电源系统拓扑结构，提高系统的抗干扰能力、可靠性和安全性；

(2)提出新的关键功率调节电路设计方法，提高对供电母线的动态响应能力。

着重从发射段供电的可靠性和安全性、机动发射地面供电要求、在轨供电可靠性和安全性、功率控制系统的模块化设计与灵活扩展能力、故障适应能力等五个方面开展系统拓扑结构的设计。

其中，发射段的可靠性表现在：在整个发射飞行过程中，要保证对一体化飞行器设备供电的连续性和稳定性，瞬间断电甚至不正常的供电波动都会导致发射失败。

发射段的安全供电表现在：在一系列火工品起爆过程中，电源系统要避免不正常的大电流起爆，甚至短路可能对飞行器的蓄电池组造成损伤。

机动发射地面供电要求采用地面车载单一稳压电源实现对一体化飞行器设备的统一供电，并实现对锂离子蓄电池组的射前充电管理。

在轨供电的可靠性和安全性要求设计完备、可靠的锂离子蓄电池组充放电控制系统，提高飞行器在轨生存能力。同时，要求所设计的拓扑结构支持功率调节电路的模块化设计，可实现灵活扩展，并具有对蓄电池故障、太阳电池阵未展开等故障灵活适应与灵活实现故障隔离的能力。

8.2.4.1　星箭共用的电源系统拓扑结构设计

综合上述各项需求，提出统一太阳电池阵、顺序开关分流、基于蓄电池充电控制器(冷备份)和放电调节器(热备份)的全调节直接供电母线及两组锂离子蓄电池热备份、两路火工品母线的系统拓扑结构，如图 8-20 所示。

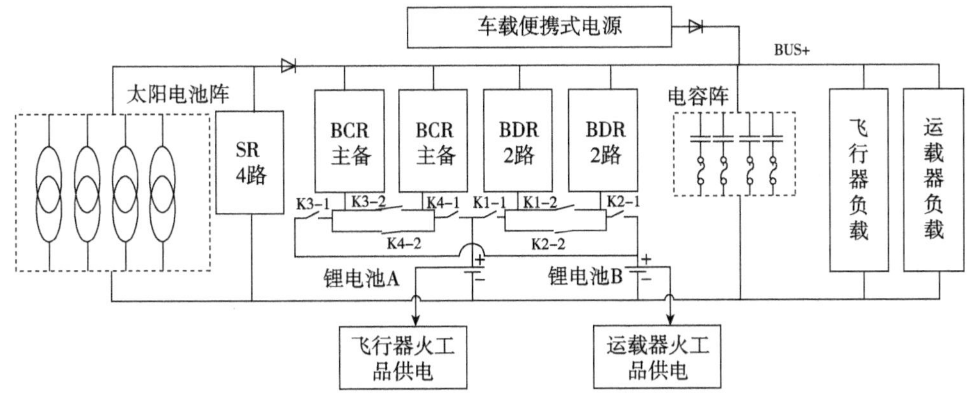

图 8-20　星箭共用的电源系统拓扑结构

在该拓扑结构中，单一供电母线下的双组蓄电池热备份及双火工品母线设计方法在空间飞行器中首次采用，主要特点为：

(1)采用单一供电母线体制，简化了系统配置，降低了系统质量。

(2)采用两组蓄电池、两路放电调节器并联供电，通过放电调节器提高了对蓄电池脉冲放电的抗干扰能力，两组蓄电池热备份提高了对母线及火工品电路短路故障的适应能力。

(3)两组蓄电池组分别为运载器和飞行器提供火工品放电，通过双火工品母线设计以及星箭火工品起爆分时工作，显著减小了发射段火工品起爆电流对供电母线的干扰。

(4)综合考虑了地面发射系统的供电接口设计，在射前测试时，由机动发射系统车载电源为一体化飞行器供电及对两组蓄电池补充充电，满足了快速机动发射需求。

(5)该拓扑结构支持功率调节电路的模块化设计，可根据蓄电池组备份情况灵活配置充电和放电调节器；可灵活切除故障蓄电池组；对太阳电池阵未展开等故障情况，可灵活进行功率的统一调配，具有较高的故障适应与故障隔离能力。

星箭一体的地面快速测试表明：星箭共用的电源系统在火工品起爆、固体发动机分离等试验过程中供电稳定，一体化飞行器各设备工作正常。

8.2.4.2　新型功率调节电路设计

为改善电源系统的动态响应能力和稳定性，采用新型的分流调节电路和电流型充、放电功率调节器设计，以提高发射段对大电流火工品起爆的抗干扰能力。

1. 新型分流调节电路设计

针对传统分流调节器控制电路复杂、可靠性低的问题，采用比较器 LM193 作为主控制电路，设计一种新型分流调节电路，其原理如图 8-21 所示。

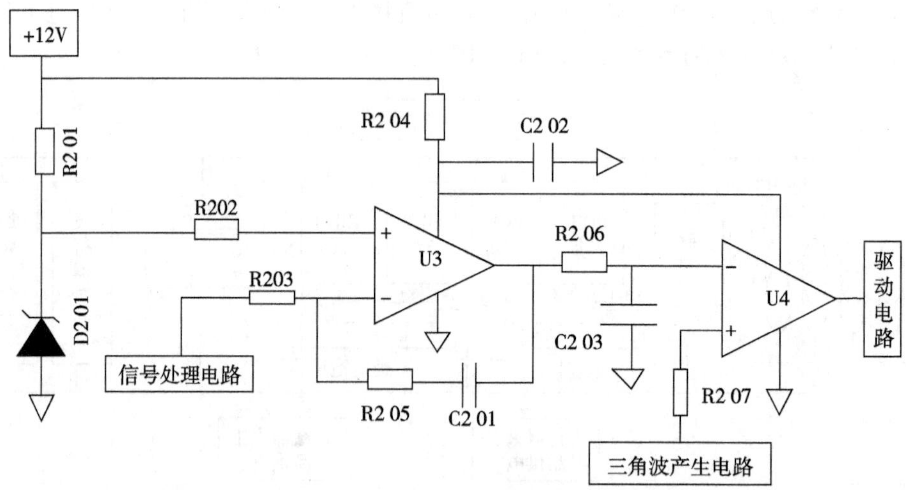

图 8-21　新型分流调节电路原理图

该分流调节电路能够直接输出最大占空比为 100% 的脉宽调制信号，使分流调节器可靠地实现分流，显著提高了电源系统的稳定性。

2. Super-buck 型充电控制电路设计

传统的充电控制电路采用 buck 型充电控制电路，充电效率不高，动态响应速度慢。为此，设计 Super-buck 型充电控制电路，其原理如图 8-22 所示，采用脉宽调制型电路，充电效率可达 94% 以上。

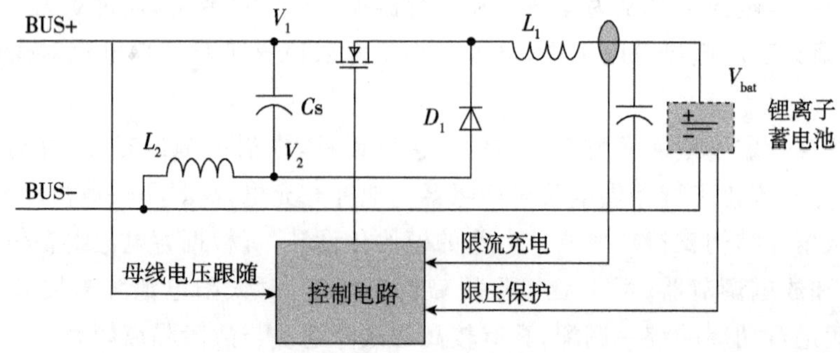

图 8-22　Super-buck 型充电控制电路原理框图

为保证两组锂离子蓄电池组充电电流的一致性以及母线电压的稳定性，该电路采用电流型 PWM 控制方式，与电压型 PWM 控制相比，更能改善系统的稳定性和响应速度。

当太阳电池阵输出功率不能完全满足锂离子蓄电池充电功率要求时，充电器进入母线电压跟随状态。电流型 PWM 控制电路能够保持两组锂离子蓄电池组充电电流的一致性，使太阳电池阵多余的功率均分到两组锂离子蓄电池中，提高了太阳电池阵的利用率。

3. Super-Boost 型放电调节电路设计

传统卫星采用 Boost 型放电调节电路，工作效率低，多路放电调节电路同时工作时，很难实现电路的均流工作。为此，采用一种 Super-Boost 型放电调节电路，其原理如图 8-23 所示。

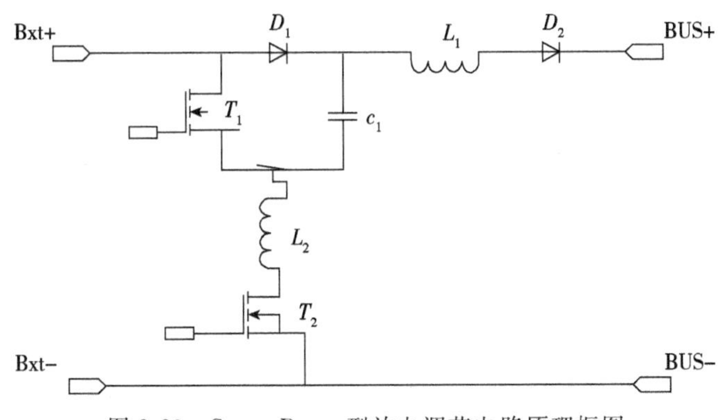

图 8-23　Super-Boost 型放电调节电路原理框图

该电路采用电流型 PWM 控制方式，具有响应速度快、稳定性好、过流保护和自动均流的优势，从而可以提高发射段对火工品大电流起爆时的抗干扰能力，使两组蓄电池组在轨运行时能进行均流放电，保证了两组锂离子蓄电池容量使用的一致性。

8.2.5　测控系统一体化设计方法

星箭共用服务舱的测控系统在发射段需要具有常规火箭的遥外测功能，在轨段则要能够实现飞行器的测控。因此，需要共用一套遥测信道进行遥测数据的下传，其一体化设计必须解决以下两个主要问题：

(1)发射段遥测数据量大与卫星遥测信道带宽有限相矛盾。发射段工作时，需要下传的遥测数据高达 2Mbps，而飞行器的下行遥测信道仅有 4Kbp，需要通过有限的遥测信道下传大量的遥测数据。

(2)发射段遥测与在轨段遥测的自主可靠切换。发射段结束后，测控系统需要立即转为在轨段遥测，需要保证两种遥测下传模式的可靠切换。

星箭一体化飞行器需要长时间稳定可靠工作。因此，其测控系统需要设计两种不同的工作模式，兼顾发射段和在轨段两种不同情况下的遥测参数下传模式，并实现模式的可靠切换。为解决发射段大遥测数据量的下传问题，提出一种发射段遥测数据分类编码下传的模式，如图 8-24 所示。

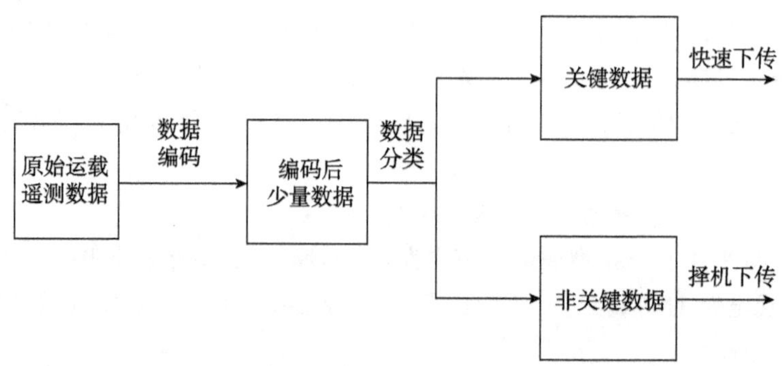

图 8-24　发射段遥测数据编码下传模式框图

首先,对发射段的遥测数据进行数据编码,压缩处理后数据量显著减少;然后,对减少后的数据进行分类,提取关键数据,对其进行快速下传,保证星地通信的高效;对于剩余的非关键数据,在信道相对空闲时下传,节省信道资源。

针对两种遥测下传模式的可靠切换问题,设计一种基于数据的自适应遥测切换模式,如图 8-25 所示。通过对综合电子系统总线数据的自主判读确定飞行阶段,在不同的飞行阶段启动不同的遥测处理模式,实现发射段到在轨段遥测数据的自动切换,为飞行器射前测试、发射段到在轨段全过程遥测的可靠切换提供保障。

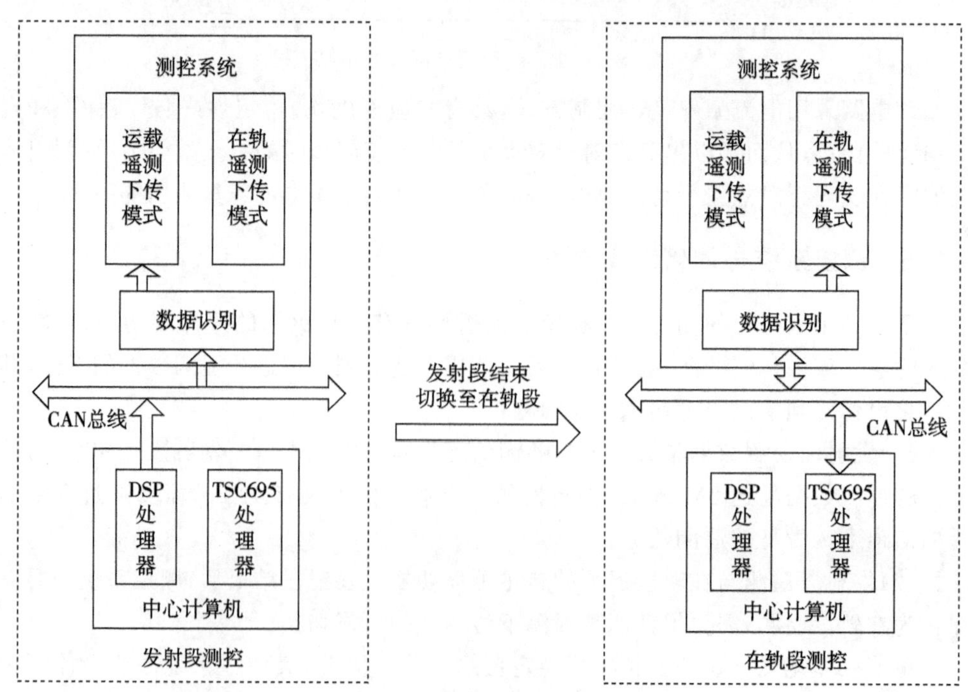

图 8-25　遥测模式可靠切换原理框图

通过对系统软件的适应性设计,实现了星箭一体化飞行器不同运行阶段测控资源的共用,兼顾了发射段遥测下传的高效性及在轨段遥测下传的可靠性,同时提高了资源利用率，与分别采用测控单机设备相比，系统质量减少 10kg 以上。

8.2.6　星箭一体化研制流程

传统卫星与火箭采用单独设计与研制的模式，其研制流程相互独立。卫星设计与研制只需要遵循火箭提供的接口条件，在初样和正样产品研制流程中安排星箭对接试验环节。星箭对接试验相对简单，主要进行机械和供电接口的测试。而星箭一体化飞行器共用一套系统实现卫星与火箭的功能，其研制阶段的接口界面复杂，流程交叉耦合。为此，需要建立一种全新的研制流程，如图 8-26 所示。

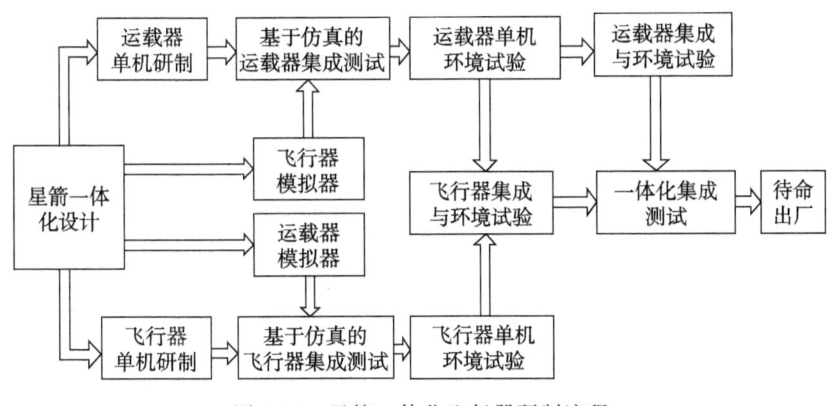

图 8-26　星箭一体化飞行器研制流程

图中的运载器包括各级固体发动机以及与共用服务舱对接的过渡段，也称为运载器基础级；飞行器包括共用服务舱和任务载荷。

为解决研制流程交叉耦合的问题，在研制流程中增加飞行器模拟器与运载器模拟器研制环节，解决运载器和飞行器单机研制不能并行的问题。为节省研制成本，上述模拟器均采用数字化建模方法，建立飞行器、运载器的全系统、全模式仿真模型，通过自动代码生成下载到实时仿真机，实现基于仿真的星箭一体化飞行器系统集成与测试。通过该环节对交叉的研制流程进行解耦，使飞行器和运载器基础级可以并行完成集成与测试。

同时，在星箭一体化飞行器的集成测试与环境试验过程中，除了完成传统的星箭机械、电气、控制接口对接外，还需要完成系统总线动态匹配、联合供电、一体化测控等一系列新增测试与试验项目，这里不再赘述。

8.3　星箭一体化飞行器全程制导与控制方法

星箭一体化飞行器具有从点火起飞到在轨运行的全程制导与控制能力，分为发射段与在轨段两个阶段，发射段又分为主动段和末助推段：主动段指固体发动机工作阶段;末助推段指固体发动机分离后,星箭共用服务舱携带任务载荷精确入轨的飞行阶段。

传统固体火箭通常采用推力矢量控制,对执行机构频响特性和控制力矩的要求高,且各级固体发动机均配置独立的伺服系统,系统复杂、消极质量大。因此,为提高星箭一体化飞行器的载荷比和控制品质,主动段飞行时,采用了侧喷流与栅格舵联合的姿态控制方法。飞行器起飞阶段采用侧喷流控制飞行姿态;在飞行马赫数接近0.3时,需要栅格舵与侧喷流联合控制;在马赫数大于0.3至一级固体发动机分离时段,采用栅格舵进行姿态控制;当栅格舵随同一级固体发动机分离后,继续采用侧喷流进行姿态控制,实现了用一套执行机构在发射主动段的全程姿态控制。通过侧喷流与栅格舵联合控制,二级、三级飞行各节省了一套伺服机构、电源和安装结构,显著减少了系统消极质量。

固体发动机主动段飞行采用耗尽关机方式,导致弹道偏差较大,星箭共用服务舱在末助推段需要修正该偏差精确入轨。常规的制导控制方法不对入轨点进行修正,入轨精度低、燃料消耗大,难以满足精确入轨的要求。为此,需要采用新的制导与控制方法,既能实现快速精确入轨,又能减少燃料消耗,为提高飞行器在轨运行寿命创造条件。

星箭共用服务舱携带任务载荷入轨后,运行在300km左右的超低轨道,气动等环境干扰力矩大,对高分辨率光学遥感等高性能载荷影响严重,需要解决强干扰力矩作用下的高精度、高稳定度姿态控制问题。

8.3.1 栅格舵与侧喷流联合控制方法

与传统固体火箭通常采用的摆动喷管推力矢量控制方法不同,侧喷流控制方法具有控制延迟时间短、控制精度高的特点,特别适合稀薄大气和真空环境下的姿态控制;其缺点是控制力有限,不适合稠密大气层内的控制。栅格舵采用气动力进行姿态控制,其特点是控制力矩大、铰链力矩小,对伺服系统功率要求低,发动机不工作段仍可以使用,但其工作区间有限,无法全程使用。

星箭一体化飞行器集成了以上两种姿态控制方式的优点,采用栅格舵与侧喷流联合进行主动段飞行姿态控制。起飞初始阶段采用侧喷流控制,当速度满足栅格舵起控要求后,由栅格舵进行控制;一级固体发动机分离后,再由侧喷流接管进行姿态控制。

栅格舵与侧喷流联合控制的关键是设计合理的交接班时序,如果交接班时刻选择不合理,会导致控制系统失稳,影响飞行器主动段的飞行安全。

通过地面仿真试验和计算分析,飞行器起飞10s左右,滚动通道的栅格舵控制力矩与侧喷流控制力矩基本相等,在24s左右俯仰和偏航通道的栅格舵控制力矩与侧喷流控制力矩基本相等。起飞后8s之前,俯仰和偏航通道的干扰力矩大于栅格舵控制力矩，因此需要采用侧喷流控制；13s 以后滚动通道的干扰力矩开始大于侧喷流控制力矩，必须采用栅格舵控制，在此期间需要栅格舵与侧喷流联合控制[12]，如图 8-27 所示。

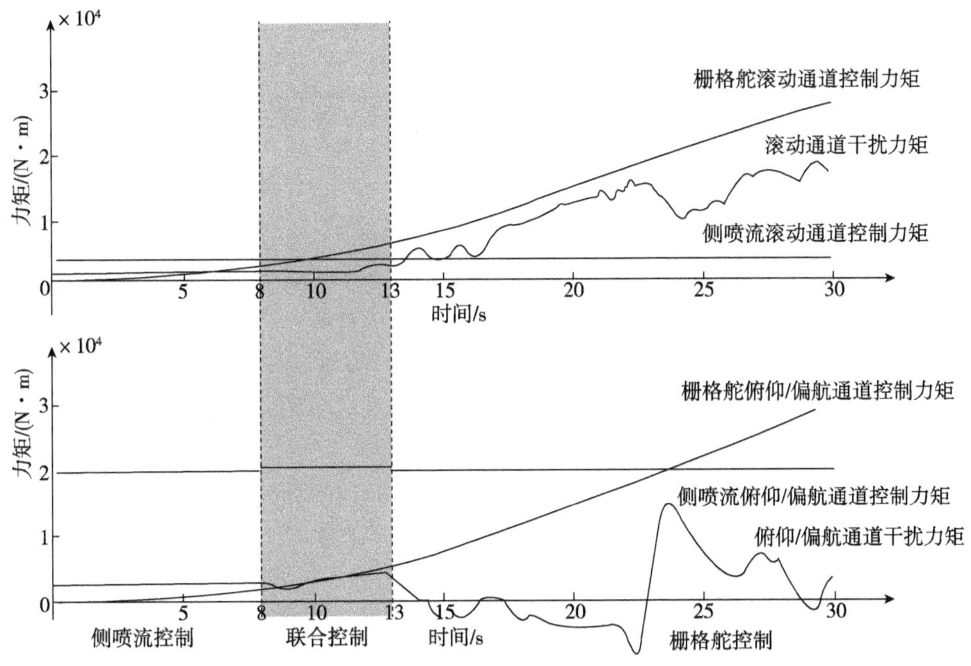

图 8-27　栅格舵与侧喷流联合控制窗口选择

飞行 85s 左右一级固体发动机分离，栅格舵也随之分离，系统由侧喷流接管控制。综上，给出栅格舵与侧喷流联合控制的交接班时序，如图 8-28 所示。

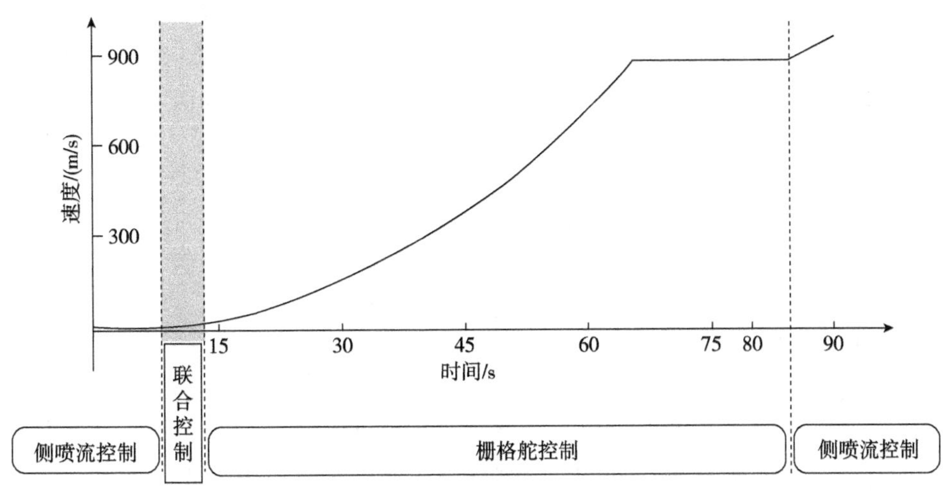

图 8-28　栅格舵与侧喷流联合控制交接班时序

星箭一体化飞行器的固有振动频率较低，受外界干扰激励会产生较大振动。为此，在栅格舵控制系统中设计一种陷波滤波器，将它引入控制回路以抑制弹性振动（图 8-29），从而获得较高的稳定裕度。

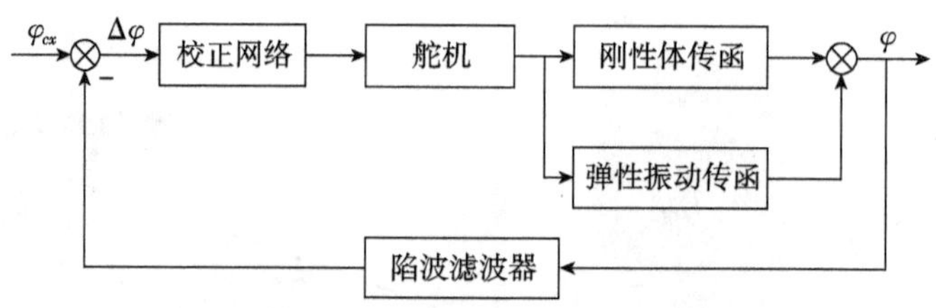

图 8-29 闭环控制系统原理图

在陷波滤波器设计中，需根据仿真计算与地面试验结果分析回路中的弹性振动频率，通过滤波器参数设计达到消除弹性振动影响的目的。另外，相比传统空气舵而言，栅格舵转动惯量有数量级的提升，舵机在配电回零过程中容易出现颤振。为此，在舵机输出轴与栅格舵法兰面之间增加摩擦环，通过增加两者间的摩擦力矩，克服栅格舵转动惯量过大引起的颤振问题。

由于一级飞行阶段没有较大的机动动作，飞行过程中舵偏角较小，而传统舵机舵偏范围较宽，造成控制精度不高。为提高控制系统的精度，采用缩小舵机量程且在舵机输出轴与舵面轴之间增加一个比例系数为 2∶1 的拨叉，使舵机零位误差减小一半，从而使控制精度也提高一倍。通过采取以上设计方法，实现了栅格舵控制系统在稠密大气层内的高精度、高稳定度姿态控制。

星箭一体化飞行器在主动段飞行过程中，由于发动机分离等原因，其质量、质心、转动惯量以及气动参数会发生突变，从理论设计的角度讲，应根据不同飞行时段的特点选用不同推力的姿控发动机。但考虑到总体布局的限制以及降低系统复杂度、减少消极质量等因素，提出采用多个飞行阶段共用一套姿控发动机的方案。

为解决多个飞行阶段共用一套姿控发动机的问题，实现质量特性变化时的全程鲁棒控制，设计给出一种变参数数字校正网络控制系统，其原理如图 8-30 所示。

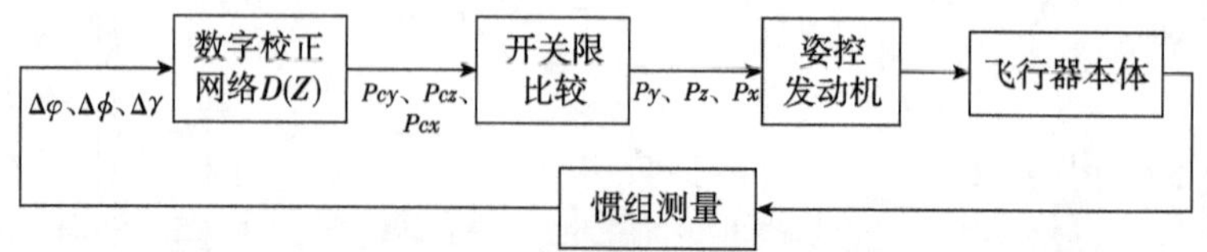

图 8-30 变参数数字校正网络控制原理

以俯仰通道为例，数字校正网络的输出为

$$
\begin{aligned}
P_{cy}(i) = {} & K1 \cdot P_{cy}(i-1) + K2 \cdot P_{cy}(i-2) + K3 \cdot \Delta\phi(i) \\
& + K4 \cdot \Delta\phi(i-1) + K5 \cdot \Delta\phi(i-2)
\end{aligned}
\tag{8-10}
$$

其中，$\Delta\phi(i)$为俯仰角偏差；$K1 \sim K5$ 为数字校正网络参数，采样周期为 0.01s。

俯仰通道数字校正网络输出的开关门限设计为：

若 $P_{cy}(i) > a_y$，则 $\overline{P_y}(i) = +1$

若 $|P_{cy}(i)| \leqslant a_y$，则 $\overline{P_y}(i) = 0$

若 $P_{cy}(i) < -a_y$，则 $\overline{P_y}(i) = -1$

同时，在起飞初始段，为了克服一级发动机推力线偏斜和横移干扰，姿控发动机必须能够提供足够的控制力矩；在二级飞行段，除了存在二级发动机推力线偏斜和横移干扰之外，由于静不稳定度过大，姿控发动机必须能够提供足够的控制力矩来克服气动干扰力矩；但在三级飞行段，由于气动力矩基本为零，且三级发动机推力线偏斜和横移干扰比一级飞行时小很多，此时，姿控发动机能够提供的控制力矩远大于需要的控制力矩；在这种情况下，如果不采取有效措施，姿控发动机会反复开启、关闭，不仅耗费大量推进剂，而且难以实现高精度控制。为此，在姿控系统设计中，通过设计一种自适应控制方法，有效解决了该问题。由于本书篇幅的限制，这里不再赘述，读者可参考相关文献。

侧喷流与栅格舵联合控制方法在快舟飞行器中应用表明：推进剂使用量约为32kg，与理论分析结果基本一致；主动段飞行姿态稳定，实现了高精度姿态控制。

8.3.2　大弹道偏差下的高精度制导控制方法

星箭一体化飞行器的固体发动机全部采用耗尽式关机，由发动机能量偏差、燃速偏差等因素引起的弹道偏差较大。若不对基准弹道进行调整，星箭共用服务舱助推发动机开始工作的速度、位置偏差非常大，常规的迭代制导算法可能会出现无法收敛的情况，同时会消耗过多的燃料。

8.3.2.1　在线弹道重新规划方法

固体发动机分离后，根据飞行器当前速度、位置、质量的偏差情况，对后续飞行基准弹道重新进行规划，降低末助推段迭代制导压力。通常，末助推段采用的制导方法主要控制入轨点速度 v_{x_c}、v_{y_c}、v_{z_c} 和位置 y_c、z_c 等 5 个变量。

由于飞行器 z 向运动与 x 和 y 向运动的耦合影响弱，迭代制导对 z 向运动的控制精度高。在俯仰平面内，由于 x 和 y 向存在耦合，因此弹道重新规划只需重点考虑入轨点参数 v_{x_c}、v_{y_c} 和 y_c，并且与下列参数相关：弹道规划点速度、位置、飞行器质量、滑行时间、末助推飞行时间、末助推飞行攻角等，将入轨参数描述成上述变量的函数形式：

$$\begin{cases} v_{x_c} = f_{vx}(v_{x_0}, v_{y_0}, x_0, y_0, m_0, t_1, t_2, \alpha) \\ v_{y_c} = f_{vy}(v_{x_0}, v_{y_0}, x_0, y_0, m_0, t_1, t_2, \alpha) \\ y_c = f_y(v_{x_0}, v_{y_0}, x_0, y_0, m_0, t_1, t_2, \alpha) \end{cases} \tag{8-11}$$

其中，v_{x_0}、v_{y_0}、x_0、y_0 为弹道规划点的初始速度和位置；m_0 为飞行器当前质量；t_1、t_2 分别为滑行时间和末助推时间；α 为末助推段飞行攻角。

上述8个变量中可以调整3个量：滑行时间 t_1、末助推飞行时间 t_2 以及末助推飞行攻角 α，将其定义为弹道控制变量。弹道重新规划就是通过调整 t_1、t_2 和 α，使 v_{x_c}、v_{y_c} 和 y_c 满足入轨要求。

为了减小计算精确弹道的运算量，将式(8-11)在弹道规划点进行泰勒展开，由于固体发动机分离点的速度和位置偏差大，式(8-11)中各变量间的耦合影响严重，为了保证弹道规划的精度，考虑选取3阶展开项，即

$$\begin{cases}\mathrm{d}v_{x_c}=\sum\limits_{q=1}^{3}\left(\dfrac{\partial}{\partial v_{x_0}}\mathrm{d}v_{x_0}+\dfrac{\partial}{\partial v_{y_0}}\mathrm{d}v_{y_0}+\dfrac{\partial}{\partial x_0}\mathrm{d}x_0+\dfrac{\partial}{\partial y_0}\mathrm{d}y_0+\dfrac{\partial}{\partial m_0}\mathrm{d}m_0+\dfrac{\partial}{\partial t_1}\mathrm{d}t_1+\dfrac{\partial}{\partial t_2}\mathrm{d}t_2+\dfrac{\partial}{\partial \alpha}\mathrm{d}\alpha\right)^q f_{vx}\\ \mathrm{d}v_{y_c}=\sum\limits_{q=1}^{3}\left(\dfrac{\partial}{\partial v_{x_0}}\mathrm{d}v_{x_0}+\dfrac{\partial}{\partial v_{y_0}}\mathrm{d}v_{y_0}+\dfrac{\partial}{\partial x_0}\mathrm{d}x_0+\dfrac{\partial}{\partial y_0}\mathrm{d}y_0+\dfrac{\partial}{\partial m_0}\mathrm{d}m_0+\dfrac{\partial}{\partial t_1}\mathrm{d}t_1+\dfrac{\partial}{\partial t_2}\mathrm{d}t_2+\dfrac{\partial}{\partial \alpha}\mathrm{d}\alpha\right)^q f_{vy}\\ \mathrm{d}y_c=\sum\limits_{q=1}^{3}\left(\dfrac{\partial}{\partial v_{x_0}}\mathrm{d}v_{x_0}+\dfrac{\partial}{\partial v_{y_0}}\mathrm{d}v_{y_0}+\dfrac{\partial}{\partial x_0}\mathrm{d}x_0+\dfrac{\partial}{\partial y_0}\mathrm{d}y_0+\dfrac{\partial}{\partial m_0}\mathrm{d}m_0+\dfrac{\partial}{\partial t_1}\mathrm{d}t_1+\dfrac{\partial}{\partial t_2}\mathrm{d}t_2+\dfrac{\partial}{\partial \alpha}\mathrm{d}\alpha\right)^q f_{y}\end{cases} \tag{8-12}$$

将上述各阶偏导数在发射前装订到综合电子系统中心计算机，在线轨道重新规划时可直接调用。

从式(8-12)可知，$\mathrm{d}v_{x0}$、$\mathrm{d}v_{y0}$、$\mathrm{d}x_0$、$\mathrm{d}y_0$、$\mathrm{d}m_0$ 为弹道规划时刻偏差值，$\mathrm{d}t_1$、$\mathrm{d}t_2$ 和 $\mathrm{d}\alpha$ 为调整量，弹道规划的目标是通过调整 $\mathrm{d}t_1$、$\mathrm{d}t_2$ 和 $\mathrm{d}\alpha$ 使 $\mathrm{d}v_{x_c}=0$、$\mathrm{d}v_{y_c}=0$、$\mathrm{d}y_c=0$。

弹道重新规划的计算流程如图8-31所示，其中 ε_i 为偏差门限值：

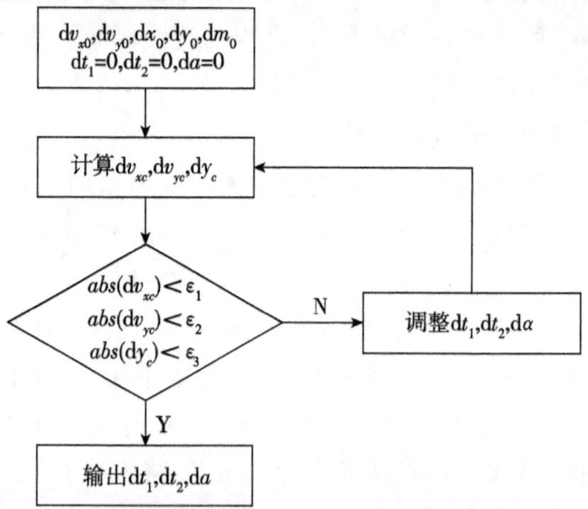

图8-31 在线弹道重新规划流程

由于该方法在中心计算机中预存了相关偏导数的数值，显著减小了在线轨道规划的计算量，缩短了计算时间。

基于偏导数的弹道重新规划精度由所取的偏导数阶数决定，阶数越高，入轨点参数计算越精确，但是射前装订参数也越多，仿真分析表明，考虑到3阶偏导数，计算方法误差可以满足弹道规划精度要求。采用该弹道规划算法在中心计算机上进行了运

算时间测试，结果显示完成一次迭代的运算时间约为 9ms，规划一次弹道的总迭代次数不大于 20 次。

8.3.2.2　入轨点动态修正的迭代制导方法

目前，火箭常用的制导方法主要有摄动制导、闭路制导和迭代制导方法。摄动制导的理论基础是小偏差理论，不适用于制导初始位置、速度偏差较大的情况；闭路制导方法主要针对终端约束较少的制导任务，一般应用于弹道导弹主动段制导；迭代制导方法已成熟地应用于运载火箭主动段制导中，但为了使其更好地适应初始大偏差条件下的制导任务，必须解决以下问题：

(1)大起始偏差条件下入轨点偏差的预测；

(2)基于入轨点偏差与目标轨道的几何关系，设计满足精度要求的目标点更新策略；

(3)目标点更新后，制导指令的重新计算和关机条件的确定。

为此，给出一种适用于大起始偏差条件的目标点自适应更新迭代制导方法。

1. 飞行器迭代制导方法

迭代制导是一个最优控制问题的求解过程：火箭以当前状态(速度和位置)为初值，目标点状态(速度和位置)为终值，以飞行时间为性能指标，构建一个最优控制问题。随着火箭飞行，该最优控制问题是时变的，即每个瞬时状态和目标点(运载任务对应入轨点)状态，都构成一个最优控制问题，这种最优控制问题可以看成是多维、非线性的两点边值问题，但其解一般情况下无法解析获得，只能通过数值计算求解。为简化在线计算量，必须根据任务的性质和入轨精度要求做适当简化。

在不同的坐标系下建立运动方程，所得到的制导方程的形式不同。本节将运动方程建立在关机点轨道坐标系下，考虑到火箭在实际飞行过程中，控制系统可以保证滚转角 $\gamma_{ocf}\approx 0$。定义关机点轨道坐标系原点在地心，oy 轴为地心与入轨点的连线，指向上为正(即远离地心)，ox 轴与 oy 轴垂直，且与入轨点的当地水平面平行，指向火箭的运动方向，oz 轴与 ox 轴、oy 轴构成右手坐标系。以下将与关机点轨道坐标系有关的量用下角标 ocf 表示。

最优控制解：

传统迭代制导方法中需假设大气作用的影响近似为零，并基于平面地球假设，经简化可得火箭在关机点轨道坐标系的质心运动方程为

$$\begin{pmatrix}\ddot{X}_{ocf}\\ \ddot{Y}_{ocf}\\ \ddot{Z}_{ocf}\end{pmatrix}=\frac{F}{m}\begin{pmatrix}\cos\varphi_{ocf}\cos\psi_{ocf}\\ \sin\varphi_{ocf}\cos\psi_{ocf}\\ -\sin\psi_{ocf}\end{pmatrix}+\begin{pmatrix}g_{ocfx}\\ g_{ocfy}\\ g_{ocfz}\end{pmatrix}\tag{8-13}$$

火箭发动机的推力相对稳定，可基本视为常值，方程中取 $F=\text{const}$，又可知 $F=\dot{m}I_{\text{sp}}$，其中，$\dot{m}$ 为秒耗量，I_{sp} 为发动机比冲。飞行过程中希望燃料消耗最少，因为 $\dot{m}$ 近似为常值，性能指标可表示为

$$J = \int_0^t \mathrm{d}t \tag{8-14}$$

设 $\boldsymbol{X} = [\dot{X}_{\alpha f} X_{\alpha f} \dot{Y}_{\alpha f} Y_{\alpha f} \dot{Z}_{\alpha f} Z_{\alpha f}]$，将式(8-13)表示成状态空间的形式：

$$\dot{\boldsymbol{X}} = \boldsymbol{AX} + \boldsymbol{Bu} + \boldsymbol{C} \tag{8-15}$$

其中，$\boldsymbol{A} = \begin{bmatrix} 0 & 0 & 0 & 0 & 0 & 0 \\ 1 & 0 & 0 & 0 & 0 & 0 \\ 0 & 0 & 0 & 0 & 0 & 0 \\ 0 & 0 & 1 & 0 & 0 & 0 \\ 0 & 0 & 0 & 0 & 0 & 0 \\ 0 & 0 & 0 & 0 & 1 & 0 \end{bmatrix}$，$\boldsymbol{B} = \dfrac{F}{m}$，$\boldsymbol{u} = \begin{pmatrix} \cos j_{\alpha f} \cos y_{\alpha f} \\ 0 \\ \sin j_{\alpha f} \cos y_{\alpha f} \\ 0 \\ -\sin y_{\alpha f} \\ 0 \end{pmatrix}$，$\boldsymbol{C} = \begin{pmatrix} g_{\alpha fx} \\ 0 \\ g_{\alpha fy} \\ 0 \\ g_{\alpha fz} \\ 0 \end{pmatrix}$

$\boldsymbol{X}$ 的初始值和终端值分别为

$$\boldsymbol{X}_i = \begin{pmatrix} \dot{X}_{\alpha fi} \\ X_{\alpha fi} \\ \dot{Y}_{\alpha fi} \\ Y_{\alpha fi} \\ \dot{Z}_{\alpha fi} \\ Z_{\alpha fi} \end{pmatrix}, \boldsymbol{X}_f = \begin{pmatrix} \dot{X}_{\alpha ff} \\ X_{\alpha ff} \\ \dot{Y}_{\alpha ff} \\ Y_{\alpha ff} \\ \dot{Z}_{\alpha ff} \\ Z_{\alpha ff} \end{pmatrix}$$

$\boldsymbol{u}$ 为控制变量，求解上述最优控制问题，可得 $\boldsymbol{u}$ 的变化规律，即可知火箭飞行姿态角指令，使整个系统从初始状态以最短时间转移到终端状态。

为了求解上述最优控制问题，引进哈密顿函数：

$$\begin{aligned} H = {} & \lambda_1 \left(\frac{F}{m} \cos\varphi_{\alpha f} \cos\psi_{\alpha f} + g_{\alpha fx} \right) + \lambda_2 X_{\alpha f} \\ & + \lambda_3 \left(\frac{F}{m} \sin\varphi_{\alpha f} \cos\psi_{\alpha f} + g_{\alpha fy} \right) + \lambda_4 Y_{\alpha f} \\ & + \lambda_5 \left(-\frac{F}{m} \sin\psi_{\alpha f} + g_{\alpha fy} \right) + \lambda_6 Z_{\alpha f} + 1 \end{aligned} \tag{8-16}$$

由最优控制的极值条件可得

$$\begin{bmatrix} \lambda_1 \sin\varphi_{\alpha f} \cos\psi_{\alpha f} - \lambda_3 \cos\varphi_{\alpha f} \cos\psi_{\alpha f} \\ \lambda_1 \cos\varphi_{\alpha f} \sin\psi_{\alpha f} + \lambda_3 \sin\varphi_{\alpha f} \sin\psi_{\alpha f} + \lambda_5 \cos\psi_{\alpha f} \end{bmatrix} = 0 \tag{8-17}$$

伴随条件为

$$\begin{bmatrix} \dot{\lambda}_1 \\ \dot{\lambda}_2 \\ \dot{\lambda}_3 \\ \dot{\lambda}_4 \\ \dot{\lambda}_5 \\ \dot{\lambda}_6 \end{bmatrix} = \begin{bmatrix} -\lambda_2 \\ 0 \\ -\lambda_4 \\ 0 \\ -\lambda_6 \\ 0 \end{bmatrix} \tag{8-18}$$

横截条件为

$$\begin{bmatrix} \lambda_1 \delta x_1 \\ \lambda_2 \delta x_2 \\ \lambda_3 \delta x_3 \\ \lambda_4 \delta x_4 \\ \lambda_5 \delta x_5 \\ \lambda_6 \delta x_6 \end{bmatrix} = 0 \tag{8-19}$$

对式(8-18)积分可得

$$\begin{cases} \lambda_1 = \lambda_{10} - \lambda_{20} t \\ \lambda_3 = \lambda_{30} - \lambda_{40} t \\ \lambda_5 = \lambda_{50} - \lambda_{60} t \end{cases} \tag{8-20}$$

其中，$\lambda_{10}, \cdots, \lambda_{60}$ 为积分常数。

按目标点位置和速度是否完全确定，可以分以下两种情况进行讨论：

(1)目标点速度分量($\dot{X}_{\alpha cf}, \dot{Y}_{\alpha cf}, \dot{Z}_{\alpha cf}$)及位置分量($Y_{\alpha cf}, Z_{\alpha cf}$)确定，$X_{\alpha cf}$ 不确定。

$$\lambda_{20} = 0$$

$$\begin{cases} \lambda_1 = \lambda_{10} \\ \lambda_3 = \lambda_{30} - \lambda_{40} t \\ \lambda_5 = \lambda_{50} - \lambda_{60} t \end{cases} \tag{8-21}$$

可得

$$\begin{cases} \tan\varphi_{\alpha cf} = \dfrac{\lambda_{30} - \lambda_{40} t}{\lambda_{10}} \\ \tan\psi_{\alpha cf} = \dfrac{\lambda_{50} - \lambda_{60} t}{\lambda_{10} \cos\varphi_{\alpha cf} + (\lambda_{30} - \lambda_{40} t) \sin\varphi_{\alpha cf}} \end{cases} \tag{8-22}$$

上式解的形式比较复杂，迭代制导将以下式所述的近似形式来代替姿态角的最优解：

$$\begin{cases} \varphi_{\alpha cf} = \bar{\varphi}_{\alpha cf} + K_{\varphi 2} t - K_{\varphi 1} \\ \psi_{\alpha cf} = \bar{\psi}_{\alpha cf} + K_{\psi 2} t - K_{\psi 1} \end{cases} \tag{8-23}$$

其中，$\bar{\varphi}_{\alpha cf}$、$\bar{\psi}_{\alpha cf}$ 是只满足终端速度约束时，采用最优控制原理给出的最省推进剂的推力方向所需要的控制姿态角，即 $K_{\varphi 1}$、$K_{\varphi 2}$、$K_{\psi 1}$、$K_{\psi 2}$ 是满足关机点矢径约束的附加小角度的参数。通过控制剩余飞行时间和对 $K_{\varphi 1}$、$K_{\varphi 2}$、$K_{\psi 1}$、$K_{\psi 2}$ 的调节，可实现对目标点 6 个状态量中的 5 个量进行控制。

(2)目标点速度分量($\dot{X}_{\alpha cf}, \dot{Y}_{\alpha cf}, \dot{Z}_{\alpha cf}$)及位置分量($X_{\alpha cf}, Y_{\alpha cf}, Z_{\alpha cf}$)均固定。

对于只能控制发动机推力方向，而不能改变发动机推力大小的火箭来说，该种情况为系统不可控问题。

在式(8-23)对应的最优程序角的实时解算过程中，需要基于火箭剩余飞行时间和推力、引力的积分量对附加小角度参数进行预测和校正。

剩余飞行时间计算：

设火箭瞬时制导时刻为0，质量为 m_0，关机时间为 t_s，剩余时间为 $t_g=t_s-0=t_s$，速度增量为 ΔV，根据齐奥尔科夫斯基公式可得

$$\Delta V=\int_0^{t_g}\frac{F}{m}\mathrm{d}t=\int_0^{t_g}\frac{\dot{m}I_{sp}}{m_0-\dot{m}t}\mathrm{d}t=\int_0^{t_g}\frac{I_{sp}}{\frac{m_0}{\dot{m}}-t}\mathrm{d}t \tag{8-24}$$

设 $t_h=\frac{m_0}{\dot{m}}$，可得

$$t_g=t_h\left(1-\mathrm{e}^{-\frac{\Delta V}{I_{sp}}}\right) \tag{8-25}$$

因为从火箭当前时刻并不能得出 ΔV，所以求得 t_g 还需要一个迭代过程。

推力积分计算：

设推力产生的速度增量为推力一次积分项，位置增量为推力的二次积分项，若已知剩余飞行时间，则推力一次积分为

$$V_{\text{thrust}}=\begin{pmatrix}\int_0^{t_g}\frac{F}{m}\cos\varphi_{\alpha f}\cos\psi_{\alpha f}\,\mathrm{d}t\\ \int_0^{t_g}\frac{F}{m}\sin\varphi_{\alpha f}\cos\psi_{\alpha f}\,\mathrm{d}t\\ -\int_0^{t_g}\frac{F}{m}\sin\psi_{\alpha f}\,\mathrm{d}t\end{pmatrix} \tag{8-26}$$

推力二次积分为

$$R_{\text{thrust}}=\begin{pmatrix}\int_0^{t_g}\int_0^{s}\frac{F}{m}\cos\varphi_{\alpha f}\cos\psi_{\alpha f}\,\mathrm{d}s\mathrm{d}t\\ \int_0^{t_g}\int_0^{s}\frac{F}{m}\sin\varphi_{\alpha f}\cos\psi_{\alpha f}\,\mathrm{d}s\mathrm{d}t\\ -\int_0^{t_g}\int_0^{s}\frac{F}{m}\sin\psi_{\alpha f}\,\mathrm{d}s\mathrm{d}t\end{pmatrix} \tag{8-27}$$

将式(8-23)代入(8-26)，且通常在弹道设计时，$\bar{\varphi}_{\alpha f}$ 为常值，$\bar{\psi}_{\alpha f}\approx 0$，位置矢量的调节量 $K_{\varphi 2}t-K_{\varphi 1}$，$K_{\psi 2}t-K_{\psi 1}$ 是小量，可得

$$\boldsymbol{V}_{\text{thrust}}=\begin{pmatrix}\int_0^{t_g}\frac{I_{sp}}{t_h-t}[c\bar{\varphi}_{\alpha f}c\bar{\psi}_{\alpha f}-s\bar{\varphi}_{\alpha f}(K_{\varphi 2}t-K_{\varphi 1})c\bar{\psi}_{\alpha f}]\mathrm{d}t\\ \int_0^{t_g}\frac{I_{sp}}{t_h-t}[s\bar{\varphi}_{\alpha f}c\bar{\psi}_{\alpha f}+c\bar{\varphi}_{\alpha f}c\bar{\psi}_{\alpha f}(K_{\varphi 2}t-K_{\varphi 1})]\mathrm{d}t\\ -\int_0^{t_g}\frac{I_{sp}}{t_h-t}[c\bar{\psi}_{\alpha f}(K_{\psi 2}t-K_{\psi 1})]\mathrm{d}t\end{pmatrix} \tag{8-28}$$

定义如下函数：

$$F_0(t)=\int_0^{t}\frac{I_{sp}}{t_h-t}\mathrm{d}t=I_{sp}\ln\frac{t_h}{t_h-t} \tag{8-29}$$

$$F_1(t)=\int_0^t \frac{I_{sp}}{t_h-t}t\,dt=t_hF_0(t)-I_{sp}t \tag{8-30}$$

代入式(8-28)可得推力一次积分为

$$\boldsymbol{V}_{thrust}=\begin{pmatrix} F_0(t_g)c\,\bar{\varphi}_{\propto f}c\bar{\psi}_{\propto f}+F_0(t_g)K_{\varphi 1}s\,\bar{\varphi}_{\propto f}c\bar{\psi}_{\propto f} \\ -F_1(t_g)K_{\varphi 2}s\,\bar{\varphi}_{\propto f}c\bar{\psi}_{\propto f} \\ F_0(t_g)s\,\bar{\varphi}_{\propto f}c\bar{\psi}_{\propto f}-F_0(t_g)K_{\varphi 1}c\,\bar{\varphi}_{\propto f}c\bar{\psi}_{\propto f} \\ +F_1(t_g)K_{\varphi 2}c\,\bar{\varphi}_{\propto f}c\bar{\psi}_{\propto f} \\ F_0(t_g)K_{\psi 1}c\bar{\psi}_{\propto f}-F_1(t_g)K_{\psi 2}c\bar{\psi}_{\propto f} \end{pmatrix} \tag{8-31}$$

同理,定义如下函数：

$$\begin{aligned} F_2(t)&=\int_0^t\int_0^s \frac{I_{sp}}{t_h-t}\,dt\,ds=F_0(t)t-F_1(t) \\ F_3(t)&=\int_0^t\int_0^s \frac{I_{sp}}{t_h-t}t\,dt\,ds=F_2(t)t_h-t^2I_{sp}/2 \end{aligned} \tag{8-32}$$

推力二次积分可表示为

$$\boldsymbol{R}_{thrust}=\begin{pmatrix} F_2(t_g)c\bar{\varphi}_{\propto f}c\bar{\psi}_{\propto f}+F_2(t_g)K_{\varphi 1}s\,\bar{\varphi}_{\propto f}c\bar{\psi}_{\propto f} \\ -F_3(t_g)K_{\varphi 2}s\,\bar{\varphi}_{\propto f}c\bar{\psi}_{\propto f} \\ F_2(t_g)s\,\bar{\varphi}_{\propto f}c\bar{\psi}_{\propto f}+F_2(t_g)K_{\varphi 1}c\,\bar{\varphi}_{\propto f}c\bar{\psi}_{\propto f} \\ -F_3(t_g)K_{\varphi 2}c\,\bar{\varphi}_{\propto f}c\bar{\psi}_{\propto f}) \\ F_2(t_g)K_{\psi 1}c\bar{\psi}_{\propto f}-F_2(t_g)K_{\psi 2}c\bar{\psi}_{\propto f} \end{pmatrix} \tag{8-33}$$

引力积分计算：

将引力加速度近似为火箭瞬时引力加速度和关机点引力加速度矢量的平均值,这种近似误差在初始时刻是比较大的,但是随着火箭向关机点的接近,误差会越来越小,即可以由后一制导时刻产生的控制量来修正前一时刻的控制量。

可求得引力的一次积分为

$$\boldsymbol{V}_{gravity}=\begin{pmatrix} g_{xocf}t_g \\ g_{yocf}t_g \\ g_{zocf}t_g \end{pmatrix} \tag{8-34}$$

引力的二次积分为

$$\boldsymbol{R}_{gravity}=\begin{pmatrix} \frac{1}{2}g_{xocf}t_g^2 \\ \frac{1}{2}g_{yocf}t_g^2 \\ \frac{1}{2}g_{zocf}t_g^2 \end{pmatrix} \tag{8-35}$$

预测与校正：

迭代制导的预测量包括发动机剩余工作时间和关机点的速度与位置。

ΔV 的分量形式可表示为

$$\Delta \boldsymbol{V} = \begin{pmatrix} V_{xocff} - V_{xocf0} - g_{xocf} t_g \\ V_{yocff} - V_{yocf0} - g_{yocf} t_g \\ V_{zocff} - V_{zocf0} - g_{zocf} t_g \end{pmatrix} \tag{8-36}$$

其中，V_{xocff}、V_{yocff}、V_{zocff} 为关机点的速度分量；V_{xocf0}、V_{yocf0}、V_{zocf0} 为当前时刻的速度分量。

利用 Jacobi 迭代方法即可迭代给出剩余时间 t_g 的预测量，如图 8-32 所示。

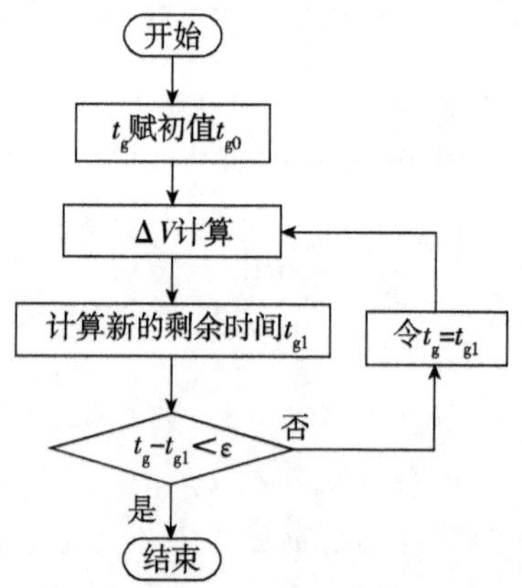

图 8-32 剩余时间计算流程图

对于确定的飞行任务，关机点的速度与位置是固定的。但对于迭代制导来讲，只能保证关机点在关机点轨道坐标系中的三个速度分量 V_{xocff}、V_{yocff}、V_{zocff} 和两个位置分量 Z_{ocff}、Y_{ocff}。实际上，目标点的位置和速度是通过弹道优化给出的，而迭代制导可近似最优解，所以当三个速度分量 V_{xocff}、V_{yocff}、V_{zocff} 和两个位置分量 Z_{ocff}、Y_{ocff} 满足时，另外一个位置分量 X_{ocff} 会尽量满足。由于位置矢量 X_{ocff} 并未完全保证，所以地心角可以看成变化的量，也可以看成常值。

迭代制导的校正过程就是求解 $\bar{\varphi}_{ocf}$、$\bar{\psi}_{ocf}$、$K_{\varphi1}$、$K_{\varphi2}$、$K_{\psi1}$、$K_{\psi2}$。

火箭发动机的推力方向只要与 $\Delta \boldsymbol{V}$ 相同，就可最大限度地满足速度增量要求。由几何关系可知：

$$\begin{cases} \bar{\varphi}_{ocf} = \arctan \dfrac{\Delta V_y}{\Delta V_x} \\ \bar{\psi}_{ocf} = -\arcsin \dfrac{\Delta V_z}{|\Delta V|} \end{cases} \tag{8-37}$$

由迭代制导原理可求得 $K_{\varphi1}$、$K_{\varphi2}$、$K_{\psi1}$、$K_{\psi2}$ 的表达式为

$$K_{\varphi1} = \frac{Y_{ocff} - F_2(t_g) s\bar{\varphi}_{ocf} c\bar{\psi}_{ocf} - \dfrac{1}{2} g_{yocf} t_g^2 - V_{yocf} t_g - Y_{ocf0}}{\left(-F_2(t_g) + \dfrac{F_3(t_g) F_0(t_g)}{F_1(t_g)}\right) c\bar{\varphi}_{ocf} c\bar{\psi}_{ocf}} \tag{8-38}$$

$$K_{\varphi 2}=\frac{\left(Y_{\alpha ff}-F_2(t_g)s\bar{\varphi}_{\alpha f}c\bar{\psi}_{\alpha f}-\frac{1}{2}g_{y\alpha cf}t_g^2-V_{y\alpha cf}t_g-Y_{\alpha f0}\right)F_0(t_g)}{[-F_2(t_g)F_1(t_g)+F_3(t_g)F_0(t_g)]c\varphi_{\alpha f}c\psi_{\alpha f}} \tag{8-39}$$

$$K_{\psi 1}=\frac{Z_{\alpha ff}-\frac{1}{2}g_{z\alpha cf}t_g^2-V_{z\alpha cf}t_g-Z_{\alpha f0}}{\left(F_2(t_g)-\frac{F_3(t_g)F_0(t_g)}{F_1(t_g)}\right)c\bar{\psi}_{\alpha f}} \tag{8-40}$$

$$K_{\psi 2}=\frac{\left(Z_{\alpha ff}-\frac{1}{2}g_{z\alpha cf}t_g^2-V_{z\alpha cf}t_g-Z_{\alpha f0}\right)F_0(t_g)}{[F_2(t_g)F_1(t_g)-F_3(t_g)F_0(t_g)]c\psi_{\alpha f}} \tag{8-41}$$

2. 目标入轨点动态修正方法

上述迭代制导方法求解给出的 $K_{\varphi 1}$、$K_{\varphi 2}$、$K_{\psi 1}$、$K_{\psi 2}$ 和 t_g 可以实现对入轨点在关机点轨道坐标系下 $Y_{\alpha ff}$、$Z_{\alpha ff}$、$V_{x\alpha cff}$、$V_{y\alpha cff}$、$V_{z\alpha cff}$ 的精确控制，但无法满足 $X_{\alpha ff}$ 的入轨精度要求。因此，要实现飞行器的精确入轨，必须在制导过程中考虑 $X_{\alpha ff}$ 的精度要求。

入轨点偏差预测：

入轨点在关机点轨道坐标系下的 $X_{\alpha ff}$ 满足：

$$X_{\alpha ff}-X_{\alpha f0}=V_{x\alpha cf0}t_g+\int_0^{t_g}\int_0^s g_{x\alpha cf}\,\mathrm{d}s\mathrm{d}t+\left(\int_0^{t_g}\int_0^s \frac{F}{m}\cos\varphi_{\alpha f}\cos\psi_{\alpha f}\,\mathrm{d}s\mathrm{d}t\right)_x \tag{8-42}$$

式中，$\int_0^{t_g}\int_0^s g_{x\alpha cf}\,\mathrm{d}s\mathrm{d}t$ 为重力二重积分项在关机点坐标系的 x 向分量，即重力对 x 方向位移的影响；$\left(\int_0^{t_g}\int_0^s \frac{F}{m}\cos\varphi_{\alpha f}\cos\psi_{\alpha f}\,\mathrm{d}s\mathrm{d}t\right)_x$ 为推力积分项在关机点坐标系的 x 分量，即推力对 x 方向位移的影响。

由前面的推导可得

$$\begin{aligned}X_{\alpha ff}=&X_{\alpha f0}+V_{x\alpha cf0}t_g+\frac{1}{2}g_{x\alpha cf}t_g^2+F_2(t_g)c\bar{\varphi}_{\alpha f}c\bar{\psi}_{\alpha f}\\&+F_2(t_g)K_{\varphi 1}s\bar{\varphi}_{\alpha f}c\bar{\psi}_{\alpha f}-F_3(t_g)K_{\varphi 2}s\bar{\varphi}_{\alpha f}c\bar{\psi}_{\alpha f}\end{aligned} \tag{8-43}$$

由于飞行器精确入轨要求 $X_{\alpha ff}$ 为 0，因此，根据当前点状态和制导指令预测的入轨点偏差 ΔX 可表示为

$$\begin{aligned}\Delta X=&X_{\alpha f0}+V_{x\alpha cf0}t_g+\frac{1}{2}g_{x\alpha cf}t_g^2+F_2(t_g)c\bar{\varphi}_{\alpha f}c\bar{\psi}_{\alpha f}\\&+F_2(t_g)K_{\varphi 1}s\bar{\varphi}_{\alpha f}c\bar{\psi}_{\alpha f}-F_3(t_g)K_{\varphi 2}s\bar{\varphi}_{\alpha f}c\bar{\psi}_{\alpha f}\end{aligned} \tag{8-44}$$

目标入轨点动态更新：

针对圆轨道入轨制导任务，如图 8-33 所示，P_0 为理论入轨点，根据轨道动力学原理以及关机点轨道坐标系的定义，P_0 点的位置、速度在制导坐标系下可表示为

$$\begin{cases} X_{\alpha ff} = 0 \\ Y_{\alpha ff} = r \\ Z_{\alpha ff} = 0 \\ V_{x\alpha ff} = \sqrt{\dfrac{\mu}{r}} \\ V_{y\alpha ff} = 0 \\ V_{z\alpha ff} = 0 \end{cases} \tag{8-45}$$

式中，r 为轨道半径；μ 为地球引力常量。

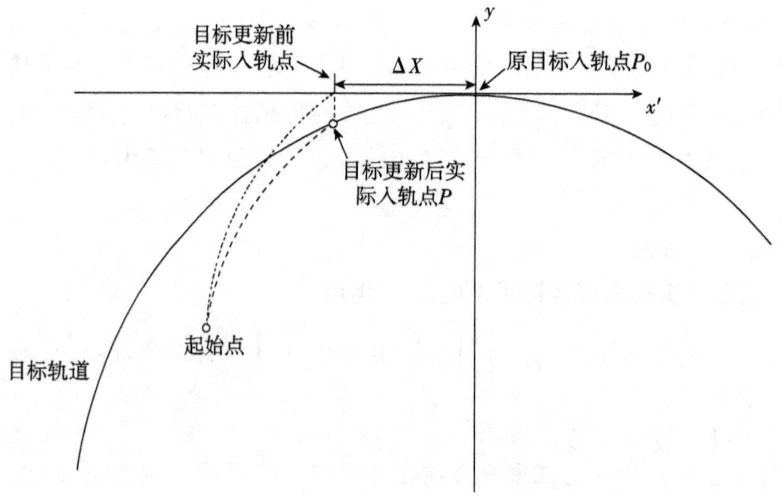

图 8-33 目标入轨点动态更新示意图

由圆轨道对应的几何关系，可得实际入轨点 P 在制导坐标系下的位置和速度分别为

$$\begin{cases} X'_{\alpha ff} = \Delta X \\ Y'_{\alpha ff} = \sqrt{r^2 - \Delta X^2} \\ Z'_{\alpha ff} = 0 \\ V'_{x\alpha ff} = V_{x\alpha ff}\dfrac{Y'_{\alpha ff}}{r} \\ V'_{y\alpha ff} = V_{x\alpha ff}\dfrac{\Delta X}{r} \\ V'_{z\alpha ff} = 0 \end{cases} \tag{8-46}$$

在每个制导周期均按式(8-46)进行目标点更新，即可显著提高制导精度，同时减小了迭代的计算量。从式(8-46)中还可看出，存在弹道偏差情况下，传统迭代制导方法使实际入轨点高于目标轨道，将导致能量的较大消耗。而目标点动态更新后，入轨点始终在目标轨道上，因而可有效地节省燃料。

制导终止与关机条件：

严格的制导终止与关机条件应为 $t_g=0$。然而在实际任务中，由于各种干扰的存在，导致弹道存在不同程度的偏差，剩余时间 t_g 不会为零。仿真结果表明，尤其是在关机点附近时，会出现剩余时间迭代计算不收敛、制导指令变化剧烈的情况。

对此，可令制导指令终止条件为

$$t_g < \varepsilon \tag{8-47}$$

即剩余时间小于某一小量 ε 后不再进行制导指令的计算，ε 值可根据具体任务确定。

目标入轨点动态修正的迭代制导流程：

(a)初始状态装订：根据实际关机点的状态和弹道在线重新规划的结果，得到 $\dot{x}_{ocf}$、$\dot{y}_{ocf}$、$\dot{z}_{ocf}$、x_{ocf}、y_{ocf}、z_{ocf}、g_{xocf}、g_{yocf}、g_{zocf}；

(b)根据图 8-32 的迭代过程计算剩余飞行时间 t_g；

(c)根据式(8-37)计算 $\bar{\varphi}_{ocf}$、$\bar{\psi}_{ocf}$；

(d)根据式(8-38)～式(8-41)计算 $K_{\varphi1}$、$K_{\varphi2}$、$K_{\psi1}$、$K_{\psi2}$；

(e)根据式(8-44)预测入轨点偏差，如果偏差小于精度要求，则进行步骤(g)，否则进行步骤(f)；

(f)按式(8-46)的形式进行目标点更新，重复步骤(a)～(e)；

(g)按照式(8-23)给出控制指令角实施控制。

针对某目标轨道高度为 300km 的圆轨道，制导起始位置(固体发动机关机点)偏差 50km、速度偏差 100m/s 的火箭末级入轨制导任务，分别采用传统迭代制导方法和目标入轨点动态修正的迭代制导方法进行仿真，结果如表 8-2 所示。

表 8-2　迭代制导仿真结果

	传统迭代制导	目标入轨点动态修正迭代制导
发动机工作时间/s	321.71	312.43
Δa/m	2547.79	86.75
Δe	0.0102	0.000015
Δi/(°)	0.0254	0.004591
$\Delta\Omega$/(°)	−0.0196	−0.0017

通过仿真可知，目标入轨点动态修正的迭代制导方法不仅可以显著提高入轨精度，还可节省 3%左右的燃料，剩余燃料用于飞行器轨道保持，可延长其在轨寿命 1 个月以上。

该方法在快舟中进行应用，在固体发动机比冲偏差、共用服务舱(末级)燃速偏差较大的情况下，入轨精度得到极大提高。快舟一号的入轨半长轴偏差 369m，偏心率偏差 3.3×10^{-5}，倾角偏差 0.002°。

8.3.3　超低轨道飞行器高精度、高稳定度控制方法

星箭一体化飞行器的高性能任务载荷(如高分辨率相机等)需要其指向控制精度优于 0.05°、稳定度优于 0.001°/s,同时多模式成像需要具备 45°以上大侧摆角成像能力。对于运行在 300km 左右地球轨道上的飞行器,超低的轨道高度和快速大侧摆角控制,带来较大的气动干扰力矩和重力梯度干扰力矩等,为其高精度、高稳定度控制带来极大难度。

要实现超低轨道飞行器的高精度、高稳定度控制,需要重点解决干扰力矩的快速高精度估计以及高性能姿态控制两个方面的问题。高性能姿态控制方法在第三章已进行了阐述,本节结合干扰力矩快速估计给出简略概述[13]。

8.3.3.1　大干扰力矩的快速估计方法

与运行在 500km 以上的常规卫星相比,300km 高度轨道的气动干扰力矩约高出 20 倍,遥测数据显示,星箭一体化飞行器对地成像时,其俯仰轴方向的干扰力矩达到 0.002Nm,对采用飞轮作为控制执行机构的姿态控制精度影响严重。同时,飞行器对地成像期间的高精度、高稳定度姿态控制需要采用较小的控制周期,卫星姿态控制周期通常为 500ms,成像期间的控制周期约为 100ms,需要在此控制周期内完成干扰力矩的高精度估计。为此,提出了一种大干扰力矩快速估计方法,将干扰力矩作为加性噪声建模,采用基于二阶卡尔曼的滤波估计方法对干扰力矩进行在线精确估计。

基于二阶卡尔曼滤波在轨估计环境干扰力矩和飞轮干扰力矩,其估计模型

$$\begin{cases} x_{k+1} = \Phi x_k + \Theta u_k + \Theta f_k + w_k \\ f_{k+1} = f_k + w_k^f \\ y_{k+1} = C x_{k+1} + v_k \end{cases} \tag{8-48}$$

其中,x_{k+1} 为估计变量矩阵,包含环境干扰力矩和飞轮扰动力矩;y_{k+1} 为输出的干扰力矩估计列阵。

8.3.3.2　高精度、高稳定度姿态控制方法

考虑到飞行器在输入受限、角速度最大值受限的条件下,其姿态机动的时间最优运动形式为:开始阶段执行机构最大能力加速,当飞行器角速度达到最大角速度后以该角速度滑行一段时间,然后进入以执行机构最大能力减速阶段,使系统恰好在机动结束时角度、角速度偏差同时控制到零。基于这一最优运动形式,设计了新型滑模控制器,使得飞行器的角速度变化过程尽量接近加速-匀速-减速的形式。同时,在控制器中考虑了转动惯量的误差,能适应飞行器惯量拉偏的情况,完成快速机动和高精度稳定控制。控制原理如图 8-34 所示。

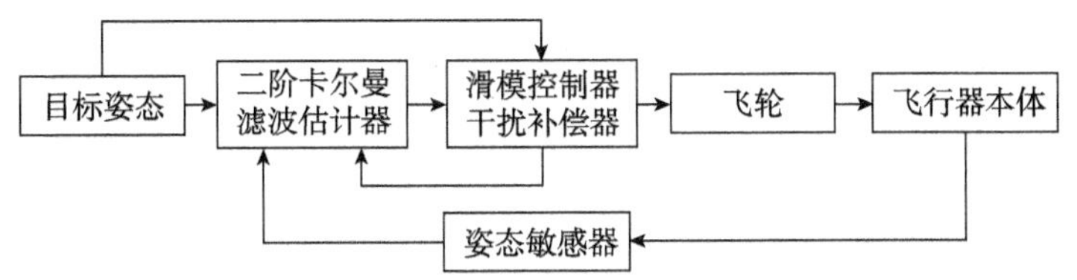

图 8-34　高精度、高稳定度姿态控制原理图

采用快速估计得到的干扰力矩 y_{k+1}，设计输入受限的滑模控制律，同时对干扰力矩进行前馈补偿：

$$U_c = F(\dot{e}, \dot{\dot{e}}) - \hat{T}_d - \hat{T}_w - T_c \tag{8-49}$$

其中，$F(e, \dot{e})$ 为滑模控制器；$\hat{T}_d$ 为估计得到的环境干扰力矩；$\hat{T}_w$ 为飞轮干扰力矩；T_c 为计算得到的理想输入力矩。

快舟采用该方法实现了干扰力矩在线快速估计及在线补偿控制，在轨进行了多次对地成像控制，遥测数据显示，在干扰力矩大于 0.002N · m 的情况下，姿态控制精度优于 0.025°，稳定度优于 0.0008°/s。

参 考 文 献

[1]吴丽娜，张迎春，耿云海. 快速空间响应中的即插即用技术. 快速空间响应系统技术研讨会，北京，2007:768-779.

[2]Martin M. Modular open network ARCH itecture (MONARCH): Transitioning plug-and-play to aerospace. IEEE Aerospace Conference, USA, 2013: 1-10.

[3]Doggrell L. Operationally responsive space: a vision for the future of military space. Air & Space Power Journal, 2006, 20(2): 42-49.

[4]Lee J W, Noh K H, Byun Y H. Preliminary design of the hybrid air-launching rocket for Nanosat. International Conference on Computational Science and its Applications, 2007: 290-295.

[5]Boltz F W. Low-cost small-satellite delivery system. Journal of spacecraft and rockets, 2002, 39(5): 818-820.

[6]Jones J E, Kibbey T P, Cobb C B. Enabling Dedicated, Affordable space access through aggressive technology maturation. Space Propulsion 2014, Cologne, 2014:1-7.

[7]赵丹. 星箭一体化航天器时变计算机技术研究. 哈尔滨:哈尔滨工业大学，2010:2-16.

[8]付密果，刘源，崔敏亮，等. 空间飞行器用金属橡胶减振器. 光学精密工程，2013，21(5): 1174-1182.

[9]孙兆伟，刘源，徐国栋，等. 小卫星/小运载可重构多核计算机设计. 航空学报，2010，31(4): 770-777.

[10]刘源，孙兆伟，邢雷，等. 可重构星载信息处理系统 FPGA 预规划技术研究. 哈尔滨工程大学学报，2013，34(7)：1407-1414.

[11]Liu Y，Shen Y，Xing L，et al. The design of an adaptive on-board computer for small satellites. Journal of Information and Computational Science，2012，9(17)：5211-5223.

[12]孙平，刘昆. 火箭侧喷流与栅格舵联合控制弹道仿真. 弹箭与制导学报，2008，28(4)：152-154.

[13]孙平，刘昆. 小型固体运载器起飞段姿态控制方法研究. 固体火箭技术，2010，(1)：1-4.

第 9 章　快速响应卫星网络化应用

快速响应微小卫星通常采用小型固体火箭机动发射，其体积、重量受到严格限制，导致单颗卫星的功能相对较弱，难以实现针对突发事件的复杂空间应用。通过多颗快速响应微小卫星组成编队、集群或星簇进行网络化应用，能够充分发挥单颗微小卫星甚至是大卫星所无法比拟的作用，如广域多目标信息获取、重点目标多手段综合信息获取、特定区域的持续信息服务以及信息快速、长距离传输等复杂应用。

由于卫星编队在队形初始化、星间位置与距离保持控制等方面的严格约束，对于空间快速响应任务的限制较大，如队形保持控制期间不能执行特定任务等。因此，快速响应卫星的网络化应用需要放宽卫星间的约束条件，以满足执行任务的快速性需求。

卫星组成集群或星簇是实现快速响应网络化应用的重要手段。对于集群飞行的微小卫星网络而言，由于快速响应任务有时要求星间链路的频繁切换或成员卫星节点的动态加入和退出，需要卫星网络具有很高的动态性和自主性。在能量有限的条件下，如何设计一个具有稳定构形的空间网络拓扑结构，构建一个高效、稳定、可靠的集群卫星空间自组织通信网络，实现对其网络拓扑的自主管理与动态优化，有效均衡和降低各成员卫星的能耗，延长集群卫星网络的在轨工作时间，是快速响应卫星空间网络化应用亟待解决的核心问题。

同时，通过集群或星簇卫星的网络化应用技术研究，有望为空间系统未来执行新型航天任务，特别是面向以微纳卫星为主的大规模集群编队飞行任务奠定基础。

9.1　快速响应卫星网络化应用的概念

9.1.1　卫星集群/星簇的概念

传统的单颗大型卫星结构复杂、体积和质量较大，成本高、研制周期长[1]。卫星各个子系统之间互相嵌套、连接紧密、系统高度集成，任何一个子系统或者部组件出现故障，很可能导致整个卫星系统功能失效或瘫痪。针对传统卫星系统复杂、可靠性低、故障容忍能力差等缺点，在微小卫星和分布式卫星技术的基础上，出现了一种具有空间革命性和创新性的卫星系统——模块化集群卫星，如图 9-1 所示。

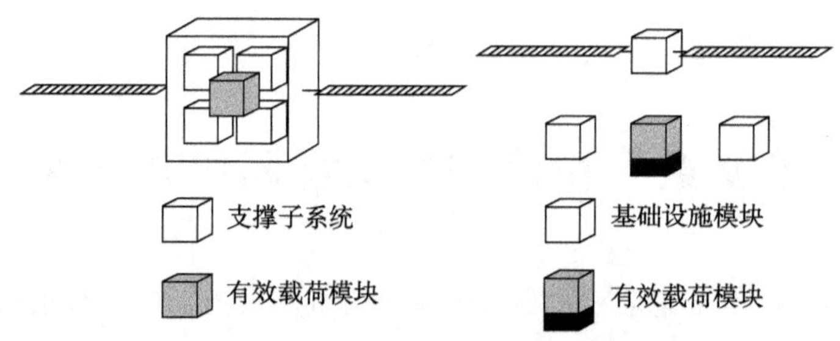

图 9-1 传统卫星与模块化集群卫星示意图

模块化集群卫星比传统卫星的研制周期短、成本低,其物理结构分离、功能分解[2],使卫星系统具有空间快速响应能力,且灵活性和可靠性高。集群卫星是一种全新概念的分布式空间系统,系统功能被分解为电源、姿态确定与控制、有效载荷、通信以及数据处理等多个功能模块,每个模块在各自的轨道上运行,通过无线方式连接,通过自由飞行的方式形成集群卫星自组织网络,组成一个完整的虚拟卫星,相互配合完成复杂的空间任务。表 9-1 给出传统卫星与模块化集群卫星的主要区别。

表 9-1 传统卫星与模块化集群卫星的区别

传统卫星	模块化集群卫星
结构一体化	化整为零,以较小代价构建大型卫星
设计周期长	推进产品的标准化,快速生产和发射
部组件故障可致整个卫星失效	分散发射风险、降低成本,提高可靠性
在轨维护困难	发生故障和失效后可快速重构升级增加系统寿命,提高系统生存能力有利于卫星功能重构

模块化集群卫星的概念虽然改变了传统卫星的研制与应用模式,但在实际应用中存在诸多问题,如各功能模块均需轨道和姿态测量与控制、模块间能量无限传输等。但模块化集群卫星的概念为快速响应微小卫星的空间应用提供了可借鉴的思路。采用模块化集群卫星功能分散和自组织网络的思想,可使具有不同功能的快速响应微小卫星构成一个灵活应用的网络结构(集群或星簇),达到放宽成员卫星星间约束,实现多模式、多手段、全天候、长时间的广域多目标信息快速获取与快速传输任务。

在集群卫星相关技术研究方面,德国 Wurzburg 大学的学者将集群卫星系统与 Ad hoc 网络相结合,提出了皮纳卫星 Ad hoc 网络的概念[3],如图 9-2 所示。通过对集群卫星轨道漂移规律的研究,给出了卫星节点之间的相对运动和距离变化对星间路由的影响,并探讨了将皮纳卫星 Ad hoc 网络用于对地观测任务的可行性。

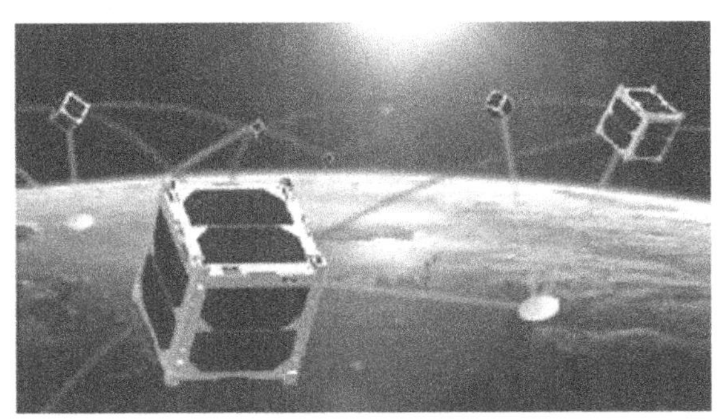

图 9-2　皮纳卫星 Ad hoc 网络结构

英国 Surrey、Edinburgh、Kent 和 Essex 四所大学的研究机构基于传感器网络和 CubeSat 立方体卫星，开展了皮卫星传感器网络研究计划，如图 9-3 所示，其目的是构建一个智能化、可扩展的分布式空间自组织网络，验证卫星自组织网络和分布式算法的可行性[4]。

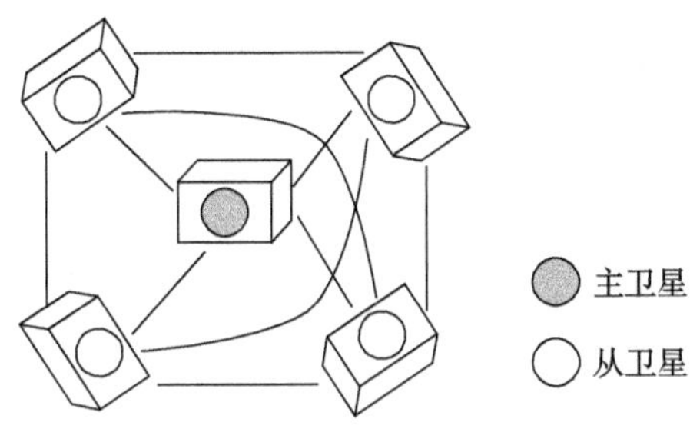

图 9-3　皮卫星集群网络结构

美国国家航空航天局(NASA)出资赞助了爱迪生小卫星验证计划，该计划是一个由 8～12 颗 1.5U 的 CubeSat 立方体卫星同构组成的集群卫星系统，研制周期为两年，用于新型的在轨通信快速传输任务。其中，为了有效降低设计成本和 CubeSat 立方体卫星的功耗，每个 CubeSat 卫星均通过星上的 MHX2420 数据收发模块实现星间链路的构建和通信[5]。

2006 年，美国约翰霍普金斯大学应用物理实验室和美国国家安全空间办公室提出了一种集群卫星系统 SBG[6](Space-based Group)，也称为星簇体系(Clustered Architecture)，如图 9-4 所示。SBG 系统由核心路由卫星、特定任务卫星和在轨服务卫星三种卫星组成。所有卫星之间通过无线通信进行数据交换，集群没有严格的编队构形。SBG 系统采用响应速度快且低功耗的无线网络结构，子卫星可根据空间任务需求随时进入主卫星通信范围内，实现扩展升级。

本书所定义的集群卫星网络是由多颗快速响应微小卫星通过无线通信的星间链路进行信息交互和共享的分布式、智能化的空间自组织网络系统，如图 9-5 所示。

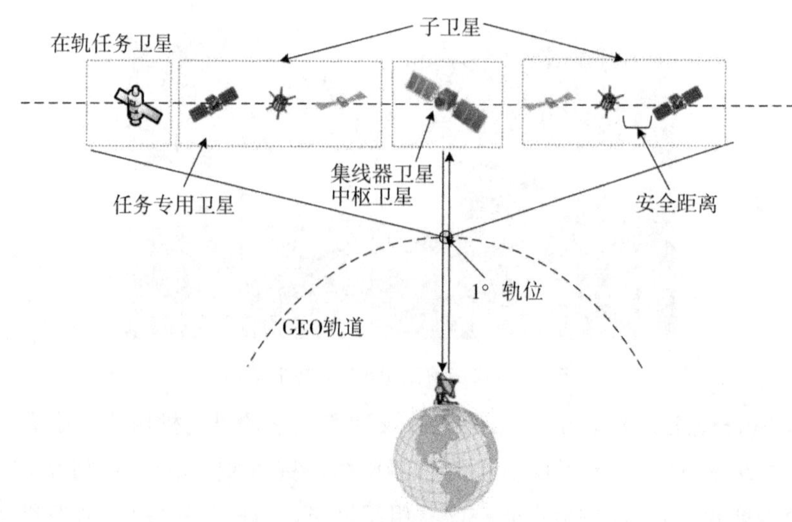

图 9-4 SBG 集群卫星轨道配置示意图

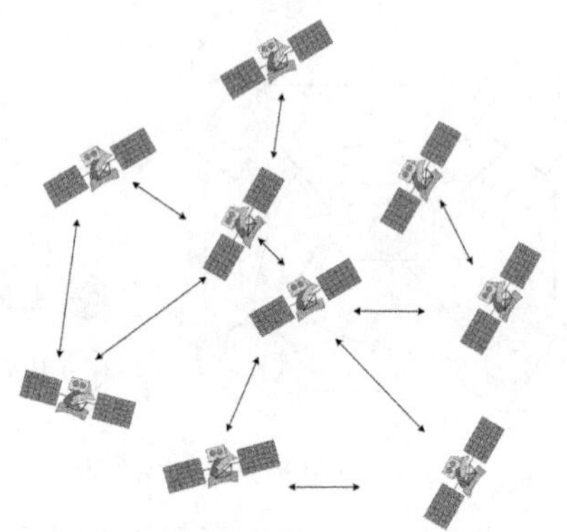

图 9-5 集群卫星网络系统示意图

集群卫星网络系统的拓扑结构可以理解为:以卫星为网络节点,以星间链路为边的空间布局。对于两个集群卫星网络拓扑而言,若网络连接方式相同,尽管星间距离不同,它们的网络拓扑结构也是相同的。

集群卫星网络系统的特点是成员卫星之间没有严格的队形约束,系统可以看作是通过星间链路连接的松散多星网络结构,节点卫星可快速动态接入和退出,卫星的构形和星间距离可根据任务需要快速重构。集群卫星可根据任务不同快速拆分成多个集群,多个集群也可以快速集成为一个集群。

集群卫星系统是由星间链路连接形成的空间网络,网络通信是该系统的核心技术。传统卫星的网络技术主要集中在以星座组网以及小规模卫星编队飞行两个方面,而集群卫星系统的网络通信与这两者均有所不同。在星座组网中,如 GPS 导航卫星系统,是由处在 LEO 的大卫星作为网络节点,且卫星节点之间距离较远,相对速度较大,多普勒效应较为明显,网络结构较为固定,能源比较充裕;对于小规模卫星编队而言，如 TanDEM-X 与 TerraSAR-X 构成的 InSAR 编队卫星以及用于重力场测量等科学任务的 Grace 卫星编队等[8]，其目的是为了获得较长的测量基线，整个系统的卫星节点数较少，网络拓扑结构简单，实现系统节点间通信较容易。而集群卫星形成的网络是节点数目较多的无线空间自组织网络，网络的节点数要远大于前两者，卫星节点受相对运动的影响，其间的相对距离在米到几千千米量级变化。卫星之间的相对姿态和相对位置的精确度要求不高，只需要满足星间通信链路的需求，允许高阶轨道摄动引起的相对漂移。同时，考虑到空间快速响应任务变化的情况，要求系统必须具备功能重构的能力，满足功能拓展与系统内卫星节点数量增加的需求，因此，需要更灵活有效的网络接入与退出机制[7]。

由于发射能力和应用的时效性要求，目前，用于集群卫星系统的单颗卫星体积和重量都有限，功能相对简单，在网络化应用上存在一定限制：

(1)由于体积和重量约束造成集群卫星内部的能量十分有限，能量的有限性必然影响通信距离、带宽与速率的选择，对卫星间的通信链路设计提出了更为苛刻的要求；

(2)随着集群内部卫星节点的损坏与退出，新成员的不断加入，所构建的网络系统将面临更为复杂的拓扑结构，需要较强的系统管理能力；

(3)快速响应集群卫星网络运行在较低轨道，卫星节点间相对速度较大，星间链路切换频繁，系统设计必须考虑网络拓扑结构的时变特性。

因此，对于快速响应微小卫星构成的集群卫星系统，首要的问题就是建立可灵活重构的网络体系结构，以解决资源受限条件下的系统优化设计问题。

9.1.2　快速响应微小卫星网络化应用模式

卫星的网络化应用是航天系统实现星间组网、天地联网，实现动态路由、实时资源共享与调度，缩短信息传输时间，大幅提高天基信息保障时效，不断提升信息综合集成核心纽带作用的总体要求。网络化应用具有以下显著优点：

(1)多星协同应用。通过卫星集群或星簇方式实现网络互联，实现多星在轨任务协同、在轨信息共享与多源信息融合，有效地弥补单颗快速响应卫星功能单一、能力不足的问题，构建一个功能完善、性能稳定的快速响应卫星系统，胜任复杂的空间任务，有效提高获取信息的准确性和时效性。

(2)网络兼容扩展。满足集群或星簇网络特征要求的卫星均可灵活接入网络，自由扩展网络规模，拓展卫星网络功能和服务能力，提升网络性能。

(3)系统健壮可靠。通过集群或星簇方式构建的卫星网络系统呈分布式、多节点形态，每颗卫星都可自主运行和维护，在部分节点卫星失效时，系统可快速自主完成重构或节点增补，不影响网络的主体功能，有效增强了网络结构对抗空间环境的生存能力。

(4)能力随机应变。卫星网络系统的节点可根据任务需求灵活调整,网络节点聚合时,可同时获取单个目标的多维度信息,提升综合信息获取能力;网络节点分散时,可同时获取大范围区域多个目标的信息。

基于集群或星簇方式构建的快速响应微小卫星网络系统,通过网络互联增强了卫星之间的信息交互能力;通过多星在轨任务自主规划,增强了卫星的应用性能,扩展了快速响应卫星的应用模式。

(1)广域多目标信息快速获取

基于网络系统卫星节点可灵活聚合和分散的方式,能够实现广域多目标信息的快速获取。此时,成员卫星间的距离可从几千米调整到上千千米,根据各成员卫星的功能、运行状态以及机动能力等进行任务规划,通过多星分散观测和信息协同处理,一次过境即可形成对地面广阔区域的覆盖,实现对地面多个目标的遥感成像与信息快速传输,见图 9-6。特别是针对地面观测,可通过合理的任务规划及图像拼接技术实现超大幅宽的成像,见图 9-7。

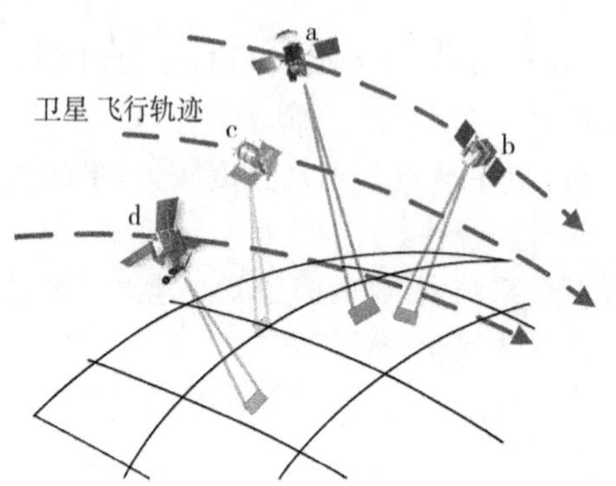

图 9-6 地面广域多目标遥感成像示意图

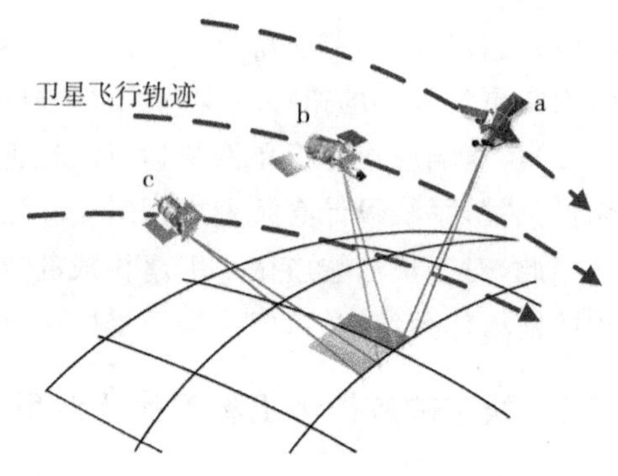

图 9-7 通过多星图像拼接实现宽幅成像示意图

(2)重点目标多手段综合信息获取

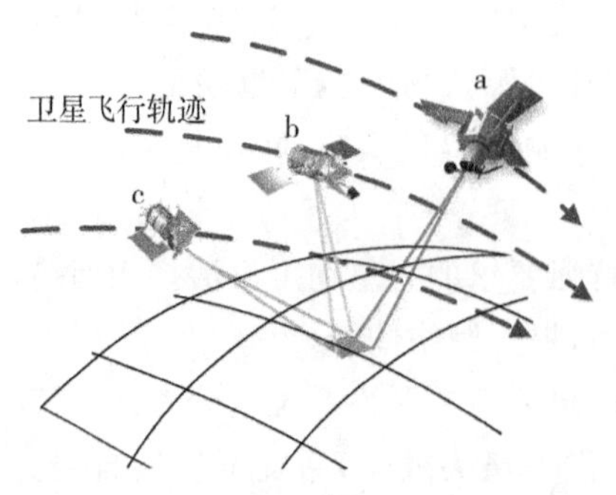

图 9-8 多星不同成像方式综合信息获取示意图

快速响应微小卫星网络系统具有对突发事件的快速信息获取能力。由于突发事件发生时间和地点的随机性以及事件发生区域的复杂性,对区域内重点目标的观测提出了特殊要求,必须采用多颗卫星所携带的不同观测载荷,如光学相机、红外相机、SAR 以及视频相机等,进行多手段的综合观测,协同获取目标的多重信息,提高信息获取的时效性,并通过星上多源信息融合处理,提高信息获取的准确性,如图 9-8 所示。

(3)特定区域持续信息获取

针对某些特定区域需要持续观测的情况,如地震区域的震情连续观测、突发冲突的升级演变过程监视等,此时,集群网络系统的多颗卫星可快速进行队形重构,组成串行飞行模式,通过集群内各成员卫星的接力观测,实现对特定区域的长时间连续信息获取。例如,由 7 颗快速响应微小卫星组成的低轨网络系统,通过同轨接力可实现对指定目标区域连续 1 小时的观测,如图 9-9 所示。

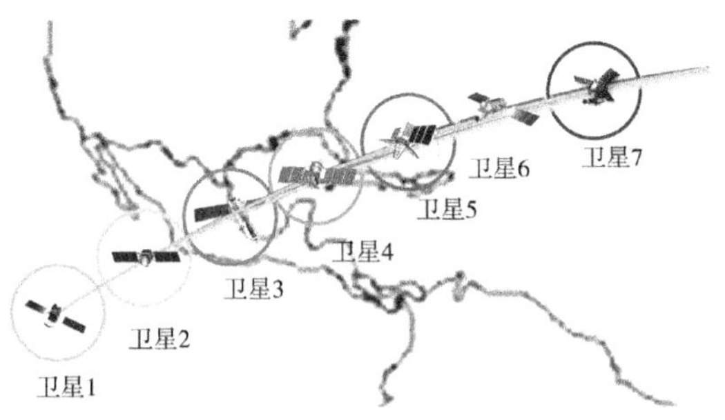

图 9-9　特定区域信息连续获取示意图

(4)信息快速、长距离传输

针对快速响应的空间任务,要求卫星获取的信息及时传递给地面用户。但经常出现卫星工作区域与信息用户不在同一个测控区域内的情况,此时,卫星获取的信息无法直接快递传递。采用网络系统的多颗卫星串联飞行模式,可充分利用集群内成员卫星的星间通信链路,快速形成空间信息与地面用户的直接通路,将集群内各成员卫星获取的信息及时、快速地传递给地面用户,实现信息的快速、长距离传输,提高信息服务的时效性和准确性,其原理如图 9-10 所示。

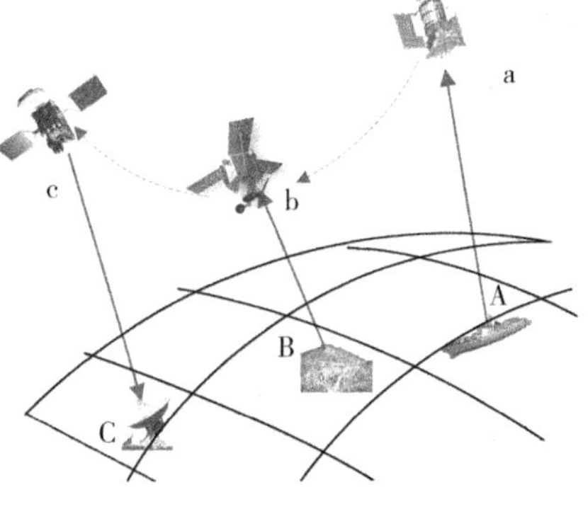

图 9-10　信息快速、长距离传输示意图

另外,集群或星簇方式构成的低轨卫星网络系统,还可通过其中心节点卫星与已有的天基信息系统(如中继卫星、通信卫星等)构成高效的信息传输网络,提高系统的综合应用能力,实现空间信息的快速、有效传输。

9.2　快速响应卫星网络化应用方法

9.2.1　集群/星簇应用系统体系构架

网络化集群/星簇应用系统作为快速响应卫星网络化应用示范的代表,其组成如图 9-11 所示,主要包括集群/星簇卫星系统、天基网络系统和地面系统三部分,通过测控和通信链路进行信息和数据交互，完成遥感、通信、数据处理以及数据多路径传输等应用。

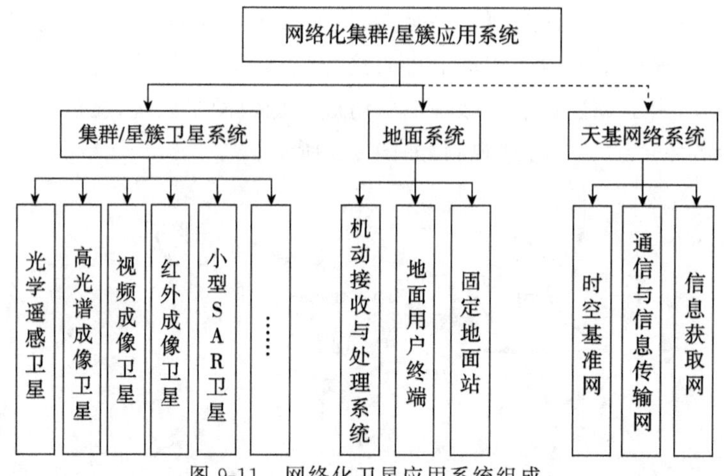

图 9-11　网络化卫星应用系统组成

集群/星簇卫星系统是网络化应用系统的核心，由光学遥感卫星、高光谱成像卫星、视频成像卫星、红外成像卫星、小型 SAR 卫星等各类遥感成员卫星在轨通过自组织网络构成。

卫星自组织网络是一种多跳的临时自治系统，网络中的每一个节点（成员卫星）不需要直接连接，也不像编队卫星那样要求严格的队形和位置保持，而是通过网络的中心节点实现系统中继方式的连接和信息传输，因而可灵活增加卫星类型或数量实现系统功能的扩展。

集群/星簇卫星系统中通常设置有中心节点卫星，通过该中心节点卫星的协调管理与控制，实现卫星系统的自主运行。该中心节点卫星具有较强的信息处理能力，从系统成员卫星处获取多源信息数据，通过数据融合处理形成用户所需的信息或情报，并直接或通过天基网络系统传输给地面应用系统。

系统成员卫星通过自组织网络形成的卫星系统，具有较强的鲁棒性：在部分节点卫星故障或者损坏的情况下，可通过补充节点的形式重构系统网络，维持系统功能。

补充节点卫星的方式主要有：其他在轨卫星轨道机动、地面快速发射卫星补网、功能重构其他冗余卫星。中心节点卫星需具备星上信息融合和对外数据通信的功能，其特殊性需要额外考虑及设计。因此，一个集群/星簇卫星系统中应设定若干颗能够完成数据融合和对外通信的卫星。这样，中心节点卫星出现故障时，在地面发射补网之前，可通过其他成员卫星功能重构的方式替代故障的中心节点卫星。

天基网络系统是集群/星簇卫星系统与地面系统实现信息全球快速交互的纽带，包括在轨的时空基准网（导航卫星）、通信与信息传输网（中继卫星、通信卫星）以及信息获取网（各类对地观测卫星）等。

天基网络系统中的时空基准网主要用于为集群/星簇卫星系统提供导航和位置信息；通信与信息传输网可以按照任务需求为集群/星簇系统提供目标导引信息，能够将集群/星簇系统获取的信息或情报快速传输给地面用户；信息获取网可以与集群/星簇卫星系统互补应用，实现能力增强。例如，信息获取网发现目标后，可通过集群/星簇卫星系统中的高分辨率卫星进行目标区域详查等。

地面系统包括机动接收与处理系统（移动地面站）、地面用户终端（舰船、飞机、手持终端等）以及传统的固定测控站和数传站，具有对集群/星簇卫星系统的全球任务指控和信息产品快速接收与应用功能。

集群/星簇系统与天基网络系统、地面系统之间的连接关系如图 9-12 所示。

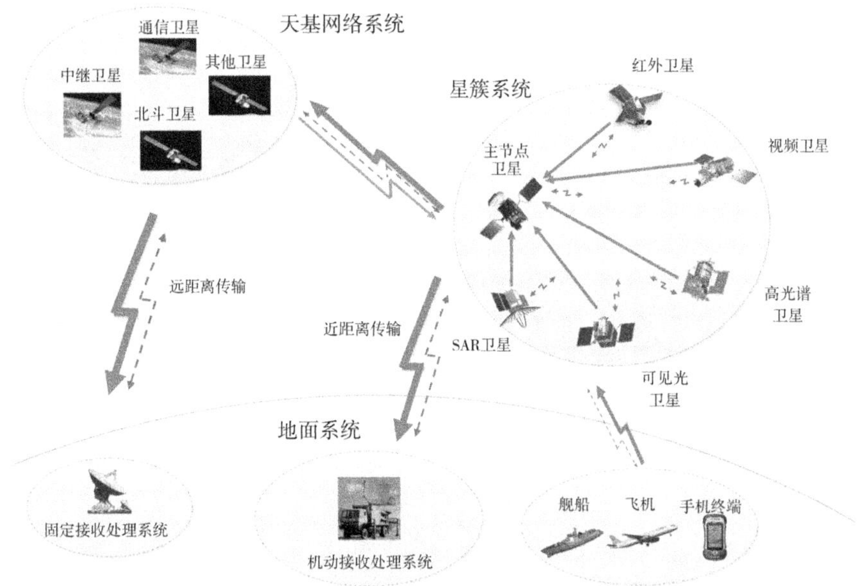

图 9-12　集群/星簇系统与天基网络、地面系统间连接关系

集群/星簇系统的对外接口除了各成员卫星自身的星地测控与数传接口外，还具有与中继卫星的测控与数据传输、与通信卫星的数据传输、与导航卫星的短报文通信等星间接口以及与地面移动应用单位的星地接口等。

（1）与中继卫星的接口（图 9-13）

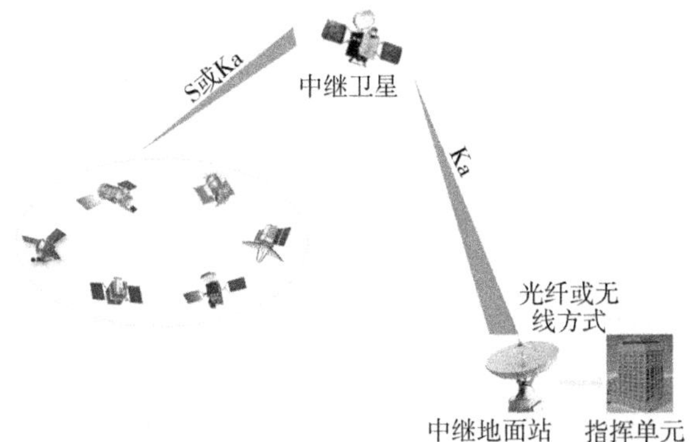

图 9-13　集群/星簇系统与中继卫星通信示意图

与中继卫星的接口包括S波段测控终端和Ka波段中继数传终端,可完成功能如下:

a)融合后的数据信息经过中继卫星Ka高速链路实现数据传输。

b)通过中继卫星S波段测控链路,实现集群/星簇系统的全球指控。

(2)与通信卫星的接口(图9-14)

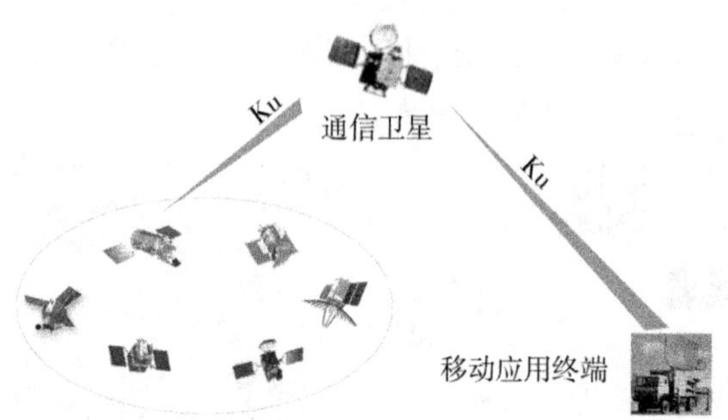

图9-14 集群/星簇系统与通信卫星通信示意图

集群/星簇系统的成员卫星配置Ku分发中继终端,可通过神通通信卫星的Ku高速链路,实时向地面Ku车载、舰载等移动应用终端提供数据。

(3)与导航卫星的接口

集群/星簇系统的成员卫星配置北斗短报文终端设备,可通过短消息向集群/星簇网络系统发送指控信息,也可以接收控制集群/星簇网络位置以及网络状态遥测等信息,极大地增强了网络控制的灵活性,如图9-15所示。

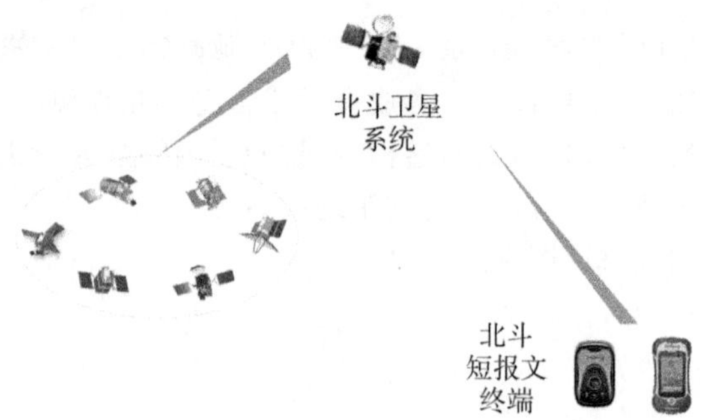

图9-15 集群/星簇系统与导航卫星通信示意图

(4)与地面动中通的接口(图9-16)

配备动中通的卫星可采用S频段向手持终端、相控阵天线便携终端等地面应用终端直接分发信息;也可以通过Ku频段向车载、舰载以及机载设备高速率传输数据信息。

因此,集群/星簇系统中所有成员卫星可通过中心卫星的天基网络星间接口,实现全球任意地点的测控与数传,从而满足空间应急应用的需求。

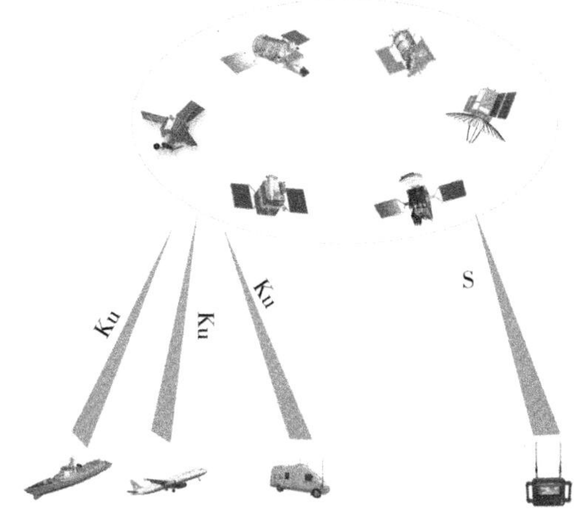

图 9-16　集群/星簇系统与地面动中通通信示意图

9.2.2　集群/星簇系统网络硬件层设计

网络化的集群/星簇卫星系统交互信息种类繁多，包括控制指令、遥测数据传输以及对地数传等，根据层次化的网络架构/功能将系统网络分为集群/星簇外部网络和内部网络两部分。

通过集群/星簇系统外部网络，系统作为一个集合体可以与其他天、地基信息系统进行连接，从而可以获得外部指令、数据注入等，并且将集群/星簇系统产生的遥测信息、遥感数据快速回传地面，实现快速分发，其详细内容将在下一节进行阐述。

通过集群/星簇系统内部网络对成员卫星的指令、遥测、数据进行传递和共享，使得不同类型、各有特点的多颗成员卫星，能够实现信息的融合和整合，从而使网络系统作为一个整体执行任务。

根据集群/星簇系统内部网络交互的数据特点，可将系同内部网络分为管理网和数据网。其中，管理网用于状态、指令的交互，具有传输速率低、信息双向传输、连接关系始终维持等特点。以 10 颗卫星为例，在聚合模式下，由于卫星相距较近，可采用网状拓扑结构；在串行模式下，10 颗星前后拉开较远的距离，形成间距约 2000km，总长约 18000km 的串行队列，此时采用树状拓扑结构实现全网信息交互。数据网主要用于载荷数据传输，具有传输速率高、单向传输、短时间工作等特点，通常采用星形状拓扑结构。

9.2.2.1　管理网

管理网在自组织网络系统管理过程中主要存在以下 4 种情形。

1. 网络自组织建立

建立网络的步骤：①各节点侦听是否已存在主控的中心节点；②各节点通过呼叫申请建立网络；③根据优先级策略，选定主控中心节点；④由主控中心节点发送网络指令,安排其他成员节点的网络资源;⑤进入工作模式后,形成星型结构控制的网络。

2. 网络成员增加

增加成员的步骤:①新成员侦听中心节点的广播控制信息;②新节点向中心节点发送接入申请;③中心节点向新节点分配网络资源,正式加入网络。

3. 网络成员减少

网络成员减少可能有以下不同的情况:①第一种是由中心节点发起删除某个网络节点,通过广播指令告知,得到回应后,不再为其分配网络资源;②第二种是由成员节点申请退出,中心节点接受后通过广播回应,不再为其分配网络资源;③第三种是某成员节点故障,不再响应中心节点的指令,此时中心节点取消其网络资源。

4. 中心节点发生损坏的情况

自组织网络主控中心节点的角色是可以发生变化的。例如,当中心节点发生故障后,成员节点得不到中心节点的信号,一定时间后各成员重新开始竞争,申请重组网络,选择新的主控中心节点。

管理网作为集群/星簇自组织网络的运行管理基础,需要保持持续的连接关系。根据集群/星簇系统空间构形设计:在聚合构形下,处于两个轨道平面的 10 颗卫星分成两组,采用直线排列,如图 9-17 所示,其中卫星 1、卫星 3～卫星 9 为第一组,卫星 2、卫星 4～卫星 10 为第二组。

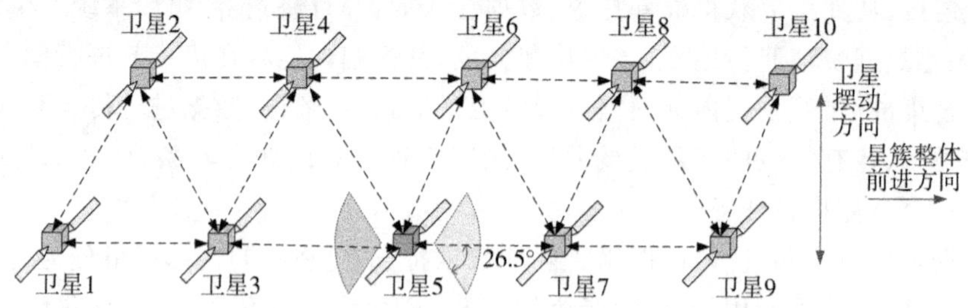

图 9-17　聚合模式下的集群/星簇系统空间构形与通信情况

由于两组卫星间隔分布,相邻两颗卫星在前进方向上距离约为 20km。两组卫星分别垂直于前进方向进行横向摆动,摆幅约为±10km。摆幅最远的时刻,相互张角最大的两颗卫星夹角约为 26.5°。卫星在执行任务过程中,还可能进行最大±45°的姿态机动(左右倾斜和前后俯仰)。因此,管理网应当工作在宽波束模式(≥±80°)下,实现最大可能的空间角度覆盖,从而确保各成员卫星在执行任务过程中始终能够保持指令链路的连接关系。

在串联模式下,相邻的两星间距达到 2000km(成像接力),卫星的横摆幅度可以忽略不计。此时最大的挑战在于通信距离遥远,为了保障基本的构形保持控制需求,需要通过提高发射功率和天线增益的方式增强信息传输能力。

9.2.2.2　数据网

根据集群/星簇系统的布局形式,高速数据链路方案主要在聚合模式下进行设计,数据网采用星型拓扑结构,其中由中心节点接收其他成员卫星的信息,并对外分发。数据网络传输速率最高可达数十 M bps,可选用 X 频段进行传输。星间高速数据传输时,两星均需根据相对距离摆动相应的角度进行传输。

9.2.3　集群卫星系统网络的能量均衡方法

集群卫星网络结构中,中心节点卫星的工作比常规的节点卫星更为复杂。例如,在收发其他卫星节点数据的同时,还要进行快速的数据压缩和数据融合等处理任务。如图 9-18 所示,中心节点卫星 A、B 相当于集群的首节点,其他节点卫星(称为从卫星)视为集群成员。从卫星节点通过星间链路以直接或间接的通信方式与中心节点卫星进行数据传输,集群网络系统中只有中心节点卫星开启与地面站进行通信的功能。因此,中心节点卫星为完成数据接收与通信功能,需要频繁地进行姿态机动。整个网络系统对中心节点卫星的依赖性很强,因此,中心节点卫星的能耗较高。

如果中心节点卫星始终工作,当能耗耗尽后,就无法继续承担其节点的功能。因此,需要适时动态更换中心节点卫星,所有节点卫星根据自身能耗和当前剩余能量决定是否开启中心节点卫星的功能。

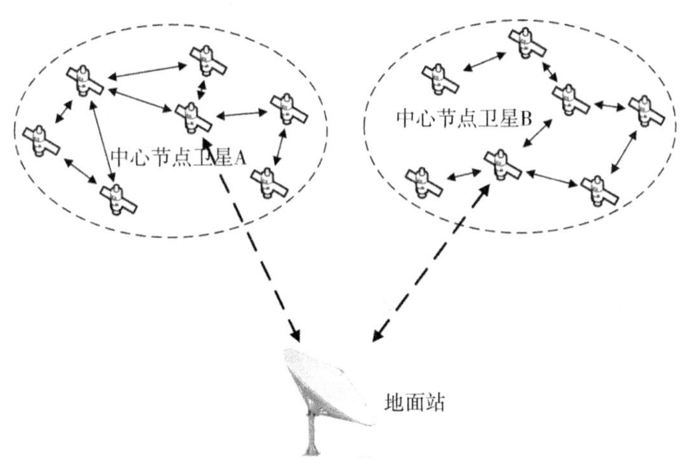

图 9-18　集群卫星网络的星簇结构示意图

集群卫星网络管理的思想起源于 Ad hoc 网络中簇的概念。首先选举出簇首节点(中心节点卫星),相邻在轨卫星根据簇首广播信号强度选择簇首形成星簇,整个网络分成若干个星簇。然后应用优化后的 LEACH 分簇算法确定中心节点卫星。这种自适应动态更换中心节店卫星的策略,能够有效均衡网络的能耗,最大限度地延长集群卫星系统在轨工作时间。

LEACH 算法的基本思想是：采用网络动态分簇方法，随机选择簇首节点，网络以循环的方式实时更换簇首节点，LEACH 是一种分布式算法，工作时序过程以轮为周期，如图 9-19 所示。该算法每轮可以分为两个阶段完成簇的重建：簇的建立阶段和数据传输阶段。

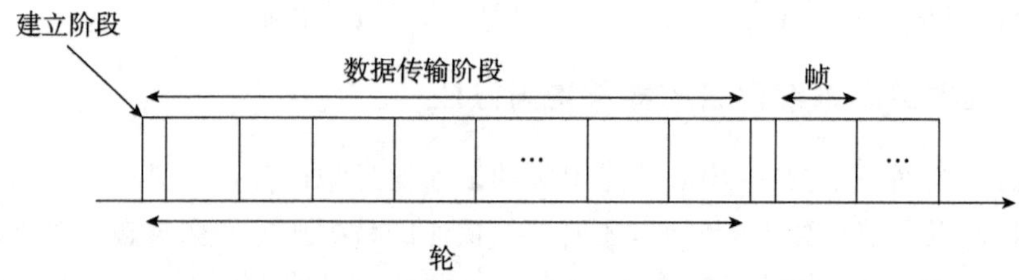

图 9-19　LEACH 算法工作时序

簇的建立阶段：每个节点产生的随机数与阈值进行比较，根据比较结果决定是否当选为簇首节点，其为所有簇成员节点分配 TDMA（time division multiple access，时分多址）时隙，成员节点在指定的时隙向簇首传输信息。

数据传输阶段：簇中成员节点在指定的 TDMA 时隙实现与簇首节点的通信，数据被簇首压缩和融合处理后，由簇首节点传输到基站。

LEACH 算法的簇首节点选举过程中，所有节点的地位在簇首节点选择机制中是平等的，没有进行选举协调的中心节点。确定簇首节点时，所有节点根据产生的随机数(0,1)决定是否成为簇首节点，当阈值 $T(n)$大于随机数时，则节点当选为簇首节点。其中，节点阈值 $T(n)$的表达式为

$$T(n)=\begin{cases}\dfrac{p}{1-p(r\bmod(1/p))}, & n\in G\\ 0, & \text{其他}\end{cases}\tag{9-1}$$

其中，n 为集群网络中节点的总数；r 为簇首节点选举的轮数；G 为当前所有簇成员节点集合；$r\bmod(1/p)$为当选过簇首节点数；p 为簇首节点数占网络所有节点数的百分比。

通过以上分析可知，所有节点都会在 $1/p$ 轮中被选作一次簇首的机会。在初始时刻，网络中的每个节点当选为簇首节点的概率相等，节点当选为簇首节点后，节点对应的阈值 $T(n)$设置为 0，因此该节点在以后的 $1/p-1$ 轮中不参与簇首节点选举。候选簇首节点数随着时间的变化而逐渐减小，阈值 $T(n)$增高，剩余节点成为簇首节点的机会变大。此时，在第 $1/p$ 轮时，未当选过簇首的节点的阈值为 1，因此被选举为簇首节点的概率为 1。如此循环 $1/p$ 轮后，所有存活节点重新进行簇首节点选举，图 9-20 为 LEACH 算法流程图。

LEACH 算法中，簇首节点完全由随机数决定选择机制。而集群卫星网络中，需要基于网络节点的能量因素选择簇首节点，若不考虑集群内卫星节点当前剩余能量，

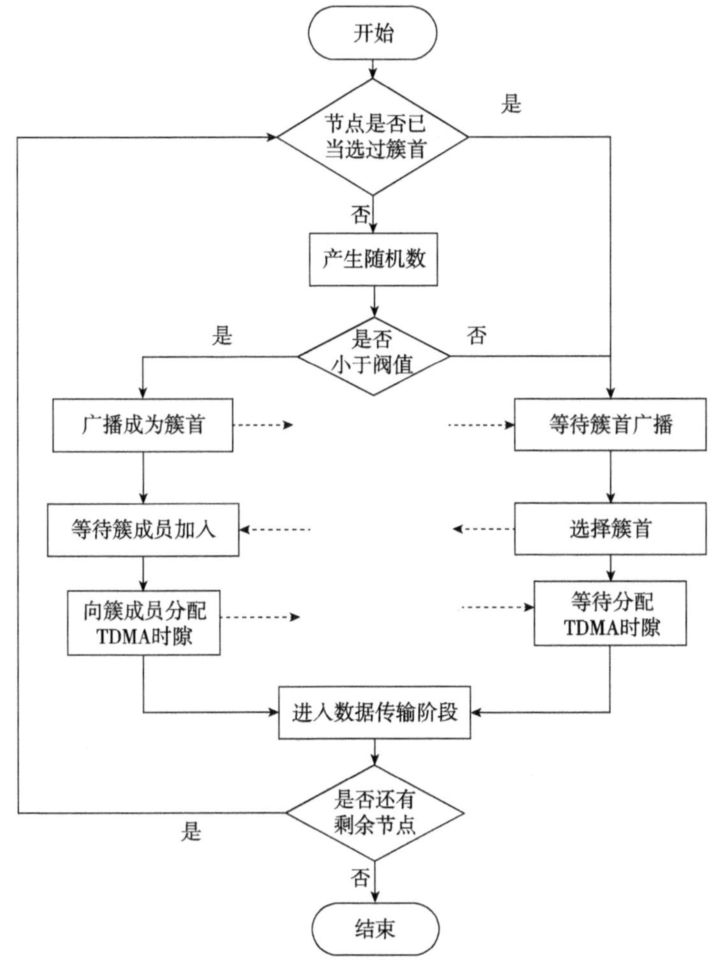

图 9-20　LEACH 算法流程图

剩余能量较少的节点可能会被选取为簇首节点，这类节点能量消耗较多而过早死亡，导致整个网络的能量负载分配不均衡。针对这一问题，将剩余能量比增加到节点阈值中，其阈值表达式为

$$T(n)_{\text{new}} = \begin{cases} \dfrac{p}{1 - p(r \bmod (1/p))} \times \dfrac{E_{\text{current}}}{E_{\text{origin}}}, & n \in G \\ 0, & \text{其他} \end{cases} \tag{9-2}$$

其中，E_{current}代表节点当前能量；E_{origin}代表节点初始能量。

改进算法 N-LEACH 的阈值 $T(n)_{\text{new}}$在选择簇首节点方面，考虑了节点的初始能量值和当前剩余能量值，当前剩余能量与初始能量比值较大的节点，成为簇首节点的概率更大。与原来的算法相比，该方法避免了某些能量较少的节点因能量过度损耗而死亡，所以有效均衡了整个网络的能量消耗。

此外，对于给定的网络系统，簇首节点数对全局网络的能耗和通信质量有着很大的影响，若簇首节点数过大，由于簇首与地面基站的星地链路距离较远，所以其能耗会很高；若簇首节点数过小，簇的范围较大，距离簇首较远的成员节点能耗随之增大。所以，确定网络的最优簇首节点数对网络均衡能耗负载是非常重要的。

集群卫星网络中，发射模块和接受模块之间的距离为 d，传输 l-bit 的数据时，发送信息的卫星节点能耗表示为

$$E_{tx}(l,d) = E_{elec} \cdot l + \varepsilon_{amp} \cdot ld^2 \tag{9-3}$$

接收数据的卫星节点能耗表示为

$$E_{re}(l) = E_{elec} \cdot l \tag{9-4}$$

其中，E_{elec} 为发射和接收模块在发射和接收 1bit 数据时的能耗；ε_{amp} 为数据传输单位能耗，取决于发射机放大器；$E_{elec} \in$（10nJ/bit，100nJ/bit）；$\varepsilon_{amp} \in$（10pJ/(bit · m^2)，100pJ/(bit · m^2)）。

则集群卫星网络中的各成员卫星能耗模型表示为

$$\begin{aligned} E(l,d) &= \sum_{i=1}^{\Phi}(E_{elec} \cdot l + \varepsilon_{amp} \cdot ld^2) + \sum_{j=1}^{\Psi}(E_{elec} \cdot l) \\ &= \left(\sum_{i=1}^{\Phi+\Psi} E_{elec} + \sum_{j=1}^{\Psi}(\varepsilon_{amp} \times d^2)\right) \cdot l \end{aligned} \tag{9-5}$$

其中，Φ 和 Ψ 为卫星发送和接收的数据空间链路数。

将集群卫星网络分为 k 个星簇，网络的簇首节点数为 k。假设一帧有 l-bit 数据，则簇首节点在传输 l-bit 数据时的能耗表示为

$$E_{lea} = l \cdot \left(\frac{N}{k} - 1\right) \cdot E_{elec} + l \cdot E_{elec} + l \cdot \frac{N}{k} \cdot E_{da} + l \cdot \varepsilon_{amp} \cdot d^4_{lea\text{-}bas} \tag{9-6}$$

其中，E_{da} 为融合单位 bit 数据的能耗；$d_{lea\text{-}bas}$ 为簇首节点与地面站的距离。

普通节点只能在其有限通信范围内通过星间链路与簇首节点完成信息交互。在传输 l-bit 数据时消耗的能量表示为

$$E_{sla} = l \cdot E_{elec} + l \cdot \varepsilon_{amp} \cdot d^2_{sla\text{-}lea} \tag{9-7}$$

其中，$d_{sla\text{-}lea}$ 为簇成员节点与簇首节点的星间链路距离。

所以，在一帧数据传输的过程中，平均每簇的能耗表示为

$$E_{cluster} = E_{clu} + \left(\frac{N}{k} - 1\right) \cdot E_{sla} \tag{9-8}$$

网络中节点数目远大于 1，上式可表示为

$$\begin{aligned} E_{cluster} &\approx E_{lea} + \left(\frac{N}{k} - 1\right) \cdot E_{sla} \\ &= l \cdot \frac{N}{k}(E_{elec} + E_{da}) + l \cdot \varepsilon_{amp} \cdot d^4_{lea\text{-}bas} + (l \cdot E_{elec} + l \cdot \varepsilon_{amp} \cdot d^2_{sla\text{-}lea}) \cdot \frac{N}{k} \\ &= 2l \cdot \frac{N}{k} \cdot E_{elec} + l \cdot \frac{N}{k} \cdot E_{da} + l \cdot \varepsilon_{amp} \cdot d^4_{bas} d^4_{lea\text{-}bas} + l \cdot \frac{N}{k} \cdot \varepsilon_{amp} \cdot d^2_{sla\text{-}lea} \end{aligned} \tag{9-9}$$

集群网络系统在一帧数据传输过程中的总能耗为

$$\begin{aligned} E_{\text{total}} &= k \cdot E_{\text{cluster}} \\ &= l \cdot N \cdot \left(2E_{\text{elec}} + E_{\text{da}} + \varepsilon_{\text{amp}} \cdot d_{\text{sla-lea}}^{2} + \frac{k}{N} \cdot \varepsilon_{\text{amp}} \cdot d_{\text{lea-bas}}^{4}\right) \end{aligned} \tag{9-10}$$

上式对 k 求一阶导数，可得到最优簇首节点个数比值：

$$p_{\text{opt}} = \frac{k_{\text{opt}}}{N} = \sqrt{\frac{1}{2\pi N}} \cdot \frac{L}{d_{\text{lea-bas}}^{2}} \tag{9-11}$$

该方法在簇首节点的确定过程中合理地均衡了网络中簇首节点的能耗，并有效提高了网络能量的利用率。

9.2.4　集群卫星系统网络拓扑的最短路径分析

集群卫星通信过程中，能量的消耗与星间链路距离是息息相关的，通信过程中的能耗为星间链路距离的函数。小卫星由于体积有限，携带的能量有限，如何寻找最优的信息传输路径，降低网络能耗，延长集群航天器在轨工作时间成为一个主要问题。任意两颗卫星节点之间的路径有很多条，一定存在一条各边的权值和最小的最短路径。如何在繁多的信息传输路径中找出最短信息路径是集群卫星网络拓扑亟需解决的问题。

与地面的网络拓扑系统结构不同，集群卫星网络具有较高的动态性。卫星在轨运行速度较大，导致集群卫星网络中的不同轨道卫星间的星间链路距离变化很快，网络拓扑结构变化频繁。但是集群网络的拓扑结构变化具有规律性和周期性，网络中的卫星都在各自的轨道进行周期运动，其轨迹是可预知的，所以星间链路的距离变化、链路的接通和断开具有周期性变化的特点，因此整个集群网络的拓扑结构变化也具有周期性。

基于以上对集群卫星网络拓扑结构动态性的分析，为更直观地对集群卫星网络特点进行研究，将连续变化的集群卫星网络拓扑进行离散化，如图 9-21 所示。将集群卫星网络系统根据星间链路切换时刻，将运行周期 T 分成若干个非均匀时隙，每个时隙的开始时刻，网络进行拓扑更新，每一个时刻都对应一个近乎静态的网络拓扑（称为拓扑快照），集群卫星网络的这种特征被称为有限状态自动机（FAS，finite state automation）。

每个拓扑快照中的拓扑结构是固定的，即星间链路的连接和断开是确定的。利用集群卫星网络的周期性和卫星轨迹的可预知性，将各个时隙的网络拓扑数据存储到星载数据处理系统。那么在集群卫星网络在轨运行期间，只要知道整个网络当前运行所处的时隙，就能得到相应的网络拓扑结构。

在网络拓扑更新时刻，根据式（9-12）和式（9-13）确定星间相对位置和星间链路距离。

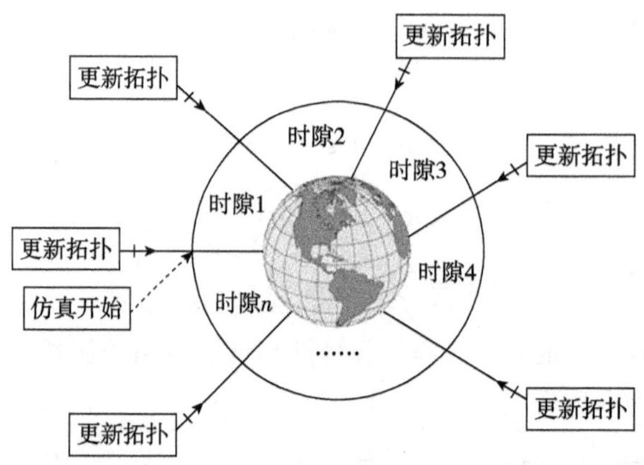

图 9-21 网络周期的时隙划分

$$\varphi = \arcsin[\sin i \cdot \sin(\omega_s t + \gamma)] \tag{9-12}$$

$$\lambda = \Omega + \arctan[\cos i \cdot \tan(\omega_s t + \gamma)] - \omega_e t \tag{9-13}$$

其中，φ 和 λ 分别为卫星的纬度和经度；i 为轨道倾角；ω_s 为卫星在轨运行角速度；ω_e 为地球自转角速度；Ω 为升交点赤经；γ 为卫星初始相位。

9.2.4.1 数学模型

将集群卫星网络拓扑的时变特性与图 $G=(V,E)$ 相结合，获得新的图集。将集群卫星网络周期 T 划分为 n 个非均匀时隙 $\{t_0,t_1,t_2,\cdots,t_n\}$，同时，星间链路的切换（网络拓扑更新）时刻 t_s 都包含在集合 $\{t_0,t_1,t_2,\cdots,t_n\}$ 中。令 $G=[V(G),E(t),D(t)]$，$0\leqslant t\leqslant T$ 表示集群卫星网络在任意 t 时刻的网络拓扑，$V(G)=\{v_1,v_2,\cdots,v_N\}$ 表示网络节点集；$E(t)=\{(v_i,v_j),i\in(1,N),j\in(1,N)\}$ 为有限边的网络通信链路集，$E(t)\subseteq V(G)\times V(G)$；$D(t)=\{d_{v_i,v_j}(t)\leqslant R_{\max},i\in(1,N),j\in(1,N)\}$ 为任意两颗卫星节点欧式距离集合。

在集群卫星网络运行周期 T 内，基于时隙 $\{t_0,t_1,t_2,\cdots,t_n\}$ 的划分，动态的网络拓扑可以用一系列静态拓扑快照的集合表示，即 $G=\{G(t)\mid t=t_0,t_1,t_2,\cdots,t_n\}$。如图 9-22 所示，任意的 $t\in\{t_0,t_1,t_2,\cdots,t_n\}$，都对应着一个瞬时拓扑快照 $G(t)$，$G(t_i)$ 与 $G(t_{i+1})$ 之间的差异表现在星间链路的距离变化和切换，可以认为，在时隙 $[t_i,t_{i+1}]$ 中，网络的拓扑的最短路径始终不变，只需要计算 $\{t_0,t_1,t_2,\cdots,t_n\}$ 中每个时刻对应的网络拓扑，令时隙内的网络拓扑 $G(t)$，$t\in(t_i,t_{i+1})$ 与 t_i 时刻的拓扑 $G(t_i)$ 相同。

如图 9-22 所示，一系列离散化的拓扑快照反应了周期 T 内网络拓扑的动态变化过程。对于每一个 G 而言，在离散的条件下，满足 $G=\{G(t)\mid t=t_0,t_1,t_2,\cdots,t_N\}$，从而演变为一个具有 $n+1$ 层，每层具有 n 个节点的新型图集。微小卫星的存储能力有限，为节省数据存储空间，将 $G(t_0),G(t_1),G(t_2),\cdots,G(t_n)$ 中相邻的拓扑快照进行前后对比，若连续的几个拓扑快照中，星间链路状态保持稳定，没有发生切换，可以合并为同一个拓扑快照。

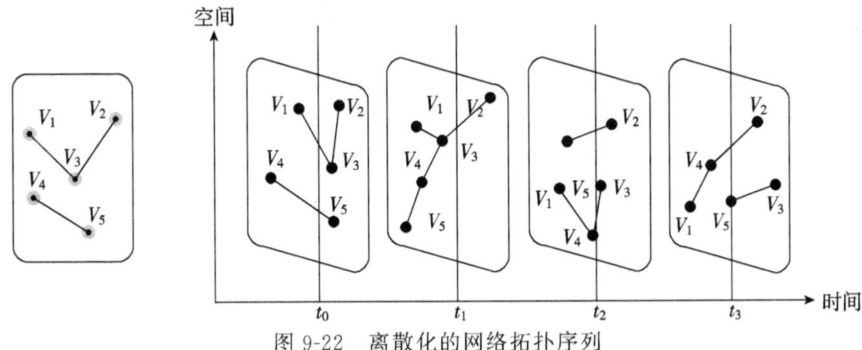

图 9-22　离散化的网络拓扑序列

目前对于网络拓扑的最短路径研究已经十分深入，并取得了丰硕的研究成果，最短路径算法主要分为单源点最短路径算法和双源最短路径算法。网络拓扑最具有代表性最短路径算法主要有 Dijkstra 算法，但 Dijkstra 算法是基于固定网络拓扑的最短路径算法，应用于动态的集群卫星网络拓扑求解最短路径会受到很大限制，例如，初始时刻 Dijkstra 算法已经确定了最短传输路径，下一时刻星间链路切换，原来的某些路径断开，导致数据无法传输到目的节点，所以需要对原算法进行优化改进。

9.2.4.2　网络拓扑时隙的划分

任意时刻 t，两颗卫星节点 v_i 和 v_j 之间的星间链路距离为 $d_{v_i,v_j}(t)$，$d_{v_i,v_j}(t)$是以时间 t 为变量的函数，则任意 t 时刻的集群卫星网络拓扑的星间链路距离矩阵为

$$D(t)=\begin{pmatrix} d_{v_1,v_1}(t) & d_{v_1,v_2}(t) & \cdots & d_{v_1,v_N}(t) \\ d_{v_2,v_1}(t) & d_{v_2,v_2}(t) & \cdots & d_{v_2,v_N}(t) \\ \vdots & \vdots & & \vdots \\ d_{v_N,v_1}(t) & d_{v_N,v_2}(t) & \cdots & d_{v_N,v_N}(t) \end{pmatrix} \tag{9-14}$$

$$d_{v_i,v_j}\begin{cases} >0, v_i, v_j \text{ 存在边} \\ =\infty, v_i, v_j \text{ 不存在边} \end{cases}$$

如果应用 Dijkstra 算法，要求在合理的选择时隙序列$\{t_0,t_1,t_2,\cdots,t_n\}$时，满足以下几点要求：

(1)保证星间链路发生切换的时刻$\{t_{s1},t_{s2},t_{s3},\cdots,t_{sj},\cdots\}$都包含在集合$\{t_0,t_1,t_2,\cdots,t_n\}$中。

(2)在时隙$[t_i,t_{i+1}]$中，网络拓扑结构不发生变化，即星间链路的连接和断开的状态是固定不变的，所有星间链路不发生切换，只有星间链路距离 $d_{v_i,v_j}(t)$大小发生变化，使 $d_{v_i,v_j}(t)$在时隙$[t_i,t_{i+1}]$内满足一致连续，则 $d_{v_i,v_j}(t)$是一个分段的周期函数。

(3)对于星间链路切换的连续两个时刻 t_{sj} 和 $t_{s(j+1)}$ 之间的时间区间$[t_{sj},t_{s(j+1)}]$，合理选择时间间隔 Δt_j，对于该网络可以接受的误差 δ，网络的星间链路距离矩阵，满足以下关系式：

$$|D(t+\Delta t_j)-D(t)|\leqslant\delta, t\in[t_{sj},t_{s(j+1)}] \tag{9-15}$$

(4)$\Delta t_j \gg T_{\text{upd}}$，时隙大小必须远大于网络拓扑的更新时间 T_{upd}，也就是算法的时间复杂度。T_{upd} 为网络中任意一个节点到其他节点找寻最短路径需要的时间，在 $N=50$ 时，算法的运行时间平均值大约为 0.0014s，对于传统的星座或者 LEO 卫星编队网络，通常 $T_{\text{upd}}<200\text{ms}$。

根据式(9-15)，时隙$\{t_0, t_1, t_2, \cdots, t_n\}$的选取与集群卫星网络能够接受的误差 δ 和算法的时间复杂度有关，既要将连续变化的集群卫星网络合理离散化为一系列的静态拓扑快照，又要保证远大于算法的时间复杂度 T_{upd}。Δt 的大小与卫星网络、轨道高度等因素有关，几种典型的系统的 Δt 取值如表 9-2 所示。

表 9-2　几种典型的卫星网络系统 Δt 取值

	轨道高度/km	轨道倾角/(°)	Δt/s
Teledesic	1375	84.7	181
铱系统	778	86	82
全球星系统	1414	52	147
ICO 系统	10390	45	77

算法实现步骤如下：

(1)确定集群卫星网络可接受的误差 δ；

(2)确定时隙满足 $|D(t+\Delta t_j)-D(t)|\leqslant\delta, t\in[t_{sj}, t_{s(j+1)}]$ 和 $\Delta t_j \gg T_{\text{upd}}$；

(3)对于 $\forall t$，判定 t 所属于的时隙；

(4)若 $t\in[t_i, t_{i+1}]$，则应用 Dijkstra 算法得到 $G(t_i)$，使 $G(t)=G(t_i)$。

算法实现流程如图 9-23 所示。

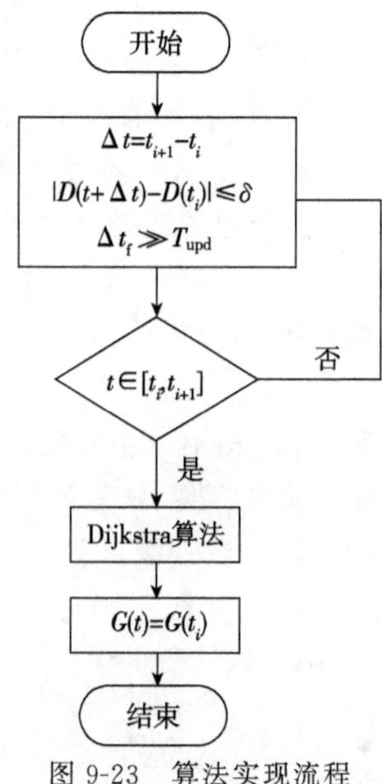

图 9-23　算法实现流程

9.2.4.3　面向动态网络的 N-Dijkstra 算法

Dijkstra 算法中，将所有节点集合 V 分成两部分，即 $V=S+T$，v_0 为源节点，$v_k\in T$，两个节点 v_0,v_k 之间的最短路径 $P_{v_0\to v_1\to v_2\to\cdots\to v_i\to v_k}$，其中 $\{v_0,v_1,\cdots,v_i\}\in T$，则路径 $P_{v_0\to v_1\to v_2\to\cdots\to v_i}$ 必定是节点 v_0,v_i 之间的最短路径。但是集合 T 中节点处于无序的排列状态，每次进行最短路径更新并选取最短路径的节点时，必须对 T 中所有的节点进行访问比较，若节点数目多，Dijkstra 算法的时间复杂度会很高，对于频繁更新的集群卫星网络拓扑，算法的时间复杂度将严重影响集群卫星网络拓扑中的最短路径更新和通信质量。

集群卫星是通过星间链路相互连接各个卫星节点形成的空间网络，实际上，每个卫星节点一般只与其邻居节点有关系。每个卫星节点都有相应的邻居节点，所有的邻居节点组成邻居节点集合（以下简称邻居集合）。任意一个卫星节点的邻居集合中包括同一轨道上距离最近的前后两颗卫星节点和相邻轨道上距离最近的卫星节点。对于算法 Dijkstra 算法，这里的集合 T 就是每个卫星节点的邻居集合。

如图 9-24 所示，卫星节点 v_1 的邻居集合 Ω 由 v_2,v_3,v_4 和 v_5 组成，根据集群卫星网络的动态性和周期性可知，v_2 和 v_3 在整个周期 T 内，星间链路(v_1,v_2)，(v_1,v_3)的连接状态始终不变，因此称 v_2 和 v_3 为 v_1 的固定邻居节点集合 Ω_1。而 v_4 和 v_5 在轨运动的过程中，因为相对距离的变化，星间链路(v_1,v_4)，(v_1,v_5)会发周期性的切换，所以称 v_4 和 v_5 为 v_1 的周期邻居节点集合 Ω_2，在不同的时刻，v_1 的周期邻居集合是不同的。根据卫星在轨运行轨迹的可预知性和周期性，在集群卫星网络周期 T 内，任意时刻 $t\in\{t_0,t_1,t_2,\cdots,t_n\}$的网络拓扑，卫星节点的邻居集合 $\Omega(t)$是固定的。

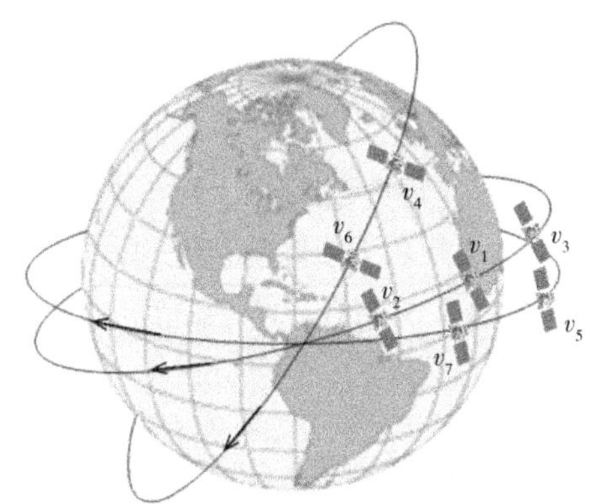

图 9-24 卫星邻居集合示意图

基于以上分析，适合集群卫星网络拓扑的 N-Dijkstra 算法的设计方法为：

(1)集群卫星网络的节点集合 V，其中 $S\subseteq V$，集合 S 为已经找到最短路径的节点集合，$S=\{v_i,i=1,2,\cdots,k\}$，集合 T_i 为节点 v_i 的邻居集合，则集合 $S=\{v_i,i=1,2,\cdots,k\}$中的所有节点的邻居集合表示为 $T=\{T_i,i=1,2,\cdots,k\}$。若源节点为 u_1，求源节点 v_1 到其他节点 u_j 的最短路径 $P_{v_1\to\cdots\to u_j}$。

(2)若现有最短路径 $P_{v_0 \to v_1 \to \cdots \to v_i}$，则以节点 v_i 为中继节点在它的邻居集合 T_i 中所有节点进行访问。比较路径 $P_{v_0 \to v_1 \to \cdots \to v_i \to u_j}$ 和 $P_{v_0 \to v_1 \to \cdots \to u_j}$（路径中不包含节点 v_i）的距离大小，使 $P_{v_1 \to \cdots \to u_j} = \min(P_{v_0 \to v_1 \to \cdots \to v_i \to u_j}, P_{v_0 \to v_1 \to \cdots \to u_j})$。

(3)$S = SU\{u_j\}$，返回步骤(2)，直至集合 S 包含网络所有节点。

(4)仿真分析。

为了验证时隙划分方式的合理性和 N-Dijkstra 算法在集群卫星网络中的有效性，针对规模为 10 颗卫星的集群卫星网络在 6000s 内的拓扑变化情况进行分析，每颗卫星的最大通信距离为 $R_{\max} = 12\text{km}$，仿真步长为 1s。表 9-3 为 10 颗卫星轨道参数。

表 9-3　集群卫星网络中各成员卫星轨道参数

	半长轴/km	偏心率	轨道倾角/(°)	近地点俯角/(°)	升交点赤经/(°)	真近点角/(°)
S1	6778.14	0	97.0346	0	279.066	0
S2	6778.14	0.001	97.0346	0	279.066	360
S3	6778.14	0.0006	97.0346	0	279.066	360
S4	6778.14	0.0006	97.0546	180	279.067	180
S5	6778.14	0.001	97.0346	270	279.066	90
S6	6778.14	0.0006	97.0046	290	279.067	70
S7	6778.14	0.001	97.0346	180	279.066	180
S8	6778.14	0	97.0846	0	279.066	0.04
S9	6778.14	0.0008	97.0346	290	279.167	70
S10	6778.14	0.0008	97.0346	290	278.967	70

表 9-4 为所有卫星的星间链路发生切换的时刻，仿真结果表明，该集群卫星网络在 6000s 的时间内，所有的星间链路发生切换的次数为 127 次。

表 9-4　星间链路切换时刻　　(单位：s)

序号	时刻	序号	时刻	序号	时刻	序号	时刻	序号	时刻
1	1	2	84	3	243	4	245	5	267
6	274	7	283	8	297	9	346	10	352
11	500	12	541	13	588	14	589	15	611
16	620	17	700	18	847	19	887	20	888
21	896	22	912	23	929	24	1089	25	1254
26	1334	27	1367	28	1388	29	1543	30	1546
31	1620	32	1650	33	1683	34	1743	35	1810
36	1847	37	1890	38	1891	39	1924	40	1950
41	2039	42	2047	43	2130	44	2191	45	2218

续表

序号	时刻	序号	时刻	序号	时刻	序号	时刻	序号	时刻
46	2264	47	2270	48	2288	49	2346	50	2404
51	2425	52	2483	53	2501	54	2530	55	2533
56	2593	57	2604	58	2839	59	2864	60	2874
61	2896	62	3014	63	3033	64	3034	65	3055
66	3077	67	3130	68	3136	69	3232	70	3259
71	3278	72	3294	73	3379	74	3380	75	3409
76	3462	77	3535	78	3687	79	3688	80	3691
81	3704	82	3712	83	3878	84	3926	85	4017
86	4096	87	4130	88	4195	89	4201	90	4289
91	4306	92	4331	93	4393	94	4442	95	4444
96	4576	97	4597	98	4621	99	4628	100	4629
101	4710	102	4749	103	4788	104	4819	105	4913
106	4939	107	5041	108	5046	109	5083	110	5085
111	5097	112	5134	113	5184	114	5237	115	5257
116	5285	117	5288	118	5466	119	5502	120	5614
121	5773	122	5774	123	5809	124	5823	125	5829
126	5878	127	5884						

图 9-25 为 1 号卫星和 5 号卫星之间的星间链路变化，集群卫星网络周期为 1.54h。两颗卫星在每个周期内发生 4 次星间链路切换，切换时刻分别为 1257s、1516s、4031s 和 4289s。

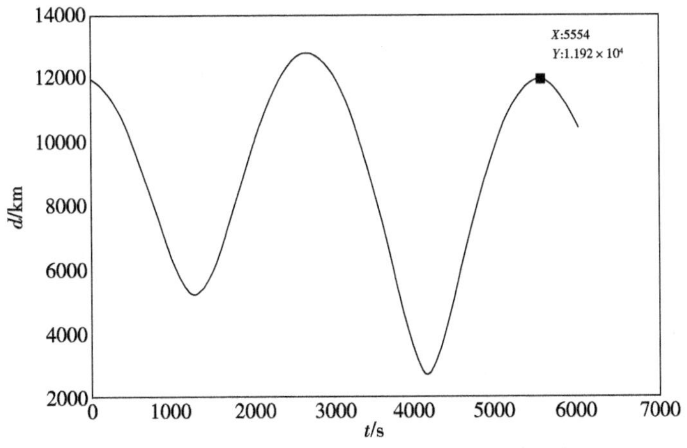

图 9-25　1 号卫星和 5 号卫星的星间链路距离

根据图 9-26 所示，一共有 126 个时隙，最小的时隙为 1s，最大的时隙为 235s。处于 1～50s 范围内的时隙百分比约为 67.47%，处于 50～100s 范围内的时隙百分比约为 20.63%，处于 100～150s 范围内的时隙百分比约为 4.76%，处于 150～200s 范围内的时隙百分比约为 6.35%，处于 200～250s 范围内的时隙百分比约为 0.79%。

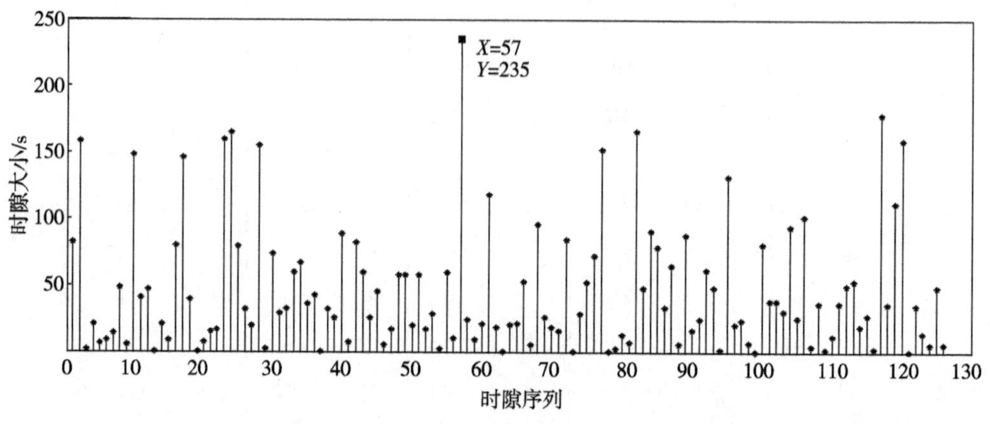

图 9-26　时隙大小

现有的划分网络时隙的方法只是简单地将网络周期平均分成若干个等长的时间间隔，但是这种划分时隙的方法并不合理，下面用实例来比较说明根据链路切换时间划分时隙的合理性。

若平均划分网络周期，以前 16 个时隙为例，由上至下，图 9-27 是时隙分别为 19s、44s 和 91s 的时隙划分方式，图中×为星间链路的切换时刻。可以看出，几乎所有的链路切换时刻都发生在网络拓扑更新之后，这将严重影响集群卫星网络的通信质量。

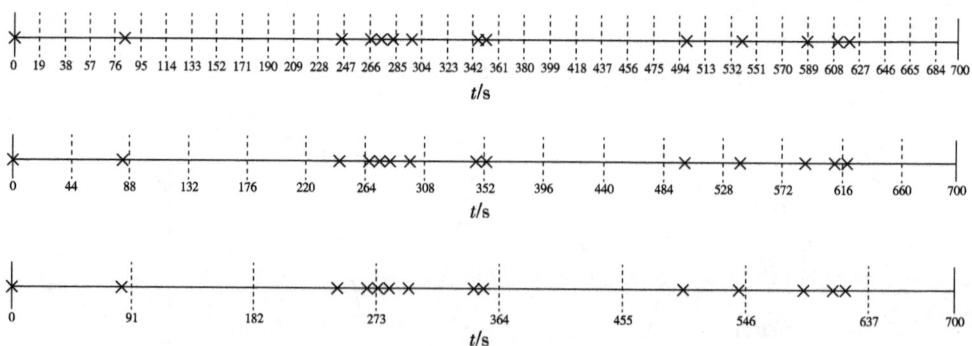

图 9-27　平均划分时隙示意图

以时隙为 44s 的划分方式为例，如图 9-28 所示，若应用 N-Dijkstra 算法在 $t=44$s 网络进行拓扑更新，此时存在星间链路 $v_6 \leftrightarrow v_8$，即信息由卫星节点 v_6 传输至卫星节点 v_8，$t=84$s 时，星间链路发生切换，根据 N-Dijkstra 算法的最短路径选择机制，星间链路 $v_6 \leftrightarrow v_8$ 断开，卫星节点 v_6 与卫星节点 v_7 建立星间链路，此时信息由卫星节点 v_6 传输至卫星节点 v_7，则卫星节点 v_6 无法将数据准确地传输至卫星节点 v_8，对网络的通信质量和通信实时性造成严重的影响。

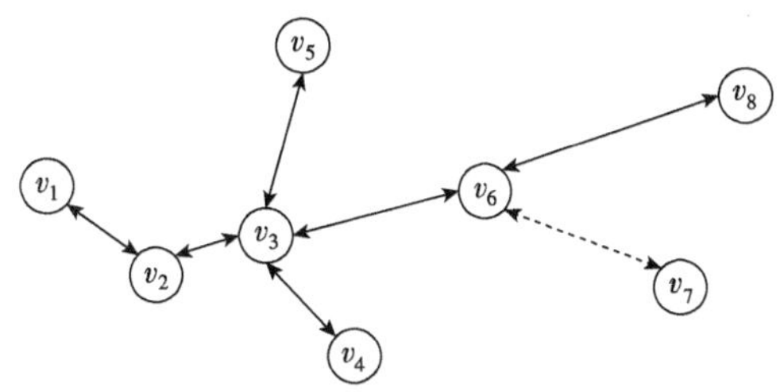

图 9-28　星间链路切换的拓扑图

根据星间链路的切换时刻划分时隙，在链路切换时刻，应用时间复杂度相对很小的 N-Dijkstra 算法进行拓扑更新，保证了在每个时隙内网络拓扑连接方式不会发生变化，星间链路状态稳定，从而有效地保证了网络的稳定运行以及通信质量与通信的实时性。

9.2.5　集群/星簇系统构形设计与维持控制方法

集群/星簇卫星系统的任务(应用模式)决定了网络化系统的空间几何关系，也即集群/星簇卫星系统的构形。由于在轨运行的卫星受轨道动力学、地球非球形、空间环境摄动等因素的影响，集群/星簇卫星系统的构形随时间累积会发生改变，虽然集群/星簇系统的相对空间位置没有卫星编队要求那么严格，但过大的构形改变可能会使成员卫星的星间链路受到影响，导致集群/星簇网络结构的破坏，无法充分发挥网络化卫星系统的优势。

快速响应卫星低成本的发展目标也对成员卫星的入轨方式提出了新的需求，除在应急情况下，成员卫星一般均采用一箭多星的形式发射入轨，以节约发射成本。一箭多星同时发射会严重约束集群/星簇系统构形的初始化过程。此外，针对不同的任务模式，集群/星簇构形需要按照任务需求进行重构。

综上所述，在集群/星簇系统构形设计时，需要重点考虑以下四个方面的问题：构形设计、构形的初始化、各应用模式下的构形维持策略以及不同应用模式间的构形重构方法。针对不同任务需求的集群/星簇卫星系统的构形设计方式迥异，本节以 10 颗对地遥感卫星系统为例，阐述相应的构形设计方法。

9.2.5.1　构形设计

为实现对地面广域多目标信息的快速获取，设集群/星簇系统的基本构形为相距很近 2 个轨道平面的钟摆形式，每个轨道平面有 5 颗卫星，在轨道高度为 500km 时相邻两颗卫星的相对距离为 20km，钟摆构形的振幅为 10km，具体轨道参数如表 9-5 所示。

表 9-5　成员卫星初始时刻轨道参数

	半长轴/km	离心率	轨道倾角/(°)	近地点幅角/(°)	升交点赤经/(°)	真近点角/(°)
卫星 1	6878.14	0	35	0	275	0
卫星 2	6878.14	0	35	0	275.1452	−0.2855
卫星 3	6878.14	0	35	0	275	−0.3332
卫星 4	6878.14	0	35	0	275.1452	−0.6187
卫星 5	6878.14	0	35	0	275	−0.6664
卫星 6	6878.14	0	35	0	275.1452	−0.9519
卫星 7	6878.14	0	35	0	275	−0.9996
卫星 8	6878.14	0	35	0	275.1452	−1.2851
卫星 9	6878.14	0	35	0	275	−1.3328
卫星 10	6878.14	0	35	0	275.1452	−1.6183

9.2.5.2　系统构形的初始化

10 颗卫星可以选择不同的发射方式进行部署，可以采用小型固体火箭一箭一星机动发射方式，也可采用一箭多星的发射方式，还可采用两发火箭分别以一箭五星的方式按照星簇构形进行布置。

本节以两发火箭一箭五星的发射方式说明构形的初始化过程。每组卫星以一箭五星的方式入轨后，存在半长轴、偏心率和轨道倾角偏差。由于编队所关注的是星间的相对状态偏差，轨道倾角相对偏差很小可以不予调整。五颗卫星中半长轴最接近标称轨道的不需进行半长轴调整，其他四颗卫星以此卫星的半长轴为目标进行半长轴的调整，以达到所有卫星的半长轴基本相同的目标，同时五颗星分别进行轨道圆化以使偏心率为零。最后通过调整相位差将星间距调整到设定距离，具体实施时可以第五颗卫星为基准调整其他五颗卫星的相对位置。

此外，针对突发自然灾害、海岛维权等应急情形，还可以通过多颗卫星机动发射的方式，快速补网重构形成在轨集群/星簇网络系统。

9.2.5.3　基于面值比的构形维持策略

对于近距离的集群/星簇卫星系统，从保证通信链路以及防碰撞的系统安全性考虑，相邻两颗成员卫星的相对距离应保持在 10～100km 范围内。假设 10 颗星的面质比相同，但由于基线长度不同(两个轨道面)，大气阻力对其影响不一致，导致星间相对距离发生漂移。通过轨道动力学分析发现，序号为偶数(第 2、4、6、8、10)的卫星漂移速度较慢，会分别接近序号为奇数(第 1、3、5、7、9)的卫星，5 个月后相对距离可达到 10km。因此，需要增加序号为偶数卫星的面值比，使得其漂移速度增大，并向其相反方向漂移。

表 9-6 给出了不同面质比差(百分比)下的卫星轨道漂移规律(漂移 10km 需要

的时间天数)。在基于 STK 软件的计算中,大气模型选为 MSISE2000,F10.7 值设为 120,K_p 值设为 7,面质比标称值设为 0.01。

表 9-6　轨道漂移 10km 需要的时间天数

	+5%	+1%	+0.5%
漂移天数	7 天	17 天	24 天

因此,对于集群/星簇系统的构形维持问题,可以在入轨时使 10 颗卫星的面值比相同;经过 150 天后,序号为偶数的卫星到达原位置的 −10km 处(与序号为奇数的卫星最小距离为 10km),此时通过姿态调整,使偶数卫星的面质比增加 1%;17 天后偶数卫星到达原位置的 +10km 处(最小距离为 10km),再调整偶数卫星的面值比,使 10 卫星基本相同。这样,在 300 天的时间内,系统不需要维持控制,300 天之后再增加偶数卫星的面质比,重复该过程即可。

9.2.5.4　不同应用模式间的系统构形重构方法

构形模式重构通常采用共面轨道机动方式,其主要方法是对同一轨道上的卫星进行相位调整。相位调整有两种方式:

(1)通过改变面质比进行调相:卫星面质比不同,其轨道长半轴的衰减速度不同,轨道角速度也不同,通过时间累积效应可完成调相;

(2)通过推力器直接调相:通过直接改变轨道长半轴来调整角速度,实现卫星相位调整。

改变面质比进行调相:

如果通过改变面质比进行调相,对于 500km 高度的圆轨道而言,假设其中一颗卫星的面值比 0.01,另一颗卫星为 0.008,通过 STK 计算可知,不同天数下的相位差如表 9-7 所示。

表 9-7　面值比不同时不同天数的相位差

	7 天	15 天	1 个月
相位差	0.6°	2.6°	10.3°

由表 9-7 可看出,通过面值比调相方式需要的时间较长,不适合短时间调相任务。

推力器直接调相:

除了利用面值比进行调相,还可以通过推力器控制直接实现相位调整。根据相位差的正负,也分为两种情况:①目标相位在轨道运行前方,需要减低轨道高度,使得轨道角速度变大;②目标相位在轨道运行后方,需要提高轨道高度,使得轨道角速度变小。对于相位调整问题,过渡轨道可为霍曼转移轨道,需要两次变轨,这里不再赘述。

设轨道高度为500km，不同的相位差、不同的转移时间天数，共面圆轨道相位差调整需要的能量也不同。如果是均匀分布的集群应用模式，相位差为36°时，转移时间1天需要的速度脉冲约为33.7m/s，对应的燃料消耗为7.95kg（假设卫星质量为500kg，比冲为2100Ns/kg）；如果是十星串联的集群应用模式，相位差为9°时，转移时间1天需要的速度脉冲约为8.4m/s，对应的燃料消耗为2.01kg。相位差相同时，所需能耗与转移时间成反比；转移时间相同时，所需能耗与相位差成正比。另外，目标相位在轨道运行前方或后方时，相同时间所需的能耗基本相同。

参考文献

[1]张锦绣，曹喜滨，兰盛昌. 分离式集群航天器新概念及发展趋势研究 [C]. 中国空间科学学会第七次学术年会，中国辽宁大连，2009:339-346.

[2]Mathieu C. Assessing the fractionated spacecraft concept [D]. Massachusetts Institute of Technology, 2006:4-17.

[3]Ravandoor K, Drentschew M, Schmidt M. Orbit and drift analysis for swarms of pico satellites [C]. The 1st International SPACE World Conference, Frankfurt, Germany, 2010.

[4]Barton N, Erdogan A T, Yang E. Espacenet: A Framework of evolvable and reconfigurable sensor networks for aerospace-based monitoring and diagnostics [C]. The 1st NASA/ESA Conference on Adaptive Hardware and Systems, Istanbul, 2006:323-329.

[5]Cockrell J, Alena R, Mayer D. EDSN: A large swarm of advanced yet very affordable, COTS-based NanoSats that enable multi-point and open source apps [C]. The 26th Annual AIAA/USU Conference on Small Satellites, Utah, 2012.

[6]Collopy P, Sundberg E. Creating value with space based group architecture[C]. AIAA SPACE 2010 Conference & Exposition, Anaheim, 2010: 5-12.

[7]吕志超. 面向资源优化配置的集群航天器网络拓扑管理研究[D]. 哈尔滨工业大学学位论文，2015:33-46.

[8]Montenbruck O, Kirschner M, D'Amico S. E/I-vector separation for safe switching of the GRACE formation [J]. Aerospace Science & Technology, 2006, 10(7):628-635.

索　引